气凝胶材料的制备与应用

张忠伦　王明铭　宋　旼　主　编

中国建材工业出版社

北　京

图书在版编目（CIP）数据

气凝胶材料的制备与应用/张忠伦，王明铭，宋旼
主编．--北京：中国建材工业出版社，2024.12
ISBN 978-7-5160-3343-2

Ⅰ．①气…　Ⅱ．①张…②王…③宋…　Ⅲ．①气凝胶
—研究　Ⅳ．①TQ427.2

中国版本图书馆 CIP 数据核字（2021）第 276610 号

气凝胶材料的制备与应用

QININGJIAO CAILIAO DE ZHIBEI YU YINGYONG

张忠伦　王明铭　宋　旼　主　编

出版发行：中国建材工业出版社

地　　址：北京市西城区白纸坊东街 2 号院 6 号楼

邮　　编：100054

经　　销：全国各地新华书店

印　　刷：北京印刷集团有限责任公司

开　　本：787mm×1092mm　1/16

印　　张：24

字　　数：580 千字

版　　次：2024 年 12 月第 1 版

印　　次：2024 年 12 月第 1 次

定　　价：**128.00 元**

本书编委会

主　　编　张忠伦　　王明铭　　宋　旼

副主编　董凤新　　张忠良　　马　彦

编　　委　辛志军　　马　强　　苏诗戈　　刘振森　　侯建业

　　　　　温立玉　　白清三　　郭　鑫　　顾　及　　张启龙

　　　　　魏丽颖　　韩　琳　　刘　晶　　鄢　纲　　徐立杰

　　　　　张　帅　　单光贺　　付晓晴　　张　瑞　　蒋　琪

　　　　　赵云杨　　尹晓东　　张　浩　　高　超　　雷启腾

　　　　　辛　杰　　岳水英　　熊宏愿

前　　言

气凝胶是一种由纳米粒子或聚合物分子链构成的三维纳米结构轻质多孔固体材料。该材料以其极低的密度、高孔隙率以及出色的隔热性能，受到航空航天、建筑节能、环境保护等多个领域的青睐。气凝胶曾被《科学》杂志列为未来十大潜力新材料之一，打破 15 项吉尼斯纪录，是"一个可以改变世界的材料"。气凝胶的问世，不仅为科学家们开辟了新的研究领域，也给工程师们带来了丰富的设计选择。

气凝胶诞生于 1931 年。最初，科学家们在实验室中通过特殊的工艺，成功地制备出了这种具有极低密度和高孔隙率的固体物质。然而，其高昂的制造成本和脆弱的特性一度限制了它的广泛应用。随着技术的不断进步，气凝胶在多个领域中展现出了广泛的应用潜力。气凝胶独特的性能确保了即便在极端环境下，它依然能够维持稳定的性能表现，从而在众多高科技应用中展现出卓越的潜力。推动气凝胶及其他前沿新型材料的研发与广泛应用，是我们迈向科技进步与产业升级的重要一步。

气凝胶体系庞大且复杂，家族成员众多，涵盖了各种具有独特性能和应用的气凝胶。除了氧化硅气凝胶这一主要成员外，还有其他多种类型的气凝胶，例如碳气凝胶、金属气凝胶、聚合物气凝胶等。这些气凝胶各自具有独特的物理和化学性质，使得它们在不同的领域具有广泛的价值，成为材料科学领域中一个非常活跃的研究方向。针对气凝胶这类独特而潜力巨大的材料，我们应特别注重其在隔热保温、吸附分离、能源储存等领域的应用研究，以期在多个行业引发革命性的变革。气凝胶以其超低的热导率、高比表面积和优异的化学稳定性，成为隔热保温材料的理想选择，能够显著提高能源利用效率，降低能耗。在吸附分离领域，气凝胶的独特多孔结构使其具备极高的吸附能力，能够有效去除工业排放中的有害物质，保护环境。此外，气凝胶在能源储存方面的应用前景广阔，特别是在超级电容器和锂离子电池中，其高比表面积和良好的电化学稳定性使其成为提升储能设备性能的关键材料。

我国在气凝胶研究领域已取得显著成果，部分技术指标达到国际领先水平。为进一步推动气凝胶材料的广泛应用，我国科研团队正努力优化其生产工艺，提高材料性能。同时，政府和企业也在加大对气凝胶研发的投入，鼓励创新，促进产业协同，以期在节能减排、环境保护等领域发挥更大作用。科研人员正通过纳米技术和绿色化学方法，不断探索气凝胶在新领域的应用可能。本书总结了笔者团队在气凝胶领域近年来取得的部分重要研究成果，并且广泛参考了国内外众多的学术文献。书中介绍了气凝胶的基本知识和原理，涵盖了各种不同类型的气凝胶材料的制备方法、改性技术、结构特征、性能表现以及实际应用领域。

全书分为六章。第一章介绍了气凝胶的起源和发展历程，探讨了气凝胶的制备工艺，对其表征技术进行了阐述，并且对气凝胶产业的发展现状、应用领域以及相关的标准和政策进行了简单的介绍；第二章专注于硅基气凝胶的制备技术，对其表征方法进行了详细描述，并且探讨了硅基气凝胶在各个领域的应用情况，包括其在能源、环保、航空航天等领域的应用；第三章主要介绍了非硅基氧化物气凝胶的制备方法和性能特点，同时对其在不同领域的应用进行了深入探讨，例如在催化剂载体、隔热材料等领域的应用；第四章阐述了碳基气凝胶的制备工艺和性能表现，并且对其在各个领域的应用进行了介绍，包括其在超级电容器、电池等领域的广泛应用；第五章主要介绍了聚合物气凝胶的制备方法、性能特点以及在不同领域的应用情况，例如在生物医学、传感器等领域的应用；第六章介绍了多糖气凝胶的制备技术、性能表现以及应用领域，包括其在食品、医药等领域的应用。

本书编写得到"十四五"国家重点研发计划项目"低成本气凝胶材料及制品制备与典型应用关键技术"（项目编号：2023YFB3812300）的技术支持和资金援助，与我国当前积极推进的"碳达峰"与"碳中和"宏伟目标及关键战略环境紧密契合。

鉴于笔者能力所限，书中可能存在疏忽与不足，恳请读者予以指正。

张忠伦
2024 年 11 月于北京

目　录

1 绪 论

气凝胶是一种由纳米粒子或聚合物分子链组成的具备三维纳米结构的轻质多孔固体材料，连续的三维网络使具有低密度（3mg/cm³）、高孔隙率（99.8％）、高比表面积（1000m²/g）等结构特点，显现出优异的光、热、声、电和力学等特性，在航空航天、石油化工、生物医学、环境保护、光电催化、建筑保温、能量储存与转化等领域具有广泛的应用价值。图 1-1 为典型的 SiO₂ 气凝胶的样品和微观形貌图。作为当前新材料领域的研究热点，气凝胶材料的发展历程已近百年，形成了相对成熟的规模化生产工艺。本章从气凝胶的起源、发展过程、制备工艺、表征技术、材料基本性能特点、国内外气凝胶产业发展现状、我国的相关行业政策标准方面进行详细介绍。

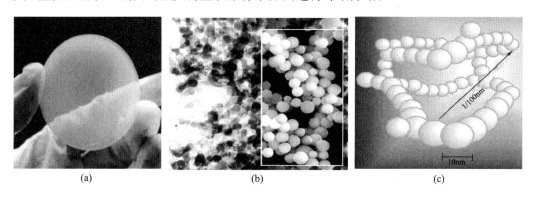

图 1-1　典型 SiO₂ 气凝胶的样品和微观形貌图
（a）SiO₂ 气凝胶样品照片；（b）微观形貌图；（c）网络结构示意图

1.1　气凝胶的起源与发展

国际纯粹与应用化学联合会（IUPAC）将凝胶定义为"一种非流体的胶体网络或聚合物网络，它通过流体在其整个体积中扩展"。1864 年，Graham 等发现硅胶中的水可以与有机溶剂进行交换，通过加热蒸发液可以对凝胶进行干燥，但不可避免地会使湿凝胶发生严重的收缩。1931 年，美国斯坦福大学的 S. S. Kistler 通过溶胶-凝胶法和超临界干燥工艺首次将凝胶中的液体取代为气体，得到了与原始湿凝胶相比体积几乎不变的充气固体材料。之后便提出了"气凝胶"这一专业术语，用来指代凝胶中的液体被气体取代后仍能保持三维和高度多孔的网络结构，而没有发生坍塌的固体材料，这一天被确立为气凝胶材料的起源日，从而拉开了气凝胶研究与发展的大幕。

气凝胶至今经历了四次产业发展时期，如图 1-2 所示。气凝胶第一次产业化是在 20世纪 40 年代早期，美国孟山都公司生产气凝胶粉体以用作化妆品、凝固汽油增稠剂等，但最终因高昂的制造成本及应用开发的滞后以失败告终。第二次产业化发生在 20 世纪 80 年代，本阶段出现了不同技术方向的典型代表。随着气凝胶合成工艺和干燥技术的发展，因其独特的三维多孔结构特征，气凝胶材料重新引起了科学界的关注，研发的气凝胶种类也得到了突破性、爆发式的增长，其中不仅包括最初的烷氧基硅烷 SiO_2 基气凝胶、Al_2O_3 基气凝胶、ZrO_2 基气凝胶、多组分气凝胶等无机气凝胶，和聚酰亚胺基、聚脲基、聚氨酯基等聚合物有机气凝胶，还有碳气凝胶、金属气凝胶、多糖气凝胶等新型气凝胶类型，自此气凝胶材料迎来了蓬勃发展的时期。瑞典公司的甲醇超临界技术、美国公司的 CO_2 超临界技术等为代表的超临界技术迸发，人们持续探索气凝胶身上的更多可能性。在 2003 年，我国同济大学开始发表常压干燥的研究论文，我国技术工作者在常压干燥领域的投入逐渐增多，这是我国迈向气凝胶探索的重要一步。国内早期开展气凝胶研究的单位还有南京工业大学、同济大学等，于 2004 年实现了国内气凝胶的产业化，形成了广东埃力生、浙江纳诺、贵州航天乌江、爱彼爱和、航天海鹰、中建材科创新技术研究院（山东）有限公司等一批企业。进入 21 世纪后，气凝胶材料研究手段不断丰富，随着相关基础研究的不断深入，许多具有特定功能性的气凝胶材料相继涌现，已然发展成为一个各具特色的庞大气凝胶家族。这些年在国内外科学家的共同努力下取得了丰硕的成果，第三次产业化是相当具有代表性的一个节点。在 21 世纪初，美国 Aspen Aerogel 成功将气凝胶商业化，将其应用于航天军工、石化领域，受到市场青睐。这是气凝胶商业化的一个雏形，在气凝胶绝热毡、粉体等制品正式投入使用后，气凝胶的浪潮愈发澎湃，我国也开始出现从事气凝胶材料产业化研究的企业。如今，我们正经历气凝胶的第四次产业化。随着气凝胶制备技术的成熟、工艺成本的降低、产业规模的扩大，气凝胶的市场化日益成熟。从陆续开拓了工业设备管道节能、新能源汽车安全防护、建筑防火隔热保温等应用市场，到气凝胶因为政策、节能等因素价值得到重视，气凝胶至今都在不断迈上新的台阶。

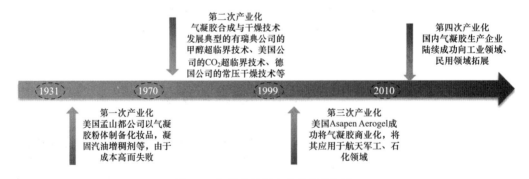

图 1-2　气凝胶材料产业化发展历史

1.2　气凝胶的制备工艺

气凝胶的制备过程包含三个关键步骤：即凝胶制备、老化和凝胶干燥。首先，通过溶胶-凝胶过程制备湿凝胶，其中凝胶化过程可通过改性、溶剂置换等方法以获取所需的特定性能，再通过选取合适的干燥方法让湿凝胶中的液体被气体取代，从而制备出气凝胶材料。利用有机前驱体（例如正硅酸乙酯、葡萄糖等）的溶胶-凝胶反应是制备气凝胶材料的传统方法。经过研究人员对气凝胶制备策略的多年研究，随着制备技术不断进步和生产设备的更新迭代，目前已实现了不同方法气凝胶的制备。如：超临界干燥法、凝胶注模法、真空浸渍法、气相沉积法等。图 1-3 为常见的气凝胶制备流程。

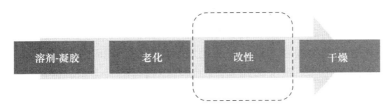

图 1-3　气凝胶制备流程

1.2.1　溶胶-凝胶

溶胶（sol）：胶体溶液，是在分散体系中保持固体物质不沉积的胶体，这里的分散介质主要是液体。溶胶中的固体粒子大小一般在 1~5nm，也就是胶体粒子的最小尺寸，因此比表面积十分大。溶胶是一种状态而非一种物质，是分散相与分散介质混合成的分散系，如图 1-4 所示。

图 1-4　溶胶的形成

凝胶（gel）：亦称冻胶，是溶胶失去流动性后，一种富含液体的半固态物质，其中液体含量有时可高达 99.5%，固体粒子则呈连续的网络体。凝胶表面上是固体而内部仍含有液体，因此被称为柔软的"半固体"。

1.2.1.1　溶胶-凝胶法

溶胶-凝胶法（Sol-gel Method）是一种合成材料非常常用且可靠的方法，尤其对于均匀、小粒径和形态变化的金属氧化物的合成。由于温和的反应条件、简单的制备工艺、优异的组成和结构控制能力，溶胶-凝胶法一直是制备气凝胶材料十分重要的方法，大部分的气凝胶材料都是通过溶胶-凝胶反应制备的，通过调整相关工艺参数可以有效控制气凝胶的微观结构和性能特性。

溶胶-凝胶过程通常是指活性较高的前驱体在催化剂（酸或碱）的作用下，在溶剂中发生水解、缩合聚合反应从而形成溶胶，进而经过陈化生成具有一定三维空间网络结构的凝胶化过程。通过改变溶胶-凝胶过程的反应条件，例如：前驱体种类、反应温度、反应体系 pH 值等工艺参数，可实现对气凝胶微观结构的调控，从而得到特定结构特性的气凝胶材料。气凝胶的结构性质决定着宏观性能特性，因此，通过改变溶胶-凝胶过程的工艺参数来获取具有特定功能的气凝胶材料。基于以上特点，气凝胶材料也被认为是一种结构可控的新型纳米多孔材料。

溶胶-凝胶过程是制备气凝胶材料最为重要的步骤，根据催化工艺的不同可分为酸碱两步催化法和一步酸（碱）催化法两种方法，简称为"两步法"和"一步法"。

"一步法"是指将硅源、水及其他溶剂按一定比例混合，加入催化剂体系发生水解-缩聚反应从而形成湿凝胶（图1-5）。"一步法"分为一步酸催化和一步碱催化两种方法，在一步酸催化中又可分为单一酸催化和混合酸催化，采用不同的催化方法对气凝胶的结构性能会产生重大影响。一般来说，酸性催化剂只能使前驱体部分水解，而且不利于缩聚反应的进行，凝胶产物通常为链状的或无规则岛状的。而碱性催化剂同时促进水解和缩聚反应，在溶胶中很容易形成颗粒堆积的网络结构，但是大量硅酸沉淀的产生会造成凝胶结构的致密化。

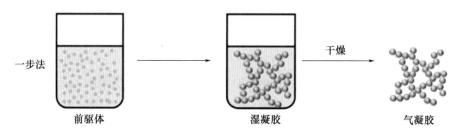

图1-5 一步法制备气凝胶

"两步法"分为两个过程：首先将硅源、水及其他溶剂按一定比例混合，使用酸催化剂将反应溶液调节到一定pH值，为硅源提供酸性环境进行充分水解进而得到缩合硅的先驱体，然后，使用碱性催化剂加速缩聚反应，在偏碱性环境体系中生成湿凝胶。以金属气凝胶为例，详细介绍了这两种常见制备方法的主要过程（图1-6）。其中的"两步法"分为两个阶段：第一阶段，通过还原前驱体来获得稳定的金属纳米粒子溶胶。稳定剂离子化或水解后，形成了表面附着有配体的金属纳米粒子，其引发的静电排斥和空间排斥可平衡颗粒之间的范德华力，从而确保胶体的稳定性。第二阶段，通过化学方法浓缩和降低配位体的排斥力，除去杂质和多余的稳定剂后，随着纳米粒子的连接，溶胶逐渐失稳，最终形成水凝胶并沉淀到容器底部。以最常用的前驱物金属醇为例，其"两步法"的反应机制如式（1-1）～式（1-4）所示：

水解反应： $\quad$ —M—OR+H$_2$O $\longrightarrow$ —M—OH+ROH $\qquad$ (1-1)

醇缩合反应：$\quad$ —M—OH+RO—M $\longrightarrow$ —M—O—M+ROH $\qquad$ (1-2)

水缩合反应：$\quad$ —M—OH+HO—M $\longrightarrow$ —M—O—M+H$_2$O $\qquad$ (1-3)

聚合反应： $\quad$ —M—O—M+—M—OH $\longrightarrow$ 3—D Wet Gel $\qquad$ (1-4)

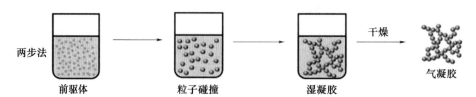

图1-6 两步法制备气凝胶

气凝胶的"一步法"合成步骤比"两步法"更简单方便，因此引起了众多研究人员的极大关注。"一步法"相较"两步法"在调节原材料配比和组成方面具有优势，但对于控制气凝胶微观结构方面存在一定的缺陷。"一步法"和"两步法"因催化条件不同，凝胶形成的时间和生成的网络结构差异很大，各有利弊，适用于不同元素和合金、核壳结构和空心结构的组合，在电催化领域有着广泛的应用。"一步法"和"两步法"的对比分析见表1-1。

表1-1 "一步法"和"两步法"对比分析

制备方法	优点	缺点	材料特性
两步法	促进水解缩聚，缩短凝胶时间，避免生成硅酸沉淀	步骤烦琐，无法有效调节原材料配比和组成	气凝胶密度低、孔径小、光学性能良好
一步法	可调节原材料配比和组成	单酸/碱催化不利于反应进行，导致气凝胶微观结构方面存在缺陷	一步酸催化制备的气凝胶孔径较大、强度低；一步碱催化制备的气凝胶孔隙率低、强度高，但透明性较差

1.2.1.2 其他方法

凝胶注模法（Gel Casting）：这种方法是将凝胶溶胶注入模具中，通过固化和干燥来制备气凝胶。模具可以是各种形状和尺寸，通过凝胶注模可以得到具有复杂形状的气凝胶制品。

真空浸渍法（Vacuum Impregnation）：这种方法是将基底材料浸渍在凝胶溶液中，然后通过真空处理来实现凝胶的固化和干燥。真空浸渍法常用于制备气凝胶复合材料，可以将凝胶嵌入到基底材料中，增加材料的功能和性能。

气相沉积法（Chemical Vapor Deposition，CVD）：这种方法是在气相条件下，将气体或蒸汽中的前驱体沉积在基底上，形成气凝胶。CVD法通常需要较高的温度和特殊设备，适用于制备高纯度、均匀薄膜的气凝胶。

1.2.2 老化过程

即使达到胶凝点，溶胶-凝胶化学反应仍然存在，包含能够凝结的小颗粒以及将加入网络的游动单体在内的孔隙内液体，由于额外的缩合作用而产生的交联和粗化的连续过程称为老化。在整个老化过程中凝胶网络继续水解和缩聚，进一步提高网络的交联程度。除了继续水解和缩聚反应，奥斯瓦尔德熟化效应（Ostwald Ripening）也是老化中一个关键过程。凝胶网络上的小颗粒因曲率较大、能量较高逐渐发生溶解，凝胶体系中自由胶体微粒或来自老化液中的小颗粒沉淀在凝胶网络的大颗粒使得晶体微粒进一步增大，这种效应减少了凝胶网络上的小颗粒数量，粗化了网络骨架，平滑了凝胶网络骨架表面。湿凝胶经过老化后强度提高、凝胶内部孔洞分布更均匀，能更好地抵抗干燥过程中毛细管力对凝胶网络的破坏，有利于后续干燥过程的进行，提高其应用性能。

在老化过程中，网络粒子往往会经历多种现象。将老化过程分为两个不同的机制进行分析：

（1）气凝胶从颗粒表面溶解到颗粒之间的颈部上再沉淀导致颈部生长；

（2）Ostwald 熟化机制，较小的颗粒溶解并沉淀到较大的颗粒上。

这两种机制将同时工作，但速率不同。

老化的目的是增强凝胶脆弱固体骨架的力学性能，提高气凝胶网状结构的机械强度，使凝胶网络在老化过程中进一步增长，主要包括利用脱水收缩、Ostwald 熟化/粗化来改变凝胶内部的液相组成，使凝胶内部网络结构得到加强和粗化。

1.2.3　干燥

干燥过程是气凝胶制备中最关键的环节，直接决定气凝胶材料的性能。气凝胶干燥过程是指在保持凝胶网络的前提下将湿凝胶孔隙中的溶剂去除，从而产生体积和形状不变的多孔固体。湿凝胶变为气凝胶时，不能直接进行加热干燥，因为直接干燥会在气-液界面上产生强大的毛细作用力，当其达到凝胶网络骨架所能承受的最大拉应力后，会导致骨架结构强烈收缩，这种收缩可使干燥凝胶的体积减小到初始体积的 1/8 左右。在干燥湿凝胶过程中，湿凝胶中孔隙液体蒸发形成气体，将不可避免地在气-液界面形成毛细张力，这是造成凝胶内部结构坍塌和尺寸收缩的主要原因。因此，保持气凝胶内部原始多孔结构不被破坏是极其棘手且十分重要的一个工艺过程。

湿凝胶在初期干燥过程中，因有足够的液相填充于凝胶孔中，凝胶体积的减少与蒸发掉的液体的体积相等，无毛细管力作用。当进一步蒸发使凝胶体积减小量小于蒸发掉的液体体积时，此时液相在凝胶孔中形成望月面，使凝胶承受一个毛细管压力 ΔP，将颗粒挤压在一起，液体的表面张力越大所承受的压力越大。

假设凝胶孔为圆柱孔，根据 Young-Laplace 方程湿凝胶结构产生的毛细张力可表示为：

$$P = 2\sigma\cos\theta / r \tag{1-5}$$

式中，P 为毛细压力（Pa）；σ 为溶剂的表面张力（N/m）；θ 为接触角（rad）；r 为毛细管半径（m）。

由拉普拉斯（Young-Laplace）方程可知，随着毛细管孔隙的减小，其附加的毛细压力随之增大，降低溶剂的表面张力可有效降低毛细张力，从而使气凝胶干燥后仍然保证其凝胶骨架的完整性。为了能够高效干燥湿凝胶，避免造成凝胶内部结构的损伤，就必须在一定程度上规避其在孔壁上产生的毛细张力。

与凝胶组成一样，凝胶干燥过程控制也决定着微观结构和宏观性能，干燥方法的选取对其影响较大。在干燥期间，有两个主要因素影响凝胶的固体多孔结构的形状。第一，与网络几乎不可避免的部分塌陷有关，因为即使凝胶体内部最小的收缩也会造成压力梯度，从而导致裂缝。第二，整个网络中的孔尺寸都不同，具有不同半径的相邻孔显示出不同的弯液面退缩率（在较大的孔上更快）。不同尺寸的孔之间的壁承受不均匀的应力水平，由于不平衡的力而倾向于破裂。连同凝胶的组成一样，凝胶的干燥决定了孔的尺寸及其整体质地特性，因此选择的方法具有很高的相关性。

如何控制孔结构避免坍塌，改进制备干燥方法已经成为气凝胶基础研究的一个重要部分。目前，气凝胶材料的干燥工艺有超临界干燥技术、常压干燥技术、真空冷冻技术、微波干燥技术等多种方法，其中超临界干燥技术和常压干燥技术已经实现产业化，其他干燥技术尚未实现批量生产。不同干燥技术对比分析见表 1-2。

表 1-2 不同干燥技术对比分析

干燥技术	设备投入	生产成本	产品性能	技术特点
超临界干燥	采用高压釜，工作压力高达 7～20MPa，设备复杂，运行维护成本高	能耗高、高温高压	气凝胶密度低、孔隙率高、孔径小、透明性好，具有一定强度，可制备颗粒状及块状产品	设备投入大，前期投入成本高，产品性能相对稳定，可实现大规模生产
常压干燥	采用常压设备，设备投入低，设备系统简单	能耗低、常压	气凝胶孔径稍大、内部孔体积较小、外观呈现白色，多为粉体，材料导热系数略低于超临界干燥制备产品	设备投入低，能耗低，具备合理的配方和工艺流程设计后可大规模生产
真空冷冻干燥	要求温度较低和真空环境，设备系统要求高，维护成本高	能耗高、低温高压	溶剂冷冻会对凝胶中的网络结构造成一定的破坏，难以维持精细的凝胶结构，多呈现白色颗粒状	低温低压的工艺条件，可保证物料性质不变、脱水彻底
微波干燥	配套设施少、占地少、操作方便、可连续作业，便于自动化生产和企业管理	能耗低、环保节能	气凝胶材料特性与常压干燥类似，其微波干燥时间和干燥功率对气凝胶的性质影响较大	干燥速度快、生产效率高，干燥过程物料无污染，加热均匀，易于实现自动化控制

下面将对几种干燥方法进行详细阐述。

1.2.3.1 超临界干燥技术

超临界干燥是制备气凝胶最常用的方法，国内外目前大多采用该干燥技术。所谓超临界干燥法就是通过对整个干燥体系进行升温加压，使体系内的干燥介质在超临界状态下进行干燥，进而得到多孔、无序、具有纳米量级连续网络的气凝胶。采用超临界干燥可以获得性能优的气凝胶。在凝胶的干燥过程中，当液体开始从凝胶中蒸发，表面张力就在凝胶的孔隙中形成凹半月板。随着液体溶剂的持续蒸发，压缩力就会聚集在孔隙的周围，然后收缩。最终，表面张力导致凝胶体的坍塌。为了防止表面张力的增加，将凝胶在高压容器中进行超临界干燥（图 1-7），这种方法在保证气凝胶骨架完整的同时，能够获得更低密度的气凝胶。在超临界状态下，气液面消失，表面张力变成零。图 1-8 是固-液-气相平衡相图的压力-温度关系图，当高压蒸汽的温度和压强增加至高于临界点，液体转换为超临界流体，每一个分子可以自由移动，没有了表面张力，半月板就不会形成。蒸汽从高压釜中缓慢释放出来，直到高压釜中的压力达到大气压力。

根据反应条件的不同，超临界干燥也可分为热过程和冷过程：

（1）有机溶剂的超临界状态（一般使用醇类，使用温度要高于 260℃）称之为热过程；

（2）若采用超临界 CO_2 干燥，反应温度稍高于 CO_2 的临界温度（31℃），其过程称之为冷过程。

表 1-3 列举了超临界干燥常用溶剂的临界温度和压力。从表中可知，甲醇、乙醇、正庚烷等常用溶剂需要在较高的温度条件下才能达到其临界点，这种高温高压的工艺条件无疑会带来设备高要求和高能耗等问题，无形中增加了运行和维护成本。同时，由于有机溶剂自身具有可燃性，也会带来一定的安全隐患。

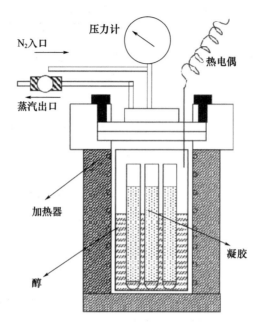

图 1-7　超临界干燥高压釜示意图

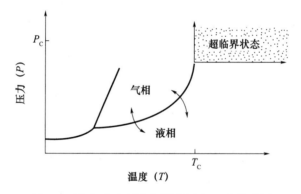

图 1-8　固-液-气相平衡相图的压力-温度关系图

表 1-3　常用干燥介质的超临界参数

溶剂	临界温度/℃	临界压力/MPa
甲醇	240	7.9
乙醇	243	6.3
丙酮	235	4.7
异丙醇	234	4.7
乙腈	275	4.8
正庚烷	267	2.7
水	374	22.1
液态 CO_2	31	7.3

另外，根据使用的干燥试剂的不同，超临界干燥技术可分为以下几种：超临界有机溶剂干燥（SCOD）、超临界气体干燥（SCGD）、超临界混合溶剂干燥（SCMD）和超临界气体萃取干燥（SCGED）。

1.2.3.2 常压干燥技术

常压干燥的基本原理是首先用一种或多种低表面张力的溶剂替换湿凝胶孔隙溶液，通过将温度升至溶剂沸点以上并将其转化为气体，在环境压力下蒸发来达到干燥的目的。环境压力下的简单蒸发似乎是从多孔材料中去除溶剂最明显的方法。系统内的溶剂存在于三种状态下：填充孔液体，液-气过渡相和气相。在常压干燥过程中，由于填充孔液体的半月形后退引起较高的毛细张力，当毛细管压力超过固体结构的弹性极限时，容易造成凝胶骨架坍塌和颗粒的团聚，从而生成颗粒状的气凝胶，对制备、高孔容的纳米多孔气凝胶材料非常不利，通常采用常压干燥工艺制备的气凝胶体积会减少到 1/10～1/5。与超临界干燥技术相比，常压干燥技术最核心问题是如何克服毛细管压力作用导致的凝胶骨架坍塌。

相比于超临界干燥技术，常压干燥技术设备投入低，具有显著的成本优势，且干燥要求的温度和压力比较低，便于安全操作，且在理论上可进行连续化生产，但其具有一定的技术门槛，对配方设计和流程组合优化有一定的要求，存在溶剂置换耗时、溶剂回收困难等问题，且通过常压干燥技术制备出来的气凝胶材料结构强度差、易收缩、比表面积低，具有很大的发展和改进空间。

1.2.3.3 真空冷冻干燥技术

真空冷冻干燥是利用冰晶升华的原理，使用液氮将溶剂快速冷冻，然后在适当的真空条件下升华，溶剂由固态直接变为气态挥发出来，从而达到干燥的目的。在减压和高温下，可通过冻干将溶剂排空，从而避免液相弯曲面应力。通过使用液氮快速冻结溶剂，并在真空下升华，可以避免骨架的收缩，从而获得高度多孔的气凝胶。然而，在进行真空冷冻干燥时，溶剂会在气凝胶内部凝结成固体发生膨胀，容易破坏气凝胶内部的孔洞结构，造成塌陷。因此，在选用真空冷冻干燥时，对气凝胶的强度有一定的要求，否则会影响气凝胶的内部孔洞结构。另一个缺点是，孔隙中溶剂的结晶可能会破坏该网络。因此，冷冻干燥只适用于做粉末气凝胶。真空冷冻干燥包括三个步骤：

（1）降低溶剂（孔隙内）的温度；

（2）抽空系统直至真空；

（3）在等压条件下的受控升华。

真空冷冻干燥技术在干燥过程中，凝胶网络骨架内的液体经过冷冻干燥后直接升华，不会产生生气-液界面，可提高气凝胶的产品性能，但是在形成具有纳米结构的气凝胶时也存在一些问题：①凝胶中溶剂冷凝结晶的过程，随着结晶度和压力的增加，会影响凝胶内部孔的结构，网络结构会被破坏。由于溶剂的冷冻速率与冷冻过程中形成的冰晶大小有关，若冷冻速率太快容易形成小冰晶，从而导致气凝胶具有小孔径和高比表面积的特性；相反，若冷冻速率过慢容易形成较大的冰晶，从而导致气凝胶的孔径较大。因溶剂在形成冰晶的过程中难免存在体积变化，所以会对气凝胶的网络结构造成一定程度的破坏，从而难以维持精细的凝胶骨架结构。②由于消除了气-液界面相，理论上冷冻干燥法可以避免气-液界面的张力，从而减少开裂。但其操作温度过低，限制了胶体粒子的布朗运动及相间的互相接触，破坏了凝胶结构的不连续密度过渡区，并且由于温度太低，整个介质传质过程非常慢，使得干燥时间大大加长。

冷冻干燥是一种新型的气凝胶干燥技术，相关报道比较少，是通过采用低温低压的工艺条件，由真空冷冻干燥机完成的，较好地避免了来自气-液界面的毛细管张力，所制得的纳米颗粒粒度小、纯度高、均匀性好，但正是因为冷冻干燥需要营造低温真空的反应环境，因此对设备要求较高，且固体升华速度慢，使其存在设备成本高、生产效率低、能耗高等缺点。目前，对于如何实现在确保气凝胶生产质量的同时，节约能源、降低能耗、提高生产效率、降低生产成本，已经成为冷冻干燥技术现阶段面临的最主要的问题，大规模应用于工业化生产中有一定的难度。真空冷冻干燥技术具有简单、经济且环保的特点，是一种绕过三相点并避免产生气-液界面的干燥方法。冷冻干燥的工作原理如图 1-9 和图 1-10 所示。

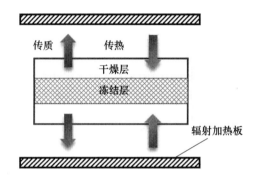

图 1-9　真空冷冻干燥示意图

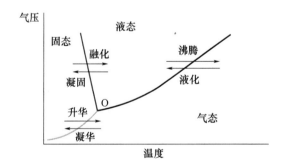

图 1-10　真空冷冻干燥原理图

1.2.3.4　微波干燥技术

最近几年，通过在电磁场中绝缘体分子的快速偶极反应产生的微波干燥引起人们的极大关注。传统的火热、电加热等干燥方法均是通过外部进行加热干燥，物料表面吸收热量后，将热量传递到干燥物内部进行升温干燥，而微波干燥技术则完全不同，它是一种从内部加热的干燥方法，具有干燥速度快、能耗低、加热过程易控制等优点，被广泛地用于纳米粉体及多孔材料的制备。在微波电磁场的作用下，湿凝胶内部水分偶极子会产生剧烈碰撞和摩擦，分子运动能转化为热能从而使气凝胶材料得到充分干燥，使用微波制备气凝胶能使该反应在低温环境下快速进行，从而缩短气凝胶的凝胶时间。图1-11为微波干燥示意图。

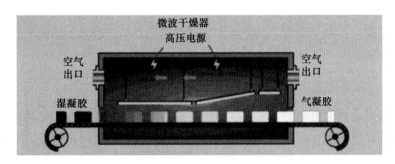

图1-11　微波干燥示意图

与传统加热干燥方式相比，微波干燥技术具有以下优点：

（1）干燥速度快、生产效率高，干燥时间为传统干燥方法的1/100～1/10；

（2）干燥过程物料无污染、加热均匀、热效率高，易于实现自动化控制，实现安全洁净生产；

（3）环保节能，干燥过程能耗低；

（4）控制灵敏，微波干燥设备开机即可正常运转，调整输出功率即能无惰性地进行加热，同时关机后其加热现象也无滞后现象。

1.2.4　表面改性过程

为了改善气凝胶材料的制备工艺，通常会采用表面改性对气凝胶表面进行预处理，从而达到提高工艺效率、改善工艺条件的目的，同时表面改性还可以引入特殊官能团从而获得特定性质的气凝胶材料。表面改性是指在保证材料的原始性能的条件下，通过化学方法或物理方法改变材料表面的化学成分或组织结构以提高材料本身固有性能或赋予其表面新特性，例如亲水性、疏水性、生物相容性等。

湿凝胶在进行超亚临界干燥或常压干燥过程之前，目前通常需进行表面疏水改性处理，以提高凝胶的骨架结构强度、减小溶剂的毛细张力，从而获得工艺条件温和、性能优异的气凝胶材料，例如二氧化硅气凝胶的疏水改性可直接影响其在制备或使用过程的骨架结构稳定性。

1.2.4.1　共前驱体改性法

共前驱体改性法是采用一种或几种带有功能基团的前驱体，通过溶胶-凝胶过程和常压干燥直接制备出特定性能气凝胶。例如，采用带—CH_3基团或其他烷基的硅源作为前驱体，通过溶胶-凝胶过程和常压干燥直接制备疏水二氧化硅气凝胶。此方法能在形成凝胶的同时引入疏水基团，并与在骨架孔洞表面的硅羟基发生反应，达到体状改性；而且在湿凝胶形成后无需表面改性处理即可直接得到气凝胶。

共前驱体改性法制备二氧化硅气凝胶的最大优点是可对气凝胶体状改性，疏水基团相对均匀地分布在气凝胶骨架结构中，可制备出整体疏水和性能良好的气凝胶材料，在制备工艺上，共前驱体改性法制备周期较短，工艺过程简单。采用共前驱体法制备气凝胶对疏水基团的引入量有一定限度，过量的疏水基团将影响溶胶-凝胶过程，反而较难形成具有一定强度的气凝胶，这也是采用此方法合成出来的样品大都呈粉末状的原因之一。目前共前驱体改性制备二氧化硅气凝胶的研究主要集中在超临界干燥条件下，常压下制备的报道较少，对于此方法的相关实验工艺优化、反应过程、结构变化等研究也未见报道。

1.2.4.2 后处理表面改性法

通常是将制备好的湿凝胶浸泡于混有功能性基团的溶剂中，随着分子扩散和溶剂交换作用，湿凝胶表面原有基团逐渐被取代，使得凝胶表面具备特定性能。凝胶的后改性方法简单，成功率高，缺点是所需时间长，会破坏凝胶表面的均匀性和孔结构。

目前对气凝胶进行疏水改性，使用较多的方法是后处理表面改性法，这种方法主要在湿凝胶形成后，通过表面改性剂与气凝胶表面的羟基发生置换反应，从而使疏水基团取代孔洞表面的亲水基团，干燥后即可得到具有疏水特性的气凝胶。疏水改性是制备气凝胶的重要步骤，不同的改性剂对气凝胶的改性效果各不相同，因此在制备过程中需要合理选择改性剂种类。疏水改性能显著降低气凝胶表面亲水基团数量，并改善在潮湿环境中气凝胶材料的骨架结构稳定性。随着疏水改性工艺的不断优化，具有超疏水性、高比表面积、高可重复使用性的气凝胶将会成为研究人员的关注热点。

1.2.4.3 溶剂置换法

溶剂置换是把湿凝胶中的液体置换成特定的溶剂的过程，目的就是把湿凝胶中的溶剂置换成与超临界干燥介质相同或相溶的介质。

以 SiO_2 气凝胶疏水改性为例，现在最常用的表面改性剂是三甲基氯硅烷（TMCS），改性效果较为优异。在改性过程中，TMCS 存在的 Cl^- 基团与 SiO_2 气凝胶表面存在的 —OH 基团可发生反应生成 HCl，同时 TMCS 中的疏水基团—R_3SiO 接枝到气凝胶结构上，从而使气凝胶材料具备一定的疏水功能。刘洋等使用三甲基氯硅烷作为表面改性剂，采用酸碱两步法将由正硅酸四乙酯制作的气凝胶胶块置于三甲基氯硅烷的正己烷溶液中进行表面修饰，通过红外光谱和接触角测试的方式表征了气凝胶亲疏水性能的变化，并得出结论：当三甲基氯硅烷和正己烷的体积比为 1:10 时可以获得最佳的疏水效果，即最大接触角为 158°。六甲基二硅氮烷（HMDZ）是另一种常见的疏水改性剂，陈一民等对六甲基二硅氮烷和六甲基二硅氧烷这两种表面改性剂的作用进行了大量的研究。他们用正硅酸四乙酯采用酸碱两步法制取了气凝胶并使用这两种表面改性剂对凝胶表面进行疏水改性，制备出性能优异的疏水气凝胶，吸水量低于 3%，与水的接触角大于 130°。

溶剂置换法对凝胶孔结构中溶剂交换的同时也进行表面改性处理，达到较快制备疏水气凝胶的目的。Zhang 等在溶胶-凝胶反应后直接使用 TMCS 和正己烷溶液进行了表面改性，成功制备出了水接触角 142°、高疏水性的 SiO_2 气凝胶材料。图 1-12 为表面改性法制备二氧化硅气凝胶示意图。

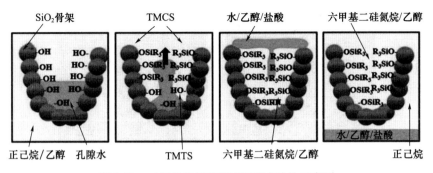

图 1-12　二氧化硅气凝胶表面疏水改性示意图

1.2.5　气凝胶增强方法

单纯的气凝胶机械强度低、韧性差，限制了其操作性和应用，制备气凝胶复合材料可提高其结构稳定性和力学性能，使气凝胶得到更广泛的应用。提高气凝胶骨架结构稳定性或者通过将气凝胶粉体与聚合物黏结剂或者微米纤维毡进行复合，可在一定程度上提升材料力学性能。

1.2.5.1　网络增强法

气凝胶网络结构纤细，需要通过不同的方法来增强凝胶网络骨架的强度，可使凝胶的网络结构比较完整，且有足够的强度和弹性，足以抵御在干燥过程中毛细管附加压力与凝胶的破坏作用，就有可能实现气凝胶的非超临界干燥制备。具体的措施有：
（1）改变原料配比、调节水解条件；
（2）改善老化环境；
（3）增加老化时间。

1.2.5.2　纤维增强法

气凝胶骨架增强法采用化学或机械混合的方式，将有机结构骨架、纤维等均匀分布在气凝胶溶液中，通过复合外部骨架支撑来达到改善力学性能、防止因毛细管力导致气凝胶开裂的目的，采纳原位生长法使得气凝胶在复合骨架上凝胶，使得有机无机有效复合，不但能使气凝胶骨架本身更加稳定，还能抑制气凝胶颗粒团簇、堆积，使气凝胶微观结构更均匀、整体性能更稳定。目前，应用于复合气凝胶的骨架有有机制备的三聚氰胺海绵骨架、常规束状纤维、纳米纤维、石墨烯管等。

王斐通过以柔性静电纺 SiO_2 纳米纤维为构筑基元，引入水解硅烷溶胶为黏结剂，实现了超弹 SiO_2 纳米纤维基气凝胶的常温原位构建。在此基础上，引入细菌纤维素二级精细网络结构，利用"多级网络协同交联"的作用机制，制备出超弹 SiO_2 纳米纤维双网络气凝胶，实现了气凝胶力学性能的进一步提升。图 1-13 为不同 BC 纤维含量（0wt％、10wt％、20wt％、30wt％）的双网络气凝胶的微观结构 SEM 图片。当 BC 含量增加至 20％，BC 纤维在气凝胶开孔框架结构的侧壁上可形成完整的二级网络层。随着 BC 含量的进一步增大，SiO_2 纤维框架上形成了致密的 BC 薄膜，此时 BC 网络结构消失，这是因为过量的 BC 纤维在冷冻过程中发生了团聚堆积，最终形成了无孔结构。

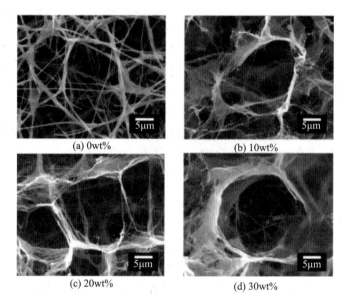

图 1-13　不同 BC 纤维含量的双网络气凝胶的微观结构 SEM 图片

1.2.5.3　聚合物增强法

聚合物材料具有高比强度、可进行多种化学修饰以及种类众多可适应不同环境下的应用等特点。聚合物交联法是将带有活性基团的聚合物和气凝胶前驱体混合，使其在气凝胶骨架、空隙中与气凝胶交联，增强气凝胶骨架结构的一种方法，可提高力学强度，达到柔性要求。使用交联剂可以与气凝胶骨架间形成共价键，加固骨架强度，使聚合物和气凝胶"珍珠链"之间的交联更加均匀，极大提高骨架间的连接性能。

1.3　气凝胶的结构与表征手段

1.3.1　气凝胶基本结构特点

气凝胶是一种新型无机非金属材料，属于纳米级多孔轻质材料，主要由不同的前驱体粒子和高达 90％以上的空气组成，纳米结构使其成为一种十分轻质的固体材料。

目前通过不同的原料、配比、制备工艺，可实现对气凝胶的内部骨架结构的有效调控。为了能够准确地获取气凝胶内部网络结构的具体信息，一般采用透射电镜、扫描电镜、XRD 等表征测试手段进行分析，以下将对在气凝胶的研究生产过程中常用到的表征测试手段进行详细介绍。

1.3.2　气凝胶微观形貌表征

电子显微镜已经成为表征各种材料的有力工具。它的多功能性和极高的空间分辨率使其成为许多应用中非常有价值的工具。主要分为以下两种：

透射电镜全称为透射电子显微镜（Transmission Electron Microscope，TEM），其可以

看到在光学显微镜下无法看清的小于 $0.2\mu m$ 的亚显微结构或超微结构，其成像原理与光学显微镜的基本相同，不同之处在于透射电子显微镜采用电子束为光源，用电磁场为透镜。

扫描电子显微镜（Scanning Electron Microscope，SEM）是一种介于透射电子显微镜和光学显微镜之间的一种观察手段，其利用聚焦很窄的高能电子束来扫描样品，通过光束与物质间的相互作用，来激发各种物理信息，对这些信息收集、放大、再成像以达到对物质微观形貌表征的目的。

透射电子显微镜和扫描电子显微镜两者都是用来观察材料的形貌特征。通过 SEM 图像和 TEM 图像，可以清晰明了地获取所制备气凝胶的微观形貌特征，从而有利于对其结构性能进行进一步的分析讨论，极大方便了相关工艺的调整。孔径大部分在 100nm 以内，且颗粒大小以及孔径分布均匀，属于无定形物，为典型的纳米多孔结构。图 1-14 和图 1-15 分别为二氧化硅气凝胶的扫描电镜和透射电镜图。

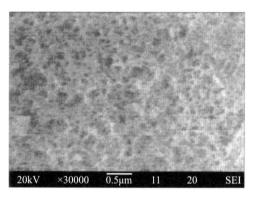

图 1-14　SiO_2 气凝胶扫描电镜

图 1-15　SiO_2 气凝胶透射电镜

1.3.3　气凝胶孔结构分析

目前，气凝胶孔结构分析一般采用气体吸附法和压汞法。

气体吸附法（BET 法）是在朗格缪尔（Langnuir）的单分子层吸附理论的基础上，由 Brunauer、Emmett 和 Teller 三人进行推广，从而得出的多分子层吸附理论（BET 理论）方法，因此又称 BET 法。其中常用的吸附质为氮气，对于很小的表面积也用氮气。在液氮或液态空气的低温条件下进行吸附，可以避免化学吸附的干扰。BET 公式是目前行业中使用最广泛、最可靠的测试计算公式，如下所示：

$$P/V\ (P_0-P) = [1/V_m{\times}C] + [\ (C-1/V_m{\times}C) \times (P/P_0)] \qquad (1\text{-}6)$$

式中，P 为氮气分压；P_0 为液氮温度下氮气的饱和蒸汽压；V 为样品表面氮气的实际吸附量；V_m 为氮气单层饱和吸附量；C 为与样品吸附能力相关的常数。

压汞法（Mercury Intrusion Method）是指用来测定焦炭中的过渡气孔和宏观气孔的孔径和它们的分布。压汞法是依靠外加压力使汞克服表面张力进入焦炭气孔来测定焦炭的气孔孔径和气孔分布。外加压力增大，可使汞进入更小的气孔，进入焦炭气孔的汞量也就越多。当假设焦炭气孔为锥形时，根据汞在气孔中的表面张力与外加压力平衡的原理，可以得到焦炭孔径的计算方法。采用压汞法要求所用的汞必须没有化学杂质，也未受到物理污染。因为汞的污染会严重影响本身的表面张力以及与焦炭的接触角。

1.3.4 气凝胶化学成分和晶体结构表征

1.3.4.1 核磁共振成像表征

核磁共振成像（Nuclear Magnetic Resonance Imaging，NMRI），是利用核磁共振（Nuclear Magnetic Resonance，NMR）原理：是磁矩不为零的原子核，在外磁场作用下自旋能级发生塞曼分裂，共振吸收某一定频率的射频辐射的物理过程。核磁共振波谱学是光谱学的一个分支，其共振频率在射频波段，相应的跃迁是核自旋在核塞曼能级上的跃迁。

根据所释放的能量在物质内部不同结构环境中的衰减变化，通过外加梯度磁场检测所发射出的电磁波，即可得知构成这一物体原子核的位置和种类，据此可以获取物质物体内部的结构图像。图 1-16 为姚远制备的苯乙烯马来酰亚胺基共聚物气凝胶核磁共振成像。

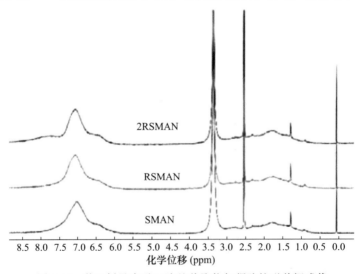

图 1-16　苯乙烯马来酰亚胺基共聚物气凝胶核磁共振成像

1.3.4.2 X 射线衍射技术（XRD）表征

X 射线是波长介于紫外与 γ 射线之间的电磁波，其波长范围涵盖了 $10^{-12}\sim10^{-8}$ m，

相应的频率范围为 $10^{16} \sim 10^{22}$ Hz。人们通常利用单一波长（单色）的 X 射线进行散射与衍射实验，XRD 即 X-ray diffraction 的缩写，X 射线衍射，通过对材料进行 X 射线衍射，分析其衍射图谱，获得材料的成分、材料内部原子或分子的结构或形态等信息的研究手段。其原理是 X 射线与物质作用时，就其能量转换而言，一般分为三部分，其中一部分被散射，一部分被吸收，一部分通过物质继续沿原来方向传播。散射的 X 射线与入射 X 射线波长相同时对晶体将产生衍射现象，即晶面间距产生的光程差等于波长的整数倍时。将每种晶体物质特有的衍射花样与标准衍射花样对比，利用三强峰原则，即可鉴定出样品中存在的物相。

1.3.4.3　拉曼散射表征

拉曼光谱（Raman Spectra）作为一种散射光谱，是基于印度科学家 C. V. 拉曼（Raman）发现的拉曼散射效应，对与入射光频率不同的散射光谱进行分析以得到分子振动、转动方面的信息，并应用于分子结构研究的一种分析方法。通过对拉曼光谱的分析可以了解物质的振动转动能级情况，从而鉴别物质，分析物质的特性。利用拉曼光谱技术能够提供快速、简单，可重复且更重要的是无损伤的定性定量分析，它无需样品准备，样品可直接通过光纤探头或者通过玻璃、石英和光纤测量。

1.3.4.4　红外光谱表征

红外光谱是分子选择性吸收某些波长的红外线，而引起分子中振动能级和转动能级的跃迁，通过检测红外线被吸收情况从而得到物质的红外吸收光谱，又称分子振动光谱或振转光谱。红外吸收峰的位置与强度可反映分子结构上的特点，用来鉴别未知物的结构组成或确定其化学基团；而吸收谱带的吸收强度与化学基团的含量有关，可用于定量分析和纯度鉴定。另外，在化学反应的机理研究上，红外光谱也发挥了一定的作用。目前红外光谱被广泛应用未知化合物的结构鉴定。

红外光谱具有测试迅速、操作方便、重复性好、灵敏度高、试样用量少、仪器结构简单等特点，因此成为现代结构化学和分析化学最常用和不可缺少的工具。

1.3.4.5　小角 X 射线散射（SAXS）表征

小角 X 射线散射（Small Angle X-ray Scattering）是一种区别于 X 射线大角（2θ 从 $5° \sim 165°$）衍射的结构分析方法。利用 X 射线照射样品，相应的散射角 2θ 小（$5° \sim 7°$），即为 X 射线小角散射。用于分析特大晶胞物质的结构分析以及测定粒度在几十纳米以下超细粉末粒子（或固体物质中的超细空穴）的大小、形状及分布。对于高分子材料，可测量高分子粒子或空隙大小和形状、共混的高聚物相结构分析、长周期、支链度、分子链长度的分析及玻璃化转变温度的测量。

1.3.5　气凝胶热性能分析

1.3.5.1　热重-差热分析

热重-差热分析（Thermogravimetric-Differential Thermal Analysis，TG-DTA）是

在程序控温和一定气氛下，同时测量试样的质量和输入到试样与参比物的温度差随温度或时间关系的技术。热重-差热分析主要测量与热量有关的物理、化学变化，如物质的熔点、熔化热、结晶与结晶热、相变反应热、热稳定性（氧化诱导期）、玻璃化转变温度、吸附与解吸、成分的含量分析、分解、化合、脱水、添加剂等变化进行研究。

1.3.5.2 导热系数测试

常见的通用导热系数测试分为以下几种：

（1）平板稳态热流计法

原理：对样品施加一定的热流量、压力，测试样品的厚度和在热板/冷板间的温度差，得到样品的导热系数，需要样品为较大的块体以获得足够的温度差，计算公式如下。

$$\lambda = \frac{Q_\mathrm{h} + Q_\mathrm{c}}{\mathrm{d}x^2} \cdot \frac{L}{\Delta T} \tag{1-7}$$

式中，Q_h 为上面热传感器的热流输出（W/m^2）；Q_c 为下面热传感器的热流输出（W/m^2）；L 为样品的厚度（m）；ΔT 为样品上下表面的温差（K）。

图 1-17 为平板稳态热流计法示意图。

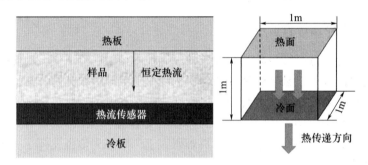

图 1-17 平板稳态热流计法示意图

对于气凝胶复合板、毡的导热系数，国内外大多生产企业主流都是采用此类导热测定方法，特别适合实际使用情况下的气凝胶复合板、毡的导热系数测量以及各种热接触材料和接触热阻的测量。

优点：可以测试产品的热阻与导热系数；特别适合模拟产品在实际工况下的使用状态。

缺点：对产品的厚度有一定要求；接触热阻会影响测试结果；为了到达稳态，测试所需时间较长。

（2）稳态护热平板法

护热板法导热仪的工作原理和使用热板与冷板的热流法导热仪相似，保护热板法的测量原理如图 1-18 所示。热源位于同一材料的两块样品中间。热板周围的保护加热器与样品的放置方式确保从热板到辅助加热器的热流是线性的、一维的。当试样上、下两面处于不同的稳定温度下，测量通过试样有效传热面积的热流及试样上、下表面的温度及厚度，应用傅里叶导热方程计算 T_m 温度时的导热系数。优缺点与平板稳态热流计法相同。

$$\lambda = \frac{Qd}{A\left[(t_2-t_1)+(t_4-t_3)\right]} \qquad (1\text{-}8)$$

式中，Q 为热流稳定后，通过试样的热流量；d 为试样厚度；A 为试样面积。

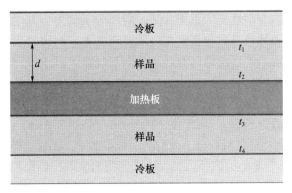

图 1-18　稳态护热平板法示意图

（3）瞬态平面热源法（TPS）

原理：将带有自加热功能的温度探头放置于样品中，测试时在探头上施加一个恒定的加热功率，使其温度上升。镍的热电阻系数——温度和电阻的关系呈线性关系，即可通过了解电阻的变化可以知道热量的损失，从而反映样品的导热性能。然后测量探头本身和与探头相隔一定距离的圆球面上的温度随时间上升的关系，通过数学模型拟合同时得到样品的导热系数和热扩散率。瞬态平面热源法原理如图 1-19 所示。

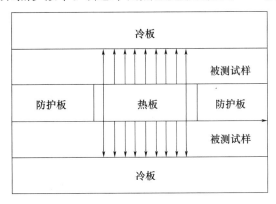

图 1-19　瞬态平面热源法原理

优点：能够同时测量导热系数、热扩散率以及单位体积的热容；测试范围广 $[0.005\sim500\text{W/(m·K)}]$、精度高（±3%）、重复性好（±1%）、测量时间短（单次测量 3~5min）和操作简便；可测试的样品种类多（液体、粉末、凝胶、高分子、复合材料等）；不受接触热阻的影响，其测试结果更贴近于材料本身的导热系数。

缺点：此方法适用于测均质材料的导热系数，不适合用于测各向异性材料（如石墨片）。

1.3.6　分子动力学模拟

分子动力学（Molecular Dynamics，MD）是一组分子模拟方法，通过分子动力学模拟可以从原子水平分析和探索气凝胶的结构，利用分子动力学方法，选取合适的势函数可以重现二氧化硅气凝胶分形结构模型。由分子系统的不同状态组成的系统中提取样本,从而计算出系统的构型积分,并根据类型积分的结果进行构造,通过统计径向分布函数和分形维数可以得到气凝胶的键长分布和分形结构特征。弹性模量、抗拉强度和导热系数是衡量气凝胶热力学性能的重要参数。应用分子动力学方法可以模拟得到气凝胶弹性模量、抗拉强度和导热系数与密度之间的幂律关系。利用分子动力学模拟有助于揭示气凝胶的热力学性能、绝热能力以及微结构演变规律,对于提升气凝胶热力学性能并扩大其应用领域有重要的意义。

在分子动力模拟中,原子间电位起着至关重要的作用,包括成键方式和与邻近原子间的相互作用。常用的势函数有 BKS 势、Vashishta 势和 Tersoff 势等。

杨云等研究了二氧化硅气凝胶分子动力学。步骤如下:①建立模拟盒子,以 β-方石英晶体建立含有 $a\times b\times c$ 个单胞的 SiO_2 晶体盒子;②模型采取三维周期性边界条件,运用共轭梯度法进行能量最小化,得到在绝对零度下稳定的晶体结构;③在 NPT(恒定压力和温度)系统下,高温(一般为 5000K 或 6000K)平衡一段时间,将晶体熔化,然后淬火至300K,得到非晶态氧化硅;④在 NVE(恒定体积和能量)系统下,温度为 300K,进行结构弛豫,使拉伸-松弛阶段不断重复,在松弛阶段通过 Si—O 键的逐渐断裂形成孔隙,得到一定密度的气凝胶;⑤将气凝胶平衡一段时间,使其结构在恒定的压力和体积下处于稳定状态,以上步骤可以根据需要进行改动。二氧化硅气凝胶模型各阶段的示意图见图 1-20。

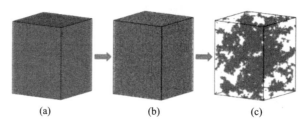

图 1-20　二氧化硅气凝胶模型建立过程各阶段的示意图
(a) SiO_2 晶体;(b) 非晶 SiO_2;(c) SiO_2 气凝胶

1.4　气凝胶的基本特性

气凝胶独特的孔隙结构使其在力学、热学、声学、吸附、储存、催化、光学、电学等方面都展现出独特的性能特点,如高孔隙率、低导热系数、低声阻抗、低折射率、低介电常数等,使其在航空航天、建筑、微电子、日常生活用品等领域都表现出广阔的应用前景。表 1-4 列出了气凝胶材料的性质、特性及应用,下面对气凝胶材料的基本特性及其应用作简单的介绍。

表 1-4　气凝胶材料的性质、特性及应用

性质	性能特点	应用
热学特性	绝热、耐高温、轻质	保温隔热材料等
光学特性	低折射率、高透光率	轻质光学仪器、切伦科夫探测器等

续表

性质	性能特点	应用
电学特性	高介电强度、低介电系数	电介质、电容器、电极等
吸附、存储、催化特性	高孔隙率、高比表面积	催化剂及催化剂载体、吸附剂等
其他特性	低声速传播、分形结构等	建筑隔声材料、分形学研究

1.4.1 热学特性

相比于岩棉板、玻璃棉、聚苯乙烯泡沫（EPS）和挤塑聚苯乙烯泡沫塑料（XPS）板等传统保温隔热材料，气凝胶在隔热领域表现出更优异的效果。对于气凝胶热学性质的研究，至今已有几十年的历史。从 1931 年 S. S. Kistler 首次制备出气凝胶材料开始，因独特结构使世界科学家们对其产生了浓郁的兴趣。1997 年，美国国家航空航天局（NASA）首次将气凝胶作为绝热材料应用到了火星探路号上，从此使气凝胶成为航空航天领域的标准绝热材料，后来的俄罗斯"和平"号空间站上也同样使用了气凝胶材料。

气凝胶材料主要通过三种途径来进行热量的传导：固态传热、气态传热以及辐射传热。由表 1-5 可知，由于对流传热在空隙小于 4mm 的多孔材料中可以忽略不计，因此总热导率可用公式（1-9）来描述：

$$k_T = k_s + k_g + k_r \tag{1-9}$$

式中，k_T 为总导热系数；k_s、k_g 和 k_r 分别为气凝胶材料的固体、气体和辐射传递分量。

表 1-5　气凝胶材料与普通隔热材料传热方式对比

传导方式	一般隔热材料		气凝胶材料	
固态传热		通路径短，颗粒相互之间接触面积大		热量传递经过无限长的路径，颗粒之间的接触面积小（无限长路效应）
气态传热		热传递通过气体分子之间的碰撞产生		内部存在介孔结构，孔径尺寸小于气体分子的平均自由程，气体之间几乎无热传递（零对流）
辐射传热		对红外线透过，辐射传热易穿透		红外吸收剂和反射膜的添加，可有效削弱热辐射（无穷遮挡板效应）

固态传热：气凝胶的固态传热取决于气凝胶本身的骨架结构，降低气凝胶的密度能够有效地限制气凝胶材料的固相传热，由于气凝胶本身孔隙率就高达 90% 以上，所以固相传热所占的比例很低。

"无穷长路径"效应由于近于无穷多纳米孔的存在,热流在固体中传递时就只能沿着气孔壁传递,近于无穷多的气孔壁构成了近于"无穷长路径"效应,使得固体热传导的能力下降到接近最低极限。

气态传热:气凝胶的气态传热可以分为气相热传导和气相热对流,其内部存在的介孔结构能够有效地抑制气态传热。气凝胶内部的平均孔径约为 20nm,比空气的平均自由程(70nm)小得多,空气分子失去自由流动的能力,相对地附着在气孔壁上,材料处于近似真空状态,对流传热很小即"零对流"效应。

辐射传热:"无穷多遮热板"效应由于材料内的气孔均为纳米级再加材料自身极低的体积密度,使材料内部气孔壁数趋于"无穷多",对于每一个气孔壁来说都具有遮热板的作用,因而产生近于"无穷多遮热板"的效应,从而使辐射传热下降到近乎最低极限。

1.4.2 光学特性

大部分硅气凝胶均可做成全透明或者半透明的材料,因此关于 SiO_2 气凝胶的光学特性研究报道相对较多,其光学透明性与凝胶网络的结构关系紧密,构成网络结构的颗粒或团簇的直径越小,其光学透明度越高。另外,SiO_2 气凝胶对蓝光和紫外光有很强的瑞利散射,其可见光和红外光的湮灭系数之比可达 100 以上,折射率接近于 1,这些特性使太阳光线几乎可以完全穿透 SiO_2 气凝胶而不造成反射损失。

由于 SiO_2 的吸收在可见光范围内可忽略不计,因此光的消光仅由散射引起,主要分为两种不同的气凝胶光散射源:由气凝胶外表面微米级缺陷引起的散射和纳米多孔气凝胶网络的散射。由于气凝胶网络的不均匀性比光波长小得多,因此可以观察到几乎各向同性的光散射。研究发现:对于一系列四甲氧基硅烷(TMOS)基 SiO_2 气凝胶,其散射 I_B 随二氧化硅含量和溶胶凝胶起始溶液中催化剂浓度的变化而变化。目前已有研究者成功制备出了具有较高透明度的强碱催化气凝胶,密度约为 $200kg/m^3$。另外,由于硅酸钠(水玻璃)水溶液制备的气凝胶其前驱体廉价、不易燃且无害,因而被大规模应用于商业应用中。利用气凝胶的光学透明性质与散射特性,结合其热学特性可以在透明隔热应用领域发挥巨大的作用,如建筑智能窗户等。

另外,通过调节气凝胶材料的孔隙结构,可以对其光反射率进行更进一步的调控。例如:在碳气凝胶材料中引入亚波长结构可以制备出"超级黑"材料,反射率仅为 0.19%,完美的吸收性能使其将来在太阳能转换、光学仪器、热探测器等应用领域有极大的应用潜力。此外,低密度的气凝胶材料的折射率可接近于空气,可被用作光纤的外包覆层从而提高光纤的数值孔径,进而提高光纤对光的收集及传输效率。

1.4.3 电学特性

1.4.3.1 导电性能

碳气凝胶结合了碳材料的导电性,是唯一具有导电性的气凝胶,同时还具备传统的气凝胶的比表面积大、密度变化范围广等特点,是制备超级电容器、电池电极的理想材料,目前在电学领域中研究比较多。

此外，由于独特结构和优异物理化学性能，石墨烯成为目前改善聚合物机械和电气性能的理想填料之一。在许多石墨烯复合物中，石墨烯气凝胶是许多研究人员最关注的结构材料之一，具有高孔隙结构、超低密度和高导电性，便于聚合物流体在其三维网络结构中的扩散和传输。目前，石墨烯气凝胶的制备方法包括原位还原法、诱导组装法、模板法和化学交联法等，通常选用氧化石墨烯作为前驱体，含有丰富的含氧官能团表现出良好的胶凝特性，可通过超分子相互作用（例如氢键和 π-π 相互作用）进行胶凝。

作为水溶性聚合物，聚乙烯醇可以与氧化石墨烯形成氢键，从而促进氧化石墨烯的胶凝，经还原后可获得具有均匀稳定的网络结构的石墨烯气凝胶，有利于改善其机械性能和电性能。

由于电容器型阴极和电池型阳极之间的动力学不匹配，目前的锂离子电容器（LiCs）仍然难以实现高能量密度。Jiang 等为了增强动力学匹配，石墨烯气凝胶（GA）支持的 $LiNbO_3$ 纳米颗粒（$LiNbO_3$@GA）三维导电网络被配置为锂离子电池的新型阳极，碳氮化硼纳米管（BCNNT）作为阴极。通过对 $LiNbO_3$@GA 阳极和 BCNNT 阴极的动力学分析，进一步研究了 BCNNT 的正阴离子存储行为。得益于 $LiNbO_3$ 的高赝电容贡献和三维导电框架的吸引人的特性，$LiNbO_3$@GA 阳极表现出增强的动力学性能和高速率赝电容行为。BCNNT 电极表面控制的假电容反应和扩散限制的插/脱反应所产生的阴离子的存储使得阴极具有快速充放电的能力，从而大大减少了阴极和阳极之间的动力学不匹配。组装的 $LiNbO_3$@GA//BCNNT LIC 在 200W/kg 的功率密度下提供了 148Wh/kg 的最大能量密度，具有理想的循环稳定性（在 7000 次循环后达到 82％）。该策略利用了一种新型材料，拓宽了伪电容先进高速率器件在储能领域的发展道路。

1.4.3.2 介电性能

气凝胶材料表现出比传统多孔材料更高的介电强度，可能是由于气凝胶中的孔径与电子碰撞的平均自由程相同所造成的。气凝胶纳米孔中的电子往往会与固体发生碰撞，再获得足够的动能使其在发生碰撞时电离。另外，气凝胶超高孔隙率的网络结构还决定了其具有超低介电常数（低至 1.003）和极低介电损耗的特性。因此，气凝胶材料在微电子领域具有很大的应用潜力。随着微电子工业的发展，对集成电路的运算速度要求也越来越高。一般而言，计算机中所用衬底材料的介电常数越低，其运算的速度也就越快。通过使用具有低介电常数的介质材料能够很好地决定以上问题，SiO_2 气凝胶材料不失为一种选择。

SiO_2 气凝胶薄膜是具有精细结构的高孔洞率材料，其基本粒子和孔洞尺寸均在纳米级，这种微观结构决定了它独特的性能，如折射率和介电常数随孔洞率在 1.004～2.2 与 1.1～3.5 之间可调控，低导热系数和低声传播速度；这种 SiO_2 气凝胶薄膜可用作光学减反射膜、低介电常数介电膜、保护层和传感器等。尤其是随着超大规模集成电路（ULSI）向着高封装密度和高工作速度的发展，器件特征尺寸不断减小，从而导致互连延迟、串扰和能量消耗迅速增加，并且电路的性能受到很大影响。用低介电常数介电膜代替传统的 SiO_2 膜是解决上述问题的有效方法之一。SiO_2 气凝胶膜不仅具有低介电常数，而且具有适合微电子应用的许多优点，其孔径远小于微电子学的特征尺寸，同时具有高介电强度和高热稳定性，其骨架材料 SiO_2 和前驱体是半导体工业的常用材料，与硅黏附性及间隙填充能力高，与器件集成、化学机械抛光、强迫填充铝及化学气相沉积钨层等工艺兼容，是传统 SiO_2 介质膜的理想替代物，有望成为新一代低介电常数介质薄膜。此外，还通过改变气凝胶的密度来对其介电常数值进行调节，这也大大拓宽了气凝胶在微电子产业的应用潜力。图 1-21 为不同厚度单层 SiO_2 气凝胶薄膜的截面图。

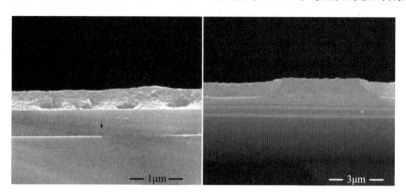

图 1-21　不同厚度单层 SiO_2 气凝胶薄膜的截面图

1.4.4　吸附特性

随着人类社会的发展进步，环境污染和能源危机成为制约社会可持续发展的重要问题。在环境污染吸附修复方面，通常需要使用大量的吸附剂。物理吸附法具有成本低、无二次污染、可回收利用的优点，目前已成为研究热点并得到了广泛应用。因气凝胶材料的多孔结构特性，使其具备十分优异的吸附催化性能，在环境污染治理和储氢方面具备较大的应用潜力，至今已取得了一定的研究成果。

SiO_2 气凝胶被认为是一种非常成功的物理吸附剂，已有大量被用于污染物吸附的实际案例。例如：在对 VOC 进行吸附时，由于存在水分子的竞争，因此传统吸附材料对 VOC 的吸附性能低，通过表面改性在 SiO_2 气凝胶表面引入疏水基团，可以抑制与水分子的竞争从而能更好地吸附 VOC。另外，最近几十年铅的大量积累增加了对环境的污染，成为公共卫生、生物资源和生态系统的重大问题，一般采用吸附处理法对重金属污染的废水进行处理，这种方法中吸附材料的选择尤为重要，气凝胶凭借其特殊的结构在吸附领域中占据了一席之地。生物质基有机气凝胶因具有原料天然丰富、成本低、生态友好性和生物降解性好等优点，其作为三维材料在吸附领域也表现出巨大的潜力，迄今为止，基于纳米纤维素、木质素和甲壳质生物质已经成功地制备了多种高性能油吸收剂。

1.4.5　存储特性

气凝胶具有高比表面积和多孔结构，能够提供大量的吸附空间，从而实现高储能密度。气凝胶吸附储能具有快速的吸附和解吸速度，可以在短时间内完成能量储存和释放。气凝胶材料具有较好的化学和热稳定性，能够进行多次循环使用而不损失储能性能。

目前已经成功实现了用二氧化硅气凝胶储存危险液体，如火箭燃料的红色发烟硝酸和非对称性 1,1-二甲肼（UDMH）。此外，量子点气凝胶的出色稳定性使其对于储能电极器件的研究具有重要价值。

1.4.6 催化特性

除了具有显著的吸附作用，气凝胶材料还可以被用作催化剂。以光催化为例，光催化被认为是解决环境污染和能源危机的最有前途的技术之一，然而传统的光催化剂通常因粉末强烈附聚和复杂回收利用，大大限制了它们的实际应用。相比之下，气凝胶光催化剂由于具有较高比表面积、强可操作性和可回收性，近年来受到了极大的关注。随着合成技术的发展，气凝胶光催化剂的类型已从传统的氧化物和硫属化物气凝胶扩展到目前的复合气凝胶。同时，它们的应用范围也已从最初的物理吸附扩展到目前的光化学反应。现已成功通过气凝胶光催化剂从污水中吸附去除油污和染料，同时除了基本的吸附能力以外，气凝胶催化剂还可以在光照条件下将污染物降解为无毒的微分子，从而达到环境净化的作用。

气凝胶光催化还可以将太阳能转化为化学能，从水中分解出 H_2 和 O_2，这一策略也被认为是解决当前能源危机最有希望的方法之一。通过利用量子点气凝胶的光催化技术光解水生成氢和氧来解决能源危机。在量子点气凝胶中，光子被吸收后将激发电子从价带跃迁到导带，在价带顶中留下空穴，产生的光生电子空穴对将迁移到量子点气凝胶表面的催化活性位点，可以使水转化为 H_2 和 O_2。

除此之外，在制备气凝胶的过程中，也可以进一步对气凝胶进行复合或掺杂处理，从而提升其催化能力。例如：在耦合 TiO_2 与石墨烯气凝胶后，可显著提高其电子密度，极大增强了其光催化活性，显著拓宽了复合气凝胶光催化剂的应用范围。

1.4.7 声学特性

声波的传播速度与物质的密度和体积弹性模量有关，气凝胶的多孔网络结构使其具有极低的密度，因此在声波的传播过程中显示出较慢的传播速度。例如：声波在 SiO_2 气凝胶内的传播速度可降低至 90m/s，而在石英玻璃中却高达 5000m/s，因此气凝胶可以作为一种十分理想的声学延迟或高效隔声材料。

气凝胶纳米孔的多界面反射作用，同时由于气凝胶骨架弦振动，从而产生内部摩擦、降低声压，达到吸声降噪的效果。当声波通过纳米孔时，由于空气与骨架边界之间的摩擦，声能被转换成热能；声波在纳米孔中多次反射导致柔性气凝胶骨架产生弦振动，使能量在内部消耗掉，从而达到降低声压强度、降噪的效果。气凝胶主要通过两个方面对声音起到衰减的作用。一是气凝胶的内部充满两端开放并与表面相通的纳米孔，孔洞数量非常多，使其有极大的内表面积。因此，在传播声音时内部大量存在的孔壁能够有效地消耗声能，使气凝胶材料具有十分显著的吸声性能。二是内部存在的纳米级孔道使得空气黏性流动的速度与空气分子的 Knudsen 扩散速度十分接近，因而消耗掉一部分通过空气进行传播的声能。

气凝胶材料具有质量轻、隔声性能好的特性，可以作为飞机、轮船和汽车设计的隔声材料使用。另外，由于气凝胶的声阻抗与其他固体材料相比更小，同时可以通过调控气凝胶的密度使其在很大的范围内发生改变，因此可以用作声阻耦合材料，例如用 SiO_2 气凝胶耦合压电陶瓷与空气的声阻耦合材料，能显著提高声强，从而提高声波的传播效率。

气凝胶材料的声学性能还可以和其他性能结合，从而进一步扩大其应用场景。气凝胶具有良好的耐腐蚀性能，同时也具有优异的热稳定性能，在经过表面改性疏水处理之后，使其能够在高温腐蚀等恶劣环境下仍具备良好的吸声性能。因此，气凝胶材料可作为一种新型的隔声材料应用于建筑领域，既吸声、又轻质环保。

1.5 气凝胶产业发展现状

1.5.1 气凝胶学术发展

1.5.1.1 气凝胶材料研讨会

气凝胶材料国际研讨会情况如图 1-22 所示。2015 年 10 月 18 日，第一届气凝胶材料国际学术研讨会在江苏南京开幕。会议由南京工业大学主办。23 家单位 70 余位海内外专家及行业代表参加了会议。会议设有学术报告 17 个，共收录论文 23 篇。继第一届气凝胶材料国际学术研讨会之后，来自国内外 23 家高校、科研院所及企业代表在气凝胶领域的科研合作和交流工作取得了重要进展。为了总结、交流和共享材料研究的最新成果并展望未来，进一步促进气凝胶材料的基础研究和应用技术更新和发展，于 2017 年11 月 10—12 日在济南召开第二届气凝胶材料国际学术研讨会。由南京工业大学和山东大学联合主办。会议秉承一贯宗旨，邀请国内外著名专家就气凝胶材料理论、制备、结构、性能和应用现状以及发展趋势作专题报告，同时进行学术交流。76 家单位 180 余名代表参加了会议。会议设有大会特邀报告 4 个、学术报告 24 个，共收录论文 34 篇。2019年 10 月 24—26 日，第三届气凝胶材料国际学术研讨会在湖南长沙召开。由南京工业大学、吉首大学、Hamburg University of Technology 联合主办。91 家单位 230 余名代表参加了会议，Smirnova lrina 教授作为大会主席参会。设有 17 个大会特邀报告、20 个分会场学术报告，共收录论文 34 篇。2023 年 4 月 24 日，第四届气凝胶材料国际学术研讨会在河南

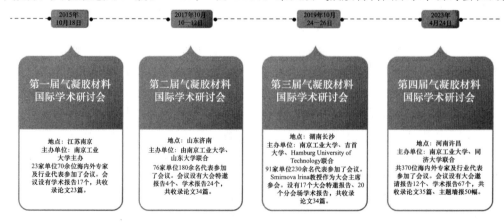

图 1-22　气凝胶材料国际研讨会

许昌开幕。会议由南京工业大学、同济大学联合主办。共 370 位海内外专家及行业代表参加了会议。会议设有大会邀请报告 12 个、学术报告 67 个、共收录论文 35 篇、主题墙报 50 幅。虽然气凝胶在各领域的应用研究都取得了一定的成果，但距离大规模产业应用还需要继续探索和推广，相信在不远的将来气凝胶材料有望实现在多领域的成熟应用。

1.5.1.2　气凝胶材料专利分析

气凝胶经过三次产业化浪潮，当前正处于以我国企业为主导的新一轮产业化浪潮中。随着气凝胶工艺成本的降低和产业规模的不断扩大，我国气凝胶企业成功开拓了工业设备管道。近 10 年，我国气凝胶领域专利申请量增长迅速，反映我国气凝胶领域的研究与应用热度持续攀升，而企业是当前专利申请的主要力量，表明我国气凝胶材料产业化进程中企业占主导地位。此外，气凝胶领域的专利整体质量较高。从气凝胶专利的主题词聚类结果来看，材料是关注的热点，当前主要集中在 SiO_2 气凝胶，其中纤维复合改性是研究较多的方法；产品的专利申请主要围绕气凝胶毡、气凝胶板等传统产品，而锂离子动力蓄电池也成了关注的热点。从企业专利布局来看，多为实用新型专利，主要集中在产品或设备。发明专利则在材料、制备方法上的比较集中，分别关注 SiO_2 气凝胶以及超临界法。对气凝胶材料相关专利进行分析，从专利申请姿态、申请人类型、研究热点等角度阐述。在 Incopat 专利检索平台以时间段 2014—2023 年（11 月）和关键词气凝胶检索申请专利 11737 件，包括有效专利 4236 件，失效专利 4131 件，审查中 3370 件。在产业化应用发展的同时，国内也逐渐开始重视相关知识产权的保护，国内气凝胶材料专利数量逐年增加，图 1-23 为近 10 年相关气凝胶发明申请专利量。图 1-24 为专利状态。我国在气凝胶领域的发展与研究热度持续攀升，专利申请量从 2014 年的 373 件上升到 2022 年的 1810 件（2022 年、2023 年专利未完全公开），正在逐步构建一个中国特有的气凝胶材料专利群，标志着国内气凝胶研究和工业化生产水平已达到国际水准。

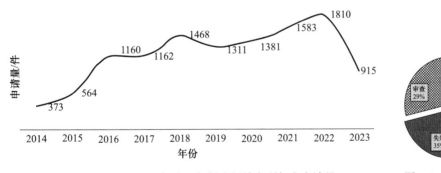

图 1-23　2014—2023 年我国气凝胶领域专利年度申请量　　　　图 1-24　专利状态

1.5.2　气凝胶材料产业链

1.5.2.1　产业链

气凝胶产业链包括上游气凝胶前驱体（无机硅源和有机硅源）、中游气凝胶材料制品和气凝胶生产设备以及下游应用等环节，如图 1-25 所示。上游正硅酸乙酯、功能性硅烷为硅源，玻纤毡或者陶瓷纤维毡为基体；气凝胶中下游：气凝胶基材加工，利用溶胶凝胶工艺将硅源负载在基体上，再利用超临界工艺去除硅胶孔的杂质，进一步形成良好的微孔结构，再进行后处理加工销售给下游客户。

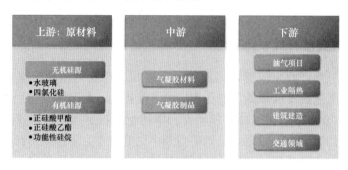

图 1-25　气凝胶产业链

（1）上游：硅源（前驱体）

根据化合物结构、组分不同，硅源可分为有机硅源和无机硅源。有机硅源包括正硅酸甲酯（TMOS）、正硅酸乙酯（TEOS）等功能性硅烷；无机硅源包括四氯化硅、硅酸钠等。

目前有机硅源为主流路线，主要相关厂商包括晨光新材、宏柏新材、新安股份、金宏气体等。而其中，具备全产业链显著成本优势的企业包括晨光新材和宏柏新材等。晨光新材是功能性硅烷行业领先，拥有正硅酸乙酯产能，具备显著成本优势；宏柏新材是含硫硅烷细分龙头，取得了十多项含硫硅烷领域的核心技术，凭借上游原料切入气凝胶赛道，具备全产业链优势；泛亚微透是国内 ePTFE 引领者，收购大音希声 60％股权切入气凝胶领域。

（2）中游：气凝胶材料及其制品

气凝胶材料利用通常为气凝胶保温板、毡、垫等复合材料形式。气凝胶材料本身强度低、脆性大，其直接使用受到限制，因此通常将其与有机聚合物、纤维增强材料进行复合，制备得到兼具刚性和柔性的保温材料。常用的复合材料包括玻璃纤维、预氧丝、陶瓷纤维等。在具体使用过程中，还可以将气凝胶复合材料外表包覆膜材料、玻璃布等，避免气凝胶复合材料掉粉、破碎，进一步地保障其完整性以最大化保温功效。目前，我国气凝胶行业企业有 40 多家，纳诺科技、中科润资、晨光新材、宏柏新材、埃力生、爱彼爱和、东莞硅翔、金纳科技、江瀚新材等行业内的企业规模整体偏小，整体呈现出小而散的局面，多数企业处于概念期。行业的市场化程度较低，缺乏品牌知名度高、市场影响力较大的企业，尚未形成稳定的竞争格局。

（3）中游：气凝胶设备

气凝胶制备过程中，干燥是最为关键的工艺。图 1-26 为气凝胶设备常规工艺流程。

气凝胶由无机硅源或有机硅源前驱体制备而成，通过控制溶剂、温度、催化剂等制备得到湿凝胶，湿凝胶经过老化、改性干燥得到气凝胶。

目前产业化中主要使用的技术是超临界干燥技术和常压干燥技术，其他尚未实现批量生产的技术还有真空冷冻干燥、亚临界干燥等。

超临界干燥技术是最早实现批量制备气凝胶的技术，已经较为成熟，也是目前国内外气凝胶企业采用较多的技术。超临界干燥可以实现凝胶在干燥过程中保持完好的骨架结构。

超临界干燥设备主要厂商有航天乌江等。

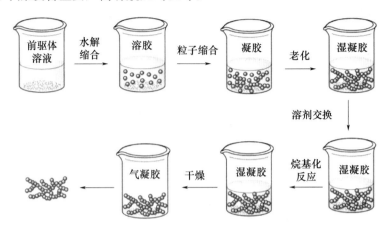

图 1-26　气凝胶制备常规工艺流程

（4）下游：应用端

在政策支持下，基于气凝胶产品巨大的市场空间，多家企业入局气凝胶行业，推动行业产能加速扩充。在油气管道保温领域率先入局者包括中国石化和中国石油等企业。我国气凝胶下游中占比最高的是油气项目，约占 56%；其次是工业隔热（占 18%）、建筑制造（占 9%）、交通运输（锂电）（占 8%）。随着我国节能环保理念的深入，未来建筑领域、交通运输等领域将成为气凝胶增长较快领域。据 IDTechEX 预测，到 2026 年用于建筑建造的气凝胶的占比将增至 14%，用于交通运输的占比将增至 13%，油气和工业隔热的占比将分别减少至 47%、15%。

从产业端来看，常州国家高新区和普禾资本 2016 年在常州签署《战略合作协议》，正式宣布国内第一个气凝胶新材料产业集群项目落户常州国家高新区。

行业供给端的陆续投产将有利于气凝胶成本下降和市场渗透率的提升，未来产业链一体化的企业或将凭借成本优势和渠道优势脱颖而出。随着工艺进步和行业进一步规模化，气凝胶有望逐步替代传统绝热材料，尤其是在工业和设备领域速度加快。我国气凝胶下游中占比最高的油气项目中，气凝胶主要作为能源基础设施的外保温材料和天然气管道的保温材料，能节约空间、提高约 30% 施工效率、节约能源和维护成本。在国内大炼化产业快速发展的背景下，气凝胶的市场需求将迎来增长空间。在新能源方面，由于气凝胶更轻、阻燃性能好，可以有效解决电池热失控问题。据国家新材料产业发展战略咨询委员会《2022 气凝胶行业研究报告》，在新能源汽车蓄电池芯模组中采用气凝胶阻燃材料，可将电池包高温耐受能力提高至 800℃ 以上。随着新能源车市场高速发展，气凝胶需求量有望持续提升，行业将整体由导入期向成长期过渡，全产业链有望迎来发展机遇。

1.5.2.2　我国气凝胶材料及制品的产量

国内市场气凝胶行业起步较晚，从 2004 年国内第一家从事气凝胶材料产业化的纳诺科技有限公司成立开始，越来越多的企业看到了这款新材料的市场和未来的发展前景，并纷纷投入到了气凝胶的研发、生产和销售中来。随着 2012 年国内首套 1000L 超临界二氧化碳气凝胶干燥设备投产，我国气凝胶生产逐渐规模化，经过多次技术迭代，生产成本降低，国内气凝胶产量更是实现快速跃升。2014 年我国气凝胶材料与气凝胶制品实际产量仅分别为 8500m³ 和 10500m³，2015 年我国气凝胶行业开始跃进式的发展，新增产能达到 16000～20000m³，实际产量约 19600m³，进口产品约 1000m³，气凝胶制品市场规模达到 3.30 亿元。在国家"十三五"期间得到了各项政策的倾斜和扶持，在 2019 年产业规模更是突破 6 亿元，年复合增长率接近 20%。2014—2022 年国内气凝胶材料产量由 0.85 万立方米增长至 21.57 万立方米，气凝胶制品产量由 1.05 万吨增长至 24.13 万吨（图 1-27）。因此，具备上游正硅酸乙酯，或正硅酸乙酯上游四氯化硅、三氯氢硅产能的一体化企业将在竞争中更具优势。截至 2023 年 3 月，我国正硅酸乙酯产能约为 5.15 万吨/年，产能主要集中在晨光新材、江瀚新材、张家港新亚化工及几家规模较大的功能性硅烷企业中。目前，正硅酸乙酯是气凝胶的主要硅源，根据纳诺科技环评，1m³ 气凝胶约消耗 0.307 吨正硅酸乙酯，5.15 万吨正硅酸乙酯仅够支持 16.8 万立方米气凝胶材料生产，即使加上 8 万吨拟建产能，也仅够支撑 42.8 万立方米气凝胶材料，小于当前气凝胶规划产能。所以能够实现四氯化硅循环利用的企业更具优势，若硅烷企业能同时实现乙醇及氯化氢双循环，气凝胶原材料成本可近似压缩为硅粉成本，实现大幅度降低。

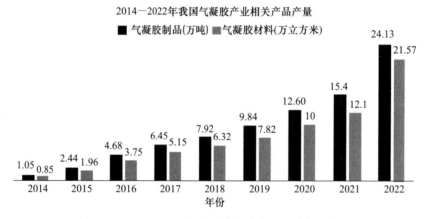

图 1-27　2014—2022 年我国气凝胶产业相关产品产量

目前气凝胶在石油、隔热保温、吸附领域、生物医学、航天军工、交通等领域均有广泛的应用，对比传统保温材料，气凝胶隔热材料在能源节约、空间节约、提升施工效率等方面具备明显的优势。运用气凝胶毡替代传统硅酸铝毡等保温材料，可以降低至少一半原有保温材料的厚度，施工方便，热量损失大幅降低，节能效果可提升 10% 以上，且使用寿命延长，是一种综合性价比更高的节能材料，市场空间广阔。随着气凝胶作为保温材料在新能源汽车电池中逐步使用，整体气凝胶市场规模快速增长，数据显示，2022 年我国气凝胶材料和气凝胶制品市场规模分别达 27.3 亿元和 30.4 亿元，从细分区域市场来看，气凝胶材料及制品消费主要集中在华东地区。

1.5.2.3　我国气凝胶材料及制品的需求量

气凝胶按照前驱体可分为氧化物、碳化物、聚合物、生物质、半导体、非氧化物、金属七大类。由于不同的前驱体可制备出具有不同性能的气凝胶，极大拓展了气凝胶的应用范围，如油气项目、工业隔热、建筑等领域均对气凝胶需求量较大。基于此，

2014—2022 年我国气凝胶材料需求量由 1 万立方米增长至 21.85 万立方米，气凝胶制品需求量由 3.1 万吨增长至 26.67 万吨，如图 1-28 所示。随着产需增长，我国气凝胶行业已初具规模。2022 年我国气凝胶材料和气凝胶制品市场规模分别达 27.3 亿元和 30.4 亿元，较 2014 市场规模 1.83 亿元和 2.07 亿元增长了 25.47 亿元和 28.33 亿元。尽管国内气凝胶产能迅速上升，但是依然无法完全满足国内需求，2022 年国内对于气凝胶制品的需求量达到 26.67 万吨，存在 2.54 万吨的供需缺口。国内气凝胶产业主要以中低端初级产品为主，大部分气凝胶企业所产产品为气凝胶粉体颗粒，气凝胶复合材料产能有限。从行业竞争格局来看，气凝胶的下游应用较广，各大企业着眼的行业领域各不相同，加上国内市场需求量较大，因此在细分领域的竞争激烈程度有限。国内主流企业目前包括埃力生高新科技有限公司、中国化学华陆科技有限公司、爱彼爱和新材料有限公司等。在过去的几年中由于行业新增的产能较多，在部分领域出现了产品结构低端化严重、产品成本优势不明显等劣势。

图 1-28　2014—2022 年我国气凝胶产业相关产品需求量

目前气凝胶行业下游需求领域主要集中于建筑节能、环保催化、新能源、航空航天、工业环保、农业医药等领域。

1.5.3　建筑节能领域发展现状

据统计，建筑能耗约占社会终端能耗的 46%，建筑的节能降耗越来越受到人们的关注。如何实现建筑物的节能减排成为目前困扰我国建筑业发展的一个重大难题。近年来，居住建筑节能率也由 20 世纪 90 年代的 50% 逐渐提升至现在的 75% 或者更高，对建筑围护结构保温材料提出了更高的技术要求，使气凝胶保温材料成为实现建筑领域的"碳中和"任务的关键材料。通过对比发现：二氧化硅气凝胶在众多保温材料中脱颖而出，导热系数远低于目前使用的岩棉、聚苯乙烯、聚氨酯等传统建筑保温材料，具有相当优异的保温隔热性能，研究人员陆续开发出了气凝胶保温毡/板、气凝胶涂料、气凝胶玻璃等多种气凝胶建筑保温材料，在低能耗、超低能耗以及零能耗建筑中进行了应用和推广，取得了相当不错的效果。

1.5.3.1 气凝胶毡

气凝胶毡的出现解决了气凝胶机械强度低、易碎易裂、高温隔热性能不佳等问题，使其在建筑领域有更大的实用价值。气凝胶毡的制备主要是将具有纤维增强材料与气凝胶复合，纤维的增强材料主要分为韧性较好的有机纤维材料和耐高温的无机材料等。通过将未凝固的溶胶液与纤维增强材料复合，经凝胶老化、干燥等过程处理后即可获得气凝胶柔性毡。图 1-29 为广东埃力生公司制备的气凝胶毡，DRT01 系列专用于新能源汽车动力电池、新能源储能电池、电子电源以及特殊设备等。制备的气凝胶毡具有低的密度（130kg/m³）、低导热系数（0.019W/(m·K)，在 25℃时），具有卓越的导热性能。

1.5.3.2 气凝胶板

气凝胶板是将纯气凝胶与纤维、金属、砂浆、有机聚合物等复合制成的刚性板材。由于可复合的基材和复合的形式多种多样，因此生产的产品也较为丰富，不仅可做成保温隔热板，还可用设计的模具制备所需的各种结构件。

气凝胶板的生产方法有两种形式：一是在制备气凝胶柔性毡的方法基础上进行改良，通过控制加入的纤维量，并增加一些其他添加剂可制成气凝胶板，气凝胶板既保证了纤维和气凝胶的连续性，保证了其强度，又使其相较于柔性毡产品，保温隔热性能明显提高；二是在制备时采用后复合的方法，即先制备具有不同粒径气凝胶颗粒，后通过气凝胶颗粒与其他有机或无机增强体、粘结剂等混合，二次成型得到复合气凝胶。

目前，国内的气凝胶板材产品主要是通过与无机纤维毡复合制得的。例如：广东埃力生气凝胶公司制备的 GY06 系列气凝胶板如图 1-30 所示，具有低的密度（320kg/m³）、低导热系数（0.019W/(m·K)，在 25℃时），并且呈现出整体憎水性的性能特点。

图 1-29　气凝胶柔性毡

图 1-30　气凝胶板

1.5.3.3 气凝胶玻璃

目前我国建筑能耗占能源消耗的 1/3 左右。在建筑能耗采光玻璃窗和采光项占总能耗的 50% 左右，技术的提高与创新才是确保我国建筑行业绿色发展的关键问题。目前主要的节能方案是使用镀膜中空玻璃，其中以低辐射膜镀膜玻璃为主。但是其节能效果有一定的局限性，因为无论如何处理其导热系数最低在 1.0W/(m·K) 左右，因为其局限性导致在很多高寒地区和特定建筑位置（采光顶等）一些对采光和保温隔热有极高需求的地方无法达到要求。气凝胶玻璃是目前新兴的一种建筑节能玻璃，具有优良的绝热性和透光性，可以达到以上需求。

目前气凝胶玻璃主要有三种：气凝胶涂膜玻璃、颗粒气凝胶填充玻璃和整块状气凝胶玻璃。

（1）气凝胶涂膜玻璃

目前，气凝胶膜的制备工艺根据凝胶和镀膜的先后顺序不同分为两种。

第一种工艺：先在基板上用溶胶镀膜，再进行后续的凝胶、干燥过程。

第二种工艺：制备溶胶后，先凝胶，再将凝胶用超声或均质分散后镀膜。

如 Kim 等采用第一种工艺制作气凝胶玻璃，他们通过将 TEOS 溶解到 IPA 中用酸碱两步催化法来制备 TEOS/IPA 基溶胶，然后使用浸泡涂膜法在玻璃表面形成一层凝胶薄膜，然后通过常压干燥获得气凝胶涂抹玻璃。通过他们分析计算，当气凝胶涂膜厚度达到 $100\mu m$ 时，涂膜玻璃的最佳导热系数将低于 $0.2W/(m \cdot K)$，光透过率大于 90%。

赵嫦等采用第二种工艺制作气凝胶玻璃，他们使用甲醇将制备好的气凝胶粉末重新溶解，使用旋转镀膜法将气凝胶溶液镀在玻璃上，之后通过热处理工艺得到气凝胶复合涂膜玻璃，通过测试分析，其导热系数由 $1.332W/(m \cdot K)$ 降至 $1.302W/(m \cdot K)$，可见光透过率由 87% 降至 75%。并且涂膜玻璃经过紫外光照后，气凝胶涂膜玻璃亲水性增强，说明其具有一定的自清洁能力。

（2）颗粒气凝胶填充玻璃

颗粒气凝胶玻璃允许太阳辐射进入，但不能辐射透过，呈现透光不透明的状态，因为颗粒状气凝胶是扩散性的；该配置适用于用户不需要室外视图的商业应用（例如机场、火车站等透明屋顶，可以用不同材料处理的大透明外观）。

颗粒气凝胶玻璃工艺相对简单，对气凝胶的制作过程要求也相对简易，在之后的研究中颗粒气凝胶玻璃也将会成为一个主流的研发方向，颗粒气凝胶的透光率好、导热系数低，但透明效果较差，适用于楼房的顶楼采光层、机场、火车站等大型建筑屋顶、北方极寒区域装饰玻璃等。图 1-31 为本书作者单位制备的气凝胶颗粒玻璃。

图 1-31　颗粒气凝胶玻璃应用展示

（3）整块气凝胶玻璃

整块气凝胶比颗粒气凝胶的太阳得热系数（SHGC）高。同样厚度的情况下，10mm 厚度的整块气凝胶窗户的太阳得热系数为 0.9，而颗粒气凝胶填充玻璃的太阳得热系数为 0.51。但是由于气凝胶多孔结构的特性，在制备大块气凝胶板时容易发生碎裂，生产难度较高。因此国内外大块气凝胶玻璃一般处于实验室研究状态，还不能进行大规模工业生产。

目前整块气凝胶材料的工程应用较少，大多数情况下多用于科学研究。整块气凝胶的生产工艺主要分为以下两步：①制备透光性良好、无开裂、导热系数低的整块状气凝胶；②将整块状气凝胶夹于两层玻璃之间，然后通过玻璃密封胶密封抽真空从而得到整块状气凝胶玻璃。但由于气凝胶力学性能差，在干燥过程中容易碎裂，如果要得到结构完整的整块状气凝胶，对其干燥工艺要求非常高，如图 1-32 所示。

图 1-32　整块气凝胶玻璃

颗粒气凝胶玻璃和整块气凝胶玻璃都属于真空夹层气凝胶玻璃，Schultz 等将块状气凝胶平板置于上下两层中间，进一步对玻璃板进行真空密封，成功制备出了中间夹层为 15mm 的 55cm×55cm 的真空夹层玻璃样品，经检测其中心导热系数为 0.7W/(m·K)，对太阳的透过率达到了 76%。

虽然镀膜玻璃和夹层玻璃的视觉效果较好，但镀膜玻璃节能性能的提升有限，真空夹层所使用的气凝胶板制备价格较昂贵，可用在大型剧院、展览中心、会议中心等无需良好视觉效果的位置或应用于太阳能集热器。Reim 等全面研究了气凝胶颗粒填充量与透光性的关系，从而研发出了透光率为 88% 的气凝胶夹层玻璃。

1.5.3.4　气凝胶涂料

气凝胶粉体可以用于生产保温涂料，进一步作为建筑保温的补充保温措施，不仅可以应用在外墙体的保温中，还可以应用在建筑内墙保温、屋顶保温和地面保温。上海世博会零碳馆及万科实验楼就应用了气凝胶涂料产品，应用后建筑物具有突出的节能效果。近几年，国内市场上有不少粉体气凝胶涂料产品，该类产品不仅具备了用于气凝胶保温纳米涂料的基本性能要求，还因添加气凝胶材料增大了用作保温涂料的可行性，如图 1-33 所示。

例如：卢斌等以稳定剂 TMRM-825 对 SiO_2 气凝胶进行了改性并制备成浆料，以水性丙烯酸树脂为成膜物，在助剂的配合下成功制备了水性纳米透明隔热涂料，结果表明当其涂覆膜厚为 20～25μm 时，涂膜有良好的机械性能，可见光透过率在 89% 以上，不仅具有优异的透明性，同时有较好的隔热效果。刘红霞等以空心微珠和自制的 SiO_2 气

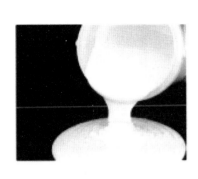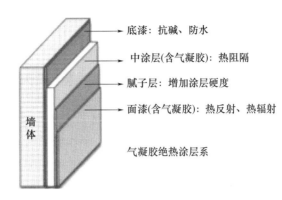

底漆：抗碱、防水

中涂层(含气凝胶)：热阻隔

腻子层：增加涂层硬度

面漆(含气凝胶)：热反射、热辐射

气凝胶绝热涂层系

墙体

图 1-33　气凝胶涂料样品及外墙体示意图

凝胶为隔热填料制备出了丙烯酸酯外墙隔热涂料，通过研究两者与普通丙烯酸酯外墙隔热涂料的隔热效果，发现 SiO_2 气凝胶隔热涂料的隔热性能明显优于空心微珠隔热涂料。

1.5.3.5　气凝胶保温砂浆

在建筑围护保温体系中，以气凝胶颗粒材料为保温隔热填料，无机凝胶材料为黏结剂，用于制备高效保温砂浆产品，相比于目前市场上应用较为成熟的保温砂浆产品，如无机微珠保温砂浆、陶粒保温砂浆、聚苯乙烯颗粒保温砂浆等，保温效果更为显著。例如：倪星元等将 SiO_2 气凝胶材料与建筑用水泥砂浆混合制备出的保温砂浆，其导热系数由 $0.6 \sim 0.8W/(m \cdot K)$ 降低至 $0.2 \sim 0.3W/(m \cdot K)$，说明在无机凝胶材料中添加气凝胶材料可以降低其导热系数，因此，气凝胶材料在建筑保温砂浆领域有得到推广应用的可能性。

气凝胶膨胀珍珠岩保温砂浆材料也是气凝胶保温砂浆中比较成熟的工艺，例如：韩金光等利用疏水气凝胶对膨胀珍珠岩进行改性，以此解决膨胀珍珠岩作为建筑保温材料在应用中易碎裂、吸水率大、保温性能不稳定易下降等缺点，并且将改性后的气凝胶膨胀珍珠岩应用于保温砂浆中。

1.5.4　环保催化领域发展现状

气凝胶是溶胶-凝胶衍生的多孔材料，在其高性能应用中，已被公认为各种反应中的催化剂或催化剂载体的最有前途的材料。具有固体纳米结构的气凝胶被用于多种催化和光催化环境修复目的的活性多相催化剂。在最近几十年的探索中形成了各种气凝胶的催化和光催化应用，因超微粒子表面特定的结构有利于活性组分的分散，从而对许多催化过程产生影响。

近年来的主要研究集中在以气凝胶作为多相催化剂或各种反应的催化剂载体。迄今为止，气凝胶及其复合材料已被用于多个领域的液-固和气-固催化反应。气凝胶也被认为是特定生化合成的固体生物催化剂或生物传感器的活性成分。由于载体在催化剂设计中起着关键作用，因此急需这种定制性能的新型材料载体。在气凝胶的溶胶-凝胶过程中，可以从分子水平灵活控制固体的质地、组成、均匀性和结构特征，开辟了通过组分掺杂定制材料特性的新可能性，例如将各种氧化物或金属分散在气凝胶基质中，以针对特定的催化反应设计和定制气凝胶的化学性质。

1.5.4.1 空气净化应用

对于不断恶化的空气污染和全球变暖,人们一直在不断探索新型高效的催化剂材料,从而将大气中各种有机无机污染物转化为危害较小的化合物,其中气凝胶催化剂在保护和改善环境免受各种有害污染物的影响方面作出了显著的贡献。

为保持空气质量,控制有害挥发性物质是必要的。例如:将 NO_x 催化转化为危害较小的气体,如 N_2 和 H_2O,是一个相当成熟的领域。迄今为止已经报道了在不同催化剂和催化剂载体上使用各种类型还原剂(NH_3、碳氢化合物、CO 和烟灰颗粒等)对 NO_x 进行选择性催化还原(SCR)以减少 NO_x。Lazaro 等研究了以钒为活性相的活性炭基催化剂,研究发现:在氨、O_2 和钒负载的碳催化剂(3wt%钒负载)存在下的 SCR-deNO$_x$ 过程增加,表面基团数量最多,在某些情况下用 HNO_3 对碳催化剂表面处理可产生更高的 NO 转化率,几乎达到 90% 的转化率,证实了表面积、孔隙率和表面氧基团等结构特性对钒在碳表面的稳定固定具有决定性作用。

使用半导体的光催化技术,主要是 TiO_2 或 TiO_2 基复合材料,是另一种解决气体环境污染问题的有效方法,研究表明:制备具有高活性表面积的特定几何形状的光催化剂,例如在二维(例如薄膜)或三维结构(例如气凝胶)中加载大量光活性相,同时不损失催化剂过程成为一个关键技术问题。在光活性气凝胶材料中,TiO_2 或 TiO_2 基复合气凝胶材料正在积极探索可负载二氧化硅或其他氧化物气凝胶用于空气污染物捕获和光分解。Ismail 和 Ibrahim 制备出了具有光降解能力的气凝胶,当经超临界干燥 30min 和 5h 热处理后,SiO_2-TiO_2 气凝胶就可以净化含有 Cl^-、S^{2-}、NH_4^+ 和痕量重金属的工业废物离子。

碳基 TiO_2 复合材料也是废水处理中研究最广泛的光催化剂之一。据报道:TiO_2 用碳的阳离子和阴离子掺杂可缩小其带隙,并增强其在可见光范围内的光催化活性。纳米复合材料的 TiO_2 和其他具有碳同素异形体的半导体,如碳纳米管和石墨烯,也被报道可以减少 e^-/h^+ 的复合,以减少带隙并增加污染物吸收率。

1.5.4.2 水性污染物消除应用

纺织和染料制造、化学和制药行业、食品技术、炼油厂、石化厂等领域的废水排放到水源中造成了水污染,复杂的有机分子、染料等多种污染物混杂其中,已经成为环境和人类健康的另一个主要威胁。因二氧化硅、碳、纤维素和生物质衍生等气凝胶具有优异的物理和化学吸附作用,可用于水源污染物消除,主要是通过一系列催化作用对有害化合物进行化学降解,而且在高级氧化过程(即芬顿、类芬顿反应以及臭氧化过程)中,可获得羟基自由基等高活性物质,从而达到降解水性污染物的目的。

Li 等开发出了一系列具有高比表面积非均匀相气凝胶催化剂,通过调整二元氧化物(Fe/Al)气凝胶的合成参数可控制催化剂活性变化,此催化剂仅通过简便的环氧丙烷辅助溶胶-凝胶方法即可实现水净化。Ramirez 等分别以湿润渍方法在碳气凝胶上负载 7wt% 的 Fe,通过对比研究发现碳气凝胶在催化降解不可生物降解的偶氮染料橙 II(OII)方面比活性炭更具有优势,虽然这种掺杂碳气凝胶具有良好的催化性能,但由于铁物质的浸出阻也对其发展造成了一定的阻碍,有待进一步研究。

1.5.5 新能源领域发展现状

1.5.5.1 气凝胶催化剂

随着能源消耗的加剧，新能源材料的开发受到了人们的注意，轻质、低成本催化剂的研发成为必然发展趋势，这也是燃料电池商业化不可避免的挑战。近年来，具有超高比表面积的纳米粒子、纳米线和纳米片逐渐取代了贵金属，成为主要的催化载体。几乎所有的具有催化性能的氧化物均可制成气凝胶，使气凝胶在催化领域发展迅猛。比表面积是衡量催化性能的重要指标，气凝胶优异的三维网状结构增加了复合制品的比表面积，提升催化能力。Yin 等利用 π-π 堆叠方法将 Fe_xN 锚定到石墨烯表面［图 1-34（a）］，通过水热处理制备出了杂化石墨烯气凝胶，这种堆叠方式在 Fe_xN 和石墨烯基底表面表现出强烈的相互作用，引发了对氧化还原的协同作用。通过观察循环伏安（CV）曲线发现：杂化产物具有良好的氧还原活性。这是因为在 O_2 饱和的 KOH 中有明显氧还原峰，而在 N_2 饱和的电解液中没有阴极峰［图 1-34（b）］。当通过旋转圆盘电极测量 $Fe_xN/$ NGA 杂化物催化活性时，Fe_xN/NGA 和 Pt/C 的极化曲线在 0.02V 到 0.18V 的电位范围内略有不同。电位范围、杂化产物具有更高的电流密度和更多的正半波电位，因此 Fe_xN/NGA 混合气凝胶活性高于 Pt/C［图 1-34（c）］。混合石墨烯气凝胶稳定性测试结果表明：混合 GA 在 -0.4V 通电碱性条件下的电流仅降低了 9%，一般传统 Pt/C 催化剂的跌幅约为 46%。总之，与昂贵的贵金属催化剂相比，氮化铁掺杂的 GA 更适合应用于燃料电池。

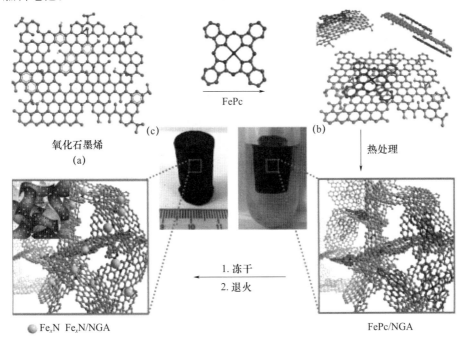

图 1-34 杂化石墨烯气凝胶

（a）Fe_xN/NGA 制备过程；（b）支撑在玻碳电极上的 Fe_xN/NGA 杂化和 Pt/C 的 CV 曲线；

（c）Fe_xN/NGA 混合物、Fe_xN+NGA 混合物、NGA、游离 Fe_xN 和 Pt/C 伏安图

1.5.5.2 气凝胶超级电容器

超级电容器也称为电化学电容器，其出现填补了传统电解电容器和电池之间的空白。混合石墨烯气凝胶以其三维多孔结构、低密度和高导电性成为科学家制备超级电容器的首选材料。作为超级电容器必须满足的条件是高功率密度、优异充放电率、高循环寿命、低制备成本和低维护成本。

超级电容器的能量密度（E）与比电容（C）和两极电位（V）之间的关系为 $E=1/2CV^2$。比较能量密度是没有意义的，超级电容器的能量密度是低于燃料电池和锂电池的，人们更应该专注于提高超级电容器的比电容，其最直接的方法就是增加比表面积。因此，具有超高比表面积和电化学性能的碳基气凝胶成为超级电容器的首选材料。气凝胶的不均匀性会对电容的充放电稳定性造成严重的影响，这也是气凝胶作为超级电容器的一个重大挑战。

Liu 等通过使用酚醛树脂和 PEO-PPO-PEO 嵌段聚合物（OMC）在石墨烯片表面自组装，介孔碳层在石墨烯层中垂直生长成有序的六边形［图 1-35（c）］，最终在石墨烯表面形成了具有均匀通道状介孔的碳层［图 1-35（c）和（d）］，后通过模板烧结制备出

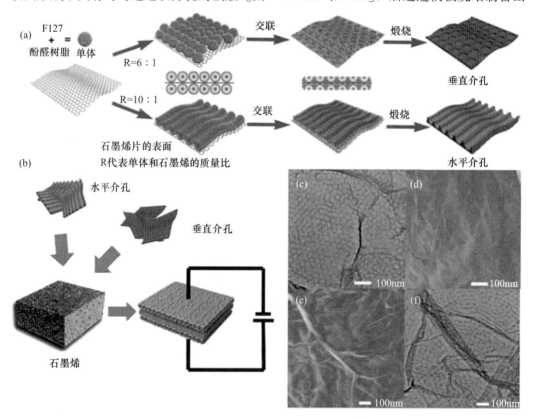

图 1-35　介孔碳石墨烯气凝胶反应示意图和表征图像

（a）OMC 在 GA 上的形成过程示意图；（b）介孔碳石墨烯片交联制备超级电容器气凝胶示意图；

（c）垂直介孔石墨烯 TEM 图像；（d）垂直介孔石墨烯气凝胶 SEM 图像；

（e）水平介孔石墨烯片 TEM 图像；（f）水平介孔石墨烯气凝胶 SEM 图像

了介孔石墨烯气凝胶。研究发现：当电流密度为 0.5A/g 时，OMC/GA-2 的准三角形恒流充放电循环曲线约为 197F/g。因此，此交联介孔碳-石墨烯片气凝胶可被用于制备超级电容器。另一种制备超级电容器的方法是利用石墨烯气凝胶表面来锚定纳米颗粒，这种方法类似于用于催化应用的气凝胶的制备，最实用的表面锚定方法之一是 V_2O_5 表面锚定。

1.5.5.3 离子电池

随着石油化工能源的枯竭，储能材料的发展成为必然趋势。目前，锂离子电池已成为应用最广泛的储能组件，一直致力于实际工业应用。人们在追求高能量密度的同时，也将安全性纳入对储能材料的评估中。作为一种稳定的大孔材料，石墨烯气凝胶已被广泛用作理想的锂负载材料。Zou 等使用锂/石墨烯混合气凝胶成功研发出了一种高比容量、倍率性能和优异循环稳定性的掺杂锂硫电池，300 次循环后容量损失率仅为 0.129%。

在过去的几十年里，锂离子电池在商业发展中趋于饱和。锂源逐渐衰变，开发新型离子电池迫在眉睫。石墨烯基气凝胶在储能方面已被验证可以用于超级电容器和锂离子电池，通过研发的不断深入，新型的钠离子电池也可使用石墨烯气凝胶作为基材来安装高理论比容载体。Gao 等成功制备出了 C@P/GA 复合气凝胶，研究发现红磷纳米粒子在三维多孔结构石墨烯气凝胶构建中发挥了重要作用，其中红磷体积的扩大使其与导电网络的界面接触更多，从而在电池充放电过程中也起到了非常稳定的作用。从复合气凝胶循环充放电曲线可以看出，C@P/GA 表现出了类似于锂离子电池的稳定性，安全循环次数高达 200 次。在倍率能力方面，碳掺杂的复合气凝胶是锂离子电池的两倍，理论比容量竟达到了惊人的 2596mA·h/g。钠离子电池作为新一代储能电池极具发展前景，但仍存在循环充放电引发的体积膨胀问题，其实际的生产应用程序需进一步开发。

随着军事航空航天现代化技术的不断发展，在极端环境条件下，各类军事航空航天设备系统对表面材料的隔热性能要求越来越高，已成为世界军事航空航天领域的重要气凝胶是一种新型的纳米多孔材料，以其孔隙率高、密度低、比表面积大等独特的性能受到人们广泛的关注。气凝胶独特的纳米结构能有效抑制材料的固体热传导和气体对流传热，是一种性能优异的"超级隔热材料"。此外，与传统的保温材料相比，气凝胶具有轻质、不燃、疏水等特点，符合航空航天领域对隔热、轻质的要求，在我国以及其他国家得到了广泛应用。

气凝胶在航天军工领域的应用是最早最成熟的，目前主要用于热防护、超高粒子捕获和航空服等。

1.5.6 航空航天领域发展现状

1.5.6.1 热防护

通常情况下，SiO_2 体系气凝胶的使用温度不能突破 650℃，无法满足航空航天领域 1000℃ 及以上的高温段隔热需求。金属氧化物气凝胶（如 Al_2O_3）具有良好的耐温和隔热性能（最高耐温 1300℃），可以在有氧环境下重复使用，满足航空航天对超高温段的需求。纯 Al_2O_3 气凝胶在 1000℃以上极易烧结，可以引入添加剂来提高 Al_2O_3 气凝胶的烧结温度。

一些研究表明，在制备 Al_2O_3 湿凝胶的过程中添加稀土氧化物、碱土金属氧化物及 SiO_2 等氧化物，得到的 Al_2O_3 气凝胶烧结温度提高，同样温度下比表面积降低，在一定程度上抑制了 Al_2O_3 气凝胶的高温相变过程。刘小钰等采用溶胶-凝胶法对 SiO_2 和 Al_2O_3 进行复合制备稳定性和高温隔热效果好的纳米气凝胶。Osaki 等在使用异丙醇铝作为前驱体，加入硝酸镍制备 $NiO-Al_2O_3$ 二元气凝胶。镍元素的加入提高了气凝胶的耐高温性能，同时还使气凝胶更加稳定并具有催化活性。陶瓷气凝胶因其超轻、耐火、耐腐蚀、耐高温等特性，非常适合用作航空航天领域的隔热材料，但其脆性、高温析晶、热震坍缩等问题严重制约了相关研究和应用。飞机舱室舱壁和重要仪器的隔热防护，如美国 MKV-22"鱼鹰"可倾旋翼机舱壁隔热系统和红外系统的防护均使用了气凝胶。

1994 年美国就已经将气凝胶材料作为隔热材料应用于航天领域，并且于 2004 年 1 月将 SiO_2 气凝胶用于火星探测漫游车上（图 1-36）。火星表面昼夜温差较大，在夜间，温度会下降到−66℃左右，针对这种严苛的工作环境，需要轻质且保温良好的气凝胶材料。在此恶劣条件下，SiO_2 气凝胶将漫游车的内部温度维持在 20℃左右，保护了车内较敏感的电子元件等。此后的 5 年多时间里，漫游车一直在探索火星表面的各种地质特征，气凝胶凸显出了优异的保温隔热性。

图 1-36　气凝胶制品在航空航天领域的应用

如英国"美洲豹"战斗机改型的驾驶舱机舱隔热壁中即使用了气凝胶材料。气凝胶还被广泛用于飞船、卫星、探测器等的电路等部分的隔热保护中。在中国，气凝胶已被应用在嫦娥飞船、卫星、火箭、导弹、战机、军车的重要零部件的隔热保温，特别是航天军工驾驶室或指挥室需要隔热、隔声、降噪。

将气凝胶视为热障的理由是由于其在操作温度、寿命、化学（航空燃料和润滑剂）和抗侵蚀性以及维护方面的有利特性，可以实现更简单和更轻的隔热系统整体设计，这将降低组装成本，将有更多空间可用于其他用途。由于热损失最小化，能源效率将提高，从而节省燃料，这意味着直接运营成本也会降低。气凝胶在航空发动机上应用时，可提高飞机在高空巡航时的发动机性能。气凝胶可以以两种模式应用，具体取决于温度和环境要求。首先，它可以作为薄绝缘涂层进行喷涂，以保护无法触及和不平整的基材免受高温影响，光滑均匀的绝缘层对气流的阻力很小，热响应将得到改善，从而提高飞机在高空巡航时的发动机性能。其次，在振动较大的隔间中，使用具有自定义厚度的灵活轻质气凝胶柔性毡，可以机械固定以防止任何位移，从而防止干扰问题。与涂层相反，气凝胶毡更耐污染，不易分解，维护成本也低于涂料。

1.5.6.2 超高速粒子捕获

1992 年 9 月，气凝胶被送到太空运输系统（STS-47）以分析它们作为超高速粒子捕获介质的能力，并测试其在发射和再入过程中的耐久性。气凝胶成功地在发射和返回过程中幸存下来，返回时没有任何明显的损坏。另外，气凝胶还可以作为被动探测器来捕获微流星体和轨道碎片粒子，有文献报道指出成功采用 30mm×25mm×45mm、堆积密度为（0.087±0.004）g/cm³ 的透明 SiO_2 气凝胶砖捕获了一系列广泛的撞击颗粒，包括金属、玻璃和混合氧化物，范围从 $1\mu m$ 到几微米不等。Jones 等使用由磁性亚微米赤铁矿制成的聚集弹丸测量了超高速粒子在气凝胶中捕获期间所经历的温度，研究发现当这些粒子在穿透过程中被加热到高于其居里温度 675℃时，就会失去磁性。因此，颗粒以不同的速度燃烧以在气凝胶中捕获时获得不同的温度。

美国国家宇航局的"星尘"号飞船曾带着气凝胶在太空中执行一项十分重要的使命——收集彗星微粒（图 1-37）。收集彗星星尘并不是件容易的事，它的速度相当于步枪子弹的 6 倍，尽管体积比沙粒还要小，可是当它以如此高速接触其他物质时，自身的物理和化学组成都有可能发生改变，甚至完全被蒸发。有了气凝胶，这个问题就变得很简单了。它就像一个极其柔软的棒球手套，可以轻轻地消减彗星星尘的速度，使它在滑行一段相当于自身长度 200 倍的距离后慢慢停下来。在进入"气凝胶手套"后，星尘会留下一段胡萝卜状的轨迹，由于气凝胶几乎是透明的，可以按照轨迹轻松地找到这些微粒。

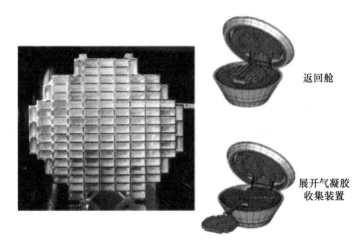

返回舱

展开气凝胶
收集装置

图 1-37 星辰号捕捉太空尘埃和彗星尘埃的气凝胶捕捉装置图片

1.5.6.3 隔声降噪

据报道声波可被气凝胶大量吸收，从而将传播速度降低到至 100m/s。这是因为气凝胶杨氏模量极低，与其间隙气体类型、压力和密度有着直接关系。Forest 和 Gibiat 研究发现颗粒气凝胶的最小传输损耗比相同厚度的玻璃纤维高 10dB。许多气凝胶现在被认为是高灵敏度机载超声换能器声学匹配层的最有前途的材料之一，可用于增强机载声波。

另外，气凝胶超声换能器还可以集成到未来的航空传感系统中用于测距。在航空航天工业中，气凝胶作为动能吸收剂的捕获效率已经被公认为是非常优越的。目前气凝胶在航空领域内的隔声降噪主要体现在气凝胶涂料这个方面，具体的应用方向还在研究实验阶段。

1.5.6.4　航空服

美国 NASA 已经用气凝胶制备了宇航员飞行隔热内里，该夹层厚度约为 18mm，气凝胶层能帮助宇航员忍受 1300℃ 高温以及 −130℃ 的低温，并经过了多次天地往返的考验，马克如是说："这是我见过的更有效的恒温材料"。图 1-38 为气凝胶应用于航空服。

图 1-38　气凝胶应用于航空服

1.5.7　工业保温领域发展现状

实施绝热节能，仅了解行业的整体能耗还不够，还要明确能耗损失的具体部位和数量，特别需要区分开哪些是"能"、哪些是"耗"。中国绝热节能材料协会常务副会长兼秘书长韩继先提到："能"是生产运行中起关键作用的那部分能量，不对生产工艺机理做大的改变就很难降低；"耗"是消费能量过程中没有起作用而损失掉的部分，是必须想办法降低的。而气凝胶相关材料正是解决"耗"的问题的重要途径。通过对相关高温工业生产行业进行调查，主要的"耗"都集中在高温管道和设备的散热，在冶金、化工、热电行业热源到用热部位的输热管道距离一般都不少于 3km，且体量巨大，其管道热损失率极高，基本每 100m 散热损失就将近 3%，每千米热损耗占热源厂输出总量的 26%，在工业生产中所有的能耗（电能和热能）都与运输管道息息相关，如何从气凝胶相关材料入手去降低管道运输能耗也成了当下热门的研究方向之一。

1.5.7.1　蒸汽管道保温应用

管道及设备良好保温可提高供热系统的经济性，减少热损失，节约能源。

油田稠油开采蒸汽温度 300℃ 左右，使用传统岩棉隔热层，基本只能覆盖 1km 左右距离，在广大的油田荒野，需要建设大量的锅炉房、中间加热站，以保证蒸汽热值，不然到地下全变成热水了，软化稠油的效果可想而知，一次性投资成本及运营成本极高；气凝胶材料针对蒸汽管道保温主要是使用气凝胶涂料或者气凝胶保温毡为主。图 1-39

为气凝胶涂料应用于蒸汽管道。

图 1-39 气凝胶涂料应用于蒸汽管道

气凝胶涂料在蒸汽系统隔热应用效果较好，特别是针对出油口、阀门接头位置，结构复杂，传统结构实施困难，涂料水性环保，可热施工、密封隔热效果好，30mm 达到传统材料 100mm 的隔热效果，隔热效率极高，具有广阔的应用前景。

气凝胶毡在蒸汽管道的应用也极为广泛，以最常见的蒸汽输送工况为例，管径 ϕ325 的管道以 1.6MPa 的压力输送 300℃ 的蒸汽，使用硅酸铝纤维毡需要 150mm 厚度，而使用气凝胶绝热毡仅需要 40mm，轻松减少 35％ 以上的管道散热面积；温度越高、管径越大，气凝胶"瘦身"节能的效果越明显。

SiO_2 气凝胶因原料经济易得、产品安全稳定、绝热性能优异，并且可以完美解决传统工业用无机纤维绝热材料"吸水下垂寿命短、频繁维护费用高、保温层下腐蚀重、保温厚重能耗高"等严重问题，在当今高质量发展与"双碳"目标大力倡导绿色节能的时代，气凝胶绝热保温节能功效在工业领域发挥着巨大的作用。

1.5.7.2 工业直埋管道应用

在管道保温隔热工程中，根据设计规范要求及成本预算，可以选择的管道保温棉比较多。传统的保温材料中有离心玻璃棉、岩棉、硅酸铝、膨胀珍珠岩等，而目前最新型高效的保温材料——气凝胶毡对于管道保温来说，具有重大的经济意义。与传统保温材料相比气凝胶毡保温性能明显好于其他材料，因气凝胶具有较低的导热系数，所以在达到同样保温效果的时候，气凝胶保温层需要的厚度或空间更小。气凝胶毡在 150℃ 以上的高温管道和相关设备上使用时，单位长度的管道达到同样的热阻抗值（保温效果），气凝胶的厚度仅为传统材料的 1/3 至 1/4，减少管道的散热面积就有 35％ 以上，加上保温层蓄热等其他因素，气凝胶替换传统绝热材料能减少 40％ 至 50％ 的管道散热损失。气凝胶毡直埋管道保温层的结构如图 1-40 所示。

对于直埋管道保温工程来讲，使用气凝胶达到同样的保温效果可以使保温层厚度降低，这意味着土方工程量的减少和工期缩短，而这两项减少的成本完全可以抵消选用气凝胶作为保温材料代替传统保温材料的成本。另外，气凝胶毡的整体疏水性的保持周期很长，另外使用周期内的导热系数也很稳定，几乎没有变化。根据美国阿斯彭公司测算，使用气凝胶毡的高温蒸汽管道平均每千米仅能耗一项就可以带来 250 万美元的节省，而在建筑供热管道保温材料改造中，理想情况下一年左右即可以节省下改造投入的成本。

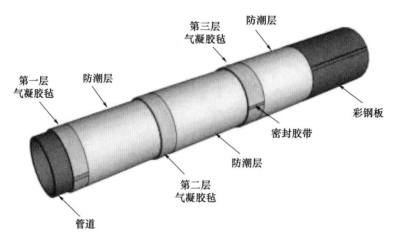

图 1-40　气凝胶毡直埋管道保温层的结构

1.5.7.3　液化天然气管道保冷应用

液化天然气是气态天然气在常压下通过冷却至－162℃所凝结成的液体。天然气在管道运输过程中会通过管道壁从环境中吸收热量而导致液化天然气汽化，不仅加剧了冷量的损耗，还会使管道内压力升高，增加储运的危险。管道保冷效果是否达标就成为整个运输储存过程的效率及安全性的主要考核标准。合适的材料选择不仅能够降低能耗、减少冷量损失并且符合绿色节能发展的理念，并且还为企业的安全生产和经济效益提供了有力的保障。

目前国内管道工作温度在－40～－170℃的保冷常用的材料有岩棉、泡沫玻璃、硅酸钙、珍珠岩、合成橡胶等，但是传统保冷材料在管道应用上不是很理想，其缺点如下：

（1）保温性能衰减过快，其保温效果一般、冷量损失巨大容易给液化天然气管道的运输储存留下危险隐患。

（2）包裹厚度大，造成了巨大的不便。

（3）由于保冷效果差，容易出现结露现象进而腐蚀管道，导致管道使用寿命大大变短，增加了安全隐患。

而气凝胶具有绿色环保、低导热系数、高稳定性等优点，在管道保冷中有良好的应用前景，其优点如下：

（1）气凝胶毡具有良好的保冷效果，常温下（25℃）导热系数仅为 0.016W/(m·K)，而超低温时导热系数将低于 0.01W/(m·K)，并且能解决包裹厚度问题，对密集的管线布置和复杂地形铺管提供了一个良好的解决方案。

（2）有着良好的低温稳定性，在－200℃可长期使用不会造成开裂，且具有良好的防火性能，极大地延长了使用寿命。

（3）气凝胶毡具有良好的疏水性，完美地解决了管道的腐蚀问题，并且易于施工和维修，大大降低了维护费用，具有较高的经济效益。

图 1-41 为巴陵石油石化气凝胶管线保温的实际应用。图 1-42 为气凝胶在实际应用中与其他材料的包围厚度对比。

图 1-41　巴陵石油石化气凝胶管线保温的实际应用

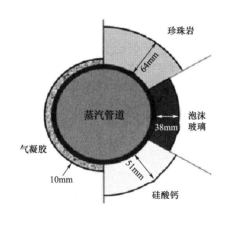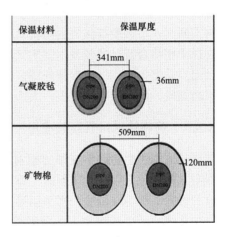

图 1-42　气凝胶在实际应用中与其他材料的包围厚度对比

1.5.7.4　高温窑炉节能应用

蒸汽锅炉、高温熔融炉、铝行业加热炉等工业炉体大都使用硅酸铝棉、岩棉、玻璃棉等保温材料，此类材料在 500℃时，隔热性能差。而气凝胶隔热材料在 500℃时导热系数低于 0.15W/(m·K)，Al_2O_3 纤维毯增强 SiO_2-Al_2O_3 复合气凝胶在 1500℃的高温下仍能保持 0.047W/(m·K) 的导热系数，在保温节能方面性能远远优于传统材料。并且为达到相同的保温效果可以使保温层厚度降低，这就可以在保持高温窑炉的外观不变的情况下极大地增加有效使用面积，同时还可以优化炉体的保温隔热层设计，降低能耗。

高富强等采用两步法在非超临界干燥条件下制备纳米孔 SiO₂ 气凝胶以及纳米 SiO₂ 气凝胶-纤维复合材料，分析其在陶瓷高温窑炉结构设计及节能应用中的良好效果。

纯气凝胶-纤维复合材料的强度依旧较低，在陶瓷窑炉的结构中作为中间夹层出现，在窑炉设计中，考虑到其特殊的性能，一般都将 SiO₂ 气凝胶-纤维复合材料设计在陶瓷窑炉的次外层，如图 1-43 所示。中窑窑业股份有限公司、佛山摩德纳陶瓷机械股份有限公司的新型窑炉之中已经设计并应用该材料作为窑墙节能的主要手段。纳米微孔气凝胶-纤维复合板导热系数在 800℃时为 0.036W/(m·K)，比一般保温棉的 0.15W/(m·K) 小得多，窑墙减薄 75mm，窑外表面温度还可下降 5℃，保温节能显著。

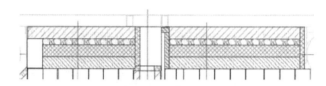

图 1-43　纳米 SiO₂ 气凝胶-纤维复合材料在窑炉中的应用设计图

1.5.8　生物医药领域发展现状

气凝胶无生理毒性、可生物降解、生物相容性和热稳定性优异，在生物医药领域也引起了广泛的兴趣。在 20 世纪 30 年代，研究人员将粒状 SiO₂ 气凝胶作为化妆品及牙膏添加剂或触变剂进行了使用，自此打开了气凝胶在生命科学领域的大门。随着气凝胶材料研究的不断深入，气凝胶作为生物材料的宿主基质的应用引起了人们的强烈关注，生物与材料科学相结合开发的新型生物质气凝胶不仅拥有了更好的力学性能，具有高柔性的特点，而且凭借生物质材料本身的特点，生物学特性使其特别适用于载药、靶向运输等生物医药领域，同时在人造组织、人造器官、器官组件等有很大的应用空间。

1.5.8.1　药物输送用气凝胶应用

气凝胶是适用于生物医学应用的相对较新的可持续材料。第一种方法基于在溶胶-凝胶过程中（凝胶化之前或老化期间）添加药物，因其允许纳入非常广泛的药物被认为是最简单的方式，称为原位法。当采用第一种方法时，应考虑药物在其共凝胶条件下的稳定性（包括溶胶相中的溶解度、分散性、pH 值、温度以及所使用的催化剂），还要避免在干燥过程中因其使用超临界干燥程序药物在其中的低溶解度问题，以避免在干燥过程中去除活性化合物。药物掺入的第二种方法是异位法，可在液相或气相中实现。液相的载药量对通过孔的药物扩散有限制，由于毛细作用，可能会造成气凝胶塌陷。气相的载药量通常是受药物在气相中低溶解度的限制。异位法的特点是通过孔结构改善药物的扩散，且在使用超临界流体的方法可以克服这两种方法的局限性，因为超临界相包括气相的良好传质特性和液相的药物溶解度。

基于多糖的气凝胶是适用于生物医学应用的相对较新的可持续材料。多糖的生物降解性和生物相容性，加上它们包含的大量化学功能，使它们成为药物递送系统的最佳载体。可以原位和异位方法添加药物。气凝胶材料用于药物释放如图 1-44 所示。

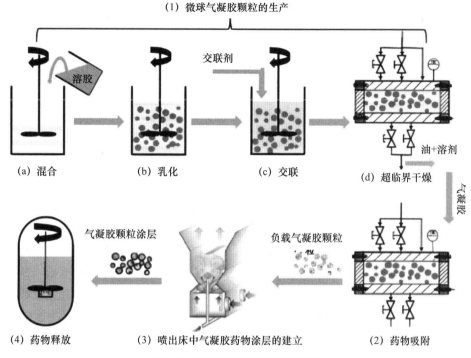

图 1-44　气凝胶材料用于药物释放

（1）无机气凝胶

最初气凝胶作为药物输送系统的研究主要集中在二氧化碳气凝胶上，因其形态和结构特性对于控制微调基质中药物吸附非常重要，都会影响气凝胶的最大载药量。研究表明高载药量大部分与气凝胶比表面积和孔体积有关。Smirnova 等对 SiO_2 气凝胶作为口服药系统进行了可行性研究，发现吸附在亲水性 SiO_2 气凝胶上的药物比相应的结晶药物溶解得更快。Schwertfeger 等将呋塞米钠、甲泼尼龙等几种药物活性成分加载到气凝胶中也成功制备出了载药气凝胶。Guenther 等通过在两种不同的人造皮肤模拟膜和人体角质层上对吸附有二蒽醇的 SiO_2 气凝胶进行了测试，证实亲水 SiO_2 气凝胶在皮肤上应用的可能性。

（2）有机气凝胶

SiO_2 气凝胶的一个致命缺点是生物降解性差。因此，研究人员投入了大量精力开发了不同种类的有机气凝胶。由于有机气凝胶与 SiO_2 有着相似特性，同时还具有可生物降解性，因此研发了许多新型的负载药物的有机气凝胶。Mehling 等以马铃薯淀粉和改性（Eurylon7）淀粉、海藻酸盐制备出了气凝胶，并在其中成功装载了药物布洛芬和扑热息痛。通过研究表明淀粉和藻酸盐气凝胶都可以成功加载两种模型药物，并证实了载药量随着比表面积的增加而增加的规律。Valo 等将涂有双亲性疏水蛋白的二丙酸倍氯米松（BDP）纳米颗粒集成到各种纳米原纤维素气凝胶中，用作口服给药系统的纳米颗粒储库。研究表明，尽管纤维素材料化学特性非常相似，但它们作为药物纳米颗粒基质时会产生不同的释放曲线。在配方研究中应该考虑到使用不同来源的 NFC 可能导致立即或持续释放，使此类材料适用于不同种类的应用。

（3）混合气凝胶

基于有机和无机成分的混合气凝胶，因其无机成分的高比表面积和有机成分的生物降解性使其具备了一些新颖及优秀的物理化学性质，从而可以制备出特定性能的新型材料。Giray 等通过使用不同的聚合物研发出了一种新型 SiO_2 气凝胶，通过超临界 CO_2 相吸附将模型药物布洛芬加载到气凝胶中，并进一步测试了不同 pH 值条件下与二氧化碳涂胶层相关的药物释放。研究发现：当 pH 值为 1 时，纯 SiO_2 气凝胶在 120min 内可以释放 94％的药物，而涂有 PEG 和 Eudragit®L 的气凝胶在相同时间内释放了 20％。

1.5.8.2　心血管植入设备用气凝胶应用

聚合物心脏瓣膜作为最常见的血液植入装置之一，可用于替换患病或受损的心脏瓣膜，但它们容易降解并且机械强度差。而气凝胶可能是人工心脏瓣膜小叶的良好替代材料，因其具有优异的机械强度、低惯性、更好的生物相容性和制备成本。研究发现：特定的气凝胶配方与血小板和血管内皮细胞具有良好的相容性，气凝胶制剂在生物环境中可高度稳定。基于气凝胶材料对血浆、血小板和内皮细胞的良好生物相容性，这种人工心脏瓣膜非常有希望得到进一步发展。Yin 等研究了一种表面活性剂模板化聚脲纳米封装的大孔 SiO_2 气凝胶，并全面研究了气凝胶对血小板、血浆和血管内皮细胞的生物相容性。

在进行临床评估之前所有有关实验室的测试都必须非常小心，因为在材料加工中成分的微小变化会极大地影响材料在生物系统内的兼容性。例如：以其他配方类型制备的壳聚糖是心血管设备的常见生物材料，但壳聚糖-二氧化硅混合气凝胶与红细胞却不具有生物相容性，暴露于这种材料会导致溶血。因此，在生物系统内对个体（气凝胶）制剂的相容性进行分类，并且不损害基于不同组织结果的可能适用性是非常重要的。基于气凝胶材料制备的心血管植入设备可行性仍需进一步论证及临床试验研究。

1.5.8.3　组织工程基材用气凝胶应用

由于气凝胶可定制的高孔隙率、更好的机械强度以及可变化的化学成分，使其成为组织工程支架的理想候选者。Ge 等以开发一种生物相容性骨替代品为目标，评估了 SiO_2 对最终骨细胞接种适用性的影响。他们以 SiO_2 气凝胶/聚-ε-己内酯（PCL）复合材料作为骨支架材料，发现在复合支架中加入碱性 SiO_2 气凝胶可以中和由基于 PCL 的聚合物对应物产生的酸性环境，从而促进细胞存活和生长。研究结果表明：SiO_2 气凝胶的存在有效地防止了 PLC 膜在延长的组织培养期间的任何细胞毒性作用，从而提高了细胞存活率。Lu 等成功制备出了一种平均堆积密度为 $0.02g/cm^3$、孔隙率为 93％、吸水率为 3000％的纳米纤维素和胶原蛋白的二醛衍生物交联气凝胶，并通过在细胞培养物上进行细胞活力和细胞毒性测试，证实了复合气凝胶具有良好的生物相容性和无细胞毒性，使其具备作为组织工程支架的潜力。

1.5.8.4　伤口护理用气凝胶应用

从受伤的那一刻开始直到伤口愈合，这涉及一系列复杂的过程，它是一个动态的过程，涉及炎症、血管、结缔组织和上皮细胞系统的协调和平衡活动。因此，理想的伤口护理应在伤口界面保持湿润环境，允许气体交换，作为微生物屏障并去除多余的渗出液，而且还应该没有不良副作用，并具有出色的生物相容性，而且使用后易于去除。气凝胶由于其出色的吸湿性能，它可以迅速吸收伤口分泌物，并形成稳定的凝胶状，保持伤口的湿润环境，促进伤口的愈合。同时，气凝胶还能够防止细菌侵入伤口，起到抗菌作用，提高治疗效果。

1.6　气凝胶产业发展政策与标准

新材料产业是制造强国的基础，是高新技术产业发展的基石和先导。气凝胶曾被《科学》杂志列为未来十大潜力新材料之一，是"一个可以改变世界的材料"。国际顶级权威学术杂志《Science》第 250 期将气凝胶列为"十大新材料之首"，曾打破 15 项吉尼斯纪录，被称为"改变世界的神奇材料"，也是 2022 年度"化学领域十大新兴技术"之一。气凝胶是国家基础战略性前沿新材料，对降低碳排放、实现"双碳"目标具有重要战略意义。其诞生于 1931 年，早期由于气凝胶技术长期以来不够成熟、成本高昂，仅限应用于航空、军工等特殊领域。随着技术进步和产业迭代，气凝胶至今已经经历过三次产业化，目前正处在第四次产业化浪潮的快速发展中，凭借着其在绝热、吸声、吸附、光学、电学、磁学和生物学等方面优异的性能，正在向工业领域、民用领域拓展。是未来航天、军工、工业、民用领域实现绿色低碳发展和产品品质升级的关键材料，在国家政策支持和市场引导下，近十年我国气凝胶产业快速发展，气凝胶被列入国家重点新材料产品目录，研发和产业化与发达国家开始"并跑"，部分产品指标高于美国产品，产能位居世界第一。

2019 年底，欧盟制定了《欧洲气候法》草案，以立法形式明确到 2050 年实现"碳中和"，并发布了《可持续欧洲投资计划》《欧洲新工业战略》，明确了欧盟未来工业绿色发展的重点。此外，随着气凝胶材料的进步和创新、产品生态效益意识的提高、气凝胶新应用的不断拓展，以及亚太市场的发展，特别是我国气凝胶产业的壮大，气凝胶行业发展显著加快，相关政策和标准也相继出台。

1.6.1　气凝胶行业国家层面发展政策汇总

气凝胶是国家基础战略性前沿新材料，对降低碳排放、实现"双碳"目标具有重要战略意义。近年来，国家和地方密集出台多项政策，截至 2023 年 1 月我国关于气凝胶行业国家发展政策汇总如表 1-6。

表 1-6　气凝胶行业国家发展政策汇总

发布部门	发布时间	政策法规	要点
国家发改委	2014 年 12 月	《国家重点节能低碳技术推广目录（2014 年本，节能部分）》	气凝胶被列入国家重点节能低碳技术推广目录
中共中央人民政府	2016 年 3 月	《中华人民共和国国民经济和社会发展第十三个五年规划纲要》	支持新材料类新兴产业发展，突破相关核心技术

续表

发布部门	发布时间	政策法规	要点
国务院办公厅	2016 年 12 月	《关于成立国家新材料产业发展领导小组的通知》	成立国家新材料产业发展领导小组，推动新材料产业发展
中国建筑材料联合会	2018 年 6 月	《中国制造 2025——中国建材制造业发展纲要》	在建材新兴产业中加大研发力度，提升气凝胶等生产工艺和技术装备水平
国家标准化管理委员会	2018 年 9 月	《纳米孔气凝胶复合绝热制品》	我国第一个气凝胶方面的国家标准
国家统计局	2018 年 11 月	《战略性新兴产业分类（2018）》	气凝胶及其制品等被列入战略性新兴产业分类重点产品和服务项目
工业和信息化部办公厅 国防科工局综合司	2018 年 12 月	《军用技术转民用推广目录》和《民参军技术与产品推荐目录》	纳米孔二氧化硅亲凝胶岩棉复合保温板入围 2018 年度"军转民"目录
国家发改委	2019 年 11 月	《产业结构调整目录（2019 年本）》	气凝胶节能材料进入目录"鼓励类"中的建材领域
工业和信息化部	2019 年 11 月	《重点新材料首批次应用示范指导项目（2019 年版）》	气凝胶、二氧化硅气凝胶、常压改性二氧化硅气凝胶新材料、气凝胶保温毡、气凝胶改性复合纤维、二氧化硅气凝胶保温隔热涂料、二氧化硅气凝胶浆料等气凝胶版系列材料列入前沿新材料领域，并规定性能要求
工业和信息化部	2020 年 10 月	《国家工业节能技术装备推荐目录（2020）》	介孔绝热材料节能技术及应用被列入，适用于隔热保温领域节能技术改造
中共中央 人民政府	2021 年 3 月	《中华人民共和国和国家民族经济和社会发展第十四个五年规划和 2035 年远景目标纲要》	聚焦新一代新材料等技术及应用，增加要素保障能力，培育壮大产业发展新动能
中共中央、国务院	2021 年 9 月	《关于完整准确全面贯彻新发展理念做好碳达峰碳中和工作的意见》	推动气凝胶等新型材料研发应用
国务院	2021 年 11 月	《2030 年前碳达峰行动方案的通知》	加快气凝胶等基础材料研发
国资委	2021 年 12 月	《关于推进中央企业高质量发展做好碳达峰碳中和工作的意见》	加快气凝胶等新型材料研发应用
工业和信息化部	2021 年 12 月	《重点新材料首批次应用示范指导目录（2021 年版）》	气凝胶绝热毡列入前沿新材料领域，并规定性能要求，导热系数 ≤ 0.021（W/(m·K)），A2 级防火，压缩回弹率 $\geq 90\%$；振动质量损失率 $\leq 1.0\%$

续表

发布部门	发布时间	政策法规	要点
国家发改委	2022年2月	《高能耗行业重点领域节能降碳改造升级实施指南（2022版）》	推动采用气凝胶技术，进一步提升烧成系统能源利用率（水泥行业）
科技部等九部门	2022年6月	《科技支持碳达峰碳中和实施方案（2022—2030年版）》	研发气凝胶等新型建筑材料与结构体系
工业和信息化部 国家发展和改革委员会 生态环境部 住房城乡建设部	2022年11月	《建材行业碳达峰实施方案》	加快气凝胶研发和推广应用

1.6.1.1　基于碳达峰、碳中和趋势相关政策

在全球积极应对气候变化背景下，2020年9月22日，中国领导人在第七十五届联合国大会一般性辩论上的讲话中宣布："中国二氧化碳排放力争于2030年前达到峰值，努力争取2060年前实现碳中和"。党的十九届五中全会《建议》和2021年政府工作报告提出：扎实做好碳达峰、碳中和各项工作，制定2030年前碳排放达峰行动方案，"十四五"单位GDP能耗和CO_2排放分别降低13.5%、18%。工业、交通、建筑、能源等领域成为节能减碳的关键。在加快推动绿色产业的趋势下，未来5年中国将加快发展以科技含量高、资源消耗低、环境污染少为目标的绿色制造。中国绿色发展潜力、碳达峰需求和气凝胶新技术、新产品供给的深度融合，有望产生更广泛的应用场景和应用需求。气凝胶作为超级绝热材料，发展机遇前所未有。

国务院在2021年9月印发的《关于完整准确全面贯彻新发展理念做好碳达峰碳中和工作的意见》中提出要加强绿色低碳技术科技攻关和推广应用。指出"加快先进适用技术研发和推广"。

国务院在2021年10月印发的《2030年前碳达峰行动方案》中提出要完成绿色低碳科技创新行动的重点任务，在任务中指出要加快先进适用技术研发和推广应用，指出"加快碳纤维、气凝胶、特种钢材等基础材料研发，推广先进成熟绿色低碳技术，开展示范应用"。

国务院国资委在2021年11月印发《关于推进中央企业高质量发展做好碳达峰碳中和工作的指导意见》的通知，在第六部分绿色低碳技术科技攻关和创新应用中对于气凝胶产业发展提出指导意见。指出"加强绿色低碳技术布局与攻关。充分发挥中央企业创新主体作用，支持中央企业加快绿色低碳重大科技攻关，积极承担国家绿色低碳重大科技项目，力争在低碳零碳负碳先进适用技术方面取得突破。鼓励加强产业共性基础技术研究，加快碳纤维、气凝胶等新型材料研发应用"。

通过国家政策扶持引导，推动气凝胶等新型材料研发应用、推进规模化碳捕集利用与封存技术研发、示范和产业化应用。这是中央创新驱动发展战略、努力实现科技自立自强的重要举措，是加快构建新发展格局、维护产业链供应链安全稳定的具体实践。

随着建筑行业工业化的发展进度加快，节能环保要求不断提升，建筑外保温围护结构设计的厚度越来越厚，导致质量、安全问题凸显。解决此类问题，需要限制传统材料

应用，限制薄抹灰一类外保温技术在新建建筑及既有改造建筑中使用，以促进发展装配式保温结构一体化、装饰保温一体化等绿色、安全的新技术；气凝胶具有固体密度低、密度范围宽、孔径小、孔洞率高、导热系数低等特点，目前气凝胶材料已经从以绝热为主的领域发展到了节能、环保、健康、安全应急等多个领域，该材料未来发展空间广阔。

1.6.1.2 气凝胶新材料相关政策及应用

气凝胶是未来航天、军工、工业、民用领域绿色低碳发展和产品品质升级的关键材料，在国家政策支持和市场引导下，近十年我国气凝胶产业快速发展，气凝胶被列入国家重点新材料产品目录。气凝胶是国家基础战略性前沿新材料，对降低碳排放、实现"双碳"目标具有重要战略意义。近年来，国家和地方密集出台多项政策，"十二五"期间，国家发改委在《当前优先发展的高技术产业化重点领域指南（2011）》的纳米材料领域内容将纳米多孔气凝胶材料列为优先发展的新材料产业。工业和信息化部将 SiO_2 气凝胶列入《新材料产业"十二五"重点产品目录》。2018 年 6 月，气凝胶被列入建材新兴产业；2019 年 12 月国家发改委发布文件鼓励气凝胶节能材料；2021 年 9 月，中共中央、国务院印发的《关于完整准确全面贯彻新发展理念做好碳达峰碳中和工作的意见》提出：推动气凝胶等新材料研发应用；2021 年 10 月，国务院印发的《2030 年前碳达峰行动方案》（国〔2021〕23 号）提出：加快碳纤维、气凝胶、特种钢材等基础材料的研发；2021 年 11 月 27 日，国资委印发的《关于推进中央企业高质量发展做好碳达峰碳中和工作的指导意见》提出：加快碳纤维、气凝胶等新型材料研发应用；2021 年 12 月工业和信息化部发布《重点新材料首批次应用示范指导目录（2021 年度）》，将气凝胶绝热毡列入前沿新材料范围，对性能提出更严格的要求，解决我国当下关键高技术材料被"卡脖子"无材可用、担心国产先进材料不好用、无人敢用的现状。气凝胶绝热毡作为绝热节能的前沿新材料排在 291 位成功入选。2022 年 7 月 4 日和 19 日，工业和信息化部对十三届人大五次会议第 2244 号关于扩大推广气凝胶在锂电池安全防护领域的应用、保障人民生命与财产安全的建议和 3330 号关注气凝胶行业高质量发展的建议进行了答复。2022 年 8 月 18 日，科技部、国家发展改革委、工业和信息化部、生态环境部、住房和城乡建设部、交通运输部、中国科学院、工程院、国家能源局九部委共同印发《科技支撑碳达峰碳中和实施方案（2022—2030 年）》，《方案》第三专栏中明确提及研发气凝胶材料与结构体系。2022 年 11 月 7 日，工信部、国家发改委、生态环境部和住建部四部门联合下发《关于印发建材行业碳达峰实施方案的通知》指出，要加快气凝胶材料研发和推广应用。

1.6.1.3 军转民技术相关政策及应用

气凝胶是近 20 年来军转民的新材料之一，早期由于价格昂贵，所以在民间普及使用并不多。由于近年来气凝胶发展迅速，迅速覆盖了大量行业，导致军事制备的一些气凝胶产品开始向民用生产领域转移，2018 年《军用技术转民用推广目录》和《民参军技术与产品推荐目录》就记录了纳米孔二氧化硅气凝胶岩棉复合保温板技术。

该技术采用纳米二氧化硅气凝胶材料复合的新工艺，开发出艾保板系列防火保温板。系列产品是以二氧化硅气凝胶材料与超细无机纤维棉、高强纤维线、无机复合贴面材料以及无机防水封闭材料，经过特殊复合工艺加工而成的新型复合保温材料。属于 A级不燃防火材料，抗拉强度高，导热系数在 $0.020\sim0.300W/(m\cdot K)$ 之间，材料的研制方案主要方向是满足现有工程技术规程要求，满足目前施工规范要求。艾保板材中含有大量细长纤维形成内腹丝增强结构，提高保温板的整体稳定性和使用寿命，不粉化，不会膨胀，耐久性长，与建筑同寿命。新型气凝胶复合材料的抗拉拔强度达到 110kPa以上，吸水率低于 0.2%。该产品可以广泛应用于建筑节能领域的传统外墙薄抹灰工艺，完美地解决目前市场新国标消防设计规范所要求的 A 级防火材料问题。

1.6.2　气凝胶行业地方发展政策汇总

以中央发布政策为核心，地方根据行业发展也积极跟进政策布局，加快气凝胶行业的高速发展。以下列城市为例：

（1）北京市：北京市为全面贯彻落实《中共中央 国务院关于开展质量提升行动的指导意见》、落实高质量发展、深入推进质量强国首善之区建设要求，在 2018 年发布《中共北京市委北京市人民政府关于开展质量提升行动的实施意见》，指出要"提升新材料自主创新能力，加快低维材料、高性能纳米材料、光电子材料、新型超导材料等的原始创新和颠覆性技术突破，形成一批具有全球影响力的创新成果和核心专利。突破石墨烯材料规模化制备共性关键技术，实现标准化、系列化和低成本化。支持利用石墨烯、气凝胶等新材料提升传统材料性能。稳步推进重点新材料首批次应用保险试点工作。"达到全面落实中央文件精神，服务首都发展大局。聚焦发展短板，提升质量治理水平。坚持服务导向，体现质量基础支撑作用。充分发挥企业主体作用，推动高质量发展的目的。

（2）天津市：大力发展新材料产业，对天津市推进传统产业转型升级、建设全国先进制造研发基地具有重要战略意义。为贯彻落实天津市委、市政府关于进一步加快建设全国先进制造研发基地的实施意见，促进天津市新材料产业发展，根据工业和信息化部等四部委《新材料产业发展指南》（工信部联规〔2016〕454 号），制定新材料产业发展行动计划。天津市在 2018 年发布《天津市新材料产业发展三年行动计划（2018—2020年）》，推行"实施关键战略材料突破工程。围绕重大工程和国防军工，突破重点领域急需关键战略材料，加快推进产业化发展，支撑和保障战略性新兴产业创新发展。加快新型高效半导体照明、稀土发光材料技术开发。突破非晶合金在稀土永磁节能电机中的应用关键技术。大力发展稀土永磁节能电机及配套稀土永磁材料、高温多孔材料、人工光催化合成燃料、功能膜材料及膜组件，推进在节能环保重点项目中应用。提升汽车尾气、工业废气、废水净化用催化材料寿命及可再生性能，开展稀土三元催化材料、脱硝催化材料质量控制、总装集成技术等开发，降低生产成本。开发纳米陶瓷胶凝材料及新型耐火材料、节能玻璃、气凝胶绝热保温材料、完全生物降解的生物基高分子材料。"气凝胶绝热保温材料作为节能环保材料被列入天津市关键战略材料突破工程。

（3）山西省：山西省政府在 2018 年发布山西省关于省级重点推进前期的产业类项目名单，新型纳米二氧化硅气凝胶技术的应用研究及工业性示范项目（阳泉）列入其中。

山西省政府在 2020 年发布《山西省支持新材料产业高质量发展的若干政策》，强调将新材料产业打造为全省转型发展的支柱产业。包括以下五个方面：①支持新材料产业集群发展；②提升新材料产业创新能力；③培育新材料产业龙头企业；④实施新材料产业融资支持及税费优惠；⑤加大新材料产业人才培养。

1.6.3　气凝胶行业国家标准汇总

气凝胶产业蓬勃发展的同时，行业化标准程度不高的问题也逐步显现出来。我国于 2018 年 9 月发布第一个气凝胶材料方面的国家标准，2019 年 12 月国家发改委发布文件鼓励气凝胶节能材料，2020 年 11 月《气凝胶保温隔热涂料系统技术标准》启用。截至 2023 年 8 月，我国共有 32 项气凝胶的现行标准，包括国家标准 1 项、行业标准 2 项、团体标准 28 项、地方标准 1 项，涵盖建筑、工业、动力电池等多个领域。这些标准提供了更加具体和细化的规范要求，可以提升气凝胶产品的质量和性能，指导企业的规范操作，确保在应用过程中的安全性和可靠性。标准的推行将有助于拓展气凝胶在下游市场的广阔消费空间，提高产品和服务竞争力，促进市场的发展，并进一步推动技术进步和产业升级。详见表 1-7。

表 1-7　我国现行气凝胶相关标准汇总

（截至 2023 年 8 月 1 日）

标准类别	标准编号	标准名称	发布机构	发布日期	实施日期	状态
国家标准	GB/T 34336—2017	纳米孔气凝胶复合绝热制品	国家质量监督检验检疫总局、中国国家标准化管理委员会	2017-10-14	2018-09-01	现行
行业标准	JC/T 2518—2019	疏水二氧化硅气凝胶粉体	工业和信息化部	2019-5-2	2019-11-01	现行
	JC/T 2669—2022	气凝胶中空玻璃	工业和信息化部	2022-9-30	2023-04-01	现行
团体标准（28 项）	T/ZZB 0554—2018	纳米孔气凝胶复合绝热制品	浙江省品牌建设联合会	2018-9-28	2018-10-31	现行
	T/SCDA 032—2019	气凝胶改性保温膏料外墙内保温系统应用技术标准	上海市建设协会	2019-10-9	2019-10-10	现行
	T/CSTM 00193—2020	锂离子动力电池用气凝胶隔热片	中关村材料试验技术联盟	2020-6-22	2020-09-22	现行
	T/SCDA 053—2021	EPIC1 建筑用复合气凝胶隔热涂料系统应用技术标准	上海市建设协会	2021-1-21	2021-01-22	现行
	T/CECS 10126—2021	气凝胶绝热厚型涂料系统	中国工程建设标准化协会	2021-3-22	2021-08-01	现行

续表

标准类别	标准编号	标准名称	发布机构	发布日期	实施日期	状态
团体标准（28 项）	T/CECS 835—2021	气凝胶绝热厚型涂料系统应用技术规程	中国工程建设标准化协会	2021-3-22	2021-08-01	现行
	T/SHMHZQ 090—2021	气凝胶复合材料通用规范	上海市闵行区中小企业协会	2021-12-7	2021-12-07	现行
	T/SHHJ 000037—2022	ZNJC 气凝胶绝热涂料应用技术标准	上海市化学建材行业协会	2022-1-28	2022-01-28	现行
	T/QGCML 275—2022	气凝胶复合彩钢夹芯板	全国城市工业品贸易中心联合会	2022-4-25	2022-05-10	现行
	T/QGCML 274—2022	气凝胶零能耗小屋	全国城市工业品贸易中心联合会	2022-4-25	2022-05-10	现行
	T/QGCML 273—2022	气凝胶保模一体板	全国城市工业品贸易中心联合会	2022-4-25	2022-05-10	现行
	T/CSTM 00394—2022	船用耐火型气凝胶复合绝热制品	中关村材料试验技术联盟	2022-6-20	2022-09-20	现行
	T/CSTM 00393—2022	低温用气凝胶复合毡	中关村材料试验技术联盟	2022-6-20	2022-09-20	现行
	T/SCDA 105—2022	NCC 改性石墨气凝胶自保温墙体建筑构造	上海市建设协会	2022-7-7	2022-07-08	现行
	T/QGCML 343—2022	纳米二氧化硅气凝胶粉体	全国城市工业品贸易中心联合会	2022-8-31	2022-09-15	现行
	T/QGCML 344—2022	纳米二氧化硅气凝胶毡	全国城市工业品贸易中心联合会	2022-8-31	2022-09-15	现行
	T/QGCML 345—2022	气凝胶保温管道一体化复合成型技术	全国城市工业品贸易中心联合会	2022-8-31	2022-09-15	现行
	T/QGCML 346—2022	气凝胶防水卷材的试验方法	全国城市工业品贸易中心联合会	2022-8-31	2022-09-15	现行
	T/QGCML 347—2022	气凝胶复合 A 级聚苯不燃型保温板	全国城市工业品贸易中心联合会	2022-8-31	2022-09-15	现行
	T/QGCML 348—2022	气凝胶绝热板	全国城市工业品贸易中心联合会	2022-8-31	2022-09-15	现行
	T/QGCML 349—2022	气凝胶隔热中涂层特点及施工方法	全国城市工业品贸易中心联合会	2022-8-31	2022-09-15	现行
	T/QGCML 545—2022	蒸汽管道采用气凝胶绝热毡保温技术规程	全国城市工业品贸易中心联合会	2022-12-20	2022-12-29	现行
	T/SHDSGY 073—2022	相变气凝胶砂浆制作流程规范	上海都市型工业协会	2022-12-29	2022-12-29	现行

续表

标准类别	标准编号	标准名称	发布机构	发布日期	实施日期	状态
团体标准 （28项）	I/SCDA 032—2022	气凝胶改性保温膏料外墙内保温系统应用技术标准	上海市建设协会	2022-9-26	2022-09-27	现行
	T/COS 014—2023	二氧化硅基气凝胶灭火剂	中国兵工学会	2023-4-10	2023-04-10	现行
	T/SCDA 132—2023	HB建筑气凝胶保温隔热涂料系统应用技术标准	上海市建设协会	2023-5-29	2023-05-30	现行
	T/SCDA 053—2023	EPIC1建筑用复合气凝胶隔热涂料系统应用技术标准	上海市建设协会	2023-6-16	2023-06-19	现行
	T/CASME 531—2023	建筑用外墙保温隔热气凝胶涂料	中国中小商业企业协会	2023-7-7	2023-08-01	现行
地方标准	DB51/T 2975—2022	气凝胶复合保温隔热材料及系统通用技术条件	四川省市场监督管理局	2022-12-27	2023-02-10	现行

来源：整理自全国标准信息化公共服务平台。

1.6.4 我国气凝胶行业发展展望

国外对气凝胶的研究和应用起步较早，美国 LLNL 实验室、德国维尔茨堡大学、日本高能物理国家实验室等研发机构在材料研发、规模化生产、多领域应用以及市场开拓方面均处于全球领先，催生了全球最大的气凝胶生产商 Aspen 公司、Cabot 公司等一众知名企业，率先实现了规模化生产。我国最早于 1955 年，由同济大学波尔固体物理研究所对气凝胶展开研究。随后，清华大学、东华大学等高校也涉足过这个领域。中国技术工作者在常压干燥领域投入精力较多，国防科技大学自 2001 年开始从事气凝胶隔热材料研究，在国家自然科学基金、武器装备预研基金和军品配套科研项目等的长期支持下，开展的气凝胶高效隔热复合材料研究已从实验室基础研究和工艺探索阶段进入到工程化应用阶段。研制的 SiO_2 和 Al_2O_3 等气凝胶复合材料具有高强韧、可设计性强、高效隔热等特性，相关资料和构件已广泛应用于我国新型航天飞行器和导弹热防护系统中，为我国国防现代化建设作出了重要贡献。2004 年，国内开始出现从事气凝胶材料产业化研究的企业，逐步推动气凝胶市场的成熟化、规模化，扩展和开发新兴应用领域，成为气凝胶第四次产业化的主力军。国内气凝胶的产业化，形成了广东埃力生、浙江纳诺、贵州航天乌江、中建材科创新技术研究院（山东）有限公司等一批企业。

商业化以来，气凝胶制备工艺优化取得了持续突破性进展。制备成本大幅下降。气凝胶材料走出实验室，实现了从年产千立方米到万立方米级的规模化生产，而制备工艺也逐步实现更新换代，用成本较低的无机硅源搭配优化的常压制备工艺取代原有的成本较高、周期较长的有机硅源超临界制备工艺，所生产出的气凝胶质量达到了超临界干燥工艺的技术指标，且大幅缩短了投资回报期，从根本上脱离了由于超临界干燥所带来的各种弊端，制造成本降低至超临界工艺的 1/20。我们预计未来气凝胶制备的发展方向仍为常压干燥技术的硅源选择和流程组合优化,制备成本将进一步降低至与传统保温材料制备相当。而超临界技术虽然制备成本的下降难度较大,但由于产品纯度极高,在军工、航天等特殊领域市场具有不可替代性,未来将共存于市场。

1.6.4.1 气凝胶行业应用前景

目前气凝胶行业下游需求领域主要集中于油气项目、工业隔热和建筑制造,从下游应用来看,我国气凝胶下游中占比最高的是油气项目(约占 56%),其次是工业隔热(占 18%)、建筑制造(占 9%)、交通运输(锂电)(占 8%),在全球范围内的新能源汽车市场呈现高速增长的发展态势,预测气凝胶将作为其中的关键性材料,未来市场增长空间将会越来越大。

随着我国将"碳达峰、碳中和"纳入生态文明建设整体布局,一系列加快推进全社会绿色低碳发展的政策规划正紧锣密鼓地部署和实施,节能建筑、新能源汽车两大碳减排的重点领域将有望迎来爆发式增长,进而带动气凝胶材料需求的快速增长。一方面,随着绿色低碳发展的理念逐步贯彻落实,推广低能耗建筑甚至"零碳建筑"相关政策将有望在各地陆续出台,这将对保温材料的节能效果提出更为严格的要求,并一定程度上淡化建筑领域对保温材料成本的敏感性,凝胶等超级绝热材料将有望在建筑领域获得推广应用。另一方面,随着新能源汽车保有量的快速增长,电池动力的安全性能已成为新能源汽车行业及全社会关注的焦点。传统的隔热材料在电池发热严重时不能起到很好的隔热效果,而气凝胶复合材料具有超过传统材料的优良阻燃性能,能够将电池包高温耐受能力提高至 800℃以上。目前,气凝胶材料在新能源客车领域已开始部分替代传统隔热材料,未来将有望得到更大规模的推广应用。

1.6.4.2 气凝胶行业发展存在的问题

(1)技术水平与供给仍有进一步提升的空间

当前,气凝胶材料的主要增量市场应该围绕着建筑节能和新能源汽车两大领域。新能源汽车领域对于气凝胶材料的隔热、耐热、体积、密度、成本等方面都有着更高的要求,开发含有 Al_2O_3、ZrO_2 等组分的具有更好尺寸稳定性、隔热及耐高温性能的气凝胶新产品成为重中之重,气凝胶材料愈加完善,才可能继续推动新能源汽车的发展,成为一种互为支撑的生产模式。

气凝胶生产成本明显下降,但在许多领域,经济性能不明显。未来,生产企业将继续加强成本控制,进一步降低气凝胶的成本,加速在各领域中应用;例如,气凝胶产业首先需要加强对原材料体系的研发,开发出成本相对较低、更加适合建筑领域大面积使用的气凝胶材料。同时,四氯化硅、功能性硅烷将集中释放产能,供需差的进一步扩大有望带动平均价格水平下降,为气凝胶成本下降带来空间。在价格不断下行、利好政策频出及环保要求日趋严格下,行业将保持高速发展态势。

从硅基气凝胶产业链来看,上游原材料有无机硅源和有机硅源,占成本总量的 40% 左右。硅源作为气凝胶前驱体的重要组成部分,对获得结构完整、性能优良的气凝胶以及构建满足不同应用需求的气凝胶至关重要。上游正硅酸乙酯供应紧缺。截至 2023 年 3 月,我国正硅酸乙酯产能约为 5.15 万吨/年,产能主要集中在晨光新材、江瀚新材、张家港新亚化工及几家规模较大的功能性硅烷企业中。目前，正硅酸乙酯是气凝胶的主要硅源，根据纳诺科技环评，1m³气凝胶约消耗 0.307t 正硅酸乙酯，5.15 万吨正硅酸乙酯仅够支持 16.8 万立方米气凝胶材料生产，即使加上 8 万吨拟建产能，也仅够支撑 42.8 万立方米气凝胶材料，小于当前气凝胶规划产能。供需紧张驱动正硅酸乙酯价格上涨。正硅酸乙酯下游主要应用于气凝胶前驱体、电器绝缘材料、涂料、光学玻璃处理剂、有机合成等领域。受益于涂料、气凝胶等下游行业景气度的提升，据生意社数据，正硅酸乙酯的市场价格由早期 1.1 万～1.2 万元/t 大幅上涨，2021 年 11 月最高达到 2.8 万元/t，目前约 2 万元/t。正硅酸乙酯由乙醇与四氯化硅反应制得，直接使用四氯化硅成本较高。根据晨光新材环评，若直接外购四氯化硅，则单吨正硅酸乙酯仅原材料成本就达到 9593 元/t，以正硅酸乙酯当前较高的售价 1.8 万元/t（不含税）算，原材料成本已近 54%。而四氯化硅和乙醇生成正硅酸乙酯的过程中还会产生氯化氢，如果把它吸收成盐酸，则贴钱处理，因此直接使用四氯化硅进行正硅酸乙酯的合成成本过高。四氯化硅是三氯氢硅和多晶硅生产的副产物，能够实现四氯化硅循环利用的企业将更具优势。硅烷企业或具备乙醇和氯化氢双循环优势，进一步压缩成本。根据晨光新材环评，合成 1t 正硅酸乙酯约需 0.88t 乙醇；在气凝胶制备过程中，每生产 1m³ 气凝胶材料亦需要约 8.5kg 无水乙醇作为正硅酸乙酯和水的反应溶剂，但同时，也会生成 208kg 乙醇副产物。即每生产 1m³ 气凝胶约消耗 0.28t 乙醇，以乙醇 7000 元/t 的价格计算，若乙醇可实现循环利用，则每生产 1m³ 气凝胶亦可节约乙醇成本约 1961 元。硅烷企业若能同时实现乙醇及氯化氢双循环，气凝胶原材料成本可近似压缩为硅粉成本，实现大幅度降低。

在中游，气凝胶生产主要经过水解、凝胶、老化、干燥等步骤，其中干燥是生产过程中最为关键的环节，对产品品质影响重大。目前，干燥方法主要有超临界干燥、常压干燥、高温干燥、冷冻干燥和微波干燥等，其中超临界干燥由于获得产品质量较好，常压干燥对设备要求低等优势成为主流干燥技术，但超临界干燥设备制造具有一定门槛，且原料有机硅源价格较高，制造成本是常压干燥的 20 倍左右，导致许多生产厂家望而却步。

（2）标准体系急需进一步完善

气凝胶发展备受政府部门关注。在我国气凝胶产业仍处于起步阶段，发展前景广阔，对于一个处于发展初期的产业而言，政策扶持将对产业健康发展起到关键性的支撑作用。近几年来，国家发布了多项政策支持气凝胶行业的发展与创新，但行业仍面临着技术门槛高、下游应用市场未完全成熟等问题，因此未来的发展离不开政策的助力。"十四五"期间国家将继续加大对气凝胶产业的扶持力度，明确产业的规划布局、发展重点、发展路径；各地区也发布了支持政策，将气凝胶作为"十四五"发展重点，推动行业快速发展；同时协会及企业将不断完善行业标准，助力行业规范、健康发展。目前，我国气凝胶产业执行的国家行业标准只有 GB/T 34336—2017《纳米孔气凝胶复合绝热制品》以及团体和地方等 32 项标准，主要覆盖在气凝胶隔热和锂电池方向，部分地方出台一些地方标准也远远不够。总体来说，气凝胶行业的相关标准体系不够健全，由于气凝胶材料没有一个统一的规程，这就导致了气凝胶材料在部分领域无法深入开展应用，且不能保证产品质量，随着气凝胶行业的不断扩宽和发展，未来在建筑、新能源、医疗等各个领域内气凝胶应用技术规程和测试方法都会不断完善。

（3）市场环境有待进一步改善

由于气凝胶行业发展时间较短，标准尚未健全，市面上真正能符合 GB/T 34336—2017《纳米孔气凝胶复合绝热制品》等 32 项标准的产品并不多，很多企业、工厂以次充好，良莠不齐等现象屡见不鲜，这严重地扰乱了市场，是对消费者的极大不公。

相关法律制度不完善导致企业或高校的机密技术和知识产权被剽窃，由于举证困难、维权周期长、不好界定等相关原因，导致行业内部科技创新的动力和积极性严重不强。

建议相关政府部门鼓励和引导企业与高校加强专利意识的布局工作，借鉴国外的相关经验，针对侵犯知识产权行为、市场上虚假宣传、以次充好等不正当竞争行为加大打击力度，为气凝胶产业发展营造一个良好的环境。

目前，很多市场用户对气凝胶材料的认知程度不够，没有意识到在绝热节能和提升能源利用率方面的优势，对相关知识的了解度不够，市场推广程度低，这使得气凝胶的市场认可程度低下，阻碍了气凝胶行业的快速发展。

参考文献

[1] 吴晓栋，宋梓豪，王伟，等．气凝胶材料的研究进展 [J]．南京工业大学学报（自然科学版），2020，42（4）：405-451．

[2] LIU Y, ZHANG Q, HUAN H Y, et al. Comparative study of photocatalysis and gas sensing of ZnO/Ag nanocomposites synthesized by one-and two-step polymer-network gel processes [J]. Journal of Alloys and Compounds, 2021, 868: 158723.

[3] 黄剑锋．溶胶-凝胶原理与技术 [M]．北京：化学工业出版社，2005．

[4] 刘洋，张毅，李东旭．常压干燥制备疏水性 SiO_2 气凝胶 [J]．功能材料，2015，46（5）：5132-5135．

[5] 陈一民，谢凯，赵大方，等．SiO_2 气凝胶制备及疏水改性研究 [J]．宇航材料工艺，2006（1）：30-33．

[6] 陈一民，谢凯，洪晓斌，等．自疏水溶胶凝胶体系制备疏水 SiO_2 气凝胶 [J]．硅酸盐学报，2005（9）：1149-1152．

[7] 吴国友，程璇，余煜玺，等．常压干燥制备二氧化硅气凝胶 [J]．化学进展，2010，22（10）：1892-1900．

[8] BAI D X, WANG F, LV J M, et al. Triple-confined well-dispersed biactive $NiCo_2S_4/Ni_{0.96}S$ on graphene aerogel for high-efficiency lithium storage [J]. Acs Applied Materials & Interfaces, 2016, 8 (48): 32853-32861.

[9] FENG J Z, ZHANG C R, FENG J, et al. Carbon aerogel composites prepared by ambient drying and using oxidized polyacrylonitrile fibers as reinforcements [J]. Acs Applied Materials & Interfaces, 2011, 3 (12): 4796-4803.

[10] KRUMM M, PAWLITZEK F, WEICKERT J, et al. Temperature-stable and optically transparent thin-film zinc oxide aerogel electrodes as model systems for 3d interpenetrating organic-inorganic heterojunction solar cells [J]. Acs Applied Materials & Interfaces, 2012, 4 (12): 6522-6529.

[11] LI L C，YALCIN B，NGUYEN B N，et al. Flexible nanofiber-reinforced aerogel（xerogel）synthesis，manufacture，and characterization [J]. Acs Applied Materials & Interfaces，2009，1（11）：2491-2501.

[12] PETTONG T，IAMPRASERTKUN P，KRITTAYAVATHANANON A，et al. High-performance asymmetric supercapacitors of MnCo$_2$O$_4$ nanofibers and N-Doped reduced graphene oxide aerogel [J]. Acs Applied Materials & Interfaces，2016，8（49）：34045-34053.

[13] 王斐. 二氧化硅纳米纤维基气凝胶的常温原位构建及力学性能研究 [D]. 上海：东华大学，2020.

[14] KISTLER S S. Coherent expanded-aerogels [J]. J Phys Chem，1931，36（1）：52-64.

[15] WEI X Q，NI X Y，ZU G Q，et al. Effect of Surface modification agents on hydrophobiic，elastic and thermal property of silica aerogels derived from ambient condition [J]. Rare Met Mater Eng，2012，41（6）：454-457.

[16] 姚远. 用于节能的可回收苯乙烯马来酰亚胺共聚物气凝胶的制备和性能研究 [D]. 北京：北京化工大学，2023.

[17] 王斌，王丽娜，魁尚文，等. 常压干燥法制备气凝胶的研究进展 [J]. 化学通报，2022，85（8）：927-936.

[18] KIEFFER J，ANGELL C A. Generation of fractal structures by negative pressure rupturing of SiO$_2$ glass [J]. Journal of Non-Crystalline Solids，1988，106（1/2/3）：336-342.

[19] 杨云，史新月，吴红亚，等. SiO$_2$气凝胶分子动力学模拟研究进展 [J]. 人工晶体学报，2021，50（2）：397-406.

[20] SMIRNOVA I，SUTTIRUENGWONG S，ARLT W. Feasibility study of hydrophilic and hydrophobic silica aerogels as drug delivery systems [J]. Journal of Non-Crystalline Solids，2004，350：54-60.

[21] 冷映丽，沈晓冬，崔升，等. SiO$_2$气凝胶超临界干燥工艺参数的优化 [J]. 精细化工，2008（3）：209-211.

[22] 刘君仪，冯庆革，陈考，等. 模板法制备多孔超疏水 SiO$_2$/PDMS 海绵及油水分离应用 [J/OL]. 无机盐工业：1-13 [2023-12-03]. https：//doi. org/10. 19964/j. issn. 1006-4990. 2023-0341.

[23] STRØM R A，MASMOUDI Y，RIGACCIi A，et al. Strengthening and aging of wet silica gels for up-scaling of aerogel preparation [J]. Journal of Sol-Gel Science and Technology，2007，41（3）：291-298.

[24] JIANG H，WANG S，ZHANG B，et al. High performance lithium-ion capacitors based on LiNbO$_3$-arched 3D graphene aerogel anode and BCNNT cathode with enhanced kinetics match [J]. Chemical Engineering Journal，2020，396：125207.

[25] SCHULTZ J M，JENSEN K I. Evacuated aerogel glazings [J]. Vacuum，2008，82（7）：723-729.

[26] REIM M. Silica aerogel granulate material for thermal insulation and daylighting [J]. Solar Energy，2005，79（2）：131-139.

[27] LAZARO M J，BOYANO A，GALVEZ M E，et al. Novel carbon based catalysts for the reduction of NO：Influence of support precursors and active phase loading [J]. Catalysis Today，2008，137（2/3/4）：215-221.

[28] ADEL A，ISMAIL，et al. Impact of supercritical drying and heat treatment on physical properties of titania/silica aerogel monolithic and its applications [J]. Applied Catalysis A General，2008，346（1）：200-205.

[29] LI Y，HUNG F，HOPE-WEEKS J L，et al. Fe/Al binary oxide aerogels and xerogels for catalytic oxidation of aqueous contaminants [J]. Separation and Purification Technology，2015，156：1035-1040.

[30] RAMIREZ J H，MALDONADO-HODAR F J，PEREZ-CADENAS A F，et al. Azo-dye Orange Ⅱ degradation by heterogeneous Fenton-like reaction using carbon-Fe catalysts [J]. Applied Catalysis B Environmental，2007，75 (3/4)：312-323.

[31] YIN H，ZHANG C，LIU F，et al. Hybrid of iron nitride and nitrogen-doped graphene aerogel as synergistic catalyst for oxygen reduction reaction [J]. Advanced Functional Materials，2014，24 (20)：2930-2937.

[32] LIU R，LI W，LIU S，et al. An Interface-Induced co-assembly approach towards ordered mesoporous carbon/graphene aerogel for high-performance supercapacitors [J]. Advanced Functional Materials，2015，25 (4)：526-533.

[33] ZOU H Y，LI G，DUAN L L，et al. In situ coupled amorphous cobalt nitride with nitrogen-doped graphene aerogel as a trifunctional electrocatalyst towards zn-air battery deriven full water splitting [J]. Applied Catalysis B-Environmental，2019，259 (C)：118100-118111.

[34] GAO H，ZHOU T，ZHENG Y，et al. Integrated carbon/red phosphorus/graphene aerogel 3D architecture via advanced vapor-redistribution for high-energy sodium-ion batteries [J]. Advanced Energy Materials，2016，6 (21)：1601037.

[35] 施磊，邓小燕. 气凝胶在船舶管道保冷系统上的应用 [J]. 南通航运职业技术学院学报，2021，20 (2)：64-67.

[36] 卢斌，郭迪，卢峰. SiO₂气凝胶透明隔热涂料的研制 [J]. 涂料工业，2012 (6)：19-22.

[37] 刘红霞，陈松，贾铭琳，等. 疏水 SiO₂气凝胶的常压制备及在建筑隔热涂料中的应用 [J]. 涂料工业，2011 (8)：64-67.

[38] CAO S，ZHANG H，SONG Y，et al. Investigation of polypyrrole/polyvinyl alcohol-titanium dioxide composite films for photo-catalytic applications [J]. Applied Surface Science，2015，342：55-63.

[39] ADEL A，ISMAIL，et al. Impact of supercritical drying and heat treatment on physical properties of titania/silica aerogel monolithic and its applications [J]. Applied Catalysis A General，2008，346 (1)：200-205.

[40] SAKTHIVEL S，KISCH H. Daylight photocatalysis by carbon-modified titanium dioxide [J]. Angewandte Chemie International Edition，2010，42 (40)：4908-4911.

[41] LIU W，CAI J，Li Z. Self-Assembly ofsemiconductor nanoparticles/reduced graphene oxide (RGO) composite aerogels for enhanced photocatalytic performance and facile recycling in aqueous photocatalysis [J]. ACS Sustainable Chemistry & Engineering，2015，3 (2)：277-282.

[42] WOAN K，PYRGIOTAKIS G，SIGMUND W. Photocatalytic carbon-nanotube-TiO₂ composites [J]. Advanced Materials，2009，21 (21)：2233-2239.

[43] LI Y，HUANG F. HOPE-WEEKS J L，et al. Fe/Al binary oxide aerogels and xerogels for catalytic oxidation of aqueous contaminants [J]. Separation & Purification Technology，2015，156：1035-1040.

[44] RAMIREZ J H，MALDONADO-HODAR F J，PEREZ-CADENAS A F，et al. Azo-dye Orange Ⅱ degradation by heterogeneous Fenton-like reaction using carbon-Fe catalysts [J]. Applied Catalysis B Environmental，2007，75 (3-4)：312-323.

[45] 郭晓煜，张光磊，赵霄云，等. 气凝胶在建筑节能领域的应用形式与效果 [J]. 保温材料与节能

技术，2015（6）：1-7.

[46] 倪星元，王博，沈军，等. 纳米 SiO₂ 气凝胶在节能建筑墙体中的保温隔热特性研究 [C] //中国功能材料及其应用学术会议，2010.

[47] 韩金光，李珠，贾冠华. 膨胀珍珠岩的纳米气凝胶改性及其应用 [J]. 科学技术与工程，2016，16（12）：136-140.

[48] RYU J，KIM S M，CHOI J W，et al. Highly durable pt-supported niobia-silica aerogel catalysts in the aqueous-phase hydrodeoxygenation of 1-propanol [J]. Catalysis Communications，2012，29：40-47.

[49] AMEEN K B，RAJASEKAR K，RAJASEKHARAN T. Silver nanops in mesoporous aerogel exhibiting selective catalytic oxidation of benzene in CO₂ free air [J]. Catalysis Letters，2007，119（3/4）：289-295.

[50] CAO Y，HU J C，HONG Z S，et al. Characterization of high-surface-area zirconia aerogel synthesized from combined alcohothermal and supercritical fluid drying techniques [J]. Catalysis Letters，2002，81（1-2）：107-112.

[51] PIAO L Y，LI Y D，CHEN R L，et al. Methane decomposition to carbon nanotubes and hydrogen on an alumina supported nickel aerogel catalyst [J]. Catalysis Today，2002，74（1）：145-155.

[52] DONG H，LIU J，MA L F，et al. Chitosan aerogel catalyzed asymmetric aldol reaction in water：Highly enantioselective construction of 3-substituted-3-hydroxy-2-oxindoles [J]. Catalysts，2016，6（12）：186.

[53] KIM C，YOUN H，LEE H. Preparation of cross-linked cellulose nanofibril aerogel with water absorbency and shape recovery [J]. Cellulose，2015，22（6）：3715-3724.

[54] ZHANG B X，YU H，ZHANG Y B，et al. Bacterial cellulose derived monolithic titania aerogel consisting of 3d reticulate titania nanofibers [J]. Cellulose，2018，25（12）：7189-7196.

[55] ZHANG F，REN H，TONG G L，et al. Ultra-lightweight poly（sodium acrylate）modified tempo-oxidized cellulose nanofibril aerogel spheres and their superabsorbent properties [J]. Cellulose，2016，23（6）：3665-3676.

[56] ASSEFA D，ZERA E，CAMPOSTRINI R，et al. Polymer-derived sioc aerogel with hierarchical porosity through hf etching [J]. Ceramics International，2016，42（10）：11805-11809.

[57] OSAKI T，MORI T. Characterization of nickel-alumina aerogels with high thermal stability [J]. Non-Crystalline Solids，2009，355（31）：1590-1596.

[58] JONES S M，ANDERSON M S，DOMINGUEZ G，et al. Thermal calibrations of hypervelocity capture in aerogel using magnetic iron oxide particles [J]. Icarus，2013，226（1）：1-9.

[59] 高富强，李萍，张磊敏，等. 纳米 SiO₂ 气凝胶-纤维复合绝热材料的制备及其在陶瓷窑炉结构中的应用 [J]. 佛山陶瓷，2017，27（4）：12-14.

[60] ZION N，CULLEN D A，ZELENAY P，et al. Heat-treated aerogel as a catalyst for the oxygen reduction reaction [J]. Angewandte Chemie-International Edition，2020，59（6）：2483-2489.

[61] KAMOUN N，YOUNES M K，GHORBEL A. Influence of the nickel content on the textural，structural and catalytic properties of aerogel sulfated zirconia doped with nickel [J]. Annales De Chimie-Science Des Materiaux，2010，35（6）：311-321.

[62] PARK H W，HONG U G，LEE Y J，et al. Decomposition of 4-phenoxyphenol to aromatics over palladium catalyst supported on activated carbon aerogel [J]. Applied Catalysis a-General，2011，409：167-173.

[63] WAN Y，MA J X，ZHOU W，et al. Preparation of titania-zirconia composite aerogel material by sol-gel

combined with supercritical fluid drying [J]. Applied Catalysis A-General, 2004, 277 (1/2): 55-59.

[64] PADILLA-SERRANO M N, MALDONADO-HODAR F, MORENO-CASTILLA C. Influence of pt p size on catalytic combustion of xylenes on carbon aerogel-supported pt catalysts [J]. Applied Catalysis B-Environmental, 2005, 61 (3/4): 253-258.

[65] TANG L, JIA C T, XUE Y C, et al. Fabrication of compressible and recyclable macroscopic g-C 3 N 4/GO aerogel hybrids for visible-light harvesting: a promising strategy for water remediation [J]. Applied Catalysis B-Environmental, 2017, 219: 241-248.

[66] IBRAHIM M, BIWOLE P H, ACHARD P, et al. Building envelope with a new aerogel-based insulating rendering: Experimental and numerical study, cost analysis, and thickness optimization [J]. Applied Energy, 2015, 159: 490-501.

[67] LAUTER H J, BOGOYAVLENSKII I V, PUCHKOV A V, et al. Surface excitations in thin helium films on silica aerogel [J]. Applied Physics A-Materials Science & Processing, 2002, 74: S1547-S1549.

[68] SUZUKI N, OONISHI T, HYODO T, et al. Study of silica aerogel grain surfaces by using a positron age-momentum correlation technique [J]. Applied Physics A-Materials Science & Processing, 2002, 74 (6): 791-795.

[69] SEO J T, YANG Q, CREEKMORE S, et al. Large pure refractive nonlinearity of nanostructure silica aerogel [J]. Applied Physics Letters, 2003, 82 (25): 4444-4446.

[70] DING J, WU X D, SHEN X D, et al. Form-stable phase change material embedded in three-dimensional reduced graphene aerogel with large latent heat for thermal energy management [J]. Applied Surface Science, 2020, 534.

[71] EL MIR L, BEN AYADI Z, SAADOUN M, et al. Preparation and characterization of n-type conductive (Al, Co) co-doped ZnO thin films deposited by sputtering from aerogel nanopowders [J]. Applied Surface Science, 2007, 254 (2): 570-573.

[72] HUANG Y J, ZHOU T, HE S, et al. Flame-retardant polyvinyl alcohol/cellulose nanofibers hybrid carbon aerogel by freeze drying with ultra-low phosphorus [J]. Applied Surface Science, 2019, 497: 143775.

[73] SHANMUGAM B, IGNACIMUTHU P, NALLANI S. Nitrogen gas interaction on silica aerogel-effects on hydrophobicity, surface area, porosity, and lithium-ion battery performance [J]. Applied Surface Science, 2019, 498 (31): 1-13.

[74] SU X L, FU L, CHENG M Y, et al. 3d nitrogen-doped graphene aerogel nanomesh: Facile synthesis and electrochemical properties as the electrode materials for supercapacitors [J]. Applied Surface Science, 2017, 426: 924-932.

[75] ZHANG Y M, WANG F, ZHU H, et al. Preparation of nitrogen-doped biomass-derived carbon nanofibers/graphene aerogel as a binder-free electrode for high performance supercapacitors [J]. Applied Surface Science, 2017, 426: 99-106.

[76] ZHAO J L, ZHAO Y, AN J L, et al. Thermally conductive silicone composites modified by graphene-oxide aerogel beads loaded with phase change materials as efficient heat sinks [J]. Applied Thermal Engineering, 2021, 189: 116713.

[77] HE R, LIU Z F, LIU X. Structure characterization and performance test of carbon aerogel [J]. Asian Journal of Chemistry, 2013, 25 (18): 10092-10094.

[78] DOMINGUEZ G, WESTPHAL A J, PHILLIPS M L F, et al. A fluorescent aerogel for capture and identification of interplanetary and interstellar dust [J]. Astrophysical Journal, 2003, 592

(1)：631-635.

[79] VALENTIN R，BONELLI B，GARRONE E，et al. Accessibility of the functional groups of chitosan aerogel probed by ft-ir-monitored deuteration [J]. Biomacromolecules，2007，8 (11)：3646-3650.

[80] LI Y K，CHEN Y C，JIANG K J，et al. Three-dimensional arrayed amino aerogel biochips for molecular recognition of antigens [J]. Biomaterials，2011，32 (30)：7347-7354.

[81] GARNIER C，MUNEER T，MCCAULEY L. Super insulated aerogel windows：Impact on daylighting and thermal performance [J]. Building and Environment，2015，94：231-238.

[82] MUJEEBU M A，ASHRAF N. Impact of location and deadband on energy performance of nano aerogel glazing for office building in saudi arabia [J]. Building Research and Information，2020，48 (6)：645-658.

[83] CHHAJED M，YADAV C，AGRAWAL A K，et al. Esterified superhydrophobic nanofibrillated cellulose based aerogel for oil spill treatment [J]. Carbohydrate Polymers，2019，226：115286.

[84] LI M，FU S Y. Photochromic holo-cellulose wood-based aerogel grafted azobenzene derivative by si-atrp [J]. Carbohydrate Polymers，2021，259.

[85] GUO S Q，LI H C，ZHANG X，et al. Lignin carbon aerogel/nickel binary network for cubicsupercapacitor electrodes with ultra-high areal capacitance [J]. Carbon，2021，174：500-508.

[86] LIM M B，HU M，MANANDHAR S，et al. Ultrafast sol-gel synthesis ofgraphene aerogel materials [J]. Carbon，2015，95：616-624.

[87] LIU N，ZHANG S T，FU R W，et al. Carbon aerogel spheres prepared via alcohol supercritical drying [J]. Carbon，2006，44 (12)：2430-2436.

[88] SONG X H，LIN L P，RONG M C，et al. Mussel-inspired，ultralight，multifunctional 3d nitrogen-doped graphene aerogel [J]. Carbon，2014，80：174-182.

[89] LEE S H，SUH D J，PARK T J，et al. The effect of heat treatment conditions on the textural and catalytic properties of nickel-titania composite aerogel catalysts [J]. Catalysis Communications，2002，3 (10)：441-447.

[90] 余伟业. 我国气凝胶材料研究与产业化现状 [J]. 新材料产业，2021 (2)：33-37.

2 硅基气凝胶制备、性能及应用

在大量不同类型的气凝胶材料中，硅基气凝胶被研究得最多，同时也是应用最为广泛的一类气凝胶，是目前隔热领域研究较为成熟的一种材料。本章简单介绍 SiO_2 气凝胶、疏水 SiO_2 气凝胶、SiO_2 复合气凝胶制备、纤维增强 SiO_2 气凝胶、聚合物增强 SiO_2 气凝胶和其他硅基气凝胶的制备、性能及应用。

2.1 SiO_2气凝胶

SiO_2 气凝胶由纳米颗粒构成，具有三维网络骨架结构、低堆积密度、高比表面积、光学透明性等优异特性，在科学和技术领域引起了很大的关注，是目前世界上最轻的固体材料。前文已对气凝胶的制备工艺进行了简单的介绍，气凝胶材料一般通过溶胶-凝胶工艺合成，采用特殊的干燥技术，将湿凝胶孔隙中的液体取代为气体，同时保持固体网络骨架。SiO_2 气凝胶在制备前往往还会对其进行表面改性，以提高气凝胶本身的强度，或者增加其疏水性。下面将对 SiO_2 气凝胶的制备方法、结构性能以及在科学研究、日常生活中的应用等方面进行简单的介绍。

2.1.1 SiO_2气凝胶制备方法

SiO_2 气凝胶的制备过程主要包括三个关键步骤：湿凝胶的制备、老化和干燥。有机醇盐和无机盐在酸、碱催化下进行溶胶-凝胶反应，完成硅烷的水解和微粒的缩聚，形成具有交联结构的湿凝胶；湿凝胶老化后进行溶剂置换和表面改性处理，通过一定的干燥手段将湿凝胶中的孔隙液体去除，即可得到孔隙中充满空气介质的 SiO_2 气凝胶。SiO_2 气凝胶是通过溶胶-凝胶化学合成的，国际纯粹与应用化学联合会将其定义为：通过将液态前驱体逐渐转变为溶胶、凝胶，在大多数情况下最终转变为干燥网络，从而从溶液中形成网络的过程，这个过程通常是指在低温下通过化学反应在溶液中合成无机网络或形成与溶液结晶相反的无定形网络。该反应最明显的特征是从胶体溶液（液体）转变为两相或多相凝胶（固体）。胶体颗粒均匀悬浮的形成可以通过计算沉降速率来理解，假设粒子是球形的，那么可以应用斯托克斯定律 [式 (2-1)] 来解释这一过程。

$$dx/dt = [(4\pi r^3/3)(\rho'-\rho)g]/6\pi r\eta$$
$$= [2r^2\rho'-\rho)g]/9\eta \qquad (2-1)$$

式中，η 为周围介质的黏度；r 为胶体粒子的半径；ρ' 为胶体粒子材料的密度；ρ 为周围物质的密度。

前驱体是溶胶-凝胶法的起始原料，应具有以下两种性质：

（1）溶于反应介质；

（2）具有足够的活性来参与凝胶形成过程。

前驱物可以是无机金属盐，也可以是金属醇盐。例如，一些盐、氧化物、氢氧化物、络合物、醇氧化物、酰化物和胺如果能在适当的溶剂中溶解，可以用作前驱体。醇盐是最常见的溶胶-凝胶前驱体，因为它们很容易得到。但是与其他元素的前驱体相比，硅的网络形成能力更强，并且硅醇盐相对简单的化学性质和多功能性使其成为二氧化硅溶胶-凝胶化学中最常用的前驱体，例如原硅酸四甲酯（TMOS）或原硅酸四乙酯（TEOS）。TMOS 比 TEOS 具有更高的反应性，但是 TMOS 的价格较高，同时具有一定的健康危害性，因此通常选用 TEOS 作为硅源。

通常有三种方法可以实现溶胶-凝胶过程：

（1）胶体粉末溶胶的凝胶化；

（2）醇盐或硝酸盐前驱体水解并缩聚形成凝胶；

（3）溶液中的聚合物单体、几种聚合物单体的聚合或共聚以形成凝胶。

目前，SiO_2 气凝胶的制备一般采用工艺方法（2）和（3）。SiO_2 气凝胶材料采用溶胶-凝胶法制备，过程相似，主要区别在于干燥工艺，采用不同的干燥技术得到的气凝胶的性质都会有所不同，图 2-1 为 SiO_2 气凝胶的简要制备流程图。

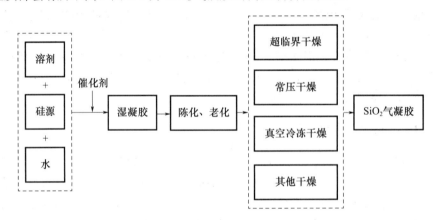

图 2-1　SiO_2 气凝胶的简要制备流程图

2.1.1.1　溶胶-凝胶法制备湿凝胶

溶胶-凝胶法就是将原料分散在溶剂中，通过水解反应、缩聚反应和脱醇缩合反应形成溶胶，然后再生长成具有一定三维空间网状结构的过程。溶胶-凝胶过程中水解和缩合以并行方式发生，以 TEOS 为例，水解和缩聚反应式如图 2-2 所示。

溶胶-凝胶结构从前驱体的水解和随后缩合到初级颗粒中，通过显影溶液进化，并聚集以形成较大的二次颗粒，其在连续网络中与间隙中的液体连接。反应形成的初级粒子的直径小于 2nm，次级粒子的直径约为 10nm 或更大。当次级粒子相互连接时，胶凝作用开始发生，导致它们之间形成颈部区域，并形成中孔网络。图 2-3 为本书创作者单位制备的 SiO_2 湿凝胶。

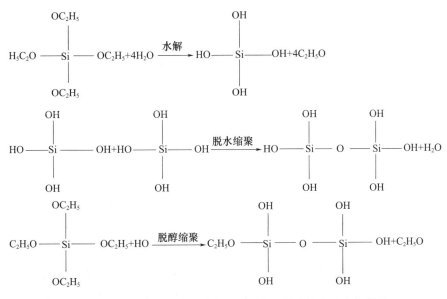

图 2-2　TEOS 水解反应、脱水缩聚反应、脱醇缩合反应方程式

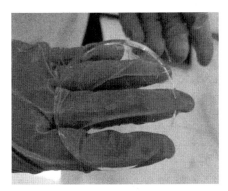

图 2-3　SiO₂ 湿凝胶

2.1.1.2　老化

在溶胶-凝胶之后，形成的凝胶还未完全完成化学反应，凝胶网络上还存在大量的未水解的烷氧基团—OR（R 代表烷基）和未缩聚的—OH 基团，使其凝胶网络的交联程度较低，骨架强度较弱。因此，在进行干燥之前一般还需要对 SiO₂ 气凝胶进行老化处理，在整个老化过程中凝胶网络继续水解和缩聚，进一步提高网络的交联程度。除了继续水解和缩聚反应，奥斯瓦尔德熟化效应（Ostwald Ripening）也是老化中一个关键过程。凝胶网络上的小颗粒因曲率较大、能量较高逐渐发生溶解，凝胶体系中自由胶体微粒或来自老化液中的小颗粒沉淀在凝胶网络的大颗粒使得晶体微粒进一步增大，这种效应减少了凝胶网络上的小颗粒数量，粗化了网络骨架，平滑了凝胶网络骨架表面。湿凝胶经过老化后强度提高、凝胶内部孔洞分布更均匀，能更好地抵抗干燥过程中毛细管力对凝胶网络的破坏，有利于后续干燥过程的进行，提高其应用性能。

这两种机制将同时工作，但速率不同，如图 2-4 所示。

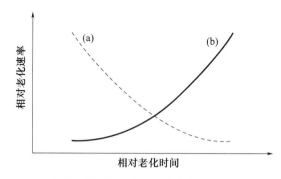

图 2-4　两种老化机制的相对老化速率与相对老化时间的函数图
(a) SiO₂气凝胶从颗粒表面溶解到颗粒之间的颈部上再沉淀到颗粒之间的颈部；
(b) 较小的颗粒溶解并沉淀到较大的颗粒上

在整个老化过程中有很多因素影响气凝胶的骨架结构及其性能，主要的影响因素有老化的温度、时间和介质。Pradip 等研究了老化时间及温度对气凝胶微观结构和性能的影响：老化时间为 18～24h 之间、老化温度在 40～60℃ 范围内为最佳老化条件；当时间低于 18h，老化不充分骨架结构脆弱，不宜制备完整的气凝胶块体；老化温度过低时，所制备的气凝胶孔洞和孔容比较小，极大地影响了气凝胶的各项性能，随着老化温度的不断提高，孔洞和孔容逐渐增大，但是当温度高于 80℃ 则会在增大的同时导致骨架断裂，使块状气凝胶完整性受到影响。Strom 等研究了不同老化介质（a. 密封模具；b. 溶剂；c. 模拟孔隙液体）对气凝胶的影响。研究表明，以聚乙氧基二硅氧烷前驱体制备湿凝胶，湿凝胶浸泡在模拟孔隙液体中老化比在溶剂或模具中老化的凝胶的收缩率要高得多，大大减少老化时间。

2.1.1.3　干燥

在气凝胶制备过程中，经过上面两个步骤的 SiO₂ 湿凝胶骨架已经具有一定的强度，同时其骨架间隙中充满反应溶剂，如水、乙醇等，需要应用干燥手段将其去除，从而完成湿凝胶到气凝胶的转换。干燥工艺是 SiO₂ 气凝胶由湿凝胶向干凝胶转变的关键步骤。干燥工艺要求，在除去湿凝胶网络结构中填充的溶剂的同时，还要保持其网络结构完好不被破坏。由于溶剂挥发时会产生表面张力，直接对湿凝胶进行干燥会导致网络结构的破裂，无法制得完整块状的气凝胶材料。干燥的最终目标是在保持凝胶网络完好的情况下从基质中去除溶剂，从而产生体积和形状不变的多孔固体材料。SiO₂ 气凝胶常见的干燥工艺有超临界干燥、常压干燥、真空冷冻干燥。图 2-5 为湿凝胶干燥后的样品图。

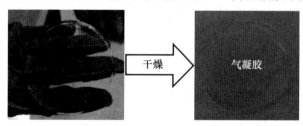

图 2-5　SiO₂气凝胶的样品

2.1.2 SiO₂气凝胶结构、性能及应用

SiO₂气凝胶孔尺寸在 5～10nm、平均直径在 20～40nm，微观结构如图 2-6 所示。未进行疏水化处理改性的 SiO₂湿凝胶的骨架内部存在未水解的硅烷醇基团和未进行缩聚的羟基，因此其整体显示出明显的亲水性，导致水的吸附和毛细管缩合，在干燥过程中容易导致收缩开裂。未改性的 SiO₂气凝胶（尤其是技术用途）的主要问题之一是它们在潮湿气氛下的长期稳定性。常常在进行干燥工艺之前对其进行疏水改性，如在骨架上引入非极性基团，接枝 Si-CH₃等，以避免其吸收大量的水分从而影响后续干燥过程。

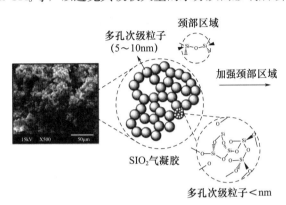

图 2-6　SiO₂气凝胶的 SEM 图像（具有初级和次级粒子的示意图）

SiO₂气凝胶本身具有一些独特的特性见表 2-1，使之在科学和技术上具有吸引力，是目前最具有应用潜力的气凝胶。另外，制备 SiO₂气凝胶所需的前驱体原料相对便宜，大多对人体健康或生态系统均无危害。因此 SiO₂气凝胶具有比其他气凝胶更低的制备成本及更节能环保的优点。目前已有产品用于商用。SiO₂气凝胶微观结构是纳米颗粒组成的三维网络，具有极高的孔隙率（最高可达99.8%）。

表 2-1　SiO₂气凝胶的性能

性能	
表观密度	$0.03\sim0.35g/cm^3$
比表面积	$600\sim1000m^2/g$
平均孔径	$\sim20nm$
初级颗粒直径	$2\sim5nm$
折射率	$1.0\sim1.08$
热膨胀系数	$(2.0\sim4.0)\times10^{-6}$
介电常数	~1.1
声速	$100m/s$

2.1.2.1 SiO₂气凝胶微观结构控制

SiO₂气凝胶微观结构控制主要从溶胶-凝胶制备和老化这两种工艺进行调整，再通过选择不同的干燥方式去进行干燥。目前，超临界干燥方式是最能保持凝胶骨架结构完

整的干燥方式。

1）溶胶-凝胶制备工艺

（1）硅源种类

选择不同的硅源既有成本因素，又有性能要求，总的原则是优化气凝胶的结构和性能，拓展其应用领域。常用的硅源包括无机硅源、有机硅源和功能性硅源。无机硅源以水玻璃为代表，有机硅源有正硅酸乙酯（TEOS）、正硅酸甲酯（TMOS）、甲基三乙氧基硅烷（MTES）、甲基三甲氧基硅烷（MTMS）、多聚硅氧烷（PEDS）、倍半硅氧烷（POSS）等。正硅酸甲酯，可制备出高纯度的硅气凝胶，但成本较高。为降低 SiO_2 气凝胶规模化生产成本，专家积极尝试各种廉价、优质、更安全的硅源 SiO_2，例如：聚二乙氧基硅氧烷（PDEOS）、稻壳灰等。用于制药工业优先选择生物基材料作硅源。

Schwertfeger 等采用廉价的水玻璃为硅源，引入硅烷基化避免了长时间的溶剂置换，在常压下获得了 SiO_2 气凝胶，简化了工艺过程，降低了制备成本。Yang 等通过稻秸秆为原料，由秸秆灰获得水玻璃，所制备的 SiO_2 气凝胶在凝胶 pH＝7 时密度最好，孔隙率为 90％左右，并且具有较为均匀的网络结构。Terzioglu 等以一种低成本的小麦壳硅前驱体为原料，采用常压干燥法制备了亲水性纳米孔 SiO_2 气凝胶。以硅醇盐为前驱体制备 SiO_2 气凝胶主要通过硅类醇盐的水解和缩聚。通过优化制备工艺参数控制气凝胶结构，对制得性能优异的 SiO_2 气凝胶至关重要。任富建等通过 TEOS 为硅源，采用酸碱两步催化方法，利用 TEOS 的乙醇溶液老化、TMCS 疏水改性，常压干燥下制备疏水性 SiO_2 气凝胶。研究确定硅醇比为 1∶40，TMCS 体积分数为 20％时，所制备的样品疏水性好，疏水角为 138.4°。采用水玻璃作为前驱体制备 SiO_2 气凝胶，具有来源广、价格低廉等优势。尤其是利用稻壳灰、小麦秸秆以及粉煤灰等工业废料作为原料，经济环保。采用硅醇盐为前驱体，制备过程中可以避免无机盐类的产生，制备的气凝胶性能更好。Wagh 等利用 TMOS、TEOS 以及 PEDS 分别制备 SiO_2 气凝胶，并对不同气凝胶的形貌和结构进行分析。以 TMOS、PEDS 为硅源可以获得孔径小、孔洞结构更为规则的气凝胶，TEOS 为硅源则孔洞相对不规则且孔径相对较大。研究认为，造成气凝胶形貌微观结构差异的原因：以 TMOS、PEDS 为硅源制备的气凝胶是由较小的 SiO_2 颗粒构成较为疏松的网络结构，比表面积分别为 $1000m^2/g$、$1100m^2/g$，而 TEOS 为硅源的气凝胶是由相对较大的 SiO_2 的颗粒组成，网络结构致密，比表面积为 $800m^2/g$，由此可以看出不同硅源对气凝胶微观结构和表观形貌有很大影响。图 2-7（a）、（b）和（c）依次为 PEDS、TMOS 和 TEOS 制备的 SiO_2 气凝胶扫描电镜图。

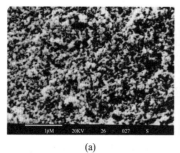  

(a)　　　　　　　　　(b)　　　　　　　　　(c)

图 2-7　不同硅源的扫描电镜图

(a) PEDS；(b) TMOS；(c) TEOS

此外，气凝胶在机械强度上一直存在较大的缺陷，如何增强气凝胶的机械性能一直是重要的研究领域。选用合适的功能化硅烷是一种很好的增强方法，例如桥联硅烷。采用复合硅源或功能性硅源可拓宽气凝胶的应用范围。通过引入具有不同功能性基团的硅源，与常用硅源混合用作共同硅源来改变湿凝胶表面的活性，增加气凝胶的疏水性、力学性能或者对特定药物的吸附能力等。为了具有较好透明性和机械性能，国内外一些研究学者采用正硅酸甲酯（TMOS）和 MTMS 或 TEOS 和 MTMS 的混合前驱体，通过超临界干燥来制备柔性透明气凝胶。

（2）用水量的影响

在溶胶-凝胶制备气凝胶的过程中，H_2O 既是水解过程中重要的反应物，也是缩聚反应最终的生成物，始终贯穿其中。研究发现，不同的用水量对凝胶时间的影响很大。Zhao 等总结了用溶胶-凝胶法制备的二氧化硅纳米颗粒的生长过程，如图 2-8 所示。根据反应 SiO_2 纳米颗粒在溶胶介质中生长有两种方式，一种是与新的水解前驱体单体加成模型凝聚，另一种是与现有的 SiO_2 结构控制聚集模型凝聚。在一定范围内随着含水量的增加，生长过程从低聚物的聚集转变为低聚物与水解前驱体之间的缩合，SiO_2 纳米颗粒的最终形貌从网络结构转变为单分散粒子结构。当含水量很高时，硅纳米颗粒的生长过程主要是单体加成机制。

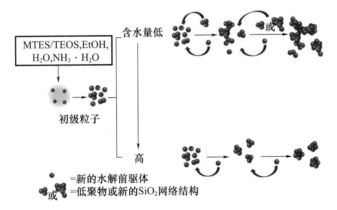

图 2-8　用溶胶-凝胶法制备的 MTES/TEOS 复合前驱体体系中二氧化硅纳米颗粒的生长机理

（3）溶剂的影响

溶剂并不参与溶胶-凝胶反应，但是会对气凝胶最终的性能产生一定的影响，同时溶剂在反应过程中使用的量也会影响凝胶的时间，最常见的溶剂是醇，也可以用丙酮或乙酰乙酸乙酯。研究发现在一定范围内，随着溶剂的增加气凝胶的体积收缩率和堆积密度下降。倪文等以 TEOS 为原料、乙醇和水为溶剂制备 SiO_2 气凝胶，研究发现乙醇用量对凝胶时间和干燥后凝胶的缩聚程度都会造成一定的影响。当 pH 值为 8.5 时不同物料比对凝胶时间的影响见表 2-2。凝胶化时间不同，干燥后的缩裂程度也不一样，造成此现象的原因是加入乙醇能够加速硅源与水互溶，促进水解，当乙醇用量过多会增加反应物之间的空间，造成分子间碰撞效率降低，从而导致反应速率降低，反应时间增加。另外，通过控制乙醇的用量，可以对毛细张力进行调控，同时调节凝胶孔洞的大小。这是因为液体总是从大孔向外蒸发，大孔的张力缓和，而小孔的张力仍然存在，从而造成小孔收缩，引起开裂。

表 2-2　乙醇用量对凝胶时间和干燥后缩裂程度的影响

物料配比	pH 值	凝胶化时间/min	干燥后缩裂程度
1:6:2	8.5	不完全互溶	—
1:6:3	8.5	不完全互溶	—
1:6:4	8.5	15	收缩明显，宏观裂纹大
1:6:5	8.5	35	20%收缩，宏观裂纹小
1:6:6	8.5	60	无明显收缩，有微裂纹
1:6:7	8.5	96	无收缩

（4）pH 值的影响

凝胶化是一种将自由流动的溶胶转化为包围溶剂介质的三维固体网络的过程。凝胶是一种富含液体的半固体，这种状态致使液体不允许固体网坍塌，固体网不允许液体流出。凝胶点通常由黏度的突然上升和对应力的弹性反应来确定，而水解 SiO_2 的最终形式取决于溶液的 pH 值。因此，对于气凝胶的制备最容易通过改变反应溶液的 pH 值来诱导凝胶化。在低 pH 值环境下（高酸性），SiO_2 颗粒倾向于形成低交联密度的线性链，形成了一种软凝胶，它是可逆的，并且可以在溶液中重新分散。随着 pH 值的增加，聚合物链之间的交联数量也增加。在高 pH 值环境下（高碱性），聚合物变成更多分枝，交联的数量增加。因为凝胶的力学状态很大程度上取决于网络中交联的数量。交联程度越大，形成的结构强度就会越高。

实际上，水解和缩聚的速率很缓慢，需要对反应过程进行相对独立的控制。研究表明，pH 值是 $Si(OR)_4$ 水解和缩合速率的决定性参数。在酸性催化的条件下，体系中的 H^+ 能够促进反应的水解，同时有利于形成大量具有反应活性的 Si—OH 基团的单体或小的低聚物，有利于末端硅原子上的反应进行，相反酸性条件下缩聚反应速率较慢，凝胶所需的时间较长，硅酸单体在慢缩聚下将形成聚合物状的硅氧键，最终形成具有小孔的聚合物网状结构，它由几乎没有交联的支链制成，链条内部运动而相互碰撞，很容易失去形状并易于破碎。因此通过酸催化的合成可以得到具有小孔的致密气凝胶。常用的酸性催化剂有 HCl、HF、CH_3COOH 等。

在酸性条件下，质子供体会促进水解反应，质子供体会由于其部分负电荷而轻易攻击氧原子。在碱性条件下，由于在质子受体的存在下，硅原子带正电荷，因此缩合速度更快，并且水解物很容易被消耗成更大、更致密的胶体 SiO_2 颗粒。这样的结构更易于防止由内部压力引起的网状阻力和压碎，从而产生具有较高孔体积的较轻的气凝胶，但是过高的 pH 值会直接影响溶胶粒子的大小、表面形貌和孔隙结构等。常用的碱性催化剂有 $NH_3 \cdot H_2O$，偶尔也会用到 NaF 和 NH_4F 等。

对于 $Si(OR)_4$ 型前驱体，pH 值是烷氧基硅烷水解和缩合相对速率的决定性参数，如图 2-9 所示。由于 SiO_2 的等电点是在 pH 值为 2 下实现的，冷凝在 pH 值等于 $1\sim3$ 左右达到最小速率，SiO_2 颗粒的电迁移率最小。在酸性条件下，水解反应以较高的速率发生，缩合/凝胶化是额定步骤，最有利于与反应性 Si—OH 基团的同时形成小的低聚体。这导致了一种聚合物状的凝胶，由几乎没有交联的分支的链制成，并且由于链条内部运动而相互碰撞，容易失去其形状并易于破碎。通过酸催化合成获得了具有小孔的致密气凝胶。在酸性条件下，通过质子供体完成水解反应，由于其部分负电荷而易于攻击氧原子，而在基本培养基中，缓慢水解反应是速率确定步骤。在碱性条件下，由于在质子受体的存在下硅原子带正电荷，因此缩合速度更快，并且水解后的物质容易被消耗成密度更大的胶体二氧化硅颗粒。这种结构更容易预防内部压力引起的网络拖曳和破碎，产生具有更高孔体积的较轻的气凝胶。总之，根据特定 pH 值调节初始 pH 值，可以通过水解和冷凝速率之间的平衡来定制二氧化硅气孔的孔隙率。例如，取决于在碱性或酸性介质中的合成条件，二氧化硅气凝胶密度可以分别为 $150kg/m^3$ 或 $500kg/m^3$，有着极大的差距。当形成连续网络时达到胶凝或胶凝点，并且溶液不再在重力作用下流动。

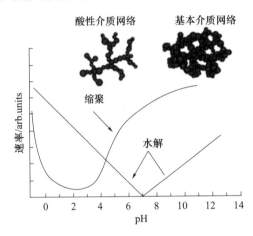

图 2-9 关于 pH 值依赖性的四烷氧基硅烷的水解和缩合反应速率

硅醇盐 $Si(OR)_4$ 的整个凝胶化动力学过程非常缓慢，如若需要加快其反应速率，则需要加入带有强负电荷的碱或酸来加速其水解反应和缩聚反应。

总之，可以根据特定的前驱体调节初始 pH 值，通过水解和缩合速率之间的平衡来调整二氧化硅气凝胶的孔隙率。

（5）催化剂浓度的影响

对于催化剂浓度的影响，先从碱浓度介绍。随着碱浓度的不断增加，缩聚反应的速率会大大地提高，凝胶时间有效缩短，但是当碱催化剂浓度达到一定浓度后生成白色沉淀的速率过快，甚至来不及凝胶而直接沉淀。另外对于影响较复杂的酸浓度来说，如果只加入酸性催化剂而不加入碱性催化剂，虽然其水解速率会加快，但是其总体反应速率取决于速率较慢的缩聚反应，因此其凝胶化时间较长，需要几天甚至长达几个月的时间。

研究表明，当加入酸之后再加入碱，凝胶时间随着酸浓度的增加而有效缩短，可能原因是除了水解速率加快以外，酸的浓度可促进碱加入后获得更快的缩聚速率。过快的凝胶速率会导致凝胶开裂，同时酸度过高也会形成团簇弱链，不利于获取高质量的气凝胶，因此在选择催化剂的浓度、pH 值时需要综合考虑制备成本、反应速率、凝胶质量等因素，选择合适的反应条件。

（6）温度的影响

温度对 SiO_2 气凝胶的溶胶-凝胶过程、气凝胶的结构性质等也会产生很大的影响。

温度越高，溶胶分子的热运动越快，产生有效碰撞的几率就会大大提高，因此升高温度能够有效地缩短凝胶时间；相反，温度越低，溶胶分子的热运动越弱，所需凝胶时间越长。同时，过高的温度虽然有利于不稳定的溶胶形成凝胶，但温度太高容易造成溶剂挥发，导致聚合物浓度增加，从而使气凝胶骨架密度增大，孔隙结构大小分布不均，从而使制备的产品的透光率下降。有研究表明，其溶胶-凝胶的最佳温度为 20～80℃。

2）老化工艺

（1）老化方式

在相同的物料配比和反应条件下，不同的老化方式也会对气凝胶的结构和性能产生不同的影响。Strøm 等为了增强用于气凝胶生产的湿凝胶的机械性能，使用 HF 作为催化剂，通过使用三种不同的途径进行了老化研究：

① 在密封模具中老化；

② 在溶剂中老化；

③ 在模拟孔隙液体中老化，即一种含有少量水和类似于母液的 HF 的溶剂。

总之，所有老化过程均产生更强和更硬的湿凝胶。在一定的老化时间后，观察到湿凝胶强度和刚度达到最大值，其中在模拟的孔隙液中的老化以最短的时间达到了最大的机械强度，但其强度值低于其他两种老化路径。另外，老化过程中 HF 的存在会导致凝胶网络更迅速地粗化，并随后增加粒径，这种粒径的增加将导致瑞利散射从紫外线到可见光区域的偏移，从而使透射率变差。因此，可以通过降低老化液体中的 HF 含量来赋予气凝胶更好的光学性能，这还将增加其剪切模量，如图 2-10 所示。

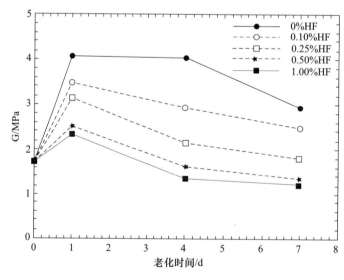

图 2-10 在 HF 含量为 0～1% 的模拟孔隙液 2 中的凝胶剪切模量随老化时间的变化规律

（2）老化介质

针对不同硅源的气凝胶，其老化液（老化介质）并不相同，我们就以 TEOS 为硅源制备的 SiO_2 气凝胶为例，简单地介绍以下不同老化介质对气凝胶微观结构和性能的影响。

胡科以 TEOS 为硅源制备 SiO_2 气凝胶，探究了在不同老化液中进行老化对气凝胶结构和性质的影响。两种老化液分别是由 H_2O 和 EtOH 混合以及 TEOS 和 EtOH 混合，具体详见表 2-3。

表 2-3 在 H_2O/EtOH 溶液和 TEOS/EtOH 溶液中老化的二氧化硅气凝胶的区别

溶液	H_2O/EtOH	TEOS/EtOH
老化时间/h	24	24
老化温度/℃	50	50
溶液比例	6:4	6:4
比表面积/（m^2/g）	940	950
总孔容/（cm^3/g）	2.227	2.264
密度/（g/cm^3）	0.160	0.152
平均孔径/nm	9.423	9.566

由上表可知，在两种不同的老化液（老化介质）中制备的 SiO_2 气凝胶有着一定的差异，在 TEOS/EtOH 溶液中老化的二氧化硅气凝胶的比表面积、总孔容、密度、平均孔径等各项指标均优于在 H_2O/EtOH 溶液中老化的气凝胶。

（3）老化时间及温度

凝胶老化是强化凝胶网络和增强主链强度以防止二氧化硅气凝胶在干燥过程中塌陷或开裂的关键因素。高孔隙率，气凝胶是脆性的，因此增强气凝胶的机械强度对于在环境压力干燥期间保持其孔隙率至关重要。老化条件对二氧化硅气凝胶的结构和物理性能有很大影响。由于凝胶的老化增强了网络刚度，而孔径却没有显著减小。老化时间较短，凝胶容易收缩产生破碎。延长老化时间可以增加硅胶的骨架强度，提高老化温度可以缩短老化时间，从而影响孔径。Sarawade 等研究发现，以水玻璃为硅源制备气凝胶，随着老化温度和时间的增加孔径和体积增大，而比表面积减小。图 2-11 和图 2-12 分别为凝胶老化时间和温度对体积收缩率和孔隙率的影响。罗凤钻等以正硅酸乙酯为硅源，甲基三乙氧基硅烷为共前驱体，制备 SiO_2 气凝胶，研究了气凝胶老化过程中老化时间及温度对其微观结构的影响，老化温度对 SiO_2 气凝胶微观结构有着显著的影响，在相同的老化时间内，55℃老化的气凝胶孔隙率为 85%～90%，而 25℃的气凝胶孔隙率为 75%～80%，整体相差 10%。分析表明在 25℃气凝胶的孔隙率较低；随着老化温度的提高，凝胶网络中反应单体运动加快，碰撞几率上升，孔洞中未完全反应的单体颗粒以及骨架表面的大量自由羟基和烷氧基继续发生缩聚反应，使骨架变粗，强度进一步提高。随着老化时间的不断增加，其孔隙率和比表面积逐渐增加，但是当时间超过 48h 之后，气凝胶孔隙率达到了 90%，比表面积达到了 960m^2/g，达到了最佳点。后续增加变得不明显甚至有所下降，在超过 100h 后开始有明显下降，究其原因是，在老化过程中湿凝胶骨架强度虽然得到提高，但孔洞间单体和骨架表面基团之间进一步相互交联，凝胶体积收缩增大，孔洞体积减小，导致干燥时样品的孔隙率和比表面积减小，不利于得到较好性能的气凝胶材料。提高老化温度和延长老化时间能有效增强凝胶骨架强度，提高气凝胶的整体性、孔隙率和比表面积。

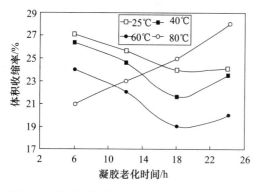
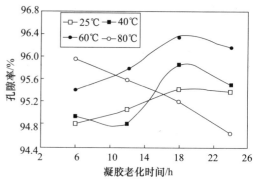

图 2-11　凝胶老化时间和温度对体积收缩率的影响　　图 2-12　凝胶老化时间和温度对孔隙率的影响

2.1.2.2　SiO₂气凝胶的性质

（1）光学

SiO₂气凝胶的纳米多孔结构使其在可见光范围内的平均自由程较长，具有良好的透光率，用它作透光材料反射光损失可忽略不计。SiO₂气凝胶和衍生的无机-有机杂化气凝胶的光学性质在透明和半透明之间变化，具体取决于制备条件。这意味着气凝胶内部结构形成单元小于可见光的波长，构成内部网状结构的颗粒或团簇的尺寸越小，其光学透明性越好。然而，纳米范围内网络中的不均匀性导致瑞利散射，因此，气凝胶在浅色背景下呈淡黄色，而在深色背景下呈蓝色，瑞利散射的部分与纳米范围内凝胶网络的均匀性直接相关。图 2-13 为气凝胶在不同背景下的照片。

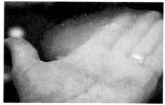

图 2-13　不同背景下的气凝胶

通过气凝胶片观察到的物体看起来有点模糊，这是由于 SiO₂气凝胶主体外表面的微米范围内的不均匀性造成的。另外，前文提到 SiO₂气凝胶的红外及可见光的湮灭系数之比可达 100 以上，同时其折射率可接近于 1，独特的光学性质使其能应用于建筑物智能窗、太阳能集热器系统等。此外，利用 SiO₂气凝胶的光学特性制备出的光学减反膜，可以应用于高功率激光系统光学元件、显示器件以及太阳能电池保护玻璃等领域。

（2）热学

通常，SiO₂气凝胶材料的传热过程可以分为气态传热、固态传热、辐射传热三个部分。气态传热包括气态热传导、对流两种形式；固态传热包括电子迁移、晶格热振动两种形式；辐射传热依据普朗克定律。SiO₂气凝胶材料的微观孔径较小（约为几十纳米），小于气体分子在常压下的平均自由程，因此气体对流传热对气凝胶材料的热传输影响极小。气凝胶的隔热效果如图 2-14 所示。综合来看，气凝胶材料热传输性能的主要影响因素包括：材料密度、使用温度、气压、湿度等。

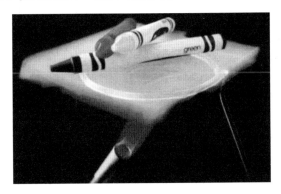

图 2-14　气凝胶的隔热效果

①密度影响

SiO_2 气凝胶材料的密度对其传热性能的影响主要在于，随着密度增加，材料的孔隙率降低、孔径减小，导致固态传热增加、气态传热和辐射传热减小，这三种传热形式的综合变化决定了材料的总体热传输性能。一般地，随着密度的增加，SiO_2 气凝胶材料的导热系数会呈现先降低后增大的趋势。如果将导热系数最低时对应的材料密度称为"最佳密度"，则该最佳密度同时还受到温度的影响，最佳密度随温度升高而增大。例如，SiO_2 气凝胶在 27℃时的最佳密度约为 $100kg/m^3$，该密度值以下，气凝胶材料的导热系数随着密度增大而降低，该密度值以上，气凝胶材料的导热系数随着密度增大而增大。

②温度影响

温度对 SiO_2 气凝胶材料的热传输性能具有重要影响。材料内部及空间介质中的分子热运动速度会随着温度升高而加快，气态传热和辐射传热受温度影响较大（空气传热与热力学温度的平方根成正比，辐射传热与热力学温度的三次方成正比），温度对固态传热影响较小。因此，气凝胶材料的传热性能会随着温度升高而增强。纯 SiO_2 气凝胶在常温常压下的导热系数约在 0.02W/(m·K) 以下，当温度升高至 527℃时，其导热系数达到了 0.048W/(m·K)。一般地，温度每升高 373℃，气凝胶材料的导热系数将增大 40%～50%。此外，不同密度的气凝胶材料，其导热系数增加程度也不同，密度越高，气凝胶材料孔径越小，不利于气体分子热运动，因此导热系数的增加量越小。

③湿度影响

SiO_2 气凝胶材料的环境湿度及其含水量直接影响材料的传热性能。由于水的导热系数 0.6W/(m·K) 可达空气导热系数的 20 倍，气凝胶材料受潮后，水分进入网络结构中，绝热性能将大幅降低，导热系数也将显著增大。此外，SiO_2 气凝胶材料中的温度差，还会引起材料内部产生水分迁移、相变等复杂的热传输过程。

（3）力学

天然二氧化硅气凝胶的力学行为可以根据杨氏模量 E 与材料体积密度 ρ_b 之间的比

例关系来理解，如等式（2-2）所示：

$$E \propto \rho_b{}^{\beta}, \quad \beta \approx 3.2 \sim 3.8 \tag{2-2}$$

气凝胶的制造技术在某种程度上是与之相关的，因为与在基本条件下开发的类似密度的气凝胶相比，在中性或中度酸性条件下合成的气凝胶的硬度可以提高两倍。适当的老化和热处理也可以提高气凝胶强度。但是即使在优化合成条件之后，SiO_2 气凝胶也是易碎的材料，其离子共价键和高孔隙度使它们具有易碎的性质。

SiO_2 气凝胶的机械性能有很多方面需考虑，如刚度、脆性和形状稳定性等。气凝胶的压缩响应行为可能非常多样：在较高密度下，气凝胶在很小的应变后趋于破碎，表现出类似玻璃的行为；在 $80 \sim 150 kg/m^3$ 的较小密度下，SiO_2 气凝胶可承受高达 70% 的压缩应力并退回到原始体积。经过三点弯曲挠曲测试的 $100 kg/m^3$ 的 SiO_2 气凝胶可以承受最大 $0.02 MPa$ 的载荷。SiO_2 气凝胶的整体抗压强度在 $0.15 \sim 0.30 N/mm^2$，具体取决于密度，其弹性压缩约为 $2\% \sim 4\%$。真空中的刚性明显更高，抗拉强度约为 $0.020 N/mm^2$，其杨氏模量为 $10^6 N/m^2$ 数量级，比相应的玻璃态低 4 个数量级。极低的模量使其具备抗震、耐冲击的特性，通过进一步将其制成密度呈梯度变化的块体材料，可应用于高速粒子的捕获。总体来说，机械性能的决定性参数之一是纳米范围内的网络连接，这在很大程度上取决于制备条件。尽管由于气凝胶的结构和 SiO_2 颗粒的脆性而使其刚性较低，但对于大多数应用而言已足够。

（4）吸附

目前，国内主要通过电化学处理法、膜技术等方法来处理重金属离子污废水，这些处理方法因工艺受限，适用范围窄，二次污染风险高。相比之下，SiO_2 气凝胶在吸附应用方面有着其独特优势。一方面，孔隙率高达 90% 以上的多孔隙结构有利于吸附质快速进入气凝胶内部，极大的比表面积有利于吸附质与气凝胶充分接触提高吸附效率。另一方面，SiO_2 气凝胶表面的大量活性羟基（—OH）可为气凝胶改性提供大量活化位点，通过改性引入各种具有吸附特异性的基团进而制备出各种特定功能化的气凝胶吸附材料。通过对 SiO_2 气凝胶进行适当的功能改性，可以提高其对重金属离子的吸附性能，在污废水处理、空气净化等领域有着广阔的应用前景。总之，SiO_2 气凝胶是一种理想的吸附剂，具有良好的应用前景。

SiO_2 气凝胶的吸附可以通过氨基改性，主要有以下三种方法：①浸渍法，这种方法所得到的吸附剂称为 Ⅰ 类吸附剂；②嫁接法，这种方法所得到的吸附剂称为 Ⅱ 类吸附剂；③原位聚合法，这种方法所得到的吸附剂称为 Ⅲ 类吸附剂。氨基功能化气凝胶 CO_2 吸附反应机理如图 2-15 所示。

范龄元等制备的氨基改性的 SiO_2 气凝胶具有高孔隙率、贯通的孔结构、大比表面积，在低 CO_2 分压吸附和潮湿环境中表现优异；同时，其吸附速率高、吸附循环稳定以及再生性良好等优点也是其他材料不可比拟的，是一种理想的低温 CO_2 吸附材料。Gurav 等则以 TEOS 为硅前驱体、HMDS 为表面烷基化疏水改性剂，在常压干燥条件下制备出对汽油、煤油和柴油三种油类吸附高于自身质量 12 倍、疏水角大于 $150°$ 的高效吸油和超疏水可重复利用的 SiO_2 气凝胶。图 2-16 为吸附前后对比。

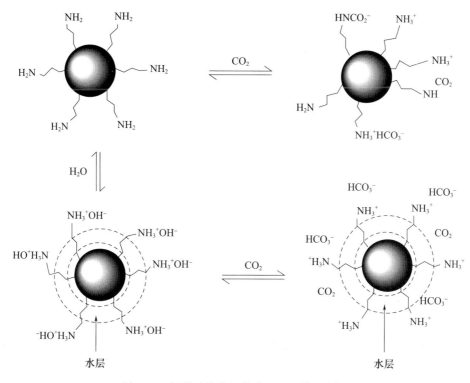

图 2-15 氨基功能化气凝胶 CO_2 吸附反应机理

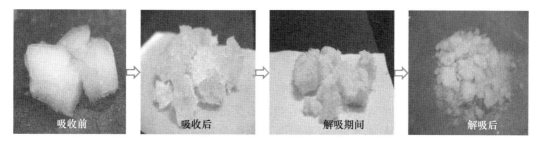

图 2-16 室温下气凝胶中汽油解吸过程中的各个阶段

（5）电学

SiO_2 气凝胶薄膜因其具有超低介电常数、介电强度高、高孔隙率和高热稳定性等独特的性能而在集成电路领域受到广泛关注。Park 等研究了用于层间介质的二氧化硅气凝胶薄膜，测量到介电常数约为 1.9。他们以正庚烷为干燥溶剂，采用新型环境干燥工艺，生产出了用于金属间介质（IMD）材料的超低介电常数气凝胶膜，这种薄膜的孔隙率为 79.5%、介电常数为 2.0。王娟等使用 MIS 结构测量了 SiO_2 气凝胶薄膜的介电性能（图 2-17），得出其介电常数低于 2.5。验证了介电常数与孔隙率或折射率的计算公式，认为低介电系数是气凝胶纳米多孔材料和疏水性共同作用的结果。

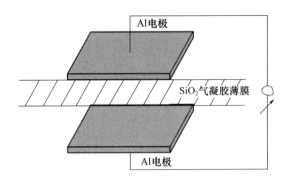

图 2-17 MIS 结构测试 SiO_2 气凝胶薄膜的介电性能示意图

2.1.3 SiO_2 气凝胶应用

2.1.3.1 催化应用

SiO_2 气凝胶由于其独特的物理和化学性质，在催化领域具有广泛的应用前景。以下是 SiO_2 气凝胶催化应用的场景：

催化剂载体：SiO_2 气凝胶具有高比表面积和多孔性，可以作为催化剂的载体，提高催化剂的活性和稳定性。例如，在氧还原反应中，SiO_2 气凝胶载体可以负载贵金属催化剂如 Pt、Pd 等，从而提高电催化性能。

光催化剂：SiO_2 气凝胶可以作为光催化剂，例如在光解水制氢反应中，SiO_2 气凝胶可以负载 TiO_2 等半导体材料，提高光催化性能。此外，SiO_2 气凝胶还可以用于光催化降解有机污染物、光催化制备太阳能电池等。

催化剂固定化：SiO_2 气凝胶的多孔结构有利于催化剂的固定化，使其在反应过程中具有较高的活性和稳定性。例如，将 SiO_2 气凝胶与酶催化剂结合，可用于生物传感器、生物反应器等。

催化剂分离与回收：SiO_2 气凝胶的高比表面积和多孔性使其具有良好的吸附性能，可以用于催化剂的分离和回收。例如，在液相催化反应中，SiO_2 气凝胶可以作为固定床催化剂，实现催化剂与反应物的分离，从而提高催化剂的循环使用寿命。

催化剂载体复合材料：SiO_2 气凝胶可以与其他材料如碳纳米管、石墨烯等复合，构建高性能的催化剂载体材料。这类复合材料具有较高的比表面积、良好的导电性和优异的催化性能，可用于能源存储、电催化、光催化等领域。

王逸飞等以 SiO_2 气凝胶为载体，采用等体积浸渍法制备了一系列不同负载量的过渡金属氧化物催化剂。总之，SiO_2 气凝胶在催化领域具有广泛的应用潜力。通过合理的制备方法和催化剂设计，SiO_2 气凝胶有望在环保、能源、生物医学等领域发挥重要作用。在未来，进一步研究 SiO_2 气凝胶的催化性能及其应用，将有助于推动我国催化科学与技术的发展。

2.1.3.2 医学领域应用

SiO_2 气凝胶可用于诊断剂、人造组织、人体器官、器官组件等，这主要得益于其极高的孔隙率，同时还具有生物机体相容性及生物降解性。SiO₂气凝胶通过吸附相关溶液携带药物，可广泛应用于载药传输和控制释放系统。选择适当的 SiO₂气凝胶，可控制的运输速度使其加速或减速。有效的药物组分可在溶胶-凝胶过程加入，利用干燥后的 SiO₂气凝胶进行药物浸渍也可实现担载，这样特别适用于药物缓释体系。

此外 SiO₂气凝胶还可以用作生物接触酶的载体，通过研究 SiO₂气凝胶负载青霉素酶酰化酶的酶学性质，可以发现与游离酶相比，不仅固化酶活性大大提高，对金属离子的耐受性强，而且反应可连续运行。SiO₂气凝胶负载酶还能敏感地响应生物体的反应或存在，使用该特征可以用来制造生物传感器。

Rajanna 等采用矿物油乳化法以稻草灰为原料制备了 SiO₂气凝胶微粒，并针对其负载不溶性药物后进行了其释放动力学的探讨，以布洛芬和丁香酚为代表的不溶性药物在单位质量二氧化硅气凝胶微粒上分别为 0.87g 和 8.133g。根据释放动力学表面，释放无定型布洛芬需要 30min，而释放丁香酚则需要 17 天。图 2-18 为用于输送药物的 SiO₂气凝胶微粒 SEM 图片。

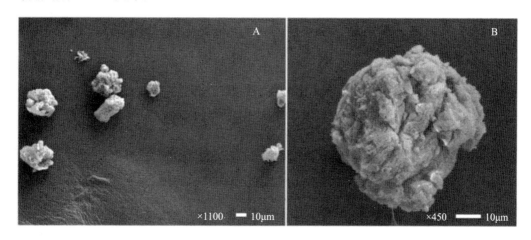

图 2-18　用于运输药物的 SiO₂气凝胶微粒 SEM 图片

2.1.3.3　储存运输应用

（1）储存

SiO₂气凝胶独特的纳米结构能有效抑制材料的固体热传导和气体对流传热，是一种性能优异的"超级隔热材料"。SiO₂气凝胶在储存运输领域也能发挥一定的作用。SiO₂气凝胶可以在低温下烧结，可加工成极纯和完全均匀的玻璃。在烧结过程中，内表面积和孔隙率降低，所以通常通过部分烧结以受控的方式改变孔结构以实现其特定的用途，例如，用于生产孔径在 20~100nm 范围内的气体过滤器。部分烧结的 SiO₂气凝胶可以抵抗气/液界面的张力，因此在烧结过程中它们的质地得到了增强。SiO₂气凝胶用于液体的存储、增稠或运输，例如火箭燃料。SiO₂气凝胶质量轻、密度低，具有很大的优势。

表 2-4 总结了历年来研究改性的整体式 SiO₂气凝胶的典型性能。但是，每种改性气凝胶的性能都是独特的，其特定性能与合成条件和使用的前驱体有关，并非共性。

表 2-4　SiO₂气凝胶的典型特性（数值范围）

性质	单位	数值范围
堆积密度（ρ_b）	kg/m³	3～500
骨架密度	kg/m³	1700～2100
平均孔径	nm	10～150
孔隙率	%	80～99.8
比表面积	m²/g	200～1600
导热系数（25℃）	W/(m·K)	12～30
折光率	—	1.01～1.24
杨氏模量	MPa	0.01～100
泊松比	—	0.2
声速	m/s	20～1300

综上所述，SiO₂气凝胶由于其独特的结构特征使其在各个领域都有一定的应用空间，随着研究的不断深入和工艺的不断发展，相信其未来必将有更加广阔的应用空间。

（2）运输

目前，应用于管道保温领域的材料主要有硅酸钙、复合硅酸盐、矿渣棉、岩棉、玻璃棉等。这些传统保温材料的导热系数较高，且常常需要通过增加保温材料的厚度来实现高效保温隔热，增加了材料的运输、施工成本。因此，采用 SiO₂气凝胶复合材料对热力管道进行节能技术改造，有望实现保温层厚度的减薄，提高热力管道的保温效能，其中 SiO₂气凝胶复合绝热毡的应用最为广泛。SiO₂气凝胶绝热毡的导热系数仅为传统材料的1/5～1/3，保温隔热能力是传统材料的2～8倍，对于达到相同的保温隔热效果，其厚度只需要传统材料的1/5～1/3，且具有优异的防火、防水性能，良好的力学性能、耐化学稳定性和环保性。图 2-19 为本书创作者单位制备的 SiO₂气凝胶保温绝热毡（基材是玻璃纤维毡）。

图 2-19　SiO₂气凝胶保温绝热毡

景晓锋等通过对炼油管道的保温改造和节能监测，发现采用 SiO₂气凝胶绝热毡后，管道热损失可降低 34.7%，保温层厚度可降低至少 50%，且该材料使用寿命长，是石化企业高温管道的理想保温材料。毡的一次性成本较高的特点，仍是限制其大规模推广应用的重要因素。

目前国内的气凝胶绝热毡在储存运输方面主要应用于汽油石化运输管道、高温蒸汽管道、冷库保冷等方向。

2.1.3.4 建筑领域

（1）SiO$_2$气凝胶在反射隔热涂料中的应用

近年来，反射隔热涂料的研究和应用在国内快速发展。但是受其隔热机理和隔热能力的影响，反射隔热涂料主要应用于我国南方建筑市场，在北方市场应用较少。北方冬季寒冷，太阳光辐射得热少，室内热量又很容易散失，往往需要供暖才能保持室内的舒适温度。因此，开发保温性能极好的反射隔热涂料具有重要意义。李伟胜等制备的SiO$_2$气凝胶的反射隔热涂层的导热系数低至 0.065W/(m·K)，太阳光反射率达91.0%，隔热温差为 15.8℃，表现出良好的保温隔热效果。图 2-20 为本书作者单位制备的 SiO$_2$气凝胶反射涂料样品。

图 2-20　SiO$_2$气凝胶反射涂料样品

（2）SiO$_2$气凝胶在节能玻璃中的应用

窗户作为现代建筑中重要的建筑元素，让光线、太阳能和新鲜空气散发到居住区域，提供不可替代的室内外互动，从而对居住舒适度产生巨大影响。然而，窗户通常由透明玻璃制成，可能会带来眩光等问题，这可能会降低用户的舒适度并增加建筑物的能耗。窗户是一个巨大的热桥，占建筑围护结构总能量损失的 45%。因此，提高窗户的隔热水平无疑是一个重要的研究课题。

SiO$_2$气凝胶玻璃是目前新兴的一种建筑节能玻璃，可以同时满足窗户的能源效率和用户舒适度要求。目前气凝胶玻璃主要有三种：颗粒气凝胶填充玻璃、气凝胶镀膜玻璃和整块状气凝胶玻璃。现有的气凝胶玻璃的生产工艺基本采用的是在两片玻璃板之间预留灌胶口，并向其中的空隙灌满液体胶体、粉体、颗粒或者整块气凝胶块体，然后进行密封和固定；或者将制备好的气凝胶片切割成符合的规格，直接填充进两片玻璃板之间，合拢在一起后进行固定和密封。在实践中，由于整体气凝胶玻璃的机械强度较弱，气凝胶玻璃通常由气凝胶颗粒组装而成，这使得半透明玻璃单元具有改善的隔热性、增强的光散射和降低的声音传输。气凝胶玻璃的导热系数在 0.02～0.04W/(m·K) 之间，透光率在 75%～90% 之间，可用于新建筑和节能建筑的窗户翻新。

2.2 疏水 SiO₂气凝胶

由于亲水气凝胶中存在羟基（—OH）基团，在长时间暴露于空气环境极易受潮，严重时更会破坏其本身孔洞结构，从而导致产品性能下降。为解决这一难题，以气凝胶疏水改性为核心的科研攻关越来越被广大学者所关注，这为延长气凝胶在阴雨、潮湿环境下的使用寿命，保障凝胶性能的稳定等方面作出了巨大贡献，目前气凝胶疏水改性工艺相对完善。图 2-21 是本书作者单位以正硅酸乙酯为硅源制备的疏水 SiO₂气凝胶粉体，将气凝胶粉体平铺，可以看见水滴能够"站"在 SiO₂气凝胶粉体上，继续用 SiO₂气凝胶粉体淹没水滴，发现水滴仍保持原有状态不被"吞噬"，由此可见具有超级疏水性能。

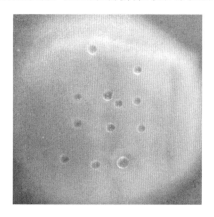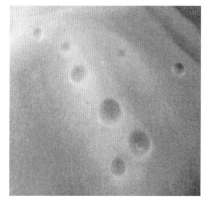

图 2-21　SiO₂气凝胶疏水测试

2.2.1　疏水 SiO₂气凝胶制备工艺

在气凝胶疏水改性过程中，湿凝胶的表面被化学修饰，通过取代羟基中的 H 来取代疏水官能团，然后进行常压干燥。相邻 SiO₂团簇上的表面硅醇基团（Si—OH）发生冷凝反应，导致干燥过程中凝胶网络的不可逆收缩，如图 2-22 所示，这个过程可以产

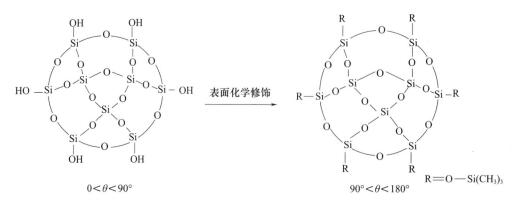

图 2-22　凝胶的表面化学修饰

生极低能量的表面，从而显著降低表面张力。因此，有必要用适当的修饰剂来修饰气凝胶的表面，从而使气凝胶的表面具有疏水性。目前主要的疏水剂包括甲基三甲氧基硅烷（MTMS）、六甲基二硅氮烷（HMDZ）、二甲基氯硅烷（DMCS）、二甲基二氯硅烷（DMDC）、三甲基氯硅烷（TMCS）、三甲基甲氧基硅烷（TMES）和十六烷基三甲氧基硅烷（HDTMS）等。SiO$_2$硅气凝胶的疏水改性主要有共前驱体改性法、衍生法、气相氧化法等。

RSiX$_3$型三官能团有机硅化合物（其中R＝烷基、芳基或乙烯基，X＝Cl或烷氧基）生产的气凝胶，由于硅原子的一端包含一个不可水解的R基团，使得它具有较低的整体键合和良好的疏水性。

2.2.1.1 共前驱体改性法

共前驱体改性是以疏水改性剂与硅源为共前驱体，在酸碱催化下混合形成表面改性凝胶，此方法是在凝胶形成前就完成气凝胶的疏水改性过程。一般采用含疏水基团的硅氧烷部分或全部替代正硅酸乙酯（TEOS）等硅源前驱体，经过共水解-缩聚反应将疏水基团引入SiO$_2$气凝胶结构。在混合溶胶中，正硅酸乙酯（TEOS）单体优先缩合形成一次粒子，若以甲基三甲氧基硅烷（MTMS）单体作为共前驱体，当主粒子上有一定数量的≡Si—OH基团时，水解的MTMS单体与羟基反应公式如图2-23所示。当表面和内部骨架上的大部分羟基被有机取代基≡Si—OH基团取代时，整个反应过程基本完成。

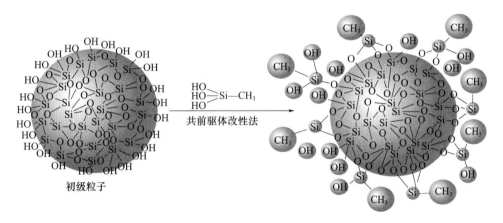

图 2-23　MTMS单体与羟基反应过程

胡银等通过甲基三甲氧基硅烷（MTMS）作为前驱体，经盐酸、氨水两步催化，乙醇/TEOS作为老化液，以常压下干燥的方式得到了疏水角为127°的疏水SiO$_2$气凝胶。而孔令汉等利用共前驱体在前期引入不能进行缩合反应的有机基团（Si—R）封端，进行了二甲基硅油/硅溶胶共前驱体法制备SiO$_2$气凝胶微球的研究，接触角（图2-24）显示他们所制备的气凝胶具有良好的疏水性，并且随着活性硅油含量的降低，气凝胶微球的疏水性增强。

另外，甲基三乙氧基硅烷（MTES）作为前驱体也被用作三功能有机硅烷化合物，合成超疏水和柔性气凝胶。MTES的每个单体都有一个不可水解的甲基（—CH$_3$），与MTMS相似，它还有三个可水解的乙氧基（—OC$_2$H$_5$）来负责基体的形成。随着缩合

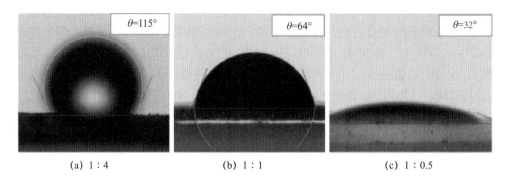

图 2-24　不同硅溶胶：硅油溶液（体积比）时气凝胶微球接触角

和聚合反应的进行，疏水 Si—CH₃ 基团的数量相对于亲水 Si—OH 基团的数量增加，就形成了超疏水、高度柔韧性、压缩后可恢复或回弹的无机有机杂化硅网络。

2.2.1.2　衍生法

衍生法的疏水改性方式则相反，它在 SiO₂ 湿凝胶形成后，利用改性剂与其表面的羟基反应，将改性剂所带的疏水基团附着在湿凝胶表面，进而降低湿凝胶表面的羟基含量，提高疏水基团的比例，实现疏水改性的方法。其中，用到最多的改性剂有三甲基氯硅烷（TMCS）、六甲基二硅氮烷（HMDZ）、氟硅烷（FAS）等。衍生法是先凝胶然后改性，改性发生在凝胶形成后，并且最终的改性效果受硅源、催化剂、置换剂、改性剂等的影响较大。曹继杨等就通过这种方法利用三甲基氯硅烷（TMCS）和六甲基二硅胺烷（HMDS）作为改性剂，进行了疏水气凝胶的研究，结果表明 TMCS 在气凝胶疏水改性过程中能够发挥优良的功能特性。但衍生法存在一个明显的缺点，这种方法通常需要进行大量的溶剂置换，程序较为复杂，且处理工艺周期较长。

采用不同的疏水剂对湿凝胶进行表面处理会极大地影响改性效果，这主要由改性剂自身性质、疏水剂和湿凝胶的反应程度以及湿凝胶的性质共同决定的。其中，TMCS 是目前最为常用且改性效果优良的疏水改性剂。利用这种改性剂，卢斌等通过以不同酸作为催化剂（盐酸、硝酸等）分别催化碱性硅溶胶，反应后得到湿凝胶，紧接着对湿凝胶进行老化、改性（TMCS）、置换（正己烷）操作，最后以常压干燥的方式得到疏水 SiO₂ 气凝胶。进行改性后 SiO₂ 气凝胶的接触角可达 153.8°，具有超疏水性。

2.2.1.3　气相氧化法

气相氧化法是通过将 SiO₂ 湿凝胶置于甲醇蒸汽氛围中，利用甲醇中的醇羟基与湿凝胶表面硅羟基之间的脱水缩合反应，使硅羟基基团转变为 SiOCH₃，进而得到疏水性气凝胶。该方法一般将甲醇蒸汽温度条件控制在 220～240℃，改性时间控制在 10～40h，利用 TMOS 或 TEOS 作为硅源进行实验。Anderson 等以 TMOS 和 MTMS 作为共前驱体，将用氨水催化后的湿凝胶置于甲醇蒸汽氛围，通过超临界萃取 8h 的方法制得疏水角为 155° 的疏水 SiO₂ 气凝胶。

2.2.1.4　两步法

两步法结合了共前驱体法和衍生法。凝胶化过程中，它不仅通过共前驱体改变和修饰凝胶骨架（第一步），待混合凝胶形成后还通过与有机硅烷溶液的衍生，修饰凝胶骨架表面（第二步）。首先，由共前驱体法处理后，再由第二步的衍生法进一步进行表面修饰，通过 TMCS/正己烷溶液衍生修饰≡Si—OH 基团，反应过程如图 2-25 所示。

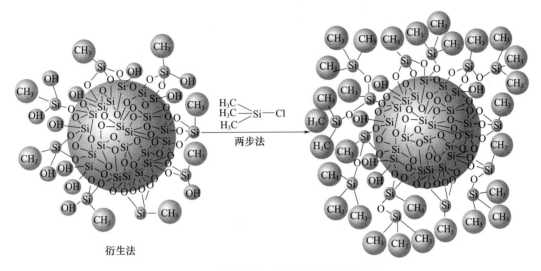

图 2-25　衍生法进一步进行表面修饰过程

在两步法中，第一步中生成的共前驱体混合凝胶网络由大孔隙和聚集簇组成，为修饰剂提供了通道，使得大多数凝胶骨架被修饰，但在骨架的内部和表面仍保留着一些≡Si—OH 基团。然而，剩余≡Si—OH 又恰好为第二步的进一步修饰提供了反应位置。第二步则是用—Si—（CH$_3$)$_3$取代网络骨架上的≡Si—OH 基团，这个过程并没有改变已形成骨架形态。通过两步表面改性方法，凝胶骨架的内部和表面都完全被有机基团修饰。在常压干燥过程中，附着的有机基团有助于抵抗侧向压应力，所以能够很好地维持网状骨架的原始尺寸。更重要的是由于二次改性，网状骨架中保留了更多的孔隙，甚至形成了一些小的孔隙，有助于增加制备气凝胶的比表面积。

2.2.2　疏水 SiO$_2$气凝胶性能与应用

通过改性制备的疏水 SiO$_2$气凝胶，在保持 SiO$_2$气凝胶材料各项优异性能的同时，还提供了自清洁、抗结冰、油水分离、防腐等方向的新功能，疏水 SiO$_2$气凝胶在未来具有很大的潜在应用价值，受到研究人员的广泛关注。

超疏水海绵具有优异的 pH 稳定性和机械稳定性。经过 3 次吸附循环后，吸附效率仍保持在 96.5%。研究发现，通过超疏水层、亲水层和光热层的协同作用，水蒸气产生效率提高了 5.4 倍。期望通过多功能材料设计方法为污水净化提供新的解决方案。林玲等对未改性和改性气凝胶进行了制备和对比，由此也可以看出疏水气凝胶的优异性质，首先从图 2-26 的宏观形貌上可以看出，疏水气凝胶的整体性要远好于未改性的 SiO$_2$气凝胶，这是由于加入了 TMCS 后，SiO$_2$ 气凝胶表面的亲水基团—OH 被 O—Si（CH$_3$)$_3$取代，甲基基团取代了羟基，甲基基团表面能比较低，使得 SiO$_2$ 气凝胶表面张力降低，改性后获得疏水性块状 SiO$_2$ 气凝胶。

图 2-26　SiO$_2$气凝胶未改性与改性实物图、SEM 图、TEM 图

2.2.2.1　保温材料

我国建筑行业选用的保温隔热材料，种类繁多，主要包括膨胀蛭石、发泡有机材料、无机纤维类保温材料、真空板类以及气凝胶类保温材料。但他们的品质却良莠不齐，例如膨胀蛭石虽成本低廉，但其对应保温隔热产品却存在导热系数高、保温厚度大、浪费空间的缺点；发泡有机材料虽然保温性能优异，但其材质却极其易燃；无机纤维类材料保温效果一般，却很容易吸水受潮，极大地降低其使用寿命；真空板类材料在使用过程中很容易破损；而疏水 SiO$_2$ 气凝胶整体的疏水性质，在使用过程中可以有效地防止霉菌生长，保护使用环境安全健康，并且其超低的导热系数带来的优异的性能，保证了其超薄的保温层厚度，只需原有材料 1/3～1/5 的体积，即可达到同行业部分保温材料同样的保温效果。

2.2.2.2　吸附材料

物理吸附法不仅绿色环保、可重复使用、不会对环境造成二次污染，并且制备成本低，是近年来的研究热点，备受关注。经过改性的 SiO$_2$ 气凝胶，因其比表面积和孔隙率高在吸附重金属等方面具有效能高、绿色环保、节能、可循环利用、方便简单等诸多特点，成为处理废水的重要途径之一。

刘静等采用火焰原子吸收光谱法，分析了改性 SiO$_2$ 气凝胶对水中微量重金属 Cu^{2+} 的吸附情况，通过试验证明 Cu^{2+} 吸附率最大达到 99.0%，残余 Cu^{2+} 浓度为 0.005mg/L。朱建军等以 TMCS 为改性剂制备疏水 SiO$_2$ 气凝胶，处理模拟含 Fe^{3+} 废水，Fe^{3+} 去除率可高达 98.32%，以 HMDZ 为改性剂制备的改性气凝胶对 Cr^{3+} 吸附率达到 99%。在未来改性 SiO$_2$ 气凝胶通过负载功能物质组成复合材料，在吸附应用方面会进一步提高其吸附性能。Shahidy 等采用新型的溶胶凝胶法，在常压干燥条件下成功合成了低密度、高比表面积的超疏水性有机改性 SiO$_2$ 气凝胶，接触角最大可达 154.4°，对机油的最大吸附量为 6.94g/g。

2.2.2.3 催化

疏水 SiO$_2$ 气凝胶独特的多孔三维网络结构，使其具有很强的吸附性，在负载催化剂的选择性、活性和寿命等方面远高于传统的催化剂，因此在催化领域具有极大的应用前景。

目前关于 SiO$_2$ 气凝胶催化方面的应用研究还集中在实验室阶段，但是由于其在催化方面具有极佳的优势，因此未来在降低成本、改善工艺的基础上疏水 SiO$_2$ 气凝胶一定会在这个领域内具有很好的前途。

2.3 SiO$_2$ 复合气凝胶制备

2.3.1 Al$_2$O$_3$-SiO$_2$ 复合气凝胶

Al$_2$O$_3$-SiO$_2$ 系材料是无机非金属材料中最重要的多元复相材料，在耐火材料工业、催化剂、电子工业和建材等领域发挥着重要的作用。Al$_2$O$_3$-SiO$_2$ 气凝胶既能克服纯 SiO$_2$ 气凝胶有效使用温度低的缺点，又能提高 Al$_2$O$_3$ 气凝胶的高温稳定性，而且在一定程度上改善了溶胶的浸渍性，因而高纯 Al$_2$O$_3$-SiO$_2$ 系气凝胶材料的开发研究日益受到人们的重视。

2.3.1.1 Al$_2$O$_3$-SiO$_2$ 复合气凝胶的制备工艺

单一成分的 Al$_2$O$_3$ 气凝胶和 SiO$_2$ 气凝胶均存在一些缺陷，例如，SiO$_2$ 气凝胶的自身骨架结构的强度较低、长时间暴露在潮湿环境中易吸水受潮，导致 SiO$_2$ 骨架结构坍塌，另外在温度达到 600℃ 以上后会发生烧结现象，使 SiO$_2$ 气凝胶的比表面积急剧降低，孔结构明显减少，材料趋于致密，这就造成了 SiO$_2$ 气凝胶在投入应用过程中其使用温度范围受限。Al$_2$O$_3$ 的比表面积相对较小，最大只有约 800m^2/g，并且在处于温度 1000～1200℃ 时会发生 α 相变，导致 γ-Al$_2$O$_3$ 向 α-Al$_2$O$_3$ 的晶型转变，这导致气凝胶会发生收缩、烧结现象，并使其比表面积大幅度降低。研究表明，在 Al$_2$O$_3$ 气凝胶中掺杂 Si、La、Ba 等元素能明显提高其耐高温性能，因此制备多组分耐高温气凝胶已成为近期气凝胶领域研究热点之一，其中以 Al$_2$O$_3$-SiO$_2$ 气凝胶（SAA）研究最多。由 Al$_2$O$_3$ 掺杂改性后制备的 Al$_2$O$_3$-SiO$_2$ 的气凝胶能够提高气凝胶的 α 相转变温度，抑制 Al$_2$O$_3$ 纳米粒子的团聚和纳米孔洞的坍塌，从而消除由单一成分的 SiO$_2$ 和 Al$_2$O$_3$ 制备的气凝胶的缺陷，使复合后的气凝胶具有更高的热稳定性。

Al$_2$O$_3$-SiO$_2$ 复合气凝胶的制备过程中，最为重要的就是 Al$_2$O$_3$-SiO$_2$ 凝胶的合成，而老化和干燥工艺与 SiO$_2$ 气凝胶的制备相似。气凝胶基体与纤维的复合技术是制备纤维增强氧化硅气凝胶复合材料的关键，要求 Al$_2$O$_3$-SiO$_2$ 溶胶稳定，有合适的凝胶时间和较小溶胶黏度，同时还要求气凝胶具有低密度、耐高温以及良好的成块性。

虽然单块完整且稳定的多孔 Al$_2$O$_3$ 气凝胶难以制备，但制备 Al$_2$O$_3$ 气凝胶的方法已经成熟，主要包括有机金属醇铝法和无机铝盐法。目前制备 Al$_2$O$_3$-SiO$_2$ 气凝胶一般是在

传统 Al_2O_3 气凝胶制备方法（溶胶-凝胶法）上改进的。它们具体制备过程可以分为以下三步：第一步溶胶-凝胶阶段，主要通过反应得到溶胶，处理后得到湿凝胶；首先以金属有机盐或无机盐为前驱体，通过水解与缩合反应分别制备出 Al_2O_3 和 SiO_2 凝胶，将两者均匀混合后在助凝胶剂作用下形成 Al_2O_3-SiO_2 湿凝胶。第二步湿凝胶的老化。第三步湿凝胶的干燥。图 2-27 是溶胶-凝胶法制备气凝胶的过程。而若要实现 Al_2O_3-SiO_2 复合凝胶的制备过程，在完成以上溶胶-凝胶过程制得相应的 Al_2O_3 溶胶和 SiO_2 溶胶后，还需要将两种湿凝胶通过进一步的加碱缩聚操作来最终得到相应的 Al_2O_3-SiO_2 复合醇凝胶。该缩聚反应可归结为式（2-3）：

$$Al(OH)_3 + Si(OH)_4 \longrightarrow (OH)_2AlSi(OH)_3 + H_2O \tag{2-3}$$

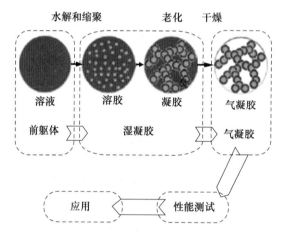

图 2-27 溶胶-凝胶法制备气凝胶的过程

图 2-28 是在图 2-27 气凝胶制备流程的基础上进行加碱缩聚操作实现 Al_2O_3-SiO_2 复合醇凝胶的制备流程图。对于有机金属醇铝法，由于该方法使用了纯度较高的金属醇盐作为前驱体，因此最终所制备的 Al_2O_3-SiO_2 复合凝胶的纯度较高，比表面积相对较大，且粒度分布也比较均匀，但缺点在于成本较高；而无机铝盐法制备的 Al_2O_3-SiO_2 复合凝胶中含有一定量的杂质，凝胶品质较差，但是其操作简便，原料来源低廉且无毒，因此有着巨大的发展潜力。

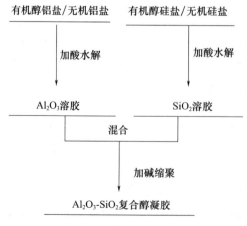

图 2-28 Al_2O_3-SiO_2 复合醇凝胶的制备工艺

以独立的制备体系进行 Al_2O_3-SiO_2 凝胶制备时，需要先制备出稳定的 Al_2O_3 凝胶和 SiO_2 凝胶，然后再将上述两种凝胶混合、搅拌均匀，使二者共同发生水解反应和聚合反应，生成凝胶，随后经过老化和干燥处理，制备出 Al_2O_3-SiO_2 气凝胶。

目前 Al_2O_3-SiO_2 复合气凝胶主要的制备工艺是分别制备 Al_2O_3 溶胶和 SiO_2 溶胶后，将其混合，然后添加催化剂使其凝胶。由于加入 Al_2O_3 溶胶和 SiO_2 溶胶的比例不同，所以根据溶胶体系的不同，可将 Al_2O_3-SiO_2 复合气凝胶的制备体系分为以 Al_2O_3 溶胶体系为主和以 SiO_2 溶胶体系为主两种。王文琴等以仲丁醇铝（ASB）和三甲基乙氧基硅烷（TMEO）为前驱体，采用溶胶-凝胶法，经乙醇超临界干燥制备了耐高温、成型性好的硅/铝复合气凝胶。

（1）以 Al_2O_3 溶胶体系为主

Horiuchi 等以催化剂载体为背景，在 80℃ 的热水中首先加入一定量异丙醇铝，搅拌使其水解，加入硝酸制备出 Al_2O_3 溶胶；然后在四乙氧基硅烷中加入硝酸使其水解后，与溶胶混合；最后再加入尿素使混合溶胶凝胶，通过超临界干燥制备出气凝胶。经热处理后，1200℃时其比表面积可达 $150m^2/g$，1400℃时仍有 $30m^2/g$。

（2）以 SiO_2 溶胶体系为主

何飞等以 SiO_2 溶胶体系为主，以 $Al(NO_3)_3 \cdot 9H_2O$ 和 $NH_3 \cdot H_2O$ 为原料，采用无机盐水解法先制备出 Al_2O_3 干凝胶后将其研磨成超细粉，采用酸碱两步法以 $n(TEOS):n(H_2O):n(EtOH):n(HCl):n(NH_3 \cdot H_2O) = 1:4:7:7.5\times10^{-4}:0.0375$ 的比例配制出 SiO_2 溶胶，然后按 Si/Al 摩尔比加入 Al_2O_3 超细粉，凝胶后经超临界干燥制备 Al_2O_3-SiO_2 复合气凝胶，常温下其比表面积可到 $800m^2/g$，通过试验拟合，得到 Al_2O_3-SiO_2 复合干凝胶在常温下的导热系数为 $0.0297W/(m \cdot K)$，但是这种气凝胶在 1000℃就出现 α-Al_2O_3，高温稳定性一般。

2.3.1.2　铝源的选择

结合 SiO_2 气凝胶和 Al_2O_3 气凝胶的制备方法，并根据以往的研究发现，制备 Al_2O_3-SiO_2 复合气凝胶时使用的铝源主要包括有机金属醇铝和无机铝盐这两种。

有机金属醇铝主要有仲丁醇铝（ASB）和异丙醇铝（ATB），无机铝盐主要有六水氯化铝（$AlCl_3 \cdot 6H_2O$）、九水硝酸铝 $[Al(NO_3)_3 \cdot 9H_2O]$ 以及勃姆石纳米粉体等。其中，有机金属盐作铝源由于具有水解速度快、交联度高的特点，所以利用这类铝源制备的气凝胶产品具有良好的性能。Osaki 等以异丙醇铝和正硅酸四乙酯为原料，用有机金属醇铝法制备出 Al_2O_3-SiO_2 气凝胶，经过 1200℃ 的高温处理后，其比表面积为 $47m^2/g$；而 Aravind 等通过无机铝盐法，用正硅酸乙酯（TEOS）和氧化铝含量为 15%、25% 的勃姆石制备 Al_2O_3-SiO_2 复合气凝胶，经过 1200℃ 的高温煅烧后，其比表面积分别为 $88m^2/g$、$70m^2/g$。

有机金属醇铝法的制备存在两大缺陷，一是造价高：制备气凝胶的原料中有机醇铝本身价格昂贵，大批量制备成本高；二是工艺复杂：有机醇铝在反应过程中的水解速度较快，过快的水解速度不利于把握成胶时间，容易产生胶状沉淀，这使它与正硅酸四乙酯等硅源的水解速率相差较大，反应过程难以控制，导致难以获得结构稳定的溶胶。而且在配制 Al_2O_3 溶胶的过程中，需要向其中加入一定量的螯合剂，制备工艺比较复杂。

以前曾有研究者尝试利用其他低成本的硝酸铝、氯化铝、勃姆石等原料代替有机铝醇盐，但结果仍不尽理想。例如，陈娜等用相对廉价的粉煤灰原料替代有机醇盐作为硅、铝源，制备出了 Al_2O_3-SiO_2 气凝胶，但其也存在氯、钠、铁等杂质含量高的缺点。而无机铝盐法制备 Al_2O_3-SiO_2 气凝胶所用到的无机盐铝源相对价格低廉，在控制成本的同时，更能实现制备工艺便捷控制，易于实现工业规模化生产。可喜的是，随着技术的发展，新的可行且廉价的制备原料已经被发现。以煤矸石为原料，经过酸浸除杂、碱熔活化，采用溶胶-凝胶法制备了完整的块状 Al_2O_3-SiO_2 二元复合气凝胶，且其所包含的硅、铝含量较高，杂质较少，为工业化生产提供了可行的原料参考依据。

2.3.1.3　Al_2O_3-SiO_2 复合气凝胶性能的影响因素

硅含量的影响：SiO_2 的加入能抑制 Al_2O_3-SiO_2 颗粒的高温烧结和相转变。一方面，SiO_2 溶胶的加入降低了气凝胶的密度，硅原子掺杂改变了凝胶结构，阻碍了 Al_2O_3 颗粒间的接触，抑制了高温下晶粒长大；另一方面，Al—O—H 键上的 H 原子被 Si 原子所取代形成 Al—O—Si 键，Al—O—H 键的减少使得羟基间的脱水缩合受到抑制。所以，适量的 SiO_2 掺杂 Al_2O_3 气凝胶能使得气凝胶的热稳定性得到提升。冯坚等以仲丁醇铝为铝源、正硅酸乙酯为硅源制备 Al_2O_3-SiO_2 气凝胶，研究了硅含量对 Al_2O_3-SiO_2 气凝胶结构和性能的影响。结果表明，随着硅含量的增加，Al_2O_3-SiO_2 气凝胶基本性质见表 2-5。Al_2O_3-SiO_2 气凝胶同时含有 Al—O、Si—O 以及 Al—O—Si 结构，600℃煅烧后的物相为无定形 γ-Al_2O_3 和 SiO_2，1200℃煅烧后为莫来石相。当硅含量为 6.1wt%～13.1wt% 时，适量的硅抑制了 Al_2O_3-SiO_2 气凝胶的相变，其 1000℃ 的比表面积（339～445m^2/g）高于纯 Al_2O_3 气凝胶（157m^2/g）。

表 2-5　硅含量对 Al_2O_3-SiO_2 气凝胶基本性质的影响

Si/Al 摩尔比	Si/wt%	凝胶时间	密度/（g/cm^3）	气凝胶的特性
纯 Al_2O_3	0	0.5h	0.048	
1:8	6.1	1h	0.053	
1:4	10.6	1.8h	0.059	白色不透明
1:3	13.1	2.5h	0.062	
1:2	17.3	3d	0.065	

水分的影响：水在 Al_2O_3-SiO_2 气凝胶制备过程中的影响至关重要。绝大多数 Al_2O_3-SiO_2 气凝胶研究中的用水量均满足或超过铝/硅前驱体水解反应的化学计量比，但低用水量快速制备 Al_2O_3-SiO_2 气凝胶的新途径已有报道。此外，与传统方法中水作为原料直接加入前驱体不同，有研究者利用前驱体中添加剂间的化学反应来产生水，从而更精确地调控硅铝前驱体的水解过程，硅溶胶中不加水，铝溶胶中仅加少量的水，硅源与铝源水解所需要的用水由添加剂的聚反应生成的水提供，例如苯胺与丙酮缩聚如式（2-4）。

$$\text{（苯胺）}—NH_2 + CH_3—\overset{O}{\overset{\|}{C}}—CH_3 \longrightarrow \text{（苯胺）}—N\!=\!\underset{CH_3}{\overset{}{C}}\!—CH_3 + H_2O \qquad (2\text{-}4)$$

催化剂与温度的影响：通过控制酸催化剂的浓度、温度等条件，可以控制硅源与铝源的水解过程，进一步通过硅铝共胶凝，实现硅铝在原子尺度上的均匀分布。

添加剂：干燥控制剂（如甲酰胺）和螯合剂（如乙酰丙酮）是 Al_2O_3-SiO_2 制备中经常采用的添加剂。巢雄宇等以仲丁醇铝与正硅酸乙酯为原料，选取甲酰胺为干燥控制化学添加剂和调凝剂，制备得到了乳白色、轻质、块状无裂纹的硅铝二元气凝胶。Al_2O_3-SiO_2 气凝胶块体在室温至 1300℃ 范围内均能保持块状外形，无坍塌、微裂纹产生。

2.3.1.4　Al_2O_3-SiO_2 复合气凝胶应用

美国 NASA 研究的双组分 Al_2O_3-SiO_2 气凝胶应用于航天飞行器的热防护系统。另外，还可将其应用于军工方面，例如：高超声速飞行器的热防护系统、运载火箭燃料低温贮箱及阀门管件保温系统、远程攻击飞行器蜂窝结构热防护系统、新型驱逐舰的船体结构防火墙隔热系统以及陆军的便携式帐篷等。目前，国防科技大学研制的纤维增强 Al_2O_3-SiO_2 气凝胶隔热材料和构件主要应用于航天飞行器、冲压发动机、军用热电池等隔热领域。第三章会对 Al_2O_3-SiO_2 气凝胶进行详细地介绍。

2.3.2　TiO_2-SiO_2 复合气凝胶

随着工业的发展，空气污染引发了各种各样的问题。二氧化钛（TiO_2）是一种安全稳定的材料，具有很高的光催化活性和很强的氧化能力。近年来，纳米 TiO_2 在光催化技术等领域得到了广泛关注。关强等对 TiO_2 光催化混凝土材料进行了大量的研究。但 TiO_2 带隙较宽，只能在波长较短的紫外光条件下对污染物进行降解，而太阳光中紫外光的含量仅有 3%～4%，这极大地降低了其应用效率。并且粉末 TiO_2 在现实应用中容易团聚，回收困难，不利于大规模使用，使其在实际应用中无法充分发挥光催化降解的作用。由溶胶-凝胶法经过干燥制备的 TiO_2 气凝胶有很多优点，如比表面积大、孔洞率高、高催化活性等，但是 TiO_2 气凝胶存在网络强度较差的缺陷。SiO_2 气凝胶具有高比表面积和孔隙率，网络结构牢固、比表面积高和孔体积大等特点为负载纳米 TiO_2 光催化剂提供了必要条件。以硅气凝胶材料为基体，利用溶胶-凝胶法制备的 TiO_2-SiO_2 复合气凝胶，不仅能解决团聚和低催化活性的问题，还可以提高气凝胶网络结构强度，增强 TiO_2 的光催化性能，同时高孔容和高比表面积提高了气凝胶的吸附性能，因此具有广阔的应用前景。

SiO_2/TiO_2 气凝胶的制备技术通常采用的硅醇盐、钛醇盐作为反应前驱体，溶胶-凝胶法利用超临界干燥技术或低表面张力溶剂替换后常温常压干燥技术已获得更完整的多孔结构，制备成本较高。

2.3.2.1　TiO_2-SiO_2 复合气凝胶的制备工艺

目前 TiO_2-SiO_2 复合气凝胶的制备工艺主要采用溶胶-凝胶法结合常压干燥技术。陈雨等以钛酸丁酯为钛源，甲酰胺为添加剂，经过溶胶-凝胶、老化及常压干燥制备 TiO_2-SiO_2 复合气凝胶，具体实验工艺如图 2-29 所示。查冰杰等同样以钛酸丁酯、正硅酸乙酯作为钛源和硅源，在酸性条件下，通过溶胶-凝胶法制备 TiO_2/SiO_2 复合气凝胶。另外，除了使用钛酸丁酯为钛源外，通过其他钛源以溶胶-凝胶法制备 TiO_2/SiO_2 复合气凝胶的方法也有被研究。封金财等就以正硅酸乙酯和异丙醇钛为原料，采用溶胶-凝胶法结合水热合成制备出了 TiO_2-SiO_2 气凝胶颗粒。

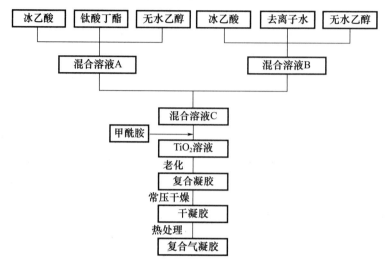

图 2-29 TiO_2-SiO_2复合气凝胶的工艺流程图

2.3.2.2 钛源的选择

在 TiO_2-SiO_2 复合气凝胶准备过程中，钛源的选择主要考虑其后续的应用方向和硅源的种类。常用的钛源有硫酸钛 $Ti(SO_4)_2$、四氯化钛 $TiCl_4$ 和钛酸四丁酯 $[Ti(OC_4H_9)_4]$。

刘红等以 $Ti(SO_4)$ 和 $TiCl_4$ 为钛源、正硅酸乙酯为硅源，采用液相水解法制备 TiO_2-SiO_2 复合光催化剂。采用模拟甲基橙废水对比加入 TiO_2-SiO_2 复合光催化剂前后的吸光度，研究表明，以 $Ti(SO_4)_2$ 为钛源制备的样品的光催化剂活性远高于以 $TiCl_4$ 为钛源所制备样品，如图 2-30 所示。以 $Ti(SO_4)_2$ 为钛源，反应体系中引入硫酸根离子，硫酸根离子能够增大光催化剂的比表面积，增加污染物的光催化剂接触点，从而进一步提高其活性。

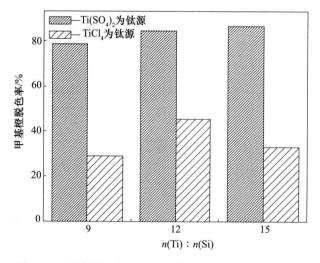

图 2-30 不同钛源对 TiO_2-SiO_2复合光催化剂活性的影响

针对不同用途，应该进行相对实验后进行钛源选择，以达到复合材料应用方向的最佳性能。

2.3.2.3　TiO$_2$-SiO$_2$复合气凝胶性能的影响因素

（1）不同硅钛比对 SiO$_2$-TiO$_2$ 复合气凝胶性能的影响

硅钛比的改变会直接影响制备 SiO$_2$-TiO$_2$ 复合气凝胶的网络结构。硅含量高时形成密集的硅网络，并且抑制网络中 TiO$_2$ 颗粒的长大，网络结构强度增大，复合气凝胶孔径小，结构紧密。硅含量低时硅链彼此分开，没有足够的硅粒子来抑制钛粒子的团聚，使网络中的钛晶粒逐渐长大，复合气凝胶孔径增大，网络结构强度变差。因此只有二者以适当比例结合时才会综合各自特点，形成孔径均匀、结构疏松、网络强度好的复合气凝胶。

李兴旺等分别使用钛酸四丁酯和正硅酸乙酯为钛源、硅源，制备 SiO$_2$-TiO$_2$ 复合气凝胶。通过控制硅钛比对 SiO$_2$-TiO$_2$ 复合气凝胶各项性能进行了分析，具体信息见表 2-6 及图 2-31。刘朝辉等以钛酸丁酯和正硅酸乙酯为前驱体制备 SiO$_2$-TiO$_2$ 复合气凝胶，随着 Si 含量增加：①TiO$_2$-SiO$_2$ 复合气凝胶中 TiO$_2$ 晶粒尺寸明显减小，TiO$_2$ 结晶度不断降低，TiO$_2$-SiO$_2$ 复合气凝胶的比表面积大幅增大，平均孔径逐渐减小。②复合气凝胶光催化性能呈现出先升后降趋势，在 Si 含量为 9wt％附近达到最高。

表 2-6　不同 SiO$_2$ 含量的 TiO$_2$-SiO$_2$ 复合气凝胶的物理性能参数

SiO$_2$摩尔分数/％	表面裂纹	外观	密度/（g/cm^3）	气孔率/％	线收缩率/％	比表面积/（m^2/g）
0	5	半透明	0.55	87.0	51.9	210.0
10	3	半透明	0.49	87.9	48.9	285.0
20	3	半透明	0.46	88.2	48.5	372.6
30	2	半透明	0.42	88.7	44.5	504.1
40	2	半透明	0.42	88.1	38.9	529.7
50	1	半透明	0.39	88.5	38.3	542.3
60	1	半透明	0.36	88.8	37.8	534.0
70	0	乳白色	0.31	89.1	35.7	591.6
80	0	乳白色	0.28	90.4	33.9	581.2
90	0	乳白色	0.26	90.7	26.8	733.7

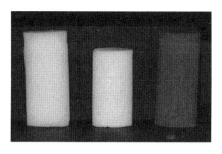

图 2-31　在暗处和可见光照射下不同配比的 TiO$_2$-SiO$_2$ 复合气凝胶块

（2）热处理温度对 SiO_2-TiO_2 复合气凝胶性能的影响

500℃为 TiO_2 的初始结晶温度，900℃时锐钛矿型 TiO_2 会向金红石型 TiO_2 转变。热处理温度对 TiO_2-SiO_2 复合气凝胶晶型结构和光催化活性有所影响。经热处理 Ti—Si—Ti 化学键断裂，TiO_2-SiO_2 复合气凝胶结构破坏、体积收缩、颗粒聚集。与硅比金属元素的电负性较低，金属氧化物的晶相转化温度低。相关人员研究发现，将 TiO_2 加入网络结构稳定的硅气凝胶中能够提高复合材料的稳定性。在 TiO_2 的三种晶型中，锐钛矿型 TiO_2 具有最高的光催化活性；通常情况下，TiO_2 由锐钛矿相向金红石相的转变温度约为 500℃。刘朝辉等发现掺杂 Si 后 700℃时样品中 TiO_2 仍以锐钛矿相存在，TiO_2-SiO_2 复合气凝胶具有更高的热稳定性能。

在 TiO_2-SiO_2 复合气凝胶制备过程中，控制好热处理过程的温度是生产更高催化性能气凝胶的关键。陈雨等研究发现 700℃热处理后的 TiO_2-SiO_2 复合气凝胶具有较好的光催化活性，在紫外光照射 10h 后脱色率达到 83%。梁文珍等将 TiO_2-SiO_2 复合气凝胶 750℃焙烧，依然具有锐钛矿型特征衍射峰，硅气凝胶的加入能够抑制 TiO_2 由锐钛矿向金红石相的转变，提高 TiO_2 光催化剂的热稳定性。

2.3.2.4 TiO_2-SiO_2 复合气凝胶应用

（1）光催化材料

近年来研究发现，氧化锌、硫化镉等材料因为其相对较窄的能隙和较强的光吸收作用，在作为新兴的光降解材料越来越受到研究者的关注，其中尤为突出的就是 TiO_2。由于其对周边化学环境的稳定性，较窄的能带宽度以及相对低廉的成本，TiO_2 已经成为光催化领域一个不能缺少的组成部分。而以钛源为材料制备的 TiO_2-SiO_2 复合气凝胶在这一领域发挥着重要作用。图 2-32 为 TiO_2-SiO_2 复合气凝胶光催化作用示意图。

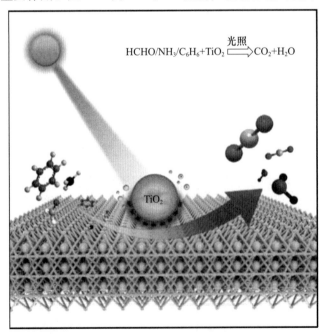

图 2-32　TiO_2-SiO_2 复合气凝胶光催化作用示意图

（2）吸附环保材料

由于硅气凝胶本身所具有的优良性质，即比表面积大、孔隙率高的特点使其可以吸附不同的化学化合物，可用于吸附空气中的废气，包括 CO、SO_2 等，特别是消除空气中挥发性的有机化合物。徐海珣等制备的复合硅钛气凝胶较单一成分的 TiO_2 气凝胶具有更大的比表面积、更好的憎水性特征，使得其复合凝胶的吸附性能、重复利用性和回收性都大大好于单一成分的 TiO_2 气凝胶。因此 TiO_2-SiO_2 复合气凝胶在作为吸附剂处理废水、缓解大气污染现象和处理核废弃物等方面具有很好的应用前景。

目前 TiO_2-SiO_2 复合气凝胶应用还在实验室研究阶段，针对其应用也没有进行大面积普及，不过其独特且优异的性质，在未来光催化材料和环境保护吸附方面一定会有巨大的突破。

2.3.3　ZrO_2-SiO_2 复合气凝胶

目前，将单一的金属或非金属氧化物作为石油化工或其他化学合成中的催化剂、载体或活性组分添加剂，受到了催化工作者的极大重视。而少量第二组分的添加可以起到提高主要组分的化学、热力学稳定性，使催化剂可以在更加苛刻的条件下使用。而第二组分的添加还可以改变原组分的一些物理化学性能。ZrO_2 具有优良热稳定性和化学稳定性，在耐高温领域备受关注。然而，ZrO_2 本身的比表面积很小，机械强度差。ZrO_2-SiO_2 复合气凝胶在保留 ZrO_2 高催化活性和稳定性的同时，又克服了机械性能差的缺陷，因此在陶瓷改性、多相催化等方面材料的制备中被广泛应用。

2.3.3.1　ZrO_2-SiO_2 复合气凝胶的制备工艺

有关 ZrO_2-SiO_2 复合气凝胶的制备，主要包括以下方法：共沉淀法、液相沉积法、浸渍法以及以锆醇盐为锆源的溶胶-凝胶法等。但这些方法都存在着一些缺陷，例如共沉淀法、液相沉积法制备的产品具有密度较大、比表面积以及孔体积较小，且产物的组分比例不易控制、重复性较差等缺点；而采用醇盐为原料的溶胶-凝胶法，硅醇盐和锆醇盐两者的水解速度差异很大，容易导致产物组成的不均匀，而且原料醇盐价格昂贵，导致制备成本较高，从健康方面考虑，醇盐对人体有一定的伤害。

目前进行 ZrO_2-SiO_2 复合气凝胶制备应用最多的方法是溶胶-凝胶法，采用有机醇盐为前驱体，通过超临界干燥工艺进行制备。不同工艺间最大的区别主要集中在锆源选择的不同，例如，朱俊阳等以正硅酸乙酯为硅源、以硝酸氧锆为锆源，通过滴加环氧丙烷，得到了 ZrO_2-SiO_2 复合气凝胶；赵俊川以正硅酸四乙酯（TEOS）、氧氯化锆为前驱体原料制备 SiO_2-ZrO_2 复合气凝胶；而邹文兵等以锆酸四丁酯为锆源，通过溶胶-凝胶法结合化学液相沉积，制备了耐高温 ZrO_2-SiO_2 块体复合气凝胶。

2.3.3.2　ZrO_2-SiO_2 复合气凝胶性能的影响因素

（1）锆硅比对 ZrO_2-SiO_2 复合气凝胶的影响

不同锆硅比对 ZrO_2-SiO_2 复合气凝胶的比表面积、孔容等都有影响。朱俊阳等以不同锆硅比制备 ZrO_2-SiO_2 复合气凝胶，研究结果（表 2-7）表明，随着锆硅摩尔比的减小，ZrO_2-SiO_2 复合气凝胶的比表面积和孔容逐渐增大，并且当锆硅摩尔比为 1∶1 时，其比表面积最大，可达 $551.7m^2/g$。

表 2-7　锆硅比对 ZrO₂-SiO₂ 复合气凝胶性质的影响

$n(Zr)：n(Si)$	$S_{BET}/（m^2/g）$	$V_{PN}/（cm^3/g）$	d_{BET}/nm
不含硅	510.5	2.37	20.5
4：1	474.3	1.79	17.7
3：1	501.7	1.98	18.2
2：1	520.2	2.05	18.3
1：1	551.7	2.47	22.6

（2）热处理对 ZrO₂-SiO₂ 复合气凝胶结构和性质的影响

温度的改变会导致气凝胶的晶型发生转变。朱俊阳等以不同热处理温度制备的 ZrO₂-SiO₂ 复合气凝，结果见表 2-8。从室温到 800℃时 ZrO₂-SiO₂ 复合气凝胶一直保持为无定型状态，直到热处理温度升高到 1000℃时开始向立方相转变，并且随着温度的升高，其对应比表面积也相应减少，在 1200℃时比表面积出现骤降，可能的原因是气凝胶结构出现烧结现象，导致空隙坍塌。而邹文兵等也得到相似的结论，不过他们的实验中比表面积的骤降现象是在 1000℃的温度下处理后出现的。此时，ZrO₂ 气凝胶的比表面积由 $387m^2/g$ 骤降为 $186m^2/g$。对比发现，邹文兵等的研究中比表面积的骤降幅度并没有朱俊阳等研究的 ZrO₂-SiO₂ 复合气凝胶的明显，原因是他们使用了化学液相沉积法，有效抑制了高温热处理过程中孔洞的坍塌。

表 2-8　热处理温度对 ZrO₂-SiO₂ 复合气凝胶性质的影响

温度/℃	$S_{BET}/（m^2/g）$	$V_{PN}/（cm^3/g）$	d_{BET}/nm
常温未处理	551.7	2.47	22.6
400	527.6	2.11	17.0
800	360.2	1.22	15.2
1000	239.3	0.84	16.3
1200	89.5	0.23	33.5

邹文兵等以锆酸四丁酯为锆源，采用溶胶-凝胶法结合化学液相沉积（CLD），即在凝胶老化过程中用部分水解的锆酸四丁酯和正硅酸四乙酯进行液相修饰，经过乙醇超临界干燥（SCFD）制备耐高温 ZrO₂-SiO₂ 块体复合气凝胶，探究了热处理对 ZrO₂-SiO₂ 复合气凝胶结构和性质的影响。并制备了 ZrO₂ 气凝胶进行了对照试验，用以突出 ZrO₂-SiO₂ 在热处理中的优势。从宏观形貌上看，ZrO₂ 气凝胶经过 1000℃ 2h 的热处理后收缩率达到了 35%，而同样的温度和时间 ZrO₂-SiO₂ 气凝胶收缩率仅为 12%。由 TEM 照片（图 2-33）可知：ZrO₂ 气凝胶和 ZrO₂-SiO₂ 气凝胶都由不规则球状颗粒组成，在热处理后 ZrO₂ 气凝胶粒径由 3～6nm 增加至 50～60nm，且有一定结晶，更加不规则；ZrO₂-SiO₂ 气凝胶粒径由 4～9nm 增加至 8～10nm，前后没有明显结晶，由此可以看出 SiO₂ 的沉积抑制 ZrO₂ 的生长，提高了其耐温性能。

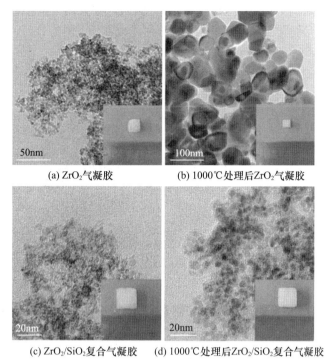

(a) ZrO₂气凝胶　　　　　(b) 1000℃处理后ZrO₂气凝胶

(c) ZrO₂/SiO₂复合气凝胶　　(d) 1000℃处理后ZrO₂/SiO₂复合气凝胶

图 2-33　1000℃处理前后气凝胶的实物图和 TEM 照片

2.3.3.3　ZrO₂-SiO₂复合气凝胶的应用

（1）吸附应用

气凝胶是一种高比表面积、高孔隙率、低密度的多孔材料，孔道结构的存在有利于对重金属核素的吸附。而通过 ZrO₂复合后的 ZrO₂-SiO₂复合气凝胶，与单一成分的 SiO₂气凝胶和 ZrO₂气凝胶相比，拥有许多优越的物理化学性能。赵俊川等制备的 ZrO₂-SiO₂复合气凝胶拥有对铈出色的吸附性能，ZrO₂含量为 5% 的样品比 10% 的样品吸附能力更强，对铈溶液吸附 216h 后，溶液中铈浓度为 130.62mg/L，样品对铈的吸附量为 211.6mg/g。因此 ZrO₂-SiO₂复合气凝胶可以减少二次废物的产生并且节约时间与成本，是一种便捷、安全、廉价的方法。

（2）高温隔热

与单一成分的 SiO₂气凝胶相比，氧化锆的加入会使胶体颗粒组成的纳米结构网络得到增强，并能够在高温热处理后仍保持较高的比表面积，提高了气凝胶在高温下的结构稳定程度。邹文兵等制备的耐高温 ZrO₂-SiO₂复合气凝胶结果具有极佳的高温热稳定性，1000℃处理 2h 后，晶粒尺寸仍为 8～10nm，晶相为四方相，样品的收缩率仅为 12%，比表面积高达 186m²/g。因此，ZrO₂-SiO₂复合气凝胶的热稳定性更好，高温隔热应用方面有很好的应用前景。

2.3.4　Fe₃O₄-SiO₂复合气凝胶

Fe₃O₄-SiO₂复合气凝胶（图 2-34）具有比表面积大、孔隙率高、孔径大等特点，因此比较适合作为吸附剂对染料类型的废水进行吸附，并且因为 Fe_3O_4 复合具备一定磁性，在吸附过程中不产生二次污染并且易于分离，成本低，具有良好的解吸性能、再生性能，未来在绿色环保、海水污染等领域会有较好的发展。

图 2-34　Fe_3O_4-SiO_2 复合气凝胶 SEM 图像

2.3.4.1　Fe_3O_4-SiO_2 复合气凝胶的制备工艺

目前 Fe_3O_4-SiO_2 复合气凝胶的制备工艺主要采用溶胶-凝胶法结合常压干燥技术。甘礼华等将正硅酸乙酯（TEOS）、一定浓度的硝酸铁水溶液和乙醇按一定比例混合，使用硝酸作为催化剂适当调节 pH 值，搅拌一段时间使其混合均匀后，将其转移到封闭容器内，放入恒温箱中 65℃恒温，凝胶后放入水和乙醇的混合溶液中进行老化。最后使用超临界干燥的方式进行干燥即可。

最终样品外观为棕红色透明的多孔块状，密度为 $379\sim464kg/m^3$，比表面积在 $325\sim625m^2/g$ 之间，TEM 照片中粒子粒径约为 8nm，呈球状分布均匀。

2.3.4.2　Fe_3O_4-SiO_2 复合气凝胶的性能

魏巍等以 $FeCl_3 \cdot 6H_2O$ 为铁源、正硅酸四乙酯（TEOS）为硅源，通过常规溶胶-凝胶法结合醇溶剂热法，最后通过超临界干燥制备 Fe_3O_4-SiO_2 复合气凝胶。

样品具三维立体网状结构，由直径 $10\sim20nm$ 的近球状颗粒组成，比表面积为 $457.93m^2/g$，平均孔径为 10.7nm。

Fe_3O_4-SiO_2 复合气凝胶主要应用于颜料污染水面，对颜料具有很好的吸附效果。

刚果红是一种阴离子合成染料，在造纸、服装印染、毛发着色剂、光敏剂和分析化学氧化还原试剂等方面有着广泛的应用。刚果红在水中的溶解度高、稳定性好且难降解，对人类健康及生态系统会产生很大的危害。使用样品对刚果红溶液进行吸附，在 pH 值为 5 时其吸附效果最好，35min 刚果红去除率达到了 99.39％。

2.3.5　有机-无机复合气凝胶

有机-无机复合气凝胶是一种集有机气凝胶和无机气凝胶优点为一体的气凝胶，它克服了有机气凝胶易燃和无机气凝胶力学性能差的缺点，是一种力学性能良好、防火性能优异的绿色防火保温材料，近年来受到广泛关注。

有机-无机复合气凝胶的制备过程从总体上可大致分为三步，如图 2-35 所示。

图 2-35　有机-无机复合气凝胶的制备过程

有机-无机复合气凝胶的前驱体多以聚合物或生物高分子为主，加入溶剂后，由于高分子与溶剂的尺寸相差较大，两者的分子运动速度相差悬殊，溶剂分子扩散进入高分子内部的速度远远大于高分子向溶剂中扩散的速度。因此，当制备凝胶基体时，首先发生的是高分子前驱体的溶胀过程，随着高分子前驱体的体积不断增大，其链段运动变强，大分子链逐渐在溶液中舒展开，初步形成溶胶。随着溶解的进行，或是在加入交联剂后，高分子链之间开始互相搭接、纠缠，伴随着氢键或交联作用，形成了具有一定强度的空间网状结构。

2.3.5.1　有机基团改性硅基气凝胶

有机基团改性硅基气凝胶桥联聚倍半硅氧烷（Bridged Polysilsesquioxanes）是一类有机-无机复合材料，一般采用溶胶-凝胶法制备。桥联倍半硅氧烷能够在分子水平上把有机组分和无机组分组合在一起，有机组分的两端或多端通过 Si—C 共价键与烷氧基硅烷互相联结，桥联基团的种类、长度、刚性、取代位置以及功能性等方面可以根据实际要求进行调控。有机桥联基团可以由刚性的芳香环、炔烃基、烯烃基或柔性的长碳链组成，也可以由亚氨基、醚、硫醚等基团组成，这类官能团有助于提升气凝胶骨架的柔韧性，极大地改善气凝胶的机械性能。利用甲基、乙基等有机基团替代原有硅烷的甲氧基或乙氧基对气凝胶进行改性可以提高机械强度和柔韧性，并且还赋予了气凝胶骨架良好的疏水性能，有助于实现低成本常压干燥制备气凝胶，对推进气凝胶的实际应用具有重要意义。为提高二氧化硅颗粒的热稳定性、疏水性和机械强度，Parale 等采用溶胶-凝胶法，在正硅酸乙酯（TEOS）中加入甲基丙烯酸-3-（三甲氧基甲硅烷基）丙酯（TMSPM），通过与硅气凝胶中的 Si—OH 基团发生反应，把甲基丙烯酸酯引入到二氧化硅网络中，在超临界条件下干燥得到有机物改性的二氧化硅气凝胶，如图 2-36 所示。共前驱体中 TMSPM 的含量对二氧化硅气凝胶的性质影响较大，经过 TMSPM（30wt%）改性的气凝胶相对于未改性的硅气凝胶具有更好的综合性能，如高硬度（0.15GPa）、大杨氏模量（1.26GPa）、低导热系数 [0.038W/(m·K)]、良好的疏水性（140°）和优异的热稳定性（350℃）。

2.3.5.2　有机聚合物改性硅基气凝胶

气凝胶与有机聚合物交联是提高气凝胶柔韧性的另一种有效手段，通常采用硅烷偶联剂作为其中一种硅源与 TEOS、TEMS 等其他硅源前驱体进行水解缩聚，在 Si—O—Si 网络结构上引入有机基团生成活性位点，进而与有机物（异氰酸酯、环氧化物、聚酰亚胺、聚苯乙烯和聚乙烯等）进行交联反应，在凝胶固体骨架的表面形成聚合物涂层，增

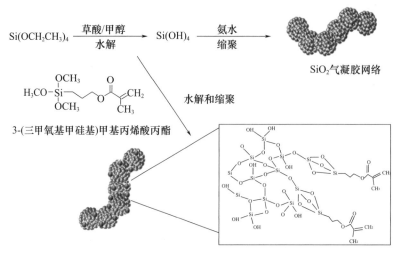

图 2-36　有机基团改性 SiO₂ 气凝胶的工艺流程

加了相邻粒子连接部位的接触面积，从而增强了 SiO₂ 气凝胶的力学性能。Nguyen 等利用 MTMS 和双（三甲氧基甲硅基）胺（BTMSPA）在乙腈或丙酮溶剂中合成前驱体，BTMSPA 提供仲胺作为交联反应的活性位点，与三异氰酸酯（DesmodurN3300A）反应，在二氧化硅骨架上形成了聚脲共形涂层，如图 2-37 是气凝胶的拟议分子结构。

　　BTMSPA 在二氧化硅结构中不仅提供灵活连接基团，还提供了与 Desmo-durN3300A 进行交联反应的活性位点。三官能团异氰酸酯可以扩展支化或交联程度，使气凝胶的抗压强度提高了一个数量级。在乙腈中制备的气凝胶的压缩模量为 0.001～84MPa，在丙酮中制备的气凝胶的压缩模量为 0.01～158MPa。有机聚合物交联策略增强了气凝胶的柔韧性，但是会导致其微观结构不均匀，从而牺牲了气凝胶的透明度，还降低了比表面积和孔隙率，且气凝胶的密度有所增大。针对此问题，研究人员提出了一种有机-无机双网络交联增强气凝胶材料的有效方法，采用带有烯烃基团的有机烷氧基硅烷作为硅源，通过先自由基聚合后水解缩聚的方式构成双网络结构，可以制备兼具良好柔韧性和较高透明度的气凝胶。

　　Zu 等基于连续自由基聚合反应及水解缩合交联聚合的方式合成了一种透明超柔软的聚乙烯基甲基硅氧烷气凝胶，利用单一有机硅烷前驱体如乙烯基甲基二甲氧基硅烷（VMDMS）或乙烯基甲基二乙氧基硅烷（VMDES）在二叔丁基过氧化物引发下发生自由基聚合反应形成聚乙烯基甲基二甲氧基硅烷，随后在强碱催化剂的存在下进行水解缩聚形成湿凝胶，最后通过常压干燥法直接制得气凝胶，如图 2-38 所示。气凝胶由相互交联的柔性聚甲基硅氧烷和聚乙烯链组成，独特的双网络交联结构使气凝胶具有低密度（0.16～0.22g/cm³）、均匀孔结构（大部分＜60nm）、高比表面积（900～1000m²/g）、良好疏水性（＞130°）、高透明度（＞80%透光率）、优良机械加工性、良好的柔韧性（承受 80% 的压缩应变可循环 500 次）、低导热系数 ［0.015～0.0154W/(m・K)］ 和高弹性（耐弯曲 100 次）等特性，如图 2-39 所示。这些优越综合性能使透明柔性气凝胶可以应用到超级绝热领域。

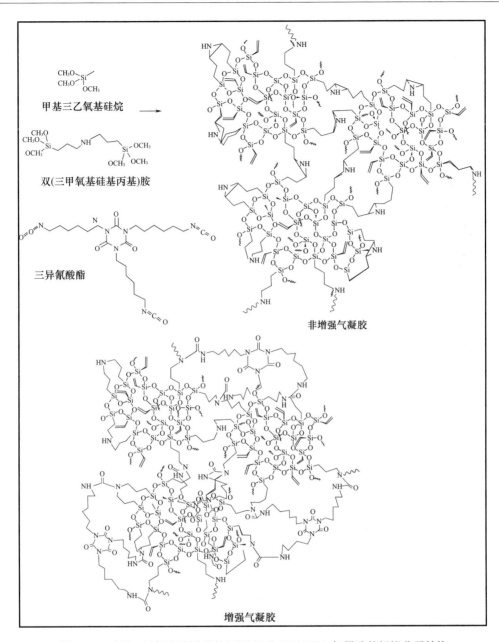

图 2-37 采用三异氰酸酯增强的 MTMS 和 BTMSPA 气凝胶的拟议分子结构

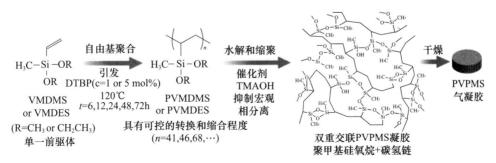

图 2-38 单一前驱体 VMDMS 或 VMDES 通过自由基聚合和水解缩聚合成 PVPMS 气凝胶

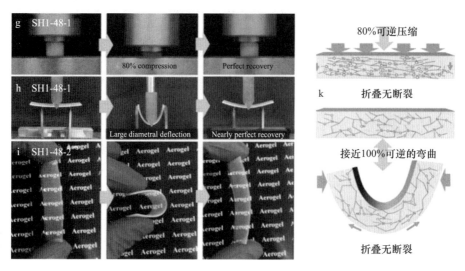

图 2-39　气凝胶弯曲测试及手工弯曲气凝胶无断裂、释放压力后几乎恢复到原来的形状

该方法同样适用于其他几种烯烃基烷氧基硅烷。Zu 等以 VTMS 或 VTES、烯丙基三甲氧基硅烷（ATMS）或烯丙基三乙氧基硅烷（ATES）和烯丙基甲基二甲氧基硅烷（AMDMS）为原料分别制备了多种新型的聚乙烯基聚硅氧烷（PVPSQ）、聚烯丙基聚硅氧烷（PAPSQ）、聚乙烯基聚甲基硅氧烷（PVPMS）和聚烯丙基聚甲基硅氧烷（PAPMS）气凝胶，如图 2-40 所示。这些气凝胶均涉及单个烯烃基烷氧基硅烷的自由基聚合获得聚乙烯基烷氧基硅烷，随后通过水解缩聚形成了由聚硅氧烷和烃类聚合物单元构成的均质双交联纳米结构。这些气凝胶均具有密度低、透明度高、压缩性强、弯曲性高、机械加工性好及超绝热（0.0145～0.0164W/(m·K)）等性能。

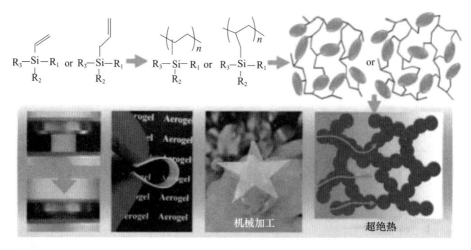

图 2-40　气凝胶分子结构示意图及样品展示

为进一步丰富气凝胶的功能性，Zu 等基于自由基聚合/水解缩聚方法，合成了聚乙烯聚二甲基硅氧烷（PVPDMS）网络、PVPDMS/聚乙烯聚甲基硅氧烷（PVPMS）共聚网络，结合低成本的常压干燥或冷冻干燥工艺得到气凝胶。进一步在水解缩聚过程中均匀地加入石墨烯纳米微粒，即可制备具有应变传感特性的高柔性导电 PVPDMS/

PVPMS/石墨烯纳米复合气凝胶材料，可用作应变传感器，气凝胶分子结构如图 2-41 （a）所示。该气凝胶具有高度可调的密度（0.02～0.20g/cm³）、优异的疏水性（140°～157°）等优点。气凝胶经受大的压缩和弯曲变形后仍能完全反弹并且保持网络结构完好无损，如图 2-41 （b）和（c）所示。图 2-41 （d）显示出其较好的机械加工性能。另外，该

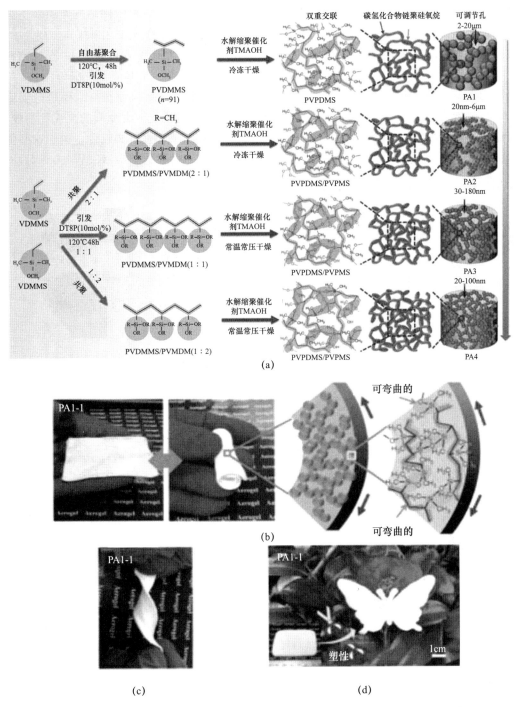

图 2-41 （a）自由基聚合/水解缩聚法制备双交联 PVPDMS 基气凝胶的分子结构示意；（b）和（c）手指弯曲和扭转测试；（d）气凝胶的优良加工性能可用剪刀定型

材料结合了高效油水分离、超保温隔热 [导热系数低至 $0.0162\sim0.0176\mathrm{W/(m\cdot K)}$] 和应变传感等优异的功能性。进一步调控其结构，该材料呈现出较好的可见光透明性，可用于窗体的采光隔热。

基于"硬-软"二元网络协同复合气凝胶的设计思路，Zhang 等采用细菌纤维素纳米纤维基质为模板，通过水解缩聚法制备了聚甲基硅倍半硅氧烷凝胶网络的非团聚生长材料。如图 2-42（a）所示，首先利用 SCD 制备了多孔纳米纤维化细菌纤维素（BC）气凝胶，其具有较高的孔隙率和比表面积。同时，制备了含有十六烷基三甲基氯化铵（CTAC）、尿素和乙酸的水溶液，然后加入 MTMS 前驱体生成胶体。将制备好的 BC 气凝胶加入上述胶体中，然后将系统加热至 $80℃$ 促进缩聚过程，从而在纤维模板内形成 PMSQ 二次网络。随后进行 SCD 得到了具有高孔隙率、可承受较大变形的柔性气凝胶。纤维桥连气凝胶网络复合结构实现了气凝胶材料的高孔隙率和良好柔韧性，由于这些优良的结构特性，该纳米纤维/硅复合气凝胶具有极低的导热系数 [$0.0153\mathrm{W/(m\cdot K)}$]、高孔隙率（93.6％）和大比表面积（660$\mathrm{m^2/g}$）。

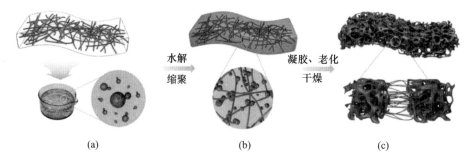

图 2-42　复合气凝胶制备示意图

2.4　纤维增强 SiO_2 气凝胶

SiO_2 气凝胶由 95％以上的空气和不到 5％的骨架组成，是一种分散相为固体、连续相为空气的多孔纳米材料，具有极低的密度、低的导热系数和高比表面积。SiO_2 气凝胶具有这些独特的优点，可以广泛应用各个领域。然而，纯 SiO_2 气凝胶的力学性能比较差，脆性大，使其加工、处理变得困难，且易产生粉尘污染；其次，由于原料和制备工艺等限制，气凝胶的价格昂贵；另外，往往只能静态成型，难以连续生产，形态多是与模具或反应相对应的块状或粉末状，不能满足更多的应用。因此，提高气凝胶的力学性能、寻找更简单廉价的合成方式和拓宽气凝胶形态等成为亟待解决的问题。通过与增强相复合，增强 SiO_2 气凝胶的抗压、抗折能力，增大气凝胶的强度与韧性，从而解决 SiO_2 气凝胶力学性能较差的问题。可通过湿法纺丝、管中浇铸、纤维状基材自组装、静电纺丝、纤维热解碳化、原纤化堆积等成型方法制备复合气凝胶，实现气凝胶的骨架结构的增强、纤维态气凝胶的成型和连续生产，可避免附聚并方便回收处理，还可设计调控特殊的中空结构和分级孔结构，或利用嵌入纤维的独特物理、化学特性，在保持气凝胶原有优秀性能的基础上，赋予其新的性能，如良好的柔韧性、独特的结构以及进一步的设计可能性。

纤维自身强度高，以纤维为增强相可制备出纤维增强的气凝胶复合材料，嵌入的纤维作为支撑骨架，防止干燥过程中因干燥毛细管压力引起的气凝胶收缩或孔洞塌陷。添加适当纤维（有机或无机纤维）可以增强气凝胶骨架结构使其结构完整，同时采用回收或废弃纤维还可以降低成本。引入无机纳米纤维可以增大气凝胶的强度和刚度，但不能显著提高其柔韧性。而引入具有较大长径比的柔性纤维到气凝胶的骨架上可以增大气凝胶的压缩强度和柔韧性。

下面将基于纤维对气凝胶性能的影响展开叙述。

2.4.1　SiO_2气凝胶纤维增强策略

在目前已知的 SiO_2 气凝胶增强技术中，与反应性分子或聚合物的化学交联可有效改善其机械性能。例如，胺改性的 SiO_2 气凝胶在断裂点的抗压强度约为 4.1MPa，最大应变约为 5.7％。与异氰酸酯交联后，断裂时的机械强度提高了 45 倍（~186MPa，77％应变）。增添体系中的共价键，相邻粒子之间的直接接触增多，颗粒间连接加强，这种增强会造成气凝胶密度增加。由原来的 190kg/m³ 增加到 478kg/m³。从热扩散率数据估计这些复合材料的导热系数为 41W/(m·K)，考虑到异氰酸酯交联复合材料后所具有的高密度特性，这仍可认为是一个相对较好的结果。当系统中的共价键增加时，由于相邻粒子之间的直接接触增加，对密度造成不利影响的同时其导热系数也会增加。

为了在适中的机械性能和优异的绝热性能之间直接取得平衡，可以通过使用纤维增强法对二氧化硅气凝胶的增强来更好地实现这一点。纤维增强法是通过化学和机械混合的方式将纤维均匀浸入在 SiO_2 气凝胶骨架中，利用纤维骨架支撑作用及对裂纹扩展的阻碍作用，增强气凝胶的力学性能。纤维复合不但能使 SiO_2 气凝胶具有高强度的骨架结构，而且还能抑制 SiO_2 胶体颗粒的聚积和生长，使凝胶结构更均匀。目前，用于增强 SiO_2 气凝胶柔性的纤维主要有常规束状纤维、预制件纤维以及纳米纤维等。

一些纤维支撑材料，如碳纳米纤维、玻璃纤维、绝缘纤维、氧化铝瓦、涤纶、棉毛和聚合物纳米纤维，纳入气凝胶系统，在增加气凝胶的机械性能方面是相当有效的。在气凝胶制备过程中添加纤维，通过合适的纤维含量及其均匀分散性增强气凝胶的机械性能和绝热性能，更有利于气凝胶材料的制备。目前已有多种方法制备纤维与硅气凝胶的复合材料。在这种复合材料中，纤维基质将支持气凝胶，并减小气凝胶-纤维基质复合材料中的气凝胶体积，通过将溶胶引入纤维絮凝网络，使其凝胶化，最后通过超临界流体萃取进行干燥，就可以制备出纤维-气凝胶复合材料。此外，利用回收或废弃纤维增强 SiO_2 气凝胶复合材料的研究正在实验室规模上进行，为可持续和低成本材料铺平道路，具有无限发展的潜力。纤维嵌入是 SiO_2 气凝胶强化的最通用、最有效的方法，在科学界或气凝胶工业企业之间已达成广泛共识。中建材科创新技术研究院（山东）有限公司以玻璃纤维毡为基材与 SiO_2 气凝胶复合，通过 CO_2 超临界技术制备出了玻璃纤维复合 SiO_2 气凝胶，实现了复合 SiO_2 气凝胶中试生产，解决了气凝胶力学性能差的问题，拓宽了市场。

2.4.2　纤维 SiO_2 气凝胶的制备原理

近年来，人们在利用纤维作为增强相、改善 SiO_2 气凝胶力学性能和降低高温导热系数方面做了大量研究工作。研究表明，纤维与周边 SiO₂ 气凝胶"珍珠链"网络结构可通过范德华力、静电力、氢键或生成共价键相互作用，从而提高力学性能和改善干燥过程中的收缩。各种纤维以短纤维分散在气凝胶中，或以纤维毡基体、纤维二次粒子骨架等形式注入气凝胶前躯体复合而成。为了降低纤维增强气凝胶复合材料的固相导热系数或提高力学性能，可将其中的增强纤维进行人为有序排列。纤维增强 SiO₂ 气凝胶，在一定程度上提高了其机械性能，但由于光滑的纤维与 SiO₂ 气凝胶骨架结构很难建立有效的截面结合，易于发生纤维与气凝胶骨架的分离，有时需要对纤维进行预处理，使纤维与气凝胶有较好的亲和力，纤维之间被气凝胶充填，纤维与纤维之间无直接接触，最终材料制品形态可以是刚性块状，也可以是柔性毡体。目前已有相关文献中报道了几种用纤维增强 SiO₂ 气凝胶的技术。

柔性气凝胶复合材料通常是通过将溶胶倒在预先放置在容器中的纤维棉絮上获得的，如图 2-43（b）所示。在倒入溶胶之前或之后添加碱性催化剂，可以在几分钟内诱导胶凝。两者相比较，优先选择在倒入溶胶之前添加碱性催化剂的方案，因为纤维可能会损害溶液的均质性。

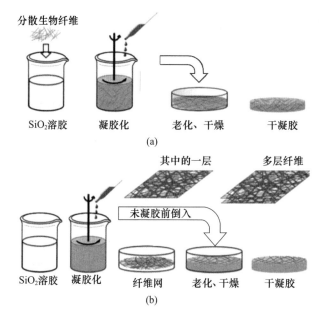

图 2-43　纤维-SiO₂ 气凝胶复合材料的合成示意图

为了获得具有极高柔韧性的薄膜形式的 SiO₂ 气凝胶复合材料，一种理想的增强技术是加入静电纺丝纳米纤维，因为这时两相之间的集成度得到了一定的改善。包埋过程可以通过浸渍预先形成的网或在原位静电纺丝纤维来完成，通过精确控制凝胶化时间来完全整合溶胶。另外一种方法将 SiO₂ 气凝胶微粒添加到静电纺丝的聚对苯二甲酸乙二醇酯（PET）溶液中，产生二氧化硅气凝胶-PET 纳米纤维复合材料。这种复合材料还有其他的制备方法：比如根据计划的层数，将浇铸溶胶和沉积纤维交替进行几次；或者将乙醇溶液倒入模具中，然后将纤维逐层浸入；也可以将溶胶倒入容器中，并在胶凝开始时浸泡纤维。

2.4.2.1 增强纤维-气凝胶的界面作用

在凝胶化和老化过程中加入能够与硅醇基反应/相互作用的纤维或纳米纤维，可以防止气凝胶结构在干燥过程中坍塌。硅溶胶和增强材料之间可能会发生化学反应，这取决于它们的化学成分，从而有利于复合材料机械性能的改善。Bangi 等报道了 SiO_2 和增强材料两者之间发生的化学相互作用，他们观察到 SiO_2 颗粒紧密附着在先前改性的碳纳米管（CNT）的侧壁上，通过用表面活性剂对 CNT 进行修饰后，可在其表面提供大量的—OH 基团，这些基团可与 SiO_2 相互作用。此外，Wang 等将海泡石纤维在硝酸水溶液中浸泡后，在其分散到溶胶中之前进行表面改性，由于纤维与硅基体之间存在 Si—O—Si 化学键，因此形成了坚固的复合材料。这些都是通过气凝胶表面的化学键的作用，从而达到了其性能增强的目的。

除化学键外，其他界面相互作用也可有助于改善气凝胶系统的内部黏合力。例如，Li 等制备芳族聚酰胺纤维气凝胶的凝胶过程中，芳族聚酰胺纤维壁很好地充当了正在增长的二氧化硅网络基质的成核点。综上，合理地利用气凝胶与纤维材料之间的界面性质，能够有效提高气凝胶的制备效率，同时获得更好质量的气凝胶材料。

2.4.2.2 纤维对 SiO_2 复合气凝胶的影响

（1）纤维对 SiO_2 气凝胶复合材料收缩率的影响

凝胶收缩是涉及气凝胶堆积密度的关键因素。事实上，当 SiO_2 颗粒聚结形成较大的颈部时，在交联反应中会开始收缩或致密化。在老化过程中，当 SiO_2 基质形成机械刚度时，收缩持续进行，由于 SiO_2 的溶解和再沉积现象，团簇发生重组，从而为干燥过程提供了更好的抵抗力。

报告的收缩率值取决于评估方法。一种方法是测量模具的初始体积，或允许发生胶凝，并测量湿凝胶的体积（与干燥材料的最终体积相比）。这些方法将表示较高的收缩率值，因为获得的值是老化和干燥收缩率的累积值。另一种方法是在老化步骤之后进行评估，仅表示由于干燥引起的收缩。线性收缩（通常是直径）和体积收缩均有报道。采用方法尚未明确披露。

在干燥过程中，嵌入的纤维还可以充当有效的骨架框架，从而防止收缩，因为铸造体积被分成两个相邻纤维之间定义的子体积。二氧化硅链的内部运动受到抑制，而干燥应力被限制在较小的单位，而不是一个组成气凝胶整体的单位。超临界干燥的纯 SiO_2 气凝胶可能会发生约 5%～10% 的线性收缩，而纤维的整合可将收缩率降低至可以忽略的水平。例如，干燥后的线性收缩率（凝胶直径）与用 SiO_2 纤维毡和原始原料（均在295℃和 5.5MPa 下在乙腈中超临界干燥）增强的 SiO_2 气凝胶复合材料，其收缩率约为13%，而 30% 在二氧化硅气凝胶复合材料中的收缩主要发生在厚度（z 轴），而整体式非增强气凝胶则各向同性地收缩。

（2）纤维对 SiO_2 气凝胶复合材料密度的影响

研究发现复合材料的密度通常比相应的纯净气凝胶的密度高约 10%。Wang 等报告了另一种详细的观察结果，即低百分比的纤维。他们用 TEOS 合成了 SiO_2 气凝胶复合材料，其中 0～1.5%（体积）的海泡石增强纤维（2～10mm 长）分散在溶胶中，并在超临界条件下干燥。少量的纤维 [0.5%（体积）] 阻止了部分收缩，尽管增加了质量，但密度稍低（190~200kg/m³）；纤维含量的增加导致材料更致密（最大 210kg/m³），因为海泡石纤维（2.0g/cm³）的密度远高于气凝胶密度。

尽管发现的情况非常不同，但仍可以概述一些注意事项：

① SiO₂气凝胶复合材料的堆积密度与用于增强的纤维的类型和含量有关；

② 一般情况下，SiO₂气凝胶复合材料的体积收缩通常随纤维含量的增加而减小。

③ 纤维形态/大小的影响

（3）其他影响

二氧化硅相与增强纤维基质之间的物理黏附力会随着纤维表面的粗糙度而提高，以下是纤维与气凝胶复合材料最终性能相关的其他相关参数。

① 长径比：整体硅胶气凝胶的骨架结构是根据渗流理论形成的。构成气凝胶晶格的每条单链都在添加新颗粒后增长，这些新颗粒以一定概率 p 随机占据可用位点。如果 p 小，则仅形成有限簇。当 p 超过渗滤阈值时，会发生连续 3D 组装以及单个链。在其上形成连续网络的纤维（或颗粒）的理论体积分数称为渗滤浓度。

纤维的长径比与渗透浓度值之间存在相关性，可以将其近似地估计为长径比的倒数。例如，要获得在环境压力下干燥的整体式气凝胶，长度为 2mm、直径为 14mm 的纤维素纤维的最小量必为约 0.7% 体积。但是，为了使材料易于处理并最大程度地减少干燥过程中的塌陷或收缩，这些纤维的体积分数必须至少是渗透浓度的两倍。

② 长度：如前所述，只要嵌入纤维以防止其塌陷，就可以在不进行额外化学处理的情况下合成单片常压干燥的二氧化硅气凝胶。尽管如此，纤维的最小长度必须能够承受毛细应力并维持结构。根据 Slosarczyk 的工作，尽管存在大量长度为 20nm（15% 体积）的碳纳米纤维，但气凝胶复合材料在常压干燥下会塌陷成碎片。为了获得整体样品，纤维长度必须在 700mm 左右。实际上，更长的陶瓷纤维可以更好地增强并改善 SiO₂气凝胶复合材料的机械性能。

研究人员假设，较大尺寸的纤维可能会增加它们之间的相互接触，并有利于固体的导热性。另一方面，在环境压力干燥过程中，长度短的纤维会导致较高的致密化程度。

③ 直径：根据光纤的类型，有一个最佳直径，在该直径处可实现最大频谱质量衰减系数。在高温环境下的热障概念中，这是一个值得注意的变量。根据几项研究，直径约 4~6mm 的碳化硅纤维嵌入混合 SiO₂气凝胶时可提供最佳绝缘性能。根据光纤的类型，有一个最佳直径，在该直径处可实现最大频谱的质量衰减系数。在高温环境下的热障概念中，这是一个值得注意的变量。最轻的绝缘材料是用 SiC 纤维制成的。除了炭黑以外，在较低温度范围内，嵌入 SiC 纤维的气凝胶复合材料的导热系数也较低。

④ 弯曲：纤维在三维空间或平面中的结构极大地影响了 SiO₂气凝胶复合材料的机械性能，即拉伸强度和杨氏模量。纤维的曲率越小，复合材料的强度就越高，因为弯曲的形状会抑制从基体传递到纤维的载荷应力，从而削弱了纤维在增强中的作用。应注意的是，随着纤维曲率的增加，结果的准确性有所提高。

2.4.3 纤维增强 SiO₂ 气凝胶复合材料工艺过程

2.4.3.1 纤维增强材料选择

影响纤维增强 SiO₂ 气凝胶复合材料最终性质特征的因素有很多，如纤维的类型、其固有特征（例如强度、密度、长度、直径、长径比、光学特性、曲率和取向角）以及纤维含量的比例等，都会直接影响其机械性能和绝缘性能。因此，为了得到合适的性质特征的复合气凝胶材料，必须准确地选择纤维的类型。例如，用于高温环境的隔热层必须使用耐热纤维制造，该纤维在整个红外区域也具有较大的光谱复数折射率；如果需要一定程度的柔韧性，应再添加适当比例的柔韧性纤维材料。下面将分为无机纤维增强材料和有机纤维增强材料进行展开叙述。

（1）无机纤维

无机纤维固有的热稳定性以及低的热膨胀系数促使它们用作 SiO₂ 气凝胶复合材料的结构增强材料，尤其在热障系统中应用最为突出。无机纤维增强 SiO₂ 气凝胶复合材料，选用纤维一般为导热系数较低、使用温度较高的无机陶瓷纤维，如玻璃纤维、石英纤维、莫来石纤维和碳纤维等，已有的公开报道中以玻璃纤维为增强相的研究最多。如若材料需要极高的隔热性能，陶瓷纤维是最适合嵌入气凝胶复合材料中的增强材料，而有机纤维则达不到同样的效果。同样，碳纤维也不可行，因为它们会在 300℃ 以上发生降解。石英纤维是最适应苛刻环境的典型材料，在极端条件下仍保持稳定：它们在 1100℃ 左右具有温度稳定性极限，并且允许在短时间内超过该极限。

无机纤维具有较好的耐热性，与有机高性能合成纤维相比，它们在高温环境下不易变质。因此，当用无机纤维增强气凝胶时，其具有更广的工作温度区间。例如，若想将 SiO₂ 气凝胶复合材料应用在 1400℃ 以上的氧化气氛中工作，则纤维增强材料必须由熔点很高的氧化物制成，这时 α-氧化铝能够很好地满足所有需求，包括其十分突出的耐火性能。其他陶瓷纤维，例如 Al₂O₃、Fe₂O₃ 基或氧化铝类型等，也具有集成高性能隔热层所需的功能，并且通常对环境都不敏感，具有很好的防侵蚀性质。与天然 SiO₂ 气凝胶相比，虽然添加无机纤维时气凝胶的堆积密度增加了，从而使其机械性能得到了增强，但是气凝胶的热学性质也会受到一定的削弱，若需要同时兼顾气凝胶的坚固性和绝热性能时，需要调控合适的无机纤维的含量，以便获得 SiO₂ 气凝胶复合材料的最佳性能。然而也有比较特殊的情况，Shao 等通过复合的方法，获得的气凝胶既使其机械性能得到了增强，同时也获得了十分出色的绝热性能，其导热系数甚至低于空气的导热系数。

此外，也可以通过微调添加的纤维来制造更轻的材料。通过适当的制备工艺，以获得骨架密度低至 $1.5g/cm^3$ 的微孔纤维，可以大大减少所得复合材料的最终质量，能够在航空航天工程领域发挥巨大的作用。但是，如果增强材料仍然是 SiO₂，则只能适度提高气凝胶的机械性能。Shao 等采用 SiO₂ 作为增强材料，与天然的未经改性的超临界干燥 SiO₂ 气凝胶相比，其抗压强度增强了两倍。尽管 SiO₂ 增强对气凝胶的其他性能不起作用，但还是可以制备出质量轻且机械强度高的气凝胶材料。

总体来说，即使添加少量的适当的无机纤维，也能够起到防止老化和干燥过程中气凝胶致密化的作用，同时还可以获取更好的隔热性能和机械性能。因此，无机纤维增强气凝胶不失为一种扩展气凝胶类型及性质的有效方法，能起到十分重要的作用效果。

（2）有机纤维

有机纤维主要用于赋予气凝胶更高的柔韧性，同时在干燥过程中起到增强和减少收缩的作用。与无机天然纤维相比，高的长径比使有机纤维具有更好的柔软性，这对于制造柔软的气凝胶复合材料十分有利。同时，天然纤维被认为是合成聚合物有利替代品，其对环境友好无污染，可有效减少工业产品的碳排放。尽管如此，有机天然纤维其实并不常用作 SiO₂ 气凝胶增强材料。棉花是目前报告的最多的一种，可用于纺织结构或用作原棉。在 SiO₂ 气凝胶复合材料的开发过程中还用到了亚麻和洋麻等有机天然纤维。多项研究表明，无论是纳米级还是微米级的纤维素纤维，其所具备的多功能性，都可以有效增强二氧化硅-纤维素气凝胶，大大拓宽了超临界干燥、常压干燥和冷冻干燥的工艺途径。其中，纤维素纤维的广泛可用性和低成本与常压干燥相结合，为开发高效复合材料提供了一种简便低廉的方法。

根据现有文献报道，嵌入到 SiO₂ 气凝胶中的第一种有机纤维是合成聚丙烯，处于增强吸附材料的非织造结构中。研究人员开发该复合材料的目的是去除空气和污水处理中的有害化学物质，甚至将其用于药物过滤。在制备过程中，用三甲基氯硅烷进行的表面处理使气凝胶复合材料具有疏水性。另外，虽然纤维的添加降低了气凝胶的吸附性能，但改善了复合材料的机械性能，使其可以满足实际应用中的使用需求。结果显示，这些二氧化硅-聚丙烯气凝胶复合材料在吸附苯、甲基苯或四氯化碳方面的性能优于传统的吸附材料。

静电纺丝是通过有机工程制备微纤维或纳米纤维增强气凝胶的最新技术之一，这是一种可行的技术，可以生产直径细至 150nm 的纤维，比平均直径为 10mm、消耗最多的天然纤维棉花的直径要小得多。这项技术几乎可以应用于任何分子量大到足以形成长链的可溶性聚合物。其制备过程为，在常规的纳米纤维工艺中，将聚合物溶解在溶剂中以达到精确的黏度，以产生连续的纳米纤维（低黏度导致液滴固化为纳米颗粒），然后通过毛细管喷射喷丝头在静电场的影响下，最终以网状形式沉积在集电体支架中或直接沉积到溶胶浇铸中，如图 2-44 所示。

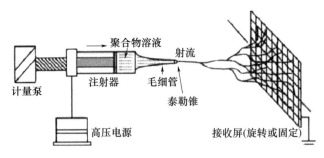

图 2-44　静电纺丝设备示意图

嵌入 SiO₂ 气凝胶的常规纤维的直径明显大于孔或二氧化硅次级颗粒的典型尺寸，尽管增强材料确实有效，但这种差异可能会导致对接收到的应力载荷的不平衡响应。较小直径的电纺纤维会增加相之间的附着力，气凝胶与纤维之间的连接处会相对平滑。紧密的黏附力可以增强整体式气凝胶的稳定性和强度，同时增强其灵活性。另一方面，较高的接触程度可能会对固体导热性产生不利影响，但纳米纤维的直径较小，因此会扩展相应的特定表面积，这有利于屏蔽热辐射。带电纺纤维的 SiO_2 气凝胶复合材料的主要突破是可以生产出具有惊人的柔韧性和改善的断裂响应的薄膜气凝胶复合材料。即使在承受导致破裂的应力的情况下，微小的纳米纤维网络的形态也可以在一定程度上支撑复合材料，破裂的气凝胶仍被纳米纤维桥接，从而防止了复合材料的崩解。目前研究表明，在 SiO_2 气凝胶中添加结构增强材料会导致密度增加。因此，添加有机纤维后，承受负荷的能力显著提高。同时，与纯 SiO_2 气凝胶相比，有机纤维增强气凝胶材料的弹性模量值降低，表明增强复合材料的柔韧性增加。更重要的是，根据在增强之前和之后所呈现的导热系数结果，可以基本认为有机纤维的加入能够有效增强 SiO_2 气凝胶而不损害其固有的绝缘性能。正如所预期的那样，加入纤维强化后，SiO_2 气凝胶材料在超临界干燥技术上得到了显著的优化；而目前对于进一步改进常压干燥制备 SiO_2 气凝胶复合材料的技术仍具有一定的挑战，假以时日能够实现则能够大大减少其生产成本，实现材料的经济高效制备。

对于实际应用中的限制，有机人造纤维和天然纤维优先用于在室温或中高温环境下工作的气凝胶复合材料中，因为嵌入的纤维在低温下会退化降解，从而造成这种限制。例如，未经改性聚丙烯纤维熔点在150℃左右，由于其耐磨性和疏水性高，常用作气凝胶增强材料，但是令人惊讶的是，文献报道了在200℃下干燥的聚丙烯-二氧化硅气凝胶复合材料。因此进行纤维增强后，气凝胶的耐热性也得到了一定的提高。另外，高性能的有机纤维可拓宽二氧化硅气凝胶复合材料的工作温度范围。例如，熔融或分解温度在375~560℃之间变化的间位芳纶或对位芳纶纤维已被用作 SiO_2 气凝胶增强材料。值得注意的是，聚苯并咪唑（PBI）以其极高的耐热性而闻名：它不具有熔融温度，并且在空气中（惰性气体中为1000℃）的起始分解温度为450℃；但是PBI尚未用作气凝胶增强材料，因此目前对于耐高温二氧化硅气凝胶的开发还有很大的发展空间。

Wu 等开发了一种柔软的 SiO_2 气凝胶复合材料，其密度为 $202kg/m^3$，采用电纺聚偏二氟乙烯纳米纤维（PVDF）对 SiO_2 气凝胶进行增强，同时仍保持了良好的绝缘性能。作者将材料相对较低的电导率归因于纳米纤维的直径，该直径在 20~200nm 之间。尽管目前对于在气凝胶中埋入电纺纤维还有很大的发展空间，但已有研究人员开始了对其技术应用方面的研究，如防护服、超级电容器等。

2.4.3.2　凝胶整体成型工艺

将配制的 SiO_2 溶胶直接与增强体或红外遮光剂浸渍或混合，待混合体凝胶后经常压或超临界干燥得到 SiO_2 气凝胶复合材料，SiO_2 气凝胶在复合材料中呈连续的整体块状结构。根据添加剂的形状不同，具体的工艺过程也有所不同，主要有晶须、短纤维以及长纤维等。

（1）晶须或短纤维增强 SiO_2 气凝胶复合材料工艺过程

晶须、短纤维增强气凝胶隔热复合材料的工艺过程为：在溶胶-凝胶法制备溶胶的过程中，反应一段时间后添加适量的短切纤维（或晶须），再加入少量表面活性剂作为分散剂，快速搅拌使其均匀悬浮分散于溶胶当中，通过调节 pH 值从而获得适当的凝结时间，快速凝结成醇凝胶，使短纤维不聚堆且不沉底，待溶胶快凝结时将溶胶倒入模中，经过陈化、老化、溶剂置换、表面改性、干燥等步骤制备出短纤维增强 SiO_2 气凝胶复合材料。

常用的增强相有：莫来石短纤维、短切 C 纤维、SiC 晶须、SiO_2 晶须、六钛酸钾晶须等。常用的分散剂有：聚乙二醇、硅烷偶联剂等。在短纤维（或晶须）增强硅气凝胶过程中，一个很重要的问题是如何使短纤维（或晶须）均匀地分散在基体中，相互搭接并与周围的气凝胶基体牢固黏结。由于短纤维（或晶须）与气凝胶的物理性质（如表面张力、可润湿性、密度等）的差别，使得短纤维（或晶须）的均匀分散和牢固黏结往往难以获得。带静电表面的相互吸引也会使短纤维（或晶须）聚集成球或形成平行的束状结构，在最后的产品中形成不均匀的团块，导致复合材料性能下降。另一个重要问题是短纤维（或晶须）与硅气凝胶之间的黏结。采用极性溶剂（如乙醇）为分散介质能够消除短纤维（或晶须）表面的静电，减弱短纤维（或晶须）之间的吸引力，部分地消除团聚现象，同时也阻止分散后的短纤维（或晶须）重新团聚。加入分散剂（如聚乙二醇），再通过搅拌、超声振荡等方式使晶须均匀地分散在溶胶中。为防止晶须因密度差而沉淀，应该控制凝胶时间以及掺入短纤维（或晶须）的时间，使掺入短纤维（或晶须）后硅溶胶在短时间内凝胶化。

晶须实际上是尺寸小的短切纤维，其长径比要大于短切纤维，在阻止裂纹扩展、提高材料断裂韧性的微观方式和途径方面与短切纤维相似，增韧机理主要有以下三种：

① 桥接机制：当裂纹扩展到短纤维（或晶须）时，在裂纹尖端形成桥接区，形成闭合应力，阻止裂纹扩展并增加材料的断裂韧性。

② 裂纹偏转机理：当裂纹传播到短纤维（或晶须）时，由于短纤维（或晶须）的高模量和高强度特性，裂纹扩展方向沿着短纤维（或晶须）方向变化和扩展，这样增加了新表面的面积，不会使裂纹超过临界尺寸（无外部应力时裂纹自发扩展的最小尺寸），由此增加材料的断裂韧性。

③ 短纤维（或晶须）拔出机制：将短纤维（或晶须）从基体上拉出，克服摩擦力做功而吸收能量的作用，提高材料的断裂韧性。

比较以上增韧机理可知，增强相长径比越大，裂纹扩展时所消耗的能量越多，增强相增韧效果越明显。晶须比短纤维尺寸小，所以晶须的增韧效果比短纤维差。

（2）长纤维增强 SiO_2 气凝胶复合材料工艺过程

长纤维与气凝胶复合可以在材料内部作为骨架支撑并起到桥联作用而抑制裂纹扩展，在 SiO_2 气凝胶引入长纤维可以使其骨架变得更加强韧，能够承受更大的外力冲击。另一方面长纤维的加入通常还会阻碍 SiO_2 胶粒的无规则聚集，使凝胶内部的网络布局更加匀称。与上文所述的增强方法比较，采用长纤维增强具有明显的优势：一方面由于纤维在气凝胶中穿插交联有效地充当了骨架支撑的角色，大幅改善了凝胶的力学性能；另一方面凝胶均匀填充在纤维制品的大孔中，同时保留了气凝胶本身优异的隔热效果。在实际应用中，应根据使用环境的不同选用不同种类的纤维，如在高温环境下使用，应选用稳定性好的无机纤维，如玻璃纤维、矿物纤维、陶瓷纤维等，中低温环境下应用时应选用有机纤维，如尼龙纤维和聚氨酯纤维等。

消除纤维与纤维之间的接触是长纤维复合气凝胶隔热材料制备的关键。因为，纤维与纤维之间接触一方面会降低气凝胶在材料中的分散性，影响气凝胶与纤维之间的结合，降低材料的力学性能；另一方面，纤维与纤维之间的接触会产生热桥效应，增加材料的固相传导。通过以下措施可改善纤维与气凝胶之间的结合：①选择与气凝胶基体相容性好的纤维；②提高纤维的浸润性；③严格控制气凝胶的生产工艺过程；④通过对纤维表面预处理，提高其与气凝胶基体的结合强度。

长纤维增强气凝胶的典型工艺过程为：先把长纤维制成纤维预制件，如纤维毡、纤维纸等，再把采用溶胶-凝胶法制备出的 SiO_2 溶胶倒入装有预制件的模具中，使其充满预制件，再经凝胶、陈化、老化、溶剂置换、表面改性、干燥等步骤制备出长纤维增强 SiO_2 气凝胶复合材料。在这个过程中，若纤维在凝胶内部分布不均，纤维彼此的相互搭接会降低纤维与凝胶基体的结合强度，且纤维彼此的相互接触会形成热桥效应，使复合材料的固态导热系数升高，因此制备导热系数低的气凝胶隔热复合材料的重点在于消除纤维的相互搭接。常用的措施有以下几种：①选用与 SiO_2 凝胶润湿性较好的纤维作为增强体；②预先对纤维表面进行改性以改善纤维与凝胶的结合性能；③在气凝胶复合材料的制备过程中通过高速搅拌或超声波震荡等方式使纤维在凝胶中最大化地分散均匀。

在长纤维增强 SiO_2 气凝胶隔热复合材料中，存在以下四种增韧机制：

① 裂纹弯曲和偏转：由于纤维周围存在应力场，基体产生的裂纹不易穿过纤维预制件，容易绕过纤维或在纤维表面扩展，即为裂纹发生偏转。由于偏转前的裂纹所受拉应力往往大于偏转后，偏转后裂纹的扩展路径变长从而需要更多的能量，因此起到增韧的效果。

② 纤维脱粘：纤维脱粘产生新表面时需要能量，可以达到增韧的作用。

③ 纤维拔出：纤维拔出是指靠近裂纹尖端的纤维在外力作用下沿着与基体的界面滑出的现象，发生在纤维脱粘之后。纤维拔出会使裂纹尖端应力松弛，减缓裂纹的扩展。纤维拔出需要外力做功，起到增韧的作用。纤维拔出是纤维增强复合材料最主要的能量吸收机制。

④ 纤维桥接：对于平行于纤维方向的裂纹偏转困难，裂纹扩展时，紧靠裂纹尖端的纤维在裂纹两边搭靠，连结两边，从而在裂纹表面产生一个压应力，可阻止裂纹的延伸，抵消外加应力的作用，起到增韧的目的。

2.4.3.3 颗粒混合成型

颗粒混合成型制备工艺是将预先制备的 SiO_2 气凝胶颗粒或粉末与添加剂以及胶粘剂等混合，通过模压成型制备 SiO_2 气凝胶复合材料，气凝胶在复合材料中为不连续的粉末或颗粒状结构，常用的添加剂多为颗粒状或短切纤维。

早期 SiO_2 气凝胶复合材料较多采用颗粒混合成型工艺制备，关键在于将气凝胶粉末或颗粒与添加剂混合均匀。若添加剂与 SiO_2 气凝胶的密度相差较大，则两者很难均匀混合，因此需要添加胶粘剂才能有效将气凝胶颗粒与添加剂混合，而胶粘剂的加入则增加了材料的固态热传导。由于 SiO_2 气凝胶颗粒是通过模压成型结合在一起的，因此材料结构中势必存在较多微孔或大孔，这使得空气热传导增加，不能有效发挥气凝胶低导热系数的优势，材料导热系数往往较高，同时这些微孔或大孔的存在也降低了材料的力学性能。此外，颗粒混合成型制备的 SiO_2 气凝胶复合材料中气凝胶的不连续状容易引起气凝胶掉粉现象，影响材料的力学性能。因此，颗粒混合成型工艺制备的 SiO_2 气凝胶复合材料的力学性能和隔热性能还有待进一步提高。

2.4.4 无机纤维增强二氧化硅气凝胶

纤维增强法是通过加入纤维使之在凝胶中起支撑骨架和桥联的作用，使 SiO_2 气凝胶的力学性能得到改善。增强纤维的加入不但能使 SiO_2 气凝胶材料具有强韧度高的骨架结构，而且往往会抑制 SiO_2 胶体颗粒的聚积和生长，使凝胶内部结构更均匀。目前已经报道的增强纤维主要是无机纤维，按种类分主要有玻璃纤维、陶瓷纤维（包括莫来石纤维、硅酸铝纤维和氧化铝纤维）等。

2.4.4.1 玻璃纤维增强 SiO_2 气凝胶

玻璃纤维是初期研究中比较常用的一种增强材料，它虽然韧性较差，但强度高，可有效提高材料的强度，同济波耳固体实验室使用玻璃纤维增强 SiO_2 气凝胶，使得气凝胶的弹性模量从 12MPa 上升到 40MPa，其制备流程如图 2-45 所示。

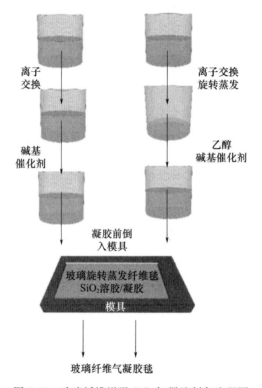

图 2-45　玻璃纤维增强 SiO_2 气凝胶制备流程图

Liao 等制备了层状纳米复合材料，其中柔性二氧化硅气凝胶与四层玻璃纤维层不同排列。可以定制层压设计的结构，以提高纳米复合材料的机械性能。Kim 等以玻璃纤维为增强相，通过表面修饰和常压干燥过程制备出了玻璃纤维增强 SiO_2 气凝胶隔热复合材料。Sanosh 等通过真空冷冻干燥成功合成了二氧化硅冷冻凝胶-玻璃纤维毡。在本研究中，我们采用冷冻干燥方法降低毛细管压力，获得通用的玻璃纤维增强二氧化硅气凝胶复合材料。Zhou 等使用甲基三甲氧基硅烷（MTMS）和水玻璃共前驱体合成了玻璃纤维增强二氧化硅气凝胶复合材料，并进行了不同的力学测试。随着 MTMS/水玻璃摩尔比的增加，与纯气凝胶相比，机械强度和柔韧性显著提高。李树奎等对玻璃纤维增强 SiO_2 气凝胶在动态压缩下的变形行为进行了实验测试，研究了其破坏机理，结果表明玻璃纤维的存在可以延缓 SiO_2 气凝胶的爆炸过程，有利于能量的散失。石小靖等探究了硅水比及玻璃纤维添加量对复合材料性能的影响，制备出纤维添加量更少、性能更佳的复合材料，样品导热系数为 $0.0232W/(m \cdot K)$，样品如图 2-46 所示。样品纤维薄层含量增加，玻璃纤维增强 SiO_2 气凝胶材料的导热系数也近似线性增加；最优的玻璃纤维添加量为 16%，此时的复合材料既有了一定的抗弯、抗压、抗变形能力，也能保持优异的导热性能。张明灿等以 SiO_2 气凝胶为基体制备隔热块体材料，添加了氧化钛为红外遮光剂，E 玻璃纤维为增强相，白色硅酸盐水泥为黏结剂，采用了注浆成型-常压干燥的工艺制备出了以玻璃纤维为增强相的 SiO_2 复合材料，常温导热系数为 $0.036W/(m \cdot K)$，在 480℃下其导热系数仍有 $0.061W/(m \cdot K)$，并且具有一定的强度。

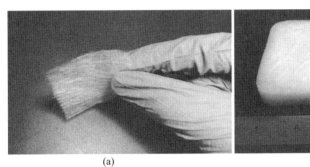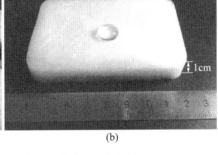

(a)　　　　　　　　　　　　　　　　(b)

图 2-46　（a）玻璃纤维　（b）玻璃纤维增强 SiO_2 气凝胶

2.4.4.2　陶瓷纤维增强 SiO_2 气凝胶

陶瓷纤维包括了莫来石纤维、硅酸铝纤维和氧化铝纤维，用于增强 SiO_2 气凝胶的主要是莫来石纤维和硅酸铝纤维，氧化铝纤维增强 SiO_2 气凝胶的研究还未见有报道。美国 NASAAmes 研究中心采用硅酸铝纤维与 SiO_2 气凝胶复合制备了陶瓷纤维-SiO_2 气凝胶复合隔热瓦，并在航天飞机上得到了很好的应用。

莫来石是 Al_2O_3-SiO_2 二元体系中唯一稳定的化合物，以此为基体的多孔陶瓷广泛应用于保温、隔热等。董志军等采用莫来石短纤维增强 SiO_2 气凝胶，添加量为 4wt% 时，SiO_2 气凝胶材料弹性模量从 2MPa 提高到 61MPa；国防科技大学张长瑞教授及其团队采用陶瓷纤维增强 SiO_2 气凝胶隔热复合材料，所制备的 SiO_2 气凝胶隔热复合材料密度低于 $0.30g/cm^3$，采用平板热流法测试常温下导热系数仅为 $0.018W/(m \cdot K)$，力学性能显著增强，而且可以制成各种大小和形状的异型件。长安大学采用水镁石纤维作为增强相增强 SiO_2 气凝胶的力学性能，由于水镁石纤维属中等强度增强材料，可提高 SiO_2 气凝胶强韧性，而且价格低廉、来源广，对降低 SiO_2 气凝胶材料的生产成本有很好的帮助。

（1）莫来石纤维增强 SiO_2 气凝胶

郭玉超等以正硅酸乙酯作为硅源、莫来石纤维作为增强相制备了莫来石纤维增强 SiO_2 气凝胶。首先制备 SiO_2 气凝胶溶液，在真空环境下将溶胶和莫来石纤维进行复合，老化 24h 后进行超临界干燥，作为增强相制备了莫来石纤维增强 SiO_2 气凝胶。董志军等以莫来石纤维为增强相制备出力学性能较佳的莫来石纤维增强 SiO₂ 气凝胶，试验得出莫来石纤维的添加量为 3% 时，材料的机械性能较高、导热系数较低。王非等以正硅酸乙酯（TEOS）为硅源、三甲基氯硅烷（TMCS）为改性剂、莫来石纤维为增强相制备了莫来石纤维增强 SiO₂ 气凝胶隔热材料，通过调整配比可以制得完整性较好、无明显裂纹且具有一定机械强度的优异隔热材料。图 2-47 为莫来石纤维增强 SiO₂ 气凝胶样品和微观形貌。

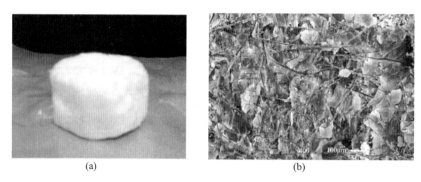

(a)   (b)

图 2-47　莫来石纤维增强 SiO₂ 气凝胶样品和微观形貌
（a）莫来石纤维增强 SiO₂ 气凝胶隔热材料；（b）莫来石纤维增强 SiO₂ 气凝胶 SEM

（2）硅酸铝纤维增强 SiO₂ 气凝胶

相比于玻璃纤维、莫来石纤维，碳酸铝纤维的化学稳定性强，更适合在耐火保温材料中作为骨架支持材料，蒋颂敏等就以此为增强相制备了 SiO₂ 气凝胶，其制备工艺流程如图 2-48 所示。

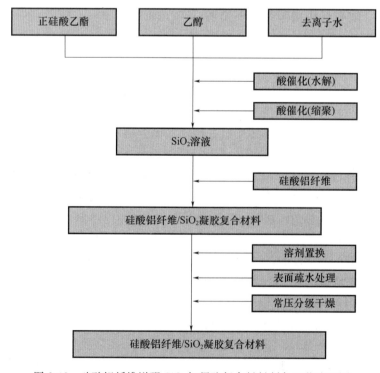

图 2-48　硅酸铝纤维增强 SiO₂ 气凝胶复合材料制备工艺流程图

该样品具有良好的疏水性、保温隔热性和一定的力学性能。随着硅酸铝纤维的加入，SiO_2 气凝胶保持本身良好的保温隔热性的同时，提高了其力学性能，气凝胶和纤维结合紧密，在复合材料受到外力的过程中，纤维在与气凝胶集体剥离时增加了断裂能的消耗。经过研究实验，最佳的纤维填量在 10% 左右，此时样品的导热系数为 $0.028W/(m\cdot K)$，抗拉强度、抗压强度、抗折强度分别为 1.34MPa、2.2MPa、1.98MPa。

2.4.4.3 碳纤维增强 SiO_2 气凝胶

陶瓷纤维、玻璃纤维和有机纤维等传统纤维增强的直径都在微米级别，与 SiO_2 气凝胶纳米级孔径结构有较大的差异，因此也导致了以上传统的纤维增强 SiO_2 复合气凝胶材料的界面上存在的毛细张力差，导致了界面性能差等缺陷。

碳纤维制备的碳纳米管气凝胶、碳纳米纤维气凝胶和石墨烯气凝胶等由于导电性能好、电导率高以及良好的力学性能和抗疲劳性，主要应用于功能材料，如应变传感器、新型电极或超级电容器等储能元件，且吸附领域也有所应用。

王宝民等通过溶胶-凝胶法制备了比表面积在 $700m^2/g$ 以上、高温导热系数明显降低且脆性略微降低的纳米碳纤维掺杂 SiO_2 气凝胶。Slosarczyk 等通过溶胶-凝胶法和常压干燥法制备了碳纤维-SiO_2 气凝胶以及碳纤维碳纳米管及碳纤维-SiO_2 气凝胶，碳纤维的加入减少了材料在干燥过程中的收缩。

毕文彦等使用碳正硅酸乙酯（TEOS）为硅源、氧化碳纳米管为增强相进行复合，用以弥补 SiO_2 气凝胶导电性较差的缺点，复合材料的导电性、充放电容量和循环稳定性都有了巨大的提高，碳纳米管 SiO_2 复合气凝胶材料是可逆容量最高、循环稳定性最好、容量保持率最高的材料。由于一维管状结构的碳纳米管优异的机械强度、较高的纵横比和灵活的结构，对 SiO_2 气凝胶起到了支撑作用，在提升 SiO_2 气凝胶负极材料结构稳定性、导电性，减弱体积膨胀、开裂、粉化方面，碳纳米管对 SiO_2 气凝胶负极材料的改性优于具有二维片状结构的石墨烯。溶胶-凝胶法制备 SiO_2 气凝胶阳极材料工艺简单，制备周期短，材料性能均一，而且可以大规模制备，从这个角度来看，更适宜于工业应用。图 2-49（a）为循环 200 次充放电后的碳纳米管 SiO_2 气凝胶扫描电镜图，图 2-49（b）为 SiO_2 气凝胶和复合气凝胶材料扫描电镜图。可见，SiO_2 气凝胶的网格球状结构在 200 次循环后局部坍塌，球体发生了扭曲并发生了团聚，表明在充放电循环过程中

(a)   (b)

图 2-49 循环 200 次充放电后的碳纳米管 SiO_2 气凝胶和复合气凝胶材料 SEM 图像

SiO_2气凝胶的粉化、团聚现象严重。碳纳米管改性对提高SiO_2气凝胶负极材料的结构稳定性具有更大的优势。

除了应用于功能材料外，在吸附领域也有极大发展空间。张潇等以正硅酸乙酯（TEOS）为硅源，氧化碳纳米管为增强相，采用了溶胶-凝胶制备工艺，经过表面改性、高温还原制备了碳纳米管SiO_2复合气凝胶材料（CS），并将其应用于甲醛吸附领域。

2.4.5 纤维增强氧化铝-氧化硅气凝胶

SiO_2气凝胶虽然隔热性能优异，但是在超过800℃使用范围时会发生孔洞坍塌从而引起材料的失效，而Al_2O_3气凝胶耐温性能相对更佳，但是在1000℃以上温度下容易发生相变进而引起材料收缩。据报道，若在Al_2O_3气凝胶中引入La、Ba、Si等元素，组成二元或多元组分气凝胶，则可明显提高其高温热稳定性。其中由于SiO_2气凝胶的技术成熟性，关于SiO_2二元组分的气凝胶研究最多。

在2.3.1小节中已经对Al_2O_3-SiO_2气凝胶进行了一些介绍。Al_2O_3-SiO_2气凝胶虽具有很好的耐高温性能，但与氧化硅气凝胶相似，存在脆性强容易碎裂的问题，限制了其在各个领域的应用。目前为了改善气凝胶的力学性能，主要是通过添加纤维或者晶须等增强体与气凝胶基体复合，制备气凝胶复合材料，其中气凝胶作为基体一般发挥隔热作用，增强体则发挥力学性能的增强作用，如何把两者有效结合发挥各自优势，是制备气凝胶复合材料的关键。

2.4.5.1 纤维增强Al_2O_3-SiO_2气凝胶制备工艺

根据已有基础，已经较为成熟的气凝胶复合材料制备工艺主要包括两种：整体成型工艺和颗粒堆积成型工艺。

（1）整体成型工艺

整体成型工艺首先需要制备出稳定的溶胶，将纤维预制体直接浸渍在溶胶中，然后进行整体调凝处理，务必使得纤维预制体结构内外的溶胶同时转变为凝胶状态，经后续处理得到目标产品。

纤维预制体在复合材料体系中发挥支撑体的作用，弥补了气凝胶强度低、脆性大的缺陷，增强了复合材料的机械性能，提高了复合材料的应用价值。

另一方面，为了保证复合材料具有出色的性能优势，需要选择合适的纤维以及纤维处理方法，尽量减少复合材料中纤维和纤维的接触。应该尽量选择与气凝胶较为匹配的纤维预制体；对纤维支撑体进行改性处理，增强纤维与气凝胶的结合能力；为了保证纤维与溶胶完全浸渍，在浸渍过程中选用真空浸渍工艺。

（2）颗粒堆积成型工艺

颗粒堆积成型首先将粉末状气凝胶进行研磨处理，然后与其他材料进行混合，采用压制工艺制备出复合材料。

颗粒堆积成型工艺的重点是气凝胶与短切纤维的复合过程。此过程要求均匀分散，但气凝胶与添加剂等最终经过压制成型制备出复合材料，导致材料结构中多为大孔和微孔，降低了材料的隔热性能。

可以看出，颗粒堆积成型工艺还有许多不成熟的地方，需要进一步改进和发展。

根据复合材料的制备特点和应用需要，增强纤维的选择应遵循以下要求：①根据应用环境选择适合使用温度和强度范围的增强纤维；②增强纤维与气凝胶前驱体和其他反应物不发生化学反应；③增强纤维在超临界干燥过程中能维持其结构完整性；④增强纤维应拥有较低的表观体积密度；⑤有适合的纤维直径。另外，具有红外辐射屏蔽作用的增强纤维有利于材料隔热性能的提高。根据使用温度、隔热效果、力学强度、特殊要求及经济性的原则选择了几种有代表性纤维类制品进行对比，见表2-9。

表 2-9　无机纤维化学成分和主要指标比较

	高硅氧毡	硅酸铝纤维	岩棉	莫来石
主要化学成分	SiO_2，B_2O_3，Na_2O	SiO_2，Al_2O_3，Fe_2O_3	SiO_2，TiO_2，Fe_2O_3，Al_2O_3，CaO，MgO，R_2O	SiO_2，Al_2O_3
纤维直径/μm	7	2~3	6~8	2~4
使用温度/℃	900 以下	1000 以下	800 以下	1350 以下
主要特点	强度好	价格低	阻辐射	耐高温

2.4.5.2　纤维增强氧化铝-氧化硅气凝胶的性能及应用

（1）纤维增强氧化铝-氧化硅气凝胶的性能

Al_2O_3-SiO_2材料体系已经得到了大量的研究，并且在许多领域中获得了广泛的应用。而在 Al_2O_3 气凝胶中引入 SiO_2，制备出 Al_2O_3-SiO_2 二元气凝胶，既可以提高 Al_2O_3 气凝胶的高温稳定性，又可以弥补 SiO_2 气凝胶使用温度低的缺陷。为了弥补气凝胶强度低、脆性大的缺陷，将气凝胶与纤维预制体进行复合，制备出复合材料，增强了气凝胶材料的力学性能，提高了材料的应用价值。

由于气凝胶是一种特殊的纳米多孔陶瓷，孔隙率极高（80%～99.8%）、强度低，在受到外力作用时，裂纹的扩展速度极其迅速，在断裂过程中除了产生新的断裂表面需要吸收表面能之外，几乎没有其他吸收能量的机制，表现为脆性断裂，因此在隔热领域上难以直接应用。

当气凝胶与纤维复合后，材料的韧性得到了很大的改善，无机陶瓷纤维增强 Al_2O_3-SiO_2 气凝胶复合材料对气凝胶先天性脆性的改善和增强机理，可以从微观和宏观两个方面去理解。从微观方面来说，纤维的加入明显改善了气凝胶的脆性和强度、抗收缩能力，主要得益于纤维的阻碍裂纹机制。因为众多的细小纤维均匀地分布在气凝胶基体中，在样品超临界干燥成型时，可以有效地抑制 Al_2O_3-SiO_2 气凝胶早期裂纹的产生，克服 Al_2O_3-SiO_2 气凝胶因干燥收缩等变化而产生的应力集中现象，降低了裂纹尖端的应力强度因子，缓和了裂纹尖端的应力集中。当气凝胶复合材料承受载荷时，首先在气凝胶表面产生裂纹，但由于纤维的存在最大限度地承受了因气凝胶微裂纹的产生而出现的应力，阻止了微裂纹的产生和扩展，延缓了气凝胶从裂纹产生、扩展到破坏的程度，提高了气凝胶复合材料的强度和韧性。

从宏观方面来说，在气凝胶复合材料受力初期，气凝胶是主要的受力者，承受大部分的载荷，当载荷增加到一定程度时，气凝胶中的微裂纹扩展为宏观裂纹，此时横跨裂纹的纤维成为载荷的主要承担者，因为纤维的高强度，可以缓解裂纹尖端的应力集中，增加裂纹的扩展阻力，有效地限制气凝胶裂纹的进一步扩展。当纤维与气凝胶基体的界面结合较好，则施加在基体上的应力就容易通过纤维-气凝胶界面传递到纤维上，此时主要由纤维承受应力，阻止了气凝胶裂纹的继续扩展，由于纤维拔出消耗了大量的能量，从而有效地解决了气凝胶的脆性问题，提高了气凝胶的强度和韧性。

无机陶瓷纤维增强气凝胶复合材料，利用无机陶瓷纤维的力学特性，当材料受到外加载荷时，气凝胶基体首先产生裂纹，裂纹遇到纤维骨架后，受到"阻挡"，发生裂纹偏转、界面解离、纤维拔出等现象，提高了材料的强度和韧性。

原始裂纹形成之后，在应力作用下，裂纹开始扩展。距裂纹前端一定距离的纤维是完好的，但处于高应力状态下裂纹前端的纤维就可能断裂。紧靠裂纹前端的纤维在断裂之前可能会从基体中拔出（Poll-out）、与基体脱黏（De-bonding）等。纤维在发生脱黏拔出的瞬间，仍然可能保持完好，随着裂纹的进一步扩展，纤维在脱黏或拔出之后断裂。这种断裂可能发生在断口，也可能发生在基体内部。裂纹在扩展过程中遇到脱黏或拔出的纤维，就可能发生转向，增长裂纹的扩展通道。纤维的脱黏、拔出、断裂和裂纹扩展的转向等就形成了复合材料断裂时的吸能机制，使复合材料的韧性大大得到提高。

（2）纤维增强氧化铝-氧化硅气凝胶的应用

目前，在政府政策的引导和市场需求下，在国民生活生产中大力推进保温隔热材料已是大势所趋。气凝胶由于力学性能差而不能单独进行实际应用，采用纤维增强后得到复合材料能大幅度改善气凝胶的力学性能，同时能在一定程度上减小红外辐射的通过性。气凝胶属于一种具有三维网状结构的纳米多孔材料，将其作为一种纳米多孔填料与纤维复合，一方面可以使得纤维间的固相热传导得到降低，因为气凝胶的加入使得纤维与纤维之间的热传递路径受阻；另一方面纤维间热传导降低则是由于气凝胶的三维结构使得热传导的路径变多了，使得纤维与纤维之间的热传导产生了"无限路径"。同时，纤维中气凝胶的填充可以使得纤维内部的空隙减小，使得距离小于热对流的分子自由程，因而空气热对流减小，从而使得纤维的导热系数得到降低。在氧化铝-氧化硅溶胶中添加莫来石纤维，可以很好地改善气凝胶的高温隔热性，如果纤维莫来石表层涂覆SiC并在聚碳硅烷（PCS）中浸渍后再进行添加，可得到防红外辐射的氧化铝-氧化硅气凝胶保温隔热复合材料，在1000℃高温下处理后的导热系数在 $0.05W/(m \cdot K)$ 以下，可用来制作耐火保温隔热墙板。

2.5　聚合物增强 SiO_2 气凝胶

用聚合物制备复合气凝胶，即通过硅烷与有机聚合物的共聚，也可显著提高气凝胶的机械性能。这种策略通常包括对气凝胶表面的化学修饰，用有机聚合物覆盖气凝胶表面，以及有无特定的相互作用，如共价或氢键。研究发现，通过聚氨酯、聚丙烯腈和聚苯乙烯等聚合物涂覆和增强二氧化硅气凝胶可显著改善材料的力学性能。例如，环氧改性二氧化硅气凝胶的强度比未增强的二氧化硅气凝胶提高两个数量级。然而，这种方法的整个过程耗时较长（约 15 天），操作比较复杂，并且极大地降低了气凝胶的特性，使得气凝胶的低密度性、高孔隙率、高透明度和低导热系数得不到保障。但是通过选择合适的环氧单体类型，可以消除单体扩散步骤，并能够大幅缩短处理时间（约 3 天）。

聚合物增强 SiO_2 气凝胶的制备方法可分为两种。第一种是聚合物单体扩散进入凝胶内部进行交联；第二种方法则是先制备出气凝胶，再通过气态聚合物单体扩散到气凝胶内部骨架进行化学气相沉积。研究证明通过硅主链与聚合物的复合可以将制备的气凝胶的机械强度提高多达三个数量级，而密度却仅是天然或非增强气凝胶的两倍。而二氧化硅网络与聚合物的复合可以通过有机聚合物上的不同类型 SiO_2 颗粒（无机部分）的界面相互作用来实现。

到目前为止，几种聚合物体系如聚脲、聚氨酯、环氧树脂、聚丙烯腈和聚苯乙烯已被用于增强二氧化硅气凝胶。实际上，底层的无机框架起着结构导向剂（模板）的作用，气凝胶力学性能的改善归功于颗粒间颈部的补强。相反，交联聚合物提供的稳定性归功于颗粒间聚合物系链产生的额外化学键。

2.5.1　聚氨酯改性增强 SiO_2 气凝胶

SiO_2 气凝胶基元粒子间以刚性的 Si—O 键相互连接，粒子间接触面积小，弱键力和点接触方式使气凝胶骨架在较低荷载作用下易发生脆性破坏。由于二氧化硅气凝胶的脆性和较差的力学性能和吸湿性，令它在很多方面的应用受到限制。因此，为了扩大气凝胶的应用范围，在充分保留其优异性能的同时，提高硅气凝胶的柔韧性或弹性，对气凝胶引入增强剂增强组元，改善其力学性能越来越受到科研工作者的关注。

近年来的一些研究表明，在硅胶表面的羟基中加入柔性有机聚合物，以此引入有机连接基团，或者通过与单体/聚合物反应，使表面硅醇基团交联骨骼凝胶框架是一种有效的硅气凝胶力学增强方法。由于 SiO_2 气凝胶由 SiO_2 颗粒组成，这些颗粒通过 Si—O—Si 键相互连接，SiO_2 气凝胶与聚合物的复合导致 SiO_2 颗粒之间连接点增加，使这些颗粒之间形成了特别强的共价键，最终导致增强 SiO_2 气凝胶比天然二氧化硅气凝胶的强度大。因此，利用这种方法在 SiO_2 气凝胶表面引入合适的官能团，使之与合适的有机单体共聚，就可以很容易地找到更多聚合物增强二氧化硅气凝胶功能结构的方法。

2.5.1.1　聚氨酯改性增强 SiO_2 气凝胶的制备工艺

二氧化硅气凝胶是一种密度极低、纳米多孔的合成材料，是通过溶胶-凝胶工艺将其液体组分替换为气体制备而成。由于中孔的开孔结构和疏水性，使其具有高比表面积、高孔隙率和低密度等显著特征。超高孔隙率和疏水性使二氧化硅气凝胶成为化学防护涂层的合适候选材料，用于开发具有增强化学防护和热舒适性能的可渗透 CPC。

在常压超绝缘材料领域，二氧化硅气凝胶被认为是最有效的保温材料，室温下的导热系数低至 $0012W/(m \cdot K)$。这些硅基材料已经商业化，例如用于建筑改造的室内隔热解决方案。然而，低导热系数并不是保温材料在建筑领域必须满足的唯一相关标准，从机械角度来看，这些矿物气凝胶通常非常脆弱，特别是灰尘的出现导致其隔热性能下降。与此同时，一些有机气凝胶目前呈现出非常有前途的热性能和力学性能，似乎比矿物同类更好。特别是在一定密度下，它们能承受较高的载荷，同时面临压缩和弯曲应力，如间苯二酚-甲醛、聚酰亚胺或聚脲基气凝胶。在这些材料中，基于聚氨酯的有机气凝胶是最有前途的一部分。

聚氨酯是一种重要的弹性体，被广泛应用于织物膜涂层，以提高织物膜的性能。聚氨酯具有质量轻和灵活性、环境适应性、疏水性强等优点；而硅气凝胶是导热性低的理想多孔材料。它可以减轻保温材料的质量，并且还具有优良的纳米孔隙、高比表面积、低密度和高孔隙率等优良特性，可在许多领域作为热绝缘材料使用。硅气凝胶主要是通过溶胶-凝胶法制备的，溶胶-凝胶过程包括溶胶颗粒（硅溶胶）的生长、团簇（聚集）的形成、连续凝胶网络（凝胶化）的构成以及湿凝胶结构（老化）的形成。而此法的缺点在于溶剂交换需要重复的凝胶洗涤和溶剂交换步骤。

以刚性小分子单体为原料，通过调节分子参数制备柔性气凝胶，以无水溶剂促使分子间官能团发生作用，引发自组装获得柔性 PU 气凝胶，样品及不同芳香族单体制备的柔性 PU 气凝胶的应力应变特征曲线如图 2-50 所示，该柔性 PU 气凝胶具有良好的孔隙率、比表面积及颗粒尺度，导热系数为 $0.032W/(m \cdot K)$。

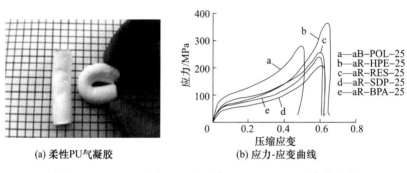

(a) 柔性PU气凝胶　　(b) 应力-应变曲线

图 2-50　柔性聚氨酯改性增强 SiO_2 气凝胶及其压缩应力应变曲线

目前，聚氨酯常被用于增强气凝胶，但关于聚氨酯/二氧化硅混合气凝胶的文献报道较少。聚氨酯改性增强 SiO_2 气凝胶一般是通过溶胶-凝胶法合成。Yim 等在超临界干燥条件下，将聚合二苯基甲烷-4,4-二异氰酸酯（MDI）加入部分缩合的二氧化硅溶液中，合成了热性能/机械性能增强的气凝胶（图 2-51），并且他们还发现，聚氨酯改性增强 SiO_2 气凝胶的导热系数随着平均孔径的减小和比表面积的增大而降低。

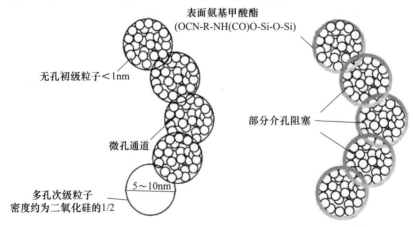

图 2-51　二异氰酸酯交联的气凝胶的结构示意图

另外，Diascorn 等人将季戊四醇溶于二甲亚砜（DMSO）中，将聚二苯基甲烷-异氰酸酯（p-MDI）用乙腈和四氢呋喃（THF）的混合物稀释，接着将 DABCO TMR 也用乙腈和 THF 的混合物稀释，然后将这三种混合液在特定条件进行混合制备聚氨酯改性增强 SiO_2 气凝胶，具体流程如图 2-52 所示。

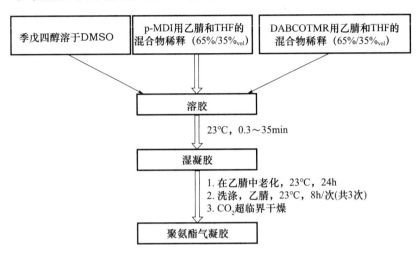

图 2-52　季戊四醇和 p-MDI 制备聚氨酯的研究

聚氨酯改性增强 SiO_2 气凝胶不足之处与通常 SiO_2 气凝胶的合成过程类似，由于不同微孔大小分布之间毛细力的不同以及湿凝胶中气、液相之间存在半月板加速气凝胶骨架结构的收缩与开裂，因此聚氨酯改性增强 SiO_2 气凝胶在湿凝胶老化和后续干燥阶段也会面临一些同样的问题，即如何防止湿凝胶在老化和干燥过程中发生开裂，以及孔结构坍塌现象。这种现象是气凝胶在蒸发、常压干燥过程中，由于固体-溶剂-气体界面的表面张力，以及毛细管应力导致的。而解决方案一般是通过利用压力和温度高于超临界点的情况下进行超临界流体干燥或在温度和压力低于三相点的情况下进行冷冻干燥，绕过孔隙流体沸腾曲线来消除毛细管应力。

2.5.1.2　聚氨酯改性增强 SiO_2 气凝胶的应用

（1）隔热材料

SiO_2 气凝胶由于其高比表面积，以及出色的保温隔热性能，在保温隔热材料方面的应用越来越受到科研工作者的关注，然而普通的硅气凝胶容易吸湿受潮，会导致隔热材料性能的下降。而通过聚氨酯改性增强 SiO_2 气凝胶则在保留原有 SiO_2 气凝胶优良性能的同时，又解决了普通气凝胶无脆性以及吸湿性的缺点，且导热性的降低使得其隔热性能得到明显改善。

（2）疏水材料

二氧化硅气凝胶是一种密度极低、纳米多孔的合成材料，超高孔隙率和疏水性使二氧化硅气凝胶成为用作疏水材料的优异介质。而 Bhuiyan 等将多孔二氧化硅气凝胶颗粒与聚氨酯粘结剂结合，创造出了一种兼具疏水和防护性能的涂层表面。通过在棉织物表面涂覆聚氨酯和气凝胶颗粒，以防止水和某些化学物质的渗透，形成了棉织物表层。聚氨酯气凝胶涂层织物由于疏水性增加，表现出更高的疏水等级，使得它在作为疏水材料用于化学防护或者制作舒适的防护服上有很大的应用前景。

（3）吸声材料

吸声材料通常是低密度多孔材料，对气流的阻力适中，可以吸收大部分声能，并通过声音穿透其开放的空腔或通道来防止声音的反射。多孔吸波材料可分为多孔材料、纤维材料或颗粒材料，如泡沫、非织造布或多孔混凝土。气凝胶的吸声和隔声效果很大程度上取决于材料制备方法、气凝胶密度和孔隙结构。气凝胶中的声波衰减依赖于声波从气相连续发射到固相时能量损失的比例，这降低了声波的振幅和速度，导致声波减速和消散更快。这使得气凝胶成为良好的隔声材料。

在实际应用中，气凝胶通常浸渍在泡沫或纤维基质中。Dourbash 等制备并对二氧化硅气凝胶/聚氨酯泡沫复合材料和二氧化硅气凝胶/弹性体聚氨酯进行了声学研究。他们表明，在多元醇中添加硅气凝胶并没有改善聚氨酯泡沫的声学特性，但导致弹性聚氨酯具有更好的隔声特性，特别是声音的传输损耗（图 2-53）。

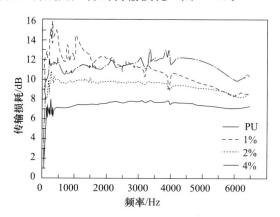

图 2-53　声音的传输损耗（聚氨酯及其复合材料在 1％～4％气凝胶中的传输损耗）

2.5.2　环氧树脂增强 SiO_2 气凝胶

目前 SiO_2 气凝胶复合改性主要有增强体强化和遮光剂掺杂两种方法。增强体强化是通过控制工艺参数，一方面提升 SiO_2 骨架颗粒的强度，另一方面抑制 SiO_2 气凝胶的毛细收缩效应，以此提高其力学性能指标。增强体强化复合改性方法现有液相共混法、原位聚合法、溶胶-凝胶法等，具体操作过程为：①在反应溶液未发生凝胶前加入增强材料并均质分散，经冷冻干燥使其固化交联；②先制备粉末状的介孔气凝胶，而后混入增强体和黏结剂，经一定工序制成 SiO_2 气凝胶复合材料。其中，利用环氧树脂进行环氧树脂增强 SiO_2 气凝胶制备的方案就属于增强体强化一类。

2.5.2.1　环氧树脂增强 SiO_2 气凝胶的制备工艺

各种类型的聚合物，包括聚甲基丙烯酸甲酯、聚苯乙烯、聚乙烯、聚丙烯、聚酰亚胺、聚苯胺等都可以作为基体，来对 SiO_2 气凝胶进行改性增强。其中，在各种聚合物复合材料中，环氧基体系作为硅基气凝胶的增强复合材料的研究越来越多。例如，Jiao 等由原硅酸四乙酯或硅酸钠和胺类表面活性剂作为结构导向致孔剂，制备了具有虫孔骨架结构的介孔二氧化硅气凝胶，其中还发现介孔二氧化硅孔隙体积越大，对环氧纳米复合材料的强度和断裂韧性增强作用越大。Ge 等将二氧化硅气凝胶磨成直径在 0.15～0.2mm 之间的颗粒。然后，将二氧化硅气凝胶颗粒与环氧粉末在圆柱形混合器中进行干燥混合。最后，在 180℃、1MPa、30min 的热压条件下制备复合材料，如图 2-54 所示。

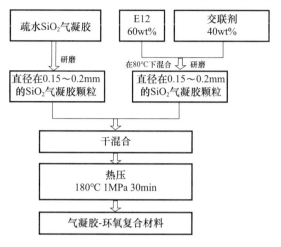

图 2-54　气凝胶-环氧复合材料的制备流程

高淑雅等以正硅酸乙酯为硅源，环氧树脂为增强相，采用溶胶-凝胶法常压制备了环氧树脂增强 SiO_2 气凝胶复合材料，并且与纯 SiO_2 气凝胶进行了 SEM 的比较，如图 2-55 所示。他们发现纯 SiO_2 气凝胶的骨架颗粒分布很疏松，部分骨架有坍塌的现象，而且颗粒较小且形状不规则；而掺杂环氧树脂的 SiO_2 气凝胶复合材料表面呈较大颗粒紧簇分布状，骨架结构紧密且没有坍塌。这是由于环氧树脂加入 SiO_2 气凝胶材料后起到了黏结凝胶颗粒和支撑气凝胶网络骨架的作用，相应地减少了气凝胶的骨架坍塌和颗粒破碎程度。

(a)　　　　　　　　　　　　　(b)

图 2-55　纯 SiO_2 气凝胶与环氧树脂-SiO_2 气凝胶复合材料的 SEM 图

2.5.2.2　环氧树脂增强 SiO_2 气凝胶的应用

SiO_2 气凝胶绝热的原理是基于辐射、对流、传导三种热传递的基本方式：低温条件下，热源的辐射能很低，材料绝热效果尚佳；高温环境中，由于 SiO_2 气凝胶对近红外辐射有较好的透过率，其导热系数随温度升高迅速增大，因此需解决因高孔洞率和疏松结构引起的强度低、韧性差、高温下难以遮蔽红外辐射等问题才能达到作为隔热材料所需的性能指标。而掺杂环氧树脂的环氧树脂增强 SiO_2 气凝胶综合性能明显优于单组分材料。例如，高淑雅等制备的环氧树脂的 SiO_2 气凝胶复合材料在 600℃ 以下具有良好的热稳定性，这使得它在隔热方面有着更大的应用背景。

2.5.3 其他聚合物 SiO_2 气凝胶的应用

Mahadik 等首先采用乳液模板法以二乙烯基苯、苯乙烯、丙烯酸-2-乙基己酯、3-(三甲氧基硅基) 甲基丙烯酸丙酯为原料制备了一种聚合物模板，将其浸泡在溶胶-凝胶法制备的 SiO_2 气凝胶溶液中，制备出 SiO_2 复合气凝胶，该气凝胶对水中的油类吸附率达到 16g/g。经过大量实验证明该复合气凝胶具备优异的力学性能，在反复吸附-脱附 25 次后仍然具备良好的吸附性能（图 2-56）。

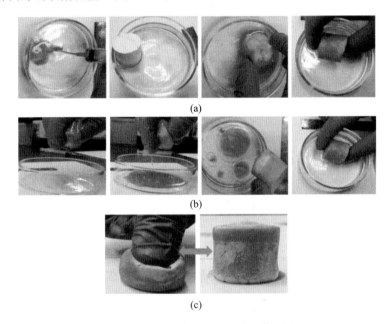

图 2-56 SiO_2 复合气凝胶吸附性能测试
（a）从水中通过反复压缩吸附原油；（b）将吸附原油脱附过程；（c）反复 25 次样品压缩和释放后恢复情况

2.6 其他硅基气凝胶的制备、性能及应用

2.6.1 Si_3N_4 基气凝胶

氮化硅（Si_3N_4）是一种重要的结构陶瓷材料，具有良好的物理特性，比如抗热震、抗蠕变、耐腐蚀、耐高温、低密度、低膨胀系数等，在航天航空、化工、机械等诸多领域都有广泛的应用。然而，由于氮化硅多孔陶瓷的孔隙直径较大（242～500nm），孔洞内空气热传导较大，因此其隔热性能有待提高。将 Si_3N_4 制备成多孔气凝胶结构材料，在具备 Si_3N_4 材料本身优异特性的同时，兼具气凝胶材料的结构特征，能够有效拓展 Si_3N_4 材

料的应用领域。目前，国内外对于 Si_3N_4 气凝胶的研究尚处于基础阶段，对于其优异性质特征的应用研究尚有待进一步挖掘。下面将对 Si_3N_4 气凝胶目前的研究进展做简单的介绍。

2.6.1.1 Si_3N_4 气凝胶制备工艺

Si_3N_4 气凝胶的制备需要经历两个过程：

（1）获得有机/氧化物复合气凝胶的前驱体；

（2）在不同的惰性气体（如氩气或氮气）下将前驱体进行碳热还原。

目前关于 Si_3N_4 气凝胶的报道相对较少。Su 等以甲基三甲氧基硅烷和二甲基二甲氧基硅烷作为硅源，在乙醇、水、硝酸等溶液体系下，通过磁力搅拌制备出了硅氧湿凝胶，干燥除去残留的水和乙醇后得到硅氧干凝胶；然后通过部分热压法制备了具有弹性、密度可调的超轻型 α-Si_3N_4 纳米气凝胶。其制备的 α-Si_3N_4 纳米气凝胶由于 Si_3N_4 材料本身的灵活性、气凝胶的高孔隙率和化学键之间的稳定性使其具有可观的弹性可压缩性（可恢复应变为 40%～80%）；气凝胶的高孔隙率同时使其具有超低的介电常数（1.01～1.04）；由于 α-Si_3N_4 成分固有的热稳定性，因此其具有出色的耐火性和耐高温性（可耐 1200℃ 高温煅烧）以及优异的绝热性能 $[0.029W/(m \cdot K)]$。这些性质使得 α-Si_3N_4 气凝胶材料成为在恶劣环境中应用的具有机械冲击消散、耐火和电磁波透明的绝热材料的有力竞争者。这种弹性和多功能 α-Si_3N_4 NBA 的成功制备将为陶瓷气凝胶的开发和广泛应用打开一个新的世界。

Rewatkar 等报告了从压缩的聚脲交联的二氧化硅干凝胶粉中合成出坚固、高度多孔（>85%）的 SiC 和 Si_3N_4 整体气凝胶的碳热合成方法。相比于使用整体的聚合物交联的气凝胶，使用聚合物交联的干凝胶粉体作为陶瓷前体，其加工速度更快，具有很高的能源和材料利用率，最重要的是可以进行推广。在整个合成过程中耗费时间短，同时能够节省能源和材料：①粉末颗粒内的溶剂交换耗时数秒；②干燥不需要高压容器和超临界流体；③由于干凝胶的致密性，可碳化聚合物的利用率十分高。因此该方法不仅限于陶瓷气凝胶的制备，也可用于其他气凝胶的制备，如金属铁气凝胶。

Kong 等通过一步溶胶-凝胶法和超临界流体干燥合成了 C/SiO_2（RF/SiO_2）气凝胶，随后在氮气气氛下对其进行碳热氮化，成功制备了整体式氮化硅气凝胶。制备出的氮化硅气凝胶具有低密度（0.127g/cm^3）、高比表面积（445m^2/g）、出色的热稳定性和远胜于同类产品的低导热系数 $[0.04909W/(m \cdot K)]$，因此其在高温绝热材料领域具有一定的应用前景。

2.6.1.2 Si_3N_4 气凝胶结构、性能与应用

在 Si_3N_4 气凝胶的各项性能中，最优异的就是其高温下的耐火性能。Su 等以自制的独立式 α-Si_3N_4 纳米带气凝胶纸为原料，通过简单的局部热压处理工艺制备了高性能超轻 α-Si_3N_4 纳米带气凝胶，使其具备 10mg/cm^3 的密度、0.37 的力学耗能、1200℃ 的耐高温性能、0.029W/(m·K) 的导热系数，并且还具备高压缩性和弹性。其耐火测试如图 2-57 所示，α-Si_3N_4 纳米带气凝胶的优异性能，使其在恶劣环境、高温环境中都具备较好的应用前景。

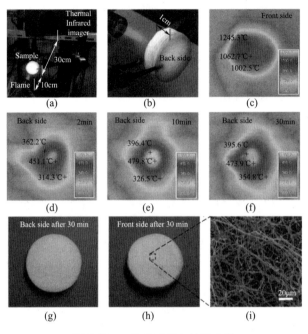

图 2-57　α-Si_3N_4 NBA 的耐火性

（a）使用丁烷吹灯的实验装置图示；（b）气凝胶样品在丁烷喷灯加热下的耐火性测试；

（c）受到丁烷喷灯照射的正面的红外图像；（d）加热 2min 背面的红外图像；

（e）加热 10min 背面的红外图像；（f）加热 30min 背面的红外图像；（g）30min 耐火测试后的背面；

（h）30min 耐火测试后的正面；（i）30min 耐火测试后正面的 SEM

Si_3N_4 气凝胶结构比 SiO_2 气凝胶具有更好的耐温性，具有较高的机械模量和高抗热震性，是优秀的陶瓷材料，在航空航天飞行器等极端环境下具有广阔的应用前景。目前对于 Si_3N_4 气凝胶的研究正在起步，其应用尚有待开发。

2.6.2　SiC 气凝胶

碳化物具有耐高温、耐磨、耐腐蚀、熔点高、硬度高、导电性良好等特点，且机械性能稳定。虽然碳化物本身具有较高的导热系数，但将其制成具有极高孔隙率的气凝胶材料之后，可大幅提高隔热能力，作为一种优良的耐高温隔热材料使用。

在各种气凝胶中，SiO_2 气凝胶吸引了最多的关注，并已作为超级绝热材料应用于商业中。前文提到，SiO_2 气凝胶在高温下显示出较差的稳定性，通常在 650℃ 以下使用。因此，研究人员已经广泛开发了在高温下具有优异稳定性的其他气凝胶材料，如氧化铝和氧化锆气凝胶等。碳化物和氮化物具有良好的热稳定性和耐热冲击性、优异的化学惰性和低热膨胀系数；因此，它们有望用于开发耐高温气凝胶材料。将碳化物、氮化物材料通过气凝胶制备工艺制成气凝胶结构，可提高其所得的气凝胶材料的使用温度，可大大扩展气凝胶材料在高温领域的应用，如航空航天、高温窑炉、核能等领域。目前碳化物气凝胶的主流研究方向为 SiC 气凝胶，该气凝胶的合成方法是将二氧化硅气凝胶和碳源混合后进行碳热还原反应从而得到 SiC 气凝胶。本小节主要对碳化物中的 SiC 气凝胶材料做简单的介绍。

SiC 又称为金刚砂，在 C、N、B 等非氧化物耐火原料中，碳化硅是应用最经济、最广泛的一种，其本身具有较高的硬度（仅次于金刚石）。同时，SiC 材料是研究较为广泛的耐高温吸波材料，它具有耐高温、耐腐蚀、抗辐射和抗氧化以及较低的热膨胀系数、优异的化学惰性和较大的带隙等优点。碳化硅材料的应用不只局限于上述应用，在催化、高功率和高频电子、光电、抗辐射、氢分离的膜载体和制造吸波装置等方面的应用也极其广泛。SiC 材料具有典型的半导体特性，当温度升高时，它的电导率随之升高，介电弛豫时间随之降低，并且在高温条件下，SiC 材料仍然具有稳定的吸波性能。调控 SC 基材料吸波性能的研究主要集中在以下四个方面：①调节 SiC 材料晶格内部的缺陷结构（点缺陷、堆垛层错），提高介电损耗能力；②引入外来原子，对 SiC 材料进行晶格掺杂，改变其禁带宽度与电导率；③设计多层介电复合结构，增加电磁波界面极化作用；④与磁性材料复合，平衡介电损耗与磁损耗，改善电磁波损耗能力与阻抗匹配特性。

2.6.2.1　SiC 气凝胶制备工艺

在吸波材料方面的研究中，由于目前 SiC 基吸波材料大都是固体粉末样品，制备工艺复杂，并且会提高产品的密度，因此考虑将多孔结构设计引入 SiC 基吸波材料的制备中，不仅可以降低整体材料的密度，还可以有效避免 SiC 基粉末吸波材料的缺点。而 SiC 自身良好的抗热震性、较高的导热性和稳定性使它在被制成具有气凝胶结构特征的 SiC 材料方向受到很多科研工作者的关注，因为在保持其本身的性能优点外，它同时具备高孔隙率、高比表面积等多孔材料的特征。

这些优势，加上气凝胶出色的孔结构以及良好热稳定性和化学稳定性可带来新的应用发展。下面将对 SiC 气凝胶的制备工艺、结构性能及应用等方面做简单的介绍。

通常获得碳化硅气凝胶需要进行两个关键过程：①获得有机/氧化物复合气凝胶的前驱体；②在不同的惰性气体（如氩气或氮气）下将前驱体进行碳热还原。Leventis 等首先报道了利用管式炉在氩气流下通过碳热还原聚合物交联的二氧化硅气凝胶来合成单片 SiC 纳米晶体气凝胶。所得的样品是大孔的，由比表面积约为 $20m^2/g$ 的纯多晶 β-SiC 组成。Chen 等人开发了另一种方法，可在 700℃ 的条件下通过镁热还原间苯二酚-甲醛/二氧化硅复合材料（RF/SiO_2）气凝胶来合成整体式 SiC 气凝胶。

镁热还原法和碳热还原法是整体式碳化硅气凝胶的发展较早的制备方法，但是由于制备过程中的高温环境，制备所得的碳化硅气凝胶孔体积和比表面积相对较低，孔结构较差，会产生收缩、表面开裂等问题；后续研究人员提出了一种由间苯二酚-甲醛/二氧化硅复合（RF/SiO_2）气凝胶制备具有更大比表面积和更大孔体积的整体式 SiC 气凝胶的方法。其基本流程如图 2-58 所示。

首先分步制备了二氧化硅溶胶和碳质溶胶（RFsol），随后通过调节化合物的 pH 值制备二元溶胶，在室温下胶凝后进行老化过程，同时用乙醇进行洗涤除去水和残留的化学物质。随后通过超临界干燥将湿凝胶干燥以形成 RF/SiO_2 气凝胶，形成 RF/SiO_2 气凝胶后再进行适当的热处理可得到碳/碳化硅复合材料（C/SiC）气凝胶，煅烧将多余的游离碳燃烧掉，从而获得整体式 SiC 气凝胶。合成后的整体式 SiC 气凝胶具有典型的中孔结构，并且具有高孔隙率（91.8%）、高比表面积（$328m^2/g$）和大孔体积（$2.28cm^3/g$）。

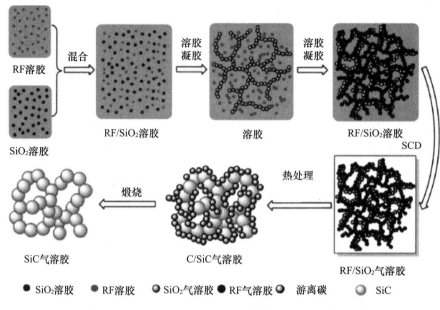

图 2-58　RF/SiO₂气凝胶的形成及其向 SiC 气凝胶的转化

纯的碳化硅气凝胶虽抗氧化性能优于碳气凝胶，但在高温条件下仍然会发生氧化，且强度较低。将其与其他材料复合或将其表面氧化形成一层致密的氧化膜可以解决这两大问题。

Leventis 等在 2010 年首次制备出整块成型的 SiC 气凝胶。孔勇等使用硅源 APTES 本身作为催化剂制备 RF/SiO₂气凝胶进而得到介孔纯 α-SiC 气凝胶。其中的一步溶胶-凝胶法用时仅 24h，大幅缩短了制备时间。不同于其他文献中大量介绍的介孔 β-SiC 材料，图 2-59 表明材料中 SiC 为纯 α-SiC。相比其他合成方法，此方法更为简捷，产品热稳定性也更好。

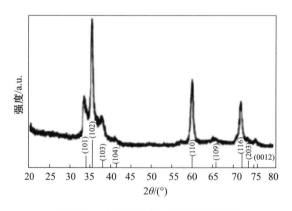

图 2-59　介孔 SiC 气凝胶的 XRD 图

为解决纯 SiC 气凝胶高温下发生氧化和强度较低的缺点，Kong 等使用一步溶胶-凝胶法合成了一种纤维强化的碳化硅气凝胶（FRSiCs）。该气凝胶中的碳化硅为 β-SiC，且含有由硅酸铝纤维转化而来的莫来石纤维，导热系数为 0.06～0.07W/(m·K)，在有氧环境下，可耐 1300℃ 高温。由不同 SiC 气凝胶的合成方法，可以总结出 SiC 气凝胶基本由 SiO_2 气凝胶经热处理得到，SiO_2 气凝胶的合成方式有很多种，但 SiC 气凝胶都是由 SiO_2 气凝胶和含有碳元素的碳源结合，然后对材料进行高温处理（碳热还原）得到 SiC 气凝胶。虽然 SiC 气凝胶合成方法很多，但是目前对 SiC 气凝胶的具体隔热性能和耐高温性能的研究测试较少。另外，由于 SiO_2 材料对氧的扩散有一定阻碍作用，为了改进材料的抗氧化性能，可以在材料表面烧结层致密的 SiO_2 氧化层从而保护 SiC 不在高温条件下被大气氧化。最后，可在气凝胶中掺杂纤维制备复合气凝胶材料来改善气凝胶的机械性能。

2.6.2.2 SiC 气凝胶结构、性能与应用

多孔碳化硅材料比 SiO_2 气凝胶具有更好的耐温性，具有较高的机械模量和高抗热震性，是优秀的结构陶瓷材料，在航空航天飞行器等极端环境下具有广阔的应用前景。而在吸附领域，Kong 等通过浸渍法和常压干燥工艺制备的氨基功能化的 SiC 气凝胶（AFSiCA）是一种新型的 CO_2 吸附剂。他们的氮气吸附测试表明，氨基功能化后的 SiC 气凝胶的比表面积和孔体积有明显下降，并且 AFSiCA 在含 1% CO_2 的混合气体中的吸附量可达 2.31mmol/g，而 AFSiCA 的吸附量经过 30 次吸附-脱附循环后没有明显衰减，表明 AFSiCA 具有优异的可再生性能，是一种优异的 CO_2 吸附材料。

2.6.3 SiOC 气凝胶

SiOC 材料最开始被研究用来制作成玻璃以取代传统的 SiO_2 玻璃。SiOC 材料是由 SiO_2 材料中的 O 部分被 C 取代而得到的，在这样的体系中，碳单质、SiO_2 和 SiC 同时存在。氧原子的 2 个价电子被碳原子所对应的 4 个价电子所取代，都可以形成化学键，从而增强结构强度，提高材料的机械性能和热稳定性，同时克服碳化物易被氧化和氧化物易发生烧结的缺点，SiOC 材料的热性能、机械性能、化学性质相比于传统的 SiO_2 材料优异，可以看成一种对于 SiO_2 材料很好的改性方法，也是制造力学性能优良的耐高温隔热材料的理想物质，并且由于气体敏感特性而被应用于气体传感器领域，所以 SiOC 材料在近 20 年来逐渐引起人们的重视。

2.6.3.1 SiOC 气凝胶的制备工艺

通常，SiOC 气凝胶是通过溶胶-凝胶过程制备的，该过程涉及含有 Si—C 键的聚合物前驱体的水解、缩合、干燥和热解。此外，在常温条件下合成的 SiOC 气凝胶大多具有较高的密度，无法制备出无裂纹的大尺寸整体材料。这些缺点严重阻碍了 SiOC 气凝胶在许多需要低密度和高比表面积整体材料的应用中的大规模使用，例如高温绝热体和催化载体。Wu 等通过溶胶-凝胶法结合超临界干燥制备了单片 SiOC 气凝胶，实验流程如图 2-60 所示。

高岩等也通过溶胶-凝胶技术在去离子水和无水乙醇共溶剂中制备了 SiOC 气凝胶，所选用的前驱体为 TEOS（正硅酸乙酯）和 MTMS（甲基三甲氧基硅烷）。使用两步法进行催化，首先在酸性条件下进行水解，然后在碱性条件下进行缩聚制备出 SiOC 气凝胶。

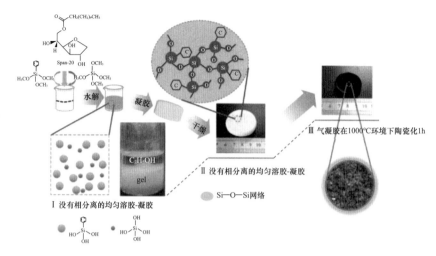

图 2-60　SiOC 气凝胶合成示意图

冯坚等采用正硅酸乙酯和二甲基乙氧基硅烷为原料，通过溶胶-凝胶、超临界干燥、1200℃裂解步骤制备纳米多孔的块状 SiOC 气凝胶，并用 TG-DTA、SEM 和 NMR 手段分析 SiOC 气凝胶的化学成分和结构。结果显示，1200℃裂解之后，气凝胶由白色变为黑色，它的密度为 0.3g/cm³，比表面积为 217m²/g。而霍阳阳等在 2015 年提出了一种掺杂了碳基和石英基骨架的复合 SiOC 气凝胶的制备方法，他们合成的碳基骨架气凝胶导热系数最低可达到 1200℃下 0.016W/(m·K)，同温度处理条件下表观密度为 0.317g/cm³。Feng 等在 2015 年以正硅酸乙酯和聚二甲硅氧烷作为硅源合成的 SiOC 气凝胶比表面积为 198.04m²/g，室温下导热系数仅为 0.027W/(m·K)，并最高可耐 1200℃以上高温。Assefa 等在 2016 年通过使用 HF 对 SiC 气凝胶进行酸侵蚀得到了比表面积 530m²/g、孔隙率为 0.649cm³/g 的 SiOC 气凝胶。Ma 等在 2017 年采用 VTES 和 TEOS 为原料进行溶胶-凝胶，并用环境干燥法代替了传统的超临界干燥法，简化了工艺流程，为大规模制造块状 SiOC 气凝胶创造了条件。

2.6.3.2　纤维增强 SiOC 气凝胶

1）纤维增强 SiOC 气凝胶制备

（1）SiOC 气凝胶前驱体溶胶的制备

基于溶胶-凝胶原理的前驱体转换法是制备 SiOC 气凝胶的常用工艺，MTMS、DMDES、TEOS 可以既是硅源又是碳源。在酸性环境下，前驱体发生水解反应，并且会生成大量的硅酸单体，在碱性环境下，硅酸单体和碳源发生缩聚反应，最后交联形成 SiOC 气凝胶。

前驱体转化法是将有机的前驱体，如聚硅氧烷（PSO）、聚碳硅烷（PCS）、聚硅氮烷（PSZ）转化成为无机陶瓷或者复合材料，比如 SiOC、SiC、SiCN、SiC/Si₃N₄ 等陶瓷的一种方法，同时可以通过加入活性填料或者惰性填料，实现了材料的组成、结构和性能等的可设计性。制备多孔陶瓷采用前驱体转化法有很多优点，如制备温度很低、陶瓷组成以及结构可控性都可以设计，对于复杂的构件更容易成型等。用于制备多孔陶瓷的众多前驱体中，聚硅氧烷价格低廉，同时制备的工艺简单，并且已经商业化了，所以应用较为广泛。聚硅氧烷经过高温裂解，产物主要是硅氧碳化物。

采用前驱体转换法制备 SiOC 气凝胶是因为在酸性条件下通过水解产生的前驱体，在高温裂解过程中会有大量的气体产生，可以通过控制前驱体的含量，从而调控气凝胶内部的气孔含量及大小，对于隔热材料而言，气孔的多少可以直接影响其隔热效果。同时，失重和密度增大可导致气凝胶的体积收缩较大。和通常所说的传统制备气凝胶的方法相比，前驱体转换法制备气凝胶有很多优点：

① 前驱体转换法制备 SiOC 气凝胶的处理温度很低，也可以说是能量消耗很低。传统的 SiOC 气凝胶制备的多孔材料，其高温裂解温度大约在 1100～1300℃，反而 SiOC 陶瓷前驱体的高温裂解温度是 800℃，可以节省很多能源。

② 不需烧结助剂。一般情况下，高温裂解过程中需要加入烧结助剂，而烧结助剂对材料的高温性能存在一定的负面影响，用前驱体转化法制备 SiOC 陶瓷材料，恰恰不需要加入烧结助剂。

③ 可以改变 SiOC 陶瓷前驱体分子结构，由于前驱体具有流变性能，可以利用这一性能，采用较低成本的塑性成型技术，如：注射成型、挤压成型、树脂传递模塑工艺、熔融纺丝等。

④ 分子的结构具有可设计性。利用有机合成方法设计出所需的分子组成和结构，通过控制前驱体的结构及组成设计，实现对 SiOC 陶瓷材料的组成、结构以及性能的设计。

⑤ 有利于纳米材料形成。纳米线、纳米管、纳米电缆、纳米针等这些都可以用前驱体转换法直接制备。利用前驱体转换法制备，在最后的 SiOC 陶瓷材料中可以直接生长这些纳米材料，从而获得分级的多孔材料，这可以提高多孔陶瓷材料的抗蠕变性、抗氧化性以及吸附性等。

⑥ 可以获得良好的加工性能。有些隔热材料应用时是需要复杂形状以及尺寸精度高的，而用前驱体转化法制备的 SiOC 陶瓷可以通过制备中间产品（这些中间产品密度低、强度低）满足这些加工需要。

在制备的过程中会发生化学反应，在此反应过程中，有两种催化剂：酸催化剂和碱催化剂。酸催化剂是盐酸，碱催化剂是氨水。在酸性环境下，以水解反应为主，在碱性环境下，以缩聚反应为主，主要是上一步的水解反应产物发生缩聚反应，这时反应的速度较快，要控制催化剂的用量，如果过多，凝胶过程过快，气凝胶会形成较大颗粒，强度会降低，如果用量过少，很长时间都不能凝胶，甚至不会凝胶，因此催化剂用量的把握很重要。

在酸性环境下，发生的主要反应是阴离子与水合质子对正硅酸乙酯、甲基三甲氧基硅烷、二甲基二乙氧基硅烷水解过程产生一定的影响。通常情况下，在酸性条件下，前驱体的水解过程可以分为两个过程：首先发生的反应主要是亲电进攻反应，过程是水合质子来进攻烷氧基团中的氧原子。在此溶液中亲核试剂有多种，但是水是浓度最大的，因此由水充当亲核试剂。其次进行亲核进攻反应，主要是阴离子和水分子对正硅酸乙酯、甲基三甲氧基硅烷、二甲基二乙氧基硅烷中的硅原子进攻。在酸性环境下，伴随着水解反应的进行，水解产物中 Si—OH 的数量不断增多，Si—OH 的吸电子效应会使得反应速度降低，从而阻止了水解反应的进一步进行。由于前驱体只有一部分水解，这样会使下一步参加缩聚反应的 Si—OH 键减少很多，从而影响缩聚反应的发生。此外，由于空间位阻效应的存在对反应有一定的影响，在发生缩聚反应后，让接下来的循环反应、水解反应及进一步缩聚反应有一定的困难。基于以上这两个原因，在酸性环境下，溶胶很容易形成并且结构稳定。

在碱性催化条件下，前驱体的水解反应机理是亲核反应，羟基进攻硅原子核。OH—带有一个负电荷并且离子半径很小，进攻更容易些，使反应的速度加快，水解反应更容易进行。在碱催化的过程中，反应速率加快，反应过程中形成短链，短链之间不断地交联，最后形成凝胶。

综上所述，可以总结出在中性环境中，亲核分子只有水分子，而水分子并不是最佳的选择，这时水解反应只能依靠其中微量的质子来进行催化反应。但是在酸性环境下，前驱体水解反应的速率是大于水解反应产物 Si—OH 缩聚反应的速率的，Si—OH 聚缩反应会形成很多分支的弱交联聚合物状凝胶。同时在碱性环境下，Si—OH 缩聚反应的速率要大于前驱体水解反应的速率，在一定程度上，形成的凝胶网络内部会有乙醇介质渗出，因此叫作醇凝胶。

SiOC 气凝胶主要制备过程为：将硅源、碳源与一部分醇溶剂混合，搅拌均匀，将另一部分醇溶液和去离子水、酸混合，搅拌均匀，再将搅拌均匀的两种溶液混合在一起，使其发生水解反应，继续搅拌一段时间，使反应充分；再加入碱催化，使水解产物在碱性条件下发生缩聚反应，得到含有 Si、C、O 三种元素的 SiOC 气凝胶前驱体溶胶网络结构；再经过高温裂解处理，可获得 SiOC 气凝胶。

（2）纤维增强 SiOC 基复合材料制备

① 混合：将所制备的 SiOC 气凝胶前驱体溶胶加入多孔纤维基体骨架中，使之与多孔纤维基体骨架混合，冷却到室温后形成凝胶，得到纤维与凝胶混合体；

② 老化：将所得纤维与凝胶混合体加入醇溶剂进行老化，醇溶剂加入量要能覆盖纤维与凝胶混合体表面；

③ 常压干燥：将老化的纤维与凝胶混合体进行常压干燥，得到 SiOC 气凝胶前驱体复合材料；

④ 高温裂解：将常压干燥后得到的 SiOC 气凝胶前驱体复合材料在惰性气氛保护下进行高温裂解，SiOC 气凝胶前驱体发生断键重排反应，最终生成具有 SiOC 无定形网络结构和游离碳结构的 SiOC 气凝胶隔热复合材料。

2）SiOC 气凝胶性能及应用

由于 SiOC 气凝胶的结构特征，使其具有很多功能特性，因此纤维增强 SiOC 气凝胶的应用也较广泛，主要应用方面如下。

（1）电化学应用

在电学方面，SiOC 气凝胶具有低介电常数、高比表面积、高介电强度等特性，可用在超级电容器、超级介电常数电极中。鉴于 SiOC 气凝胶的优异性能，可以作为电极材料使用。由于锂离子电池应用较广，因此锂离子电池是研究的重点，而 SiOC 气凝胶的众多优点使其成为最有潜力的电池材料，在未来电池、电极方向可作为重点研究

（2）储氢以及吸附的应用

储氢材料的要求较高，要同时具有比表面积较高、孔洞较多等，由于 SiOC 气凝胶具有较好的孔隙率、高比表面积、粒子颗粒均匀等，可用于催化剂、吸附剂、储能材

料、含能材料等。研究结果表明，在一定的条件下，SiOC 气凝胶具有较高的比表面积，其储氢能力非常高，SiOC 气凝胶可作为储氢材料。SiOC 气凝胶有选择吸附性，因此可应用这一特性。

（3）隔热材料应用

随着新型航天飞行器和导弹技术的发展，飞行器和导弹的飞行马赫数更高、飞行时间更长，导致气动加热日益严重，为保证飞行器和导弹内部元器件正常工作，需要对其进行有效的热防护。为满足热防护系统的需求，需要一种新型耐高温、轻质、高效隔热复合材料。SiO₂ 气凝胶是一种研究最广泛的高性能隔热材料，但耐温性有限，在 650℃以上收缩较大。SiOC 材料具有较高的热稳定性和力学性能，主要原因是 Si—C 键形成的 CSi₄ 四面体结构对整个网络结构起到支撑作用。在热学方面，由于 SiOC 气凝胶是较好的绝热材料，耐高温、透明、轻质等特性，可用于节能材料、保温隔热材料等。现在已经研究出的耐温性最好的是碳气凝胶，碳气凝胶在高温 2800℃、惰性气氛下仍然可以保持其介孔的结构。因此 SiOC 气凝胶有希望成为耐超高温高性能隔热材料新一代的代表，主要应用在需要承受高温的航天飞行器以及航天飞行器的热防护系统中。

SiOC 气凝胶还具有较低的密度，可用于 ICF 以及 X 光激光靶。在声学方面，由于其低声速，可用于声阻抗耦合材料、测速仪、吸声材料等。在光学方面，SiOC 气凝胶具有低折射率、多组分、透明性好等特点，可用于光导纤维、cherenkov 探测器。同时 SiOC 气凝胶还具有弹性好、强度好的特性，可用于能量吸收剂、粒子捕获剂等。

（4）传感器

SiOC 气凝胶由于其对气体敏感反应，未来在气体传感器领域也会有长远的发展，Karakuscu 等通过研究碳氧化硅（SiOC）气凝胶的制备和研究，发现在 1400℃下其比表面积为 $150m^2/g$，孔径在 2～20nm 范围内，并且在 300℃下 SiOC 传感器对 NO₂ 表现出了良好的响应；在 400℃时对 NO₂ 感应完全消失，并且逐渐对 H₂ 开始有一定响应，在 500℃达到最佳；SiOC 传感器非常具有选择性，在很高的浓度下它对丙酮蒸气或 CO 等其他气体不敏感，这也证明了 SiOC 气凝胶在气体传感器方向的发展前景非常优异。SiOC 气凝胶在其他领域的应用仍有待开发。

参考文献

[1] PRADIP B S, JONG-KILL K, ASKWAR H, et al. Influence of aging conditions on textural properties of water-glass-based silica aerogels prepared at ambient pressure [J]. Korean Journal of Chemical Engineering, 2010, 27 (4): 1301-1309.

[2] STROM R A, SMOUDI M A, PETERMANN G, et al. Strengthening and aging of wet silica gels for up-scaling of aerogel preparation [J]. Sol-Gel Sci Techn, 2007, 41: 291-298.

[3] SARAWADE P B, KIM R K, HILONGA R, et al. Influence of aging conditions on textural properties of water-glass-based silica aerogels prepared at ambient pressure [J]. Korean Journal of Chemical Engineering, 2010, 27 (4): 1301-1309.

[4] 马利国, 孙艳荣, 李东来, 等. 二氧化硅气凝胶硅源选择的研究进展 [J]. 无机盐工业, 2020, 52 (8): 11-16.

[5] 罗凤钻，吴国友，邵再东，等. 常压干燥制备疏水 SiO_2 气凝胶的影响因素分析 [J]. 材料工程，2012 (3)：32-37，60.

[6] MALEKI H, DURAES L, PORTUGAL A. An overview on silica aerogels synthesis and different mechanical reinforcing strategies [J]. Journal of Non-Crystalline Solids，2014，(385) 55-74.

[7] SCHWERTFEGER F, FRANK D, SCHMIDT M. Hydrophobic waterglass ba sed aerogels without solvent exchange or supercritical drying [J]. Journal of Non-Crystalline Solids，1998，225 (1)：24-29.

[8] YANG R, WANG X, ZHANG Y, et al. Facile synthesis of meso-porous silica aerogels from rice straw ash-based biosilica via freeze-drying [J]. Bio Resources，2019，14 (1)：87-98.

[9] TERZIOGLU P, TEME T M, IKIZLER B K, et al. Preparation of nanoporo us silica aerogel from wheat husk ash by ambient pressure drying process for the adsorptive removal of lead from aqueous solution [J]. Journal of Bioprocessing & Biotechniques，2018，8 (1)：1-6.

[10] 任富建，杨万吉，张蕊，等. 疏水二氧化硅气凝胶的常压制备及性能研究 [J]. 无机盐工业，2015，47 (10)：38-40.

[11] WAGH P B, BEGAG R, PAJONK G M, et al. Comparison of some physical properties of silica aerogel monoliths synthesized by different precursors [J]. Materials Chemistry & Physics，1999，57 (3)：214-218.

[12] ZHAO X, WANG Y, LUO J, et al. The influence of water content on the growth of the hybrid-silica particles by sol-gel method [J]. Silicon，2020，13 (10)：1-9.

[13] 倪文，张大陆. SiO_2 气凝胶制备过程中缩裂问题的研究 [J]. 河南化工，2005 (1)：9-11.

[14] STRØM R A, MASMOUDI Y, RIGACCIi A, et al. Strengthening and aging of wet silica gels for up-scaling of aerogel preparation [J]. Journal of Sol-Gel Science and Technology，2007，41 (3)：291-298.

[15] 胡科. 共前驱体、老化条件和超声对 SiO_2 气凝胶结构与性能影响 [D]. 长沙：中南大学，2013.

[16] KIM G S, HYUN S H, PARK H H. Synthesis of low-dielectric silica aerogel films by ambient drying [J]. American Ceramic Society，2001，84 (2)：435-455.

[17] 范龄元，张梅，郭敏. 二氧化硅气凝胶的制备、氨基改性及低温吸附 CO_2 性能研究进展 [J]. 材料导报，2022，36 (15)：5-12.

[18] GURAV L J, RAO V A, NADARGI Y D, et al. Ambient pressure dried TEOS-based silica aerogels: good absorbents of organic liquids [J]. Journal of Materials Science，2010，45 (2) 503-510.

[19] 王娟，陈玲，徐建国，等. SiO_2 气凝胶薄膜的介电性能 [J]. 新技术新工艺，2008 (6)：91-93，3.

[20] 王逸飞，王亚涛，王新承，等. SiO_2 气凝胶负载过渡金属氧化物催化分解 N_2O 的研究 [J]. 现代化工，2022，42 (9)：134-140.

[21] RAJANNA S K, KUMAR D, VINJAMUR M, et al. Silica aerogel microparticles from rice husk ash for drug delivery [J]. Industrial & Engineering Chemistry Research，2015，54 (3)：949-956.

[22] 景晓锋，郭辉. 二氧化硅气凝胶绝热毡的应用及性能分析 [J]. 齐鲁石油化工，2019，47 (3)：178-181.

[23] 李伟胜，赵苏，吕毅涵. 二氧化硅气凝胶在反射隔热涂料中的应用 [J]. 电镀与涂饰，2020，39 (6)：316-322.

[24] AN Z, YE C, ZHANG R, et al. Multifunctional $C/SiO_2/SiC$-based aerogels and composites for thermal insulators and electromagnetic interference shielding [J]. Journal of Sol-Gel Science and Technology，2019，89 (3)：623-633.

［25］胡银，张和平，黄冬梅，等．柔韧性块体疏水二氧化硅气凝胶的制备及表征［J］．硅酸盐学报，2013，41（8）：1037-1041．

［26］孔令汉，余婷婷，詹建波，等．二甲基硅油/硅溶胶共前驱体法制备二氧化硅气凝胶微球［J］．化工大学学报（自然科学版），2020，47（05）：69-75．

［27］曹继杨，王国建．水玻璃法 SiO₂ 气凝胶的制备及其疏水改性［J］．化工新型材料，2016，44（10）：213-215．

［28］卢斌，孙俊艳，魏琪青，等．酸种类对以硅溶胶为原料、常压制备的 SiO₂ 气凝胶性能的影响［J］．硅酸盐学报，2013，41（2）：153-158．

［29］ANDERSON A M，CARROLL M K，GREEN E C，et al. Hydrophobic silica aerogels prepared via rapid supercritical extraction［J］. Sol-Gel Science and Technology，2010，53（2）：199-207．

［30］林玲，李子银，冒海燕，等．基于疏水改性常压干燥法制备介孔块状 SiO₂ 气凝胶［J］．化学研究，2020，31（3）：223-228．

［31］刘静，李跃，李逸云，等．改性 SiO₂ 气凝胶用于改善渭河咸阳段重金属吸附性能研究［J］．咸阳师范学院学报，2020，35（2）：40-43．

［32］EL-SHAHIDY M M，SHALABY A S A，EL-SHELTAWY S T. Oil spills clean-up by super hydrophobic organo-modified silica aerogel monoliths treated by different solvents in ambient condition［J］. Materials Research Express，2019，6（10）：105546．

［33］王文琴，张志华，祖国庆，等．添加三甲基乙氧基硅烷制备耐高温硅/铝复合气凝胶［J］．无机化学学报，2016，32（1）：117-123．

［34］HORIUCHI T，OSAKI T，SUGIYAMA T，et al. Maintenance of large surface area of alumina heated at elevated temperatures above 1300℃ by preparing silica-containing pseudoboehmite aerogel［J］. Non-Cryst. Solids，2001，291：187-198．

［35］何飞．SiO₂ 和 SiO₂-Al₂O₃ 复合干凝胶超级隔热材料的制备与表征［D］．哈尔滨：哈尔滨工业大学，2006．

［36］冯坚，高庆福，武纬，等．硅含量对 Al₂O₃-SiO₂ 气凝胶结构和性能的影响［J］．无机化学学报，2009，25（10）：1758-1763．

［37］ARAVIND P R，MUKUNDAN P，PILLAI P K，et al. Mesoporous silica-alumina aerogels with high thermal pore stability through hybrid sol-gel route followed by subcritical drying［J］. Microporous and Mesoporous Materials，2006，96（1/2/3）：14-20．

［38］巢雄宇，袁武华，石清云，等．SiO₂ 掺杂 Al₂O₃ 气凝胶改性研究［J］．现代技术陶瓷，2017，38（2）：114-121．

［39］张勇，高相东，姚佳祺，等．SiO₂-Al₂O₃ 气凝胶及纤维增强复合材料制备技术研究进展［J］．材料导报，2022，36（23）：57-65．

［40］陈娜，严云，胡志华．用粉煤灰制备 SiO₂-Al2O₃ 气凝胶的研究［J］．武汉理工大学学报，2011，33（2）：37-41．

［41］冯坚，赵南，姜勇刚，等．以正硅酸乙酯和二甲基二乙氧基硅烷为先驱体制备 Si—C—O 气凝胶及其表征（英文）［J］．稀有金属材料与工程，2012（S3）：458-461．

［42］关强，陈萌．公路水泥混凝土路面喷涂纳米 TiO₂ 净化机动车排放污染物研究［J］．公路交通科技，2009，26（3）：154-158．

［43］陈雨，鄂磊，庄秋婷，等．热处理温度对 TiO₂-SiO₂ 复合气凝胶形貌、结构与性能的影响［J］．天津城建大学学报，2021，27（3）：168-172．

［44］查冰杰，秦诚诚，周军丹，等．TiO₂/SiO₂ 复合气凝胶的制备分析［J］．广东化工，2016，43（10）：30-31．

[45] 刘红，王小华，王翠，等 . TiO₂/SiO₂复合光催化剂制备工艺参数优化及其表征 [J]. 武汉科技大学学报，2012，35（4）：276-280.

[46] 李兴旺，赵海雷，吕鹏鹏，等 . TiO₂-SiO₂复合气凝胶的常压干燥制备及光催化降解含油污水活性 [J]. 北京科技大学学报，2013，35（5）：651-658.

[47] 梁文珍，王慧龙，姜文凤 . 太阳光下 TiO₂/SiO₂气凝胶复合光催化剂光催化降解 2,4-二硝基酚 [J]. 环境科学学报，2011，31（6）：1162-1167.

[48] 徐海珣 . 硅基复合气凝胶的制备及其应用基础研究 [D]. 大连：大连理工大学，2011.

[49] 赵俊川，丁新更，孟成，等 . SiO₂-ZrO₂气凝胶的制备及其对铈的吸附性能研究 [J]. 稀有金属材料与工程，2016，45（S1）：266-270.

[50] 邹文兵，沈军，祖国庆，等 . 耐高温 ZrO₂/SiO₂复合气凝胶的制备及表征 [J]. 南京工业大学学报（自然科学版），2016，38（2）：42-46.

[51] 甘礼华，李光明，岳天仪，等 . 超临界干燥法制备 Fe₂O₃-SiO₂气凝胶 [J]. 物理化学学报，1999（7）：588-592.

[52] 魏巍，高金荣，韩合坤，等 . Fe₃O₄-SiO₂复合气凝胶的制备及其对刚果红的吸附 [J]. 化工环保，2016，36（3）：278-282.

[53] 刘盼盼，贾振新，吕军军，等 . 有机-无机复合气凝胶研究进展 [J]. 化学通报，2019，82（10）：867-877.

[54] PARALE G V，LEE K，JUNG H，et al. Facile synthesis of hydrophobic，thermally stable，and insulative organically modified silica aerogels using co-precursor method [J]. Ceramics International，2018，44（4）：3966-3972.

[55] YUN S，LUO H，GAO Y F，et al. Low-density，hydrophobic，highlyflexible ambient-pressure-dried monolithic bridged silsesquioxane aerogels [J]. Materials Chemistry A，2015，3（7）：3390-3398.

[56] ZOU F X，YUE P，ZHENG X H，et al. Robust and superhydrophobic thiourethane bridged polysilsesquioxane aerogels as potential thermal insulation materials [J]. Materials Chemistry，2016，4（28）：10801-10805.

[57] NGUYEN B N，MEADOR M A B，MEDOROA E T，et al. Tailoring elastic properties of silica aerogels cross-linked with polystyrene [J]. ACS Appl Mater Interfaces，2010；2（5）：1430-1443.

[58] ZU G Q，SHIMIZU T，KANAMORI K，et al. Transparent，superflexible doubly cross-linked polyvinylpolymethylsiloxane aerogel superinsulators via ambient pressure drying [J]. ACS Nano，2018，12（1）：521-532.

[59] ZHANG J，CHENG Y，TEBYETEKERWA M，et al. "Stiff-soft" binary synergistic aerogels with superflexibility and high thermal insulation performance [J]. Advanced Functional Materials，2019，29（15）：1806407.

[60] BANGI U K H，DHERE S，RAO A V. Influence of various processing parameters on water-glass-based atmospheric pressure dried aerogels for liquid marble purpose [J]. Mate Sci，2010，45（11）：2944-2951.

[61] WANG Y，CHENG H F，Wang J. Effects of the single layer CVD SiC interphases on mechanical properties of mullite fiber-reinforced mullite matrix composites fabricated via a sol-gel process [J]. Ceramics International，2014，40（3）：4707-4715.

[62] SHAO Z，HE X，NIU Z，et al. Ambient pressure dried shape-controllable sodium silicate based composite silica aerogel monoliths [J]. Materials Chemistry & Physics，2015，162：346-353.

[63] WU X，SHAO G，SHEN X，et al. Evolution of the novel C/SiO₂/SiC ternary aerogel with high

specific surface area and improved oxidation resistance [J]. Chemical Engineering Journal，2017，330：1022-1034.

[64] LIAO Y，WU H，DING Y，et al. Engineering thermal and mechanical properties of flexible fiber-reinforced aerogel composites [J]. Journal of Sol-Gel Science and Technology，2012，63（3）：445-456.

[65] KIM C Y，LEE J K，KIM B I. Synthesis and pore analysis of aerogel glass fiber composites by ambient drying method [J]. Colloids & Surfaces A Physicochemical & Engineering Aspects，2008，313（1）：179-182.

[66] SANOSH P K，EHSAN U H，ATONIO L. Synthesis of silica cryogel-glass fiber blanket by vacuum drying [J]. Ceramics International，2016，42（6）：7216-7222.

[67] ZHOU T，CHENG X，PAN Y，et al. Mechanical performance and thermal stability of glass fiber reinforced silica aerogel composites based on co-precursor method by freeze drying [J]. Applied Surface Science，2018，437321-437328.

[68] 杨杰，李树奎. 玻璃纤维增强气凝胶的动态力学性能及其破坏机理 [J]. 材料研究学报，2009，23（5）：524-528.

[69] 石小靖. 玻璃纤维增韧 SiO_2 气凝胶隔热材料制备研究 [D]. 合肥：中国科学技术大学，2016.

[70] 张明灿. 二氧化硅气凝胶制备建筑保温隔热材料 [J]. 中国建材科技，2012，21（5）：31-34.

[71] 董志军，李轩科，袁观明. 莫来石纤维增强 SiO_2 气凝胶复合材料的制备及性能研究 [J]. 化工新型材料，2006（7）：58-61.

[72] 高庆福，张长瑞，冯坚，等. 氧化硅气凝胶隔热复合材料研究进展 [J]. 材料科学与工程学报，2009，27（2）：302-306，228.

[73] 郭玉超，马寅魏，石多奇，等. 莫来石纤维增强 SiO_2 气凝胶复合材料的力学性能试验 [J]. 复合材料学报，2016，33（6）：1297-1304.

[74] 王非，胡子君，陈晓红，等. 莫来石纤维增强疏水 SiO_2 气凝胶的制备 [J]. 宇航材料工艺，2009，39（1）：35-37.

[75] 蒋颂敏，段小华，王晓欢，等. 硅酸铝纤维增强 SiO_2 气凝胶复合材料的力学与隔热性能研究 [J]. 玻璃钢/复合材料，2018（5）：79-83.

[76] 王宝民，马海楠. 聚合物改性兼纳米碳纤维掺杂的 SiO_2 气凝胶及其制法：CN105236426A [P]，2016.

[77] SLOSARCZYKA. Carbon fiber—silica aerogel composite with enhanced structural and mechanical properties based on water glass and ambient pressure drying [J]. Nanomaterials，2021，11（2）：258.

[78] 毕文彦，王明亮，王秋芬，等. 石墨烯和碳纳米管对 SiO_2 气凝胶负极材料的改性 [J]. 河南师范大学学报（自然科学版），2020，48（2）：73-79.

[79] 张潇，彭瑜洲，李朝宇，等. 碳纳米管/SiO_2 气凝胶对水溶液中甲苯的吸附性能 [J]. 天津科技大学学报，2018，33（3）：51-56.

[80] LEVENTIS N，SADEKAR A，CHANDRASEKARAN N，et al. Click synthesis of monolithic silicon carbide aerogels from polyacrylonitrile-coated 3D silica networks [J]. Chemistry of Materials，2010，22（9）：2790-2803.

[81] 孔勇，沈晓冬，崔升，等. 以 RF/SiO_2 复合气凝胶为前驱体制备介孔 α-SiC [J]. 无机化学学报，2012，28（10）：2071-2076.

[82] YIM T J，SUN Y K，YOO K P. Fabrication and thermophysical characterization of nano-porous silica-polyurethane hybrid aerogel by sol-gel processing and supercritical solvent drying technique

[J]. Chemical Engineering，2002，19（1）：159-166.

[83] 熊刚，陈晓红，吴文军，等. 柔韧性二氧化硅气凝胶的研究进展 [J]. 硅酸盐通报，2010，29（5）：1079-1085.

[84] DIASCORN N，CALAS S，SALLEE H，et al. Polyurethane aerogels synthesis for thermal insulation-textural，thermal and mechanical properties [J]. Supercritical Fluids，2015，106：76-84.

[85] BHUIYAN M R，WANG L，SHAID A，et al. Polyurethane-aerogel incorporated coating oncotton fabric for chemical protection [J]. Progress in Organic Coatings，2019，131：100-110.

[86] DOURBASH A，BURATTI C，BELLONI E，et al. Preparation and characterization of polyure-thane/silica aerogel nanocomposite materials [J]. Applied Polymer Science，2017，134（8）.

[87] MAHADIKD B，LEE K Y，GHORPADE R V，et al. Superhydrophobic and compressible silica-polyHIPE covalently bonded porous networks via emulsion templating for oil spill cleanup and recovery [J]. Scientific Reports，2018，8（1）：16783.

[88] JIAN J，XIN S，PINNAVAIA T J. Mesostructured silica for the reinforcement and toughening of rubbery and glassy epoxy polymers [J]. Polymer，2009，50（4）：983-9.

[89] GE D，YANG L，LI Y，et al. Hydrophobic and thermal insulation properties of silica aerogel/epoxy composite [J]. Non-Crystalline Solids，2009，355（52-54）：2610-2615.

[90] 高淑雅，孔祥朝，吕磊，等. 环氧树脂增强 SiO_2 气凝胶复合材料的制备 [J]. 陕西科技大学学报（自然科学版），2012，30（1）：4-6，10.

[91] REWATKAR M P，TAHEREH T，MALIK A S，et al. Sturdy，monolithic SiC and Si_3N_4 aerogels from compressed polymer-cross-linked silica xerogel powders [J]. Chemistry of Materials，2018，30（5）：1635-1647.

[92] KONG Y，SHEN X，CUI S，et al. Preparation of monolith SiC aerogel with high surface area and large pore volume and the structural evolution during the preparation [J]. Ceramics International，2014，40（6）：8265-8271.

[93] SU L，LING M Z，WANG H G，et al. Resilient sisub3/subNsub4/sub nanobelt aerogel as fire-resistant and electromagnetic wave-transparent thermal insulator.［J]. ACS Applied Materials Interfaces，2019，11（17）：15795-15803.

[94] 高岩. SiOC 气凝胶/柔性陶瓷纤维复合材料的制备及其性能研究 [D]. 哈尔滨：哈尔滨工业大学，2017.

[95] 郁可葳，锁浩，崔升，等. 耐高温碳化物气凝胶隔热材料的研究进展 [J]. 现代化工，2018，38（3）：47-51，53.

[96] 霍阳阳. Si—O—C 气凝胶/刚性多孔纤维复合材料的制备及其性能研究 [D]. 哈尔滨：哈尔滨工业大学，2015.

[97] FENG J，XIAO Y，JIANG Y，et al. Synthesis，structure，and properties of silicon oxycarbide aerogels derived from tetraethylortosilicate/polydimethylsiloxane ［J]. Ceramics International，2015，41（4）：5281-5286.

[98] ASSEFA D，ZERA E，CAMPOSTRINI R，et al. Polymer-derived SiOC aerogel with hierarchical porosity through HF etching [J]. Ceramics International，2016，42（10）：11805-11809.

[99] MA J，YE F，LIN S，et al. Large size and low density SiOC aerogel monolith prepared from trie-thoxyvinylsilane/tetraethoxysilane [J]. Ceramics International，2017，43（7）：5774-5780.

[100] 沙艳宇. 碳纤维表面 Si—C—O 抗氧化性改性研究 [D]. 哈尔滨：哈尔滨工业大学，2016.

[101] KARAKUSCU A，PONZONI A，ARAVIND P R，et al. Gas sensing behavior of mesoporous SiOC glasses [J]. American Ceramic Society，2013，96（8）：2366.

3 非硅基氧化物气凝胶制备、性能及应用

3.1 Al₂O₃气凝胶

Al₂O₃是一种高硬度的化合物，熔点为2054℃，沸点为2980℃，是在高温下可电离的离子晶体，常用于制造耐火材料。

Al₂O₃气凝胶是一种新型的耐高温纳米多孔材料，具备优异的高温热稳定性。其最早由美国的Yoldas以金属有机化合物仲丁醇铝作为前驱体制备所得，具有低密度、低导热系数、高强度以及热稳定性强等优点，在更小的质量、更小的体积下能达到等效的隔热效果，在高温隔热材料领域具有广阔的应用前景，例如航空航天领域的高温隔热材料等。同时具有高孔隙率、高比表面积和开放的织态结构，在高温催化剂领域具有潜在的应用价值，被广泛应用于石油化工热裂解、汽车尾气催化系统、热电动机等高温环境的催化剂或催化剂系统。下面将对Al₂O₃气凝胶的制备工艺、结构性能及应用等方面做简单的介绍。

3.1.1 Al₂O₃气凝胶制备方法

目前，氧化铝凝胶的常用制备方法是采用溶胶-凝胶的合成方式来实现，这是一种较为成熟且便于操作的合成方法，其最大的优势在于易获得较为均匀的三维纳米网络结构，尤其是在多种反应物共同存在的条件下。随着技术的不断进步，氧化铝气凝胶的制备方法也不断得到创新和改进。

氧化铝气凝胶制备一般需要三个步骤：第一步是溶胶-凝胶法制备多孔三维网络凝胶结构的溶胶-凝胶过程（氧化铝湿凝胶的制备）；第二步是通过老化提高Al₂O₃湿凝胶的骨架强度（老化）；第三步是湿凝胶的干燥过程。对于氧化铝气凝胶的制备，按照铝源种类的不同主要可分为有机铝盐法和无机铝盐法两种。图3-1为氧化铝气凝胶的制备过程。

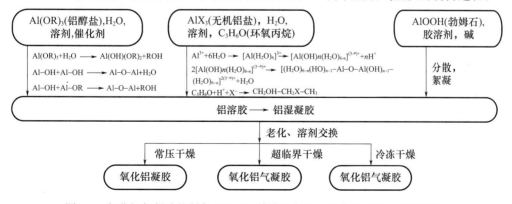

图3-1 氧化铝气凝胶的制备过程（R代表烷氧基，X代表氯离子等阴离子）

3.1.1.1 有机醇盐法

通过有机醇铝盐制备氧化铝溶胶，其原料主要是仲丁醇铝和异丙醇铝。首先，通过铝盐的水解反应形成具有 Al—OH 结构的羟基化过程，使羟基脱水或使羟基和烷氧基脱水脱醇，最后形成三维网络骨架，通过缩聚形成结构。根据铝盐水解过程中含水量的不同，可分为聚合法和颗粒法。

（1）聚合法：通常通过添加少量水来控制烷氧基铝的水解反应，从而使水解反应的产物可以直接进行聚合反应，并且溶液通过化学键交联以形成网络结构，并且溶液直接转化为稳定的溶胶。其制备过程主要是以铝醇盐为前驱体，异丙醇或乙醇为溶剂，按照合适摩尔比配制溶胶，同时加热促进其水解过程，制备得到无沉淀透明的溶胶，最后加入一定胶溶剂，如醋酸、硝酸等促进其缩聚，就可获得稳定的铝溶胶。

（2）颗粒法：通常是指在过量的水中来对铝盐进行水解，生成较大的沉淀物质，通过加入酸或者碱等电解物质作为胶溶剂，最后经胶溶过程使沉淀物质表面吸附活性离子形成双电层结构，在静电力的相互作用下形成较稳定的铝溶胶。对于颗粒法，水的摩尔比通常远高于铝醇盐水解过程所需要的化学计量比，所以水解较为充分，容易形成粒子溶胶，反应体系中存在固液两相系统，在热力学上较不稳定。颗粒法制备得到的氧化铝气凝胶通常为较小块体或粉末，其原因是制备过程中采用过量的水，形成的 γ-AlOOH 易溶于水，最后只有当水分被蒸发完或被有机溶剂分解完才能凝胶，其网络结构较为不稳定，所以容易形成粉末，且制备的周期较长。

3.1.1.2 无机铝盐法

利用较为廉价的无机铝盐代替有机铝盐来制备氧化铝气凝胶，通常其制备过程包含：无机铝盐在氨水溶液中水解；水解沉淀物的洗涤；水解沉淀物的重新溶解分散，最终形成澄清透明的铝溶胶。该方式相对于有机铝盐法优势在于成本低廉，缺点在于制备周期长，过程复杂，制备出的气凝胶容易粉末化，同时性能参差不齐。

张晓康等以乙酰乙酸接枝聚乙烯醇为模板剂和分散剂，环氧丙烷为凝胶引发剂，以六水氯化铝（$AlCl_3 \cdot 6H_2O$）为原料制备了一种新型的块状氧化铝气凝胶。徐子颉等以无机铝盐九水合硝酸铝 $Al(H_2O)_9(NO_3)_3$ 为前驱体，通过溶胶-凝胶法制备，经老化对凝胶进行常压干燥，得到乳白色、半透明、轻质、块状氧化铝气凝胶；为使凝胶孔径分布趋向均匀，添加环氧丙烷为凝胶网络诱导剂；使用正硅酸乙酯的乙醇溶液浸泡凝胶，减少因孔洞内羟基间的脱水缩合形成的张力，正硅酸乙酯间的聚合成链起到骨架支撑作用，大大提高了凝胶的结构强度，实现了常压干燥制备块状氧化铝气凝胶。Xu 等将九水合硝酸铝溶解在乙醇溶液中，添加网络诱导剂环氧丙烷，在常压条件下干燥得到了白色、轻质、块状的 Al_2O_3 气凝胶。采用无机盐为原料较以有机盐为原料，所得凝胶纯度低，但是原料廉价、制备过程短、工艺过程简单，便于实现工业化。孙雪峰等以 $AlCl_3 \cdot 6H_2O$ 为原料，添加 $Sr(NO_3)_2$，通过溶胶-凝胶法并结合超临界干燥技术制备了氧化铝气凝胶。氧化铝气凝胶工艺流程如图 3-2 所示。

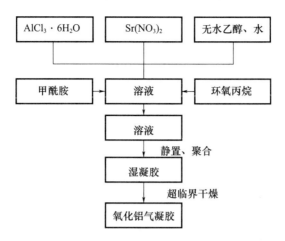

图 3-2 氧化铝气凝胶工艺流程图

Baumann 等以环氧丙烷为网络凝胶诱导剂，分别以 $Al(NO_3)_3 \cdot 9H_2O$ 和 $AlCl_3 \cdot 6H_2O$ 为前驱体，通过超临界干燥成功制备了块状氧化铝气凝胶。使用 $Al(NO_3)_3 \cdot 9H_2O$ 为前驱体时，其微观结构由直径约为 5～15nm 的相互连接的球形颗粒组成；使用 $AlCl_3 \cdot 6H_2O$ 为前驱体时，具有拟网状勃姆石纤维的网状结构，长度约为 2～5nm。图 3-3 为 $AlCl_3 \cdot 6H_2O$ 和 $Al(NO_3)_3 \cdot 9H_2O$ 两种前驱体的 TEM 图。

(a) (b)

图 3-3 不同前驱体制备氧化铝气凝胶 TEM 图
(a) $Al(NO_3)_3 \cdot 9H_2O$ 为前驱体；(b) $AlCl_3 \cdot 6H_2O$ 为前驱体

3.1.1.3 粉体分散法

此外，也有研究学者们利用粉体分散制备得到溶胶。粉体分散法可采用勃母石粉体为原料，在某一温度下经水解即可得到溶胶，该方法成本低廉、易于实现工业化，但是得到的产品纯度以及品质较差。表 3-1 列出了三种方法的优缺点对比，有机原料法制备的气凝胶粒度分布均匀、产品纯度高、性能优越，但其制备工艺参数复杂难控、原料昂贵且易制毒；无机原料法原料廉价易得、工艺过程简单、便于实现工业化，但其产品纯度相对较低；粉体分散法原料廉价、工艺简单，但产品的纯度低、性能不佳。因此，具体采用哪种前驱体制备方法，视实际情况具体分析而定。

表 3-1　三种前驱体制备方法优缺点对比

制备方法	优点	缺点
有机醇盐法	粒度分布均匀、产品纯度高、性能优越	工艺参数复杂难控、原料昂贵且易制毒
无机铝盐法	原料廉价易得、工艺过程简单、便于实现工业化	产品纯度相对较低
粉体分散法	原料廉价易得、工艺简单	产品纯度低、性能不佳

下面将对其气凝胶制备工艺过程做简单介绍。

3.1.2　Al_2O_3气凝胶工艺流程

3.1.2.1　溶胶-凝胶

（1）有机金属醇盐原料法

以有机金属醇盐作为前驱体制备 Al_2O_3 气凝胶是目前最为常用的方法，其制备的气凝胶网络结构稳定、质量性能好，但这种制备方法成本较高。与硅气凝胶的制备原理一致，Al_2O_3 湿凝胶也需经历水解［式（3-1）］、缩聚［式（3-2）］过程形成凝胶，其反应式为：

$$Al(OR)_3 + 3H_2O \longrightarrow Al(OH)_3 + 3HOR \tag{3-1}$$

$$Al(OR)_3 + Al(OH)_3 \longrightarrow Al_2O_3 + 3HOR \tag{3-2}$$

$$Al(OH)_3 \longrightarrow Al_2O_3 + 3H_2O \tag{3-3}$$

其中常用的有机金属醇盐有仲丁醇铝、异丙醇铝等。铝醇盐、溶剂、催化剂等混合后水解缩聚形成湿凝胶，其内部形成的三维网状骨架结构将失去流动性的溶剂保留在孔洞中，待后续干燥除去即可形成氧化铝气凝胶。

由于有机金属醇盐中铝的反应活性较高，因此通常在反应中加入螯合剂来控制其凝胶过程，例如乙酸、乙酰乙酸乙酯等。加入螯合剂能够有效地延缓铝醇盐的水解和缩聚速率，但同时也降低了其凝胶的聚合程度，使其制备的 Al_2O_3 气凝胶强度降低，极易发生碎裂。Zu 等利用丙酮和苯胺成功地替代了螯合剂来控制水解及缩聚的反应速率，避免了螯合剂对凝胶强度的影响，同时将 Al_2O_3 气凝胶的热稳定性提高到 1300℃。

有机金属醇盐原料法虽然能够制备纯度高、粒度分布均匀的气凝胶，但有机金属醇盐成本较高，同时其反应过程中水解缩聚速率难以控制，通常需加入螯合剂等来进行调控，目前还有较大的发展空间。

（2）无机盐原料法

鉴于有机金属醇盐原料法原料高昂，目前 Al_2O_3 气凝胶也较多采用价格低廉的无机铝盐作为前驱体来制备，但是所制备的 Al_2O_3 气凝胶颗粒及孔径都较大，热稳定性差。目前常用的无机铝盐前驱体为 $AlCl_3 \cdot 6H_2O$ 和 $Al(NO_3)_3 \cdot 9H_2O$。2001 年，Alexander E. Gash 等提出以环丙烷作为凝胶诱导剂，发现其可以促进金属离子盐溶液快速凝胶，极大地推动了无机盐法合成 Al_2O_3 气凝胶。此后许多研究工作开始采用 $AlCl_3 \cdot 6H_2O$ 和 $Al(NO_3)_3 \cdot 9H_2O$ 作为前驱体，环氧丙烷作为凝胶剂来制备 Al_2O_3 气凝胶，其性能可媲美有机金属醇盐原料法制备的 Al_2O_3 气凝胶。其凝胶过程的反应如式（3-4）和式（3-5）所示：

$$\mathrm{Al^{3+}} + n(\mathrm{H_2O}) \longrightarrow [\mathrm{Al(H_2O)}_n]^{3+} \longrightarrow [\mathrm{Al(OH)}_x(\mathrm{H_2O})_{n-x}]^{(3-x)+} + x\mathrm{H^+}$$

$$(3\text{-}4)$$

$$(3\text{-}5)$$

3.1.2.2 湿凝胶的老化

当溶胶达到凝胶点时，一般认为胶体的缩聚反应已经完成。但实际情况远非如此，凝胶点仅表示聚合的凝胶颗粒横跨盛有溶胶的容器的时间，在凝胶点时，实际上凝胶骨架中含有很多未反应的羟基基团。另外，经水解和缩聚形成的醇凝胶，其网络孔洞中充满的溶剂主要是水和醇，由于水的表面张力很大，因此在干燥过程中毛细管的附加压力很大，这是造成气凝胶制备过程中开裂破碎的直接原因。研究表明，干燥前用无水乙醇置换出网络孔洞中的水（乙醇表面张力为 22.3mN/m，远小于水的张力 72.8mN/m），干燥过程中的毛细管力会大大减小，这使得凝胶塌陷程度减弱，明显地改变粒子的性能。

在干燥前，一般会对氧化铝湿凝胶进行老化。老化的目的主要在于：①置换凝胶网络孔内的水，减少干燥过程中的开裂倾向；②增强在溶胶-凝胶过程中形成的脆弱固体骨架的力学性能。加入溶剂能显著增强表面反应，减少残余羟基基团和烷氧基基团。可能发生额外的缩合反应以及氧化铝的溶解和再沉淀过程。一般说来，凝胶粒子"颈部"区域、平均孔尺寸和表观密度将会随老化处理而增大。如果控制得当，这些形态上的改变可以显著提高力学性能和液体渗透率。

3.1.2.3 湿凝胶的改性

（1）原位掺杂改性

在氧化铝气凝胶中引入硅（Si）、镧（La）、钇（Y）、钡（Ba）、锆（Zr）和磷（P）等掺杂剂来抑制烧结和相变，从而提高氧化铝气凝胶的热稳定性。硅是提高其耐温性的最常用方法。引入硅与原始气凝胶相比，掺杂硅的氧化铝气凝胶即使高温加热后也显示出更高的比表面积的维持率，这可能是由于分布在氧化铝晶格中的硅的相变抑制效应。

Peng 等引入硅元素制备氧化铝-二氧化硅气凝胶，与原始氧化铝气凝胶相比，含适量硅的氧化铝-氧化硅气凝胶的热稳定性显著高于纯氧化铝气凝胶。均匀分布的硅进入了氧化铝的四面体位置，可以明显地延缓铝原子的晶格振动和重排。Horiuchi 等通过此方法，添加 2.5wt%～10wt% 的氧化硅使氧化铝气凝胶的 α 相转变温度由 1100℃升高到 1400℃。均匀分布在氧化铝气凝胶网络结构中的硅，抑制了高温下铝离子的表面扩散，从而抑制了颗粒的烧结和 α 相转变，经 1300℃处理 5h 后比表面积仍有 80m²/g。Osak 等观察到添加 10wt% 氧化硅的氧化铝冻凝胶（冷冻干燥）经 1200℃热处理 5h 后，仍然以 γ-Al₂O₃ 相为主，并认为热稳定性提高是由于硅离子占据了 γ-Al₂O₃ 的四面体空位使总的空位数量减少，从而抑制了高温下的晶格振动和 α 相转变。冯坚等发现当氧化铝-氧化硅气凝胶中硅含量为 6.1wt%～13.1wt% 时，硅原子能够完全填充氧化铝的四面体空位，此时其热稳定性明显高于纯氧化铝气凝胶，1200℃时的比表面积为 97～116m²/g。Pakharukova 等则提出，氧化硅的引入增加了氧化铝气凝胶的各向异性程度，硅减少了颗粒间颈部接触的概率。研究发现，二氧化硅掺杂剂阻碍了 γ-Al_2O_3 相的形成以及煅烧后的进一步相变。图 3-4（a）为未加入硅 300℃煅烧后氧化铝气凝胶的 HRTEM 图像，图 3-4（b）为含硅氧化铝气凝胶 300℃煅烧后的图像。

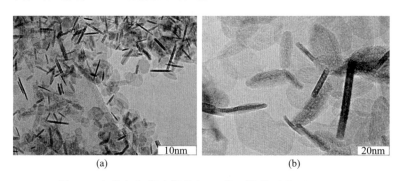

(a)　　　　　　　　(b)

图 3-4　氧化铝气凝胶样品在 300℃下煅烧后的 HRTEM

（2）沉积改性

Zu 等采用仲丁醇铝（ASB）和正硅酸乙酯（TEOS）溶胶多次浸泡氧化铝凝胶，借助化学沉积方式［图 3-5（a）］使凝胶颗粒增大、网络结构增强，并在表面生成氧化硅颗粒，显著提高氧化铝气凝胶抵抗烧结和相转变的能力，经 1300℃处理 2h 后线性收缩仅为 4%［图 3-5（b）］，比表面积为 $139m^2/g$，仍保持为片叶状［图 3-5（c）］。利用相

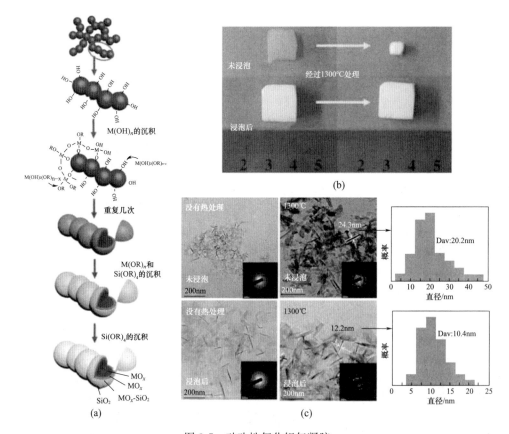

图 3-5　硅改性氧化铝气凝胶

似的原理，Zu 等以 ASB 和 TEOS 溶胶为改性液，在超临界干燥过程中实现改性，增大了氧化铝气凝胶颗粒的尺寸和骨架强度，减少了颗粒间的颈部接触点；进一步采用六甲基二硅氮烷与气凝胶颗粒表面反应，引入 Si—CH₃ 基团在高温下转变成 SiO_2 颗粒，能够抑制气凝胶的烧结和相转变。制备的改性氧化铝气凝胶经 1300℃ 处理 2h 后，线性收缩仅为 5%，比表面积高达 125m²/g。

（3）其他方法

Mizushima 等通过在氧化铝气凝胶颗粒表面引入有机链，替换原有的 Al—OH，抑制了颗粒表面 Al—OH 的缩合和 α 相转变。经 1200℃ 处理 5h 后，氧化铝气凝胶的微观形貌仍然保持针状，比表面积接近 100m²/g。未发生 α 相转变，表明其热稳定性得到了改善。Yakovleva 等制备了类似于核-壳结构的炭涂层氧化铝气凝胶，其 α 相转变温度以及经高温热处理（1100～1500℃氩气气氛）后的比表面积显著高于未涂层的氧化铝气凝胶。氧化铝颗粒外部的耐高温惰性壳层（炭）产生了隔离效应，大大减少了颗粒间的接触，从而显著抑制了颗粒的烧结和相变。在溶胶制备过程中加入异质元素前驱体，可获得掺杂元素分布均匀的氧化铝气凝胶。通过调控铝源和异质元素前驱体的比例，能够较为精确地设计元素掺杂量。适量、均匀的掺杂元素能够有效地抑制氧化铝的烧结和相变，提高其热稳定性，其中掺杂硅元素的改善效果最为显著。通过沉积改性方法增强氧化铝凝胶的骨架及引入氧化硅颗粒，能够显著提高氧化铝气凝胶的耐温性，但是在制备过程中通常需要进行多次溶剂置换和改性，并消耗大量的改性液，其制备工艺的简易性和成本方面仍有待进一步优化。有机链改性方法对氧化铝气凝胶热稳定性的提高比较有限；炭隔离相的方法是在氧化铝气凝胶网络结构中引入炭涂层，其在高温有氧条件下会发生氧化，丧失其隔离相的作用。因此，在气凝胶中原位掺杂硅元素是目前较好的制备耐高温氧化铝气凝胶的途径。

3.1.2.4　干燥工艺

干燥是氧化铝气凝胶制备中一个非常重要的过程。在完成凝胶工艺之后，通常需要对所得的湿凝胶进行老化，提高其网络骨架结构强度，完成老化过程后对湿凝胶进行干燥，在维持其网络骨架结构不变的情况下，将填充在固体凝胶中的非流动性溶剂（醇、水、催化剂等）充分置换为气体，从而得到氧化铝气凝胶。在干燥过程中，湿凝胶中的溶剂开始蒸发，由能量较高的固-气界面替代能量较低的固-液界面，在湿凝胶网络结构中将产生毛细压力以克服这种能量差，这一关系可用拉普拉斯 Laplace 方程来表示：

$$p = 2\sigma \cos\theta / r \tag{3-6}$$

式中，p 为毛细压力（Pa）；σ 为溶剂的表面张力（N/m）；θ 为接触角（rad）；r 为毛细管半径（m）。

由 Laplace 方程可知，降低湿凝胶中溶剂的表面张力可以有效降低毛细压力，使得气凝胶干燥后可以保证其凝胶骨架的完整性。因此，在湿凝胶干燥前需要且须采用无毛细压力或低毛细压力作用过程进行干燥。目前氧化铝气凝胶常用的干燥方法有超临界干燥、常压干燥、冷冻干燥等。

（1）超临界干燥

前文也有提及，超临界干燥是研究最为成熟的干燥工艺，利用气体和液体的超临界现象，控制高压容器内的温度和压力，使其超过干燥介质的临界点，此时干燥介质成为介于气体和液体之间的一种均匀的流体，气体和液体之间界面不复存在，表面张力消失。在此条件下将干燥介质全部排除后，即得到具有保持完好的纳米尺寸网络结构的气凝胶材料。在去除凝胶内部溶剂时，采用超临界干燥方法可以保证所得气凝胶的骨架结构基本不遭到破坏，基本保持湿凝胶的孔网络结构。

（2）常压干燥

常压干燥技术是一种新型的气凝胶制备技术，具有操作简单、安全、成本低等优点，日益受到人们的青睐，是比较有潜力和发展前景的干燥方法。然而，因为常压干燥过程中不能消除气-液界面，采用一般的干燥过程必然会引起凝胶的收缩和破裂。由于常压干燥自身存在的这些缺点，往往需要结合一些处理，使凝胶的收缩和开裂达到最小。其原理是采用疏水基团对凝胶骨架进行改性，避免凝胶孔洞表面的羟基相互结合并提高弹性，同时采用低表面张力液体置换凝胶原来高表面张力的水或乙醇，尽可能减小气凝胶的收缩和开裂，从而可以在常压下直接干燥获得性能优异的气凝胶材料。

（3）冷冻干燥

真空冷冻干燥法也是一种常用制备气凝胶的干燥方法，是在低温低压下将湿凝胶冷冻成固体，把液气界面转变为气固界面，然后让溶剂升华从而进行干燥的方法。固态溶剂的升华避免了在孔道内形成弯曲液面，从而消除了毛细附加压力。但是，一般情况下发生液固相变时，都伴随着一定的体积的变化，形成晶粒或者晶体，这会对凝胶网络骨架造成破坏。该方法制备的样品块状度差、力学性能差、孔隙率低（80%左右）。真空冷冻干燥法通常得到的氧化铝气凝胶为粉体。

基于以上干燥方式的特点，可以看出三种干燥工艺都仍存在一定的改善空间，因此研究人员在不断地对其进行改进和发展。

3.1.3　Al₂O₃气凝胶性能

3.1.3.1　热稳定性和比表面积

Al_2O_3气凝胶具有极大的比表面积和热稳定性，但单纯的Al_2O_3气凝胶在烧结的过程中会发生一系列相变反应，在1000℃以上的相转变（γ相→α相）会导致较大的体积收缩和比表面积损失，降低了其热稳定性能，因此距离实际应用还有一定的差距，图3-6是Al_2O_3气凝胶在温度升高过程中发生的相变关系。为了解决这些问题，主要有两个方法：（1）通过改性来合成氧化铝气凝胶；（2）抑制氧化铝的相转变，如降低Al_2O_3气凝胶的密度。另外还可以通过对Al_2O_3气凝胶进行多元素掺杂等来对其比表面积和热稳定性进行改善，常用的掺杂元素有 Si、La、Ba、Zr 等。

$$\gamma AlOOH(boehmite) \xrightarrow{300\sim500℃} \gamma \xrightarrow{700\sim800℃} \delta \xrightarrow{900\sim1000℃} \theta \xrightarrow{1000\sim1100℃} \alpha\text{-}Al_2O_3$$

图 3-6　Al_2O_3气凝胶在温度升高过程中发生的相变

氧化铝气凝胶虽然具有高的热定性，可以在高温下使用。但是具体的使用场景并不局限在保温隔热上，还可以在温度相对不是很高的条件下使用，成本较低的硅基气凝胶更具优势。随着现如今城市化进程的加快，能源消耗激增，汽车的普及率骤然提高，城市里汽车尾气的排放使得环境污染现象严重，我们的身体健康和生态环境受到严重威胁，因此怎样解决氮氧化物的问题成了大家所关心的焦点。也正是基于此，氧化铝气凝胶被更多地在污染物的催化处理方面进行研究应用。

3.1.3.2 强度及隔热性能

Al_2O_3气凝胶具有高温稳定性和高比表面积等有益性能，这使得Al_2O_3气凝胶具有巨大的潜在应用前景。然而，Al_2O_3气凝胶机械性能差。纯Al_2O_3气凝胶强度较低，难以形成块体材料，极大限制了其应用，阻碍Al_2O_3气凝胶的商业发展。结构优化、改性等方法让Al_2O_3气凝胶的应用更加广泛。

3.1.4 Al_2O_3气凝胶的复合材料

纯氧化铝气凝胶在烧结的过程中会发生一系列的相变反应，降低了其热稳定性，相关的复合改性成为大家研究的方向之一。其中一种解决办法就是在制备过程中通过改性来合成氧化铝气凝胶；另外一种方法就是想办法抑制氧化铝的相转变。

3.1.4.1 晶须/颗粒氧化铝气凝胶复合材料

由于晶须或颗粒的尺寸较小，研究人员通常采用机械搅拌、超声振动等手段将其分散在氧化铝溶胶中，进一步制备出氧化铝气凝胶复合材料。制备工艺如图 3-7 所示。

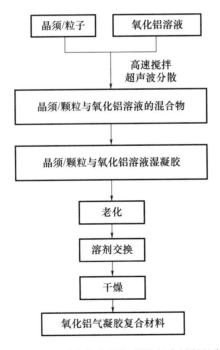

图 3-7　晶须/颗粒氧化铝气凝胶复合材料的制备

隋超通过引入纤维素晶须改善了氧化铝气凝胶的力学性能，研究发现，当纤维素含量较高时，复合材料具有明显的柔性。曹凤朝将凹凸棒土颗粒进行预分散形成悬浮液后再加入氧化铝溶胶中，获得了颗粒增强氧化铝气凝胶复合材料，复合材料的压缩强度很高（74.5MPa），但密度偏大（0.8g/cm³）。Mizushima 等通过加入乙酰乙酸乙酯（螯合剂）调控氧化铝溶胶的活性，在高速搅拌和超声分散条件下使碳化硅晶须分散在溶胶中，采用超临界干燥制备了碳化硅晶须增强氧化铝气凝胶复合材料。Hou 等将硼酸铝晶须加入氧化铝-氧化硅溶胶中搅拌后，通过升温使其快速形成凝胶，再经超临界干燥制备了氧化铝-氧化硅气凝胶复合材料，如图 3-8（a）、（b）所示。在压缩载荷下，复合材料中的晶须通过桥联和拔出机制消耗能量，因此具有较高的压缩强度，如图 3-8（c）所示。

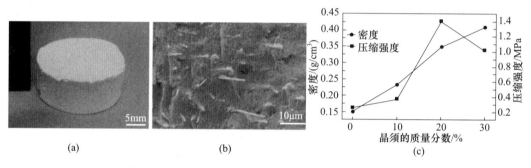

图 3-8　硼酸铝晶须增强氧化铝-氧化硅气凝胶复合材料

由于重力作用，晶须或颗粒在氧化铝溶胶中容易产生沉降而导致制备的复合材料不均，掌握合适的添加时机和工艺参数是制备过程的关键。

3.1.4.2　纤维氧化铝气凝胶复合材料

引入增强相的另外一种方式，是将纤维制备成本身具有一定强度的多孔骨架再浸渍氧化铝溶胶；另一方面，采用纤维与氧化铝溶胶直接复合。常用的纤维主要包括莫来石、氧化锆和石英纤维等。纤维不仅能够提高气凝胶的力学性能，而且能够对红外辐射进行散射和吸收，从而提高氧化铝气凝胶的高温隔热性能。引入纤维增强是制备氧化铝气凝胶复合材料的常用方法。根据长径，纤维可分为短纤维和长纤维两种。其短纤维一般以类似于晶须的引入方式，通过机械搅拌分散在氧化铝溶胶中；长纤维内部含有大量孔，氧化铝溶胶可通过浸渍过程渗入其中。图 3-9 为纤维增强的氧化铝气凝胶的复合材料工艺流程图。

孙晶晶等以莫来石纤维为增强相原，经高温烧结得到多孔骨架（隔热瓦），再浸渍氧化铝溶胶，采用乙醇超临界干燥制备得到常温导热系数（热流计法）为 0.058W/(m·K) 的隔热瓦复合氧化铝气凝胶材料，其压缩和拉伸强度分别达到 1.48、0.58MPa，经 1400℃处理 0.5h 后厚度收缩率为 2%。Zhang 等则采用氧化锆纤维为增强相原，经过挤压成型和高温烧结得到高孔隙率（＞91%）的多孔骨架 ［图 3-10（a）］，再将氧化铝-氧化硅溶胶浸渍于多孔骨架，制备得到复合材料 ［图 3-10（b）］。由图 3-10（c）可知，多孔骨架本身具有较好的力学性能，与氧化铝-氧化硅气凝胶复合，密度稍有增加，压缩强度（1.22MPa）大幅提高。高庆福等制备了 1000℃导热系数（水流量平板法）为 0.0685W/(m·K) 的陶瓷纤维增强氧化铝气凝胶复合材料。在石英灯单面加热（热面温度 1000℃，加热 10min）试验中，复合材料的冷面温度仅为 484℃，表现出良好的隔热性能。纤维间的大孔被气凝胶均匀地填充，气凝胶与纤维之间形成较好的界面结合。

纤维的引入提供了多种能量吸收机制，增加了断裂过程消耗的能量，赋予了复合材料一定的韧性。武纬采用莫来石纤维增强氧化铝-氧化硅气凝胶复合材料如图 3-11（a）所示，其力学性能相比纯气凝胶显著提高。随着纤维体积密度增加，复合材料的强度逐渐下降，如图 3-11（b）所示。

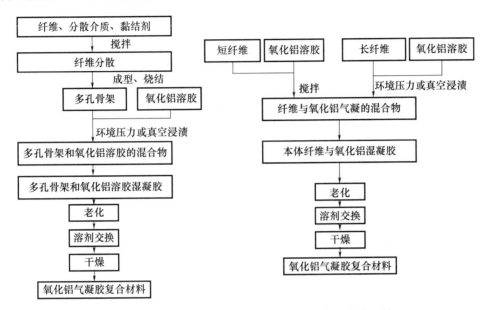

图 3-9 纤维增强的氧化铝气凝胶的复合材料工艺流程图

图 3-10 氧化锆纤维多孔骨架及其增强的氧化铝-氧化硅气凝胶复合材料

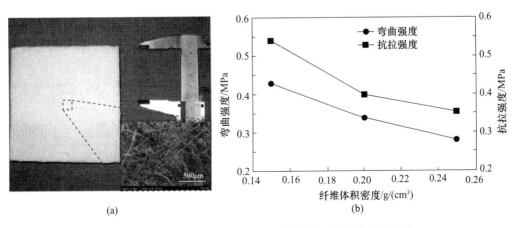

图 3-11 纤维增强氧化铝（氧化铝-氧化硅）气凝胶复合材料

多孔骨架本身具有一定的强度和较低的热导系数，因此其对于氧化铝气凝胶是一种合适的增强相，能够制备出力学性能（如压缩强度）较好的复合材料。但是，在多孔骨架的制备过程中，通常需要使用胶粘剂将纤维结合在一起，一定程度上增加了纤维骨架之间的固体热传导。纤维毡本身具有良好的整体性、成型性和柔韧性，作为增强相与氧化铝气凝胶复合，相比其他增强相的复合方法，以纤维毡直接浸渍氧化铝溶胶的工艺相对更为简单。以陶瓷纤维毡为增强相制备氧化铝气凝胶复合材料是当前以及后续的一个重要研究方向，具有很大的应用潜力。

3.1.4.3 遮光剂氧化铝气凝胶复合材料

纯气凝胶对近红外波长几乎透明，纤维对红外辐射的抑制作用有限，遮光剂的加入可以显著抑制气凝胶的高温辐射性能。在氧化铝气凝胶复合材料中引入耐高温的遮光剂组分（如氧化钛、氧化锆、碳化硅等），既能提高其对红外辐射波的散射又能增强其吸收能力，进而降低高温导热系数。方文振等研究了引入遮光剂对气凝胶复合材料隔热性能的影响规律。运用 Mie 散射理论计算遮光剂的消光系数，基于瞬态平面热源法测量复合气凝胶常压时在不同温度下的导热系数。设计示意图如图 3-12 所示。

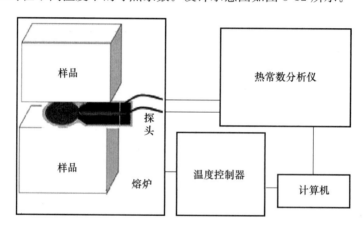

图 3-12　导热系数测试实验装置示意图

除了机械分散或纤维改性的方法，采用原位掺杂方式能够在氧化铝气凝胶中引入纳米尺度的遮光剂。朱召贤等在氧化铝-氧化硅溶胶中加入四氯化钛、氯氧化锆，再浸渍莫来石纤维，经超临界干燥分别制备了氧化钛、氧化锆掺杂的氧化铝-氧化硅气凝胶复合材料。两种复合材料在 $1050℃$ 时的导热系数分别为 0.084、$0.076W/(m·K)$，相对于未掺杂遮光剂的复合材料明显下降。

3.1.5 Al_2O_3 气凝胶及复合 Al_2O_3 气凝胶的应用

3.1.5.1 催化应用

Al_2O_3 气凝胶材料较大的比表面积和优异的热稳定性使其在催化剂和催化剂载体方面具有很大的应用潜力。与传统的将活性组分浸渍氧化物基板上制备的催化剂相比，是制备共烧型催化剂的理想选择。Horiuchi 等从正硅酸乙酯和薄水铝石中制备了一种硅改性氧化铝气凝胶，具有良好的催化剂载体性能。Kwak 等研究了双金属 Pt-Co 负载于氧化铝气凝胶载体上的催化性能，双金属负载型催化剂是通过溶胶-凝胶一步法制备的。经研究发现，铂和钴的协同作用提高了 CO 氧化去除的催化性能。Osaki 等制备了整体镍-氧化铝（Ni-Al$_2$O$_3$）气凝胶催化剂，用于甲烷的 CO$_2$ 重整，催化剂经过焙烧和 H$_2$ 还原后，得到了 Ni 纳米粒子在氧化铝中均匀分布的 Ni-Al$_2$O$_3$ 催化剂，Ni 与氧化铝之间形成了 Ni—O—Al 键。采用溶胶-凝胶一步法制备混合气凝胶相较于传统浸渍法制备的催化剂具备更优异的催化活性和更低的由于焦化和烧结造成的失活现象。此外，溶胶-凝胶一步法制备的气凝胶催化剂，可以通过改变前驱体 Ni 离子浓度大小来调节金属纳米颗粒的大小，以防止活性金属部位碳成核。Kim 等优化了金属粒径，从而制备了具有优异活性和低失活率的 Ni-Al$_2$O$_3$ 气凝胶催化剂。他们发现溶胶-凝胶技术是最合适的控制金属负载量和金属纳米颗粒尺寸的方法。在催化剂表面上的丝状碳物种的进化及其随后的失活都归因于传统催化剂上大颗粒尺寸 Ni 纳米颗粒（7nm）的形成，以及镍浸渍型催化剂在制备过程中额外的烧结，而气凝胶催化剂由于良好的结构性能和高的热稳定性（高达 973K）对碳沉积和失活具有抵抗性。

3.1.5.2 隔热应用

Al$_2$O$_3$ 气凝胶材料在隔热方面所表现出的优异性能引起了全世界的关注，其作为隔热材料可应用于航空航天领域，目前 Al$_2$O$_3$ 气凝胶及其复合材料多处于实验室阶段，因其优异的各项性能，未来一定会应用于建筑、电力工业等领域。

3.1.5.3 超绝热材料

氧化铝气凝胶材料具有纳米多孔结构，使其达到等效的隔热效果时具有更轻质量、更小体积，用作航空发动机的隔热材料，既起到了极好的隔热作用，又减轻了发动机的质量，另外作为外太空探险工具和交通工具上的超级绝热材料也有很好的应用前景。

3.2 TiO$_2$气凝胶

TiO$_2$ 是一种重要的无机功能材料，在涂料、传感器、介电材料、吸附剂和催化剂等许多方面具有广泛的用途。TiO$_2$ 能与活性金属发生强相互作用（SMSI），并且其活性表面酸性具有可调节性，纳米 TiO$_2$ 自身具备较大的比表面积和高化学活性，作为催化剂有广泛的应用价值。TiO$_2$ 又是一种典型的 n 型半导体光催化材料，具有成本低、无毒、无污染、稳定、高效且催化性强等特点。当 TiO$_2$ 表面受到能量等于或高于其禁带宽度的入射光照射后，其价带上的电子被激发跃迁到导带形成光生电子，同时在价带上产生空穴，在其内部形成高活性的电子-空穴对。光生电子具有较强的还原性，吸附氧分子后可产生超氧自由基；空穴具备较强氧化性，吸附水分子或羟基后会产生羟基自由基。超氧自由基和羟基自由基在促进 TiO$_2$ 光催化反应中起重要作用。但传统的 TiO$_2$ 粉体在光催化应用过程中存在易团聚且难以回收再利用的问题，这大大增加了其使用成本。

TiO$_2$ 气凝胶兼有 TiO$_2$ 和气凝胶的特性，不仅化学稳定性好、绿色环保、紫外光催化活性高，而且还具有结构可控、密度低、比表面积大、孔隙率高、吸附性强及导热系数低等特点，使其在可方便地回收、重复利用的同时还可提高其工作效率。虽然 TiO_2 气凝胶具有优异的紫外光催化性能，但仍存在光响应范围小（$\lambda < 387nm$）、光能利用率低及光生电子-空穴易复合等问题，极大限制了其应用与推广。已有研究表明：在可控制备 TiO_2 气凝胶的前提下，通过掺杂改性的方法可提高 TiO_2 气凝胶的光催化性能。基于此，本文综述了 TiO_2 气凝胶的制备方法及其影响因素，着重总结了掺杂改性对 TiO_2 气凝胶光催化性能的影响，并对今后 TiO_2 气凝胶的研究方向和重点进行了展望。

3.2.1 TiO_2 气凝胶的制备工艺

3.2.1.1 TiO_2 湿凝胶的制备

TiO_2 气凝胶是一种新型轻质纳米多孔材料，既具有纳米 TiO_2 的独立特性，又具有低密度、高比表面积及高孔隙率等特性。这些特性都与其制备工艺密切相关。TiO_2 气凝胶的制备主要包括三部分：TiO_2 湿凝胶的制备、老化和干燥。

溶胶-凝胶法是目前最常用的制备气凝胶材料的方法，首先将前驱体均匀分散在有机溶剂或水溶液中，在受控的反应条件下水解和缩聚，形成具有交联网络结构的溶胶，溶胶连续交联后丧失流动性，逐渐形成具有一定稳定性的凝胶结构。溶胶-凝胶法（包括钛醇盐水解法和环氧丙烷法）是目前制备 TiO_2 气凝胶最成熟、应用最广泛的技术。它是通过控制钛盐前驱体，经过一系列的水解缩聚、溶胶凝胶、老化、干燥和热处理等过程得到 TiO_2 气凝胶。与常规干燥过程不同的是，气凝胶材料的干燥过程要复杂得多，其干燥过程不仅要脱去分散介质，而且还要保持纳米多孔气凝胶材料内部的纳米孔洞结构，防止颗粒之间的团聚。因此，在高比表面积、大孔容及低体积密度的块状 TiO_2 气凝胶的制备过程中最关键的环节就是湿凝胶的干燥。目前常用的湿凝胶干燥方法主要有超临界干燥、常压干燥和冷冻干燥等。

钛醇盐水解法：卢斌等以钛酸丁酯（TTIP）为前驱体、乙酸（HAc）为催化剂、甲酰胺为干燥控制化学添加剂，结合常压干燥工艺制备块状 TiO_2 气凝胶。Shimoyama 等以有机醇为前驱体制备针状二氧化钛气凝胶。

环氧丙烷法：陈麟等以 $TiCl_4$ 为前驱体，采用环氧丙烷快速成胶法合成了具有高光催化活性的纳米晶 TiO_2 气凝胶。

模板法：Olsson 等以纤维素纳米纤维为模板制备柔性磁性气凝胶。纳米结构生物材料激发了具有可调机械性能的材料的创造。来自细菌或木材的强纤维素纳米纤维可以形成韧性或韧性网络，适合用作功能材料。图 3-13（a）首先将具有大测量比表面积的细菌纤维素水凝胶冷冻干燥成多孔纤维素纳米纤维气凝胶，冷冻干燥可防止凝胶网络崩溃。然后在室温下将干燥的气凝胶模板浸入 $FeSO_4/CoCl_2$ 水溶液中，然后将系统加热至 90℃，以热沉淀模板上的非磁性金属氢氧化物/氧化物。加热会使颜色从透明变成半透明的橙色。沉淀的前驱体在 90℃下浸入 $NaOH/KNO_3$ 溶液中时转化为铁氧体晶体纳米颗粒，形成可承受大变形的高柔性磁性气凝胶。冷冻干燥后含有钴铁氧体纳米颗粒的 98% 多孔磁性气凝胶的代表性 SEM 图像如图 3-13（b）所示。右插图：纳米纤维周围的纳米颗粒。左插图：气凝胶的照片和示意图。图 3-13（c）为干燥和压缩后获得的坚硬磁性纳米纸的 SEM 图像。

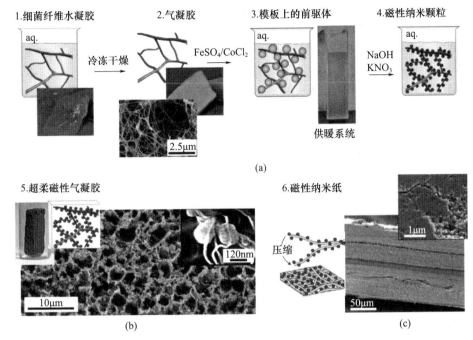

图 3-13　以纤维素纳米纤维为模板制备柔性磁性气凝胶

（a）弹性气凝胶磁体和刚性磁性纳米纸的合成；（b）冷冻干燥后含有钴铁氧体纳米颗粒的
98％多孔磁性气凝胶的代表性 SEM 图像；（c）干燥和压缩后获得的坚硬磁性纳米纸的 SEM 图像

钛醇盐水解法、环氧丙烷法以及模板法也用于制备 TiO_2 气凝胶。钛醇盐水解法、环氧丙烷法和模板法制备 TiO_2 气凝胶的优缺点见表 3-2。

表 3-2　TiO_2 气凝胶不同制备方法的优缺点

制备方法	溶胶-凝胶法		模板法
	钛醇盐水解法	环氧丙烷法	
优点	比表面积大、纯度高、粒径细小均匀	周期短、原料易得、成本低廉	保持模板形貌、结构完整
缺点	前驱体价格较贵、制备工艺相对复杂	能耗高、环保性差	易团聚、耗时长、杂项多

3.2.1.2　TiO_2 气凝胶的干燥

（1）常压干燥法

通常，通过溶胶-凝胶技术只能制备无定型或者结晶性较差的 TiO_2 气凝胶。TiO_2 气凝胶优异的光催化性能需要其具有特殊的结晶状态才能实现，锐钛矿型 TiO_2 在其多种晶体结构中光催化活性最好，但要制备锐钛矿型 TiO_2 需高温处理，高温处理工艺又将破坏凝胶的网络结构，造成较大的体积收缩及比表面积的显著下降。因此，TiO_2 气凝胶锐钛矿晶型的控制和凝胶多孔网络结构的获得之间存在矛盾。

与超临界干燥相比，常压干燥具有工艺简单且成本低的优点。采用该方法制备气凝胶的关键是防止干燥过程中由于毛细管力作用而引起的样品收缩、变形和碎裂。通常可采取的措施有：减少凝胶干燥时的毛细管力、增大并均匀化凝胶的孔径、增加凝胶网络的骨架强度以及防止干燥时凝胶骨架相邻表面羟基的不可逆缩聚引起的收缩等。

李兴旺等以钛酸四丁酯（TBOT）为前驱体，采用溶胶凝胶结合小孔干燥和老化液浸泡技术，制得了体积密度为 $0.184g/cm^3$ 且比表面积高达 $389.5m^2/g$ 的 TiO_2 气凝胶；经 600℃处理后得到了比表面积为 $210.4m^2/g$ 的锐钛矿型 TiO_2 气凝胶。其光催化性能结果表明：在 TiO_2 气凝胶用量为 $400mg/L$ 的情况下，90min 内对污水中原油的去除率可高达 91%。研究结果还表明（表 3-3）：小孔干燥技术能够降低 TiO_2 气凝胶干燥过程中分布不均匀的收缩应力；经 TBOT（钛酸四丁酯）醇溶液和 TEOS（正硅酸乙酯）醇溶液浸泡处理后可以增强凝胶的骨架强度，有助于制备出结构完整且高性能的 TiO_2 气凝胶块体材料。

表 3-3 TiO_2 气凝胶不同干燥的收缩应力

物理性能	干燥方式		老化液		
	敞口干燥	小孔干燥	乙醇	TBOT 醇溶液	TMOS 醇溶液
线收缩/%		57.5	57.5	28.5	7.2
体积密度/（g/cm^3）	1.32	0.68	0.680	0.264	0.184
孔隙率/%	69	84	84	93.8	95.7
比表面积/（m^2/g）	47.7	167.5	167.5	335.4	389.5

Yang 等采用溶胶-凝胶结合表面改性工艺成功合成了具有高比表面积的块状 TiO_2 气凝胶，然后通过常压干燥从凝胶中除去溶剂，并详细研究了以聚乙二醇（PEG2000）为表面活性剂时对气凝胶的凝胶化和微观结构的影响。结果表明当 PEG2000 与 TBOT 的摩尔比为 0.005 时，所制备的气凝胶的比表面积高达 $495m^2/g$，其表观密度为 $0.716g/cm^3$，孔隙率为 81.6%。热处理后气凝胶的结晶基本上不会破坏气凝胶的整体形状和形态，其比表面积仍可高达 $209m^2/g$。

卢斌等以钛酸四丁酯（TBOT）为前驱体、乙酸为水解降速剂、甲酰胺为干燥控制剂，采用溶胶凝胶结合溶剂置换工艺，经常压干燥后成功制备了块状 TiO_2 气凝胶。研究表明：乙酸的加入量和热处理温度都会影响气凝胶的结构与性能。当乙酸与钛酸丁酯的物质量之比为 0.9 时，所制备的 TiO_2 气凝胶样品的表观密度为 $0.25cm^3/g$，比表面积为 $716.5m^2/g$，平均孔径为 19.1nm。经 850℃空气气氛下热处理 2h 后，气凝胶的比表面积降为 $122.4m^2/g$，平均孔径增加为 23.4nm，该气凝胶在 120min 内对甲基橙的降解率可达 52%。

常压干燥工艺不受设备大小限制，成本相对较低，在理论上能实现连续性、规模化生产。但该方法存在着溶剂置换时间较长、溶剂消耗量大、部分有机溶剂有毒且易污染环境、样品孔结构中的表面张力会导致试样局部结构塌陷且工艺稳定性较差等问题；另外，常压干燥往往很难制备出纯相的高比表面积的 TiO_2 气凝胶。因此在现阶段还难以实现工业化生产。

（2）超临界干燥法

配制一定浓度的四氯化钛、氨水醇溶液（以乙醇为溶剂、四氯化钛和浓氨水为溶质配制）；在高速搅拌下，用氨水溶液将四氯化钛溶液滴定至 pH 值为 8～10 制备钛溶胶；

用高速离心机分离钛溶胶，用无水乙醇多次洗涤滤下溶液至中性，制得钛凝胶；将钛凝胶置于高压釜内进行超临界干燥，即制得超细 TiO_2 气凝胶。而对于块状气凝胶的制备，以钛酸丁酯为母体，经严格控制条件的水解和缩聚过程获得钛凝胶，并通过超临界干燥获得由纳米尺度微粒构成网络骨架，并具有连续空间网络结构的块状气凝胶。其中，在通过溶胶-凝胶法制备 TiO_2 气凝胶的过程中，钛酸丁酯在母体中发生水解和缩聚反应可归结为式（3-7）和式（3-8），并最终生成以钛氧键 Ti—O—Ti 为主的聚合物，形成具有空间网络结构的醇凝胶。

水解反应： $$Ti(OC_4H_9)_4+4H_2O \longrightarrow Ti(OH)_4+4C_4H_9OH \tag{3-7}$$

缩聚反应： $$nTi(OH)_4 \longrightarrow (TiO_2)_n+2nH_2O \tag{3-8}$$

Kong 等以钛酸四丁酯（TBOT）为钛源，通过溶胶-凝胶法和乙醇高温超临界干燥法制备了比表面积为 $109m^2/g$ 的锐钛矿型 TiO_2 气凝胶。研究表明：不同的热处理温度对产物的结晶度、平均粒径、比表面积、孔体积及孔径尺寸等有较大的影响；随着热处理温度的提高，有机基团的体积收缩和分解可能产生了一定数量小孔，导致在热处理过程中样品的孔隙体积呈先减小、再增大、而后又减小的趋势，也使得样品的比表面积随着热处理温度的提高呈先增大后减小的趋势，当热处理温度为600℃时所得试样的比表面积达到最大，其值为 $132.3m^2/g$，TiO_2 的平均粒径为 12.1nm，且结晶性较好（图 3-14）。随着热处理温度的缓慢提高，结晶性更好、比表面积更大的锐钛矿型 TiO_2 气凝胶在光催化方面性能更加突出。Moussaoui 等对比了不同条件下制备的 TiO_2 气凝胶对靛蓝胭脂

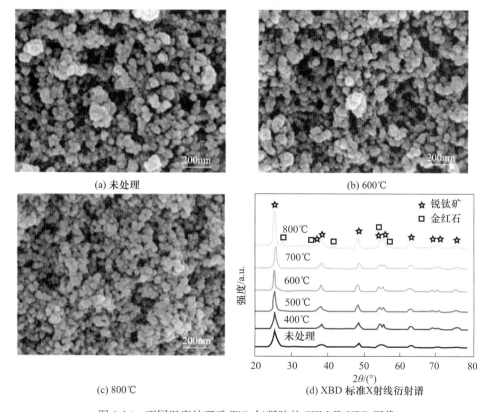

(a) 未处理

(b) 600℃

(c) 800℃

(d) XBD 标准X射线衍射谱

图 3-14　不同温度处理后 TiO_2 气凝胶的 SEM 及 XRD 图像

红的光催化效果后发现：乙醇高温超临界干燥条件下制备的 TiO_2 气凝胶的光催化效果明显优于常压条件下制备的 TiO_2 气凝胶和 P25。尽管有研究表明采用有机溶剂为干燥介质进行超临界干燥可使气凝胶在干燥介质中具有良好的分散性，但由于该工艺的成本高、周期长、条件要求较苛刻，同时干燥介质的释放也会造成较大的环境污染，从而严重限制了其广泛的应用。因此，以 CO_2 为干燥介质的低温超临界干燥法引起人们的广泛关注。Dagan 等以异丙醇钛为钛源，采用酸催化溶胶-凝胶法和 CO_2 低温超临界干燥法，按照不同的原料配比，分别制备出了比表面积为 $600m^2/g$ 和 $593m^2/g$ 的 TiO_2 气凝胶。Dagan 等的研究结果表明：所制备 TiO_2 气凝胶光催化降解有机污染物水杨酸的量子效率可以达到普通 TiO_2 粉（P25）的 8 倍。

超临界状态下的 CO_2 已成为制备具有独特特征的纳米材料可行性较高的反应介质，以其为反应介质还可以使最终的样品具有使用常规有机溶剂难以获得的精细纳米结构、孔结构及高比表面积等。与以乙醇等有机溶剂为干燥介质的高温超临界干燥不同的是，CO_2 低温超临界干燥制备的 TiO_2 气凝胶在热处理前后往往会伴随较大的比表面积损失和结晶度增加的现象。例如，Stengl 等以 $TiOSO_4$ 为钛源，先采用非均相沉淀法和 CO_2 低温超临界干燥法制备了比表面积高达 $1086m^2/g$ 的无定型 TiO_2 气凝胶，经 450℃ 和 550℃ 处理后所得的锐钛矿型 TiO_2 气凝胶，其比表面积分别降至 $364m^2/g$ 和 $253m^2/g$。图 3-15（a）中 XRD 结果表明 450℃ 的热处理就可使其结晶度显著提高；光催化性能的结果如图 3-15（b）所示：450℃ 热处理后样品的光催化活性明显高于 P25，550℃ 热处理后样品的光催化活性下降可归因于 TiO_2 气凝胶比表面积的降低造成的有效感光面积的损失。

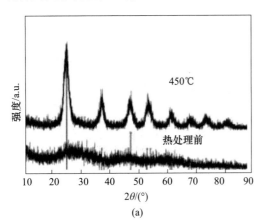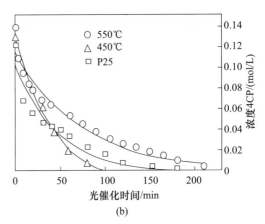

图 3-15　不同温度处理对 TiO_2 气凝胶影响

（a）450℃ 处理后和未热处理的 TiO_2 气凝胶的 XRD 图谱；（b）450℃ 和 550℃ 处理后的 TiO_2 气凝胶及 P25 光催化活性

除了热处理温度之外，钛源前驱体的水解程度对 TiO_2 气凝胶的性能也有较大影响。Sadrieyeh 等采用溶胶凝胶结合 CO_2 低温超临界干燥法，控制异丙醇钛、乙醇及硝酸的摩尔比保持恒定为 $1:21:0.08$，改变水与异丙醇钛的摩尔比（3.75～9）制备了比表面积从 $102m^2/g$ 至 $655m^2/g$ 的 TiO_2 气凝胶。其性能表征结果表明，水解程度较低的 TiO_2 气凝胶（水与异丙醇钛的摩尔比为 3.75 和 4）在老化期间，其结构不够稳定并伴随一定程度的溶解重组现象。从气凝胶的物理稳定性和结构稳定性两方面综合考虑，体系中水与异丙醇钛的摩尔比为 7.35 时最为适宜，此时能够制备出比表面积高达 $639m^2/g$

的 TiO$_2$ 气凝胶；并且经 450℃热处理后其比表面积仍高达 157m^2/g。Sui 等也发现钛源前驱体的水解程度会影响 TiO$_2$ 气凝胶的形貌和孔径，他们以钛酸四丁酯为钛源，采用溶胶凝胶/超临界干燥法制备了 TiO$_2$ 气凝胶，当水与异丙醇钛的摩尔比从 4.0 提高至 5.5 时，所制备的 TiO$_2$ 气凝胶不仅比表面积提升至 254m^2/g，而且其微观形貌也从不规则的颗粒转变为具有微米尺寸的杆状纤维。超临界干燥这类特殊的干燥工艺能够最大限度保持样品的形貌，制备出比表面积较高的无定型 TiO$_2$ 气凝胶或结晶性一般的锐钛矿型 TiO$_2$ 气凝胶，高温处理后除了能够获得结晶性良好的锐钛矿晶型外，还能保留较高的比表面积及相对完整的孔道结构。但该方法存在着设备要求高、费用昂贵、干燥周期长及操作复杂等问题，使其大规模应用受到较大限制。为此，寻求其他的价格便宜且易操作的干燥方式具有重要意义。

（3）冷冻干燥法

在气凝胶的干燥过程中，由于表面张力广泛存在于多孔材料孔壁的气-液界面上，因此，降低气-液界面的表面张力是制备高比表面积气凝胶的关键一环。与超临界干燥和常压干燥不同的是，冷冻干燥可在低压和低温条件下，通过升华过程除去被低温固化的分散相，并以此避免了液-气蒸发界面的形成，降低了孔隙内的表面张力，最终获得结构完整的块状气凝胶。该方法可以大大简化气凝胶的制备流程，避免高价改性溶剂的使用，为工业化生产的实现奠定基础。Chau 等先采用水热工艺处理甲壳素与过氧钛酸混合物，再经冷冻干燥制得过氧钛酸/甲壳素气凝胶，再在 500℃下热处理得到比表面积为 80m^2/g 的锐钛矿型 TiO$_2$ 气凝胶。其 SEM 结果如图 3-16 所示，从中可以看出，所制备的 TiO$_2$ 气凝胶材料具有明显的层状结构，这是因为在冷冻的过程中，液态水冷冻结冰会引起相分离，而当固态冰在低温低压状态下升华后会留下特殊的定向孔道结构。

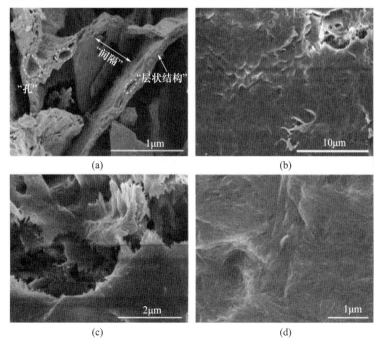

图 3-16　TiO$_2$ 纳米气凝胶的层状线性结构在不同放大倍数下的 SEM 图像

Meng 等以钛酸四丁酯（TBOT）为前驱体，采用酸/碱催化溶胶凝胶结合冷冻干燥法，先按照一定的比例（钛酸四丁酯：水＝1：4，摩尔比）制得湿凝胶，再在－10℃、133.32Pa 的条件下经冷冻干燥除去湿凝胶孔隙间的溶剂，最终获得 TiO_2 气凝胶。结果表明，催化剂种类对气凝胶的比表面积有一定影响，当以 HCl 或 NH_4OH 为催化剂时，所得气凝胶的比表面积分别为 $510m^2/g$ 和 $578m^2/g$。总之，采用冷冻干燥法可以一定程度上消除分散相与气凝胶纳米颗粒间的表面张力作用，但分散相水结晶过程所伴随的体积膨胀会破坏凝胶网络的结构，因此在大多数情况下只能得到粉末状气凝胶或强度较低的块状气凝胶材料。

3.2.2 TiO_2 气凝胶的结构与性能

二氧化钛有锐钛矿型、板钛矿型和金红石型三种晶型。锐钛矿型 TiO_2 在可见光短波部分的反射率比金红石型 TiO_2 高，并且对紫外线的吸收能力比金红石型 TiO_2 低，但金红石型比锐钛矿型更稳定而致密，有较高的密度、硬度、介电常数及折射率。

温度是促进 TiO_2 晶型转变的主要因素，刘河洲等阐述了温度对 TiO_2 结构的影响。研究表明，在 350℃ 焙烧，纳米 TiO_2 初级粒子即开始由无定型相转化为锐钛矿相，从无定型到锐钛矿的晶化主要发生在 400～500℃；而 500℃ 只有锐钛矿相衍射峰，此时样品为纯锐钛矿相；金红石相在 550℃ 开始形成，从锐钛矿相到金红石相变的主要温度区域为 550～700℃；800℃ 以后，样品基本上全部转化为金红石相。

赵乐乐等分析了制备的 TiO_2 气凝胶样品经高温后晶相的变化情况（图 3-17）。分析可知，样品经过 500℃ 焙烧后，还是以无定型结构存在；当焙烧温度升至 600℃ 时，TiO_2 气凝胶样品已由无定型相向锐钛矿相转变；但当焙烧温度上升到 800℃ 时，仍未出现金红石相衍射峰，表明制备的 TiO_2 气凝胶均具有较好的热稳定性。

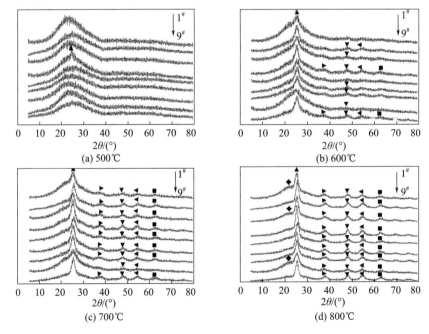

图 3-17 TiO_2 气凝胶经不同温度焙烧后的 XRD 图

同样，陈龙武等也得出相同的结论，区别是他们制备的 TiO_2 气凝胶的热稳定性没有赵乐乐等所制备的 TiO_2 气凝胶高。TiO_2 气凝胶在室温时并没有显示特征衍射峰，这表明此时的气凝胶是由非晶态 TiO_2 所组成；将 TiO_2 气凝胶在 380℃ 加热处理 3h 后，此时的 TiO_2 气凝胶已开始由无定型向锐钛矿型转变；而将处理温度升高至 700℃ 时，XRD 图谱已有金红石型 TiO_2 形成。因此，通过不同的制备工艺以及实验条件，可以制备热稳定性优异的 TiO_2 气凝胶。

3.2.3 TiO_2 气凝胶的掺杂改性

TiO_2 气凝胶虽然有优异的光催化活性，但在实际应用中仍然面临着以下问题：

(1) 优异的光催化活性仅发生在紫外线范围，可见光利用率偏低。

(2) 热稳定性较差，高温下易发生晶型转变及烧结，降低其比表面积，从而影响材料的光催化性能。

当前，研究人员主要通过以下两个途径来提高 TiO_2 气凝胶的光催化性能：

(1) 通过掺杂改性使 TiO_2 气凝胶的光响应波长从紫外光波段拓展至可见光波段，提高可见光的利用率。

(2) 通过掺杂改性获得孔隙率更高、比表面积更大、活性位点更多及热稳定性更好的 TiO_2 气凝胶。

掺杂型 TiO_2 气凝胶的制备经历了三个不同的发展阶段：金属掺杂、非金属掺杂和共掺杂。

3.2.3.1 金属掺杂 TiO_2 气凝胶

金属掺杂是利用微量金属元素在 TiO_2 的导带或价带中产生杂质能级，通过调整带隙和减小电子-空穴的复合，提高其在可见光条件下的光催化活性。DeSario 等先以异丙醇钛为前驱体，采用溶胶-凝胶法结合超临界干燥制备出比表面积为 $128m^2/g$，平均孔径和孔容分别为 $10nm$ 和 $0.46cm^3/g$ 的 TiO_2 气凝胶。并在此基础上用 Au 掺杂，制备了 Au-TiO_2 气凝胶。研究结果表明：当 Au 的掺入量在 $2.2wt\%$ 时，所得气凝胶的比表面积可增至 $149m^2/g$，其平均孔径和孔容分别为 $11nm$ 和 $0.53cm^3/g$。Au-TiO_2 气凝胶光催化反应机理如图 3-18 所示。在可见光照射下掺杂后的气凝胶能够产生更多的电子，同时光生载流子经 Au 纳米颗粒导入 TiO_2 的导带之中，从而提高了 Au-TiO_2 气凝胶在可

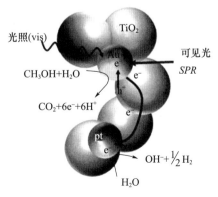

图 3-18 Au-TiO_2 气凝胶光催化反应图

见光条件下的光催化性能。对比 TiO_2 气凝胶和 Au-TiO_2 气凝胶的可见光光催化水解制氢性能发现：可见光条件下，TiO_2 气凝胶不具有光催化制氢活性，而 Au 掺杂后的 Au-TiO_2 气凝胶，在掺杂量为 2.2wt％时，其 H_2 产生速率可达 $35\mu mol/（g\cdot h）$。

掺杂金属的种类对 TiO_2 气凝胶的性能也有较大影响。Popa 等以异丙醇钛为钛源，分别以铁、铈及铜的硝酸盐为掺杂剂，采用溶胶凝胶结合 CO_2 超临界干燥工艺制备了 Fe-TiO_2 气凝胶、Ce-TiO_2 气凝胶及 Cu-TiO_2 气凝胶，其比表面积分别为 $96m^2/g$、$60m^2/g$ 及 $79m^2/g$。从中可知，掺杂后样品仍是以锐钛矿为主，同时也含有少量的金红石和板钛矿相，如图 3-19（a）所示。从 UV-vis 光谱可以发现，掺杂后样品的光响应范围均有不同程度地向可见光区域扩展 [图 3-19（b）]。其中 Ce 掺杂样品在可见区域（约 525nm）有较大的吸收范围；Cu 掺杂样品的吸收范围在 $408\sim600nm$ 左右，Fe 掺杂样品的吸收范围最小（约 451nm）。虽然 Fe 掺杂的吸收范围最小，但是其光催化表观速率常数最高 [图 3-19（c）]，其原因可能是由于 Fe-TiO_2 气凝胶具有最高比例的锐钛矿型 TiO_2（96％）、最大的比表面积 $96.3m^2/g$、最小的晶粒尺寸（9.6nm）及最大的孔体积（$0.324cm^3/g$）。Fe 掺杂 TiO_2 气凝胶能够在一定程度上提高样品的光催化性能，但是由于样品的比表面积较小，制约了其在光催化领域的应用与推广。Cui 等以钛酸四丁酯为前驱体、硝酸铁为掺杂剂，采用溶胶-凝胶法结合常压干燥制备了 Fe-TiO_2 气凝胶，当 Fe 掺杂量为 1wt％时，其比表面积高达 $498.6m^2/g$，850℃处理后的样品比表面积仍高达 $135.9m^2/g$。在白炽灯下，Fe 掺杂量为 1wt％的 TiO_2 气凝胶对于 CO、CO_2、HC 和 NO_x 的降解率分别为 3.9％、4.1％、5.4％和 45.8％。

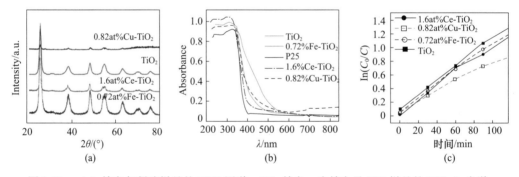

图 3-19　（a）掺杂气凝胶样品的 XRD 图谱；（b）掺杂、未掺杂及 P25 样品的 UV-vis 光谱；
（c）所得光催化剂的光催化活性

虽然金属掺杂在一定程度上可以使 TiO_2 的光激发范围扩展至可见光范围，但金属掺杂仍存在着如下缺点：

（1）影响 TiO_2 的热稳定性。

（2）难以确定其最佳掺杂量。

（3）部分掺杂工艺复杂，对设备要求较高。

因此，仍需发展其他的掺杂方法。

3.2.3.2　非金属掺杂 TiO_2 气凝胶

研究人员尝试通过掺杂非金属元素的方法来制备具有可见光活性的 TiO_2 光催化剂。

非金属掺杂，一般选择与氧原子半径相近的元素，为了使其具有较好的可见光催化活性，通常需要满足以下条件：①掺杂后在 TiO_2 带隙间出现一个能吸收可见光的新能级；②新能级必须与原来的 TiO_2 能级充分重叠，以保证光生载流子在其生命周期内的有效迁移；③减小导带能级，达到提高光催化性能的目的。目前，常用 C、N 掺杂对 TiO_2 进行能级调控以提高 TiO_2 气凝胶的光催化性能。Shao 等以四氯化钛和钛酸四丁酯为钛源、间苯二酚及糠醛为碳源，先通过溶胶-凝胶工艺制备出 C 掺杂的 TiO_2 湿凝胶，再经溶剂交换、超临界干燥及高温碳化等步骤制得比表面积最大为 $400m^2/g$ 的 C 掺杂的 TiO_2 气凝胶。气凝胶光催化降解亚甲基蓝的研究结果表明：当以四氯化钛为钛源，当 TiO_2/C 的质量比为 0.38 时，所制样品的光催化性能最佳；180min 时对亚甲基蓝的光催化降解率可达 99.6%。Li 等此基础上以 $TiCl_4$ 和间苯二酚-糠醛为原料制备了含有亚微米级锐钛矿型 TiO_2 和碳纳米颗粒的 C-TiO_2 气凝胶。

　　TiO_2 掺杂改性与制备方法有一定的关系，制备方法不同，催化的形状与尺寸、表面与结构也不尽相同。对于 TiO_2/C 复合气凝胶的制备，最直接的影响是决定掺杂碳的结构，掺杂 C 是存在于表面还是颗粒内部，是否产生新的键这些都会直接影响最终复合气凝胶的活性，对利用碳来进行 TiO_2 复合气凝胶的制备比较少，并且不同的钛源制备的 TiO_2 复合气凝胶的性能各异。根据溶胶-凝胶的过程，TiO_2/C 复合气凝胶的制备主要可以分为溶胶的制备、溶胶的老化、溶剂交换、超临界干燥、炭化五个步骤。以邵霞的制备工艺为例，具体制备流程如图 3-20 所示。将间苯二酚加入至搅拌中的无水乙醇和糠醛混合溶液中，制备成溶液 A，然后又将钛源滴入无水乙醇和乙酰乙酸乙酯的混合液制备成溶液 B，接着在冰浴和搅拌的条件下将溶液 A 逐滴加入溶液 B 中，不停搅拌后直至形成溶胶，这就完成了溶胶制备步骤，图 3-21 为整个溶胶-凝胶过程。接着将制备的湿凝胶在 70℃的恒温水浴锅中进行老化操作，如图 3-22 所示；由于凝胶阶段，原料中引

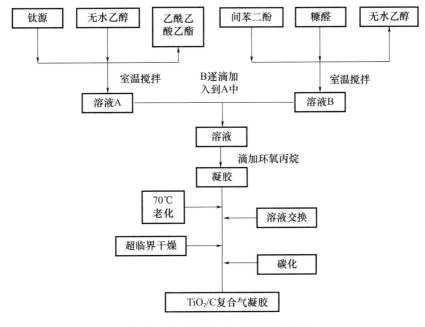

图 3-20　TiO_2/C 复合气凝胶制备流程

入了其他干扰离子，并且凝胶中还有部分水，所有需要置换步骤将置换出来，他们选用环氧丙烷作为置换剂，得到了相对较纯的湿气凝胶；最后利用超临界干燥的方法对其进行干燥，就完成了 TiO_2/C 有机复合气凝胶的制备过程。

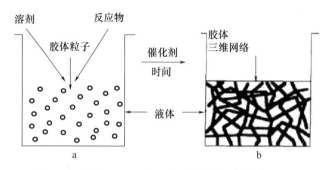

图 3-21　制备 TiO_2/C 复合气凝胶的溶胶-凝胶过程图

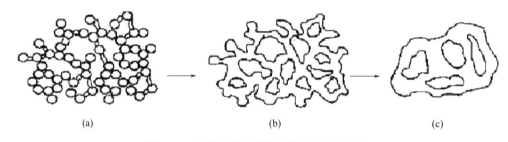

图 3-22　老化过程中凝胶结构的变化示意图

　　若要得到 TiO_2/C 复合气凝胶，还需对所得的 TiO_2 有机复合气凝胶进行炭化操作。具体步骤是：利用炭化炉在氮气氛围保护下，通过控制升温速率为 $2℃/min$，使炭化炉的温度从室温升至 $800℃$ 并保持 3h，最终得到 TiO_2/C 复合气凝胶材料。

　　氮元素也常用来改善 TiO_2 气凝胶的光催化性能。这是因为氮具有与氧类似的原子尺寸、较小的电离能和较高的稳定性，可以非常容易地掺杂并进入到 TiO_2 的晶格中。研究表明：N 掺杂比 C 掺杂更有效，N 掺杂可使 TiO_2 的带隙宽度减少至 3.0eV，从而获得较宽的可见光响应范围。常见的氮掺杂主要分过程掺杂和后处理两种。刘梦磊等采用等离子表面改性的方法对 TiO_2 气凝胶进行 N 掺杂，并研究了 N 掺杂对 TiO_2 气凝胶光催化产氢性能的影响。结果表明：在甲醇作为牺牲剂的水溶液中，纯 TiO_2 气凝胶与 P25 的催化效率相同，它们在高压汞灯作为光源的情况下的最高产氢速率仅为 $0.6pmol/min$；而通过等离子体表面改性的 N 掺杂 TiO_2 气凝胶的产氢速率是 P25 的 1.5 倍，可达 $0.9pmol/min$。虽然等离子体表面改性技术可以在 TiO_2 晶格中掺入 N 原子的同时，基本维持其原有的晶体结构、孔隙率和比表面积，但是该工艺相对复杂且成本昂贵。为此，研究人员尝试过程掺杂的方法，在前驱体中加入氮源对 TiO_2 气凝胶进行掺氮改性。Popa 等以尿素和 25wt% 氨水为氮源、异丙醇钛为钛源，采用溶胶凝胶结合超临界干燥工艺制备了 TiO_2 气凝胶。Fort 等以四异丙基钛酸酯（TIP）为钛源、尿素和盐酸肼为氮源，通过溶胶-凝胶结合低温超临界干燥工艺制备了氮掺杂 TiO_2 气凝胶，并通过漫反射（DRS）光谱表征了氮掺杂对 TiO_2 气凝胶的影响。结果表明，随着激发光源波长的变化，TiO_2 价带上电子开始被激发到导带上，未掺杂的 TiO_2

气凝胶和 P25 分别在 393nm 和 385nm 表现出很强的紫外光波段的吸收峰，而进行了氮掺杂的 TiO_2 气凝胶在紫外光和可见光波段均显示出明显的吸收峰。随着氮掺杂量的增加（0.7at%～1.1at%），样品颜色也从白色变为黄色，其光激发范围最高可拓宽至 430nm。

3.2.3.3　共掺杂 TiO_2 气凝胶

相关研究表明，多元素掺杂往往比单元素掺杂的效果更为明显。比如，采用氟、氮共掺杂既可以保留氮掺杂对可见光的高响应特点，又具有氟掺杂促进电荷分离的优点。因此，采用两个或多个掺杂剂对 TiO_2 实行共掺杂的研究受到了广泛关注。Fort 等以四异丙基钛酸酯（TIP）为钛源、尿素和盐酸胍为氮源、氯铂酸为铂源，通过溶胶-凝胶法结合低温超临界干燥工艺制备了比表面积为 $119m^2/g$ 的锐钛矿型 $Pt/N-TiO_2$ 气凝胶，其 SEM 和 EDX 表征结果如图 3-23（a）所示。此外，还研究了 Pt/N 共掺杂的 TiO_2 气凝胶的光催化制氢性能，$Pt/N-TiO_2$ 气凝胶、$Pt-TiO_2$ 气凝胶及 Pt-P25 光催化产氢性能对比如图 3-23（b）所示。从中可知，当 Pt 的掺杂量为 1wt% 时，氮源的种类及 N 掺杂量对光催化产氢速率有较大影响。当以盐酸胍和尿素为氮源时，随着 N 的掺杂量从 0.7at% 提升至 1.1at%，试样的产氢速率从 $7.6\mu mol/min$ 提升至 $7.8\mu mol/min$。相较于 $Pt-TiO_2$ 气凝胶及 Pt-P25 来说，产氢速率大约提升了 1.2 倍。$Pt/N-TiO_2$ 气凝胶光催化性能的提高，一是因为 N 掺杂对 TiO_2 能带结构的调节，拓宽其光响应范围至可见光波段；二是因为 Pt 和 N 的协同效应。除了 Pt 和 N 共掺杂之外，Zheng 等以钛酸四丁酯、硝酸铟和硝酸铈为原料，采用溶胶-凝胶法结合常压干燥工艺，制备出了比表面积为 $128.85m^2/g$ 的 In_2O_3/CeO_2-TiO_2 气凝胶。结果表明：当 In 和 Ce 的掺杂量为 0.2wt% 时，样品在可见光条件下罗丹明 B 的降解率可达 96.2%。Sadrieyeh 等以自制的 Au 和 Ag 纳米颗粒为掺杂剂，异丙醇钛为钛源前驱体，采用溶胶凝胶法结合 CO_2 超

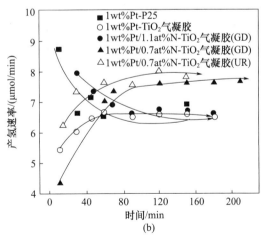

(a)　　　　　　　　　　　　　　　　　(b)

图 3-23　对比图

（a）$Pt/N-TiO_2$ 气凝胶的 SEM 图像和 EDX 光谱；

（b）25℃时，$Pt/NTiO_2$ 气凝胶、$Pt-TiO_2$ 气凝胶和 Pt-P25 的 H_2 产生速率与时间的关系

临界干燥工艺制备了比表面积为 $415\sim711m^2/g$ 的 Au/Ag-TiO$_2$ 气凝胶。光降解实验结果表明：Au/Ag-TiO$_2$ 气凝胶样品的光降解水杨酸的表观速率常数可达 $(7.3\sim10.27)$ $\times10^3$。可能是由于贵金属纳米颗粒的表面等离子效应和半导体型光催化剂 TiO$_2$ 的协同作用，使样品具有较优异的光催化性能。

通过掺杂改性的方法虽然可使 TiO$_2$ 气凝胶的光响应范围明显改善，并提高其光能利用率，但该方法依然存在着掺杂难度大、掺杂量难以控制、掺杂机理研究不够深入等问题。

3.2.4 TiO$_2$气凝胶及 TiO$_2$复合气凝胶的应用

3.2.4.1 太阳能电池

二氧化钛气凝胶是一种极有前景的介观钙钛矿基太阳能电池材料。气凝胶自身的结构性质决定了它不仅具有非常高的孔隙率，而且其结构形成一个完全固体相互连接的网络。在钙钛矿太阳能电池中引入基于二氧化钛气凝胶的层，既能够促进器件在重复热循环下的机械、电气和光电特性的稳定性，也可以促进钙钛矿与阻挡层之间的交错，从而提高基于有机金属钙钛矿的光伏器件的热稳定性。Alwin 等采用溶胶凝胶法制备了 TiO$_2$ 气凝胶金属有机骨架（MOF）纳米复合材料，作为准固态染料敏化太阳能电池阳极材料，总功率转换效率为 2.34%，短路电流密度为 $6.22mA/cm^2$。Ramasubbu 等通过溶胶凝胶法结合常压干燥成功制备了 TiO$_2$NiMOF 复合气凝胶，用作太阳能电池阳极材料时的最大光转换效率（8.846%）较纯气凝胶（6.805%）提高约 30%。

3.2.4.2 光催化应用

光催化技术在环境保护领域有着广泛的应用，特别是对有机污染物废水的处理，能够将有机污染物完全矿化并且降解成 CO$_2$ 和 H$_2$O。TiO$_2$ 气凝胶是透明或半透明状固体，光透性强，且能够激发到 TiO$_2$ 气凝胶的表层及内部，使 TiO$_2$ 释放出空穴和电子。同时颗粒非常小，处在量子尺寸范围，这使得空穴和电子不易复合，进而提高了光催化活性。图 3-24 为 TiO$_2$ 气凝胶光催化机理示意图。

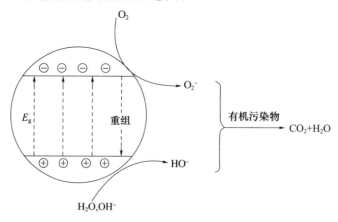

图 3-24　TiO$_2$气凝胶光催化机理示意图

早在 20 世纪 70 年代，Carey 等首次将光催化技术应用到降解污染物上，得以使光催化技术成功应用于环保领域。Djellabi 等通过超声波辅助溶胶-凝胶法并结合常压干燥技术得到了一种碳质生物合气凝胶（TiO$_2$-OP 气凝胶），该气凝胶具有良好的可见光响应，带隙仅为 2.76eV，将该光催化剂用于 10mg/LCr（Ⅵ）溶液降解（还原机制如图 3-25 所示）中，30min 内在可见光（波长＞420nm）及酒石酸条件下的光催化效率高达 100%，循环 5 次后光催化效率仍为 86%。

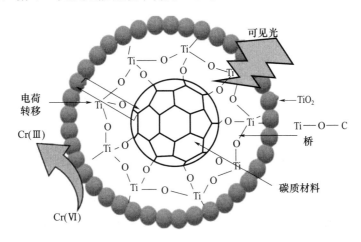

图 3-25　碳质生物-TiO$_2$复合气凝胶还原 Cr（Ⅵ）示意图

孙大吟采用溶胶凝胶法，借助离子液体，以钛酸四丁酯为钛源，在低温常压下浸泡老化，制备出的介孔尺度的多孔 TiO$_2$ 气凝胶对活性艳蓝 KN-R 表现出了极高降解率。而胡久刚等以钛酸丁酯为原料，以甲酰胺为干燥控制化学添加剂，采用溶胶-凝胶法与常压干燥的方式制得的 TiO$_2$ 醇凝胶，对甲基橙溶液模拟偶氮染料废水表现出了良好的光催化活性。因此，它在制作光催化材料方面有极好的应用前景。

3.3　ZrO$_2$气凝胶

ZrO$_2$是唯一一种同时具有酸和碱活性中心的过渡金属氧化物。氧化锆一直以来都是我国高性能材料产业政策中大力发展的高新材料。它作为一种重要的结构和功能材料，具有许多优异的物理和化学性能，包括具有很高的化学稳定性和热稳定性，以及较低导热系数，如立方相 ZrO$_2$的导热系数为 1.675W/(m·K)（100℃）、2.094W/(m·K)（1300℃），被广泛应用于热障涂层材料和耐高温隔热材料。自 70 年代中期至今，许多先进国家如美国、日本及其他一些欧洲国家均投入巨资探索研发高性能氧化锆材料的生产技术，并且对氧化锆制品的生产也投入了大量的精力。但由于高性能氧化锆材料的生产技术难度较大，目前有能力生产此种材料的国家仅为少数，所以在国际市场上一直具有较大的优势。氧化锆材料因其优异的物理化学性能，被用作现代高技术结构陶瓷、生物陶瓷、导电陶瓷、功能陶瓷的主要材料之一，同时也是现代冶金用高性能耐火材料、高温隔热材料的主要材料之一，成为航空航天器构件、现代高温电热装备、冶金耐火材料、玻璃耐火材料、敏感元件等高科技新功能材料产业的支柱。

ZrO_2 气凝胶兼具氧化锆和气凝胶的特性，同时又具有良好的离子交换性能，因此 ZrO_2 气凝胶被广泛地应用在工业催化剂及催化剂载体等方面。另外，由于 ZrO_2 熔点高、导热系数低，ZrO_2 气凝胶在高温隔热方面也具有诱人的发展前景。自 1976 年 Teichner 等首次制备 ZrO_2 气凝胶以来，其制备技术和制备方法不断改善和发展，ZrO_2 气凝胶已成为无机气凝胶材料中重要的一部分。除了具有气凝胶材料的一般特性外，如比表面积大（可达 $675.6 m^2/g$）、导热系数低、密度低、孔隙率高等，还具备 ZrO_2 本身所具备的一些性质：如 ZrO_2 同时兼具氧化性和还原性，是酸性和碱性的催化中心，因此使得 ZrO_2 气凝胶在催化剂和催化剂载体领域具有很大的应用价值；另外 ZrO_2 也具有很强的耐腐蚀和耐高温性能，因此 ZrO_2 气凝胶在隔热材料领域的应用前景引起了研究人员的广泛关注。

3.3.1 ZrO_2 气凝胶制备方法

因此，合成高质量的 ZrO_2 气凝胶具有很高的价值。ZrO_2 气凝胶已通过多种技术制备，包括溶胶-凝胶处理、醇盐水解法、醇水加热法、直接溶胶-凝胶加工和电解法。ZrO_2 气凝胶是由锆盐前驱体经过连续的水解缩聚过程得到的，制备工艺主要包括三部分：溶胶-凝胶的制备过程、老化过程及气凝胶的干燥。溶胶-凝胶法是制备化学成分均匀、纯度高、性能优异的氧化锆湿凝胶的一种常用方法。溶胶-凝胶的过程主要是无机盐或金属醇盐在溶液中发生一系列的化学反应，首先经脱水缩合形成粒径在 1mn 左右的初级粒子，初级粒子在溶液中继续聚合长大形成溶胶；溶胶颗粒间继续进行反应，发生互相交联，形成具有三维网络骨架结构的凝胶。下面就 ZrO_2 气凝胶的制备过程做简单的介绍。

3.3.1.1 溶胶-凝胶工艺

在整个溶胶-凝胶过程中，主要发生如下反应式：

水解反应：$\qquad MOR + H_2O \Longrightarrow MOH + HOR \qquad$ (3-9)

缩合反应：$\qquad MOR + HOM \Longrightarrow MOM + HOR \qquad$ (3-10)

$\qquad MOH + HOM \Longrightarrow MOM + H_2O$（M＝金属或 Si，R＝烃基或其他基团）(3-11)

目前常用的制备 ZrO_2 湿凝胶的溶胶-凝胶方法有锆盐水解法、醇水加热法、沉淀法、电解法、无机分散溶胶-凝胶法和环氧丙烷助凝法等。

（1）锆盐水解法

锆盐水解法是经典的气凝胶制备方法，将锆醇盐作为前驱体，经水解缩聚得到湿凝胶后进行老化干燥最终制得 ZrO_2 气凝胶。利用该制备方法可获得高比表面积、高纯度、颗粒尺寸小且均匀的气凝胶材料。

前驱体有机锆盐，如 $Zr(OBu)_4$ 或 $Zr(OPr)_4$ 发生的反应主要包括：水解反应和缩聚反应。水解反应可表示如下式：

$$M(OR)_n + xH_2O \longrightarrow M(OR)_{(n-x)}(OH)_x + xROH \qquad (3-12)$$

水解反应通常是在非水溶液通过加水和酸或碱作为催化剂进行的。水解得到的中间产物进一步进行缩聚反应形成 M-O-M：

$$M-OH+M-OX\longrightarrow M-O-M+XOH \tag{3-13}$$

式中，X 为 H 或 R，水解反应和缩聚反应最后得到的是无序、连续凝胶网络骨架结构的醇凝胶。再经过老化、干燥等处理制备 ZrO_2 气凝胶。

Zeng 等以正丙醇锆为锆源制备了 ZrO_2 气凝胶，并通过分形模型来对气凝胶的微观形貌进行描述。Bedilo 等以正丙醇锆和正丁醇锆为锆源前驱体，采用锆盐水解法结合超临界干燥技术制备了比表面积较高的 ZrO_2 气凝胶，其比表面积高达 $565m^2/g$，500℃ 煅烧 2h 后仍然在 $100m^2/g$ 以上。Stocker 等以正丁醇锆为前驱体，采用硝酸为催化剂，首先经过溶胶-凝胶过程制得醇凝胶，再通过超临界干燥的方法制备了 ZrO_2 气凝胶，比表面积为 $205m^2/g$，并且考察了多个制备条件如酸和醇盐的比例、醇溶剂的种类、超临界干燥方式对 ZrO_2 气凝胶二氧化锆气凝胶结构和性能的影响。Liu 等以有机锆-聚乙酰丙酮锆（PAZ）为前驱体，质子化的乙酰丙酮）与 Zr^{4+} 离子配位，形成结构稳定的六原子环，有效地抑制了 Zr^{4+} 离子的水解。它使基于 PAZ 的溶胶-凝胶反应比醇锆和无机锆的反应更温和。合成了强度高、热稳定性强的 ZrO_2 气凝胶。图 3-26 为 ZrO_2 气凝胶的凝胶机理，抗压强度为 $0.12\sim0.23MPa$，并且具有较低的密度 $[(0.12\pm0.005)\ g/cm^3]$，1000℃ 热处理后比表面积仍达 $236m^2/g$。

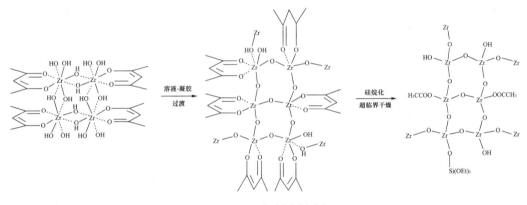

图 3-26 ZrO_2 气凝胶凝胶机理

（2）醇水加热法

其机理是，当无机盐的醇水溶液被加热时，介电常数和溶剂能量将显著降低，从而出现沉淀。醇水加热法是一种新颖的制备手段，1995 年 Moon 等以氧氯化锆、羟丙基纤维素等为原料首次采用醇水加热法成功制备了 ZrO_2 粉体，自此醇水加热法引起了研究人员极大的兴趣。其基本原理为：在溶胶加热时，溶液的介电常数和溶剂化能力会显著下降从而使溶液变为饱和状态而形成胶体，同时无机锆盐的醇水溶液也会发生部分水解形成胶体。醇水加热法制备的 ZrO_2 气凝胶热稳定性好、颗粒尺寸小且均匀、分散性好，具有较高的比表面积，但其受醇水比例、锆盐浓度、陈化时间等影响较大。Wu 等采用醇/水加热法，以硝酸氧锆为锆源，首先将硝酸氧锆在醇水混合溶液中充分水解，然后在 80℃ 下水浴加热，在室温条件下将得到的凝胶在母液中老化 2h，再通过超临界乙醇干燥制得 ZrO_2 气凝胶，得到的 ZrO_2 气凝胶的比表面积为 $675.6m^2/g$，在 1000℃ 热处理后，比表面积降低至 $46.4m^2/g$。白利红等以无机锆盐硝酸氧锆为原料，采用醇/水加热法和超临界干燥技术制备了 ZrO_2 气凝胶，并分别考察了锆盐浓度、醇水体积比和老化时间等制备工艺参数对 ZrO_2 气凝胶结构和性能的影响；制得的 ZrO_2 气凝胶的比表面积为 $668.2m^2/g$。以硝酸锆二水合物为原料，采用醇-水混合物加热硝酸锆二水溶液，采用超临界干燥法（SCFD）制备了高比表面积的氧化锆气凝胶。

醇水加热法制得的 ZrO_2 气凝胶比表面积大、颗粒均匀、分散性好，但是受醇/水比例、锆盐浓度、陈化时间的影响较大。

（3）沉淀法

沉淀法是指通过调节前驱体盐溶液的 pH 值至碱性，使溶液中的 $Zr(OH)_4$ 沉淀析出，再对沉淀物进一步过滤洗涤以除去 Cl^-、SO_4^{2-} 等杂质离子，获得纯净 $Zr(OH)_4$ 后进一步溶胶-凝胶和干燥处理即可得到 ZrO_2 气凝胶。沉淀法工艺简单、原料成本低、易于实现，但沉淀法制备的 ZrO_2 气凝胶产物比表面积较低，沉淀物在干燥过程中极易团聚，而且重复性较差。其制备的 ZrO_2 气凝胶粉体的性能受氨水浓度、氨水与溶液滴加顺序、热处理温度、干燥工艺的选择等因素影响，例如不同温度的热处理可得到密度不同的 ZrO_2 气凝胶粉体。Huang 等以 $Zr(SO_4) \cdot 4H_2O$ 为原料制备锆盐溶液，加入 $NH_3 \cdot H_2O$ 调节 pH 值至 9，形成 $Zr(OH)_4$ 沉淀，将沉淀物静置老化 24h 后，用真空泵进行抽滤，充分洗涤至无 SO_4^{2-} 离子出现，再用无水乙醇置换溶液得到醇凝胶，通过超临界干燥的方法最终得到 ZrO_2 气凝胶粉体。Zu 等在苯胺丙酮原位生成水的基础上，结合化学液相沉积的方法制备了具有核壳结构、耐 $1000℃$ 超高温的块状 ZrO_2 气凝胶。

（4）电解法

电解法就是通过电解方式制备 ZrO_2 湿凝胶，再对其进行干燥处理制得气凝胶的方法。图 3-27 为电解槽示意图。其基本原理为：在电解过程中，溶液中的 OH^- 浓度逐渐增大，从而使 Zr^{4+} 与 OH^- 配位形成 $[Zr_3(OH)_6Cl_3]^{3+}$、$[Zr_4(OH)_8]^{8+}$ 等基团，通过进一步缩聚得到 ZrO_2 湿凝胶后进行干燥处理得到 ZrO_2 气凝胶。其反应过程缓和，且反应中产生的副产物可进行回收利用，是一种环境友好的制备方法，适合大规模生产应用。电解法得到的 ZrO_2 气凝胶具备高比表面积的特点，有利于应用于催化领域中。

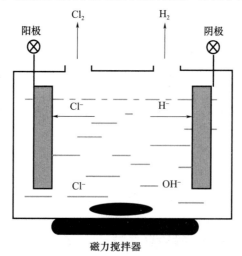

图 3-27 电解槽示意图

Zhao 等用氧氯化锆溶液在室温下电解制成溶胶，制备出高比表面积（约 $640m^2/g$）的氧化锆气凝胶。

（5）环氧丙烷助凝法

环氧丙烷助凝法是以无机盐作为前驱体，有机环氧化合物作为凝胶的助凝剂，其基本原理为：无机盐在溶液中形成酸性较强的金属离子 $[M(H_2O)_m]^{n+}$ 提供了质子，有机环丙烷在质子的作用下发生开环反应，同时 $[M(H_2O)_m]^{n+}$ 发生一系列水解和缩聚反应，得到金属氧化物湿凝胶，结合超临界干燥工艺，得到最终金属氧化物气凝胶。自 Gash 等 2001 年首次提出环氧丙烷法以来，该制备方法已成功制备多种金属氧化物气凝胶，如 Cr_2O_3、Fe_2O_3、Al_2O_3 等。环氧丙烷法制备 ZrO_2 气凝胶原料易得、成本低廉、工艺简单、反应迅速、制备周期短、工艺安全，同时产物的微结构和性能易控，是具有重要意义的新型气凝胶制备工艺。

郭兴忠等以硝酸氧锆为锆源前驱体，以环氧丙烷为凝胶促进剂，通过常压干燥制备了比表面积为 $645m^2/g$ 的低密度 ZrO_2 气凝胶。Chervin 等以 $ZrCl_4$ 和 $YCl_3 \cdot 6H_2O$ 为原料、环氧丙烷为凝胶促进剂、去离子水为溶剂，结合超临界 CO_2 干燥制备出比表面积为 $409m^2/g$、$550℃$ 煅烧后为 $159m^2/g$、离子电导率约为 $0.13S/m$ 的气凝胶。谢玉群等用二氯氧锆水溶液与环氧氯丙烷在 $80℃$ 相互作用制得 $ZrO(OH)_2$ 凝胶，老化、干燥后再在 $600℃$ 下焙烧得到 ZrO_2 纳米粒子，这种 ZrO_2 为单斜相，平均粒径为 $9.6nm$。

（6）无机分散溶胶-凝胶法

无机分散溶胶-凝胶法是在环氧丙烷法的基础上，引入少量的低分子聚丙烯酸作为分散剂和引导剂，改变凝胶化机理制备 ZrO_2 气凝胶的方法。其凝胶化机理为：金属氢氧化物或氧化物在聚丙烯酸的羧基官能团上优先成核，随后胶团"沿着"聚丙烯酸分子链表面聚集成核，由于空间因素的影响限制其生长，最终相互黏结形成气凝胶。杜克等通过无机分散溶胶-凝胶法成功制备出成型性好、强度高的块状 ZrO_2 气凝胶。

3.3.1.2 ZrO_2 气凝胶的干燥

ZrO_2 气凝胶的干燥包括超临界干燥、常压干燥和冷冻干燥。迄今为止，研究者用不同的锆前驱体和不同的方法已制备了各种不同的 ZrO_2 气凝胶，如梁丽萍等采用沉淀法结合超临界 CO_2 干燥成功制备了具有高比表面积和大孔体积的 ZrO_2 气凝胶；白利红等以硝酸氧锆为前驱体，采用醇水加热法结合超临界流体干燥成功制备了呈单一四方相结构且稳定 ZrO_2 气凝胶。不同的反应条件和干燥工艺对 ZrO_2 气凝胶网络结构有很大的影响，因此需要合理设计制备工艺和流程以获取所需特性的气凝胶材料。

3.3.2 ZrO_2 气凝胶掺杂改性

通过以上几种方法所制备的 ZrO_2 气凝胶，虽然具有较高的比表面积，但是高温稳定性较差。ZrO_2 具有三种晶型，其转化关系如图 3-28 所示，ZrO_2 在升温过程中，其单斜晶转变为四方晶；在降温过程中，其四方晶转变为单斜晶。在晶型转变过程中会发生体积变化，因此，ZrO_2 气凝胶的纳米孔结构会因晶型的转变而被破坏。为了保持 ZrO_2 气凝胶在高温下的结构稳定性，提高氧化锆气凝胶的耐高温性能，需调节气凝胶的结构单元，改善该材料体系的耐温性，从而成为一种理想轻质高效隔热材料。

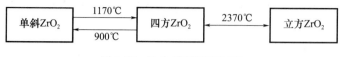

图 3-28　ZrO$_2$晶型转变过程

目前，许多研究者致力于制备掺杂改性的 ZrO$_2$ 气凝胶，对其进行晶型稳定化处理，希望提高其热稳定性。2001 年，Melezhyk 等以 ZrOCl$_2$·8H$_2$O 和钨酸铵（NH$_4$）$_2$WO$_4$ 为原料、聚乙烯醇为模板，凝胶后水洗并在较低温度下干燥，在氩气气氛下于不同温度裂解炭化，最后在空气中 500℃ 热处理除碳，制备了介孔 WO$_3$/ZrO$_2$ 复合氧化物。该 WO$_3$/ZrO$_2$ 复合氧化物的高温稳定性比相同方法制备的纯介孔 ZrO$_2$ 更好，500℃ 时比表面积为 305m^2/g，700℃ 处理后降低为 150m^2/g。2006 年，Lenormand 等用锆的醇盐制备氧化锆气凝胶，用小角度散射（SAXS）和拉曼光谱等方法研究制备的气凝胶的晶型及其转化规律。研究发现相变很大程度上是表面效应，介稳的四方相只能在临界尺寸以下存在；杂质或添加剂中 Na$^+$、mg^{2+}、Ca^{2+}、Sc^{3+}、Y^{3+}、La^{3+}、Ce^{4+} 等离子的存在可以起到稳定立方相或四方相的作用。Hung 以 ZrO(NO$_3$)$_2$·6H$_2$O 和 Y(NO$_3$)$_3$·6H$_2$O 为原料，以十六烷基三甲基溴化铵（CTAB）为模板剂、尿素为催化剂，采用共沉淀法制备了介孔氧化钇稳定氧化锆（YSZ）粉末。600℃ 热处理后比表面积为 137m^2/g，而 800℃ 热处理后降为 66m^2/g。

综上所述，用上述方法掺杂改性后的 ZrO$_2$ 气凝胶在热处理温度升高 200℃ 后，比表面积均下降为原来的一半，由此可见其高温稳定性并没有明显的改善。因此，进一步探索 ZrO$_2$ 气凝胶热稳定性机理、开发研制出热稳定性高的气凝胶材料仍然是研究人员的一个重要的研究方向。

3.3.3　ZrO$_2$气凝胶结构性能与应用

自 1976 年 Teichner 等首次制备 ZrO$_2$ 气凝胶以来，研究者使用沉淀法、电解法、溶胶-凝胶法等不同方法和不同的锆前驱体（氯化物、氯氧化物、硝酸盐和烷氧基化合物等）制备了不同的 ZrO$_2$ 气凝胶。如 Bedilo 等使用溶胶-凝胶法和乙醇超临界干燥法配合制备出比表面积超过 500m^2/g 的 ZrO$_2$ 气凝胶。Zhao 等通过室温电解 ZrOCl$_2$ 溶液并通过 CO$_2$ 超临界干燥法制备出比表面积为 640m^2/g、平均孔径为 9.7nm 的介孔和透明的块状 ZrO$_2$ 气凝胶。ZrO$_2$ 气凝胶材料的微观结构单元为零维纳米颗粒连接而成的连通网络。

氧化锆气凝胶是一种由氧化锆纳米粒子随机组装而成的三维纳米多孔材料。理论上，具有固有的大比表面积的 ZrO$_2$ 气凝胶将继承这些特性，并衍生出其他引人注目的特性。人们普遍认为 ZrO$_2$ 气凝胶是一种高性能催化剂和催化载体。一些科学家预测，由于 ZrO$_2$ 气凝胶具有较低的声子散射，因此它比其他气凝胶材料具有更好的高温隔热性能。与 SiO$_2$ 气凝胶材料相比，ZrO$_2$ 气凝胶具有更低的高温导热系数，更加适合应用于高温段的隔热材料，在高温隔热保温材料方面具有很大的应用前景。近年来，ZrO$_2$ 气凝胶在质子传导和传感中有了新的应用。

结构：随着锆盐浓度的增大，ZrO$_2$ 气凝胶的比表面积呈先增大后减小的趋势，孔体积也随着比表面积先增大后减小，平均孔径在 15nm 左右，锆盐浓度过低时，形成凝胶的颗粒之间连接疏松，凝胶网络强度较低，在超临界干燥过程网络结构遭到破坏，导致气凝胶的比表面积偏低，随着锆盐浓度的升高，凝胶骨架强度逐渐增强，气凝胶的收缩减小，孔结构更加均匀稳定，使其具有较高的比表面积，当锆盐浓度过高时，凝胶反应迅速加快，胶体粒子间发生团聚，同时凝胶内部应力加大，产生裂纹并收缩严重，导致气凝胶的比表面积较低。

3.3.3.1 催化应用

ZrO_2 气凝胶不仅同时具有碱性和酸性，表面经过硫酸化修饰还能够提高 ZrO_2 气凝胶的催化活性，同时 ZrO_2 气凝胶具有颗粒尺寸小、比表面积高和密度低等特点，使活性组分的分散变得更容易，所以 ZrO_2 气凝胶作为催化剂具有的选择性和催化活性远高于其他常规催化剂。研究表明，四方相的氧化锆比单斜相氧化锆具有更好的催化效果，因此为了提高反应的催化效率，经常将其他材料与氧化锆复合制备成复合气凝胶，从而提高四方相的比例，提高气凝胶的比表面积和孔容，如 ZrO_2/WO_3、ZrO_2/SiO_2 等。复合气凝胶作为催化剂已经被广泛地应用到多种反应中，其中 CuO/ZrO_2 复合气凝胶已成功地应用于 CO_2 和 H_2 合成甲醇的反应。实验结果表明 Cu/ZrO_2 催化剂对 NO 的分解有较好的催化效果。因此，ZrO_2 气凝胶在催化领域有着极大的发展潜力。

3.3.3.2 隔热领域应用

根据国内外隔热材料的研究进展，一般而言，其隔热性能与力学性能的要求不能同时兼顾，隔热性能好的材料因其力学性能较差，限制了实际应用；而力学性能好的材料又因其隔热性能较差，在苛刻的热环境下使用性能较差，同时导弹及航天飞行器的高速长时间飞行要求新型、耐高温、高效、可靠的隔热材料。而 ZrO_2 气凝胶的出现满足了以上两种需求。空气分子的平均自由程为 70nm，ZrO_2 气凝胶的孔径尺寸小于其平均自由程，所以在气凝胶孔隙中不会产生空气对流。气凝胶具有较高的孔隙率，其中固体的体积分数远远低于气体的体积分数，因而气凝胶的导热系数较低。ZrO_2 气凝胶与 SiO_2 气凝胶相比具有更低的高温导热系数，因此更适用于作为高温隔热材料。ZrO_2 气凝胶作为超级隔热材料具有非常广阔的应用前景。

3.3.3.3 吸附应用

氧化锆气凝胶还是一种性能优异的吸附剂，可用于污水的处理，且吸附量会随着比表面积的增加而增加。当气凝胶作为催化剂载体时，还能够通过化学反应有效地降解污水中的有毒物质。

此外，ZrO_2 气凝胶由于其特殊结构还被应用于切伦科夫探测器、太阳能收集器、染料敏化太阳能电池电极、固体氧化物燃料电池等方面，应用前景巨大。

3.3.4 ZrO_2 复合气凝胶

3.3.4.1 ZrO_2-SiO_2 气凝胶

块体 ZrO_2 材料具有很高的熔点（2710℃）和很低的导热系数（2W/(m·K)），多孔 ZrO_2 制品被广泛应用于耐火材料，而 ZrO_2 气凝胶近年来也得到了较为广泛的研究。

由于纯 ZrO_2 气凝胶成块性较差，且在 $500\sim1000℃$ 下会发生显著的相变和尺寸收缩，一般引入第二组分改性以提高其力学性能和热稳定性，其中 ZrO_2-SiO_2 气凝胶研究得最为深入。通常采用氯氧化锆、丁醇锆、聚乙酰丙酮合锆和硝酸氧锆等作为锆源，TEOS 为硅源，以原位掺杂或者凝胶改性方式将硅组分引入 ZrO_2 气凝胶结构中。采用莫来石纤维、ZrO_2 纤维和石英纤维等作为增强相制备成复合材料，可进一步提高 ZrO_2-SiO_2 气凝胶的力学性能。与纯 ZrO_2 氧化锆气凝胶相比，ZrO_2-SiO_2 气凝胶的宏观尺寸、微观孔结构和晶相结构等都有很大的不同，且具有更好的高温稳定性，因此被广泛地应用到固体超强酸、陶瓷改性、无机分离膜和多相催化等方面。

迄今为止，已有很多关于 ZrO_2-SiO_2 气凝胶的制备方面的报道。白利红等以 $ZrO(NO_3)_2 \cdot 2H_2O$ 和正硅酸乙酯（TEOS）等为原料，通过溶胶-凝胶法结合超临界干燥技术制备了能够在分子水平上达到均匀混合的介孔 ZrO_2-SiO_2 气凝胶，并探索了锆盐前驱体的种类对 ZrO_2-SiO_2 气凝胶微观结构和性能的影响。Lopez 等采用溶胶-凝胶法制备了 ZrO_2-SiO_2 气凝胶，用硫酸对其进行酸化，形成了固体超强酸，将其成功地用作正己烷异构化反应中的催化剂。国内外的科研工作者们目前制备 ZrO_2-SiO_2 气凝胶的方法多为溶胶-凝胶法，以锆、硅醇盐作为前驱体来制备，该方法存在较多缺点，如原料价格昂贵、制备过程比较复杂等。Wu 等用醇水加热法，以价格低廉的 $ZrOCl_2$ 为锆源，成功地制备了 ZrO_2-SiO_2 气凝胶，在 $500℃$ 热处理后，复合气凝胶的比表面积高达 $735.5m^2/g$。Wang 等通过在四乙氧基硅烷溶液中对 ZrO_2 凝胶进行老化处理，并在超临界流体中进行干燥，制备了 SiO_2 改性的 ZrO_2 无裂纹单片气凝胶。结果表明，SiO_2 改性后形成了 Zr—O—Si 和 Si—O—硅带的杂键。ZrO_2-SiO_2 气凝胶的抗压强度为 $0.419MPa$，体积密度仅为 $0.19g/cm^3$，导热系数低至 $0.021W/(m \cdot K)$。

3.3.4.2　纤维改性及增强 ZrO_2 气凝胶

由于纤维具有较低的密度和较高的抗拉抗压强度，纤维被广泛用于气凝胶材料的增强和增韧。虽然氧化锆气凝胶的制备工艺还没有形成一个完整的体系，但是研究人员已经在纤维改性氧化锆气凝胶方向做出了尝试。郭兴忠等采用 KH-570 对二氧化锆纤维进行改性处理，然后利用改性后的二氧化锆纤维增强常压制备二氧化锆气凝胶，以克服其易碎的缺点。结果表明，改性处理对提高二氧化锆纤维的相容性和分散性起到了积极作用，加入蒸馏水达到预水解作用的样品的性能更好。改性处理能增强二氧化锆纤维与气凝胶的结合性能，并维持二氧化锆气凝胶均匀多孔的网络结构。

3.4　其他氧化物气凝胶

3.4.1　ZnO 气凝胶

ZnO 是一种天然的 n 型半导体，具有较高的氧空位和锌空位浓度。作为一种用于自旋电子学、光电子学、催化和光伏应用的多功能材料，它已经得到了广泛的研究。具有纳米结构的多孔氧化锌材料具有高比表面积、高催化活性等特点，表现出独特的尺寸效应和表面效应。在改善催化反应的活性、提高反应的速率以及选择性方面，多孔氧化锌材料被认为是很有效的催化剂，并且对光、电和气体吸附十分敏感。而气凝胶具有低密度、高孔隙率、高比表面积、大折射率、低杨氏模量和极低导热系数等特性，使其在热、光、电、声学以及催化、吸附等领域具有特殊的用途。ZnO 是一种典型的半导体材料（$E_g=3.37eV$），具有良好的生物相容性和环境安全性。与此同时，气凝胶材料作为一种新型多孔网络结构材料，具有孔隙率高、比表面积大和密度小等优点，将其与 ZnO 相结合具备广阔应用前景。

3.4.1.1　ZnO 气凝胶及 ZnO 复合气凝胶制备工艺

（1）ZnO 气凝胶制备工艺

ZnO 气凝胶的骨架为天然纤维素，此天然纤维素为纸浆经过氧化体系制得的纳米纤维素，气凝胶表面为通过低温水浴反应进行原位生长的片状纳米氧化锌，并且该氧化锌气凝胶具有较高的比表面积、极低的密度、极强的紫外吸收能力，且这种气凝胶的制备方法简单，具有普适性。

（2）ZnO 复合气凝胶制备工艺

ZnO 复合气凝胶的制备通常是利用溶胶-凝胶法。它的制备过程主要由湿凝胶的制备、湿凝胶的老化、溶剂交换、湿凝胶的干燥四个部分组成。

首先将一定量 ZnO 加入乙醇和水的混合中，经过一段时间的反应后，缓慢加入一定量的模板剂，通过磁力搅拌器搅拌均匀，然后加入凝胶促进剂环氧丙烷，一段时间后即可制备出湿凝胶。接着进行老化以及置换操作，老化是为了形成完整的气凝胶骨架，置换时采用乙醇与丙酮分别进行置换操作。最后进行 ZnO 复合气凝胶的干燥后即得 ZnO 复合气凝胶成品，图 3-29 是以 $ZnCl_2$ 为前驱体制备锌基复合气凝胶的流程图。

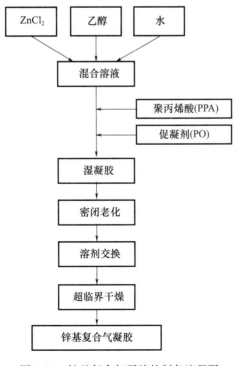

图 3-29　锌基复合气凝胶的制备流程图

3.4.1.2 ZnO 气凝胶及 ZnO 复合气凝胶的应用

ZnO 气凝胶具有高比表面积和高孔隙率的特点，使得其在催化剂、吸附剂、惯性约束聚变靶材等诸多领域有应用。具有高选择性和活性的金属氧化物气凝胶在催化领域有广阔的应用前景。

3.4.2 MgO 气凝胶

MgO 是一种绝缘体，传统上用于制备水泥、药物、绝缘体、干燥剂和光学材料。近几十年来，人们开始关注具有不同形貌的纳米颗粒、纳米管和纳米棒的 MgO 纳米材料的合成，并且 MgO 还是一种有趣的碱性氧化物，在催化、吸附和耐火陶瓷的合成中具有广泛的应用。在不同条件下干燥后的溶胶-凝胶合成途径已被证明是生产纳米晶氧化镁的一种高效和成功的方法。而制备纳米氧化镁另一种常用方法是沉淀法。虽然沉淀法具有原材料资源成本低、工艺简单等优点，但氧化镁粉的产物直径较大、分布范围较大。与沉淀法相比，溶胶-凝胶法可以制备直径小、直径分布范围窄的氧化镁粉末。纳米 MgO 气凝胶和其他气凝胶制备的纳米晶金属氧化物最突出的特点是，它具有比粉体氧化镁高近十倍的比表面积，也因此对 NO_2、SO_2、SO_3、HCl 等有毒气体以及含氯、含磷化合物的化学吸附效率高。这些气体与纳米粒子表面的相互作用被称为破坏性吸附，因为在这个过程中，氧化物的表面和整体化学成分经常发生重大变化。氧化镁气凝胶比表面积是普通粉体氧化镁的近十倍，这样高比表面积的固体碱金属氧化物不仅在有机催化方面会有明显的优势，而且在环境保护方面有利于硝基氧化物或硫化物等有毒气体的吸附。

3.4.2.1 MgO 气凝胶的制备工艺

MgO 气凝胶的制备主要是通过溶胶-凝胶法，下面是 MgO 气凝胶的制备过程：

(1) 制备 $Mg(OCH_3)_2$ 溶液。将镁带浸入稀释后的盐酸中，去除镁带表面的氧化镁。然后，将处理后的 Mg 溶解在甲醇中，即得到 $Mg(OCH_3)_2$，反应可由由式（3-14）表述。

$$Mg + CH_3OH \longrightarrow Mg(OCH_3)_2 + H_2 \tag{3-14}$$

(2) 进行湿凝胶的制备。将适量的水和甲醇在烧杯中混合。然后将 $Mg(OCH_3)_2$ 溶液快速加入水和甲醇溶液混合液中，不断搅拌，混合物很快就会变成透明的湿凝胶。其凝胶反应过程可由式（3-15）表述。

$$Mg(OCH_3)_2 + 2H_2O \longrightarrow Mg(OH)_2 + 2CH_3OH \tag{3-15}$$

(3) 湿凝胶形成后再经过老化以及干燥工序即可得到高比表面积且透明的 MgO 气凝胶。在老化过程中，每隔一段时间都需用甲醇溶液进行置换操作，以达到置换目的；而干燥阶段尽量利用效果较好的超临界干燥法，因为普通的常压干燥会在干燥的过程中破坏氢氧化镁气凝胶的多孔结构。

Dercz 等在实验过程中使用甲醇镁溶液、甲醇以及甲苯为原料进行凝胶。接着对得到的醇凝胶老化后进行超临界 CO_2 干燥，以此获得氧化镁的水合形式。最后在 723K 动态真空下对氢氧化镁气凝胶进行热处理得到脱水氧化镁气凝胶。MgO 气凝胶的骨架是非常小颗粒的集合体。MgO 气凝胶微观形貌如图 3-30 所示，图 3-30（a）和图 3-30

（b）为扫描电镜图，图 3-30（c）为透射电镜图。具体制备工艺如图 3-31 所示。

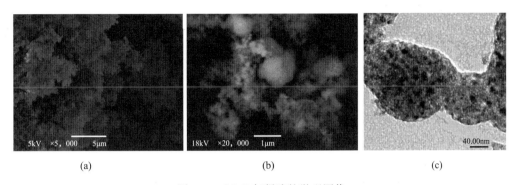

图 3-30　MgO 气凝胶的微观图像

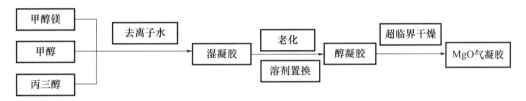

图 3-31　MgO 气凝胶制备工艺流程图

3.4.2.2　MgO 气凝胶的应用

MgO 气凝胶具有较高的比表面积，在环境保护方面有利于硝基氧化物或硫化物等有毒气体的吸附。Utamapanya 等将甲苯加入甲醇镁溶胶体系中，经超临界干燥后得到的 MgO 气凝胶比表面积在 $829\sim1104m^2/g$ 范围内，并且经 $500℃$ 处理后比表面积最高也有 $522m^2/g$，具有很好的热稳定性，目前尚处于实验室阶段，但作为吸附材料有很大的应用前景。

3.4.3　CuO 气凝胶

CuO 纳米颗粒因其在催化、能量转换/存储和电化学传感器等领域的良好潜在应用而引起了科学界的关注。例如，Poreddy 等利用氧化铜作为一种经济有效的、高选择性的催化剂，通过醇的氧化脱氢生成碳基化合物。Gamarra 等研究了 CuO/CeO_2 催化剂对 CO 的优先氧化。然而，CuO 气凝胶的合成是具有挑战性的，具有三维结构的氧化物气凝胶通常是由金属醇盐的水解缩聚反应来进行的。应用传统溶胶-凝胶法，以有机金属醇盐为源，结合超临界流体干燥技术已制备出多种气凝胶，例如，以此方法进行的 SiO_2、Al_2O_3 和 TiO_2 等气凝胶的制备工艺已较为成熟。但大多数金属醇盐，尤其是二价的金属醇盐，它们的稳定性较差，因此溶胶-凝胶工艺制备相应的氧化物气凝胶效果并不理想。因为其两键结构在溶胶-凝胶过程中很难形成三维立体的网络结构，这使得制备的湿凝胶强度很差，甚至无法形成凝胶。例如 Sisk 等采用环氧化物法，通过以 $CuCl_2$ 为前驱体、异丙醇为溶剂制备的氧化铜气凝胶的强度很低。

最近的研究表明，一种非负载的纳米晶氧化铜的亚稳态形式具有更高的催化活性，它比 CuO 或 Cu_2O 更容易捕获或释放表面晶格氧。因此，多孔的、高比表面积的氧化铜气凝胶可以显著应用在催化领域的许多方面。

Lucia 等采用氯化铜、乙醛酸和碳酸钠作为试剂设计了具有可定制球状形态的氧化铜气凝胶。

3.4.3.1　CuO 气凝胶的制备工艺

制备 CuO 气凝胶一般是通过溶胶-凝胶法来完成的。而制备性能较优的 CuO 气凝胶，第一则需要选择合适的铜源，满足条件的铜源应符合以下 3 个条件：

(1) 易于凝胶。

(2) 基团必须稳定，不易发生分解和其他不利于凝胶的反应。

(3) 能通过简便的方式去除杂质。

Lucia 等采用氯化铜、乙醛酸和碳酸钠作为试剂制备 CuO 气凝胶。制备工艺如图 3-32 所示。如图 3-32（a）～（c）前驱体溶液的初始蓝色呈垂直梯度变成棕色，最后在几个小时内在透明的无色溶液的底部形成一个柔性水凝胶［图 3-32（b）］。这一现象可以用 Derjaguin-Landau-Verwey-Overbeek（DLVO）理论的假设来解释，在该理论中，不同的离子增加离子强度，因此，静电带电粒子诱导聚集。之后，根据重力驱动的组装模型，随着重力作用逐渐生长，并随重力沉淀。结果，得到了一种具有多孔三维微观结构的棕色单片凝胶［图 3-32（c）和图 3-32（d）］。图 3-32（a）～（c）为氧化铜气凝胶合成过程的照片，图 3-32（d）为气凝胶的扫描电镜图像。

前驱体溶液　　　　　　　　CuO 湿凝胶　　　　　　　CuO 气凝胶　　　　　三维围观结构图
　　(a)　　　　　　　　　　　　(b)　　　　　　　　　　(c)　　　　　　　　　(d)

图 3-32　CuO 气凝胶的制备与电镜图像

毕于铁等将 5mol 的 $CuCl_2 \cdot 2H_2O$ 在乙醇中溶解后加入蒸馏水，20min 后再缓慢加入 2mL 的聚丙烯酸，最后加入 3mL 的环氧丙烷，不断搅拌使溶液混合均匀后转入模具中凝胶。然后将制得的湿凝胶在室温下老化，时间为 48h，接着进行溶剂置换以除去反应过程中剩余的水和催化剂等杂质，最后将凝胶通过二氧化碳超临界干燥的方式进行干燥即可获得 CuO 气凝胶。

这种工艺的制备原理是利用聚丙烯酸对铜的水合离子进行分散，并在添加环氧丙烷后促使铜的水合离子分解产生氢氧根，进而形成由水合氢氧化铜来形成凝胶的网络结构。水合铜离子的水解平衡反应见式（3-16）：

$$[Cu(H_2O)_6]^{2+} \Longleftrightarrow [Cu(OH)(H_2O)_5]^+ + H_3O^+ \tag{3-16}$$

无机分散溶胶-凝胶法可以制备出高强度的铜基气凝胶，而毕于铁等又通过这种方法和退火处理相结合的方式也同样制得了 CuO 气凝胶。他们采用 $CuSO_4 \cdot 5H_2O$ 为前驱体、以聚丙烯酸为分散剂制得铜基复合气凝胶，该气凝胶经不同温度热处理后最终得到氧化铜气凝胶。具体步骤是将 $CuSO_4 \cdot 5H_2O$ 溶解于乙醇进行反应后，向其中滴加聚丙烯酸，待充分搅拌均匀后缓慢滴入 1,2-环氧丙烷进行促凝，再次搅拌均匀后倒入模具中静置数分钟后即形成铜基醇凝胶。接着再经过老化、溶剂置换操作以及二氧化碳超临界流体干燥，即获得了结构良好、强度较好的块体铜基气凝胶。接着将制备的铜基复合气凝胶在管式炉中以特定温度条件进行退火处理，即可得到 CuO 气凝胶。

3.4.3.2　CuO 气凝胶的应用

毕于铁等合成的 CuO 气凝胶在 200℃时的比表面积为 $331m^2/g$，而在室温条件下的比表面积却不到 $100m^2/g$，表明这种气凝胶在特定温度下所展现出的优良性质在应用方面的特殊性值得关注。CuO 气凝胶目前还处于实验室阶段，其制备工艺还在探索阶段，应用方向较少，但由于其优异的性能，未来必定能在吸附、催化领域大放异彩。

参考文献

[1] 张晓康. 高分子络合剂辅助制备氧化铝气凝胶及复合材料 [D]. 上海：上海应用技术大学，2019.

[2] 徐子颉，甘礼华，庞颖聪，等. 常压干燥法制备 Al_2O_3 块状气凝胶 [J]. 物理化学学报，2005（2）：221-224.

[3] XU Z J, GAN L H, PANG Y C, et al. Preparation of Al_2O_3 bulk aerogels by non-supercritical fluid drying technology [J]. Acta Phys-Chim Sin, 2005, 21（2）：221-224.

[4] 孙雪峰. 氧化铝气凝胶的制备与改性研究 [D]. 沈阳：沈阳工业大学，2019.

[5] BAUMANN T F, GASH A E, CHINN S C, et al. Synthesis of high-surface-area alumina aerogels without the use of alkoxide precursors [J]. Chemistry ofmaterials, 2005, 17（2）：395-401.

[6] ZU G, SHEN J, WANG W, et al. Robust, highly thermally stable, core-shell nanostructuredmetal oxide aerogels as high-temperature thermal superinsulators, adsorbents, and catalyst [J]. Chemistry ofmaterials, 2014, 26：5761-5772.

[7] ZU G, SHEN J, ZOU L, et al. Nanoengineering super heat-resistant, strong alumina aeroegels [J]. Chemistry ofmaterials, 2013, 25：4757-4764.

[8] PENG F, JIANG Y, FENG J, et al. A facilemethod to fabricatemonolithic alumina-silica aerogels with high surface areas and goodmechanical properties [J]. European Ceramic Society, 2020, 40（6）：2480-2488.

[9] HORIUCHI T, OSAKI T, SUGIYAMA T, et al. maintenance of large surface area of alumina heated at elevated temperatures above 1300℃ by preparing silica-containing pseudoboehmite aerogel [J]. Non-Crystalline Solids, 2001, 291：187-198.

[10] OSAKI T, NAGASHIMA K, WATARI K, et al. Silica-doped alumina cryogels with high thermal stability [J]. Journal of Non-Crystalline Solids, 2007, 353：2436-2442.

[11] 冯坚，高庆福，武纬，等. 硅含量对 Al_2O_3-SiO_2 气凝胶结构和性能的影响 [J]. 无机化学学报，2009, 25（10）：1758-1763.

[12] ZOU W, WANG X, WU Y, et al. Opacifier embedded and fiber reinforced alumina-based aerogel composites for ultra-high tem perature thermal insulation [J]. Ceramics International, 2019, 45

(1)：644-650.

[13] PAKHARUKOVA V P，SHALYGIN A S，GERASIMOV E Y，et al. Structure andmorphology evolution of silica-modified pseudoboehmite aerogels during heat treatment [J]. Solid State Chemistry，2016，233：294-302.

[14] 隋超. 纤维素掺杂 SiO_2 与 Al_2O_3 柔性气凝胶的制备及性能表征 [D]. 哈尔滨：哈尔滨工业大学，2015.

[15] 曹凤朝. 高强度氧化地铝气凝胶复合材料的制备研究 [D]. 南京：东南大学，2015.

[16] MIZUSHIMA Y，HORIm. Preparation of an alumina aerogel with SiC whisker inclusion. [J]. Journal of the European Ceramic Society，1994，14：117-121.

[17] HOU X，ZHANG R，FANG D. Novel whisker-reinforced Al_2O_3-SiO_2 aerogel composites with ultra-low thermal conductivity [J]. Ceramics International，2017，43：9547-9551.

[18] 高庆福. 纳米多孔 SiO_2、Al_2O_3 气凝胶及其高效隔热复合材料研究 [D]. 长沙：国防科学技术大学，2009.

[19] 孙晶晶，胡子君，吴文军，等. 氧化铝气凝胶复合高温隔热瓦的制备及性能 [J]. 宇航材料工艺，2017 (3)：33-36，41.

[20] ZHANG R，YE C，WANG B. Novel Al_2O_3-SiO_2 aerogel/porous zirconia composite with ultralow thermal conductivity [J]. Journal of Porousmaterials，2018，25：171-178.

[21] 武纬. Al_2O_3-SiO_2 气凝胶及其隔热复合材料的制备与性能研究 [D]. 长沙：国防科技大学，2008.

[22] KWAK C，PARK T J，SUH D J. Preferential oxidation of carbonmonoxide in hydrogen-rich gas over platinum cobalt alumina aerogel catalysts [J]. Chemical Engineering Science，2005，60 (5)：1211-1217.

[23] OSAKI T，HORIUCHIT，SUGIYAMA T，et al. Catalysis of NiO-Al_2O_3 aerogels for the CO_2-reforming of CHF_4 [J]. Catalysis Letters，1998，52 (3/4)：171-180.

[24] KIM J H，SUH D J，PARK T J，et al. Effect ofmetal particle size on coking during CO_2 reforming of CH_4 over Ni-alumina aerogel catalysts [J]. Applied Catalysis A：General，2000，197 (2)：191-200.

[25] 高庆福，张长瑞，冯坚，等. 氧化铝气凝胶复合材料的制备与隔热性能 [J]. 长沙：国防科技大学学报，2008，30 (4)：39-42.

[26] 方文振，张虎，屈肖迪，等. 遮光剂对气凝胶复合材料隔热性能的影响 [J]. 化工学报，2014，65 (S1)：168-174.

[27] 朱召贤，王飞，姚鸿俊，等. 遮光剂掺杂 Al_2O_3-SiO_2 气凝胶/莫来石纤维毡复合材料的高温隔热性能研究 [J]. 无机材料学报，2018，33 (9)：969-975.

[28] HORIUCHI T，CHEN L，OSAKI T，et al. Anovel alumina catalyst support with high thermal stability derived from silica-modified alumina aerogel [J]. Catal Lett，1999，58：89-92.

[29] CATALYSIS R. Findings from Korea University provide new insights into catalysis research (production of renewable p-xylene from 2,5-dimethylfuran via Diels-Alder cycloaddition and dehydrative aromatization reactions over silica-alumina aerogel catalysts) [J]. Chemicals Chemistry，2015，70：12-16.

[30] 卢斌，张丁日，宋淼，等. 水对常压干燥制备块状 TiO_2 气凝胶显微结构的影响 [J]. 中国有色金属学报，2013，23 (7)：1990-1995.

[31] 陈麟，朱建，杨俊，等. 非钛醇盐溶胶-凝胶法制备高光活性纳米晶 TiO_2 气凝胶 [J]. 催化学报，2006 (4)：291-293.

[32] OLSSON R，AZIZI Sm A，SALAZAR-ALVAREZ G，et al. making flexiblemagnetic aerogels and

stiffmagnetic nanopaper using cellulose nanofibrils as templates [J]. Nature nanotechnology, 2010, 5 (8): 584-588.

[33] 董龙浩, 韩磊, 田亮, 等. TiO₂ 气凝胶的制备及光催化性能研究进展 [J]. 硅酸盐通报, 2020, 39 (1): 290-302.

[34] 李兴旺, 吕鹏鹏, 姚可夫, 等. 常压干燥制备 TiO₂ 气凝胶及光催化降解含油污水性能研究 [J]. 无机材料学报, 2012, 27 (11): 1153-1158.

[35] YANG H, ZHU W, SUN S, et al. Preparation ofmonolithic titania aerogels with high surface area by a sol-gel process combined surfacemodification [J]. RSC Advances, 2014, 4 (62): 32934-32940.

[36] 卢斌, 宋淼, 卢辉, 等. 常压干燥法制备 TiO₂ 气凝胶 [J]. 复合材料学报, 2012, 29 (3): 127-133.

[37] SHIMOYAMA Y, OGATA Y, ISHIBASHI R, et al. Drying processes for preparation of titania aerogel using supercritical carbon dioxide [J]. Chemical Engineering Research and Design, 2010, 88: 1427-1431.

[38] KONG Y, SHEN X D, CUI S. Direct synthesis of anatase TiO₂ aerogel resistant to high temperature under supercritical ethanol [J]. Materials Letters, 2014, 117: 192-194.

[39] MOUSSAOUI R, ELGHNIJI K, mOSSBAHm, et al. Sol-gel synthesis of highly TiO₂ aerogel photocatalyst via high temperature supercritical drying [J]. Saudi Chemical Society, 2017, 21 (6): 751-760.

[40] DAGAN G, TOMKIEWICZm. TiO₂ aerogels for photocatalytic decontamination of aquatic environment [J]. Physical Chemistry, 1993, 97 (49): 12651-12655.

[41] STENGL V, BAKARDIJIEVA S, SUBRT J, et al. Titania aerogel prepared by low temperature supercritical drying [J]. Microporous andmesoporousMaterials, 2006, 91 (1/2/3): 1-6.

[42] SADRIEYEH S, MALEKFAR R. Photocatalytic performance of plasmonic Au/Ag-TiO₂ aerogel nanocomposites [J]. Journal of Non-Crystalline Solids, 2018, 489: 33-39.

[43] SUI R, RIZKALLA A, CHARPENTIER P A. Experimental study on themorphology and porosity of TiO₂ aerogels synthesized in supercritical carbon dioxide [J]. Microporous&Mesoporousmaterials, 2011, 142 (2/3): 688-695.

[44] CHAU T T L, LE D Q T, LE H T, et al. Chitin liquid-crystal-templated oxide semiconductor aerogels [J]. ACS Appliedmaterials & Interfaces, 2017, 9 (36): 30812-30820.

[45] MENG F, SCHLUP J, FAN L. Fractal analysis of polymeric and particulate titania aerogels by adsorption [J]. Chemistry of Materials, 1997, 9 (11): 2459-2463.

[46] ZHAO L L, WANG S X, WANG Y Y, et al. Thermal stability of anatase TiO₂ aerogels [J]. Surface and Interface Analysis, 2017, 49 (3): 173-176.

[47] 赵乐乐, 王守信, 王远洋. 常压干燥溶胶-凝胶法制备的 TiO₂ 气凝胶织构和结构研究 [J]. 工业催化, 2015, 23 (1): 19-25.

[48] LI X W, LV P P, YAO K F, et al. Preparation ofmonolithic TiO₂ aerogel via ambient drying and photocatalytic degradation of oily wastewater [J]. Inorganicmaterials, 2012, 27 (11): 1153-1158.

[49] 刘河洲, 陈鸿雁, 张豪, 等. 纳米 TiO₂ 的相变及锐钛矿晶粒生长 [J]. 上海交通大学学报, 2001, 35 (5): 680-683.

[50] 陈龙武, 甘礼华, 徐子颉. 超临界干燥法制备 TiO₂ 气凝胶 [J]. 化学世界, 2000 (S1): 117-119.

［51］ DESARIO P A, PIETRONJ J, DUNKELB A, et al. Plasmonic aerogels as a three-dimensional nanoscale platform for solar fuel photocatalysis ［J］. Langmuir, 2017, 33 (37): 9444-9454.

［52］ POPA M, INDREA E, PASCUTA P, et al. Fe, Ce and Cu influence onmorpho-structural and photocatalytic properties of TiO₂ aerogels ［J］. Revue Roumaine De Chimie, 2010, 55 (7): 369-375.

［53］ SHAO X, LU W, ZHANG R, et al. Enhanced photocatalytic activity of TiO₂-C hybrid aerogels formethylene blue degradation ［J］. Scientific Reports, 2013, 3 (43): 1-9.

［54］ 邵霞. TiO₂/C 纳米复合气凝胶的制备及光催化性能研究 ［J］. 上海：上海大学，2013.

［55］ FORT C I, PAP Z, INDREA E, et al. Pt/N-TiO₂ aerogel composites used for hydrogen production via photocatalysis process ［J］. Catalysis Letters, 2014, 144 (11): 1955-1961.

［56］ ZHENG R R, LI T T, YU H. Construction of indium and cerium codoped orderedmesoporous TiO₂ aerogel compositematerial and its high photocatalytic activity ［J］. Global Challenges, 2018, 2 (5/6): 1700118.

［57］ ALWIN S, RAMASUBBU V, SAHAYA-SHAJAN X. TiO₂ aerogelmetal organic framework nanocomposite: a new class of photoanodematerial for dye-sensitized solar cell applications ［J］. Bulletin ofmaterials Science, 2018, 41: 27.

［58］ RAMASUBBU V, KUMAR P R, mOTHI Em, et al. Highly interconnected porous TiO₂-Ni-MOF composite aerogel photoanodes for high power conversion efficiency in quasi-solid dye-sensitized solar cells ［J］. Applied Surface Science, 2019, 496: 143646.

［59］ CAREY J H, LAWRENCE J, TOSINE Hm. Photodechlorination of PCB′s in the presence of titanium dioxide in aqueous suspensions ［J］. Bulletin of Environmental Contamination and Toxicology, 1976, 16 (6): 697-701.

［60］ DJELLABIR, ZHANG L Q, YANG B, et al. Sustainable self floating lignocellulosic biomass-TiO₂@ aerogel for outdoor solar photocatalytic Cr（Ⅵ）reduction ［J］. Separation and Purification Technology, 2019, 229: 115830.

［61］ DJELLABIR, YANG B, WANG Y, et al. Carbonaceous biomass titania composites with TiOC bonding bridge for efficient photocatalytic reduction of Cr（Ⅵ）under narrow visible light ［J］. Chemical Engineering Journal, 2019, 366: 172.

［62］ 孙大吟. 稀土改性 TiO₂ 气凝胶的制备及其光催化性能研究 ［D］. 大连：大连工业大学，2015.

［63］ ZENG Y, RIELLO W P, ENEDETTI A, et al. Fraetalmodel of amophousand semierystalline nano-sized zirconia aerogels ［J］. Non-CrystSolids, 1995, 185: 78-83.

［64］ BEDILO A F, KLABUNDE J. Synthesis of high surface area zirconia aerogels using high temperature supercritial drying ［J］. Nanostructmater, 1997, 8 (2): 119-135.

［65］ STOCKERC, BAIKER A. Zirconia aerogels: effect of acid-to-alkoxide ratio, alcoholic solvent and supercritical drying method on strutural properties ［J］. Non-Cryst Solids, 1998, 223: 165-178.

［66］ LIU B, LIU X, ZHAO X, et al. High-strength, thermal-stable ZrO₂ aerogel from polyacetylacetonatozirconium ［J］. Chemical Physics Letters, 2018, 715: 109-114.

［67］ MOON Y T, PARK H K, KIM D K, et al. Preparationmonodisperse and spherical zirconia powders by heating of alcohol-aqueous salt solutions ［J］. Am Ceram Soc, 1995, 78 (10): 2690-2694.

［68］ WU Z G, ZHAO Y X, XU L P, et al. Preparation of zirconia aerogel by heating of alcohol-aqueous salt solution ［J］. Non-Cryst Solids, 2003, 330: 274-227.

［69］ WANG Q, LI X, FEN W, et al. Synthesis of crack-freemonolithic ZrOSubscript2/Subscript aerogelmodified by SiOSubscript2/Subscript［J］. Journal of Porousmaterials，2014，21（2）：127-130.

［70］梁丽萍，侯相林，吴东. 超临界 CO$_2$ 流体干燥合成 ZrO$_2$ 气凝胶及其表征［J］. 材料科学与工艺，2005（5）：106-109.

［71］白利红，马宏勋，高春光. 醇-水溶液加热法制备 ZrO$_2$ 气凝胶的研究［J］. 分子催化，2006，20（6）：539-544.

［72］HUANG Y Y，ZHAO B Y，XIE Y C. Preparation of zirconia-based acid catalysts from zirconia aerogel of tetragonal phase［J］. Appl Catal A-Gen，1998，172：327-331.

［73］ZU G Q，SHEN J，ZOU L P，et al. Nanoengineering super heat resistant，strong alumina aerogels［J］. Chemistry ofmaterials，2013，25（23）：4757.

［74］ZHAO Z Q，CHEN D，JIAO X L. Zirconia aerogels with high surface area derived from sols prepared by electrolyzing zirconium oxychloride solution：comparison of aerogels prepared by freeze-drying and supercritical CO$_2$（l）extraction［J］. Phys Chem C，2007（50）：18738-18743.

［75］GASH E A，TILLOTSONm T，SATCHER H J. New sol-gel synthetic route to transition andmain-in-groupmetal oxide aerogels using inorganic salt precursors［J］. Non-Cryst Solids，2001，285（1）：22-28.

［76］GASH E A，TILLOTSONm T，SATCHER H J. Use of epoxides in the sol-gel synthesis of porous iron（Ⅲ）oxidemonoliths from Fe（Ⅲ）salts［J］. Chemmater，2001，13（3）：999-1007.

［77］GASH E A，SATCHER H J，SIMPSON L R，et al. Strong akaganeite aerogelmonoliths using epoxides：synthesis and characterization［J］. Chem. mater，2003，15（17）：3268-3275.

［78］郭兴忠，颜立清，杨辉，等. 添加环氧丙烷法常压干燥制备 ZrO$_2$ 气凝胶［J］. 物理化学学报，2011，27（10）：2478-2484.

［79］CHERVIN N C，CLAPSADDLE J B，CHIU W H，et al. Aerogel synthesis of yttria-stabilized zirconia by a non-alkoxide sol-gel route［J］. Chemmater，2005，17：3345-3351.

［80］VALERIE D L，THOMASm H，DALE C T. Processing of low-density silica gel by critical point drying or ambient pressure drying［J］. Non-Cryst Solids，2001，283：11-17.

［81］MELEZHYK O，PRUDIUS V S，BREI V V，et al. Sol-gel polymer-template synthesis ofmesoporous WO$_3$/ZrO$_2$［J］. Microporous and Mesoporousmaterials，2001，49：39-44.

［82］LENORMAND P，LECOMTE A，BABONNEAU D. X-ray reflectivity，diffraction and grazing incidence small angle X-ray scattering as complementarymethods in themicrostructural study of sol-gel zirconia thin films［J］. Thin Solid Films，2005，495（1）：224-229.

［83］HUNG Im，HUNG D T，FUNG K Z. Effect of calcination temperature onmorphology ofmesoporous YSZ［J］. European Ceramic Society，2006，26（13）：2627-2632.

［84］LOPEZ T，NAVARRETE J，GOMEZ R. Preparation of sol-gels ulfated ZrO$_2$-SiO$_2$ and characterization of its surface acidity［J］. Appl Catal A：General，1995，125：217-232.

［85］DERCZ G，PAJĄK L，PRUSIK K，et al. Structure analysis of nanocrystalline MgO aerogel prepared by sol-gel method［J］. Solid State Phenomena，2007，130：203-206.

［86］UTAMAPANYA S，KLABUNDE K J，SCHLUP J R. Nanoscalemetal oxide particles/clusters as chemical reagents. Synthesis and properties of ultrahigh surface areamagnesium hydroxide andmagnesium oxide［J］. Chemistry ofmaterials，2002，3（1）：175-181.

［87］POREDDY R，ENGELBREKT C，RILISAGER A，et al. Copper oxide as efficient catalyst for oxidative dehydrogenation of alcohols with air［J］. Catalysis Science Technology，2015，5（4）：2467-2477.

［88］GAMARRA D，CAMARA A L，mONT Em，et al. Preferential oxidation of CO in excess H_2 over CuO/CeO_2 catalysts：characterization and performance as a function of the exposed face present in the CeO_2 support ［J］. Applied Catalysis，2013，130/131 ：224-238

［89］SISK C N，HOPE-WEEKS L J. Copper （Ⅱ） aerogels via 1,2-epoxide gelation ［J］. Materials Chemistry，2008，18 （22）：2607-2610.

［90］LUCIA S D，NATALIA R，ANNA A，et al. CuO metallic aerogels with a tailored nodularmorphology ［J］. Dalton Transactions，2023，52 （40）：14324-14328.

［91］毕于铁，任洪波，杨静，等. 铜基氧化物气凝胶的制备与表征 ［J］. 强激光与粒子束，2011，23 （10）：2650-2652.

4 碳基气凝胶制备、性能及应用

4.1 碳气凝胶制备

与其他种类气凝胶如 SiO_2 气凝胶、ZrO_2 气凝胶、Al_2O_3-SiO_2 复合气凝胶相比，碳气凝胶具有最高的热稳定性，在惰性环境中可以在 2000℃ 以上仍可保持其介孔结构这些独特的优点，使碳气凝胶成为热防护系统中的超高温隔热材料的理想候选材料。目前，制备气凝胶的原材料非常丰富，包括金属材料、无机氧化物、高分子材料以及碳材料等，其中，碳材料因为来源广、电导率高等优点，将其制备成气凝胶已成为当前的研究热点。其中，碳材料优异的导电、导热特性使碳气凝胶在超级电容器、电磁屏蔽、相变储能等领域有巨大的应用潜力。但是气凝胶的微孔结构具有非常高的表面能和毛细管压力，极易引起孔道塌陷，这极大地限制了其实际应用。1989 年，Pekala 等以间苯二酚和甲醛（RF）为原料，采用溶胶-凝胶法与超临界干燥技术合成了第一块碳气凝胶，碳化过程中有机元素的裂解并没有破坏原有的网络结构，而是形成了丰富的孔隙结构（孔隙率 80%～90%）和高的比表面积（400～1000m^2/g），还具有良好的导电性能，开辟了气凝胶领域的一个新方向。

图 4-1　碳气凝胶在植物毛尖上的放置图

碳气凝胶是一种新型的纳米级多孔性碳材料，在不破坏有机水凝胶结构的情况下，将凝胶结构中的液体由气体代替，经高温碳化得到，图 4-1 为碳气凝胶在植物毛尖上的放置图。国际纯粹和应用化学联合会（IUPAC）规定，多孔材料中孔径小于 2nm 称为微孔，孔径介于 2～50nm 之间称为中孔或介孔，而孔径大于 50nm 称为大孔。碳气凝胶的骨架粒子大小在 2～100nm 之间，相互连接形成空间三维网络结构，因而在纳米碳颗粒的内部、颗粒和颗粒之间的连接处，以及颗粒的表面含有一定量的微孔；纳米级网络颗粒相互交联，形成的"珠链状"堆积，空间堆积交联聚合形成丰富的中孔以及大孔，因此碳气凝胶的孔隙率高达 $80\% \sim 98\%$，比表面积高达 $400 \sim 1500 \mathrm{m}^2/\mathrm{g}$。同时凝胶的表面或界面原子比例高、表面能大、表面活性高，随其粒子的逐渐变小，表面或界面原子比例、表面能、表面积逐渐增大，由于纳米级材料的小尺寸效应、表面界面效应、量子尺寸效应和宏观量子隧道效应，使碳气凝胶比常规的颗粒材料有更好的物理及化学性能，具有良好的导电性能，导电率约为 $10 \sim 40 \mathrm{S/cm}$，同时碳气凝胶又具有良好的高温热稳定性，通过微观结构控制可使得 RF 有机气凝胶的导热系数降低至 $0.012 \mathrm{W}/(\mathrm{m} \cdot \mathrm{K})$。

相比于传统无机气凝胶，碳气凝胶结合了低密度、开放的介孔、高比表面积等典型气凝胶特性以及独特的导电性优势，使之在储氢材料、燃料电池、锂离子电池、超级电容器电极等方面得到应用。除了酚醛预聚体基碳衍生的碳气凝胶外，气凝胶形式的其他几种碳同素异形体也被实现：碳纳米管、石墨烯、石墨、金刚石及生物质基等。碳气凝胶在应用上的优势来源于其可调控性，这一点是因为可以通过不同的合成及处理的条件来调控碳气凝胶前驱体的特性得到的。

正是由于碳气凝胶在微观空间结构、表观物理特性以及化学性能上的独特性质，使碳气凝胶不仅具有气凝胶轻质多孔、低密度、高比表面积等性质，同时兼具碳材料的耐高温、耐酸碱、可降解等优点，而且是唯一可以导电的气凝胶，因此碳气凝胶在热学、声学、电学以及催化等研究领域展示出良好的应用前景。碳气凝胶起步较晚，但其发展极为迅速。随着研究的深入，制备原料已经从传统的酚醛预聚体过渡到来源广泛、可再生的生物质材料，干燥方法拓展为超临界干燥、冷冻干燥与常压干燥，碳化方式包括高温碳化与水热碳化，其应用也延伸到吸附、电化学、载体以及储氢等领域。

碳气凝胶制备流程相比于传统气凝胶制备主要多出了碳化和活化两个步骤，具体流程图如图 4-2 所示。

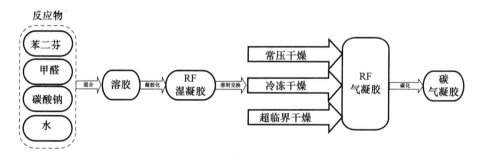

图 4-2　碳气凝胶制备流程图

4.1.1　溶胶-凝胶

溶胶-凝胶制备工艺和传统的工艺基本不变，主要影响集中在催化剂方面，而催化剂对气凝胶的影响可分为催化剂的选用和浓度。催化剂选用可分为酸性催化剂和碱性催化剂两类。酸性催化剂有 $HClO_4$、HCl、醋酸，其中以 HCl 最常用。以酚醛预聚体基碳气凝胶为例：采用酸性催化剂，凝胶时间会极大缩短，但得到的碳气凝胶比表面积较碱催化碳气凝胶小很多，碳气凝胶颗粒尺寸达到微米级。碱性催化剂最常用的为 Na_2CO_3，此外还有 NaOH、K_2CO_3、$NaHCO_3$、醋酸镁等催化剂。当要将某些过渡族元素（如

Pt、Pd、Ag）掺杂进碳气凝胶中时，该金属元素的盐（如［Pt(NH₃)₄］Cl₂、PdCl₂、AgOOCCH₃）也可以直接作为催化剂。催化剂的作用机理主要是为酸碱反应提供氢离子或氢氧根离子，进而与酚分子形成中间态粒子，从而起到催化缩聚反应的作用。不同酸碱性对气凝胶的催化机理也不同。碱催化时，间苯二酚与氢氧根结合生成酮负离子，与具有极性的甲醛分子发生亲核反应。由于苯环上的醛基并不稳定，加成上的甲醛分子会与间苯二酚分子脱水并在活性位点上形成一个羟甲基键与一个酮负离子，羟甲基键在碱性环境下可以稳定存在，与间苯二酚分子发生脱水缩合，形成多环分子。酸催化时，氢离子与甲醛形成正离子，能够与间苯二酚发生加成反应，脱水后形成亲电鎓离子，亲电鎓离子再与间苯二酚发生脱水缩合的过程。相较而言，酸性催化剂的催化速率要远高于碱性催化剂。究其原因在于，甲二醇在酸性和碱性的条件下较难稳定存在，在酸性条件下氢离子起到稳定剂的作用可较为稳定存在。当使用 HCl 作为催化剂时，凝胶时间仅为几分钟，而碱性催化剂条件下往往需要数小时至数天。碱性催化剂气凝胶的密度随催化剂的增加而减小（图 4-3）。

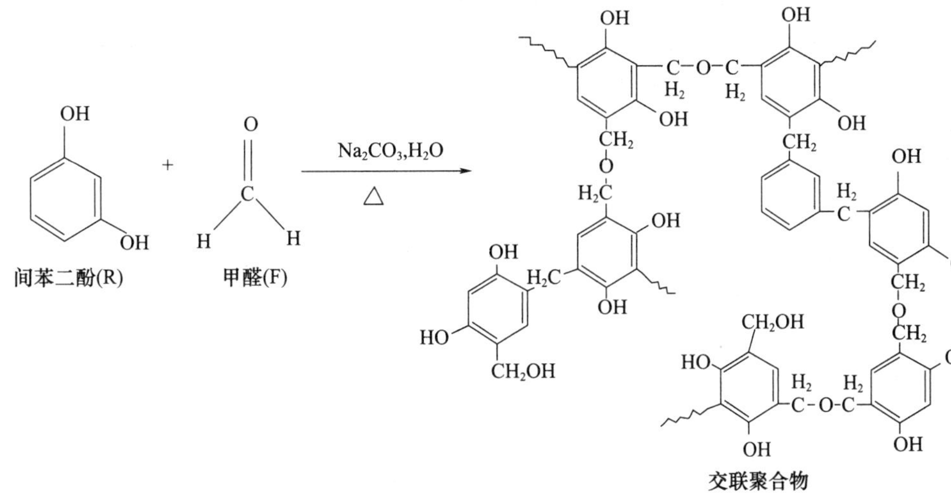

图 4-3　间苯二酚和甲醛的溶胶-凝胶聚合示意图

　　由催化机理分析可知，催化剂的作用是为反应提供氢离子或氢氧根离子，成为高分子缩聚反应位点。因此当催化剂浓度发生变化时，直接影响凝胶反应位点数，进而导致凝胶形态的改变。当催化剂浓度增加时，反应形核位点增加，内部颗粒间距离减小，孔径和粒径都有所下降，气凝胶的结构变得细密，因此比表面积随之增大。但随着催化剂浓度的进一步增加，颗粒之间的距离过小，有机高分子团会发生团聚形成大分子团，反而降低了比表面积和孔隙率。总体来说，催化剂种类应主要考虑生产周期因素，若需快速生产可选用酸催化。催化剂的浓度直接决定气凝胶微观结构，选取时应当适当。溶剂一般采用水，也有采用甲醇和乙腈等作为溶剂，通常是采用酸性催化剂时用醇作为溶剂。

4.1.2　老化

制备溶胶混合物之后，需要凝胶化和固化以改善聚合物颗粒的交联。固化过程之后，将凝胶浸入稀酸中以提高凝胶的交联密度，即老化。

老化的作用是在较高温度下使聚合反应充分进行以提高凝胶网络骨架强度。老化可分为热老化和酸老化两种方法，也可采取两种结合的方法。热老化是在一定水浴温度下加热数天至数周时间。酸老化是为了加快老化进程，在凝胶已经生成绝大部分网络结构后，在此基础上进行酸催化，所用酸为盐酸或三氟乙酸等。在微观结构上，尽管老化过程会使颗粒变大、凝胶骨架增粗，从而比表面积下降，但总体来说，老化过程仍然是在凝胶骨架基础上继续缩聚反应进行补强，对结构的影响要远小于催化剂。在老化时随着缩聚反应的进行，聚合度不断提高，凝胶骨架上苯环的反应位点逐渐减小，反应物浓度也因不断消耗而减小，因此老化速率是随着时间呈指数不断下降，理论上缩聚反应永远也无法完成，所以老化时间应选择适当以降低生产周期，只要凝胶的强度满足所应用条件的需要，就可以停止老化过程。

4.1.3　溶剂交换

凝胶形成以后，溶剂交换是一个非常重要的过程，对于最终得到气凝胶的性质有着决定性的影响。溶剂置换是将凝胶孔洞中的水置换成有机溶剂的过程，对于超临界干燥的凝胶，因为超临界态的 CO_2 和水是不互溶的，所以如果溶剂是水的话，必须用无水乙醇或者无水丙酮等能和超临界 CO_2 互溶的溶剂来交换，这样才能得到凝胶结构完美保持的气凝胶。对于采用常压干燥的气凝胶，常常将溶剂交换成小表面张力的溶剂环己烷，目的也是最大限度地保持凝胶的结构。为了加快溶剂交换的速度，可以通过加热的方法提高溶剂的扩散速度。凝胶通过无水乙醇的交换没有发现明显的收缩。对于反应溶剂是丙酮或者乙醇这种能够溶解在超临界 CO_2 中的凝胶，可以省去溶剂交换的步骤，但常常也要用丙酮或者乙醇将一些没有反应完全的前驱物或者反应的催化剂交换出来。例如对于纤维素基凝胶，反应溶剂是丙酮，凝胶经过老化后，还需要在丙酮中回流两天，目的是去除未反应的物质。

4.1.4　干燥

对于含有液体的多孔物质，在干燥过程中，固-液界面被能量更高的固-气界面所取代，为阻止体系能量增加，孔内液体将向外流动覆盖固-气界面。而由于蒸发使液体体积减小，因此气-液界面必须弯曲才能使液体覆盖固-气界面，液面弯曲导致了毛细管力的存在。增大毛细管半径、增大接触角、减小溶剂的表面张力等技术手段均可达到减小张力的目的。湿凝胶的干燥，就是将水或其他液体从凝胶网络结构中去除。当湿凝胶通过加热干燥或室温蒸发脱水干燥时，由于凝胶网络结构中存在着大量的液体，这些液体在凝胶网络毛细孔中形成弯月面，从而产生附加压力。随着毛细管孔隙的减小，附加压力可以很大。凝胶毛细管的孔隙尺寸一般在 $1\sim100nm$，如果凝胶毛细管的孔隙半径为 $20nm$，当其充满着乙醇液体时，理论计算所承受的压力为 $22.5p^0$，这样强烈的毛细管收缩力会使粒子进一步接触、挤压、聚集和收缩，造成凝胶的网络结构坍塌。因此采用常规的干燥过程很难阻止凝胶的收缩和碎裂，最终只能得到碎裂的、干硬的多孔干凝胶。

目前，消除液体表面张力对凝胶破坏作用的最有效方法是在超临界条件下去除孔隙中的液体。所谓的超临界状态是指气态与液态共存的一种边缘状态，在此状态下的液体密度与其饱和蒸汽压相同，相界面消失，表面张力不再存在，凝胶中的毛细管力也随之不再存在，因此可以保持凝胶原有的网络结构，防止纳米粒子的团聚。按干燥介质临界温度的高低可分为高温超临界流体干燥和低温超临界流体干燥。

高温超临界流体干燥通常所用的溶剂是醇类，如甲醇、乙醇、异丙醇等，它们的临界温度都在220℃以上。由于水的临界点温度和压力较高，且超临界条件下易引起凝胶溶剂化，因此，如果在溶胶-凝胶过程中采用水作溶剂，在高温超临界流体干燥之前就须用一种有机溶剂置换水。

低温超临界流体干燥一般采用的介质是CO_2，CO_2临界温度只有32℃，临界压力为7.3MPa。一般操作步骤是在干燥前，先用无水乙醇等有机溶剂置换凝胶中的液体，得到湿凝胶。将湿凝胶放入萃取釜中，周围灌满乙醇，向釜内通入CO_2，使釜内CO_2处于超临界状态，由于超临界CO_2具有很好的扩散能力，会以很快的速度进入凝胶孔中，溶解并置换其中的醇。保持此状态萃取一段时间，当分离釜中已观察不到乙醇液体时，即可恒温并缓慢降压至常压。等釜温降至常温时即可取出气凝胶。与高温超临界流体干燥相比，由于CO_2是一种惰性气体，因此CO_2超临界干燥相对节能和安全。在超临界干燥中选择合适的温度、压力以及适当的干燥速率可以得到高品质的气凝胶。

由于去离子水的表面能很高，加之与超临界介质CO_2互溶性较差，所以在超临界干燥前，还需要将去离子水置换为表面能较小、相溶性较好的乙醇、丙酮等有机溶剂。有机溶剂的置换需要经过多次浸渍、换液，是一个非常耗时的步骤，鉴于此，乙醇等有机溶剂被直接使用到溶胶凝胶反应中，省去了溶剂置换的过程，简化了制备步骤。同时，为了进一步简化制备步骤，还有人尝试了直接将甲醇、异丙醇、丙酮等有机溶剂进行超临界干燥的方法。尽管如此，超临界状态的实验条件会产生很大的能耗，同时在超临界干燥的过程中，对加压减压的速率都有一定程度的要求，使得干燥的过程耗时且危险，这种制备条件上高耗能高耗时的缺陷还是一定程度上阻碍了碳气凝胶的批量制备和应用。

近年来研究者积极探索各种非超临界干燥工艺，非超临界干燥的方法主要有两种：

（1）冷冻干燥

即先将湿凝胶在液氮中迅速冷冻，然后在低温低压下把固-固界面转化为气-固界面，达到干燥目的。但是，当湿凝胶中含有相当体量的溶剂，并且网络孔径较小时（$r<45nm$），溶剂凝固结晶往往会体积膨胀，破坏网络骨架，当晶体升华时，热量难以及时传导，最终反而会使干燥结果不理想，甚至凝胶塌陷。由于这种现象的存在，一定程度上限制了冻干干燥的应用，与工业化生产的要求还是存在一定的距离。

（2）常压干燥

常压也是人们一直追求的干燥方法。在常压下干燥，不能通过降低外界的大气压力而减小附加压力，使毛细管收缩力对凝胶的网络结构的破坏增大。根据理论分析，可以通过以下几项措施来实现气凝胶的常压干燥，即增强凝胶网络骨架的强度、改善凝胶中孔洞的均匀性、对凝胶表面进行修饰以及减小溶剂的表面张力等。

碳气凝胶不同干燥方式如图4-4所示。

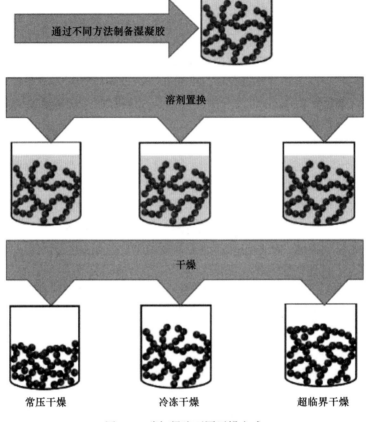

图 4-4　碳气凝胶不同干燥方式

4.1.5　碳化或裂解

对碳气凝胶的制备和结构调控、探究碳气凝胶的结构对性能的影响是目前研究的热点。碳气凝胶是在惰性气体氛围下，在高温（600～2100℃）环境中由碳气凝胶前驱体进一步碳化（也称为裂解）制备所得，如图 4-5 所示。碳化或裂解是指将有机气凝胶在惰性环境下高温裂解成碳气凝胶的过程。一般是将流动惰性气体通入高温炉中，既能起到保护有机气凝胶不被氧化的作用，又可以带走裂解过程中产生的小分子产物。碳化工艺的主要影响因素有：碳化温度、时间和升温速率。裂解中原子结构重排伴随较大收缩，因此需要精确控制惰性气体流量、升温速率及碳化温度和时间。Kim 等在 N_2 环境下提高碳化终温，降低升温速率，有效控制了碳气凝胶的密度（$0.6g/cm^3$）保持不变，并使其电导率达到最大（$\approx 50S/cm$）。

碳气凝胶的碳化或裂解是指碳气凝胶前驱体中的含氧和含氮官能团通过高温反应转移到气体中，从而形成碳结构的过程。碳化一般在管式炉中进行，采用流动惰性气体保护，碳化温度一般为 600～2100℃。碳化时气凝胶线收缩 20%～30%，质量损失约 50%。酚醛预聚体基碳气凝胶的热解通常是通过在流动的 N_2 中在 600～2100℃的高温下加热样品进行的。随着温度的升高，碳骨架的结构变得稳定，当温度达到 800℃时，结构达到最稳定的状态，除了初始合成溶液的催化剂浓度以外，影响碳气凝胶结构的因素还有碳化条件，例如碳化温度、加热速率和保持时间。碳化升温速率对最终碳气凝胶的表观密度有一定的影响，升温速率加快时，往往伴随着最终密度的增大。同时，碳化温度也是一个重要因素，当碳化温度较低时，一些微小分子和官能团热解，以及一些中大孔的收缩，往往造出一定量的微孔，随着温度的继续升高，微孔含量不升反降，当碳化温度达到 2000℃时，微孔几乎完全消失。碳化温度还影响着碳气凝胶的导电导热性能和活化能，研究发现，碳气凝胶的活化能随着碳化温度的升高逐渐减小。在碳化温度 600～800℃的区间内，RF 碳气凝胶（间苯二酚-甲醛）的直流导电率随着碳化温度的升高快速上升，当高于 800℃之后趋于平稳，因而为了得到导电性能较好的碳气凝胶，碳化温度需高于 800℃。

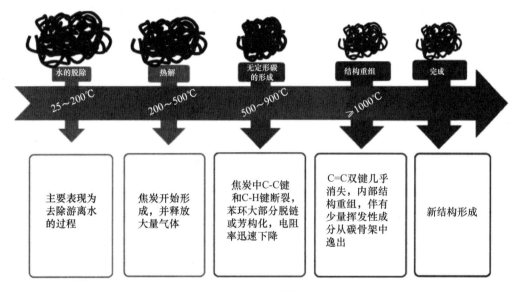

图 4-5　气凝胶碳化过程

4.1.6　活化

活化是制备碳基气凝胶的最后一步，在碳化的基础上活化可以对碳气凝胶的孔结构进行进一步的控制，有人试图通过与气体或是化学试剂的反应来改善碳气凝胶的结构，希望在不破坏微观网络结构的情况下造出丰富的微孔。这也是目前主流的活化方式，分为物理活化和化学活化。

4.1.6.1　物理活化

在高温条件下，将碳气凝胶置于环境中，通过 CO_2 与碳骨架的反应提高比表面积，同时造出微孔。随着反应时间的增加，中微孔的含量都有所增加。常用的物理活化剂有二氧化碳、水蒸气、空气等。

（1）当用二氧化碳作为活化剂时，活化机理：

$$C + CO_2 \longrightarrow 2CO \qquad (4\text{-}1)$$

（2）当用水蒸气作为活化剂时，活化机理：

$$C^* + H_2O \longrightarrow C(H_2O) \tag{4-2}$$

$$C(H_2O) \longrightarrow H_2 + C(O) \tag{4-3}$$

$$C(O) \longrightarrow CO \tag{4-4}$$

注：C^* 表示位于活性点上的碳原子，（ ）表示化学吸附状态。

实际上往往会发生可逆反应：

$$C + H_2O \longrightarrow CO \tag{4-5}$$

（3）当用空气作为活化剂时，活化机理：

$$2CO + O_2 \longrightarrow 2CO_2 \tag{4-6}$$

$$2H_2 + O_2 \longrightarrow 2H_2O \tag{4-7}$$

以酚醛预聚体基碳气凝胶为例，其在分解过程中或者分解后可以用水蒸气或者 CO_2 进行活化。事实上，活性炭的活化方法原则上都能应用于活化碳气凝胶。活化温度一般在 750～1000℃之间，活化时间为 1～7h。活化以后，通 2h 纯 N_2 使其代替 CO_2，然后将样品冷却至室温。随着 CO_2 活化时间的增加，孔体积和比表面积都显著增加。活化7h，酚醛预聚体基碳气凝胶的比表面积可以达到 $3200m^2/g$。然而，酚醛预聚体基碳气凝胶基电化学双层电容器的最大电容出现在 CO_2 活化 3h 后。水蒸气的活化能力比 CO_2 更强，原因是水蒸气活化后碳气凝胶的微孔率和介孔率增加得更多。空气活化因温度和时间不同也能导致相应的质量损失，活化产生的新孔和表面积主要发生在粒子内部。

4.1.6.2 化学活化

化学活化是利用化学试剂作为氧化/腐蚀介质来对碳化后的碳气凝胶实现活化，以此达到调控气凝胶孔结构的目的。化学活化对气凝胶介孔的保持有一定帮助。常用来化学活化的化学试剂主要是由酸（硫酸、磷酸等）、碱（氢氧化钠、氢氧化钾等）、无机盐（氯化铵、氯化铁）这三类组成。相比于物理活化过程，化学活化所需要煅烧的温度更低、耗能更少，并且所得到的多级碳材料产率更高、孔道均匀性更好，活化也就更充分。但是缺点也非常明显，利用化学试剂进行活化的同时，对设备的腐蚀性要更强，并且也不利于环境的保护。温度不同，活化机理不同，生成的物质不同。

以氢氧化钾为例，KOH 与碳发生腐蚀反应，在碳壁上引入大量的微/纳孔结构，而化学反应产生的 H_2O、CO_2、H_2、CO 等气体，以及嵌入碳晶格中 K 原子的移除，可进一步增加微孔数量，提高比表面积和孔体积。

4.2 酚醛基碳气凝胶

随着纳米科技的快速发展，传统的酚醛树脂迎来了新的发展机遇。由于酚醛树脂单体简单易得，聚合反应可控，因此在低维纳米材料领域展现了广阔的应用前景，并且引起了科学家们越来越浓厚的兴趣。20 世纪 80 年代末美国的 R. W. Pekala 及其合作者在其论文中首次描述了以间苯二酚（R）、甲醛（F）为基元的具有网络骨架的纯有机气凝胶的合成与性质。以间苯二酚和甲醛为反应物，在碱性条件下，以碳酸钠为催化剂，经溶胶-凝胶反应，得到有机湿凝胶，再经溶剂交换过程，通过超临界干燥的方法得到有机气凝胶。再将其在惰性气体保护下碳化得到酚醛预聚体基碳气凝胶。虽然远在这之前，无机气凝胶（二氧化硅气凝胶）已经被发现和广泛研究，但由于碳气凝胶除了有连续的空间三维结构和多孔性之外，兼具有碳颗粒的导电能力，使碳气凝胶较之无机气凝胶拥有其不具备的导电性和生物相容性，因而使得碳气凝胶在电化学和生物材料学领域有了相较于其他气凝胶的独特优势。在很长一段时间内，以间苯二酚（R）、甲醛（F）为代表的酚醛预聚体基碳气凝胶代表着所有的有机气凝胶，直到苯酚-甲醛、三聚氰胺-甲醛、甲酚-甲醛、苯酚-糠醛、聚酰亚胺等被作为纯有机气凝胶材料得到研究与开发。这些酚醛预聚体气凝胶作为碳气凝胶的前驱体，在保护气氛下通过碳化裂解可以得到酚醛预聚体基碳气凝胶。同时，通过对酚醛预聚体气凝胶合成的化学环境、反应条件、反应物摩尔比、干燥条件及碳化裂解的时间和温度等条件的控制，可以有效地调控酚醛预聚体基碳气凝胶的形貌与性质。

4.2.1　酚醛基碳气凝胶的制备

酚醛预聚体基碳气凝胶的制备过程一般包括溶胶配制、凝胶老化、溶剂置换、干燥、碳化等五个步骤（图 4-6），其中凝胶老化、溶剂置换和干燥等步骤所需时间较长。间苯二酚是常用的反应原料之一，具有三个活性位点，相比苯酚，间苯二酚的反应活性更高。此外，间苯二酚是在水中溶解度最好的酚类，可以制备出浓度更为广泛的溶胶体系，因此间苯二酚是最常见的酚醛气凝胶反应原料。每个间苯二酚分子环上分别有邻、间、对三个活性位点，每个甲醛分子水解后有两个活性位点，因此理论上间苯二酚和甲醛的摩尔比为 1：1.5，考虑到甲醛在溶液被加热过程中有些许溢出，且本着使酚充分反应的原则，多数研究者选择间苯二酚和甲醛的摩尔比为 1：2，当采用过量的甲醛时，相当于稀释了反应物，会使凝胶颗粒变大。

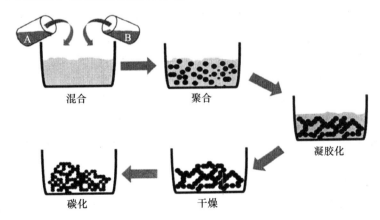

图 4-6　制备流程图

在生产上，酚醛预聚体基气凝胶都采取相同的配方，可以总结如下。

首先，制备由间苯二酚（R）、甲醛（F）、水（W）和碱性催化剂（C）组成的溶胶混合物。根据希望得到的气凝胶结构，设计碳酸钠用量和水用量之后，将所需要的间苯二酚、碳酸钠和水混合，再将甲醛加入，搅拌溶解完全之后，密闭于容器中。用

Na_2CO_3作催化剂时，摩尔比 R/C 通常为 50～300，采用低 R/C 值得到的凝胶颗粒尺寸较小（3～5nm），颗粒间连接面积较大（即颈缩处较大），使凝胶结构看起来像纤维一样。

反之，当采用高 R/C 值（如 1500）时，形成的是尺寸较大的凝胶微球（16～200nm），微球相连接形成凝胶网络，颗粒之间的连接面积较小，凝胶结构看起来像珍珠链。这两种凝胶可以分别称为"聚合物形"和"胶粒形"RF 凝胶。显然，聚合物形碳气凝胶的颗粒尺寸更小、比表面积更大、强度和模量更高，但干燥过程收缩率较大。而胶粒形碳气凝胶的性质正好相反，对于高性能隔热应用，为降低固态导热系数，应尽量减小颗粒之间的连接面积，因此应采用胶粒型气凝胶；而为降低气态导热系数，应尽量减小气凝胶的孔径，因此应采用聚合物型气凝胶。碳气凝胶的固态导热系数要远大于气态导热系数，所以应优先降低固态导热系数，即优先采用胶粒型碳气凝胶，因此应采用较高的 R/C 值。然后，将溶液在升高的温度下加热一段时间，以形成凝胶。随后，使用有机溶剂洗涤所制备的凝胶以交换水性溶剂，溶剂的用量（W/R 值）对气凝胶的性质影响很大，当溶液 pH 值较小时，减少溶剂用量将使气凝胶密度增大，并降低比表面积和孔体积。通过环境压力干燥、超临界干燥或冷冻干燥来干燥湿凝胶、分别得到有机干凝胶，气凝胶或冷冻凝胶。最后将干燥的凝胶在氮气中碳化以形成多孔网络，生成酚醛预聚体基碳气凝胶。

下面介绍不同有机原材料制备酚醛基碳气凝胶

（1）间苯二酚基碳气凝胶

制备有机气凝胶是获得酚醛预聚体基碳气凝胶的第一步，其原材料包括反应物、溶剂和催化剂。反应物一般是间苯二酚（Resorcinol）和甲醛（Formaldehyde），间苯二酚 $[C_6H_4(OH)_2]$ 被认为是理想的起始原料，因为它与苯酚一样具有三个反应活性位点（苯环的 2、4 和 6 位），它的反应活性比苯酚大 10～15 倍，所以间苯二酚能在更低的温度下与甲醛以适当的摩尔比混合形成酚醛预聚体基碳凝胶，通过控制不同反应物的摩尔比可以对气凝胶的性质进行调控。最常用的催化剂是碳酸钠（Na_2CO_3），其水溶液呈碱性，该催化剂被用来催化一小部分间苯二酚以形成单体颗粒生长的位点。在碱性条件下，间苯二酚与甲醛的反应机理如图 4-7 所示，首先是间苯二酚失去氢变成间苯二酚一价阴离子，由于电子振动，苯环上 4 或 6 位的电子密度增加（1a），从该位置电子转移至带部分正电的甲醛的羰基碳原子上，两者发生加成反应，从而形成羟甲基（1b）；接着，羟甲基激发苯环上其余的反应位，并与另外一个甲醛加成，形成二羟甲基（2）。碱催化剂继续使羟甲基间苯二酚失去质子，形成具有很高反应活性的不稳定中间体甲基邻苯醌（3），甲基邻苯醌与另一个间苯二酚分子反应生成稳定的亚甲基桥连结构（4）。甲基邻苯醌的生成和间苯二酚 2-、4-、6-位的高电子密度是间苯二酚比苯酚具有更高反应活性的原因。只要间苯二酚分子或间苯二酚-甲醛胶体团簇上还有反应活性中心，以上缩聚反应就会持续进行下去，因此碱催化制备的间苯二酚-甲醛树脂主要是亚甲基桥键结构。式（5）是凝胶过程的总反应式。以上反应生成纳米团簇，团簇之间又通过表面的羟甲基（—CH_2OH）发生交联，形成三维的凝胶网络结构。制备碳气凝胶的原料除了间苯二酚-甲醛体系之外，还有苯酚-甲醛体系、苯酚-糠醛体系、5-甲基间苯二酚-甲醛体系。

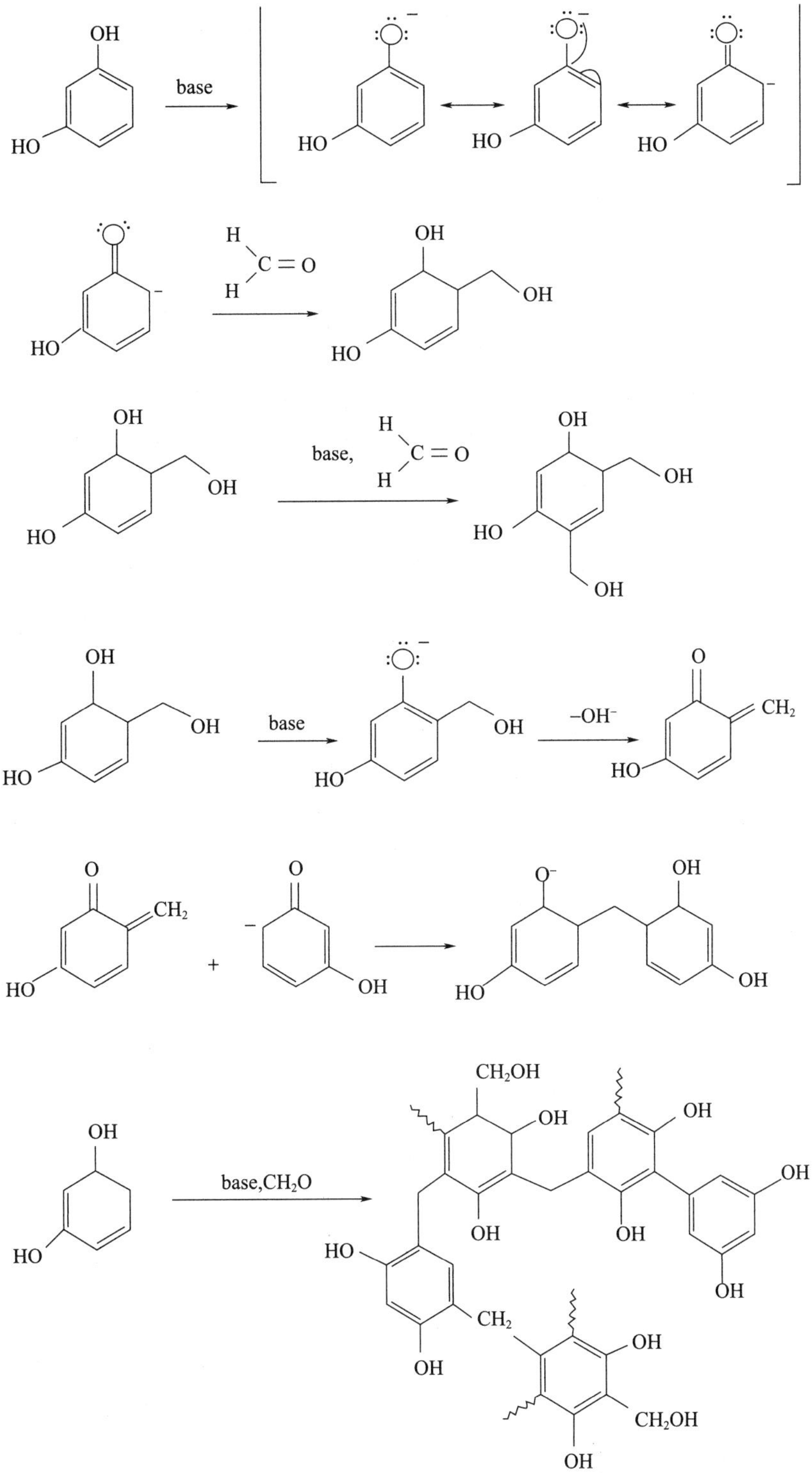

图 4-7 碱催化条件下间苯二酚与甲醛的反应机理

（2）苯酚基碳气凝胶

与间苯二酚相比，苯酚相对廉价易得，可较大程度降低原料成本。苯酚与甲醛的反应机理与间苯二酚相似，即首先生成羟甲基衍生物，再进行缩聚反应形成凝胶网络。Mukai 等采用冷冻干燥并使用廉价的苯酚来替代间苯二酚合成气凝胶。测试发现，使用苯酚和间苯二酚为原料制备的气凝胶差异不大，均具有独特的中孔结构。Wu 等也以苯酚与甲醛为原料，辅以氢氧化钠作为催化剂进行溶胶-凝胶聚合，并采用了乙醇超临界干燥方法，研究了苯酚与氢氧化钠的摩尔比、苯酚与甲醛的摩尔比、凝胶化温度等制备条件对气凝胶凝胶化时间、堆积密度和物理化学结构的影响，其比表面积和中孔体积可分别达到 $714m^2/g$ 和 $1.84cm^3/g$。

研究发现，通过表面化学改性，比如说杂原子氮掺杂可以改善碳气凝胶的性能。Long 等通过苯酚、三聚氰胺和甲醛进行溶胶-凝胶聚合，再进行超临界干燥和碳化处理，发现通过改变原料摩尔比可以调控碳气凝胶的孔径分布和平均中孔直径。易东等通过超临界干燥方法制备了具有典型三维网络骨架结构的介孔碳气凝胶，其骨架由大量纳米级颗粒组成，比表面积可达 $383m^2/g$，孔径分布主要集中在 19nm 左右。

（3）单宁和木质素基碳气凝胶

单宁和木质素的结构都是酚类物质，首先通过加成反应生成含羟甲基的低分子混合物，然后进一步发生缩聚和交联反应，所以它们与醛的反应性和凝胶化过程都与间苯二酚或苯酚类似。木质素的化学结构虽然复杂，但基本结构单元是苯丙烷。苯丙烷有三种基本结构，分别是愈创木基结构、紫丁香基结构和对羟苯基结构，如图 4-8 所示。木质素基碳气凝胶主要是基于木质素和甲醛之间发生的羟甲基化反应，再进一步缩合形成含有亚甲基和醚键的聚合物。Grishechko 等使用木质素和苯酚作为原料来替代间苯二酚制备气凝胶，木质素的占比可高达 80%，成本降低显著。羿颖等以木质素和纤维素为原料，采用真空冷冻干燥法制备木质素/纤维素复合气凝胶，其平均孔径约 5nm；随着木质素含量的增加，样品的比表面积与孔容均呈下降趋势；作为亚甲基蓝吸附剂，饱和吸附容量可达 200mg/g，效果良好。

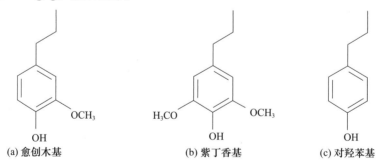

(a) 愈创木基　　　　　　(b) 紫丁香基　　　　　　(c) 对羟苯基

图 4-8　木质素的基本结构

单宁分为水解类和凝缩类单宁两大类。凝缩类单宁主要由黄烷-3-醇单体构成的黄酮类化合物组成，其化学结构如图 4-9 所示。凝缩类单宁由于反应活性高、价格较低，所以适宜于作为粘合剂、树脂和凝胶材料的制备原料。单宁基气凝胶的反应正是基于凝缩单宁的类黄酮单元与甲醛的聚合反应，主要的交联反应是形成亚甲基桥（—CH₂—）和不稳定的亚甲基醚桥（—CH₂OCH₂—），反应机理如图 4-10 所示。目前用来合成气凝胶的单宁主要有荆树皮单宁、含羞草单宁以及坚木单宁等。Amaral-Labat 等以荆树皮单宁和甲醛反应生成含有支链的线型的酚醛树脂，通过加入表面活性剂在不同 pH 值下凝胶化，再经亚临界干燥得到多孔气凝胶，具有廉价、可再生、资源丰富和制备简单等优点。Szczurek 等以含羞草单宁与甲醛聚合得到有机气凝胶，再用超临界丙酮干燥并在 900℃下热解得到碳气凝胶，其总孔体积和微孔孔径分布与间苯二酚基碳气凝胶相似。Szczurek 等还以含羞草单宁代替了 2/3 质量的间苯二酚和甲醛制备气凝胶，研究发现所得到的碳气凝胶以中孔和微孔为主，孔径分布随着酸碱度的增加而逐渐向更窄的孔移动。Rey-Raap 等使用荆树皮单宁来代替间苯二酚再和甲醛反应合成碳气凝胶，研究了表面活性剂对其材料化学组成和孔隙结构的影响。结果发现，单宁基碳气凝胶材料比传统的间苯二酚基气凝胶成本更低，也更加环保和"绿色"。因此，以单宁或者木质素为原料也可以成功制备性能良好的气凝胶材料，见表 4-1。需要强调的是，采用单宁或者木质素等生物质材料作为原料，不仅可以大幅度降低成本，而且原料对环境无害、可再生，是一种理想的气凝胶制备原料。

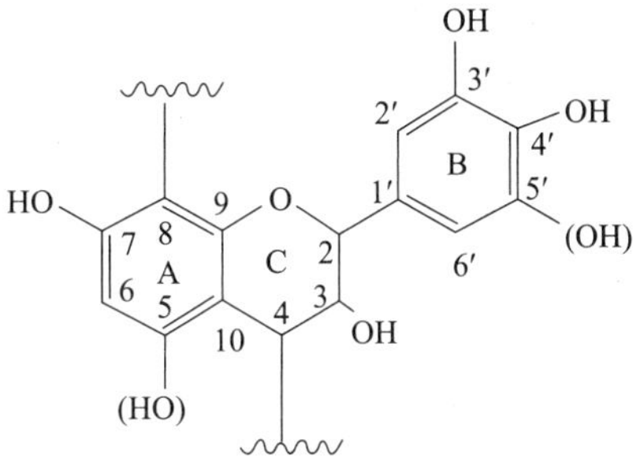

图 4-9　凝缩类单宁的化学结构

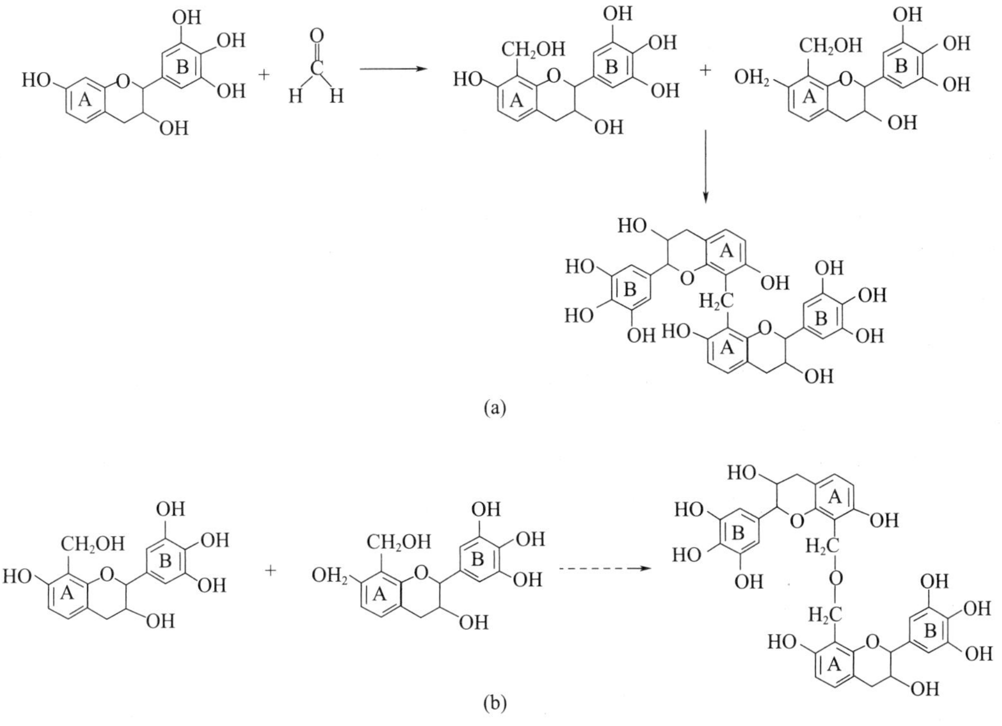

(a)

(b)

图 4-10　凝缩单宁单体与甲醛的反应机理

（a）凝缩单宁单体与甲醛的反应机理导致：亚甲基桥；（b）凝缩单宁单体与甲醛的反应机理导致：亚甲基醚桥

表 4-1　不同原料的酚醛基碳气凝胶的比较

	原料	干燥方式	密度/（g/cm³）	比表面积/（m²/g）
间苯二酚基碳气凝胶	间苯二酚三聚氰胺＋甲醛	常压干燥	0.45	449
	间苯二酚＋甲醛	超临界干燥		1980
	间苯二酚＋糠醛	超临界干燥	0.33	752
	间苯二酚＋甲醛＋甲酚	常压干燥	0.70	705
	间苯二酚＋甲醛	常压干燥	0.50	610
苯酚基碳气凝胶	苯酚＋甲醛	临界干燥	0.44	714
	苯酚＋甲醛	冷冻干燥	0.34	400
	苯酚＋甲醛	冷冻干燥	0.17	378
	苯酚＋尿素＋甲醛	冷冻干燥	0.11	1710
	苯酚＋三聚氰胺＋甲醛	冷冻干燥	0.10	1406
单宁/木质素基碳气凝胶	单宁＋甲醛	常压干燥	0.31	877
	单宁＋甲醛	常压干燥	0.83	666
	木质素＋间苯二酚＋甲醛	冷冻干燥	0.26	552
	木质素＋苯酚＋甲醛	超临界干燥	0.40	485
	单宁＋糠醛	冷冻干燥	0.61	420
	木质素＋苯酚＋甲醛	超临界干燥	0.67	357

4.2.2　酚醛预聚体基碳气凝胶的性质

酚醛预聚体基碳气凝胶是一种新型的碳气凝胶，它是由酚醛预聚体经过交联、碳化等处理制备而成的。由于其独特的结构和性质，酚醛预聚体基碳气凝胶在许多领域都有着广泛的应用前景。首先，酚醛预聚体基碳气凝胶相较于传统无机气凝胶，具有极高的比表面积和孔隙率，这使得它在吸附和分离方面具有优异性能。例如，它可以用于去除水中的重金属离子、有机染料等有害物质，也可以用于油水分离、有机溶剂的回收等。其次，酚醛预聚体基碳气凝胶还具有良好的导电性能和电化学性能，这使得它在电化学领域也有着广泛的应用。例如，它可以作为电极材料用于制备高性能的超级电容器、锂离子电池等电化学储能器件。此外，酚醛预聚体基碳气凝胶还具有良好的化学稳定性和耐高温性能，这使得它在高温或腐蚀性环境下也能够保持稳定的性能。例如，它可以用于高温过滤、催化剂载体、高温绝热材料等方面。

总之，酚醛预聚体基碳气凝胶作为一种新型的碳气凝胶材料，具有广泛的应用前景和重要的研究价值。随着对其性质和应用的深入研究，相信未来会有更多的应用领域被发掘出来。

4.2.2.1　低导热系数

碳气凝胶的导热系数可以分为固体导热系数、气体导热系数、辐射导热系数以及耦合导热系数，不同的导热系数具有不同的传热机理和自身的影响因素。固体导热系数是指通过加热气凝胶的骨架结构转移，由声子振动和电子相互作用。而声子的热传导主要与密度有关,电子的热传导主要与材料的导电性有关。气体导热系数是指通过加热气体分子碰撞产生的热量传导转移。影响气体导热系数的因素包括碳气凝胶的材料特性(孔隙度、孔体积和孔径)和外部变量(温度和压力)。碳气凝胶中的球形颗粒比周围的介质(主要是气体)具有更高的导热系数,热量绕过颗粒之间的点并穿过孔中的气体或热辐射,这就是所谓的耦合热传导。气凝胶内的辐射热传递的性质(既是扩散性的也是非扩散性的)取决于特定类型的气凝胶的光学厚度。对于光学上较厚的气凝胶,例如对于大多数有机或碳气凝胶,辐射热传递通过光子的扩散来描述。消光系数与密度的比是特定的消光系数(e)。比消光系数是一种材料特性,它取决于介质的化学组成和结构。比消光系数代表红外辐射屏蔽能力。比消光系数通常由两部分组成:散射和吸收。碳气凝胶主要表现出吸收和很少的散射。同时,辐射热传导与密度成反比。气凝胶的密度越大,导热系数越小。在高温下,较高的密度可以有效地降低辐射导热系数和总导热系数。但是更高的密度也导致固体导热系数的提高。因此,对于碳气凝胶的高温绝热应用,有必要考虑特定工作环境中的工作温度以设计碳气凝胶的密度。

从酚醛预聚体基气凝胶的结构上来看,其导热系数受到很多因素的影响,例如密度、孔径、粒径、微孔数、微晶尺寸、微观结构等。在合成过程中,我们可以通过反应物密度、浓度比、干燥方式、碳化裂解温度等条件进行结构上的调整,从而使酚醛预聚体基气凝胶获得更低的导热系数。例如,在凝胶化过程中,溶液中的间苯二酚与甲醛的浓度对酚醛预聚体碳气凝胶的最终密度有深远影响。较高的反应物密度导致酚醛预聚体基碳交联簇的较高密度,增加反应物的密度会导致酚醛预聚体基碳干凝胶的比表面积和总孔体积减小。碳化温度是决定碳气凝胶物理性质的最重要参数之一。不同的碳化温度对碳气凝胶的性能有重要影响。较高的碳化温度意味着比表面积和孔体积的减小。在低碳化温度下,由于凝胶的收缩,大孔体积减小而中孔体积增大。

4.2.2.2 导电性

碳气凝胶是唯一具有导电性的气凝胶。Wan 等通过将纤维素气凝胶、纤维素碳气凝胶、铝网分别与灯泡串联,相同条件下进行通电,实验发现与碳气凝胶和铝网串联的灯泡亮度相差无几,而与气凝胶串联的灯泡较暗,从而直观说明碳气凝胶具有较好的导电性能。碳气凝胶不仅可以导电,还具有储能性质,而且碳气凝胶具有高比表面积、强耐腐蚀性、低电阻系数以及可以进行多次充放电,是制备电容器的理想材料。

酚醛预聚体碳气凝胶具有相较于传统无机气凝胶没有的低电阻性,同时受益于其整体结构、高比表面积、可控制的孔径等性质,酚醛预聚体碳气凝胶已经有许多在电化学中的应用。有机前驱体、掺杂剂的种类、合成的条件、堆积密度、热解温度以及活化程序等参数都会影响酚醛预聚体碳气凝胶的比表面积和孔径的分布,进而影响其在电化学上的性质。An 等对间苯二酚-甲醛碳气凝胶与聚吡咯改性的碳气凝胶进行了循环伏安曲线与电极比电容测试,测试结果发现碳气凝胶自身具有良好的导电与储电性能,其单位比电容可到 174F/g。为了提高储电性能,在后续工作中经过 35% 聚吡咯修饰后的碳气凝胶单位比电容可达 433F/g,经 500 次充放电后仍具有较高的比电容。Tashima 等用间苯二酚和甲醛制备的碳气凝胶比电容可达到 202F/g。Wen 等制备的碳气凝胶在 6mol/L KOH 电解液与电流密度为 233mA/g 的环境中,其单位比电容可高达 500F/g。

4.2.2.3 轻质多孔

碳气凝胶的制备过程中,凝胶网状结构内的液体由气体代替,会产生大量的孔隙结构,碳化后孔隙结构得到保留。不同种原料制备的碳气凝胶形成的结构也不同,但是多孔性是碳气凝胶的共同特性。酚醛预聚体碳气凝胶的连接方式更为致密,呈微球状,微球间的孔隙结构使碳气凝胶具有多孔性。如 Rejitha 等制备的间苯二酚-糠醛碳气凝胶都是由细小的颗粒堆积而成,且颗粒形状不规则,表面布满孔隙 [图 4-11 (a)];Wu 等与 Yamamoto 等制备的间苯二酚-甲醛碳气凝胶具有三维网状结构,纳米碳颗粒之间有很多中孔和大孔 [图 4-11 (b)、(c)]。而生物质基碳气凝胶内部结构单元以丝状或片状为主,单元之间相互层叠,形成网状结构,且层与层之间存在丰富的孔隙。如:Meng 等制备的纤维素基碳气凝胶关联的微纤维相互缠绕,纤维中存在很大的孔隙空间 [图 4-11 (d)];Marin 等制备的蚕丝蛋白基碳气凝胶的纤丝相互折叠堆积,形成网状结构,存在大量孔隙 [图 4-11 (e)];Li 等制备的冬瓜碳气凝胶呈褶皱型的片状 3D 结构,褶皱间的大量孔隙使其具有多孔性 [图 4-11 (f)]。碳气凝胶同样具有轻质的特征,花蕊可以轻松举起体积为 1cm³ 的碳气凝胶。如 Gonzalez 等制备的碳气凝胶密度为 0.18g/cm³,而 Meng 等制备的纤维素基碳气凝胶密度可低至 0.01g/cm³。

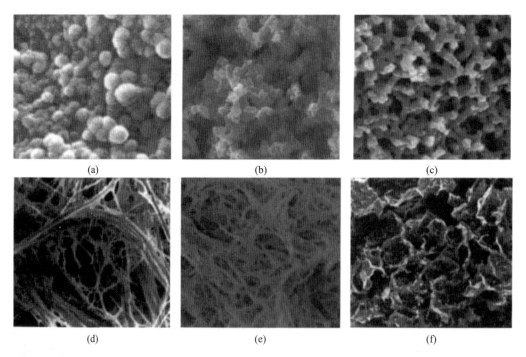

(a)　　　　　　　　　　(b)　　　　　　　　　　(c)

(d)　　　　　　　　　　(e)　　　　　　　　　　(f)

图 4-11　不同原料制备的碳气凝胶电镜图

(a) 间苯二酚-糠醛;(b) 间苯二酚-甲醛;(c) 间苯二酚-甲醛;(d) 纤维素;(e) 蚕丝蛋白;(f) 冬瓜图

制备过程中不同前驱体质量比及不同 pH 值对孔状结构有较大影响,牛圣杰等学者以甲醛溶液 (HCHO):37wt%,AR;苯酚 (C_6H_6O):AR;草酸二水合物 ($C_2H_2O_4 \cdot 2H_2O$):AR;乌洛托品 ($C_6H_{12}N_4$):AR 为原料制备酚醛基碳气凝胶。其中,当 P 和 H 的质量比 (P/H) 在 pH=7 条件下从 4 变为 7,制备的样品为碳气凝胶 (CAS 分别记为 CA-4、5、6、7）；当 pH＝8、10、12 时，制备的样品为碱处理碳气凝胶（分别记为 ACA-8、10、12）。最后，将 pH＝10、P/H＝7 的碳样品（ACA-10）与 KOH 以 1∶4 的质量比充分混合，然后在 800℃下 N_2 气氛中活化 2h。将所得样品（AACA）用 6molHCL 彻底洗涤，随后用去离子水洗涤 5 次至中性以除去无机盐，然后转移至烘箱中在 90℃下干燥 10h。从图 4-12（a）～（d）可以看出，实验制得的样品为粒径（100nm～2μm）随着 pH 值的增加而不断减小的珍珠链状结构。HMTA 作为交联剂并直接参与反应，随着 HMTA 量的增加，将形成更大粒径的聚合物簇。胶体聚合物簇的成核和生长是溶胶-凝胶过程的关键，簇尺寸的过大或过小都会导致无法形成凝胶或是常压干燥期间骨架崩塌。此外，如图 4-12（e）和（f）所示，当使用氨水来调节溶胶-凝胶过程中的 pH 值时，可以获得具有更小粒径（约 50～100nm）的三维结构，并且 pH 值越高，凝胶时间越短，说明氨水对于凝胶过程有一定的催化作用。此外，与 CA 相比，pH 值会影响粒径和凝胶时间，但 ACA-8、10 和 12 样品间的孔结构及形貌没有显著差异。除粒径和凝胶时间外，pH 值也影响着碳气凝胶的孔结构。如图 4-13（a）所示，CAs 的所有等温线在低相对压力下快速升高，呈现 I 型曲线，显示存在大量的微孔，这是由于碳化过程中小的有机分子的分解和释放形成的。ACA 的吸脱附等温线 [图 4-13（b）] 显示出与 CA 不同的 II 型曲线，其在低相对压力下急剧增加，表明有大量的微孔存在，但当相对压力接近 1 时，吸附量迅速增加，说明存在大量的大孔。可以看到 CAs [图 4-13（d）] 仅在 1～1.5nm 处有窄范围的微孔分布，而 ACA [图 4-12（e）] 在 1～3nm 处除了窄范围的微孔分布，还在 5～300nm 处具有中孔和大孔分布。AACA [图 4-13（c）、（f）] 具有与 ACA 类似的等温线及孔径分布，但具有更高的孔体积，说明 KOH 活化可以进一步改善单个碳颗粒内的微孔性和中孔性。表 4-2 显示 AACA 具有非常大的比表面积，且有着大量的微孔以及一定比例的中孔、大孔。

图 4-12　不同前驱体质量比及不同 pH 值碳基气凝胶电镜图

（a）CA-4；（b）CA-5；（c）CA-6；（d）CA-7；（e）、（f）ACA-10

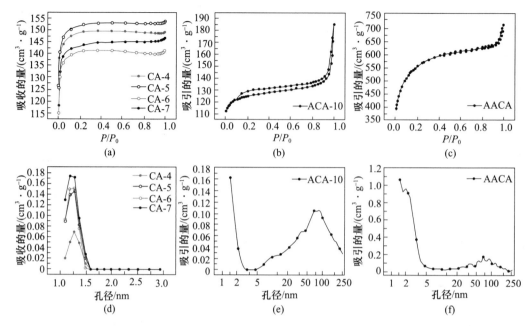

图 4-13　不同前驱体质量比及不同 pH 值碳基气凝胶 N₂ 吸附等温线以及孔径分布图

（a）CA-4、5、6、7；（b）CAC-10；（c）AACA 的 N₂ 吸附等温线；

（d）CA-4、5、6、7；（e）CAC-10；（f）AACA 的孔径分布图

表 4-2　CA-7、ACA-10 以及 AACA 的孔参数

样品	比表面积/（m²/g）	孔体积/（cm³/g）	平均孔径/nm
CA-7	585.50	0.226	1.54
ACA-10	500.04	0.223	1.84
AACA	2091.87	1.019	1.98

4.2.2.4　胶疏水亲油

具有多孔性、疏水性和亲油性的碳气凝胶材料对油类物质具有很强的吸收能力，在治理石油泄漏方面展现出了巨大的优势。凝胶经碳化后，表面的羟基、羧基等亲水性官能团消失，表面 C—C 键的致密相连，是碳气凝胶表面疏水的主要原因，而且碳化温度对碳气凝胶的疏水性能影响较大，在可碳化温度范围内，碳化温度越高，碳气凝胶与水的接触角就越大。Wu 等将碳气凝胶进行 700℃、1000℃和 1300℃高温碳化后，其接触角分别为 120.5°、125.3°和 128.6°。碳气凝胶表面 C—C 键的致密相连以及内部发达的孔隙结构，使碳气凝胶对有机溶剂具有较好的吸附性能。任萌等以氧化石墨烯（GO）作为模板，负载纳米 Fe₃O₄ 粒子，经聚二甲基硅氧烷（PDMS）改性，最终获得疏水亲油的 PDMS/Fe₃O₄/还原氧化石墨烯气凝胶复合材料（RGA），RGA 具有较好的疏水亲油性，可漂浮在油上，且可通过磁铁吸引 RGA 使材料在油水混合物中游动。Dai 等以爆米花为原料制备的三维宏观超疏水磁性多孔碳气凝胶，对玉米油的吸附能力为 10.28g/g，He 等以甲基三乙氧基硅烷衍生物为填料制备的超弹性超疏水细菌纤维素/SiO₂ 气凝胶（BCAs/SAs），对有机溶剂和油的吸附质量因子为 8～14；Zhao 等制备的可

生物降解的纤维素气凝胶可吸收质量为自身 10 倍的石油。该研究制备的 RGA 对油水混合物吸附能力对比上述研究略有提升。吸附后 RGA 可通过机械挤压的方式回收所吸附油，实现油类物质再利用.

4.2.2.5 热稳定性

碳气凝胶的制备通常都经过高温碳化过程，所以碳气凝胶一般皆具有良好的耐高温阻燃性能。在目前已经研究出的气凝胶种类中（包括氧化物、硫化物、碳化物、金属、有机和碳气凝胶等），碳气凝胶具有最高的热稳定性，在 2800℃ 的惰性气氛下仍能够保持介孔结构，比表面积还有 $325m^2/g$，作为隔热材料使用温度可达到 2200℃ 以上（真空或惰性气氛下）。与氧化物气凝胶一样，碳气凝胶由于独特的纳米孔径和纳米颗粒网络结构，可以有效降低固态、气态、辐射导热系数，隔热性能优于传统的碳纤维毡和碳泡沫等耐高温隔热材料。因此碳气凝胶有望作为新一代的耐超高温高性能隔热材料，应用于工业高温炉（如真空炉和惰性气氛炉等）或新型航天飞行器的热防护系统中，特别是承受超高温和高热流密度的新型高速航天飞行器和太空飞行器。

4.2.2.6 抗压性

碳气凝胶的三维网状空间结构与致密的 C—C 连接结构对整体提供了有力的支撑，使其具有良好的抗压性能。Zhang 等对碳气凝胶进行抗压测试，实验表明压力应变可高达 80%，在经过数次的压缩后其形状可在短时间内恢复，Wu 等制备的碳气凝胶压力应变可达 70%，而且 56.1mg 的碳气凝胶可承受住质量达 500g 的重物。

4.2.3 酚醛预聚体基碳气凝胶的应用

人类活动引起的环境问题不仅影响大自然，更对人类的健康生活产生了巨大的影响，环境问题的解决方法也引起了科学家们越来越多的兴趣。酚醛预聚体基碳气凝胶因为价格低廉等优势在环境领域展现出巨大的应用前景。同时，酚醛预聚体基碳气凝胶的三维空间网络特殊结构，加上自身的导电性和多孔性，使其具备了很多材料所不具备的独特属性，在光学、催化学、机械力学、电化学、声磁学等众多领域有广泛的应用前景。

4.2.3.1 催化剂载体

酚醛预聚体碳气凝胶和碳气凝胶具有高比表面积、开放性孔洞结构及低密度，且组织结构有较好的稳定性，在催化剂及催化剂载体等应用研究方面有着良好的前景。当配制溶液时加入某些金属盐，可以得到金属盐掺杂有机气凝胶，之后再进行碳化，可得到金属颗粒均匀分散的碳气凝胶，这种掺杂金属元素的碳气凝胶可以作为化学反应的催化剂，如 1-丁烯异构化、甲苯燃烧、合成甲基叔丁基醚等，或者作为燃料电池的电极材料。Fe 掺杂的碳气凝胶，由于活性铁的催化，碳纳米管可以直接在气凝胶表面进行生长。碳气凝胶可控的中孔性质及比表面积，使得其成为催化剂的良好载体，因而受到科研人员的重视。Maldonado-Hodar 等以间苯二酚-甲醛碳气凝胶作为载体最先制备了含铬、钼、钨的氧化物碳气凝胶并将其用于 1-丁烯的异构化反应。后来他们将

［Pt(NH₃)₄］Cl₂溶解到溶胶中，制备了含 Pt 的碳气凝胶，以此为催化剂研究了甲苯的催化燃烧反应，结果发现 Pt 的颗粒大小对反应速率和转化率影响很大。Wu 等用浸渍法将酚醛预聚体碳气凝胶浸泡在钴离子溶液中，干燥后得到载有钴的碳气凝胶，对羟基化合物具有较高的催化性能。Abraham 等同样采用等体积浸渍方法在酚醛预聚体碳气凝胶骨架上浸渍 Mo，并测试其进行乙酸加氢催化反应，实验表明这种掺杂 Mo 的碳气凝胶可以催化乙酸进行加氢反应，乙酸的转换率可达到 80%。

4.2.3.2 吸附材料

人类活动引起的环境问题不仅影响大自然，更对人类的健康生活产生了巨大的影响，环境问题的解决方法也引起了科学家们越来越多的兴趣。近年来，随着工业的持续发展，化石燃料的使用导致了废气的大量排放，如二氧化碳（CO_2）、甲烷（CH_4）、氮氧化物（NO_x）、硫化氢（H_2S）等，也引起了人们的广泛关注。此外，石油和化学品泄漏、有机染料、重金属离子的排放等也造成了严重的水体污染，这也是亟待解决的重大环境问题。碳气凝胶由于具有独特的三维网络结构和可控的孔隙结构，在气体吸附、离子吸附、有机溶剂吸附等领域具有极大的应用潜力。

具体而言，碳气凝胶的孔隙发达，不仅表现在含有大量微孔，可以有效吸附小分子的气相物质，而且由于气凝胶孔隙之间相互连接，也导致介孔的大量存在，这一方面可以进一步提高气相小分子的吸附速率，另一方面也使得其对于大分子的液相吸附表现出良好的吸附效果。酚醛树脂基纳米材料因为价格低廉等优势在环境领域展现出巨大的应用前景。

利用气凝胶的吸附性作为气体捕获剂、气体过滤器，吸附燃气中的 CO_2、SO_2 气体，对研究大气层的温室效应具有深远意义。由于化石燃料的大量消耗导致全球变暖，温室效应严重危及人类的生存，CO_2 吸附是当今研究的一大热点。一般而言，比表面积大的材料和表面富含官能团（如羟基和氨基等）的材料对 CO_2 吸附有优势。CO_2 是一种酸性气体，因此对有机吸附材料而言，富含碱性氨基官能团材料对 CO_2 的吸附能力要明显高于含羟基基团的材料。如三聚氰胺和 RF 共聚得到的富含氨基的纳米球，在 0℃ 和 1atm 下 CO_2 的吸附容量为 2.5mmol/g，而多羟基的间苯三酚-PF 纳米球在相同条件下的吸附容量只有 2.1mmol/g。有机材料一般比表面积比较小，吸附能力远远低于高比表面积和高 N 掺杂的碳材料。

以 CO_2 吸附为例，Guarín-Romero 等以间苯二酚和甲醛为前驱体合成了气凝胶，在 30℃ 和 5MPa 条件下，其 CO_2 和 CH_4 的吸附量分别为 12.6mmol/g 和 6.0mmol/g。Robertson 等通过常压干燥合成碳气凝胶并采用 KOH 对其进一步进行活化，碳气凝胶的比表面积和孔体积分别为 508m²/g 和 0.68cm³/g，25℃ 时 CO_2 的吸附量为 2.7～3.0mmol/g。Moon 等也采用 KOH 作为活化剂，通过软模板法合成了碳气凝胶。结果表明，活化温度对材料比表面积和孔径分布具有重要影响，同时碳气凝胶的 CO_2 吸附能力主要取决于其超微孔径的分布。Ello 等以尿素为氮源，合成了氮掺杂间苯二酚-甲醛基碳气凝胶。研究发现，CO_2 吸附量由样品中微孔含量和杂原子氮元素含量共同决定，25℃ 和 0℃ 条件下的吸附量分别为 3.6mmol/g 和 4.5mmol/g。Liu 等在不同的碳化温度下合成了碳气凝胶，发现碳气凝胶的比表面积和孔体积受碳化温度的影响显著，同时

CO_2的吸附性能与碳气凝胶的孔隙和表面性质密切相关。笔者以杂原子掺杂的酚醛基碳气凝胶材料（图4-14）分别作为CO_2和H_2的吸附材料，同时研究了其电化学性能，发现杂原子的引入对于吸附和电化学性能的改善作用明显，其最大比表面积可达$1710m^2/g$，而CO_2在0℃和25℃的吸附量可分别达5.8mmol/g和4.5mmol/g，远高于大部分酚醛基碳气凝胶材料。周亚兰等同时对其循环使用次数进行了研究，发现经过12次循环吸附和解吸之后，吸附量还能维持其原始吸附量的98%，重复性能良好。Carrott等也评估了碳气凝胶作为吸附剂的稳定性，在25℃条件下对其进行了多次吸附/解吸循环发现，经过6次循环后的CO_2吸附量基本不变，证实了碳气凝胶作为CO_2吸附材料稳定性良好，可重复利用。为了更好地说明酚醛树脂基碳气凝胶与其他纳米碳材料作为CO_2吸附剂的性能差异，查阅比较了不同的纳米碳材料的CO_2吸附量大小。大量实验证明，以酚醛树脂基碳气凝胶材料作为CO_2吸附剂，具有同等甚至更好的吸附效果。尤其是具有杂原子掺杂的酚醛树脂基碳气凝胶，其CO_2吸附量明显较高。故而，对酚醛树脂基碳气凝胶材料进行化学改性将是其作为吸附材料研究的重要方向之一，同时金属掺杂以及碳气凝胶复合材料的制备研究也将是其发展的方向。此外，酚醛树脂基碳气凝胶良好的气相吸附性能也使其成为一种极具潜力的储氢材料，Pandey等采用常压干燥制备间苯二酚甲醛基碳气凝胶，其在-196℃和3MPa条件下的吸附储氢量可达4.8%。

(a) SEM图

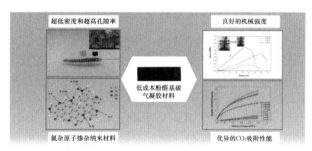
(b) 优异的结构和吸附性能

图4-14 苯酚-三聚氰胺-甲醛制备氮掺杂酚醛基碳气凝胶材料SEM与吸附性能

碳气凝胶经过高温碳化后，表面的亲水性官能团大量减少，C含量增加，具有丰富的孔隙结构，使碳气凝胶对油性物质有着较高的吸附量。Hsu等制备出的碳气凝胶对麻疯果油中的树脂具有较高的吸附量。碳气凝胶不仅可以吸附油性物质，对有机溶剂也有着较高的吸附率。如Dou等合成出具有发达介孔的碳气凝胶，这种气凝胶对芳香族分子具有较好的亲和力，对苯的吸附量可达5.06mmol/g。聚苯乙烯气凝胶对$1×10^{-6}$的1,2-二氯乙烷水溶液的吸附量达到了5g/100g气凝胶。

在污水处理工业中也有潜在的应用前景。人类的生产生活不可避免地会排放大量污染物，如化工企业会排放含有甲基蓝、品红等染料分子和Pb^{2+}、Cu^{2+}等重金属离子的废气和废水，日积月累从而对人类的健康产生威胁。Ag掺杂的碳气凝胶对水溶液中的Cr、Br、I具有良好的吸附能力，可以净化污水。酚醛预聚体基碳气凝胶对空气中的苯、甲苯、二甲苯、甲醇、环己烷等也有很好的吸附能力，对水溶液中一些染料分子和重金属离子有很好的清除能力，其中对铜、镍、锰、汞、锌等金属离子的吸附量较大。此外对有机硫化物的吸附量也相当可观，这为日后在脱硫等环境治理方向开拓了新的思路。有机聚合物材料和高比表面积的多孔碳材料对多种有机小分子污染物和金属离子都有很好的物理吸附作用，如各种染料、对氯苯酚、咪唑翁盐离子、二苯并噻吩、VB_{12}毒素、Cr^{2+}、Hg^{2+}、As^{2+}等，在环境保护和污水处理方面有广阔的应用前景。

碳气凝胶还可以通过控制孔径从而有选择性地吸附特定的生物分子，应用于生物医药方面。采用微乳液聚合的方法，有研究者用苯酚、三聚氰胺和甲醛为原料，制备了碳气凝胶小球，通过控制溶液配制时的催化剂用量，可以控制小球的介孔尺寸在 $5\sim10nm$ 变化，而小球的直径可以通过控制搅拌速度控制在 $50\sim500\mu m$。这些小球可以用来吸附维生素、胰岛素等生物分子。

4.2.3.3　贮氢材料

从保护环境、减少污染、充分发挥能源利用率、解决能源贮存和运输等诸多方面考虑，氢能是最理想的载能体。储氢材料最基本的要求是高比表面积和高孔隙率，酚醛预聚体基碳气凝胶比表面积高，且孔洞又与外界相通，具有优良的吸、放氢性能，可重复使用，是一种性能优良的储氢材料，因此引起了世界各国的广泛关注。Kabbour 等的研究表明，在 77K、3MPa 的条件下，比表面积高达 $3200m^2/g$ 的碳气凝胶的储氢能力可达到 5.3wt％。美国 Lawrence Livermore 国家实验室和伊利诺斯大学研究表明：酚醛预聚体基碳和碳气凝胶均能满足吸附核燃料的材料要求，即提供大量的燃料，具体要求是孔隙率大于 90％、密度小于 $0.1g/cm^3$、孔洞尺寸小于 4pm、组成材料原子序数小于 8、易密封、稳定性和机械性能好等。例如，Kabbour 等制备了比表面积高达 $3200m^2/g$ 的碳气凝胶，在 30bar 的压力下，H_2 吸附量达到了 5.3wt％。Robert 等制备的碳气凝胶材料储氢密度可达 $16.2\mu mol/m^2$。Gosalawit 等发现 $2LiBH_4$-MgH_2-$0.13TiCl_4$ 可以与氢气进行可逆反应，制备出载 $2LiBH_4$-MgH_2-$0.13TiCl_4$ 的复合碳气凝胶，通过可逆反应实现碳气凝胶对氢气储存。温度对储氢型碳气凝胶的影响相对较大，温度的升高会降低碳气凝胶的储氢性能。

沈军等研究钯掺杂碳气凝胶，由图 4-15 所示为物质的量比 $R'=50$ 的钯掺杂碳气凝胶的 TEM 明场和暗场照片。由图 4-15 可看到，在碳气凝胶的骨架结构中均匀分散着粒径约为 20nm 的颗粒物。图 4-16 为物质的量比 $R'=200$ 的掺钯碳气凝胶在常温下（303K）的氢吸附曲线，图中样品 Pd-HCA-200 是 Pd-CA-200 优化活化工艺活化后所得。图 4-16 所示样品 Pd-HCA-200 和 Pd-CA-200 在 303K、3.2MPa 时的储氢质量分数分别为 0.49％和 0.35％。从图中可以看到，在 303K 时随着吸附压力的不断增大，两样品的氢吸附量都基本呈线性递增趋势，可以推断它们在图中所示的压力范围内还没有达到饱和吸附的状态，随着压力的增大，它们的储氢量还将增加。掺钯后的碳气凝胶在相同条件下的储氢量低于未掺杂的活化碳气凝胶样品，这是由于掺杂后碳气凝胶微结构发生了变化，比表面积下降了，而且活化对于提高掺杂碳气凝胶比表面积的效果也降低了。为了更好地说明掺钯对吸氢的积极作用，就掺杂前后单位比表面积的储氢量来比较。图 4-17 所示为碳气凝胶及钯掺杂碳气凝胶在 30℃、3.2MPa 条件下氢吸附量和比表面积的关系图。而杨曦等在其基础上制备的超低密度碳气凝胶（$20mg/cm^3$），在液氮温度下对氢的吸附量可达 4.4％。在 77K、3MPa 的条件下，每 $500m^2/g$ 的比表面积对应于 1％的储氢质量分数。

(a) 明场照片

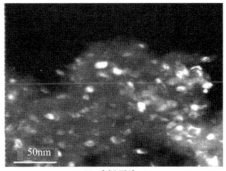
(b) 暗场照片

图 4-15 钯掺杂碳气凝胶 TEM 图片

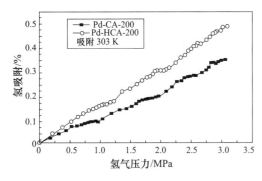

图 4-16 掺杂碳气凝胶的氢吸附曲线

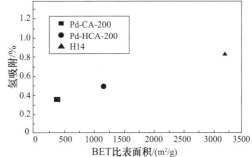

图 4-17 碳气凝胶及钯掺杂碳气凝胶的氢吸附量和比表面积的关系

4.2.3.4 隔热材料

酚醛树脂具有很好的耐热性和高残碳率等优势，因此被用于隔热防火和耐烧蚀材料，如商业的酚醛泡沫板是一种很好的隔热防火建筑材料，不仅具有很低的导热系数，而且有火焰自熄的特性；国防和航空航天领域常将酚醛树脂用于导弹或返回舱的外层耐烧蚀层。热能通过隔热材料主要以多种形式发生：固相传热、对流传热、气相传热及热辐射。这四者的总和构成材料的总导热系数，当常压下材料的孔尺寸小于 1mm 时，对流引起的热传导可以忽略不计。所以，碳气凝胶不考虑对流传热的影响。固相传热是材料本身具有的特性。在气凝胶中，其固体由非常小的彼此相连的三维网络结构构成，通过固相的热量传递将经历复杂曲折的通路，因此效果很差。同样地，由于气体分子运动的平均自由程大于气凝胶的孔隙尺寸，气相传热也受到很大的限制。碳气凝胶具有低的质量分数和较大的比表面积，从而在常温下使热辐射也受到很大的限制。因此，碳气凝胶是一种高效的隔热材料。

1992 年，Pekala 在首次制备了 RF 气凝胶后不久，就对 RF 气凝胶的隔热机理进行了详细的研究，他发现，当气凝胶的密度在 $157mg/cm^3$ 时导热系数最低，达到 $12mW/(m \cdot K)$。Pekala 还对 RF 气凝胶的固体导热系数、气体导热系数、辐射导热系数等部分分别进行了计算，对树脂气凝胶在保温隔热领域的发展提供了理论指导。华东理工大学的 Long 等用 Novolac 和 HMT 制备了室温干燥的 PF 气凝胶，密度只有 70mg/cm³，导热系数为 32～69mW/(m·K)。这种室温自然干燥的方法可以极大地节省制备成本，有望实现工业化应用，但其隔热效果有待进一步提高。在民用保温隔热材料领域，气凝胶的密度并不是越低越好，还取决于内部的孔结构，一般而言，闭孔材料的隔热效果优于开孔或通孔材料。传统的保温材料如聚氨酯、发泡聚苯乙烯泡沫等虽然韧性和隔热效果皆优异，但其易燃的特性是大规模应用时最大的隐患。酚醛树脂材料拥有很好的耐热性，为了进一步提高其阻燃性能，往往对其进行有机改性或无机掺杂。有机改性的酚醛树脂通常是通过杂原子掺杂来提高其耐热性能，如 N、B、P 等。但是杂原子掺杂的材料对环境存在潜在的危害，因为废弃或处理的材料中杂原子会进入环境对其产生影响，尤其是含卤素的添加剂在欧洲等地区已经被禁止使用。无机掺杂的方法更加环保，将多种无机材料如 SiO₂、TiO₂、煤灰、碳纤维等填充到酚醛树脂中来降低其可燃性和增加其耐烧蚀性能。但无机掺杂的材料缺点是密度和脆性变大，不利于加工和运输。

酚醛预聚体基碳气凝胶具有高透光率并能有效阻止环境温度的热辐射，其导热系数和密度有直接关系，Lu 等测定出密度为 157kg/m³ 的酚醛预聚体基碳气凝胶导热系数为 0.012W/(m·K)，可用作太阳能集热器中的透明隔热材料；替代氟利昂作为冰箱绝热层，避免含有大量氟利昂气体的泄漏破坏大气臭氧层。在目前已经研究出的气凝胶种类中（包括氧化物、硫化物、碳化物、金属、有机和碳气凝胶等），碳气凝胶具有最高的热稳定性，在 2800℃ 的惰性气氛下仍能够保持介孔结构，比表面积还有 325m²/g，作为隔热材料使用温度可达到 2200℃ 以上（真空或惰性气氛下）。与氧化物气凝胶一样，碳气凝胶由于独特的纳米孔径和纳米颗粒网络结构，可以有效降低固态、气态、辐射导热系数，隔热性能优于传统的碳纤维毡和碳泡沫等耐高温隔热材料。因此碳气凝胶有望作为新一代的耐超高温高性能隔热材料，应用于工业高温炉（如真空炉和惰性气氛炉等）或新型航天飞行器的热防护系统中，特别是承受超高温和高热流密度的新型高速航天飞行器和太空飞行器。

4.2.3.5 电学材料

高效的电子和能源材料对于满足快速增长的电子设备和应用的需求至关重要。碳气凝胶具有结构可控性和良好的导电性，适用于电子材料。然而，由于气凝胶性质的不同，其电化学冲突效应显现出来，因此对碳气凝胶的电子应用提出了严格的控制要求。例如，电化学反应需要活性物质和容易与电解质润湿的电解质物种之间具有良好的表面亲和力。电极和电解质之间的斥力允许自由传质。孔径分布也是一个重要因素。微孔（<2nm）通常为离子提供了丰富的吸附场所，而中孔（2～50nm）可使电解质离子快速扩散。因此，合适的孔径分布是储能应用中取得良好电化学性能的关键因素。碳气凝胶的比电容明显优于传统电容器，这源于其结构属性的可设计性、高电子传导性和可加工性。而比电容与比表面积或孔体积成正比，所以不仅要有较大的比表面积，而且要有较大的可被电解质离子吸附的大孔，也要求有较高的离子吸附能力。精心设计的多孔结构提供了丰富的完全可访问的吸附位置，这导致了高比电容。

碳气凝胶是唯一导电的气凝胶，因而片层状的碳气凝胶本身以及其掺杂金属后的改性产物都是极佳的电极材料。加之其多孔特性，使得电解液离子可以通过，已被广泛用于超级电容器、燃料电池、锂电池的电极材料。酚醛预聚体基碳气凝胶的介电常数极低且连续可调，可用于高速运算大规模集成电路的衬底材料；碳气凝胶导电性能独特，其静电容量高达 250F/g，可用作电化学分析中的电极材料，也可用于制造高效高能量电容器和储电容量大、电导率高、体积小、充放电能力强、可重复多次使用的新型高效充电电池。相比传统电容器，碳气凝胶制备的电容器体积小、经多次充放电依然保持良好的性能，而且电容值是传统电容器的 20～200 倍，现已成为制备高附加值超级电容器的材料之一。

超级电容器是一种具有中等能量存储能力但有很高功率的电化学双层电容器。电化学双层电容器的基本原理是让正电和负电隔离在两个电极之间的界面处，从而存储能量。在各种高比表面积碳材料中，碳气凝胶由于具有块状结构、高比表面积，并且具有一定导电性，是一种有潜力的电极材料。在要求高能量密度的场合，一般采用锂离子电池。与其他碳材料相比，碳气凝胶具有比容量高、结构可控等特点，从而成为锂离子电池负极材料研究的热点之一。碳气凝胶属于无定形态碳，其无序结构可以通过调整碳化温度进行控制，由此可以提高储锂容量并减少不可逆的嵌锂效应。酚醛树脂基碳材料在多种电池领域都有广泛的应用，除了锂离子电池，还有 Na 离子电池、Li-O、Li-S、Li-Se等电池。要想真正实现酚醛树脂基硬碳材料在电池领域的应用，需要开发新技术对硬碳结构进行改性，提高其规整程度从而提高其循环稳定性。此外，为了提高碳气凝胶在电化学上的应用性能，在高比表面积的碳气凝胶上负载 Pt 等金属，可以应用到质子交换膜燃料电池的中电极。Lee 等用沉淀的方法制备出含有不同质量分数 Ni 的碳气凝胶，当 Ni 含量为 3.5% 时，碳气凝胶电容量可高达 121F/g。王俊等制备出比表面积和比电容分别为 1288m^2/g 与 202F/g 的间苯二酚-糠醛碳气凝胶，这种碳气凝胶作为超级电容器材料，可经过 500 次循环充放电后仍具有较稳定的电容量。

4.2.3.6 传感与检测

酚醛树脂基纳米材料在传感与检测领域也有潜在的应用，已经被用于气体传感（如H_2、NH_3 等）和生物分子检测（如检测生物硫醇、谷胱甘肽等）。Luo 等利用介孔 RF碳制备了灵敏的 NH_3 和 H_2 传感器，低温碳化的介孔 RF 碳由于其表面残留的酸性基团如—COOH 等，因此在吸附 NH_3 后其整体电阻会出现变化，实验表明，该传感器能在2min 内对 1×10^{-6} 的 NH_3 做出响应。类似的原理，氧化物复合的多孔树脂碳 CoO_x/C在 175℃ 环境下可以被 H_2 部分还原因此改变电阻，通过检测电阻变化来实现对 H_2 的检测。对生物分子的检测也采用了类似的原理，如利用 Fe_2O_3 的光电效应来检测谷胱甘肽，将纳米 Fe_2O_3 外包覆一层介孔 RF 碳然后接枝血红素，血红素在激发态会产生光致空穴，能够与给电子体的谷胱甘肽结合，通过测量光电流的变化即可检测谷胱甘肽的含量，实验表明，该传感器能在几十秒内对 $1.6\sim500\mu m$ 的谷胱甘肽实现检测。酚醛树脂在传感检测领域应用的原理大致相同，都是通过电阻或电流的变化来实现检测，酚醛树脂通常作为载体。随着传感与检测领域的快速发展，相信今后会有更多更灵敏的基于酚醛树脂的传感器问世。

4.2.3.7 其他应用

（1）生物工程：酚醛树脂因为可以很容易制备成有序介孔材料，因此在生物工程领域也有很广泛的应用，如控制药物释放、蛋白质与多肽分离等。Fang 等制备了蛋壳-蛋黄结构的 RF@SiO$_2$ 有序介孔纳米球，具有 3.1nm 和 5.8nm 两种尺寸的介孔，内部疏水的碳核会吸附水不溶的紫杉醇，外部亲水的 SiO$_2$ 壳层吸附水溶性的顺铂，在两种药物的控制释放下可以高效地杀死子宫肿瘤细胞，是一种新型的抗癌药物载体。他们还开发了半球形的介孔碳材料，在近红外光辐射下会有很强的产热特性，是一种潜在的光热治疗剂。

（2）电磁波吸收：酚醛树脂在军工领域的另一个重要应用方向是吸波材料，又称雷达隐身材料，通常是将酚醛树脂与磁性材料或介电材料制备成复合材料，来实现对电磁波中磁能或电能部分的吸收。常用的磁性材料有 Fe$_3$O$_4$、Co 单质、CoFe 合金等，介电材料有 MnO$_2$ 和 SiO$_2$ 等材料。例如，南京航空航天大学将铁酸钴纳米球外包覆 PF 树脂，经过还原制备 CoFe 为核、树脂碳为壳层的复合材料，内部 CoFe 具有很高的饱和磁化强度，外层树脂碳既可以提高介电损耗，又可以保护内部的 CoFe 合金不被氧化。实验表明，2.5mm 厚的该材料的反射损失 RL 达到-38dB；2mm 厚的材料反射损失 RL 达到-23dB，有效频率范围为 11～18GHz。

（3）高功率激光研究：结构和密度可调的酚醛预聚体基碳有机气凝胶及其碳化产物在激光惯性约束聚变（ICF）中可用于低温靶吸附氘、氚燃料，多层靶填充材料和激光等离子体相互作用等方面。酚醛预聚体基碳气凝胶也用作直接驱动激光惯性约束聚变靶材料。目前，国际上已将酚醛预聚体基碳有机气凝胶作为靶材料应用于强激光领域，这是由于有机气凝胶主要由碳氢或碳氢氧等低原子序数元素组成，密度低且微孔分布均匀，可加工性比无机气凝胶好。将有机气凝胶制成碳气凝胶后，不仅保持了原有的纳米多孔网络结构，而且低温下机械性能不变，为惯性约束聚变实验研制高增益靶提供了一条很好的途径。

（4）高能物理方面：气凝胶可作为 Cherenkov 探测器的介质材料，用来探测高能粒子的质量和能量，还可用于在空间捕获高速粒子，即高速粒子穿入多孔材料并逐步减速实现"软着陆"。如果选用透明度非常好的酚醛预聚体基碳气凝胶，甚至可用肉眼或显微镜观察被阻挡、捕获的粒子。

（5）声阻抗耦合材料：酚醛预聚体基碳气凝胶声阻抗随密度变化范围大，是理想的声阻抗耦合材料，可提高声波的传播效率，降低器件应用中的信噪比。若采用具有合适密度梯度的气凝胶，耦合性将大大提高，当然，由于其纵向声传播速率极低，也是一种理想的声学延迟和高温隔声材料。

（6）模板材料：由于有机碳气凝胶是孔径可调的多孔材料，并且很容易除去，可作为硬模板用于合成无机多孔材料。用酚醛预聚体基碳有机气凝胶为模板，合成了介孔型分子筛材料；以碳气凝胶为模板，合成了介孔 Y 型分子筛材料；以碳气凝胶为模板，也合成了一系列氧化物介孔材料，例如，合成的 MgO 介孔材料经 600℃处理 8h，比表面积仍能达到 150m^2/g；以块状碳气凝胶为模板，已经制备了块体 SiO$_2$ 多孔材料。

（7）含能材料：将含能材料 [N$_2$H$_6$][ClO$_4$]$_2$ 通过溶胶-凝胶过程和冷冻干燥掺入

RF 气凝胶中可以提高材料的分解温度和降低冲击敏感性，提高含能材料的安全系数。酚醛预聚体基碳气凝胶不容易燃烧，而对于 CuO/酚醛预聚体基碳混合气凝胶，CuO 作为催化剂可以促进酚醛预聚体基碳气凝胶的燃烧，利用这种性质可以用于烟火制造。

（8）基础研究：碳气凝胶由于质构可控，是研究分形结构动力学的最佳材料之一。可根据需要制备一系列分形维数相同而宏观密度各异的有机气凝胶试样，用来检测分形子的色散关系及不同振动区的渡越行为。其独特的动力学性质和低温热力学性质已成为当今气凝胶理论研究的前沿课题。

4.3 生物质基碳气凝胶

利用环境友好的工艺转化廉价而丰富的前驱体制备碳气凝胶是当今材料化学中一个极具吸引力的课题，而生物质材料成本低廉、碳源丰富，是碳气凝胶制备中最经济、环保和可持续性的原料。继无机气凝胶（典型代表硅气凝胶）和聚合物气凝胶（如间苯二酚-甲醛气凝胶、三聚氰胺-甲醛气凝胶）之后诞生了第三代新型气凝胶的材料——纤维素气凝胶，其原材料来源广泛、材料稳定性强、孔结构丰富、成本低，且性能超越硅气凝胶和聚合物基气凝胶，在可持续发展矛盾突出的今天，具有潜在的优势。

1989 年美国科学家 Pekala 在 Lawrance Livermore 国家重点实验室首次以间苯二酚和甲醛为原料，通过超临界二氧化碳干燥的方法制备出气凝胶，再经过高温碳化获得碳气凝胶。从此拉开了碳气凝胶的研究帷幕，三聚氰胺-甲醛碳气凝胶、甲苯三酚-甲醛碳气凝胶、石墨烯碳气凝胶、碳纳米管碳气凝胶等相继问世，是由相互连接的纳米初级颗粒组成网络结构，然而，有机前驱体气凝胶得到的碳气凝胶，存在脆性大、密度高、难以压缩等不足，尽管以石墨烯和碳纳米管为原料的碳气凝胶物理性能和化学性能很优异，但是存在原材料价格昂贵、制备过程复杂、反应过程不友好等方面的问题，限制其广泛应用，鉴于此，开发原料价格低廉、绿色环保、工艺操作简单的碳气凝胶是研发的重要方向。生物质资源拥有纤维素、淀粉、糖类、油脂等含有碳分子，以各种生物质材料为前驱体制备的碳气凝胶称为生物质基碳气凝胶。生物质材料种类丰富、来源广泛、研究人员尝试以多种生物质材料作为生物质基碳气凝胶的前驱体，包括植物、动物、真菌等。碳气凝胶相比于纤维素气凝胶多了一步碳化的过程，图 4-18 为生物质基碳气凝胶制备流程。目前，常用的碳化方法有热解碳化法和水热碳化法。纤维素碳化原理是将纤维素气凝胶在高温高压隔绝空气（如 N_2、Ar 作为保护气）的条件下以纤维素气凝胶作为前驱体，将有机物中的大分子分解成小分子。在高温碳化热解过程中，纤维素大分子化学性质和结构会发生变化，随着温度的升高，纤维素会发生分解且结构明显收缩，颜色由白色转变为黑色，逐步由无定形的碳转换成石墨结构的碳，可通过调控碳化温度，制备出碳气凝胶的最佳形貌结构，进而改善纤维素碳气凝胶的性能，在碳化过程中亲水官能团消失，使得纤维素碳气凝胶获得疏水性，可实现油水分离。纤维素水热碳化法是以水作为介质，在适当的温度压力下，纤维素发生水解，该过程主要发生脱水反应、脱羧反应。该碳化方法成本低、操作简单，适合工业化应用；其次，水热碳化过程不需要添加其他化学试剂，是具备环境友好型的一种方法选择。Cheng

等通过碳化和 KOH 活化工艺将低成本天然棉制成了高比表面积的柔性碳纤维气凝胶。Li 等制备了各向异性的甘蔗碳气凝胶，这种甘蔗碳气凝胶展现出独特的微孔结构，具有低密度、高比表面积和优异的导电性能。

天然纤维素主要分布在种子纤维（棉）、韧皮纤维（黄麻、竹纤维）、叶纤维（剑麻、蕉麻）、果实纤维（椰子纤维）以及木材纤维中。除此之外，纤维素还包括海洋生物基纤维素，主要有海藻纤维素和海鞘纤维素。Li 等以冬瓜为原料，在水热碳化下制备了疏水性生物质碳气凝胶（HTC），得到的生物质全组分碳气凝胶表现出良好的吸油能力，但由于其易碎性导致回收过程很复杂，这主要归因于纤维素含量低。因此，迫切需要开发具有优异弹性的高纤维素含量的新型生物质碳气凝胶。棉花是一种典型的纤维生物材料，价格低廉，含有约 95% 的纤维素。Han 等以废旧报纸为原料制备了可处理有机污染物的碳气凝胶。Wan 等以麦秆为原料经过溶解、再生、溶剂置换、冷冻干燥、惰性气氛高温热解制备了疏水、导电、耐火的麦秆纤维素碳气凝胶。在廉价、可持续、可降解的原料选取方面，木材中也有含量较高的纤维素。Li 等报道了一种催化热解方法，用于从木材衍生的纳米原纤化纤维素（NFC）合成 CNFs 气凝胶。研究发现在热解之前将碳化催化剂对甲苯磺酸（TsOH）掺入 Wood-NFC 气凝胶中，能显著改善 Wood-NFC 的碳残留，这有利于维持热分解过程中 Wood-NFC 气凝胶的纳米纤维形态和三维网络结构。Jiao 等利用天然竹纤维合成碳纤维气凝胶，并进一步应用于染料废水的处理。Dai 等以爆米花为原料，通过碳化和表面改性工艺制备的超疏水磁性多孔碳气凝胶具有低密度、超疏水性和优异的可循环利用性，吸附的有机污染物可以通过简单的蒸馏去除。某些生物质前驱体（如多糖、单糖、羟甲基糠醛）的高度功能性和"非缩合"化学也为开发高功能凝胶提供了空间，这些凝胶随后可以转化/碳化为更浓缩的结构。这允许为特定的应用定制材料的体积和表面属性，理想情况下使用相对简单、可控的合成参数。

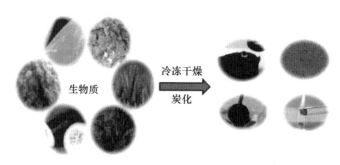

图 4-18　生物质基碳气凝胶制备

4.3.1　生物质基碳气凝胶的制备

相较于酚醛预聚体基碳气凝胶，生物质基碳气凝胶材料来源广泛、成本低廉、含碳丰富，具备了绿色发展与可持续发展的特性。生物质纤维素基碳气凝胶的原材料主要来自植物及其加工物。木/竹材中的纤维素含量最为丰富，木材纤维素含量约为 45%，竹材纤维素含量在 40%～60% 之间，接近于阔叶材、低于针叶材。除木/竹材外，其他植物及其加工物也是纤维素的主要来源，如棉花、秸秆、果蔬、草浆、微晶纤维素、废旧报纸等。在这些植物纤维素资源中，木/竹纤维素的力学性能优良，棉花纤维素纯度最高，果蔬纤维素形态比木材和竹材略差，但比麦草等纤维略强。其他生物质纤维素，如细菌纤维素，也是制备碳气凝胶的原材料之一，但其产量远远低于植物纤维素原料。目前用于合成基于生物质的碳气凝胶的新型前驱物是纤维素、壳聚糖、木质素、单宁、全组分和生物质衍生物等，碳基气凝胶制备工艺流程如图 4-19 所示。

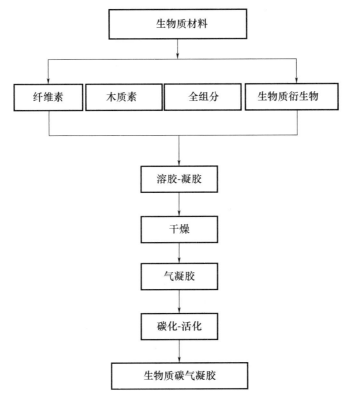

图 4-19　生物质基碳气凝胶制备工艺流程

对于不同的生物质基碳气凝胶原料，处理方法也不尽相同，以纤维素为原料时，通常是采用酸水解、酶水解、机械处理等方式获得纤维素微米级或纳米级单元分散液，溶胶内分子之间通过化学键、氢键、范德华力等作用相互交联凝胶化，得到具有网状结构的固态凝胶。而具有三维网络结构的生物质原料和细菌纤维素因自身处于交联状态而不需要溶胶-凝胶过程。

干燥的目的是除去凝胶中的溶剂并维持其一维结构的完整，碳气凝胶材料的干燥方法主要包括超临界干燥、冷冻干燥和常压干燥三种。其中采用超临界干燥技术可得到三维骨架结构较完整、比表面积较大的气凝胶，是比较适合生物质基凝胶的干燥方式，但是操作步骤烦琐、周期长、成本高，不适用于工业化生产。Wan 等采用超临界 CO_2 干燥技术制得了三维骨架结构较完整、比表面积较大的气凝胶。常压下凝胶孔内的液体在蒸发时，气-液界面处的表面张力会产生巨大的收缩应力，使凝胶骨架发生聚集甚至坍塌或碎化。通过降低溶剂的表面张力或增强纳米骨架结构，可降低孔结构的塌陷和收缩程度。但是，常压干燥技术较难得到均匀孔结构的气凝胶。杨辉等以木薯淀粉为碳源，采用常压干燥制备气凝胶，再将其高温碳化制备的碳气凝胶具有较大的比表面积（474.6m²/g）和孔容积（0.253cm³/g）。冷冻干燥技术不仅可以缩短制备周期和降低成本，还能实现小批量化样品干燥，是目前生物质凝胶干燥处理中最为重要的干燥技术。Tamon 等发现用叔丁醇充分漂洗后冷冻干燥制备的气凝胶有利于用作制备介孔碳气凝胶的前驱体，在微观形貌方面可与超临界干燥相媲美。因湿凝胶中含有大量的溶剂（醇类）和水，其表面张力较大，蒸发过程容易导致凝胶微观结构的塌陷，干燥之前要用表面张力小的溶剂（如正庚烷、环己烷）置换以减少凝胶开裂。

传统的气凝胶经碳化即可得到碳气凝胶，目前常见的两种碳化方式分别为高温热解碳化和水热碳化。高温热解处理通常是高温下将气凝胶在惰性气体（氮气、氩气）中进行热裂解，将生物质中的有机物降解为生物质碳和一些气体。碳化过程中需要严格控制碳化温度、升温速率、碳化时间等条件。碳化温度对碳气凝胶的结构和导电性有显著的影响。一般情况，随着温度的升高，生物质碳材料的石墨化程度增加，导电性也增强。但是，当温度继续升高到某一值时，石墨化程度会急剧下降。因此，通过调控碳化温度可以获得具有较优石墨结构和导电性的生物质碳气凝胶。

相对而言，水热碳化法是一种简单高效、经济环保的碳化方法，一般在以水为介质，温度180～250℃、压力2～10MPa 条件下，可使天然生物质更快地形成碳。水热碳化法适用于果实与根茎本身处于凝胶状的水性植物，在保持三维网络结构下进行水热碳化可以得到碳气凝胶。利用水热碳化法将生物质直接转化为碳气凝胶可用作溢油和有机溶剂回收的吸收材料。Li 等使用低成本的生物质原料冬瓜作为原料，通过水热碳化过程制备三维碳气凝胶。首先将处理好的冬瓜果肉切成适当的形状和体积（约20cm³）并放入聚四氟乙烯衬里的不锈钢高压釜中，在180℃密封系统中加热10h 制得水凝胶，然后浸入60℃热水中2d 以除去可溶性杂质，再通过冷冻干燥和碳化制得疏水性冬瓜碳气凝胶，该碳气凝胶对有机溶剂和油具有吸附能力，可吸附自身质量16～50 倍的污染物，且可通过蒸馏回收污染物并多次循环使用（图4-20）。与以液态混合物为前驱体的溶胶-凝胶法有所不同，水热碳化法以凝胶状的全组分水性植物为前驱体制备气凝胶，在减少

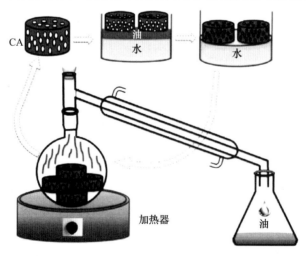

图4-20　冬瓜碳气凝胶的吸油性能

了化学药品使用的同时，又充分利用了生物质资源。另外，水热反应的凝胶过程与代替聚合反应的凝胶过程相比，可在一定程度上缩短凝胶的时间，从而缩短制备周期，这一优势可在大规模的工业生产中带来更大的经济效益。

4.3.1.1 纤维素基碳气凝胶

（1）天然纤维素碳气凝胶

棉花、柳絮和纸浆等微米至毫米级的纤维能够相互缠绕形成网状结构，可被看成天然的气凝胶，将它们进行热裂解处理可以得到碳纤维气凝胶（Carbon Fiber Aerogel，CFA）。杨喜等经过大量的研究发现，此法制备的碳气凝胶以微米级纤维素纤维为结构单元，其密实的细胞壁结构未被破坏或被部分破坏（图 4-21）。因此，获得的产物三维网状和孔隙结构不易调控，交联以大孔为主，中孔和微孔数量取决于纤维自身的孔隙结构，如细胞壁层间隙、纹孔等。但是，此法工艺简单、易操作、成本低，用在油水分离等选择性吸附领域具有诸多优势。为了更好地调控碳气凝胶的网状结构和性能，具有更高长径比的纳米纤丝化纤维素和高结晶度纤维素纳米晶须（Cellulose Nanocrystals，CNC）结构单元被用来制备气凝胶。机械拆解处理是获得上述纳米级结构单元最为重要的途径。常用的拆解手段有高速剪切、高速研磨、高频超声和高压均质化等，它们"自上而下"拆解纤维细胞壁，破坏纤维素高度有序的半晶态超分子结构，获得均一的纳米纤丝分散液。凝胶化过程中，纤维素分子链和水之间的氢键和范德华力结合以及高长径比纤丝之间的相互缠结，使纤维素纤维间交联更加紧密，形成稳定的三维网状骨架结构（图 4-22），从而使得气凝胶具有优良的力学性能。

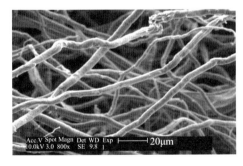

图 4-21　CFA 的扫描电镜图

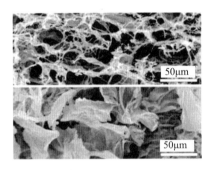

图 4-22　NFC 碳气凝胶的扫描电镜图

Zhang 等借助高速剪切均质机将软木纸浆拆解成 NFC 和微纤丝纤维素（Micro Fibril Cellulose，MFC），并得到在水中能快速恢复形变的 NFC/MFC 气凝胶。此制备方法能耗较大、产物得率较低，严重限制了纤维素气凝胶和碳气凝胶的产业化生产。为了降低整个制备过程的能耗和生产成本，可用酶催化水解和酸水解等手段进行前期预处理。Pakko 等采用酶催化水解和机械剪切纤维素木浆，获取了具有高孔隙率（～98%）、低密度（～0.02mg/cm^3）和高韧性的 NFC 气凝胶。

除了木材、棉花、柳絮、竹子等原料中的纤维素纤维之外，细菌中的纤维素也可以用于制备纤维素碳气凝胶。Wu 等将细菌纤维薄膜进行冷冻干燥和高温热裂解处理，获得超轻碳纳米纤丝气凝胶，它具有耐火特性和优异的抗压缩性能（75% 的可逆压缩变形），同时超疏水特性使它对有机溶剂和油的吸附容量达到自身质量的 106～312 倍。天然纤维素气凝胶中交联作用通常较弱，在水溶液中不易凝胶化，干后气凝胶极易吸水，置于水溶液中，其三维网状结构易被破坏。但是，热裂解处理后，气凝胶不仅完好地保存了三维骨架结构，而且新增了疏水特性。同时，纤维素纳米结构单元较高的结晶度使得产物的力学强度也较高。

（2）再生纤维素碳气凝胶

除了机械拆解法，NaOH/尿素、离子液体等溶剂体系也可破坏纤维素分子链之间广泛的、超强的氢键网状和由之聚集而成的高度有序的半晶态超分子结构，使纤维素晶型结构由 Ⅰ 型转为 Ⅱ 型，得到晶型结构不同的再生纤维素。Hu 等将棉短绒溶于NaOH/尿素溶剂体系中，通过不同非溶剂再生出 Ⅱ 型纤维素，再经超临界 CO_2 干燥成功制得多孔隙纤维气凝胶。Zu 等将微晶纤维素进行溶解-再生处理得到活性炭气凝胶，比表面积高达 $1873m^2/g$，比电容量达到 302F/g（0.5A/g）。天然纤维素纤维在溶解过程中，NaOH 水分子进入纤维素大分子链的无序区和有序区，破坏分子间和分子内氢键，形成 Na-纤维素络合物和碱离子水合物，尿素在 Na-纤维素络合物外层自组装成六方管状包合物，从而促进纤维素溶解并抑制纤维素分子发生物理聚集（图 4-23）。

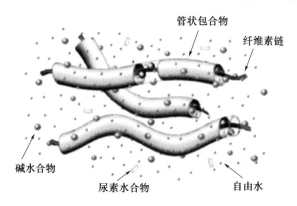

图 4-23　纤维素在碱/尿素体系中的溶解示意图

聚乙二醇（PEG）中的氧原子是氢键接受体，可以替代尿素或硫脲来稳定纤维素溶液，它与 NaOH 的混合物被认为是一种绿色、低成本溶剂体系。Wan 等用 NaOH/PEG溶剂溶解改性麦秆纤维素，获得具有多级孔（孔径为 1～60nm）结构的木质纤维素碳气凝胶，它表现出优良的疏水性、导电性和耐火性。离子液体被认为是一种有效溶解和再生木质纤维素的新型绿色溶剂，具有反应均匀、高效、可控和无副产物等优点。离子液体溶解纤维素时，处于游离态的阴、阳离子（和离子簇）可能充当了电子给予体和接受体，它们先后进入无定形区和结晶区，破坏纤维素分子间和分子内的氢键作用，与纤维素分子链形成络合结构，使纤维素溶解形成溶胶。在众多离子液体中，1-烯丙基-3-甲基咪唑氯盐（［AMIM］C1）是较适合溶解木质纤维素的一种溶剂。Li 等用 ［AMIM］C1溶解纤维素得到高透明度和强耐腐蚀性的水凝胶。Mi 等将纤维素溶于 ［AMIM］C1中，用较高浓度的 ［AMIM］C1 溶剂再生出的气凝胶具有较高的弹性（杨氏模量达23MPa）和透明度（透光率达 80％）。再生纤维素气凝胶中的交联作用也较弱，而且长径比和结晶度都较纳米纤丝化纤维素小，使得力学性能较差。但是，不同的溶剂体系、凝胶化条件、再生溶剂等都是影响产物网状骨架结构最为重要的因素，通过调控相关参数可使碳气凝胶的多级孔结构和性能更易实现可控化操作。

目前，由纤维素制备碳气凝胶已成为研究碳质材料的主流方向之一。纤维素制备碳气凝胶同样经过溶胶-凝胶、干燥和碳化三个过程：即纤维素进行溶解、润胀，采用机械搅拌、超声波粉碎或多次冷冻-解冻等方法破坏纤维素间的氢键，之后在分子间氢键的作用下进行交联重组再生，形成具有网状结构的纤维素水凝胶；水凝胶经过冷冻干燥，在保持网状结构不变的情况下除去结构中的液体，得到气凝胶。最后，气凝胶在惰性气体保护下进行高温碳化，强化网状结构，得到碳气凝胶。Wan 等以小麦秸秆提取的纯化纤维素为原料，采用冻融技术制备了纤维素纳米晶/聚乙二醇复合水凝胶，冷冻干燥后在 1000℃氩气气氛下热解生成碳气凝胶。热解过程中含氧官能团被分解，纤维素晶体结构被破坏，形成高度无序的无定形石墨。碳气凝胶接触角可达 139°，具有较强的疏水性，同时还表现出导电性和阻燃性，在防水材料、电子器件和阻燃剂领域有一定的应用价值（图 4-24）。棉花含纤维素高达 90%～95%，是一种优异的碳气凝胶生产原料，以棉纤维为原料制备的生物质吸附剂具有密度低、疏水性强和可回收等优点。

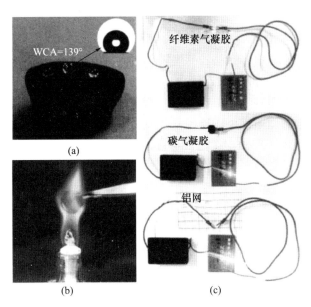

图 4-24　纤维碳气凝胶性能测试
（a）疏水性；（b）阻燃性；（c）导电性

与植物纤维素相比，细菌纤维素因其本身处于凝胶状，不需要经过溶胶-凝胶步骤，直接将其冷冻、干燥、高温碳化即可得到纤维素基碳气凝胶。Cheng 等通过简单地定向冷冻干燥和高温碳化（800℃、1000℃、1200℃），从细菌纤维素水凝胶中直接获得了高孔隙率、高机械弹性（最高压缩率约 99.5%）的细菌纤维素碳气凝胶。该碳气凝胶具有较高的热稳定性和超疏水性，可直接作为吸附剂用于油水分离。吸附实验表明：细菌纤维素碳气凝胶具有优异的油/水分离选择性，吸油能力可达自身质量的 132～274 倍。更重要的是该碳气凝胶可以简单地以在空气中煅烧的方式回收。并且经过 20 次吸收/煅烧循环后仍保持高效吸油能力（吸附量＞90%）和优异的超疏水性能（接触角＞150°），证明了细菌纤维素作为吸附剂具有优异的吸附性能和循环稳定性。由于细菌纤维素的结晶度和聚合度相对较高，具有较强的可修饰性（图4-25）。

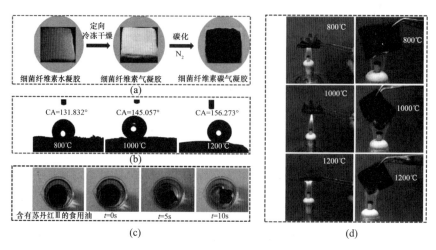

图 4-25　细菌纤维素碳气凝胶的制备及其性能测试

（a）外观；（b）水接触角；（c）吸附性测试；（d）热稳定测试

近年来，一些具有三维多孔结构的生物质原料也广泛用于制备多孔的生物质碳气凝胶。生物质原料在保持三维网状结构下进行水热碳化处理或直接碳化得到碳气凝胶。香蕉全年采收、全球资源丰富、生长速度快、碳含量高，而且本身含有大量的氮，可以用于制备氮掺杂碳气凝胶而不需要额外的氮源。Lei 等以香蕉为原料，将其去皮切块后由液氮冷冻干燥得到香蕉气凝胶，在氩气保护下碳化制备了一种多孔氮掺杂香蕉碳气凝胶。这种特殊的碳气凝胶比表面积和孔隙体积分别达到 $1414.97m^2/g$ 和 $0.746cm^3/g$，在 $1A/g$ 电流密度下的比电容可达到 $178.9F/g$，是具有大规模生产潜力的高性能超级电容器的理想材料。Wang 等将榴莲外壳用低温水热碳化、真空冷冻干燥和高温碳化相结合的方法制得介孔型碳气凝胶。首先将榴莲外壳的肉切成小块，在 180℃ 的温度下连续加热 10h，制得海绵状榴莲壳水凝胶；然后去除可溶性杂质之后，在真空冷冻干燥器中 80℃ 干燥 48h 得到棕色气凝胶；最后，在氮气保护下 800℃ 碳化 1h 制得榴莲壳黑色碳气凝胶（图 4-26）。该碳气凝胶孔径集中在 25nm 的介孔范围内，比表面积达到 $734.96m^2/g$，对有机溶剂（乙醇、丙酮）的吸收率在循环使用 5 次后仍高于 90%，具有吸收率高、疏水性好、可循环利用等优点。

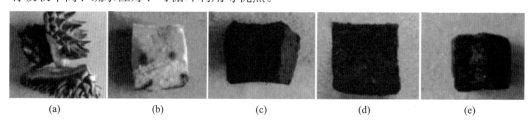

（a）　　　　（b）　　　　（c）　　　　（d）　　　　（e）

图 4-26　以榴莲壳为主要原料的碳气凝胶

（a）、（b）榴莲壳；（c）榴莲壳水凝胶；

（d）榴莲壳气凝胶；（e）榴莲壳碳气凝胶的光学图像

Li 等同样采取低温水热碳化、真空冷冻干燥和高温碳化相结合的工艺，利用天然具有良好凝胶特性的冬瓜作为主要原料，成功制备出冬瓜碳气凝胶（图 4-27）。这种冬瓜碳气凝胶的显著特性在于其低密度（仅为 $0.048 g/cm^3$）和出色的疏水性能（水接触角高达 $135°$）。更为重要的是，它对有机溶剂和油脂的吸附能力可以达到自身质量的 $16 \sim 50$ 倍，显示出极高的应用潜力。

（a）　　　　　　（b）　　　　　　（c）　　　　　　（d）

图 4-27　以冬瓜为主要原料的碳气凝胶

（a）生冬瓜；（b）冬瓜水凝胶；（c）冬瓜气凝胶；（d）冬瓜碳气凝胶的光学图像

4.3.1.2　壳聚糖基碳气凝胶

壳聚糖作为自然界中富含游离氨基的阳离子多糖，其分子结构如图 4-28 所示，特点是含有大量的氨基和羟基，从而促成了多种分子内与分子间的氢键形成。壳聚糖是通过甲壳素 N-去乙酰化得到的产物，它易于溶解于一些能够破坏氢键的溶剂，如有机酸、无机酸和某些离子液体的稀水溶液等。继纤维素之后，壳聚糖是地球上最富饶的天然聚合物。它的多糖结构使其常存在于节肢动物的外骨骼中，如甲壳类动物（如虾和蟹）以及真菌的细胞壁。壳聚糖具有良好的生物相容性和成膜性，因此在制备碳气凝胶时可以发挥重要作用。

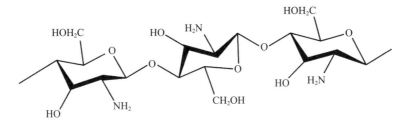

图 4-28　壳聚糖分子结构式

制备壳聚糖基碳气凝胶的过程主要包括溶胶-凝胶、干燥和碳化三个步骤。首先，将壳聚糖溶解在适量的溶剂中，加入适量的交联剂和碳源，搅拌均匀后形成溶胶。然后，将溶胶进行超临界干燥，使其形成多孔的凝胶。最后，将凝胶进行高温碳化处理，使其中的有机物完全转化为碳，得到壳聚糖基碳气凝胶。另外，在壳聚糖分子结构中的氨基基团也带来了大量的氮元素，使其成为制备氮掺杂碳电极材料的理想原料。Jiang 等以壳聚糖为碳源，制备出 N 掺杂的介孔碳气凝胶，对甲基橙的吸附量可达 $400 mg/g$。Li 等研究者也以壳聚糖为前体，制备了一系列氮掺杂碳气凝胶。这些气凝胶在处理含六价铬的废水方面，展现出了显著提高的吸附效率，为解决废水问题提供了新的可能。Hao 等以壳聚糖为原料，将其分散在去离子水中，在乙酸催化下大力搅拌，直到得到一种透明的高黏度的壳聚糖溶液，放置一段时间后经冻干、碳化以及活化处理最终制备了壳聚糖基碳气凝胶。该碳气凝胶具有分级的多孔结构，由于壳聚糖本身是一种含氮的生物聚合物，因此以壳聚糖为前驱体制备的碳气凝胶同时也是氮自掺杂的碳气凝胶，其比表面积较高，可达 $2435.2m^2/g$。

4.3.1.3　木质素基碳气凝胶

木质素是世界上最丰富的生物聚合物之一，由苯丙烷单元通过 C—C 键或 C—O—C 键连接形成，具有酚醛性质且极其廉价，同时由于其含有多种活性官能团，如羧基、羰基和羟基等，使木质素具有较高的反应活性。因此利用木质素可制备出价廉、绿色环保的生物质碳气凝胶。它是一种复杂的有机聚合物，位于许多植物的细胞壁中，使它们坚固而木质。木质纤维素材料由于其生态友好的性质而容易在环境中发现。它具有由苯基丙烷单元形成的复杂化学结构。该分子具有与苯酚/间苯二酚相当的反应性位点，它们已被部分取代苯酚/间苯二酚以使用甲醛作为交联剂来制备气凝胶。通过将苯酚、甲醛和木质素溶解在 NaOH 水溶液中，然后进行溶胶-凝胶聚合和 CO_2 超临界干燥来制备有机气凝胶，进而碳化裂解形成木质素基碳气凝胶。

陈永利以酶解木质素与黄原胶为前驱体，棉纤维为骨架，经悬浮分散、冷冻干燥、限氧炭化、疏水改性制备木质素基碳气凝胶，并对木质素基碳气凝胶的物理、化学性质进行表征，测试了木质素基碳气凝胶对常用有机溶剂及油品的吸附性能。在木质素、棉纤维、黄原胶质量比为 10∶4∶4，体系固含量为 2%，NaOH 浓度为 0.025mol/L，碳化温度为 600℃条件下，经甲基三甲氧基硅烷疏水改性后，木质素基碳气凝胶对油水混合体系中的油性物质具有良好的选择性吸附性能，对常用油品和有机试剂的吸附倍率为 24～557g/g。采用水蒸气蒸馏回收吸附的油品，木质素基碳气凝胶循环使用 7 次后对 CCl_4 的吸附倍率为原始吸附倍率的 90%，表明木质素基碳气凝胶对吸附低沸点有机物具有良好的循环利用效果。Wang 等将纳米纤维素作为胶黏剂与木质素复合制备了气凝胶，有效解决了成型难题。Meng 等将木质素进行化学改性后与石墨烯复合制备了具有高弹性的碳气凝胶，对油品的吸附倍率稳定保持在 32～34g/g。徐娟等以可再生生物质资源-碱木质素为原料，以一定的比例替代间苯二酚，利用微波辅助技术与甲醛快速反应凝胶化，经干燥、碳化制备了生物质基碳气凝胶，制备工艺流程如图 4-29 所示。Zapata-Benabithe 等以木质素为前驱体，部分代替间苯二酚，与甲醛在 NaOH 催化作用下溶胶-凝胶，经 H_3PO_4 活化最终制备了木质素-间苯二酚-甲醛（LRF）碳气凝胶。这种活化后的碳气凝胶具有较高的活性、多相的微孔尺寸分布，其比表面积高达 $1243m^2/g$。

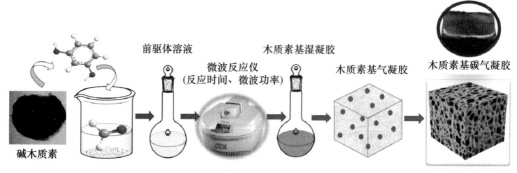

图 4-29　木质素基碳气凝胶的制备流程图

木质素价格低廉，能够节省碳气凝胶的制备费用，且对人体和环境无害，有利于碳气凝胶的商业推广。

4.3.1.4　全组分碳气凝胶

木质纤维素材料是由三大高分子物质通过化学键结合而成，具有天然抗降解屏障。离子液体不仅能溶解纤维素等大分子物质，还能溶解木质素（溶解度达 20%）、甲壳素等难溶天然高分子。自 Aaltonen 等将纤维素-碱木素-木聚糖混合物成功溶解于离子液体中，研究者们开始探索木质纤维素的全组分溶解与再生。卢芸等用［AMIM］Cl 溶解全组分木粉，发现再生的分子难以自组装成具有足够强度的骨架体系（即难以凝胶）。因此，他们在木质纤维素溶液再生前加入冻融循环处理环节，为再生纤维素纳米纤丝网络提供更多的交联点来形成凝胶。最后，经过超临界 CO_2 干燥得到具有三维网状结构的木质纤维素全组分气凝胶，其纤丝网状体系形成机理如图 4-30 所示。

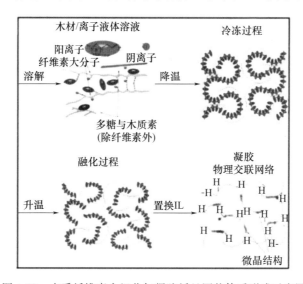

图 4-30　木质纤维素全组分气凝胶纤丝网状体系形成示意图

木质纤维素全组分碳气凝胶的研究目前尚未见报道，可能是因为再生法获得的全组分气凝胶的三维网状结构经受热裂解处理时易被破坏。木质素是阻碍木质纤维素形成块体凝胶的主要因素，选用不含木质素的生物质原料（如冬瓜、西瓜等）可制备出结构稳定的碳气凝胶。Shi 等将生物质冬瓜肉置于高压釜中水热碳化得到碳质水凝胶，再经冻干处理得到碳质气凝胶。Li 等采用水热碳化-热裂解工艺将冬瓜果肉转变为具有超疏水特性（接触角为 135°）的碳气凝胶，它表现出良好的选择性吸附性能。

4.3.1.5　生物质衍生物碳气凝胶

生物质衍生物如天然高分子多糖、蛋白质等，可以充当碳气凝胶良好的碳源。Chang 等以天然高分子淀粉为碳源，通过常压干燥和高温热裂解制得淀粉基碳气凝胶，经过 CO_2 活化处理后比表面积增至 $1671m^2/g$，具有高染液吸附容量（1181mg/g）。Alatalo 等分别利用葡萄糖和微晶纤维素作碳源，大豆蛋白作氮源和结构导向剂，在酸性条件下水热碳化得到碳质材料，再经高温热裂解获得掺氮多孔碳气凝胶，该碳气凝胶表现出优良的导电性和氧还原反应催化活性。Fellinger 等以硼酸钠为纳米结构导向剂，采用相同的水热碳化-热裂解工艺获得由葡萄糖球颗粒聚结成的独立式纳米多孔碳气凝胶，该碳气凝胶可用作吸附或净化剂以及电极材料。氧化石墨烯片为结构导向剂的葡萄糖基自支式碳气凝胶，其网状结构单元由球颗粒转变为片状，而且在 0℃、$1×10^5$ Pa 条件下对 CO_2 的吸附容量达到 4.9mmol/g。

4.3.1.6　生物质碳气凝胶复合功能材料

为了调控碳气凝胶的孔隙结构或力学性能等，碳气凝胶可与高结晶度纤维素复合。木质素基碳气凝胶具有与有机碳气凝胶一样的易脆性，细菌纤维的加入可以增加 LRF 气凝胶或碳气凝胶的弹性。增韧的碳气凝胶呈黑莓状核-壳结构，而且高度石墨化的碳纳米纤维能够经受至少 20% 的可逆压缩变形。Alhwaige 等用蒙脱土增强生物质基壳聚糖-聚苯并噁嗪，得到纳米复合碳气凝胶。聚苯并噁嗪与壳聚糖之间的缩聚反应可以提高凝胶的结构稳定性，蒙脱土使凝胶呈多层状定向结构，可以显著增加比表面积，提高对 CO_2 的吸附容量。为了提高碳气凝胶的导电性和电化学性能，通常在碳气凝胶孔隙结构中嵌入具有赝电容特性的含氮官能团和过渡金属氧化物（MnO_2/$CoCO_4$ 等）。Sun 等采用一步原位涂层方法和高温热裂解制得含氮碳气凝胶/钴氧化物复合材料。氧化钴的含量对复合物结构/比表面积和电化学性能都有重要影响，当氧化钴含量达到 75% 时，超级电容器电极材料表现出最优的电化学性能，如在 1A/g 电流密度下具有 616F/g 的高比电容量，在 20A/g 电流密度下具有 445F/g 的优良倍率特性。双过渡金属混合氧化物可以提供更多的氧化还原反应位点和更为丰富的物理化学性能，将其与碳气凝胶复合是提高超级电容器和锂电池电极材料的电化学性能的有效方法。Zhang 等先后采用溶剂热反应、水热反应和碳化处理手段，将 $MoSe_2$ 纳米片均匀且垂直地装载在碳纤维气凝胶表面，最大限度地暴露其活性边，使碳气凝胶/$MoSe_2$ 复合结构展现出比传统一维或二维碳基催化剂更加优异的电化学活性。

4.3.2　生物质基碳气凝胶的性质

生物质纤维素基碳气凝胶不仅具有普通纤维素基气凝胶的低密度、高弹性、高孔隙率、高比表面积、绿色可再生等优点，而且具有疏水性、稳定性、导电性等独特性能，使其具有更加广泛的应用前景。

4.3.2.1　轻质多孔

生物质纤维素基碳气凝胶具有独特的各向同性三维网络层级多孔结构，该结构使生物质纤维素基碳气凝胶兼具低密度、高比表面积和孔隙率。Meng 等制备的木质纤维素基碳气凝胶，微纤丝相互缠绕，纤维中存在巨大孔隙空间，密度可低至 10mg/cm³，具有轻质的特征。Zhang 等采用离子热制备工艺得到杂原子掺杂的多孔纤维素基碳气凝胶，比表面积高达 365m²/g，密度低至 20mg/cm³。Wu 等利用细菌纤维素通过液氮冷冻干燥后制备气凝胶，并经 600～1450℃高温碳化处理，制备的碳气凝胶密度为 3～4mg/cm³，孔隙率高达 99.56%。Wan 等将麦秆溶解再生，经冷冻干燥后 1000℃高温热解制得麦秆纤维素基碳气凝胶，该碳气凝胶比表面积为 $113m^2/g$，平均孔径为 $7.2nm$，孔体积为 $0.21cm^3/g$。Wu 等以西瓜（Citrulluslanatus）为原料，直接水热碳化处理得到的碳气凝胶比表面积高达 $323m^2/g$。Li 等用相同方法制备的冬瓜碳气凝胶比表面积为 $0.7m^2/g$，孔隙率高达 95%，密度为 $45\sim51mg/cm^3$。由此可以看出，植物纤维素和细菌纤维素制备的碳气凝胶密度更低，比表面积和孔隙率明显高于凝胶碳化法。

4.3.2.2 疏水性

纤维素基气凝胶经高温碳化后，表面的羟基、羧基等亲水性官能团消失，使得气凝胶表面具有疏水性。碳气凝胶的疏水性与碳化温度有关，在可碳化温度内，碳化温度越高，碳气凝胶的接触角越大。Wu 等分别在 700℃、1000℃和1300℃下对纤维素基气凝胶进行碳化，发现其接触角分别为 120.5°、125.3°和128.6°。Wan 等900℃高温碳化制备的碳气凝胶接触角高达 139°。碳气凝胶的多孔结构和疏水性，使其对有机溶剂具有很好的吸附性能。Li 等采用水热碳化和高温热解制备的冬瓜碳气凝胶，不但轻质多孔，而且水接触角高达 135°，吸油质量可达自身质量的 $16\sim50$ 倍。Han 等利用废弃报纸制备的碳气凝胶，对不同有机溶剂均具有较高的吸附性能，对四氯化碳的吸附率高达 $50g/g$。生物质基碳气凝胶作为吸附剂具有比传统吸附剂更显著的优点，如质轻、比表面积大、吸附容量高、解吸简单以及循环稳定性较好。碳纤维气凝胶和纳米纤丝纤维素碳气凝胶具有优异的力学性能，能承受高达 70%的可逆压缩应变，可使吸附剂在吸满吸附质后，通过简单的压榨处理就能实现循环利用。

4.3.2.3 稳定性

生物质纤维素基碳气凝胶的稳定性体现在优良的力学稳定性和温度稳定性，无机碳气凝胶具有易脆性，而高结晶度的纤维素基碳气凝胶可以有效增加气凝胶的弹性。Zhang 等对制备的碳气凝胶进行抗压测试，结果发现经过数次 80%的压缩形变后，碳气凝胶仍能在短时间内恢复。Chen 等采用凝胶碳化法制备的碳气凝胶在压缩变形 70%后，抗压应力为 $9.9kPa$；而采用生物质直接碳化法制备的碳气凝胶在压缩变形 70%后，仍能保持 $0.6MPa$ 的抗压应力。碳气凝胶优异的力学性能，使其作为吸附材料在吸附饱和后，通过简单的物理挤压就可以实现循环利用。纤维素基碳气凝胶同时具有良好的温度稳定性，可以在超低温或高温环境中应用，有利于通过燃烧、蒸馏等方式脱除吸附的有机溶剂。Wu 等制备的碳气凝胶压力应变可达 70%，而且 $56.1mg$ 的碳气凝胶可承受质量 $500g$ 的重物。Chen 等制备的纤维素基碳气凝胶在液氮和300℃高温下均可保持良好的疏水亲油性。力学稳定性和温度稳定性有助于碳气凝胶实现恶劣环境下吸附应用，对于其作为油水分离材料具有重要实际意义。

4.3.2.4 导电性

碳气凝胶是唯一具有导电性的气凝胶，不仅可导电，还具有储能性质；碳气凝胶的高比表面积、强耐腐蚀性、低电阻系数以及可以进行多次充放电，成为制备电极材料和超级电容器的理想材料。因其结构可调且易掺杂，可用作质子交换膜燃料电池和析氢反应等高效电催化剂载体，以此提高复合结构的电化学活性。再生纤维素碳气凝胶经过活化处理后，比表面积可达 2065m²/g，中孔和微孔体积分别占孔体积的 71％和 20％，在固体电解质中两电极测试体系的比电容量可达 1421.1F/g。Wu 等指出碳气凝胶致密三维网络结构的存在以及高温热解过程氢键的消失，使其具有很好的柔性、高伸展性和高导电性。Wan 等将纤维素基气凝胶、纤维素基碳气凝胶、铝网分别与灯泡串联，相同条件下通电，结果发现，碳气凝胶和铝网串联的灯泡亮度相同，证明碳气凝胶具有较好的导电性（图 4-31）。Cheng 等以天然棉花为原材料通过碳化制备的碳气凝胶，比表面积高达 1536～2436m²/g，电导率达 860S/m；KOH 活化处理，使得孔径降低、微/纳孔增加，加之管状纤维素碳化后为通电电子和离子提供通道，使得离子能快速通过碳气凝胶，该材料在 6mol/L 的 KOH 电解质溶液中比电容达到 280F/g。

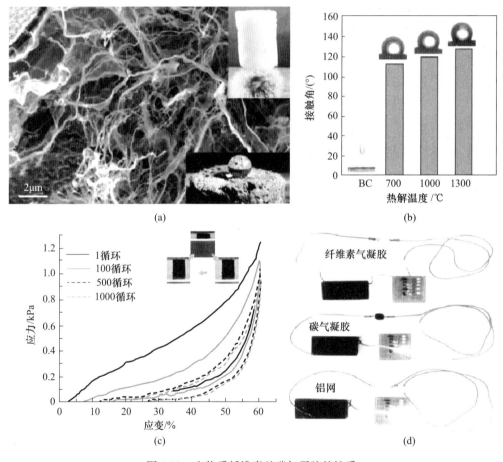

图 4-31　生物质纤维素基碳气凝胶的性质
（a）轻质多孔；（b）疏水性；（c）力学稳定性；（d）导电性

4.3.3　生物质基碳气凝胶的应用

生物质基气凝胶以其优异的材料特性（低密度、高孔隙率、高比表面积、层级孔径分布等）和生物性优势（生物相容性和可降解性），可用作催化剂载体、吸附材料、过滤材料等，而生物质纤维素基碳气凝胶除此应用领域外，还因其独特的疏水性、稳定性和导电性具有更加广阔的应用前景，有望应用于隔声隔热、油水分离、导电、生物医用等高值化领域。作为一种多功能性材料，纤维素基碳气凝胶还有望在柔性导电材料、超级电容器、储能材料以及抗电磁屏蔽领域获得更多的关注和应用前景。

（1）能源储存和利用：生物质基碳气凝胶具有优异的导电性和高比表面积，可以用于制备高性能的电极材料，如锂离子电池、超级电容器等。其高比表面积和多孔结构有利于提高电极材料的电化学性能，从而提高电池和超级电容器的能量密度和充放电性能。

（2）环保领域：生物质基碳气凝胶具有较好的吸附性能，可以用于处理废水中的重金属离子和有机污染物。同时，其多孔结构和较大的比表面积也有利于提高吸附效果，使处理后的水质更加清澈。

（3）航空航天领域：由于生物质基碳气凝胶具有优异的力学性能、轻质、耐高温等特点，因此在航空航天领域的应用前景广阔。例如，可以用作火箭推进剂的载体和隔热材料等。

（4）建筑材料：生物质基碳气凝胶的多孔结构和优异的保温性能，使其在建筑材料领域具有一定的应用价值。例如，可以用作墙体的保温材料、隔声材料等。

（5）传感器领域：生物质基碳气凝胶具有较好的电导性和灵敏度，可以用于制备气体传感器、湿度传感器等。由于其优异的传感性能，可以用于监测环境中的气体和湿度变化，从而实现对环境的实时监控。

综上所述，生物质基碳气凝胶在各个领域的应用都表现出了一定的优势和潜力。随着研究的深入和技术的进步，相信其应用前景会更加广阔。

4.3.3.1　隔热材料

生物质纤维素基碳气凝胶具有很好的耐热耐高温特性，可在更高温度条件下作为隔热材料应用。Shopsowitz 等将纤维素微晶/Si 复合材料在 900℃下进行高温热解，得到碳硅气凝胶材料，热重分析显示，高温处理可使部分纤维素转变成无定形碳，使得导热系数变低，耐热性更加优异。Abe 等测试了碳气凝胶复合材料的高温隔热性能，高温惰性气体下，碳气凝胶隔热复合材料的导热系数为 $0.325W/(m \cdot K)$。传统的 SiO_2 气凝胶和 Al_2O_3 气凝胶，使用温度均低于 1000℃，而碳气凝胶在真空或惰性氛围下能承受 2200℃的高温，可用于制备性能优异的耐热材料，而且调节碳气凝胶的孔径大小、密度等，能够优化碳气凝胶的隔热性能，实现更高要求的隔热需求。黄兴等认为，纤维素基气凝胶通过与其他增强体复合或修饰得到的碳气凝胶具备更好的隔热性能。然而，以生物质为原料的碳气凝胶作为隔热材料的研究不多，将成为一个有意义的研究方向。

4.3.3.2　催化剂载体

制备碳气凝胶的干燥过程中，凝胶网状结构内的液体由气体代替，会产生大量的孔隙结构，这种结构分布可控，而且碳化后可以得到保留。相较于其他碳材料，生物质基碳气凝胶具有较高孔隙率和独特的三维网络结构，而且价格低廉，因而在催化剂领域更具发展前景。近年来，许多非贵金属掺杂的碳气凝胶催化剂被证实具有良好的催化活性，可以减少对贵金属催化剂的依赖。阴极反应通常被称为氧还原反应（ORR），是设计燃料电池的重要组成部分之一。Pt 和 Pt 基材料通常用于克服 ORR 的缓慢动力学，但它们的高成本、稀缺性、稳定性差以及对甲醇和一氧化碳交叉反应的可行性大大阻碍了燃料电池的商业化。因此，人们付出了巨大的努力来探索高效、耐用和经济可行的替代品，如金属碳化物、氮化物、过渡金属掺杂碳材料和各种杂原子掺杂的复合碳材料，以减少对这种有限资源的依赖。其中，杂原子掺杂的复合碳材料，由于其成本低、易于合成，更重要的是其优异的催化活性，受到了人们的广泛关注。近年来，由于对可再生能源转换和储存的持续需求，将生物质转化为高效且易于获得的 ORR 电催化剂已被积极研究。多种生物质已被用于合成 ORR 催化剂，包括柚子皮、鸡蛋、椰壳和海藻等。特别是，含有多种化合物的天然材料是好的碳、氮、氧、硫和磷等的来源，它们可以作为碳框架的合适前体，并作为杂原子掺杂剂，被认为是提高 ORR 催化活性的主要因素。此外，由于前体元素在天然材料中的均匀分布，所获得的杂原子掺杂的碳材料在整个碳框架中保持了均匀分布的丰富活性位点。

在此背景下，Guo 等通过热解用铁盐浸泡的茶叶，开发了一种 N、P 和 Fe 三元掺杂的分级多孔碳材料，该材料具有微孔、中孔和大孔，在这种情况下，具有优异的电催化活性与 C、O、N 和 P 元素以及碳骨架中良好的导电性。此外，Borghei 等以椰子壳残留物为前驱体，制备了催化性能优异、耐久性长、对 ORR 具有良好甲醇耐受性的杂原子掺杂碳材料。有趣的是，Wang 等将焦化废水污泥絮凝物转化为 N、S 双掺杂类石墨烯碳，表现出超高电容和氧气还原性能。Li 等利用蚕茧通过溶胶-凝胶聚合和热解（700℃、800℃、900℃）制备了杂原子（N、S 和 Fe）掺杂的多孔碳气凝胶（HDCA），如图 4-32 所示，HDcA-x（x 指热解温度）具有较高的比表面积和丰富的介孔，可以积累离子、电子，提高吸收速率，从而提高催化剂的氧还原反应活性。其中 HDcA-800 转移的电子数接近碱性溶液中的商用 PL/c 催化剂，且更稳定，表明该原子掺杂的多孔碳气凝胶的电催化剂可以替代目前最先进的 PL/c 催化剂，为大规模制备高性能的催化剂提供了一种有价值的方法。

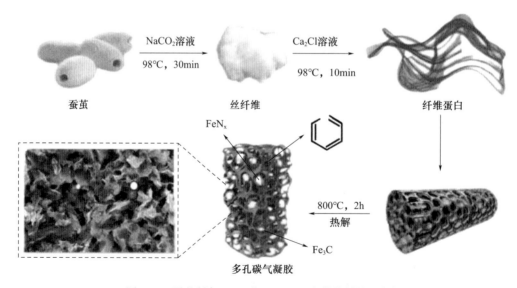

图 4-32　蚕茧制备 ORR 的 HDcA-x 电催化剂的示意图

4.3.3.3　吸附材料

近年来，石油泄漏和化学品泄漏导致的水污染频发，造成了巨大的经济损失和严重的环境污染。除此之外，工业生产过程中的有机染料、重金属离子的排放是废水中的主要污染物。碳气凝胶由于孔隙发达、比表面积较高，在离子吸附、有机溶剂吸附及油水分离等领域具有潜在的应用价值。Xu 等以竹粉为原料，经浸渍和碳化制备纤维素纳米纤维/多壁碳纳米管碳气凝胶。该材料具有低密度（0.056g/cm³）、高孔隙率（95%）、高效分离油滴的能力，对多种油类（泵油、汽油等）和有机溶剂（乙醇、氯仿等）有较高的吸附能力，其中对泵油的吸附量可达到自身质量的 110 倍。此外，该种碳气凝胶可以通过蒸馏和燃烧多次回收利用，满足实际油水分离的要求，在解决油性化合物泄漏问题上有很大潜力。Li 等以纤维素胶体为原料，以异辛醇醚磷酸盐等表面活性剂作为溶胶-凝胶反应的结构诱导剂，经冷冻干燥和碳化，制备了一种表面具有羟基基团的孔隙发达的新型碳气凝胶。该纤维素基碳气凝胶在中性水溶液中对 Cu^{2+} 的最大吸附量约为 55.25mg/g，总孔容约为 0.64cm³/g，对水溶液中有毒金属离子的吸附有潜在的应用价值。Li 等以废棉为原料制备了一种柔性碳纤维气凝胶材料，该材料对染料废水中的亚甲基蓝有很好的吸附效果（最大吸附量可达 102.23mg/g），而且该吸附剂的再生性能良好，经过 5 次循环使用后仍具有一定的吸附性能（54.3mg/g）。田秀秀以海藻酸钙为前体制备海藻酸钙碳气凝胶（CCA）。CCA 对亚甲基蓝、甲基橙和油红的吸附量分别是 205.7、106.7、67.6mg/g；CCA 对孔雀石绿、结晶紫、酸性品红和刚果红的吸附量分别达到 7059、2390、6964、1476mg/g。油水分离实验探究中，CCA 分别用 15、18s 将水上油和水下油吸附完全。吴奎以莴笋为碳源制备出一种低成本、环境友好的碳气凝胶。经 PDMS 修饰后，水接触角从 0° 升高到 144.2°。PDMS-CA 的 BET 比表面积和孔隙体积分别为 16.02m²/g 和 4.13cm³/g，PDMS-CA 具有宏观大孔结构，对原油、柴油、正己烷、花生油和机油的吸附容量是自身质量的 3～10 倍。除此之外，叶秀深等以松针为原料，使用水热、冷冻干燥和高温碳化相结合的方法制备了高比表面积和大孔容积松针基碳气凝胶，以该碳气凝胶为主要电极材料，通过添加氧化石墨烯制备了复合电极，其对 Rb^+ 和 Cs^+ 显示出了良好的吸附效果，吸附量分别达到 0.197 和 0.209mmol/g，这说明松针基碳气凝胶可以作为优良的电吸附材料用于 Rb^+ 和 Cs^+ 等的吸附。

4.3.3.4 超级电容器

超级电容器是一种新型绿色储能器件，其储能原理是通过吸附电极与电解质界面上的离子来实现。该器件在低温环境下展现出优越的性能，同时具备较高的充放电效率。在众多电极材料中，生物质基碳气凝胶因其独特的优势成为超级电容器的理想选择。它具有良好的导电性、热化学稳定性、可调的多孔结构以及强大的适应性。为了进一步提升电容器的性能，需要确保电极具有较大的可接触面积以及快速的离子传输速度。在此背景下，比表面积大、导电率高且孔隙结构丰富的三维网络结构的碳气凝胶材料成为制备高性能超级电容器的理想候选材料，展现出广阔的应用前景。

张振以木材纤维素为原料制备纳米纤维素碳气凝胶后，以尿素为氮源，通过气相循环法对碳气凝胶材料进行氮掺杂处理，成功制备了氮掺杂碳气凝胶。氮掺杂的尿素质量对于碳气凝胶电化学性能的提升有很大关系，当氮掺杂过程中尿素的质量为 3g，在电流密度 1A/g 下，样品的比电容最高可达 253.7F/g，并且经过 10000 次恒电流充放电循环后，仍表现出非常稳定的电容保持率（约为初始比电容的 94.5%），表明其具有持久的电化学稳定性。Xing 等以 H_3PO_4 为活化剂、松果为原料，在适当的活化温度下，成功制备了磷掺杂的松果基多孔碳气凝胶。其中活化温度为 800℃ 时制备的碳气凝胶的孔隙率和磷含量最高，石墨化程度、比表面积和比电容也比较高，而且电荷转移电阻最低，这一特性使电极具有较高的电吸附除盐能力，在 1000mg/L 的 NaCl 溶液中，1.2V 下的盐吸附量为 14.62mg/g，且盐去除率快。此外，该电极在 100 次循环后衰减不明显，循环性能显著。因此，从松果生物质中提取的磷掺杂多孔碳电极具有良好的应用前景。

4.3.3.5 锂离子电池

锂离子电池在过去的几十年里得到了迅速的发展，由于其高能量密度和长时间的循环稳定性，在便携式电子设备和电动汽车上得到了广泛的应用。锂离子电池的负极材料通常为石墨，由于循环稳定性优异，已经用于工业，但是石墨负极理论比容量较小、导电性较差。一些金属氧化物和锂合金拥有比石墨更高的比容量，但在充放电过程中，材料结构易发生破坏，电池的循环稳定性较差。目前大量研究表明，生物质基的纳米复合材料可作为锂离子电池的替代负极。孔雪琳等以桉木浆为原料，通过盘磨机预处理、真空冷冻干燥、氮气气氛下碳化得到碳纳米纤丝化纤维素气凝胶（CNFA），将 CNFA 在管式炉中用氢氧化钾进行辅助碳化，控制氮气的流速为 80mL/min，得到孔道结构二次构建的碳气凝胶 CNFA-A。KOH 辅助碳化处理后的碳气凝胶不仅保留了纤维素气凝胶前驱体的网络结构，还在其骨架上二次构建了更多的微孔和介孔，其比表面积高达 $488.92m^2/g$，总孔容为 $0.404m^3/g$，碳骨架被部分石墨化，具有良好的导电性。CNFA-A 在被用作锂离子电池负极材料时表现出优异的电化学性能，在电流密度 1A/g 下连续充放电 1000 次后比容量达到 409mA·h/g。天然生物质直接转化制备的碳基气凝胶在环境和能源领域有着广泛的应用前景。Zhu 等以甘薯为前驱体，通过水热处理、冷冻干燥、热解后制备了一种可持续的、环保的多孔碳气凝胶，并用该碳气凝胶对商用锂硫电池分离器进行改造，解决了活性物质循环寿命低、利用率低的问题，具有良好的电化学性能。甘薯碳气凝胶（SP-CA）改性分离器的电池在 0.1C 时的初始放电容量为 1216mA·h/g，循环 1000 次后，可逆放电容量保持 431mA·h/g，库仑效率超过 95.3%。采用 SP-CA 改性分离器的电池结构如图 4-33 所示。

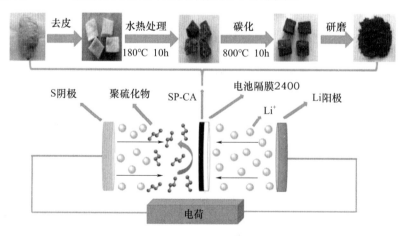

图 4-33 采用 SP-CA 改性分离器的电池结构图

4.3.3.6 相变保温基材

相变材料（PCM）可以吸附/释放大量的热量，并在相变过程中保持几乎恒定的温度。潜热吸附现象可以用来延迟传热或调整热响应，因此可以有效地防止温升。有机相变材料具有高潜热、高储热能力、优异的化学稳定性和热稳定性，因此在储热管理领域引起了广泛的关注。脂肪酸是最常用的有机脂肪酸之一，其中棕榈酸（PA）是一种典型的脂肪酸，近年来引起了广泛的关注。然而，PA 的应用仍然面临着一些挑战，包括液体泄漏问题和低导热系数。因此，开发了不同种类的多孔支撑材料，如硅藻石、珍珠岩、高岭石、蒙脱石、膨胀石墨和多孔金属泡沫，以防止 PCM 熔化过程中的液体泄漏。此外，还有石墨烯、碳纳米管、石墨等，参与进一步提高 PA 的导热系数。然而，当温差较高时，大的导热系数可能导致 PCM 凝固速度更快，从而在高温下返回温度的速度更快。因此，如果碳基气凝胶的孔隙基质充满 PCM，气凝胶材料在固液相变过程中的大潜热可以进一步提高该材料的保温性能。一些研究人员对 PCM 掺杂的气凝胶复合材料进行了一些先驱性的工作。Ding 等以棕榈酸（PA）为相变材料（PCM），以碳/二氧化硅复合气凝胶（CSA）为多孔支撑材料，制备了棕榈酸碳硅复合气凝胶（PA/CSA），以棕榈酸碳气凝胶（PA/CA）作为对照。研究显示 PA 的浸润主要发生在大孔。由于毛细孔力和表面张力，PA 分子与 CA 和 CSA 的物理结合良好。非晶态 CA 限制了 PA 分子的晶态生长，因而整个材料具有良好的形态稳定性。PA/CSA 的 PCM 负载量（82.2%）明显大于 PA/CA（64.1%），这导致 PA/CSA 样品的熔化潜热（187.7J/g）显著高于 PA/CA 样品的熔化潜热（96.27J/g）。

4.4 石墨烯基气凝胶

2004 年，英国曼彻斯特大学物理学家 Geim 和 Novoselovs 首次通过机械剥离的方法制备了单层或薄层的二维原子晶体-石墨烯（G）。石墨烯是一种由碳原子以 sp^2 杂化轨道组成的呈六边形蜂窝晶格的二维碳纳米材料，具有很多优异的物理化学性质，例如电导率可达 $200000cm^2/(V \cdot s)$，导热系数可以达到 $5 \times 10^3 W/(m \cdot K)$；石墨烯的强度可达 130GPa，是钢的 100 多倍；石墨烯的理论比表面积为 $2630m^2/g$。此外，石墨烯还是构成其他石墨纳米材料的基体，它可以包裹成零维的富勒烯、卷曲成一维的纳米管或堆叠成三维的石墨。这些优异的物理化学性质使其成为材料和凝聚态物理领域的新星。石墨烯自 2010 年诺贝尔物理学奖授予其在二维材料石墨烯方面的开拓性实验以来，越来越受到科学界的关注。二维石墨烯基纳米材料（GBNs）通常包括石墨烯、氧化石墨烯（GO）、还原氧化石墨烯（rGO）。但是，石墨烯基二维纳米材料的尺寸一般在纳米级至微米级，无法器件化，应用后难以回收以重复利用，还会在环境中会造成一定的环境风险；此外，石墨烯基二维纳米材料在水中容易重新堆垛，无法发挥其作为二维纳米材料的小尺寸效应和界面效应。利用石墨作为前驱体，通过 Hummers 法首先制备氧化石墨烯，然后再通过还原的方法得到还原氧化石墨烯。氧化石墨烯和还原氧化石墨烯常用来吸附水中的多环芳烃、染料、抗生素等有机污染物和重金属离子，也可以作为金属纳米颗粒（MNPs）的载体用于水中污染物的催化转化。

石墨烯的合成主要有两种方法，分别是自下而上方法和自上而下方法。

自下而上的方法包括从替代碳源合成石墨烯，而自上而下的方法包括分离堆积的石墨层以生成单层石墨烯片。自上而下的合成方法有：液相剥离法，石墨的液相剥离通常包括湿化学分散，在没有或存在表面活性剂的情况下，在适当的溶剂中超声诱导剥离；电化学剥离，在水溶液或非水溶液电解质溶液中，利用碳源作为电极将石墨电化学剥离成石墨烯；氧化石墨烯的化学还原，化学还原氧化石墨烯（rGO）考虑到成本和大规模生产，是生产石墨烯的最有效方法之一，这种方法的缺点是还原后的石墨烯片容易团聚。此外，化学还原过程通常使用有毒的还原剂，如联氨或硼氢化钠，它们对环境有害。

自下而上的合成方法有：外延法，是制备石墨烯的一种常用方法，通过这种方法得到的外延石墨烯可以直接应用于石墨烯基电子器件中而不需要再次处理；化学气相沉积法（CVD），CVD是一种复杂的方法，需要精确控制合成参数（温度、压力、沉积时间、前驱体类型）。芳香族分子化学法是许多科学家研究合成无缺陷且具有独特性能石墨烯的新方法。石墨烯具有完善的 sp^2 杂化结构、大共轭键系统和二维平面上无限重复的周期结构，正是由于这些特殊而稳定的晶体结构赋予石墨烯许多优异的性质，如优异的电导率、良好的力学性质、高透光率与高比表面积等。

尽管石墨烯具有以上优势，但是由于其团聚和堆积抑制了其优异的性能。而石墨烯气凝胶以二维石墨烯为基元形成结构上具有三维多孔结构的材料，不仅同时具有了气凝胶的低密度、高比表面积、大孔隙率等特点，同时仍能保持石墨烯本身良好的物理性质。

石墨烯气凝胶（GA）的基本单元呈现独特的二维蜂巢晶格石墨烯片层结构。如图4-34所示，片层相互堆叠组装成三维多孔网络结构，该结构有效地兼具了石墨烯的

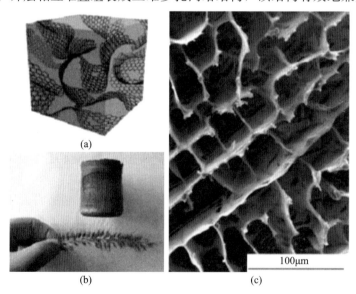

图 4-34　石墨烯气凝胶

(a) 三维 GA 的结构；(b) GA 的光学图；(c) GA 的 SEM

纳米特性和气凝胶的宏观结构。三维石墨烯气凝胶是二维石墨烯的组装体，不仅具有二维石墨烯大比表面积、结构方便调控的优势，而且石墨烯气凝胶特殊的三维结构赋予其一系列优异的性能，如高弹性、低密度、孔隙率高、传质速度快、热稳定性好、形态更多样化等优点，可以更高效地处理空气中的污染物，有利于解决环境问题。将二维石墨烯基纳米片层构筑成三维石墨烯基气凝胶（GBA）在过去的几年里引起了巨大的关注。

4.4.1　石墨烯基气凝胶的制备

目前，构建三维石墨烯气凝胶最常采用的方法有：模板法、自组装法、抽滤法等。石墨烯纳米片层难以在常用溶剂中均一分散，不仅不利于处理，而且会损害复合材料的性能。相比于石墨烯，氧化石墨烯利用廉价的石墨为原料，通过产量高且成本低廉的化学方法制得。氧化石墨烯（GO）是化学还原或热还原制备石墨烯时的中间产物，是被深度氧化的石墨烯，一般经由氧化石墨在液相中超声剥离获得。氧化石墨烯具有丰富的含氧官能团：分布于碳原子层基平面上的羟基和环氧基团；悬挂于碳原子层边缘的羰基和羧基基团。氧化石墨烯所具有的含氧官能团赋予其良好的水溶性，便于通过简便且廉价的溶液加工过程进行宏观组装。同时，边缘所悬挂的羧酸基团提供足够的静电平衡使氧化石墨烯在水溶液中长期稳定存在，因此被广泛用于构筑 GBA 的前驱体（图 4-35）。

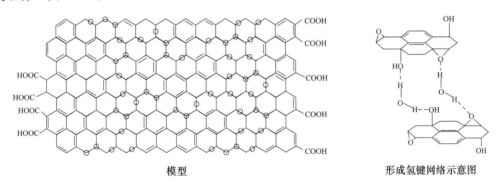

模型　　　　　　　　　　　　　　　形成氢键网络示意图

图 4-35　氧化石墨烯的 Lerf-Klinowski 模型
和氧化石墨烯上的含氧官能团与水分子之间形成氢键网络示意图

4.4.1.1　模板法

模板法的制备原理就是以有机分子为模板，通过氢键、离子键和范德华力的作用，在溶剂条件下使模板剂对游离状态下的无机或有机前驱体进行引导的一种简单可行的石墨烯气凝胶制备方法。模板法按照实际操作的不同，又可以分为模板导向化学气相沉积法、冰模板法和乳液模板法等。

模板导向化学气相沉积法是一种简单有效的制备三维石墨烯的方法，通常以有机分子或其自组装的体系为模板，以甲烷等气体作为碳源，高温条件下在多孔基体表面生长石墨烯，然后将基体刻蚀掉得到界限清晰、结构有序的薄膜状三维石墨烯或石墨烯骨架。除了甲烷，乙醇亦可作为生长石墨烯的碳源。以乙醇为碳源，不仅可以有效杜绝在化学气相沉积生长过程中的有毒气体释放，还可以降低制备成本。模板导向化学气相沉积法主要通过高温下碳源沉积到一定的支撑模板上，支撑模板可以是 Ni 泡沫、Cu 泡沫或多聚物模板；常用的碳源有乙醇、CH_4、乙炔和聚甲基丙烯酸甲酯（PMMA）。

冰模板导向自组装法是将氧化石墨烯水分散液迅速冷冻成冰，此时氧化石墨烯将沿冰晶之间的缝隙分布并连接成网络，再将冰升华留下空隙并进一步还原来制备石墨烯气凝胶的一种方法。冰模板法一般通过冷冻干燥的方式实现，首先冷冻一定浓度的石墨烯基片层分散液，在冰晶生长的过程中，二维的石墨烯基纳米片层沿着冰晶的间隙排列，在其中相互作用形成三维结构，最后通过冷冻干燥得到 GBA。冰模板法还可以与软模板结合用于制备 GBA。Qiu 等通过冰晶来诱导氧化石墨烯的组装，在冷冻过程中，石墨烯纳米片会沿着冰晶冷冻的方向进行组装，获得了有序各向异性的结构，通过冷冻干燥和进一步还原之后，得到了具有有序大孔结构的石墨烯气凝胶。从断面图 4-36 中可以看出，内部空隙率大且结构比较均匀。

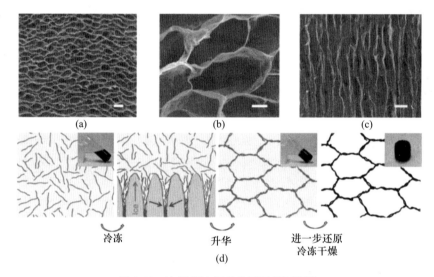

图 4-36　冰模板法制备的石墨烯气凝胶
(a)(b)(c) 冰模板法制备的块体石墨烯气凝胶的原理；(d) 石墨烯气凝胶断面图

乳液模板法一般通过向氧化石墨烯水分散液中加入油相液体，而氧化石墨烯作为两亲性分子在乳化后的水相-油相界面组装成相互连通的三维结构，然后借助定向冷冻技术和冷冻干燥技术去除溶剂并经过还原后得到石墨烯多孔网络。乳液模板法通过将一定的泡沫、海绵等模板浸泡到石墨烯基片层分散液中，再通过还原过程将 GO 还原为 rGO，以增强其与模板之间的相互作用。刁帅等以环己烷为油相、氧化石墨烯（GO）为稳定剂，采用 Pickering 乳液法制备石墨烯气凝胶，制备工艺如图 4-37 所示。Nguyen 等通过将三聚氰胺海绵浸泡到石墨烯乙醇溶液中，干燥得到石墨烯涂层的 GBA，制备得到的 GBA 具有超疏水性和超亲油性，可用于油或有机溶剂的分离和吸收。除了三聚氰胺海绵之外，聚氨酯海绵、Ni 泡沫和棉花等都可以用于模板导向涂层法。模板导向涂层法具有简便、廉价的特点，可以利用商业化的泡沫或者生物质模板等材料制备具有特异性能的石墨烯基气凝胶；但由于石墨烯基片层与模板之间一般为物理吸附作用，在应用过程中可能导致石墨烯基片层的脱落。

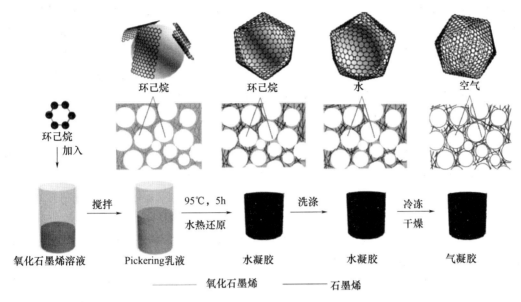

图 4-37　石墨烯气凝胶的制备流程

4.4.1.2　自组装法

对于制造石墨烯的气凝胶，自组装方法是一种常见的自下而上的策略。石墨烯纳米片充当自组装以获得三维多孔网络的基础单元。在稳定的氧化石墨烯分散液中，由于片层上的亲水性含氧官能团的存在，氧化石墨烯片之间存在强烈的静电排斥力；同时，氧化石墨烯基面之间还存在着疏水作用力和氢键相互作用等，使片与片之间存在着吸引力，当这两种力之间的平衡被打破时，就诱导了氧化石墨烯分散液的凝胶化过程，使氧化石墨烯片与片之间相互连接在一起从而形成水凝胶，然后通过冷冻干燥过程将孔隙中的水分去除，就有效地保留了水凝胶的多孔结构，从而得到氧化石墨烯气凝胶。在此基础上进行化学或热还原，就可以得到三维石墨烯多孔结构。因此，自组装法的关键就在于处理氧化石墨烯片之间的各种相互作用力，如范德华力、π-π 键作用力、氢键作用力、静电相互作用和偶极交互作用力。在过去十年的研究中，水热还原诱导自组装法证明了是合成石墨烯气凝胶的有效策略。交联剂通过与氧化石墨烯片上的含氧官能团发生相互作用，可以迅速打破氧化石墨烯分散液内部的引力和静电斥力平衡，从而诱导氧化石墨烯水分散液凝胶化形成水凝胶。在水热法制备氧化石墨烯水凝胶的过程中，亲水性含氧官能团的去除导致片层间的静电排斥力消失，从而打破引力和斥力之间的平衡，引发氧化石墨烯自组装。同样地，通过向氧化石墨烯分散液中加入化学还原剂，亦可以实现含氧官能团的去除，使氧化石墨烯发生亲水-疏水转变并增强片间 π-π 相互作用，进而实现石墨烯的三维组装。迄今为止，亚硫酸氢钠、硫化钠、维他命 C、对苯二酚、氢碘酸等还原剂被证明能有效地用于辅助氧化石墨烯自组装法形成水凝胶。

自组装法可以进一步划分为还原自组装和交联自组装。2010 年，Xu 等首次通过水热法构筑得到还原自组装石墨烯基水凝胶。还原自组装利用氧化石墨烯溶液作为前驱体，反应通常在温度相对较高（180℃）的反应釜中进行，在水热的条件下，随着含氧

235

官能团含量的降低，GO 片层之间的 π-π 作用和疏水作用不断增强，促进 rGO 片层在三维空间中部分重叠和相互交错，生成足够的物理交联位点，最终致使石墨烯基三维结构的团聚和形成。除了水热还原之外，也可以在还原介质存在的情况下进行自组装。常用的还原剂包括抗坏血酸、抗坏血酸钠、HI 和 NaHSO₃ 等。与水热还原过程中自组装的机理相同，还原剂介导下 rGO 片层之间的强 π-π 相互作用逐渐重塑是自组装的主要机制。还原自组装法可以同步还原 GO 与金属离子，从而被广泛应用于金属纳米颗粒的原位负载并形成石墨烯基气凝胶。金属或金属氧化物纳米颗粒可以均匀地分布于 rGO 片层上，这种耦合体系可被用作异质催化剂。还原自组装法通过一步还原的方式得到结构稳定、导电性较好的石墨烯基气凝胶；但其缺点也同样明显，由于自组装过程中 GO 片层的主要作用方式为疏水作用和 π-π 作用，因此得到的 rGO 片层之间相互堆垛，rGO 片层之间在各个方向上自发地相互作用并形成一个具有无序结构的石墨烯基气凝胶。

交联自组装法通过交联 GO 片层形成三维网络。许多单体和聚合物可以在温和的条件下与 GO 相互作用，例如，聚乙烯亚胺（PEI）、聚丙烯酰胺（PAM）和聚多巴胺（PDA）等聚合物中的胺基可以与 GO 通过酰胺键和氢键交联。在某些情况下，通过添加单体进行原位聚合和交联以构筑石墨烯基气凝胶。除了多聚物之外，金属离子和一些小分子也被用于交联自组装。2014 年，Fang 等利用层状双金属氢氧化物（LDHs）作为交联剂，在室温下构筑了 LDH＋GO 气凝胶，LDH 和 GO 之间的相互作用力主要包括氢键、静电作用和阳离子-π 键，具体交联过程和机制如图 4-38 所示。由于通过自组装构筑方法形成水凝胶或集成气凝胶所需的 GO 浓度阈值较高，在没有交联剂的情况下制备的石墨烯基气凝胶中的 GO 片层之间相互堆垛。通过添加交联剂，可以增加 GO 纳米片层之间的层间间距，从而使单层 GO 发挥表面效应和尺寸效应。通常来讲，GO 和交联剂在石墨烯基气凝胶的构筑过程中发挥协同作用，其浓度和比例都会影响稳定的 GBA 的形成。

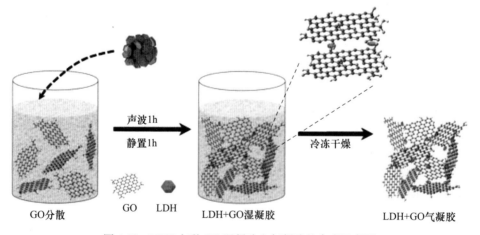

图 4-38　LDH 交联 GO 湿凝胶和气凝胶的合成示意图

4.4.1.3　其他方法

真空抽滤法可直接将石墨烯或氧化石墨烯胶体分散液抽滤成厚度可控的自支撑薄膜，经过后续冷冻干燥、还原步骤可转化为层叠式高度有序的柔性石墨烯薄膜多孔网络。由于羟基、环氧基团在石墨烯或氧化石墨烯胶体中形成了立体的氢键网络结构，能够显著提升石墨烯基气凝胶的力学性能，并且通过后续进一步的还原与热处理的操作，能对其导电性、吸附性以及机械强度进行调控。

三维打印法是一种新兴的制造技术，通常来讲，GO 与添加剂混合，这些添加剂包括溶解的多聚物和二氧化硅粉末等，通过与这些添加剂的混合达到三维打印墨水在流变方面的要求。打印墨水合适的黏度可以确保混合物在剪切力的作用下流过细小的喷嘴，并在沉积后迅速恢复假塑性至膨胀状态，从而保持形状。通过将三维打印技术应用于GBA 的构筑，可以实现制造各种具有复杂结构的气凝胶，以实现更广泛的应用。Guo等通过可移动喷嘴挤出均匀的氧化石墨烯-多壁碳纳米管（MWNTs）凝胶油墨，将其沉积到可编程控制的三维结构中，然后在有限状态下进行冷冻干燥和还原获得 GA。这种高度可拉伸全碳气凝胶具有从纳米到厘米的四阶结构。其中，第一级衍架结构由石墨烯三维打印技术进行可控制备，得到具有不同（图 4-39）的周期结构，实现不同的变形方式。石墨烯和 MWNTs 之间的层次结构和协同效应，使得密度可达 5.7mg/cm^3 的纯GA 具有高达 200% 的延伸率。与硅橡胶相比，这种气凝胶具有塑性变形小（～1%）、耗能低（～0.1）、抗疲劳性能好（106 个循环）、环境稳定性好（93～773K）等优点。三维打印技术使得 GA 的点阵结构设计和机械变形行为控制成为可能。

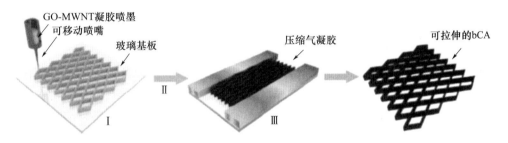

图 4-39　通过三维打印（Ⅰ）、冷冻干燥（Ⅱ）和预还原（Ⅲ）制造全碳气凝胶的示意图

4.4.2　石墨烯基气凝胶的性质

石墨烯基气凝胶是一种新型的碳材料，由于其独特的结构和优异的性能，在许多领域都有着广泛的应用前景。首先，石墨烯基气凝胶具有超轻的质量和较高的比表面积。这种材料的密度极低，同时具有较大的比表面积，可以提供更多的反应面积和吸附能力。这种特性使得石墨烯基气凝胶成为一种优秀的保温材料和吸附剂。其次，石墨烯基气凝胶具有优异的电学性能。由于石墨烯的导电性能非常好，石墨烯基气凝胶也继承了这一优点，具有良好的导电性能。同时，这种材料还具有良好的光电性质，可以用于制作传感器、太阳能电池等器件。此外，石墨烯基气凝胶还具有较高的机械强度和稳定性。这种材料具有较高的抗压强度和抗拉强度，不易变形和损坏。同时，石墨烯基气凝胶还具有良好的化学稳定性和耐腐蚀性，可以在恶劣的环境下使用。

石墨烯气凝胶具有连通的三维多孔网络结构，在凝胶的组装过程中，可通过调控前驱体的浓度、pH 值、反应环境（温度、容器形状等）、体系组分等因素调控气凝胶宏观性能、密度、比表面积、孔尺寸分布及机械强度等；通过引入不同复合前驱体，可赋予复合气凝胶各组分的协同效应及丰富的性能；通过引入软模板等实现石墨烯气凝胶宏孔结构的构建，可获得弹性气凝胶。干燥过程对于石墨烯气凝胶的制备尤为重要，目前石墨烯气凝胶干燥方法主要为超临界干燥与冷冻干燥，此外还有少量关于常压干燥的报道。不同干燥方法所获气凝胶材料的性能与应用各有偏重：超临界干燥获得的气凝胶具有较高的机械强度、高的比表面积等，是高性能超级电容器理想的电极材料；冷冻干燥过程中具有冰晶诱导效应，可赋予石墨烯气凝胶可观的弹性、可压缩性等，在应力传感等领域展现出丰富的应用前景；常压干燥是在冷冻干燥基础上简化而来的，但该技术尚不成熟。

综上所述，石墨烯基气凝胶具有超轻的质量、优异的电学性能、较高的机械强度和稳定性等优异性能，在保温材料、吸附剂、传感器、太阳能电池等领域有着广泛的应用前景。随着科技的不断进步和应用领域的拓展，石墨烯基气凝胶将会在更多的领域发挥重要作用。

4.4.3　石墨烯气凝胶的应用

4.4.3.1　吸附方面应用

随着海洋石油开采和石油运输量的增长，漏油事故时有发生，如 2010 年墨西哥湾的溢油事故，对当地海洋和沿海生态系统造成了广泛的永久性的破坏。从 1970 年到 2017 年，超过 570 万吨的原油泄漏到海洋中。泄漏的原油浮于海洋表面对海洋生物多样性构成了威胁。而原油中的碳氢化合物、挥发性有机化合物、多环芳烃也会对人的健康造成严重的损害。石油泄漏会对海洋浮游生物造成严重的伤害，原油中蒽、菲、芘等多环芳烃对海生浮游植物和浮游动物群落具有强烈的毒性，导致其产卵延迟、生殖异常等症状而最终死亡。此外，还会对海底的无脊椎动物、鱼类、鸟类、爬行动物以及哺乳动物的生存带来巨大的威胁。

气凝胶作为一种具有代表性的多孔材料，因其超轻、比表面大等优势应用于油水分离、有毒金属离子去除等领域。吸附性气凝胶可大致分为有机、无机和无机-有机混合气凝胶，而石墨烯基气凝胶（GBAs）被认为是解决废水中重金属离子和含油废水的最具优势的吸附材料。GBAs 不仅可以保留单层石墨烯片层结构的特有性质，而且由于其三维多孔网络结构，便于吸附质分子或离子的自由扩散。近年来，有大量的石墨烯基气凝胶（GBAs）材料被用于去除有毒重金属离子或含油废水。

（1）重金属离子的吸附

GA 问世以来，就被广泛应用于水中重金属离子的吸附。Sui 等采用超临界二氧化碳干燥 VC 还原的 CNT 和 GO 的分散系制备出石墨烯/碳纳米管气凝胶，对于水中重金属离子（Pb^{2+}、Ag^+、Hg^{2+} 和 Cu^{2+}）显示出良好的去除效果。Zhao 等通过水热还原法制得负载硫的三维石墨烯海绵，对于 Cu^{2+} 的吸附容量高达 228mg/g，是活性炭的 40 多倍，相对于普通的石墨烯材料，不仅吸附容量大幅度提高，而且能够适应不同 pH 值、温度和离子浓度，这显示出石墨烯海绵对于环境很强的适应性，而且经过五次再生后，吸附容量几乎无变化，适合大规模应用于不同水质条件下重金属离子的吸附。Wu 等则是通过磺化将硫修饰在 GA 中，并将其组装成膜过滤含镉废水，FT-IR 测试证明了吸附过程中硫基基团的络合反应，XPS 测试证实了硫原子和氧原子之间的强烈作用，这两者均对于吸附效果的提高非常有利。相对于普通的吸附剂，Sui 等制得的石墨烯/碳纳米管气凝胶具有更多的含氧官能团，促进了重金属离子和吸附剂之间的静电作用，提高了对于重金属离子的吸附效果，Zhao 等和 Wu 等则分别对 GA 进行了硫掺杂和磺化处理，在这个过程中石墨烯水凝胶为硫提供了修饰的位点，而硫的添加也大幅度提高了对于重金属离子的吸附效果，同时消除了 pH 值、温度等对于吸附效果的影响。综合大量的研究成果得出：石墨烯气凝胶所具有的高比表面积、多孔结构、含氧官能团等使其在水中重金属离子吸附方面已经占有很大优势，而在石墨烯气凝胶中掺杂 S、N 等无机元素可以进一步大幅度提高其吸附效果，将成为一个新的研究热点。

（2）有机污染物的吸附

Ge 等通过天然酚酸化学还原 GO 制备出超疏水的 GA，对水中的染料展现出非凡的吸附性能，对于不同的染料，GA 的吸附容量从 115 到 1260mg/g 不等，分光光度计测试表明，其对于水中染料的去除率超过 97.8%。Zhao 等制备出的氮掺杂的 GA 对于水中的有机污染物的吸附也很具优势，对于有机物的去除是其自身质量的 200～600 倍，吸附容量相比于其他的碳材料均在 10 倍以上，是 CNT 海绵的 80～180 倍。如图 4-40 所示，高超等制备出的石墨烯/CNT 气凝胶对于甲苯的去除可在 5s 内完成，充分显示了 GA 吸附的高效率。

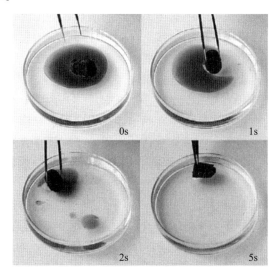

图 4-40 石墨烯/CNT 气凝胶 5s 内对甲苯的吸附示意

相比于其他的吸附剂，GA 对于水中有机物的去除是气凝胶和有机物之间强烈的 π-π 作用和静电作用的协同效果，并且含氧官能团的数量增加进一步加强了吸附效果。综上，GA 的吸附容量高、吸附速率快，非常适合广泛应用于水中有机污染物的去除。

（3）油水分离中的应用

GA 比表面积大、极疏水，这些特性保证了吸附水中油和有机溶剂的效率，因此其被用于除油和有机溶剂中，呈现出既经济又有效，并且效率极高的特点。浙江大学高超等制备出的 CNT/GO 气凝胶每克气凝胶可以以 68.8g/s 的速度吸收储存至多高达 900g 的油，在紧急的原油泄漏治理方面，GA 必将成为较好的选择，并且它的热学稳定性和极强的弹性使 GA 吸附剂再生十分方便，通过加热燃烧的方式即可恢复再生，并且再生后的吸附性能不会受到很大影响。Niu 等利用类似发酵的原理制备出的 rGO 泡沫状气凝胶具有超强的疏水性和对有机溶剂的超湿（super-wetting）性和毛细现象，使 rGO 泡沫成为一种超级吸附剂，当 rGO 泡沫被置于油水的表面时，rGO 迅速吸油并且与水分离，rGO 泡沫的密度仅为 $0.03g/cm^3$，对机油的吸附质量可以达到其自身质量的 37 倍，可以由此看出其优良的再生性能，经过十几次的再生后，rGO 气凝胶的形态和吸附性能依然如初。

（4）水中轻金属离子、铵根离子等无机污染物吸附

近年来，由于人口的增加和工业的发展，水资源短缺已成为最严重的全球问题之一。海水或微咸水的脱盐是解决这一危机的重要途径之一。包括反渗透和热分离在内的脱盐工艺得到了广泛应用。然而，这些传统方法的局限性，如成本高、能耗高、效率低和环境友好性较差，是显而易见的。因此，寻找一种经济高效的海水淡化方法迫在眉睫。电容去离子（CDI）是一种基于双电层电容器的电化学控制方法。根据 CDI 过程，电吸附能力在很大程度上取决于电极材料的物理和化学性质。碳材料是 CDI 应用的理想候选者。纯石墨烯电极对高性能 CDI 的电吸附能力仍远不能令人满意。这可归因于石墨烯的不可逆聚集和重新堆积，这是由于石墨烯片的平面基面之间的强 p-p 相互作用和范德华力。因此，已经采取了各种途径来防止石墨烯片的团聚。许多努力旨在引入客体材料作为"间隔物"以形成三明治结构，从而相应地在一定程度上增强了这些碳复合材料的 CDI 性能。然而，很难使"间隔物"均匀分散在石墨烯片之间，因此石墨烯的聚集仍然部分存在于这些石墨烯基复合材料中。

在 CDI 技术中，决定设备效率最关键的因素就是电极材料，GA 因其所具有的独特的交联网状结构优良的物化性能从中脱颖而出，交联的网状结构不仅赋予了气凝胶极大的比表面积，而且其中均匀分布的带有微孔的碳质粒子增强了它的导电性能，这些都对 GA 的电吸附性能有促进作用。Wang 等则应用 PS 胶体模板法制备出 GA 并将其应用于 CDI 技术去除水中盐分，如图 4-41 所示。三维的互联网络赋予了它极高的电导率和极低的内阻，CV 测试表明其特征电容在 5mV/s 下高达 58.4F/g，保证了电子和离子的高效传输，同时展现出低能耗下完美的输出功率，接下来的批模式 CDI 测试进一步论证了 GA 是制备高效的 CDI 电极的优良材料。

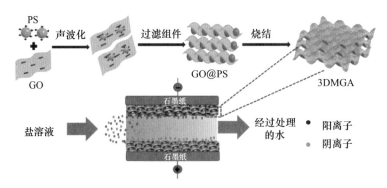

图 4-41　石墨烯气凝胶应用于 CDI 电极处理含盐废水的示意图

4.4.3.2 催化方面应用

在过去的几年里，传统的光催化粉末在回收过程中存在效率低等缺点，为了实现光催化剂在实际中的应用，降低整体生产成本，将光催化剂固定在合适的载体上是重要的一步。因此，石墨烯气凝胶已成为一种新型的高效可回收光催化剂。在光氧化还原催化过程中，形成气凝胶独特的宏观结构和多孔性能的关键步骤是吸附、电荷分离和转移，活性材料的作用在气凝胶的生产中已经得到证实。首先，气凝胶具有良好的电导率和多维的电子传输路径，可以作为一种理想的光电介质来促进光生电子-空穴对的分离。此外，三维气凝胶的多孔结构和丰富的表面官能团可以作为模板抑制半导体的聚集和过度生长，从而暴露出更活跃的催化表面反应位点。

GBA 具有优异的电子传输性能和多级孔隙结构，其中微孔和介孔赋予其比表面积，而宏观孔则保证了表面的可接触性，有利于催化性能的提升。杂原子（B、N、P 和 S）的取代掺杂可以改善石墨烯基纳米片层的化学性质，生成新的活性位点并大幅度增强其催化活性。Wang 等利用三聚氰胺作为氮源与 GO 水热自组装得氮掺杂石墨烯基气凝胶，其中三维结构有利于物质扩散，还原后的 sp^2 基底有利于电子传输，从而协同促进活化过一硫酸盐降解新兴污染物布洛芬［图 4-42（a）］；气凝胶的催化活性可通过热处理方式完全恢复。此外，硼掺杂的石墨烯基气凝胶还可光催化降解吖啶橙。

金属纳米颗粒可以负载在 GBA 表面作为催化活性位点，一般用于水中污染物的催化加氢。GBA 基底优异的吸附性能有利于反应物与金属纳米颗粒的接触；优异的电子传输性能则保证了石墨烯与金属纳米颗粒之间的电子传递。Adhikari 等利用贵金属盐与 GO 同步还原组装的方式构筑了 Au、Ag 纳米颗粒负载的石墨烯水凝胶，可用于对硝基苯酚的催化转化［图 4-42（b）］。金属纳米颗粒的尺寸对其催化活性至关重要，为了减

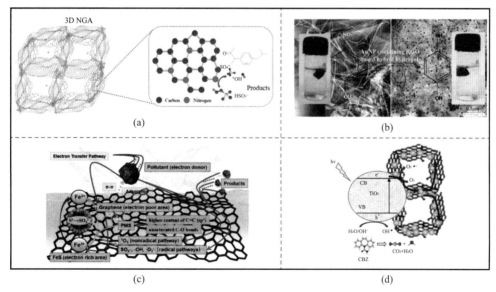

图 4-42　不同石墨烯基气凝胶催化原理

（a）N 掺杂石墨烯基气凝胶催化降解抗生素示意图；（b）金纳米颗粒负载石墨烯基气凝胶催化加氢示意图；（c）FeS 负载石墨烯气凝胶对四环素的催化去除机理图；
（d）TiO₂负载石墨烯基气凝胶光催化降解卡马西平示意图

小自组装气凝胶中金属纳米颗粒的尺寸，Shen 等通过超声辅助化学还原自组装的方法室温合成了 Ag 纳米颗粒负载的 GBA，其中 Ag 纳米颗粒的尺寸在 1～3nm 范围内，在硝基苯、1,3-二硝基苯和对硝基苯酚等芳香族硝基化合物的催化还原中表现出优异的性能。在催化转化的过程中，还原氧化石墨烯气凝胶基底上丰富的 sp^2 杂化区域可以通过 π-π 作用富集芳香族硝基化合物，随后小尺寸且均匀分散的 Ag 纳米颗粒活化还原剂 $NaBH_4$ 实现还原。

GBA 表面的各种区域表现出不同的性质，MNPs 的负载区域会影响其活性和稳定性。如上文所述，GBA 表面的缺陷和含氧官能团可以增强其与 MNPs 之间的相互作用，但这些缺陷和含氧官能团会降低基底的电导性，从而阻碍与 MNPs 之间的电子传递；相比于缺陷和含氧官能团，sp^2 杂化区域表现出优异的电导性。有研究表明，尽管 Pt-sp^2 相互作用力强度弱于 Pt-sp^3 相互作用，但 Pt 中的 d 轨道与 π-π 碳网络之间会形成配位键，也就是 sp^2-d 杂化，这种作用会限制 Pt 的移动和团聚，减小其尺寸并提高稳定性。然而，尚未有研究系统阐明 MNPs-sp^2 杂化区域耦合对 MNPs 尺寸和化学组成的影响，以及对其活性和稳定性的影响。

金属氧化物/硫化物材料负载的 GBA 也可以活化过硫酸盐或单过硫酸盐，用于水中污染物的催化氧化 [图 4-42（c）]。这些金属氧化物/硫化物材料包括 CoO 和 FeS 等，金属氧化物负载于氮掺杂的 GBA 则有助于进一步提升催化性能。Yuan 等利用水热还原法制备了 Co_3O_4 负载的 N 掺杂气凝胶，得到的 Co_3O_4/NGA 可以活化 PMS，实现酸性橙 7 的氧化去除，Co_3O_4 和 N 掺杂位点可以协同促进催化效率，在 PMS 的活化过程中可以产生羟基自由基和硫酸根自由基，其中硫酸根自由基在酸性橙 7 的氧化去除中起到主要作用。半导体材料负载的 GBA 还可以用于水中污染物的光催化降解 [图 4-42（d）]。光催化由于不需要添加额外的化学试剂，在光照和大气氧的条件下就可以实现污染物的矿化，因此在污染物去除方面得到越来越多的关注，但是大多数的光催化剂都存在不稳定和难以重复利用的缺点。GBA 可以克服传统光催化剂的劣势，在光催化降解污染物领域得到大量研究。TiO_2 常用于与 GBA 复合制备光催化剂，Qiu 等制备的 TiO_2/GBA 在太阳光照射 5h 后可以去除 90% 的甲基橙，而且循环使用 5 次还可以保持 83% 的光催化活性。除了 TiO_2 基的光催化剂外，其他半导体材料也可以负载于 GBA 上实现污染物的光催化去除，例如 Cu_2O、AgX（X＝Cl、Br）、ZnS 和 MoS_2 等都可以与 GBA 复合，用于水中重金属离子、染料及其他有机污染物的光催化去除。

4.4.3.3　其他应用

在电化学储能方面应用。超级电容器由于其仍存在显著的潜在高性能，已经引起了人们的极大关注。石墨烯气凝胶材料由于具有大量的活性位点和无金属成分（即低成本），在电催化领域具有很大的应用前景。

传感器方面应用。三维石墨烯紧密相连的网络将二维石墨烯片集成到一个单一结构中。虽然三维石墨烯的电导率可以通过增加密度来提高，但相对较低的密度通常是超弹性所必需的，因为它对构成面对面定向石墨烯片的独特孔壁结构至关重要。制备高密度三维石墨烯的常用方法如水热还原法，由于孔壁结构的随机分布，容易导致高脆性。因此，如何制备兼具超弹性和高电导率高性能应变传感器的三维石墨烯单体仍是一个挑战。

CAs 是优秀的电磁屏蔽材料。2018 年席嘉彬合成了一种石墨烯气凝胶膜（GAF），展示出了优异的电磁屏蔽性能，面密度为 $8.4mg/cm^2$，厚度为 1.4mm。在 $0.1\sim3.0GHz$ 的条件下屏蔽效能达到约 135dB。以单位面密度的屏蔽效能（TASSE）作为参考指标，GAF 单位面密度屏蔽效能高达 10 万 $dB\cdot cm^2/g$。实验表明，电磁屏蔽性能与膨胀程度呈现显著的正相关，在多层结构中厚度方向的膨胀显著增强了材料的屏蔽效能。

对于在许多领域都有很大潜力的气凝胶，其生产工艺和性能不仅在学术上需要改进，而且为了潜在的适用性也需要改进。在实验室里，它们的产量仍然很低，这是限制它们在当今技术中使用的因素之一。与此同时，生产成本仍然很高，研究人员继续在这一领域进行许多研究。如果这些问题能被消除将是巨大的技术进步，特别是在能源领域。

4.5　纤维增强碳气凝胶

碳气凝胶虽然具备高比表面积、高孔隙率、低密度等优良特性，然而碳气凝胶的力学性能却一直没有显著提高，较低的压缩强度（<2MPa）导致其即便作为功能材料也容易发生材料失效的问题，而且纯碳材料的脆性很大、易开裂、难以承受冲击载荷。为提高碳气凝胶的韧性，单凭对工艺的调整是无法实现的，当前的研究重点为向碳气凝胶内部添加第二相，主要的增强相为碳纤维、无机陶瓷纤维、石墨烯、碳微球、碳泡沫等。由于有机气凝胶的碳化收缩率一般为 20% 左右，而碳纤维和无机纤维不收缩，因此碳化过程中基体与纤维不可避免地出现收缩不匹配的问题，从而导致基体的开裂。

石墨烯、碳微球和纳米碳管等增强相由于线度过低，虽然能够为碳气凝胶复合材料提供一些功能性的提升，但无法为结构强度作出贡献。目前常用于碳气凝胶的复合增强主体有纤维、金属颗粒、碳泡沫以及碳纳米材料，其中以纤维增强最佳。采用有机纤维与气凝胶基体进行复合，使得材料在碳化过程中纤维和基体能够较为同步地收缩，解决收缩不匹配而导致的应力集中，甚至开裂、分层的问题。

4.5.1　制备工艺

以间苯二酚和甲醛为原料为例：首先将间苯二酚、甲醛、碳酸钠、去离子水以一定比例混合均匀，将纤维毡放入与其形状相匹配的玻璃模具中，再将混合均匀的溶液（不含未溶解的催化剂颗粒为准）缓慢注入，避免产生过多气泡。注入完毕后将玻璃容器封装放入水浴锅等待凝胶。将凝胶从玻璃模具中取出后放入烘干箱中干燥。由于干燥过程中复合材料内部的干燥情况难以观测，因此在干燥过程中应经常取出称重，直至凝胶的质量不再下降为止。待湿凝胶彻底干燥完毕后，将干凝胶放入碳化炉中真空碳化，保温数小时后随炉冷却，得到高强度碳气凝胶复合材料。

4.5.2　纤维增强原理

利用纤维对碳气凝胶进行增强、增韧是实现其规模化生产和应用的有效手段。纤维增强体在气凝胶基体中起着"桥联作用"，支撑着高度交联、质脆易碎的固体网络骨架。纤维的添加改变了碳气凝胶的断裂方式，能够提高碳气凝胶的压缩性能。外界应力通过纤维传导、释放，从而有效减轻了基体气凝胶骨架上的应力荷载，增强后的碳气凝胶具有易于弯折、剪裁等良好的可加工性。纤维增强体是在溶胶-凝胶过程中加入或者复合的，可分为无机纤维和有机前驱体纤维两大类，其中有机前驱体纤维经过后续的裂解可转化为无机纤维。

4.5.2.1　无机纤维

用于增强碳气凝胶力学性能的无机纤维主要包括碳纤维、Al_2O_3 纤维和莫来石纤维等氧化物纤维。其中纤维的种类、形态、负载量以及铺排方向都将影响最终的增强效果。

作为纤维类复合材料的首选增强体，碳纤维也早早被用于增强碳气凝胶。Fu 等采用溶胶凝胶、CO_2 超临界干燥工艺制备碳纤维增强碳气凝胶，由于使用盐酸为催化剂，可实现快速凝胶，避免了碳纤维的沉降，结果表明添加碳纤维可以增加低密度碳气凝胶的强度，密度 $0.15g/cm^3$ 的碳气凝胶添加 25wt％碳纤维后密度增加到 $0.19g/cm^3$，而对应的强度由 0.56MPa 增加到 1.14MPa。Drach 等采用碳纤维毡作为增强体，通过常压干燥、共裂解制备了碳气凝胶复合材料。但干燥和裂解时纤维与凝胶基体收缩不匹配，导致材料表面产生厚度约为 0.5mm 的裂纹。同时由于纤维铺排方向的差异，复合材料的导热系数呈现各向异性，其中厚度方向的常温导热系数高达 $0.34W/(m\cdot K)$。

4.5.2.2　有机前驱体纤维增强

与无机增强纤维相比，有机前驱体纤维具有较好的韧性和伸缩性，在干燥和共裂解过程中能够保持与凝胶骨架同步收缩，从而有效避免基体产生裂纹，且增强后的碳气凝胶的强韧度明显提高。Feng 等采用预氧化聚丙烯腈（PAN）纤维毡作为增强材料，首先浸渍 RF 溶胶，而后经老化、乙醇交换、常压干燥、裂解得到了碳纤维增强碳气凝胶复合材料（C/CA）。他们还采用碳纤维和莫来石纤维作为硬质增强材料进行对比。图 4-43 为不同增强体复合碳气凝胶材料的 SEM 图和共裂解过程中凝胶基体与纤维收缩示意图。采用预氧化 PAN 纤维增强的复合材料在裂解过程中纤维随着凝胶骨架一起收缩，表现出良好的匹配性，最终得到的复合材料无明显裂纹。增强后的碳气凝胶复合材料的弯曲强度达到了（7.1±1.7）MPa，空气中 300℃时导热系数为 $0.328W/(m\cdot K)$ 可被用作超高温领域（惰性气氛或真空）的隔热材料。

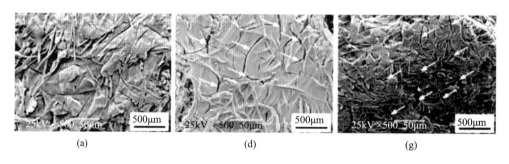

(a)　　　　　　　　　(d)　　　　　　　　　(g)

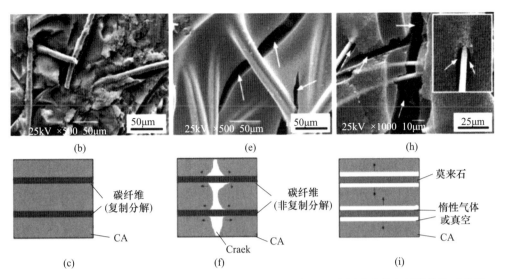

图 4-43　不同增强体复合碳气凝胶材料的 SEM 和共裂解过程中凝胶基体与纤维收缩示意图
（a）（b）（c）PAN 复合；（d）（e）（f）硬质碳纤维复合；（g）（h）（i）莫来石纤维复合

4.5.3　力学性能改善

碳气凝胶与 SiO_2 气凝胶类似，都是特殊的纳米多孔材料。在力学性能方面限制气凝胶推广应用的根源是其强度低、脆性大，难以直接应用。采用纤维复合气凝胶后，能借助纤维的高强度和高模量，赋予气凝胶一定的抗弯和抗压性能。因为纯气凝胶一旦受到外力作用，裂纹会迅速扩展，除了产生新的断裂表面吸收能量外，没有其他能量吸收机制。当纤维复合气凝胶后，在受外力作用过程中，有了强大的能量吸收源，因此增加了破坏过程中能量的消耗。表 4-3 为纯碳气凝胶和三种有机纤维复合材料的力学性能对比。从密度上看，PAN（聚丙烯腈）纤维对气凝胶的影响最小，密度仅为 $0.38g/cm^3$；黏胶基由于残碳率高、碳化收缩率大，所制备的碳气凝胶复合材料的密度也是最高的（$0.43g/cm^3$）。酚醛纤维的复合材料的密度处于两者之间，为 $0.40g/cm^3$。总体来看，密度的增加基本与纤维毡的密度呈正相关，因此可以基本认为复合材料密度的增加是单纯地由于纤维的加入而导致的。压缩强度方面，相比于纯碳气凝胶的 12.4MPa，酚醛基碳气凝胶的压缩强度低于该值。这是由于酚醛有机纤维将碳气凝胶基体分裂开来，导致压缩强度大幅下降。PAN 纤维与黏胶基复合材料压缩强度都有大幅提高，这是由于黏胶基纤维与 PAN 基纤维与基体结合较好。其中黏胶基相比 PAN 基纤维提高较大，压缩强度可达 32MPa，这可能是由于黏胶基收缩率较大、密度较大，且纤维强度较高，有效地阻止了基体的开裂。

表 4-3　纯碳气凝胶和三种有机纤维复合材料的力学性能对比

	纯碳气凝胶	PAN 复合气凝胶	黏胶基复合气凝胶	酚醛基复合气凝胶
密度/（g/cm³）	0.32	0.38	0.43	0.40
压缩强度/MPa	12.4	22	32	11
破坏应变/%	1.8	9.2	11.7	6.9

续表

	纯碳气凝胶	PAN复合气凝胶	黏胶基复合气凝胶	酚醛基复合气凝胶
压缩模量/MPa	1.56	324	358	171
弯曲强度/MPa	2.0	4.1	15.7	3.6

除能提高材料的压缩强度外，添加纤维相的最主要的目的在于提高材料的韧性，由破坏应变可知，纯碳气凝胶几乎无法发生塑性形变而直接发生破碎，该种材料在承载过程中若发生应力波动则极易直接破碎导致整个系统失效。而PAN基与黏胶基纤维复合碳气凝胶均有10%左右的破坏应变，较纯碳气凝胶有较大提高，使用时不会突然发生破裂，对冲击力也有一定抵抗。酚醛基复合材料的破坏应变较低，仅有6.9%，这可能是由于酚醛纤维与基体结合较差，纤维破坏了基体结构，导致力学性能较差。由压缩模量来看，纯碳气凝胶的压缩模量较高，为156MPa，有机纤维的增强作用显著，PAN纤维复合材料与黏胶基复合材料压缩模量较高，形变破坏前可承受较大压力，压缩模量在350MPa左右。酚醛基复合材料的结合情况并不很好，压缩模量仅有171MPa。弯曲强度可以直接反映材料的韧性，纯碳气凝胶的弯曲强度仅为2MPa，PAN基复合材料弯曲强度可达纯碳气凝胶的2倍以上（可达4.1MPa）。黏胶基的弯曲性能最高，为15.7MPa，可很大程度上减少外界冲击力对材料的影响。酚醛基复合材料弯曲强度仅为3.6MPa，为三者最低，但韧性仍高于纯碳气凝胶

4.6 碳气凝胶的应用总结

碳基三维多孔气凝胶在过去的几十年中因其引人入胜的特性而引起了人们的兴趣，这些特性包括可定制的结构和化学特性、高孔隙率、低密度，并充当了纳米级与宏观应用之间的桥梁。

本章节对碳气凝胶的应用进行了汇总，总结了碳气凝胶在各种应用中的最新进展，包括能量存储、催化、气体存储、污染物分离和隔热。碳气凝胶广泛用作水净化和气体存储的吸附剂，例如油和有机染料的分离、重金属离子的去除、CO_2捕集和气体（H_2、CH_4）燃料储存。它们的高选择性及通过挤压、蒸发和燃烧的简便再生，使其适合大规模应用。作为催化剂，碳气凝胶本身既用作活性材料，又用作具有易于访问的三维途径的载体，以方便进行质量转移。碳气凝胶的三维网络结构和较大的比表面积包含大量的活性位点。另外，它们的高电导率增强了传质，并且它们的高孔隙率和渗透性防止催化剂失活。碳气凝胶作为绝热材料的独特性能归因于克努森效应，这是由气体分子的封闭引起的。克努森效应限制了气体分子，使得碳气凝胶也可用于隔声材料。但是，碳气凝胶仍不如其他多孔介质（如活性炭、MOF和多孔聚合物）更具竞争力。实际上，复杂的合成程序、较差的机械强度、不足的吸附能力和结构的不稳定性仍然是其商业化的障碍。许多研究人员在研究新颖的合成工艺和新的干燥方法方面取得了进展，这些新工艺和新干燥方法有助于碳气凝胶的简便制造并降低其成本。另一方面，已经提出了使用碳气凝胶与其他物质的混合材料的制造以及不同分子的掺入，以提高碳气凝胶的机械稳定

性和吸附能力。

4.6.1　电学应用

燃料电池：燃料电池是一种清洁高效的电化学发电装置，它通过燃料与氧化剂之间的电化学反应将化学能直接转换成电能，而在转换过程中，催化剂起着至关重要的作用。碳气凝胶及其复合材料因具有比表面积大、电化学性能稳定以及导电性等特点，在燃料电池中主要被作为电催化剂的载体或直接作为电催化剂。Alatalo 以生物质（葡萄糖或纤维素）为碳源、大豆蛋白为氮源来制备氮掺杂多孔碳气凝胶，经过热处理活化后，其孔隙率和电导率均显著提高，测试发现该材料具有优良的氧化还原反应催化活性。对这种材料进行铂浸渍后发现其电化学性能进一步提高，既具有铂催化剂快速迁移电子的能力，又具有碳材料限制电流密度的特点。但如今双金属浸渍碳气凝胶电催化剂凭借优异的双机理功能已逐渐取代了单一的铂浸渍碳气凝胶电催化剂，被广泛应用于直接甲醇燃料电池（DMFC）。

锂离子电池：锂离子电池是一种二次电池，它的主要工作原理就是锂离子在正极和负极之间来回移动产生电流，这就需要电池的正负极能够让锂离子轻易地进行嵌入和脱嵌，而碳气凝胶高孔隙率的特点有助于这种循环的进行。现阶段，碳气凝胶在锂离子电池中的应用主要集中在两个方面：①作为锂离子电池的导电剂；②作为锂离子电池的电极材料。杨伟等用不同的干燥方法来制备碳气凝胶并将其作为导电剂，在对锂-二氧化锰电池大电流放电性能的测试中发现，以 CO_2 超临界干燥制备的碳气凝胶作为导电剂的电池放电比容量最大，$100mA$ 恒流放电比容量达到 $101.0mA \cdot h/g$，明显高于商业乙炔黑导电剂（$76.7mA \cdot h/g$）。虽然碳气凝胶作为导电剂具有良好的性能，但它更多是被直接用作电极材料。Yang 等根据 H_3PO_4 的孔隙形成和扩大效应制备了介孔活性炭气凝胶（MACA），其在保持高比表面积（$2162m^2/g$）的同时仍拥有高达 92% 的孔隙率，使其在高倍率充放电的情况下拥有更好的传质能力。电化学测试结果表明，在 $0.1A/g$ 的电流密度下，该材料的比容量高达 $6100mA \cdot h/g$，明显优于其他非晶碳材料和商业石墨阳极。

超级电容器：超级电容器是一种新型绿色储能器件，具有充电速度快、充放电效率高、低温性能优越等优点。碳气凝胶材料保持了碳材料高的导电性，因此被广泛用作超级电容器电极材料。此外，其丰富的孔隙率、高的比表面积和三维交联的多孔结构能够有效缩短电子/离子传输路径，进而表现出高的电化学性能。Cheng 等对天然棉花进行碳化并用 KOH 活化处理，制备了具有高比表面积和良好机械柔韧性的碳纤维气凝胶材料。该气凝胶在 $1A/g$ 时提供了高达 $283F/g$ 的比电容，并在 $100A/g$ 的大电流密度下表现出 79% 的电容保持率。近年来，许多研究学者通过在碳气凝胶中添加赝电容金属氧化物材料，进一步提高碳气凝胶材料的电化学性能。

4.6.2　催化剂与载体

碳气凝胶材料因其比表面积大、电化学性能稳定以及导电性优良等特点，常被用作燃料电池催化剂或催化剂载体材料。传统燃料电池的催化剂大多是由贵金属铂、钌等研磨成粉末，添加黏合剂后涂敷在导电载体上。粉末状活性物质经常被用作多相催化剂，然而纳米颗粒容易聚集，这严重影响了其性能。此外，纳米活性物质在水溶液中的损耗是实际应用的一个主要限制。作为规避这些问题的一种方式，碳气凝胶最近引起了科研人员的兴趣。其大的比表面积和宏观形貌使得活性物质能够均匀地固定在基底上。包括中孔和大孔在内的大规模多孔网络有利于活性物质的负载，而不会堵塞孔隙。此外，产物和副产物很容易通过高孔隙率从反应体系中除去。碳气凝胶的显著导电性也有助于提高催化性能。Yi 等以 ZIF-8 为前驱体，同时加入羧甲基纤维素作为黏结剂，通过冷冻干燥得到一种泡沫状复合材料，经高温碳化获得具有超低密度的 ZIF-8 衍生的氮掺杂碳气凝胶材料。该气凝胶表现出高效的氧还原反应活性以及优异的稳定性。与纯 ZIF-8 碳化样品相比，半波电位和极限电流密度都得到显著提升。这主要是由于碳气凝胶的多级孔结构加速了电解质及 O_2 与活性中心的接触。

4.6.3 气体存储

碳气凝胶在气体存储和分离方面具有巨大的潜力，这归功于碳气凝胶结构中气体分子的小尺寸和孔径的窄而均匀分布。均匀微孔由于其较小的动力学直径和兰纳-琼斯势，对气体分子的物理吸附具有较高的亲和力。此外，由于吸附剂和气体分子之间亲和力的提高，金属原子或杂原子被引入到碳气凝胶中以增加吸氢量。这是通过化学吸附实现的，化学吸附是吸附剂和气体分子之间的化学作用。官能化和杂原子的引入还通过增加吸附剂表面对 CO_2 分子的亲和力来增强二氧化碳的捕获。因此，碳气凝胶由于易于控制其多孔结构和分子水平的设计，是一种很有前途的气体储存吸附剂。Kim 等报道了用于高度选择性和可再生 CO_2 吸附剂的氮化碳功能化多孔还原氧化石墨烯气凝胶（CNA）。气体分子与吸附剂之间的强相互作用通常导致重现性较差，尽管它增强了 CO_2 的容量和选择性。因此，重要的是要平衡大 CO_2 容量的吸附能与容易捕获和释放气体分子的位置。CNA 的比表面积和孔体积分别为 $450m^2/g$ 和 $1.5cm^3/g$。就 CO_2 捕获而言，CO_2 在 300K（1bar）下，CNA 的吸收量为 4.2mmol/g。在五个再生循环后，它在 300K 和 1bar 下的气体成分为 10%CO_2/90%N_2（v/v）时，保留了其 97.6% 容量的选择性。

4.6.4 吸附

人类活动释放了大量的工业油、染料、有毒有机化合物以及重金属离子，例如铬（Cr）、铅（Pb）、汞（Hg）、铜（Cu）、镉（Cd）和钴（Co）。废物的这种排放造成了生态系统的严重污染，对人体健康和生态环境都有危害。碳气凝胶因其优越的性能而被认为是去除挥发性有机化合物的潜在吸附剂。Han 等构建了一种三维分层多孔石墨烯气凝胶，用于高效吸附和预富集化学试剂。与普通石墨烯气凝胶相比，在相对湿度较高的条件下，所制备的气凝胶对挥发性有机化合物具有更高的吸附能力。这种能力是由于三维分层多孔结构促进了污染气体的扩散，并通过疏水相互作用扩大了挥发性有机化合物分子与活性吸附位点之间的相互作用。煤炭燃烧发电和供暖都会释放出大量的 CO_2，是温室气体的重要来源。在 21 世纪，CO_2 浓度的增加成为人类面临的最严重的问题之一。OH 等构建了一种还原氧化石墨烯气凝胶，经功能化后，在 1.0 个大气压、25℃条件下，CO_2 捕集能力达到 0.43mmol/g，且具有较高的选择性，如图 4-44 所示。同时，98% 的 CO_2 可以通过简单的压力波动轻松解吸。离散傅里叶变换（DFT）分析发现，通过石墨化氮化碳微孔边缘诱导的偶极子相互作用，提高了CO_2吸附容量、选择性和再生能力。

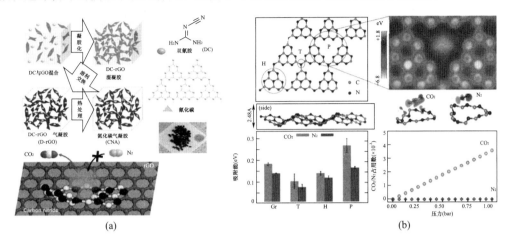

图 4-44 氮化碳气凝胶的合成和表征

（a）氮化碳气凝胶（CNA）的合成工艺；（b）氮化碳气凝胶吸附气体的 DFT 分析

4.6.5 隔热与阻燃

碳气凝胶的独特特性之一是导热系数的可控性。此功能使它们适合用作热绝缘体或阻燃剂。隔热的重要性随着对建筑能效的日益关注和航空航天领域的关注而增长。因此，对导热系数低于包括发泡聚苯乙烯（EPS）和聚氨酯（PU）在内的当前可用材料的需求已经增加。EPS 的导热系数为 $0.03\sim0.04W/(m \cdot K)$。PU 和玻璃纤维的导热系数分别为 $0.02\sim0.03W/(m \cdot K)$ 和 $0.03\sim0.04W/(m \cdot K)$。由于克努森效应，具有小孔径（$<100nm$）的碳气凝胶通常显示出低导热性。当气体分子被限制在直径小于 1bar 的气体分子的平均自由程（70nm）的孔中时，会观察到 Knudsen 效应。从上述的属性来看，有许多研究报道了相关碳气凝胶的隔热和阻燃的应用。

4.6.6 军事应用

碳气凝胶在需要特殊微结构和物理特性的各领域中起到了重要作用，表现出了巨大的发展潜力，在对材料要求极高的军事领域，碳气凝胶也具有广阔的应用前景。通过对中外文献的深入调研，介绍了碳气凝胶在军用材料领域的应用技术研究最新进展，包括超级电容器电极材料、烟幕材料、隐身材料、隔热材料、装甲防护材料等。

4.6.6.1 电容器电极材料

超级电容器是一种新型储能元件，具有能量密度高、充电速度快、适应温度范围宽、使用寿命长等技术特点，在脉冲激光武器、雷达、电子对抗系统、装甲车等领域具有巨大的应用潜力。目前用作超级电容器电极的材料多种多样，如碳基化合物、金属氧化物、导电聚合物等。与这些材料相比，碳气凝胶具有三个明显的优势：①比表面积大，这意味着它有更多的反应活性位点；②孔径可调，孔径大小以及颗粒大小能够影响离子传输速度，碳气凝胶可以通过改变反应条件（催化剂浓度、反应物浓度等）进行孔径控制；③较高的电化学稳定性和电导率。

超级电容器大多选择多孔并且具有巨大比表面积的材料做电极以获得超大的容量。早在 1994 年，王珏就提出碳气凝胶具有结构连续、电导率高、比表面积大等突出特点，可以作为超级电容器、电池的新一代电极材料。近十年来在这一领域成果较多，天津大学李现红通过常压干燥合成了碳气凝胶，用氧化性酸活化，在放电电流密度为 $10mA/cm^2$ 时，碳气凝胶电极的比电容为 230.9F/g。Wang 在 500℃下活化半碳化的碳气凝胶，得到的活化碳气凝胶比表面积高达 $3247m^2/g$，在扫描速率为 10mV/s 时，比电容量为 244F/g。Liu 等用 CO_2 和 KOH 同时对碳气凝胶进行了活化增孔，成功制备了具有三级孔径分布的多孔碳气凝胶，在电流密度为 0.5A/g 时，比电容量可达 250F/g，电流密度增加 40 倍后比电容量仍有 198F/g，电化学性能出色。

相比于超级电容器的其他电极材料，碳气凝胶存在一个不足之处——比电容相对较小。除了使用不同的活化物质，调节活化温度等方法来提高碳气凝胶比电容，还有一个方法，就是将碳气凝胶与导电聚合物或者金属氧化物复合。李亚捷将硝酸活化后的碳气凝胶与聚吡咯复合，在扫描速率为 5mV/s 时，复合电极比电容量达 311F/g。Zhuo 等使用分级多孔碳气凝胶作为聚吡咯的载体，复合电极比电容为 387.6F/g，循环稳定性好，10000 次循环后电容保持率为 92.6%。Sun 将 CO_2 活化后的碳气凝胶与二氧化钌纳米粒子复合，制备了碳气凝胶/二氧化钌复合材料，产物在 3MKOH 溶液中，电流密度为 1A/g 时，比电容可达 433F/g，2000 次循环后电容保持率为 91.5%。

4.6.6.2　烟幕材料

未来信息化战场上，种类繁多的光电探测设备将密布战场的各个角落，严重威胁作战人员、装备的安全。烟幕是一种效费比高、使用方便、制备简单的光电对抗手段，可以达到迷惑敌人、隐蔽自身的效果。传统烟幕材料存在着遮蔽效果差、持续时间短、干扰波段窄等问题，寻找开发高效率、长时间、多波段的烟幕材料是解决传统材料存在的问题的有效途径。碳气凝胶轻质多孔，其孔洞尺寸可以控制在纳米级和微米级，这种亚波长结构在电磁波的照射下会强烈影响碳气凝胶骨架中电子的受迫振动。当碳气凝胶中的电子与入射光的电磁共振耦合时，由这些三维无序微孔组成的界面就会强迫电子在狭窄的空间里振动，随着电子在狭窄空间中的碰撞的增加，强制振动的振幅有效地减小。碳气凝胶具有较高的电导率，可以通过掺杂其他物质进一步提高。碳气凝胶是世界上密度最低的固体材料，其高孔隙率、高比表面积、可控尺寸，使碳气凝胶在空中的悬浮性比传统的金属颗粒更好，形成的烟幕持续时间更长。目前对于碳气凝胶应用于烟幕材料的研究较少，是一个刚开始发掘的领域，但是根据已有的资料不难看出碳气凝胶在烟幕干扰领域具有很好的应用前景。

刘禹廷等直接将碳气凝胶和碳纤维混合，将 33g 混合物喷洒至光程 2.1m、容积 16.5m^3 的烟箱中，研究混合物对红外（1～3μm、3～5μm、8～14μm）、10.6μm 激光及毫米波（3mm、8mm）的衰减性能。结果表明：多频谱干扰剂对红外（1～3μm、3～5μm、8～14μm）的衰减率均大于 95%，对 10.6μm 激光的衰减率大于 94%，对 3mm 波和 8mm 波的最大衰减值分别为 -10.73dB 和 -6.89dB。Wu 用高压空气喷嘴将 6g 经过二氧化硅改性的石墨烯气凝胶（SMGA）微颗粒以 40L/min 的流速喷入有效体积为

$6m^3$、光程 3m 的烟箱中，SMGA 微颗粒在空气中可以漂浮 15min，并且在前 5min 衰减率为 99％。张恩爽用布撒装置将 20g 石墨烯掺杂量为 7％的碳气凝胶（7％G-CA）粉体释放到有效体积为 $20m^3$、光程 6.1m 的烟箱中。在布撒初期和布撒 20min 后，对红外光和可见光均具有 97％和 94％以上的遮蔽率；对于毫米波，在布撒初期和布撒 10min 以后，分别具有 75％和 65％以上的遮蔽率。G-CA 粉体具有良好的分等级微纳米结构及高导电性和超低密度，该微观结构与组成的协同作用使其呈现出优异的多波段、长时有效的电磁干扰性能，有望扩展和延伸传统烟幕材料的应用范围。

4.6.6.3　隐身材料

当今世界的军事强国不仅在本土部署强大的雷达网络系统，还在空中部署预警机，在水下部署声呐，在太空还有预警卫星。这些侦查设备共同组成了一张强大的预警网络，对飞机、导弹、舰船等进攻手段构成了严重威胁。为了提高飞机、导弹、舰船等军事装备的生存能力，装备的隐身性能已经成为衡量其战斗力的重要指标。隐身一般通过隐身结构或者隐身材料来实现。隐身材料可以改变目标的表面特征及电磁吸收性能、降低目标的光辐射特性和微波反射特性、提高武器装备战时生存能力，是隐身技术中的重要组成部分。隐身材料一般要求涂层薄、质量轻、频带宽、吸收强以及具有良好的耐温、耐湿、抗腐蚀等性能。基于碳气凝胶独特的结构和性质不难看出，它能够满足隐身材料的大部分要求，有望发展出基于碳气凝胶的新型隐身材料。

席嘉彬研究了石墨烯气凝胶膜的电磁屏蔽性能，发现其膨胀程度越大，电磁屏蔽性能越好。Zeng 制备了超轻、高弹性还原氧化石墨烯/木素衍生复合碳气凝胶，该气凝胶具有排列整齐的微米级孔隙和细胞壁，在 $2.0\sim8.0mg/cm^3$ 的超低密度下对 X 波段雷达波具有 $-49.2\sim-21.3dB$ 的高电磁干扰屏蔽性能。Wan 等发现针铁矿/碳气凝胶复合材料在 Fe^{3+}/Fe^{2+} 浓度为 0.01M 时，对 X 波段雷达波的电磁屏蔽性能最高为 $-34.0dB$，而纯针铁矿只有 $-5.9dB$。当使用较高或较低的 Fe^{3+}/Fe^{2+} 浓度时，复合材料电磁干扰屏蔽性能降低。Zhao 制备了酚醛树脂增强的多孔石墨烯气凝胶，其电导率高达 73S/m，在 X 波段电磁干扰屏蔽性能良好，为 $-35dB$，酚醛树脂增强石墨烯气凝胶在制备用作隐身材料的高性能聚合物纳米复合材料方面具有巨大的潜力。

4.6.6.4　隔热材料

始于 20 世纪 50 年代发展的高超音速技术，是世界上所有的航天大国都极其重视的技术，各个国家都在这一领域投入了大量的人力物力。高超声速飞行器的超燃冲压发动机燃烧室内温度可达 2000℃以上，普通材料很难在这种环境下正常工作。除此之外，导弹固体火箭发动机喷管低烧蚀的新要求，以及卫星推力室燃烧器的耐高温要求等需求，使得寻找超级隔热材料成为航空航天材料领域的研究热点。

气凝胶是常用的隔热材料之一，其极低的导热系数源于其低密度和高孔隙率。SiO_2 气凝胶是最先被制造出来的气凝胶，关于 SiO_2 气凝胶用作高温隔热材料的研究和应用很多。但是 SiO_2 气凝胶在高温时对波长为 $3\sim8\mu m$ 的近红外热辐射具有较强的透过性，其高温隔热效果还待改善。相比之下，碳气凝胶具有更高的热稳定性，在惰性气氛下 3000℃时仍能够保持介孔结构，且密度低于 $0.4g/cm^3$。而且，碳气凝胶具有很高的红外消光系数，超过 $1000m^2/kg$，而 SiO_2 气凝胶掺杂遮光剂后仅为 $50m^2/kg$，说明碳气凝胶具有很强的红外辐射遮挡作用，透过碳气凝胶的辐射热很小。因此，碳气凝胶极有潜力作为新一代耐超高温的高性能隔热材料，应用于高超声速飞行器的超燃冲压发动机燃烧室和导弹固体火箭发动机喷管。碳气凝胶的导热系数由固态导热系数、气态导热系数、辐射导热系数、耦合导热系数四部分组成，而且每一部分会随着外界条件的变化而变化，其导热系数组成部分的传热方式及其材料本身的影响因素概括见表 4-4。除了表格中的影响因素，还有工作气氛、使用温度、压力等外界因素。所以实际使用时要根据碳气凝胶的使用温度设计合适的密度，例如在空气中 $100\sim300℃$ 时，密度为 $66mg/cm^3$ 的气凝胶的导热系数最低，对于 $1600℃$ 以上应用，合适的密度在 $0.1\sim0.15g/cm^3$，而孔径和颗粒尺寸越小越好。Wiener 经过研究指出，碳气凝胶在 $1773K$ 的真空中导热系数为 $0.09W/(m·K)$，在 $0.1MPa$ 氩气环境中导热系数为 $0.12W/(m·K)$，并且指出在高温条件下是固态导热系数占主导地位。

表 4-4 碳气凝胶的导热系数组成及其影响因素

组成部分	传热方式	影响因素
固态导热系数	声子导热 电子导热	密度 声子平均自由程 微晶尺寸 电导率 孔径
气态导热系数	气体分子碰撞	孔隙率 气体平均自由程
辐射导热系数	电子导热	比消光系数
耦合导热系数	固态-气态 固态-腐蚀	孔径

2003 年，美国空军实验室测试了抗氧化陶瓷包裹碳气凝胶充填泡沫碳形成的复合材料的热防护性能。碳气凝胶填充碳泡沫，采用常压干燥制备，密度为 $0.07g/cm^3$，其导热系数与航天飞机及高空飞行器所用的氧化铝陶瓷隔热瓦相当，二者即使在 $1593℃$ 的高温下仍具有很低的导热系数，碳气凝胶填充碳泡沫的导热系数为 $0.5W/(m·K)$，氧化铝陶瓷隔热瓦的导热系数为 $0.3W/(m·K)$。但是作为航天飞机或者高空飞行器所需的热防护材料，材料的密度和使用温度上限也是非常重要的指标。氧化铝隔热瓦的密度为 $0.19g/cm^3$，最高使用温度可达 $1593℃$，而碳气凝胶填充碳泡沫的密度仅 $0.07g/cm^3$，使用温度可提高到 $2204℃$，这对于"为减轻每一克质量而奋斗"的设计师来说是极大的优点。所以，综合来说碳气凝胶填充碳泡沫用作高温隔热材料的效果并不逊色于传统的氧化铝陶瓷。

4.6.6.5 装甲防护材料

随着科技的发展，各种反装甲武器的威力越来越大，对各种军用车辆、舰船产生了巨大的威胁。在伊拉克战争中，美军因车辆遭袭导致的人员伤亡约占总伤亡人数的 1/5。这就要求装甲的防护能力进一步提高，但不能因此增加过多的负重，影响装备的载重和机动性。因此，研制轻质、抗冲击性能良好的防护材料就显得尤为重要。国内外学者对气凝胶用作军用装备的防护材料做了一些研究。比如，Katti 对气凝胶进行静态压缩，研究其压缩过程的形变，结果表明气凝胶是一种吸能缓冲材料。Luo 对气凝胶进行动态压缩，发现其具有显著的应变强化效应。Howard 通过起爆的高能炸药产生压力为100kbar 的高压冲击波，发现冲击波最初传输到气凝胶时是非常窄和平坦的，但随着传播而扩散和弯曲。国内在这方面也开展了一些基础研究。杨杰通过高速摄影方法，研究发现玻璃纤维增强的气凝胶在子弹冲击作用下会发生爆炸，改变了应力状态并消耗大量能量；他还研究了碳气凝胶的防弹性能，实验结果表明硅气凝胶和碳气凝胶的防弹性能相当，而且碳气凝胶的动态压缩性能比硅气凝胶好。童潇将厚度比分别为 10∶1、10∶2、10∶3、10∶4、10∶5 的钢板与横截面为六边形网格的碳气凝胶以层叠交替方式排布，采用环氧树脂胶粘剂，以钢板封边并与层叠的钢板铆接或者焊接成型制成一种抗冲击性强、成本低、质量轻的装甲板。虽然目前对于碳气凝胶的抗弹性能的研究比较少，但是从已有的资料中仍然可以看出碳气凝胶具有用作装甲防护材料的潜力。气凝胶极低的密度和高孔隙率导致其强度低、脆性大、易塌陷，作为装甲防护材料力学性能还有待提高。为了提高碳气凝胶的力学性能，使其更好地用作装甲防护材料，可以采取纤维增强的方法。纤维增强碳气凝胶力学性能的主要原理是纤维的加入可以产生裂纹偏转、纤维脱粘、纤维拔出、纤维桥联等增韧机制，增加复合材料所能吸收的破坏能量。用碳纤维增强碳气凝胶有许多优点，碳纤维可以显著提高碳气凝胶的机械强度和流动性，还可以在热解过程中抑制碳气凝胶的线性收缩。例如，Fu 利用碳纤维增强了低密度碳气凝胶的结构，产物的抗压强度是原始碳气凝胶的两倍。谈娟娟制备了碳纤维针刺毡增强型碳气凝胶，并对其进行了抗弯强度和抗压强度测试，结果也显示碳纤维针刺毡增强了碳气凝胶的抗弯和抗压强度。

参考文献

[1] ISTLER S S. Coherent expanded aerogels and jellies [J]. Nature, 1931, 127 (3211): 741.

[2] 魏燕红. 多功能碳气凝胶的结构与性能研究 [D]. 成都：四川师范大学，2018.

[3] PEKALA R W, ALVISO C T, KONG F M, et al. Aerogels de-rived from multifunctional organic monomers [J]. Non-Crystalline Solids，1992，145：90-98.

[4] 杨鹜. 碳气凝胶及其复合材料的制备 [D]. 安徽：中国科学技术大学，2020.

[5] 孙超. 酚醛树脂基有机气凝胶及碳气凝胶的低成本制备及结构控制 [D]. 上海：华东理工大学，2014.

[6] NAJEH I, MANSOUR B N, MBARKI M. Synthesis and characterization of electrical conducting porous carbon structures based on resorcinol-formaldehyde [J]. Solid State Sciences, 2009, 11 (10): 1747-1751.

[7] MUKAI S R, TAMITSUJI C, NISHIHARA H, et al. Preparation of mesoporous carbon gels from an inexpensive combination of phenol and formaldehyde [J]. Carbon, 2005, 43 (12): 2628-2630.

[8] WU D C, FU R W, SUN Z Q, et al. Low-density organic and carbon aerogels from the sol-gel poly-merization of phenol with formaldehyde [J]. Journal of Non-Crystalline Solids, 2005, 351 (10/

11）：915-921.

[9] LONG D H, LIU X J, QIAO W M, et al. Molecular design of polymer precursors for controlling microstructure of organic and carbon aerogels [J]. Journal of Non-Crystalline Solids, 2009, 355 (22/23)：1252-1258.

[10] 易东，刘秘，周贵方，等. 苯酚-三聚氰胺-甲醛气凝胶的制备与表征研究 [J]. 功能材料，2017，48（4）：4141-4144.

[11] GRISHECHKO L I, AMARAL-LABAT G, SZCZUREK A, et al. Lignin-phenol-formaldehyde aerogels and cryogels [J]. Microporous and Mesoporous Materials, 2013, 168：19-29.

[12] AMARAL-LABAT G, GRISHECHKO L I, FIERRO V, et al. Tannin-based xerogels with distinctive porous structures [J]. Biomass and Bioenergy, 2013, 56：437-445.

[13] SZCZUREK A, AMARAL-LABAT G, FIERRO V, et al. The use of tannin to prepare carbon gels. Part I : Carbon aerogels [J]. Carbon, 2011, 49（8）：2773-2784.

[14] SZCZUREK A, AMARAL-LABAT G, FIERRO V, et al. The use of tannin to prepare carbon gels. Part II. Carbon cryogels [J]. Carbon, 2011, 49（8）：2785-2794.

[15] REY-RAAP N, SZCZUREK A, FIERRO V, et al. Advances in tailoring the porosity of tannin-based carbon xerogels [J]. Industrial Crops and Products, 2016, 82：100-106.

[16] WAN C C, Lu Y, JIAO Y, et al. Fabrication of hydrophobic, electrically conductive and flam-resistant carbon aerogels by pyrolysis of regenerated cellulose aerogels [J]. Carbohydrate Polymers, 2015, 118：115-118.

[17] 叶长收. 高韧性碳气凝胶复合材料及其点阵结构的设计与表征 [D]. 北京：北京交通大学，2021.

[18] GUARÍN-ROMERO J R, RODRÍGUEZ-ESTUPIÑÁN P, GIRALDO L, et al. Study of adsorption of CO_2 and CH_4 on resorcinol-formaldehyde aerogels at high pressures [J]. Journal of Chemical & Engineering Data, 2019, 64（12）：5263-5274.

[19] MOON C W, KIM Y, IM S S, et al. Effect of activation temperature on CO_2 capture behaviors of resorcinol-based carbon aerogels [J]. Bulletin of the Korean Chemical Society, 2014, 35（1）：57-61.

[20] ELLO A S, YAPO J A, TROKOUREY A. N-doped carbon aerogels for carbon dioxide（CO_2）capture [J]. African Journal of Pure and Applied Chemistry, 2013, 7（2）：61-66.

[21] LIU Q, HE P P, QIAN X C, et al. Carbon aerogels synthesizd with cetyltrimethyl ammonium bromide（CTAB）as a catalyst and its application for CO_2 capture [J]. Zeitschrift Für Anorganische Und Allgemeine Chemie, 2018, 644（3）：155-160.

[22] 周亚兰，闫雯，罗路，等. 酚醛基炭气凝胶的研究进展 [J]. 化工进展，2022，41（4）：1970-1981.

[23] MARQUES L M, CARROTT P J M, CARROTT M M L R. Carbon aerogels used in carbon dioxide capture [J]. Boletín del Grupo Español del Carbón 2016（40）：9-12.

[24] PANDEY A P, BHATNAGAR A, SHUKLA V, et al. Hydrogen storage properties of carbon aerogel synthesized by ambient pressure drying using new catalyst triethylamine [J]. International Journal of Hydrogen Energy, 2020, 45（55）：30818-30827.

[25] DOU B J, LI J J, WANG Y F, et al. Adsorption and desorption performance of benzene over hierarchically structured carbon-silica aerogel composites [J]. Journal of Hazardous Materials, 2011, 196：194-200.

[26] 冯军宗. 炭气凝胶及其隔热复合材料的制备与性能研究 [D]. 长沙：国防科学技术大学，2012.

[27] KABBOUR H, BAUMANN T, SATCHER J, et al. Toward new candidates for hydrogen storage: High-surface-area carbon aerogels [J]. Chem Mater, 2006, 18: 6085-6087.

[28] GOSALAWIT-UTKE R, MILANESE C, JAVADIAN P, et al. 2LiBH$_4$-MgH2-0.13TiCl$_4$ confined in nanoporous structure of carbon aerogel scaffold for reversible hydrogen storage [J]. Journal of Alloys and Compounds, 2014, 599 (25): 78-86.

[29] PEKALA R. Organic aerogels from the polycondensation of resorcinol with formaldehyde [J]. Journal of Materials Science, 1989, 24 (9): 3221-3227.

[30] HU L, HE R, LEI H, et al. Carbon aerogel for insulation applications: a review [J]. International Journal of Thermophysics, 2019, 40 (4): 39.

[31] AN H, WANG Y, WANG X Y, et al. Polypyrrole/carbon aerogel composite materials for supercapacitor [J]. Journal of Power Sources, 2010, 195 (19): 6964-6969.

[32] TASHIMA D, TANIGUCHI M, FUJIKAWA D, et al. Performance of electric double layer capacitors using nanocarbonsproduced from nanoparticles of resorcinol-formaldehyde polymers [J]. Materials Chemistry& Physics, 2009, 115 (1): 69-73.

[33] WEN Z B, QU Q T, GAO Q, et al. An activated carbon with high capacitance from carbonization of a resorcinol-formaldehyde resin [J]. Electrochemistry Communications, 2009, 11 (3): 715-718.

[34] REJITHA K S, ABRAHAM P A, PANICKER N P R, et al. Roleof catalyst on the formation of resorcinol-furfural based carbon aer-ogels and its physical properties [J]. Advances in Nanoparticles, 2013, 2 (2): 99-103.

[35] WU D C, FU R W, ZHANG S T, et al. Preparation of low-densi-ty carbon aerogels by ambient pressure drying [J]. Carbon, 2004, 42 (10): 2033-2039.

[36] TAMON H, ISHIZAKA H, YAMAMOTO T, et al. Influence of freeze-drying conditions on the mesoporosity of organic gels as carbon precursors [J]. Carbon, 2000, 38 (7): 1099-1105.

[37] 杨喜，刘杏娥，马建锋，等. 生物质基碳气凝胶制备及应用研究 [J]. 材料导报，2017，31 (7): 45-53.

[38] PAKKO M, ANKERFORS H K, NYKANEN A, et al. Enzymatic hydrolysis combined with mechanical shearing and high-pressure homogenization for nanoscale cellulose fibrils and strong gels. [J]. Biomacromolecules, 2007, 8 (6): 1934-1941.

[39] WU Z, LIANG H, LI C, et al. Dyeing bacterial cellulose pellicles for energetic heteroatom doped carbon nanofiber aerogels [J]. Nano Research, 2014, 7 (12): 1861-1872.

[40] HU Y, TONG X, ZHUO H, et al. 3D hierarchical porous N-doped carbon aerogel from renewable cellulose: an attractive carbon for high-performance supercapacitor electrodes and CO$_2$ adsorption [J]. RSC Advances, 2016, 6 (19): 15788-15795.

[41] ZU G, SHEN J, ZOU L, et al. Nanocellulose-derived highly porous carbon aerogels for supercapacitors [J]. Carbon, 2016, 99: 203-211.

[42] SHOECJ J, DAVIES R J, MARTEL A, et al. Na-cellulose formation in a single cotton fiber studied by synchrotron radiation microdiffraction [J]. Biomacromolecules, 2007, 8 (2): 602-610.

[43] PORRO F, BEDUE O, CHANZY H, et al. Solid-state 13C NMR study of na-cellulose complexes. [J]. Biomacromolecules, 2007, 8 (8): 2586-2593.

[44] CAI J, ZHANG L, CHANG C, et al. Hydrogen-bond-induced inclusion complex in aqueous cellulose/LiOH/urea solution at low temperature [J]. Chemphyschem: a European Journal of Chemical Physics and Physical Chemistry, 2007, 8 (10): 1572-1579.

[45] LI L，LIN Z B，YANG X，et al. A novel cellulose hydrogel prepared from its ionic liquid solution [J]. Chinese Science Bulletin，2009，54（9）：1622-1625.

[46] MI Q，MA S，YU J. Flexible and transparent cellulose aerogels with uniform nanoporous structure by a controlled regeneration process [J]. ACS Sustainable Chemistry Engineering，2016，4（3）：656-660.

[47] WANG Y，ZHU L，ZHU F Y，et al. Removal of organic solvents/oils using carbon aerogels derived from waste durian shell [J]. Journal of the Taiwan Institute of Chemical Engineers，2017，78：351-358.

[48] WAN C C，LU Y，JIAO Y，et al. Fabrication of hydrophobic，electrically conductive and flame-resistant carbon aerogels by pyrolysis of regenerated cellulose aerogels [J]. Carbohydrate Polymers，2015，118：115-118.

[49] MARIN M A，MALLEPALLY R R，MCHUGH M A. Silk fibroinaerogels for drug delivery applications [J]. Super-critical Fluids，2014，91：84-89.

[50] 牛圣杰，陈林，冯祥艳，等. 酚醛基碳气凝胶的常压制备及电化学应用 [J]. 材料科学与工程学报，2021，39（4）：541-546，574.

[51] GARC-GONZALEZ C A，UY J J，ALNAIEF M，et al. Prepa-ration of tailor-made starch-based aerogel microspheres by the e-mulsion-gelation method [J]. Carbohydrate Polymers，2012，88（4）：1378-1386.

[52] LI Y Q，SAMAD Y A，POLYCHRONOPOULOU K，et al. Carbon aerogel from winter melon for highly efficient and recyclable oils and organicsolvents absorption [J]. ACS Sustainable Chemistry & Engineering，2014，2（6）：1492-1497.

[53] MENG Y，YOUNGT T M，LIU P，et al. Ultralight carbon aerogel from nanocellulose as a highly selective oil absorption material [J]. Cellulose，2015，22（1）：435-447.

[54] HAN S J，SUN Q F，ZHENG H H，et al. Green and facile fabri-cation of carbon aerogels from cellulose-based waste newspaper for solving organic pollution [J]. Carbohydrate Polymers，2016，136（11）：95-100.

[55] ZHANG J P，LI B C，LI L X，et al. Ultralight，compressible and multifunctionalcarbon aerogels based on natural tubular cellulose [J]. Journal of Materials Chemistry A，2016，4：2069-2074.

[56] WU Z Y，LI C，LIANG H W，et al. Carbon nanofiber aerogels for emergent cleanup of oil spillage and chemical leakage under harsh conditions [J]. Scientific Reports，2013，4：4079.

[57] 任萌，曲志倩，谭笑，等. PDMS/Fe$_3$O$_4$/还原氧化石墨烯气凝胶复合材料的合成及其油水分离应用研究 [J]. 环境科学研究，2021，34（9）：2173-2181.

[58] DAI J，ZHANG R，GE W，et al. 3D macroscopic superhydrophobic magnetic porous carbon aero-gel converted from biorenewable popcorn for selective oil-water separation [J]. Materials Design，2018，139：122-131.

[59] HE J，ZHAO H，LI X，et al. Superelastic and superhydrophobic bacterial cellulose/silica aerogels with hierarchical cellular structure for oil absorption and recovery [J]. Journal of Hazardous Materials，2018，346：199-207.

[60] ZHAO L，LI L L，WANG Y，et al. Preparation and characterization of thermo-and pH dual-responsive 3D cellulose-based aerogel for oil/water separation [J]. Applied Physics A，2018，124（1）：1-9.

[61] 刘守新，鄂雷，李伟，等. 炭气凝胶研究现状及其发展前景 [J]. 林业工程学报，2017，2（2）：1-8.

[62] WU Z Y, LI C, LIANG H W. I Ultralight, flexible, and fire-resistant carbon nanofiber aerogels from bacterial cellulose [J]. Angewandte Chemie, 2013, 52 (10): 2925-2929.

[63] ZHANG P, GONG Y, WEI Z, et al. Updating biomass into functionalcarbon material in ionothermal manner [J]. ACS Applied Materials & Interfaces, 2014, 6 (15): 12515-12522.

[64] MALDONADO-HODAR F, MORENO-CASTILLA C, PEREZ-CADENAS A F. Catalytic combustion of toluene on platinum-con-taining monolithic carbon aerogels [J]. Applied Catalysis B: Environmental, 2004, 54 (4): 217-224.

[65] WU D C, FU R W. Synthesis of organic and carbon aerogels fromphenol-furfural by two-step polymerization [J]. Microporous Meso-porous Materials, 2006, 96 (1/2/3): 115-120.

[66] ABRAHAM D, NAGY B, DOBOS G, et al. Hydroconversion ofacetic acid over carbon aerogel supported molybdenum catalyst [J]. Microporous Mesoporous Mater, 2014, 190 (15): 46-53.

[67] HSU S H, LIN Y F, CHUNG T W, et al. Mesoporous carbonaerogel membrane for phospholipid removal from Jatropha curcasoil [J]. Separation & Purification Technology, 2013, 109 (9): 129-134.

[68] ROBERT C, MOKAYA R. Microporous activated carbon aerogelsvia a simple subcriticaldrying route for CO_2 capture and hydrogenstorage [J]. Microporous & Mesoporous Materials, 2013, 179 (15): 151-156.

[69] 沈军, 刘念平, 欧阳玲, 等. 纳米多孔碳气凝胶的储氢性能 [J]. 强激光与离子束, 2011, 23 (6): 1518-1522.

[70] 杨曦, 付志兵, 焦兴利, 等. 超低密度碳气凝胶的制备与研究 [J]. 原子能科学技术, 2012, 46 (8): 996-1000.

[71] LU X, ARDUINI-SCHUSTER M C, KUHN J, et al. Thermal Conductivity of Monolithic Organic Aerogels Science, 1992, 255: 971-972.

[72] FANG Y, ZHENG G F, YANG J P, et al. Dual-pore mesoporous carbon@silica composite core-shell nanospheres for multidrug delivery [J]. Angewandte Chemie (International ed. in English), 2014, 53 (21): 5366-5370.

[73] LEE Y J, PARK S Y, SEO J G, et al. Nano-sized metal-doped carbon aerogel for pseudo-capacitive supercapacitor [J]. Current Applied Physics, 2011, 11 (3): 631-635.

[74] 王俊, 胡永明, 邓秋芳, 等. 炭气凝胶的常压制备及其超级电容器行为 [J]. 湖北大学学报, 2013, 35 (4): 503-506.

[75] CHENG P, LI T, YU H, et al. Biomass-derived carbon fiberaerogels as a binder-free electrode for high-rate supercapacitors [J]. The Journal of Physical Chemistry C, 2016, 120 (4): 2079-2086.

[76] LEI E, LI W, MA C, et al. CO_2-activated porous self-templated N-doped carbon aerogel derived from banana for high-performance supercapacitors [J]. Applied Surface Science, 2018, 457: 477-486.

[77] 刘晨. 壳聚糖基氮掺杂碳气凝胶催化剂的制备及电催化氧还原/析氢反应性能研究 [D]. 青岛: 青岛大学, 2022.

[78] LI Y Q, SAMAD Y A, POLYCHRONOPOULOU K, et al. Carbon aerogel from winter melon for highly efficient and recyclable oils and organic solvents absorption [J]. ACS Sustainable Chemistry and Engineering, 2014, 2 (6): 1492-1497.

[79] JIANG X C, XIANG X T, PENG S J, et al. Facile preparation of nitrogen-doped activated mesoporous carbon aerogel from chitosan for methyl orange adsorption from aqueous solution [J]. Cellulose, 2019, 26 (7): 4515-4527.

［80］LI J H，CHENG R，CHEN J A，et al. Microscopic mechanism about the selective adsorption of Cr（Ⅵ）from salt solution on nitrogen-doped carbon aerogel microsphere pyrolysis products［J］. Science of the Total Environment，2021，798：149331.

［81］周晓峰. cRGD-羧甲基壳聚糖-软脂酸聚合物胶束的制备及体内外抗肿瘤药效学研究［D］. 苏州：苏州大学，2015.

［82］陈永利，王雷，李沅，等. 木质素基炭气凝胶的制备及其性能［J］. 大连工业大学学报，2022，41（2）：98-102.

［83］HAO P，ZHAO Z，LENG Y，et al. Graphene-based nitrogen self-doped hierarchical porous carbon aerogels derived from chitosan for high performance supercapacitors［J］. Nano Energy，2015，15：9-23.

［84］ZAPATA-BENABITHE Z，DIOSSA G，CASTRO C D，et al. Activated carbon bio-xerogels as electrodes for super capacitors applications［J］. Procedia Engineering，2016，148：18-24.

［85］徐娟. 微波辅助法快速制备木质素基碳气凝胶的研究［D］. 南京：南京林业大学，2019.

［86］AALTONEN O，JAUHIAINEN O. The preparation of lignocellulosic aerogels from ionic liquid solutions［J］. Carbohydrate Polymers，2008，75（1）：125-129.

［87］卢芸. 基于生物质微纳结构组装的气凝胶类功能材料研究［D］. 哈尔滨：东北林业大学，2014.

［88］SHI M，WEI W，JIANG Z，et al. Biomass-derived multifunctional TiO_2/carbonaceous aerogel composite as a highly efficient photocatalyst［J］. RSC Advances，2016，6（30）：25255-25266.

［89］CHANG X，CHEN D，JIAO X. Starch-derived carbon aerogels with high-performance for sorption of cationic dyes［J］. Polymer，2010，51（16）：3801-3807.

［90］ALATALO S，QIU K，PREUSS K，et al. Soy protein directed hydrothermal synthesis of porous carbon aerogels for electrocatalytic oxygen reduction［J］. Carbon，2016，96：622-630.

［91］杨伟，陈胜洲，薛建军，等. 不同碳气凝胶导电剂对 $Li-MnO_2$ 电池性能的影响［J］. 华南理工大学学报（自然科学版），2015，43（6）：37-41.

［92］YANG X Q，WEI C，ZHANG G Q. Activated carbon aerogels with developed mesoporosity as high-rate anodes in lithium-ion batteries［J］. Journal of Materials Science，2016，51（11）：5565-5571.

［93］CHENG P，LI T，YU H，et al. Biomass-derived carbon fiber aerogel as a binder-free electrode for high-rate supercapacitors［J］. The Journal of Physical Chemistry C，2016，120（4）：2079-2086.

［94］YI J D，ZHANG M D，HOU Y，et al. N-doped carbon aerogel derived from a metal-organic framework foam as an efficient electrocatalyst for oxygen reduction［J］. Chem，2019，14（20）：3642.

［95］HAN Q，YANG L，LIANG Q，et al. Three-dimensional hierarchical porous graphene aerogel for efficient adsorption and preconcentration of chemical warfare agents［J］. Carbon，2017，122：556-563.

［96］OH Y，LE V D，MAITI U N，et al. Selective and regenerative carbon dioxide capture by highly polarizing porous carbon nitride［J］. ACS Nano，2015，9（9）：9148-9157.

［97］FELLINGER T，WHITE J R，TITIRICI M，et al. Borax-mediated formation of carbon aerogels from glucose［J］. Advanced Functional Materials，2012，22（15）：3254-3260.

［98］ALHWAIGE A A，ISHIDA H，QUTUBUDDIN S. Carbon aerogels with excellent CO_2 adsorption capacity synthesized from clay-reinforced biobased chitosan-polybenzoxazine nanocomposites［J］. ACS Sustainable Chem Eng.，2016，4（3）：1286-1295.

［99］SUN G，MA L，RAN J，et al. Incorporation of homogeneous Co_3O_4 into a nitrogen-doped carbon aerogel via a facile in situ synthesis method：implications for high performance asymmetric supercapacitors [J]. Journal of Materials Chemistry，A. Materials for Energy and Sustainability，2016，4 (24)：9542-9554.

[100] ZHANG Y F，ZUO L Z，ZHANG L S，et al. Cotton wool derived carbon fiber aerogel supported few-layered MoSe₂ nanosheets as efficient electrocatalysts for hydrogen evolution [J]. ACS Applied Materials Interfaces，2016，8 (11)：7077-7085.

[101] SHOPSOWITZ K E，HAMAD W Y，MACLACHLAN M J. Chiral nematic mesoporous carbon derived from nanocrystalline cellulose [J]. Angewandte Chemie，2011，123 (46)：11183-11187.

[102] GUO Z，XIAO Z，REN G，et al. Natural tea-leaf-derived，ternary-doped 3D porous carbon as a high-performance electrocatalyst for the oxygen reduction reaction [J]. 纳米研究（英文版，2016，9 (5)：1244-1255.

[103] BORGHEI M，LAOCHAROEN N，KIBENA-PODESEPP E，et al. Porous N，P-doped carbon from coconut shells with high electrocatalytic activity for oxygen reduction：alternative to Pt-C for alkaline fuel cells [J]. Applied Catalysis B：Environmental，2017，204：394-402.

[104] LI C Q，SUN F Z，LIN Y Q. Refining cocoon to prepare (N，S，and Fe) ternary-doped porous carbon aerogel as efficient catalyst for the oxygen reduction reaction in alkaline medium [J]. Journal of Power Sources，2018，384：48-57.

[105] XU Z Y，JIANG X D，TAN S C，et al. Preparation and characterisation of CNF/MWCNT carbon aerogel as efficient adsorbents [J]. IET Nanobiotechnology，2018，12 (4)：500-504.

[106] ABE K，YANO H. Cellulose nanofiber-based hydrogels with high mechanical strength [J]. Cellulose，2012，19 (6)：1907-1912.

[107] LI J，ZHENG L，LIU H. A novel carbon aerogel prepared for adsorption of copper (Ⅱ) ion in water [J]. Journal of Porous Materials，2017，24 (6)：1575-1580.

[108] LI Z，JIA Z，NI T，et al. Adsorption of methylene blue on natural cotton based flexible carbon fiber aerogels activated by novel air-limited carbonization method [J]. Journal of Molecular Liquids，2017，242：747-756.

[109] 田秀秀. 多功能海藻酸钙碳气凝胶的制备及性能研究 [D]. 青岛：青岛大学，2019.

[110] 黄兴，冯坚，张思钊，等. 纤维素基气凝胶功能材料的研究进展 [J]. 材料导报，2016，30 (7)：9-14.

[111] GEIM A K，NOVOSELOV K S. The rise of graphene [J]. Nature Materials，2007，6 (3)：183-191.

[112] KIM H，ABDALA A A，MACOSKO C W. Graphene/polymer nanocomposites [J]. Macromolecules，2010 (43)：6515.

[113] CHEN J，SHENG K X，LUO P H，et al. Graphene hydrogels deposited in nickel foams for high-rate electrochemical capacitors [J]. Advanced Materials (Deerfield Beach，Fla.)，2012，24 (33)：4569-4573.

[114] XU Y X，SHENG K X，Li C，et al. Self-assembled graphene hydrogel via a one-step hydrothermal process [J]. ACS Nano，2010，4 (7)：4324-4330.

[115] 叶秀深，黄建成，胡耀强，等. 松针基生物质碳气凝胶-氧化石墨烯复合电极的制备及其对铷、铯电吸附行为 [J]. 应用化工，2020，49 (2)：394-398.

[116] 张洪武，韩艳辉，郭琳，等. 绿色节能背景下碳气凝胶的发展及应用 [J]. 现代化工，2021，41 (6)：60-64.

[117] 张振. 木材纳米纤维碳气凝胶电极材料的制备与性能研究 [D]. 长沙：中南林业科技大学，2019.

[118] XING W L, ZHANG M, LIANG J, et al. Facile synthesis of pinecone biomass-derived phosphor-us-doping porous carbon electrodes for efficient electrochemical salt removal [J]. Separation and Purification Technology, 2020, 251: 117357.

[119] ZHU L, YOU L J, ZHU P H, et al. High performance lithium-sulfur batteries with a sustain-able and environmentally friendly carbon aerogel modified separator [J]. ACS Sustainable Chemistry& Engineering, 2018, 6 (1): 248-257.

[120] DING J, WU X D, SHEN X D, et al. A promising form-stable phase change material composed of C/SiO₂ aerogel and pal-mitic acid with large latent heat as short-term thermal insulation [J]. Energy, 2020, 210: 118478.

[121] LUO W, ZHAO T, LI Y H, et al. A micelle fusion-aggregation assembly approach to meso-porous carbon materials with rich active sites for ultrasensitive ammonia sensing [J]. Journal of the American Chemical Society, 2016, 138 (38): 12586-12595

[122] FANG Q, SHEN Y, CHEN B. Synthesis, decoration and properties of three-dimensional gra-phene-based macrostructures: a review [J]. Chemical Engineering Journal, 2015, 264: 753-771.

[123] SHENY, ZHU C, CHEN B. Immobilizing 1-3 nm Ag nanoparticles in reduced graphene oxide aerogel as a high-effective catalyst for reduction of nitroaromatic compounds [J]. Environ Pollut, 2020, 256: 113405.

[124] CHEN Z P, REN W C, GAO L B, et al. Three-dimensional flexible and conductive interconnec-ted graphene networks grown by chemical vapour deposition [J]. Nature Materials, 2011, 10 (6): 424-428.

[125] 钟铠, 张弛, 仲亚, 等. 石墨烯气凝胶复合材料制备及吸附性能的研究进展 [J]. 工业水处理, 2019, 39 (6): 1-6, 12.

[126] VINODS, TIWARY C S, AUTRETO P A D S, et al. Low-density three-dimensional foam using self-reinforced hybrid two-dimensional atomic layers [J]. Nature Communications, 2014, 5: 4541.

[127] 刁帅, 刘会娥, 陈爽, 等. 软模板法石墨烯气凝胶的可控制备及其吸油性能 [J]. 化工进展, 2020, 39 (7): 2742-2750.

[128] QIU L, LIU J Z, CHANG L Y, et al. Biomimetic superelastic graphene-based cellular monoliths [J]. Nat Commun, 2012, 3 (4): 1241.

[129] FU R, ZHENG B, LIU J. Fabrication of activated carbon fibers/carbon aerogels composites by gelation and supercritical drying in isopropanol [J]. Journal of Materials Research, 2003, 18 (12): 2765-2773.

[130] YANG J, LI S, LUO Y. Compressive properties and fracture behavior of ceramic fiber-reinforced carbon aerogel under quasi-static and dynamic loading [J]. Carbon: An International Journal Sponsored by the American Carbon Society, 2011, 49 (5): 1542-1549.

[131] FENG J, FENG J, JIANG Y, et al. Ultralow density carbon aerogels with low thermal conduc-tivity up to 2000 ℃ [J]. Materials Letters, 2011, 65 (23/24): 3454-3456.

[132] ALATALO S, QIU K, PREUSS K, et al. Soy protein directed hydrothermal synthesis of porous carbon aerogels for electrocatalytic oxygen reduction [J]. Carbon, 2016, 96: 622-630.

[133] NGUYEN D D, TAI N H, LEE S B, et al. Superhydrophobic and superoleophilic properties of graphene-based sponges fabricated using a facile dip coating method [J]. Energy & Environmental Science, 2012, 5 (7): 7908-7912.

[134] XU Y，SHENG K，LI C，et al. Self-assembled graphene hydrogel via a one-step hydrothermal process. [J]. ACS Nano，2010，4（7）：4324-4330.

[135] FANG Q，CHEN B. Self-assembly of graphene oxide aerogels by layered double hydroxides cross-linking and their application in water purification [J]. Journal of Materials Chemistry，A. Materials for energy and sustainability，2014，2（23）：8941-8951.

[136] GUO F，JIANG Y，XU Z，et al. Highly stretchable carbon aerogels [J]. Nature Communications. 2018，9：881.

[137] SUI Z Y，CUI Y，ZHU J H，et al. Preparation of three-dimensional graphene oxide-polyethylenimine porous materials as dye and gas adsorbents [J]. ACS Applied Materials & Interfaces，2013，5（18）：9172-9179.

[138] WU S，ZHANG K，WANG X，et al. Enhanced adsorption of cadmium ions by 3D sulfonated reduced graphene oxide [J]. Chemical Engineering Journal，2015，262：1292-1302.

[139] GE Y，WANG J，SHI Z，et al. Gelatin-assisted fabrication of water-dispersible graphene and its inorganic analogues [J]. Journal of Materials Chemistry：An Interdisciplinary Journal dealing with Synthesis，Structures，Properties and Applications of Materials，Particulary Those Associated with Advanced Technology，2012，22（34）：17619-17624.

[140] ZHAO Y，HU C，HU Y，et al. A versatile, ultralight, nitrogen-doped graphene framework [J]. Angewandte Chemie，2012，124（45）：11533-11537.

[141] NIU Z，CHEN J，HNG H H，et al. Making graphene "bread": a leavening strategy to prepare reduced graphene oxide foams [J]. Advanced Materials，2012，24（30）：4143-4143.

[142] 孙怡然，杨明轩，于飞，等. 石墨烯气凝胶吸附剂的制备及其在水处理中的应用 [J]. 化学进展，2015，27（8）：1133-1146.

[143] WANG H，ZHANG D，YAN T. Three-dimensional macroporous graphene architectures as high performance electrodes for capacitive deionization [J]. Journal of Materials Chemistry，A. Materials for energy and sustainability，2013，1（38）：11778-11789.

[144] 赵强. 石墨烯基气凝胶微纳结构和表面电性调控及其去除水中污染物的性能研究 [D]. 浙江大学，2021.

[145] CHOWDHURY S，JIANG Y，MUTHUKARUPPAN S，et al. Effect of boron doping level on the photocatalytic activity of graphene aerogels [J]. Carbon，2018，128：237-248.

[146] WANG J，DUAN X，DONG Q，et al. Facile synthesis of N-doped 3D graphene aerogel and its excellent performance in catalytic degradation of antibiotic contaminants in water [J]. Carbon，2019，144：781-790.

[147] ADHIKARI B，BISWAS A，BANERJEE A. Graphene oxide-based hydrogels to make metal nanoparticle-containing reduced graphene oxide-based functional hybrid hydrogels [J]. ACS Applied Materials & Interfaces，2012，4（10）：5472-5482.

[148] CHEN J，SHENG K X，LUO P H，et al. Graphene hydrogels deposited in nickel foams for high-rate electrochemical capacitors [J]. Advanced Materials（Deerfield Beach，Fla.），2012，24（33）：4569-4573.

[149] YUAN R X，HU L，YU P，et al. Co_3O_4 nanocrystals/3D nitrogen-doped graphene aerogel：A synergistic hybrid for peroxymonosulfate activation toward the degradation of organic pollutants [J]. Chemicals & Chemistry，2018，210：877-888.

[150] QIU B C，XING M Y，ZHANG J L. Mesoporous TiO_2 nanocrystals grown in situ on graphene aerogels for high photocatalysis and lithium-ion batteries [J]. American Chemical Society，2014，

136（16）：5852-5855.

[151] DU J，LAI X，YANG N，et al. Hierarchically ordered macro-mesoporous TiO₂-graphene composite films：Improved mass transfer，reduced charge recombination，and their enhanced photocatalytic activities [J]. ACS Nano，2010，5：590.

[152] 席嘉彬. 高性能碳基电磁屏蔽及吸波材料的研究 [D]. 浙江大学，2018.

[153] 陈珩. 多孔杂原子掺杂碳材料的制备及其超级电容器性能的研究 [D]. 广州：华南理工大学，2020.

[154] 王珏，沈军. 有机气凝胶和碳气凝胶的研究与应用 [J]. 材料导报，1994（4）：54-57.

[155] 李现红. 碳材料在超级电容器中的应用 [D]. 天津：天津大学，2009.

[156] 于照亮，刘清海，张彤，等. 碳气凝胶军事应用技术研究进展 [J]. 炭素，2020（1）：17-22.

[157] WANGJ，YANG X，WU D，et al. The porous structures of activated carbon aerogels and their effects on electrochemical performance [J]. Journal of Power Sources，2008，185（1）：589-594.

[158] LIU D，SHEN J，LIU N，et al. Preparation of activated carbon aerogels with hierarchically porous structures for electrical double layer capacitors [J]. Electrochimica Acta，2013，89（Complete）：571-576.

[159] 李亚捷，倪星元，沈军，等. 聚吡咯/硝酸活化碳气凝胶复合材料在超级电容器中的应用 [J]. 功能材料，2013，44（12）：1750-1754.

[160] ZHUO H，HU Y，CHEN Z，et al. Cellulose carbon aerogel/PPy composites for high-performance super capacitor [J]. Carbohydrate Polymers，2019，215：322-329

[161] SUN J，LEI E，MA C，et al. Fabrication of three-dimensional micro tubular kapok fiber carbon aerogel/RuO₂ composites for overcapacity [J]. Electrochimica Acta，2019，300：225-234

[162] 刘禹廷，张倩，张开创，等. 多频谱干扰剂的制备及性能研究 [J]. 兵器装备工程学报，2019，40（4）：115-118.

[163] WU X H，JING L，GUO H，et al. Inner surface functionalized graphene aerogel microgranules with static microwave attenuation and dynamic infrared shielding [J]. Langmuir：The ACS Journal of Surfaces and Colloids，2018，34（30）：9004-9014.

[164] 张恩爽，吕通，刘韬，等. 石墨烯掺杂碳气凝胶粉体的制备及电磁干扰性能 [J]. 高等学校化学学报，2019，40（3）：567-575.

[165] WAN C，JIAO Y，QIANG T，et al. Cellulose-derived carbon aerogels supported goethite （α-FeOOH）nanoneedles and nanoflowers for electromagnetic interference shielding [J]. Carbohydrate Polymers，2017，156：427-434.

[166] ZENG Z，WANG C，ZGANG Y，et al. Ultralight and highly elastic graphene/lignin-derived carbon nanocomposite aerogels with ultrahigh electromagnetic interference shielding performance [J]. ACS Applied Materials Interfaces，2018，10（9）：8205-8213.

[167] WIENER M，REICHENAUER G，BRAXMEIER S，et al. Carbon aerogel-based high-temperature thermal insulation [J]. International Journal of Thermophysics，2009，30（4）：1372-1385.

[168] KATTI A，SHIMPI N，ROY S，et al. Chemical，physical，and mechanical characterization of isocyanate cross-linked amine-modified silica aerogels [J]. Chem Mater，2005，18（2）：285-296.

[169] LUO H，CHURU G，Fabrizio E F，et al. Synthesis and characterization of the physical，chemical and mechanical properties of isocyanate-crosslinked vanadia aerogels [J]. Journal of Sol-Gel Science and Technology，2008，48（1/2）：113-134.

[170] HOWARD W M，MOLITORIS J D，DEHAVEN M R，et al. Shock Propagation and Instability

Structures in Compressed Silica Aerogels [C]. Calculations of Chemical Detonation Waves with Hydrodynamics and a Thermochemical Equation of State，APS Topical Conference on Shock Waves in Condensed Matter，Atlanta，2002.

[171] 杨杰，李树奎，王富耻. 气凝胶复合材料抗弹性能的研究 [J]. 北京理工大学学报，2011，31（7）：867-871.

[172] 童潇，马冬雷，葛爱雄. 一种质轻的装甲板 CN208026141U [P]. 2018-10-30.

[173] FU R，ZHENG B，LIU J，et al. The fabrication and characterization of carbon aerogels by gelation and supercritical drying in isopropanol [J]. Advanced Functional Materials，2010，13（7）：558-562.

[174] 谈娟娟，孙超明，杨立平，等. 常压干燥法制备碳纤维增强型碳气凝胶 [J]. 玻璃钢/复合材料，2013（Z3）：43-47.

5 聚合物气凝胶制备性能及应用

本章介绍常见聚合物气凝胶的性质与应用。

表 5-1 常见聚合物气凝胶的性质与应用方向

种类	性能	应用
间苯二酚-甲醛气凝胶（RF）	良好的隔热和低介电系数	电容、隔热材料等
聚酰亚胺气凝胶（PI）	良好的热稳定性、力学性能和低介电系数	隔热材料、贴片天线等
聚脲气凝胶（PUA）	网络结构随着密度而变化，力学稳定性和热稳定性良好	隔热、隔声等材料
聚氨酯气凝胶（PU）	较低的导热系数和灵活的分子设计应用	隔热材料
三聚氰胺甲醛气凝胶（MF）	亲油疏水，优异的吸附性能	吸附材料
聚苯并噁嗪气凝胶（PBZ/PBO）	收缩率低，碳产率高	碳气凝胶的优良前驱体、吸附材料
间规聚苯乙烯气凝胶（sPS）	含有不同晶型，具有良好的疏水性	良好的有机溶液吸附剂
聚偏二氟乙烯气凝胶（PVDF）	良好的生物相容性	在医疗方面进行药物负载运输
聚酰胺气凝胶（PA）	接近聚酰亚胺的良好性能，合成成本低	可部分替代聚酰亚胺气凝胶降低成本
聚吡咯气凝胶（PPy）	电磁吸收性能	电磁吸附材料

5.1 间苯二酚-甲醛气凝胶

RF 气凝胶是由有机团簇构成的多孔无序的具有纳米量级连续网络结构的多孔非晶态材料，具有可控的制备密度范围（30～800kg/m³）、较大比表面积（400～1000m²/g）和较高的孔隙率（95％以上），RF 气凝胶是目前为止发现的常温常压下导热系数最低的固态材料。RF 气凝胶在碳化后，还能保持原有的气凝胶网络结构、大的孔隙率和比表面积，并且还具有良好的导电性（导电率为 5～40S/cm），成为活性炭出现后的制备超级电容器的又一理想材料（简称 SEDLCs），超级电容主要是利用其大的比表面积和极化来储存电荷的一种装置，并且不占用空间、功率能量密度高和稳定，是各种微处理器的备用电源和辅助电源，还可用作特种设备的启动电源等非常广泛的应用领域。

5.1.1 RF 气凝胶的制备方法

5.1.1.1 溶胶-凝胶法

溶胶-凝胶法是目前合成纳米材料的主要方法，可根据需要制备出不同性能的材料相掺杂、梯度材料等，也可在低温下制备出有机/无机复合材料、氧化物凝胶等。因其适用广、灵活性好，被称为变色龙技术。

溶胶是指在液相中微小的悬浮固体颗粒，是动力学不稳定体系，如不加外部因素，胶粒会倾向于自发凝聚，达到较大的比表面积状态。这种过程若是可逆的将其称为絮凝，不可逆称为凝胶。形成凝胶是聚沉的一个特殊阶段，与完全聚沉的不同点在于凝胶体系只是失去了聚结的稳定性，仍具有动力学稳定性，不生成沉淀。

通过溶胶-凝胶可以制备凝胶的方法有：无机盐或金属醇盐为前驱体，经水解缩聚形成的凝胶；胶体粉末溶胶凝胶化；利用化学反应物产生不溶物，控制反应条件得到凝胶。而间苯二酚和甲醛发生水解反应形成凝胶是属于第一种，凝胶机理如图 5-1 所示。

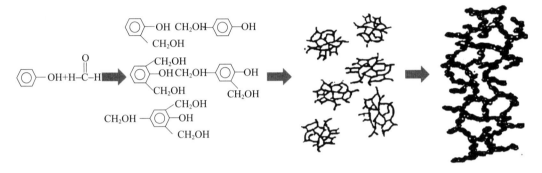

图 5-1　RF 凝胶机理图

根据凝胶结构特点，凝胶可分为四类：球形质点相互连接成串状网络结构凝胶；板状或棒状质点搭成网络结构凝胶；线形大分子通过物理凝聚构成无序结构为主的网络结构凝胶；线形大分子通过化学键相连形成网络结构凝胶。而当大分子溶液形成凝胶时其过程与结晶过程相似，因为大分子的链很长且有柔性，不能完全伸展，只能在较小区域发生缠绕、胶联，形成聚合物小簇，进一步形成凝胶。

间苯二酚和甲醛发生在碱催化作用下发生亲电加成反应，由于存在位阻效应，羟甲基只存在于间苯二酚的 4、6 位上，形成纳米级团簇。在酸催化的作用下，团簇之间依靠亚甲基键或亚甲基醚键继续交联，形成三维网络结构，即 RF 气凝胶，图 5-2 为 RF 气凝胶的制备过程。用溶胶-凝胶法制备 RF 包括两个反应过程：引发聚合和交联反应。引发聚合通常是在碱性条件下发生的，而酸性条件下发生交联反应。

使用溶胶-凝胶方法制备 RF 气凝胶需要五个阶段，分别为：溶液配制、溶胶-凝胶合成、酸洗老化、溶剂交换和干燥。

（1）溶液配制

将间苯二酚和甲醛各取一定的量，按比例均匀混合，用蒸馏水或乙醇作为溶剂，在搅拌下加入一定物质的量的催化剂（例如氢氧化钠），然后调节至一定的浓度充分混合，最后将混合的溶液放入密封的容器中。

（2）溶胶-凝胶过程

RF 的溶胶-凝胶过程实际上是间苯二酚和甲醛的缩聚过程，该过程既可以在酸性条件下进行，也可以在碱性条件下进行。在酸性条件下，甲醛羟基先被质子化，使甲醛带正电，带正电的甲醛与间苯二酚的邻、对位发生亲电取代，形成邻、对羟甲基苯酚，邻、对羟基苯酚之间进一步反应，生成间苯二酚-甲醛气凝胶。在碱性条件下，间苯二

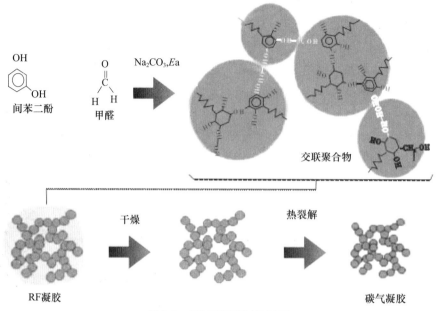

图 5-2　RF 气凝胶制备过程

酚的邻、对位阴离子与甲醛发生亲核加成反应，形成邻、对羟甲基苯酚，邻、对羟甲基苯酚之间进行缩聚成间苯二酚-甲醛气凝胶。因此通常采用两步法进行间苯二酚-甲醛气凝胶的制备。先进行碱催化，生成邻、对位羟甲基苯酚，后经过酸催化，通过亚甲基碱和亚甲基醚键交联，形成间苯二酚-甲醛气凝胶。在制备过程中，制备的条件参数也会对其气凝胶产生很大影响，通常需要在水浴锅中反应制备，温度控制在 $60\sim80$℃。随着水浴时间的加长，RF 溶液将经过三个阶段的颜色变化，由最开始的无色溶液变成黄色溶液，最后变成红色透明的水凝胶。而颜色可以反映出 RF 气凝胶的理论密度，颜色越深表明密度越大。

（3）酸洗老化过程

酸洗老化过程目的是为了提升 RF 气凝胶的网络间的交联程度，从而提高气凝胶的强度，通常是将制备的气凝胶浸泡在一定浓度的氢氟酸的丙酮溶液中，使气凝胶的性质发生变化，从而提高强度。

（4）溶剂置换过程

对 RF 气凝胶进行溶剂置换是因为气凝胶具有较大的比表面积和纤细的网络结构，由于液体之间存在表面张力，在表面张力的作用下，干燥时很容易对其气凝胶的网络结构产生影响，造成网络结构的塌陷。而通过溶剂置换将气凝胶内部的表面张力大的液体置换成表面张力小的丙酮，这样就能减少由表面张力而带来的影响。

（5）干燥

干燥技术是制备气凝胶过程中至关重要的一步，干燥技术与工艺条件对颗粒粒径大小、聚集状态都会产生很大的影响。传统方式是将要干燥的气凝胶放在一个大的加热设备中，在常压下加热烘干凝胶，这种方式有很大的缺点：首先在蒸发过程中，由于存在气液相，因液体表面张力作用会在孔上产生一个弯月面，随着蒸发干燥的进行，作用在孔壁上的力增加，使凝胶的骨架坍塌，导致凝胶收缩团聚，使粒径长大，造成凝胶开裂。

Ito 通过将间苯二酚/甲醛/Na$_2$CO$_3$ 水溶液滴加到 CCl$_4$/矿物油混合物中，合成了直径为 1mm 且表面覆盖光滑膜的 RF 气凝胶泡沫珠粒（图 5-3），其密度与 RF 溶胶相同，还包含碱性相转移催化剂［三乙胺或三（正丁基）胺］，通过 0.039wt％三乙胺催化反应得到的射频泡沫内外表面扫描电镜［见图 5-3（a）］和皮肤内表面的图像和整体形态的成像［见图 5-3（b）通过 0.039wt％三（正丁基）胺催化反应得到的射频泡沫外表面的扫描电镜［见图 5-3（c）］和图像和整体形态的成像［见图 5-3（d）］。液滴胶凝后，将它们与 2-丙醇进行溶剂交换并进行 SCFCO$_2$ 干燥。这些气凝胶的密度范围为 104～184mg/cm^3，随着催化剂浓度的降低和烷基链长度的减少而增加。当使用三甲胺时，泡沫的泡孔尺寸范围为 55～93nm，使用三（正丁基）胺时为 40～46nm；在这两种情况下，细胞尺寸都随着催化剂浓度的增加而增加。

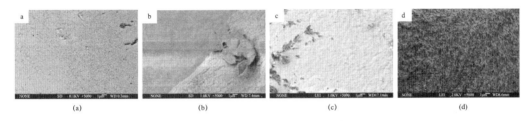

图 5-3　光滑膜形成关于间苯二酚-甲醛气凝胶球
（a）射频泡沫外表面的扫描电镜图像；（b）皮肤内表面的图像和整体形态的成像；
（c）射频泡外表面的扫描电镜图像；（d）皮肤内表面图像和整体形态的成像

为了保持在干燥过程中网络结构不被破坏，提高干燥效率，相继开发出了多种不同的干燥技术，通过不同的干燥技术制备出的气凝胶在表述上也有不同的名称：通过超临界干燥制备的气凝胶称为 aerogel；直接干燥制备的气凝胶称为 xerogel；冷冻干燥制备的气凝胶称为 cryogel。

通过溶胶-凝胶制备的气凝胶具有很多特点：不需要很高的反应条件如高温高压等；对于设备的技术要求很低；体系的化学稳定性好；产品的粒径分布均匀纯度很高；而且还可以通过控制溶胶-凝胶的过程参数来控制纳米材料的微观结构。因此溶胶-凝胶技术以其多项优越性而具有广泛的应用前景。

5.1.1.2　紫外光引发法

光固化技术是在 20 世纪 60 年代在美国问世，由 Inmont 发明，该技术是指在光的作用下，低聚合物经过交联聚合形成的固态产物的过程，它是一种新型的绿色技术。光固化反应主要是由低聚物、单体和光引发剂三部分组成。其中光引发剂是最重要的，吸收光，引发聚合；低聚物是材料的主体，决定了固化材料的主要性能；单体一般起到调节黏度的作用，影响固化膜的性能。光固化反应的本质是光引发聚合（光引发反应）、交联反应。其中光引发聚合（光引发反应）是一步重要的反应，决定着材料固化的品质。

紫外光的波长在 40～400nm 之间，能量为 3.0～30eV。紫外光的引发法其实是借助有机分子从基态到激发态需要的能量小于紫外光能量，有机分子将能量传递给需要加成的单体，使单体的双键发生断裂，促进单体之间发生反应，达到聚合的目的。

紫外光引发法是一种不需要添加酸、碱催化剂，主要借助光引发剂本身易处于不稳定状态的性质，释放能量传递给单体，引起单体双键的断裂，促使反应的进行，所有的聚合都通过不饱和键的新技术，具有固化速度快、节约能源、保护环境等优点。目前紫外光引发法已广泛使用在涂料、电子工业、微加工等领域。

紫外光的优势：主要借助光引发剂将本身不稳定状态释放的能量传递给需要加成的单体，引起其双键的断裂，促使反应的进行，不需要加酸、碱催化剂，大大缩短了 RF 的固化时间，提高产率，与传统的溶胶-凝胶法相比具有明显的优势。表 5-2 为溶胶-凝胶法与紫外光引发法的区别。

表 5-2　溶胶-凝胶法与紫外光引发法的区别

	溶胶-凝胶法	紫外光引发法
引发机理	在催化剂的作用下形成初次粒子，初次粒子形成凝胶核，凝胶核继续长大形成溶胶，溶胶相互交联形成凝胶	处在不稳定态的引发剂将能量传给需要加成的单体，致使单体中双键断裂，引起反应的进行
对氧的敏感强度	弱	强
固化速率	慢	块
是否需要加热	否	是

紫外光引发法是一种节省能源、保护环境、有利于经济发展的一门新兴技术，具有速度快、费用低、污染少等优点，广泛应用于化工、机械、电子、轻工等领域。吕晓燕等用该方法成功制备出 β-环糊精；徐锦棋等用紫外光引发法成功聚合甲基丙烯酸甲酯。然而人们对于同样具有很多优异性能的 RF 体系的光引发聚合研究较少。目前可查阅的文献只有 Saito 等用光引发剂 819 代替酸、碱性催化剂成功制备出 RF 空心微球，而对于用该方法制备 RF 块体和其他光引发剂制备 RF 相关产物的研究较少。虽然 RF 气凝胶的众多优异性能和潜在的应用已相当可观，关于其文章也频繁见刊，但为了满足实际的生产需要，提高 RF 气凝胶的产率显得尤为重要。采用光引发法对其进行制备是一种很好的选择。

5.1.2　RF 气凝胶的性能

5.1.2.1　RF 气凝胶的基本特性

RF 有机气凝胶是一种连续的典型纳米非晶固体材料，具有可控的纳米结构使它们在光学、热学、电学、声学和机械性能等各方面具有独一无二的特性。RF 气凝胶碳化后得到一种新型的纳米多孔碳材料——碳气凝胶（CRF），它是一种由内部交织的微晶构成网络骨架的半玻璃态纳米材料，其微晶大小在 $1～3.3nm$ 之间，它不仅保留了原来 RF 气凝胶的纳米网络结构、大孔洞率、大比表面积和其他各种特性，还具有良好的导电性、光导性及磁性能，成为继活性炭之后制备大功率密度和大能量密度的新一代超级双电层电容器（SEDLCs）、细网光电管的单光子计数器、新型高效可充电电池的又一理想电极材料。

5.1.2.2　机械弹性特性

有机气凝胶的压缩强度（E）、压缩模量以及声传播速率（C）和杨氏模量（Y）均满足标度定律，即：

$$E\propto\rho^m \quad m=2.0～3.4 \tag{5-1}$$

$$C \propto \rho^a \qquad \alpha = 1.0 \sim 1.4 \tag{5-2}$$

$$Y \propto \rho^\beta \qquad \beta = 3.2 \sim 3.8 \tag{5-3}$$

式中，ρ 为气凝胶宏观密度；m、α、β 为标度参量，其取值与凝胶的几何结构相关，而与基体材料和制备条件无关。

对高度规则的开口结构，m 接近于 2.0，理想的封闭结构 $m = 3.0$，对不规则结构，m 超过 3.0。一般而言，RF 气凝胶压缩模量的标度因子 $m = 2.7 \pm 0.2$，而压缩强度的标度因子 $m = 2.4 \pm 0.3$。声传播速率与密度的标度关系中，标度因子 α 在整个密度范围内并不统一。对极低密度的气凝胶，声传播速率主要由微孔内气体弹性性能决定，而与骨架密度关系不大。当外加压强为 60000N/m^2 时，弹性常数减小约 20%。气凝胶的声阻抗可变范围很大 $[103 \sim 107 \text{kg/} (\text{m}^2 \cdot \text{s})]$，可通过控制密度来控制声阻抗（$Z = \rho C$）。RF 气凝胶的杨氏模量为 10^6N/m^2 的数量级，比相应玻璃态材料低四个数量级。

5.1.2.3　光学特性

由于 RF 气凝胶的密度很低，微粒的结构在 $1 \sim 100 \text{nm}$ 范围内，平均自由程 L 很长，因此 RF 气凝胶对光的透过性很好，并且在适当的工艺下能制备成高度透明的材料，并且对蓝光和紫外光都有较强的瑞丽散射作用。通过分析紫外光可见，透过光谱在 $600 \sim 800 \text{nm}$ 之间，湮灭系数 $e \leqslant 100 \text{m}^2/\text{kg}$，而 RF 气凝胶对红外和可见光的湮灭稀释之比在 100 以上，而 RF 气凝胶的宏观折射率与质量密度 ρ 呈线性关系，凝胶颗粒的折射率遵从经典关系式 $n_s = n_0 + B/\lambda^2$，对 RF 气凝胶来说其对光线几乎没有反射，能有效地透过太阳光，并且还能阻止外部的热红外辐射，是很好的绝热透明材料。

5.1.2.4　热学特性

块状气凝胶的导热系数主要由气态导热系数（λ_g）、固态导热系数（λ_s）和辐射导热系数（λ_r）三部分组成，总导热系数 $\lambda_t = \lambda_g + \lambda_s + \lambda_r$。由于气凝胶是纳米多孔结构，由固体颗粒和孔洞中的气体分子组成，常压下材料孔隙内气体对应的导热系数一般小于 $0.01 \text{W/(m} \cdot \text{K)}$，对于抽过真空的气凝胶，热传输主要通过固态传导和辐射传导，即真空导热系数 $\lambda_{evac} = \lambda_s + \lambda_r$。低密度的 RF 气凝胶限制了在疏松结构中的传播，使其固态导热系数较普通材料小得多，只有相应玻璃态材料的 1/500。辐射导热系数主要由气凝胶的红外吸收决定，在低温情况下主要集中在 $\lambda > 30 \mu\text{m}$ 的区域；在室温以上的温度时，热损失只在 $3 \sim 5 \mu\text{m}$ 区域。有机气凝胶相较于 SiO_2 气凝胶有更强的红外吸收，这样就使有机气凝胶有着更低的导热系数。在适当的密度和压力下可以使有机气凝胶的导热系数降到 $0.012 \text{W/(m} \cdot \text{K)}$（$\rho = 157 \text{kg/m}^3$，$T = 300 \text{K}$），相应的真空导热系数为 $0.004 \text{W/(m} \cdot \text{K)}$，这也是目前隔热性能最好的凝胶态材料之一。

5.1.2.5　电学特性

有机气凝胶的介电常数与密度 ρ 之间存在关系，对于 RF 气凝胶，$\varepsilon^{-1} = (1.75 \times 10^{-3}) \rho$。对其导电机理和光电导机理的初步研究表明，RF 气凝胶介电常数 ε 特别小，有机气凝胶的碳化产物-碳气凝胶具有更加良好的光电导特性，其电导率一般在 $10 \sim 40 \text{S/cm}$，且与密度满足标度定律，即 $\sigma \propto \rho^t$，标度参量 $t = 1.5 \pm 0.1$。已测得 $R/C =$

200、密度为 430mg/cm³ 的 CRF 的电导率为 11S/cm。电导率与温度的关系为

$$\sigma(T) \propto e^{-Ea(RT)} \tag{5-4}$$

式中，Ea 为活化能，随密度增大而减小。

碳气凝胶的电阻率对质量密度的依赖关系随温度升高迅速减弱，低密度碳气凝胶电阻率依赖于温度，表现出跳跃传导或隧道传导。

5.1.2.6 动力学特性

有机气凝胶是一种结构可控的轻型材料，散射实验说明气凝胶具有典型的分形结构，它们由胶体粒子聚结形成无规枝状网络结构，这些结构具有缩放对称性（自相似结构），并且会持续到关联尺度（关联尺度 $\zeta \sim 100nm$），在关联尺度上认为气凝胶材料是连续的、均匀的，其密度也为常数。以 α、ζ 为界，有三个色散关系明显不同的继发区域：

（1）高频区，$\nu \geqslant 100GHz$：属于气凝胶粒子和表面模的激发，在更高频率则对应分子水平上的转动模激发；

（2）中频区，$1GHz \leqslant \nu \leqslant 100GHz$：对应气凝胶多孔网络的局域模激发，如果考虑分形，这种在中等频率区域的局域激发就称为分形子，是当今凝聚态物理的前沿领域；

（3）低频区，$\nu \leqslant 1GHz$：由于振动波长大于相干长度，气凝胶的振动行为与连续介质一致，对应声子。

Tamon 等通过对各种组分合成的气凝胶数据分析并给出了回归方程。由于 RF 气凝胶的结构和密度可控，可通过控制反应物含量、催化剂及溶剂的量来剪裁有机气凝胶的结构，制备出符合要求的样品系列，因而是较好的分形材料。

5.1.2.7 传质特性

气体在气凝胶中传输，主要借助于三种方式：即气体流动、孔间气体扩散和吸附分子沿介质内表面的扩散运动。有机气凝胶中的气体传输主要受分子扩散控制。DGA 分析表明，RF 气凝胶中的氦气扩散系数与密度有如下标度关系：

$$D_{He} = 0.017\rho^{-1.44} \tag{5-5}$$

碳气凝胶中平均孔径对密度的标度关系为：

$$d_{av} = 9.7 \times 10^3 \rho^{-1.2} \tag{5-6}$$

由上面两式可得扩散系数对孔径的标度关系：

$$D_{He} = 0.28 \times 10^{-6} d_{av}^{-1.2} \tag{5-7}$$

5.1.3 RF 气凝胶的应用

RF 气凝胶基于其结构和密度可调，在激光惯性约束聚变中可用于低温靶吸附氘、氚燃料，多层靶填充材料等方面；美国 Lawrence Livemore 国家实验室和伊利诺斯大学研究表明：RF 气凝胶能满足吸附核燃料的材料要求；气凝胶可作为 Cerenkov 探测器的介质材料，用来探测高能粒子的质量和能量，也可用于在空间捕获高速粒子；此外，RF 气凝胶与生物体具有相容性，可用于制造人造生物组织、人造器官、医用诊断剂等。RF 气凝胶作为酚醛树脂的一种，具有独特的结构和性质，使用 RF 气凝胶作黏结剂，也可应用于砂型（芯）制备中。

5.1.3.1　RF 气凝胶在铸造上的应用

现代砂型铸造不仅要求砂型（芯）具有良好的保温性、溃散性、透气性等，更好地满足制造业对铸件的要求，同时还应符合绿色铸造的发展趋势。RF 气凝胶基于其众多优异特性，引起了铸造工作者的关注。Bruck 等尝试通过多种类型的原砂以 RF 气凝胶溶液混合，保持溶液量填满砂子的间隙，然后放入振实台振实，发现存在于砂中的 RF 溶液的凝胶干燥速度更快，RF 气凝胶可以很好地将砂黏结起来。图 5-4 为 RF 气凝胶砂的扫描电镜照片。RF 气凝胶黏结剂润湿两个砂粒，并在它们之间建立起一个固体的黏结桥。这些桥梁呈现出气凝胶的海绵状开孔三维纳米结构，桥梁中的颗粒尺寸比相同条件下制备出的纯 RF 气凝胶小。

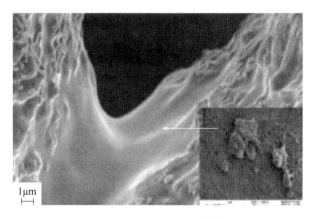

图 5-4　两个砂粒之间的黏结桥

Bruck 发现砂混合 RF 气凝胶干燥时其混合物没有发生收缩，即使使用颗粒较大的粗砂 RF 气凝胶黏结的砂型中制成的铸件也具有很低的表面粗糙度，另外由于 RF 气凝胶可以短时间承受高温，由其制成砂型和砂芯也可以经受短时间的热应力和远高于聚合物通常允许的加热温度。

RF 气凝胶砂"AeroSand"的力学性能十分重要。Bruck 等将刚玉砂、碳化硅砂和石英砂混合，RF 溶液按不同比例分别倒入砂中低速搅拌均匀，将混合物填充到筒状聚酞酸酯管中封闭后于 40℃ 凝胶化，然后打开管子在室温下干燥 24h 得到气凝胶黏结砂复合材料。其制备的 RF 气凝胶黏结的砂型（芯）的弯曲强度和压缩强度与传统冷芯盒砂和热芯盒砂性能相似，能够承受铸造过程中的热量冲击和应力。砂粒尺寸越小、气凝胶含量越高、砂粒表面越粗糙，就越有利于提高 RF 气凝胶砂的力学性能。

Reuβ 等通过将不同比例的 RF 气凝胶溶液与砂混合，进行凝胶化和干燥，通过研究其在不同温度下的干燥时间与气凝胶黏结砂的质量关系发现，干燥时间与气凝胶黏结砂质量和黏结剂量之间呈线性相关。当混合 RF 气凝胶砂完全干燥后，黏结剂本身的量（水损失）减少到约为原始液体含量的 1/4。同时对干燥后的弯曲强度试样在真空条件下进行退火处理，发现随着退火温度的升高，弯曲强度在 250℃ 出现最大值；退火温度继续升高时弯曲强度显著降低。一种可能的解释是，在一定温度的热处理过程中，气凝胶体内部的多孔网络里仍会发生反应，即残余流体强化了黏结剂中的纳米颗粒间的结合，从而有利于强度提高。浇注后高温下黏接剂分解形成的气体挥发物不应损害铸件质量，这要求砂型（芯）要有高的透气性。与传统树脂砂型相比，气凝胶高的比表面积有助于吸收浇注时型芯释放的气体挥发物。因此，RF 气凝胶黏结的砂型（芯）具有高透气性，可以有效避免铸件形成缺陷，尤其是存在于表皮下的侵入性气孔。而砂型和砂芯分解出的挥发性产物既不能损害铸件性能，又要避免对环境造成损害。采用热重-傅里叶红外光谱联用技术分析了 RF 气凝胶黏结砂的热分解产物，发现在非氧化性条件下，所用的 RF 气凝胶黏结剂的热分解产物中没有芳烃（苯、甲苯、二甲苯等），只出现了水、二氧化碳、一氧化碳和甲烷等，均为无毒产物，对人和环境无害。因此，RF 气凝胶是一种环境友好型的绿色铸造黏结剂。

5.1.3.2　RF 气凝胶在电学方面的应用

RF 气凝胶的介电常数极低且连续可调，可用于高速运算大规模集成电路的衬底材料；碳气凝胶导电性能独特，被用作电化学分析中的电极材料，也用于制造高效高能量电容器和储电容量大、电导率高、体积小、充放电能力强、可重复多次使用的新型高效充电电池。

已经制备出以 CRF 为电极材料的超级双电层电容器（Super Eletrochemical Double Layer Capactiors，SEDLCs）的实验室原理性器件，SEDLCs 的储能机制分为两类：电化学双层电容器（EDLCs）和伪电容器（图 5-5）。对于 EDLCs，电容源自在电极和电解质之间的界面处积累的静电荷，这在很大程度上取决于电极的 SSA 和电导率。RF-CAs

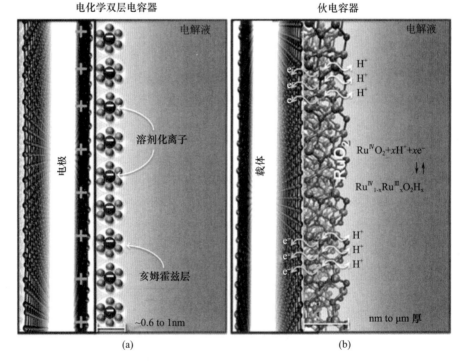

图 5-5　超级电容器中电荷存储的原理图

（a）电极表面的离子吸附（EDLC）；（b）电极表面附近的电荷转移（伪电容）

具有高 SSA 和导电性，可以直接组装为 SCs 的电极。因此 RF-CAs 气凝胶可直接作为导电载体来组装金属氧化物或导电聚合物，以开发高性能伪电容器，伪电容可以达到 1010F/g，具有出色的循环稳定性。

Wang 等通过改进 RF 气凝胶制备工艺开发出一种有机高分子微球，通过采用 KOH 活化，在不牺牲球形形态的情况下开发碳微球的多孔质地。活化的样品显示出 80nm 的均匀粒径和 $128m^2/g$ 的高 SSA，孔径主要在 $0.7\sim2nm$ 的范围内。当用作 SCs 的电极材料时，CRF 微球气凝胶显示出高达 186F/g 的电容，即使电流密度增加 200 倍，也没有太大的降解。

5.1.3.3　RF 气凝胶在高功率激光领域的应用

结构和密度可调的 RF 有机气凝胶及其碳化产物在激光惯性约束聚变（ICF）中可用于低温靶吸附氘、氚燃料，多层靶填充材料和激光等离子体相互作用等方面，也可用作直接驱动激光惯性约束聚变靶材料。目前，国际上已将 RF 有机气凝胶作为靶材料应用于强激光领域，这是由于有机气凝胶主要由碳氢或碳氢氧等低原子序数元素组成，密度低且微孔分布均匀，可加工性比无机气凝胶好。将有机气凝胶制成碳气凝胶后，不仅保持了原有的纳米多孔网络结构，而且低温下机械性能不变，为惯性约束聚变实验研制高增益靶提供了一条很好的途径。

5.1.3.4　RF 气凝胶在贮氢领域中的应用

从保护环境、减少污染、充分发挥能源利用率、解决能源贮存和运输等诸多方面考虑，氢能是最理想的载能体。RF 气凝胶比表面积高，且孔洞又与外界相通，具有优良的吸、放氢性能，因此引起了世界各国的广泛关注。美国能源部专门设立了研究碳材贮氢的财政资助，我国也将高效贮氢的纳米碳材研究列入了 2000 年国家自然科学基金资助项目。美国 Lawrence Livermore 国家实验室和伊利诺斯大学研究表明：RF 和碳气凝胶均能满足吸附核燃料的材料要求，即提供大量的燃料，具体要求是孔隙率大于 90％、密度小于 $0.1g/cm^3$、孔洞尺寸小于 $4\mu m$、组成材料原子序数小、易密封、稳定性和机械性能好等。

5.1.3.5　RF 气凝胶在其他领域中的应用

（1）隔热材料

RF 气凝胶具有高透光率并能有效阻止环境温度的热辐射，被用作太阳能集热器中的透明隔热材料；替代氟利昂作为冰箱绝热层，避免含有大量氟利昂气体的泄漏破坏大气臭氧层；另外，气凝胶耐高温、超低密度等特点使其成为航空航天器上理想的隔热材料。

（2）声阻抗耦合材料

RF 气凝胶声阻抗随密度变化范围大，是理想的声阻抗耦合材料，可提高声波的传播效率，降低器件应用中的信噪比。若采用具有合适密度梯度的气凝胶，耦合性将大大提高，当然，它纵向声传播速率极低，也是一种理想的声学延迟和高温隔声材料。

（3）催化及吸附材料

RF 气凝胶具有高比表面积、开放性孔洞结构及低密度，且组织结构有较好的稳定性，在催化剂及催化剂载体等应用研究方面有着良好的前景。Pekala 等制备了 Pt/碳气凝胶催化剂，具有高比表面积和催化性能。同时，有机气凝胶也是很好的吸附剂。利用气凝胶的吸附性作气体捕获剂、气体过滤器，吸附燃气中的 CO_2、SO_2 气体，对研究大气层产生温室效应具有深远意义，在污水处理及微电子工业中也有较大的应用前景。

（4）高能物理方面

气凝胶可作为 Cerenkov 探测器的介质材料，用来探测高能粒子的质量和能量，还可用于在空间捕获高速粒子，即高速粒子穿入多孔材料并逐步减速实现"软着陆"，如果选用透明度非常好的 RF 气凝胶，甚至可用肉眼或显微镜观察被阻挡、捕获的粒子。

5.2　聚酰亚胺基有机气凝胶

聚酰亚胺（polyimide，PI）是指主链上含有酰亚胺环（-CO-NR-CO-）的一类聚合物，结构通式如图 5-6 所示，由于酰亚胺环具有刚性的芳香环稳定结构以及其芳杂环结构的共轭效应使主链键能和分子间作用力增强，因此聚酰亚胺具有良好的力学性能和热稳定性。一方面，特殊的结构使聚酰亚胺拉伸、弯曲、压缩强度较高，抗蠕变性和尺寸稳定性较突出；另一方面，由于主链键能大且不易断裂分解而具有低膨胀系数，能够耐高（低）温。此外聚酰亚胺也具有较好的介电性能以及较好的耐化学性。近年来，由于聚酰亚胺优异的性能，无论是作为结构材料还是功能性材料，都具有巨大的应用前景，被称为 21 世纪最有前途的高分子材料之一，因此聚酰亚胺的研究、开发及利用都更加广泛。而聚酰亚胺气凝胶（PIA）是由聚合物分子链构成的相互交联的三维多孔材料，结合了聚酰亚胺和气凝胶的优异性能，使其不但具有聚酰亚胺的优异特性，而且具有气凝胶的轻质超低密度、高比表面积、低导热系数以及低介电常数等突出特点，因此聚酰亚胺气凝胶材料迅速发展成为性能优异的有机气凝胶之一，并且在航空航天、电子通信、隔热阻燃、隔声吸声以及吸附清洁等领域展示出广阔的应用前景。

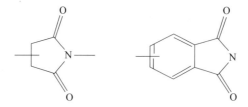

图 5-6　聚酰亚胺结构通式

美国密苏里科技大学的研究者 Chidambareswarapattar 等以等物质量比的 PM-DA 和 4,4'-二苯甲烷二异氰酸酯（MDI）为单体，在室温下通过一步法合成了线型的 PI 气凝胶（PI-ISOs）。为与两步法进行对比，他们还以 PMDA 和 MDI 为单体，两步法得到了 PI 气凝胶（PI-AMNs）。通过一系列测试及表征发现，两种方法合成的 PI 气凝胶具有相同的化学结构，比表面积相近（300～400m²/g），结晶程度相似（30%～45%）；但是微观形貌却完全不同，PI-ISOs 气凝胶为纤维状，而 PI-AMNs 气凝胶则为颗粒状。他们认为造成该现象的主要原因是 PI-ISOs 气凝胶在制备时产生了中间体，该中间体具有较强的刚性，将初级粒子"锁定"在它们第一次出现的地方。另外，他们通过热解将两种 PI 气凝胶碳化转化为多孔碳，PI-AMNs 气凝胶形成的多孔碳已经不具备之前气凝胶的纳米形貌，并且比表面积大幅减少（约 2/3），相反 PI-ISOs 气凝胶则保持其原有的纳米结构和比表面积。他们认为采用该路线制备气凝胶具有以下好处：①在室温下进行反应，实验条件简单；②凝胶过程没有脱水环节，减少了制备步骤；③副产物只有 CO_2；④比较容易获得力学性质好、密度高的气凝胶；⑤收缩率小。

美国宇航局的 Glenn 研究中心 Guo 等对两步法合成 PI 气凝胶做了大量研究。他们以不同的芳香族二胺和二酐为单体，首先在一定的溶剂中合成聚酰胺酸溶液，然后加入不同的交联剂进行交联，最后通过化学亚胺化的方式（乙酸酐/吡啶体系）得到 PI 湿凝胶，最后 CO_2 超临界干燥得到 PI 气凝胶。不同的单体与不同的交联剂组合可以得到性质不同的 PI 气凝胶，使得 PI 气凝胶具有分子设计性能。例如，以二苯胺对二甲苯胺（BAX）和联苯 3,3′,4,4′-四羧酸二酐（BPDA）为单体，八（氨基苯基）笼形聚倍半硅氧烷（OAPS）为交联剂，得到柔性的、可折叠的 PI 气凝胶，密度约 0.1g/cm³，比表面积为 230～280m²/g，室温导热系数为 0.014W/(m·K)。同样以 OAPS 为交联剂，以 BPDA 为二酐，ODA 和 2,2′-二甲基联苯胺（DMBZ）混合物为二胺，合成 PI 气凝胶。实验表明，当 ODA 与 DMBZ 等量时，获得的 PI 气凝胶性能最好。此外，值得注意的是，随着刚性二胺 DMBZ 含量的增加，气凝胶的模量增加，但是密度却减小。后续，他们又选择了不同的交联剂获得交联 PI 气凝胶，如 1,3,5-三(4-氨基苯氧基)苯（TAB）、1,3,5 苯三羰基-三氯化物（BTC）等。他们还对 PI 气凝胶进行了一些功能化的设计，通过引入含氟的基团来降低材料的介电常数，用于超轻天线的基板材料。他们以 2,2′-双（3,4-二羧酸）六氟丙烷二酐（6FDA）及 BPDA 和 4,4′-二氨基二苯醚（ODA）为原料，TAB 为交联剂，得到聚酰亚胺气凝胶，通过调节二酐的含量来控制含氟基团的量，调节介电常数，当 6FDA 含量占整个二酐含量的 50%、聚合物固含量为 7% 时，介电常数最低，仅为 1.08，而密度仅有 0.078g/cm³，低于常见的介电材料。

宁波材料技术与工程研究所的 Pei 等在聚酰亚胺气凝胶的网络结构中引入了三甲氧基硅烷，并以此作为交联点进行交联，得到了超高交联的网络结构（交联度高达 95%～98%），代替了昂贵的三胺交联剂。他们还首次采用冷冻干燥得到气凝胶，所得到的气凝胶密度为 0.19～0.42g/cm³，比表面积为 310～344m²/g，由于引入了 Si 原子，使得材料的耐温性能提高，热分解起始温度为 425～450℃。

5.2.1 聚酰亚胺（PI）气凝胶的制备方法

目前 PI 的商业合成有两种方法：①芳族二酐和胺的缩合（杜邦路线）；②开环聚合法（简称 PMR 路线；PMR：单体反应物的聚合）。2006 年美国专利报道了基于杜邦路线的 PI 气凝胶。2010 年报道了一种合成 PI 气凝胶的替代方法。该方法基于芳香族二酐与多官能异氰酸酯在室温下的反应。杜邦路线和异氰酸酯路线都产生化学相同的产品。异氰酸酯路线的主要优点是：异氰酸酯成本低，不需要牺牲试剂（相对于杜邦路线的乙酸酐和吡啶），唯一的副产物是 CO_2（相对于杜邦路线的 HCl）。

5.2.1.1 杜邦两步合成法

根据传统的杜邦两步法，聚酰亚胺的合成主要依赖于芳香族二酐和二胺的缩聚反应。自 1960 年代初，美国杜邦公司成功地开发出了聚酰亚胺，并实现了二苯醚型聚酰亚胺（Kapton 聚酰亚胺）的商业化。至今，聚酰亚胺在高耐热性塑料领域中仍占据主导地位，具有优异的性能。

在合成过程中，芳香型聚酰亚胺主要采用芳香二酐和二胺作为原料，通过缩聚反应或加聚反应得到。其中，缩聚型聚酰亚胺是最广泛应用的类型之一。杜邦两步法的第一步是速控步骤，涉及芳香族二胺与二酐的亲核取代反应。在反应中，亲核基团-NH₂ 在羰基碳上发生亲核加成，形成四面体中间体，随后移去一个负离子，实现取代。在这一步中，二胺分子中的氨基氮原子通过提供孤对电子与羰基碳形成复合物，进而形成聚酰胺酸（PAA）。

第二步是聚酰胺酸的脱水成环反应，该过程涉及形成酰亚胺环。脱水成环反应主要分为化学亚胺化反应和热亚胺化反应，其中化学亚胺化反应在较为温和的条件下进行，通常在 25～100℃ 范围内。相比之下，热亚胺化反应需要经过高温处理，因此化学亚胺化的应用更为常见。通过化学亚胺化反应脱水成环后，可获得聚酰亚胺湿凝胶。经过老化、替换和干燥处理后，可进一步制备得到聚酰亚胺气凝胶。

基于现有方法，Meador 等对聚酰亚胺气凝胶进行了官能化修饰。在溶液中，以芳香族四羧酸二酐封端的聚酰胺酸与芳香三胺进行交联，并通过化学亚胺化制备得到。该方法所制备的聚酰亚胺气凝胶在力学性能与柔韧性方面表现优异，尤其在抗震减压方面具有广泛的应用前景。此法采用无水 1-甲基-2-吡咯烷酮作为溶剂，3,3′,4,4′-联苯四甲酸二酐作为二酐，以氨基二苯醚二胺作为前驱体。将二者以 26∶25 的摩尔比混合溶解在 1-甲基-2-吡咯烷酮中，得到聚酰胺酸后加入交联剂 1,3,5-三氨基苯氧基苯，待其均匀溶解后加入乙酸酐与吡啶。其中，乙酸酐与 3,3′,4,4′-联苯四甲酸二酐的摩尔比为 8∶1，乙酸酐与吡啶的摩尔比为 1∶1。将上述溶液混匀后匀速倒入圆柱形聚四氟乙烯模具中铸模，使其在常温下进行化学亚胺化并凝胶、老化获得聚酰亚胺湿凝胶。最后，将湿凝胶进行替换、CO_2 超临界干燥获得气凝胶。为了进一步提升聚酰亚胺气凝胶材料的性能，多种交联剂已被应用于其合成过程中。例如，使用八氨基苯基倍半硅氧烷作为交联剂可以提高其抗湿性与柔韧性；使用 1,3,5-苯三甲酰氯作为交联剂可获得介电性能较好的聚酰亚胺气凝胶；1,3,5-三（4-氨基苯基）苯作为交联剂进行封端时可调控孔结构；而 1,3,5-三氨基苯氧基苯作为交联剂时可以优化其保温隔热性能。此外，为了实现更广泛的应用，研究者们还致力于开发复合型聚酰亚胺气凝胶。例如，复合短切功能化碳纳米管的聚酰亚胺气凝胶展现出较高的机械强度和可调控的多孔结构；复合纤维素纳米晶体的聚酰亚胺气凝胶拉伸模量增大，热处理后收缩明显减小；石墨烯/蒙脱土的聚酰亚胺气凝胶阻燃性能显著增强；而多壁碳纳米管的聚酰亚胺气凝胶则具有良好的光催化活性（图 5-7）。

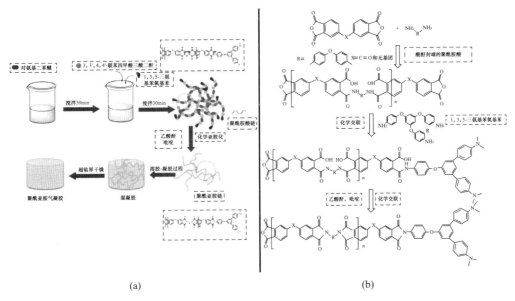

(a)   (b)

图 5-7　聚酰亚胺气凝胶的合成

（a）聚酰亚胺气凝胶的合成流程图；（b）化学反应

综上所述，通过交联剂的使用和复合物的添加，聚酰亚胺气凝胶的性能得到了有效强化。这种方法在工业生产中具有重要的应用价值和发展前景。

5.2.1.2　开环聚合法

制备聚酰亚胺气凝胶通过单体聚合反应（Polymerization of Monomeric Reactants，PMR）路线合成热固型树脂，涉及降冰片烯封端的酰亚胺低聚物的合成与聚合。这是由美国国家航空航天局研究中心研发的一种单体聚合反应型聚酰亚胺树脂。该聚合反应过程需要严格的高温条件，且涉及降冰片烯封端的交联（图 5-8）。开环聚合（ROMP）反应是环状单体开环后形成线形聚合物的反应，常用的单体包括环醚、环缩醛、环酯、环酰胺、环硅氧烷等。由于开环聚合反应的单体和产物具有相同的组成，反应条件相对温和，副反应较少，容易获得高分子量的聚合物。据 Leventis 等的研究，采用开环聚合

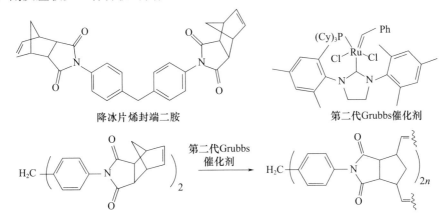

降冰片烯封端二胺　　　　　　　　　　第二代Grubbs催化剂

图 5-8　降冰片烯封端的二胺经由开环聚合法的聚合过程

法合成聚酰亚胺气凝胶，以降冰片烯封端的二胺（bis-NAD）和第二代 Grubbs 催化剂（GC-Ⅱ）为原料，在甲苯溶剂中合成得到。这种聚酰亚胺气凝胶具有密度范围广、模量大、强度高、韧性好等特点，同时具备良好的热稳定性、低导热系数和慢声音传播速度等特性。因此，在高保温隔声领域具有广阔的应用前景。

5.2.1.3　颗粒 PI 气凝胶

纳米纤维 PI 粉末（图 5-9）是通过机械搅拌凝胶状聚酰胺酸（PAA）生产的，PAA 是从均苯四酸二酐（PMDA）和 4,4′-亚甲基二苯胺（4,4′-MDA），在 THF/MeOH 混合溶剂中得到的。凝胶状 PAA 产品是一种透明的玻璃状黏性溶液，在加入丙酮后，相分离成不透明的白色湿凝胶。凝胶状的 PAA 产品只能从特定的单体中获得；其他起始材料仅产生相应 PAA 的黏性溶液。随后，丙酮与环己烷进行溶剂交换，在约 10℃下真空除去环己烷，产生 PAA 气凝胶，通过在 100℃、200℃和最后在 300℃依次加热进行酰亚胺化。如果将丙酮添加到凝胶状 PAA 产品中并伴随剧烈的机械搅拌，则最终产品是气凝胶粉末而不是整体。

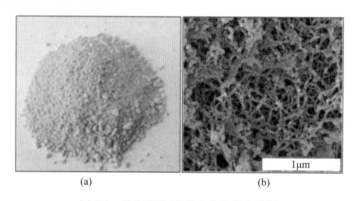

(a)　　　　　　　　　　　　(b)

图 5-9　纳米纤维 PI 粉末和扫描电镜图
(a) PMDA/4,4′-MDA 衍生的 PAA 酰亚胺化得到的 PI 气凝胶粉末；(b) SEM

PI 气凝胶颗粒已在 DMF/环己烷乳液中制备。通过在室温下将 PMDA 和 2,2′-二甲基联苯胺溶解在 DMF 中制备由 PAA 低聚物组成的溶液，将 1,3,5-三氨基苯氧基苯加入溶胶中，然后滴加-明智地加入乙酸酐和吡啶。将得到的 PI 溶胶分散在环己烷中，使用 Span 85 和 Hypermer 1599 作为表面活性剂。微粒用丙酮洗涤并用 SCF CO_2 干燥。所得 PI 气凝胶颗粒的平均直径为 40.0μm，孔体积为 3.38cm^3/g，纤维状内部微观结构，类似于在相应气凝胶整体中观察到的微观结构（图 5-10）。它们的 BET 比表面积低于整料（717m^2/g），这归因于较短的老化时间。

5.2.1.4　PI 气凝胶球珠

球形聚酰亚胺气凝胶作为一种新型材料，在电极材料和吸油材料等方面有良好的应用前景，目前球形聚酰亚胺气凝胶一般采用乳液法制备。Jana 等提出了一种利用油包油乳液体系制备球形聚酰亚胺气凝胶的方法。该方法先将均苯四甲酸二酐（PMDA）和 2,2′-二甲基联苯胺（DMBZ）分别溶解在 N,N-二甲基甲酰胺（DMF）中，形成均匀的

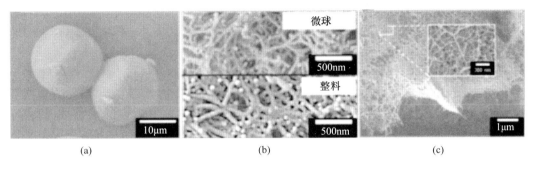

图 5-10 SEM 图像

(a) PI 气凝胶微粒；(b) 与相应整料相比的骨架网络；(c) PI 气凝胶微粒的表面

溶液，然后加入溶有 1,3,4-三(4-氨基苯氧基) 苯（TAB）的 DMF 溶液，再加入乙酸酐和吡啶形成溶胶，再将 Span85、Hypermer 1599 和环己烷混合形成油相，将聚酰亚胺溶液与上述油相混合，在 400r/min 的磁力搅拌器中搅拌 3h 得到球形聚酰亚胺凝胶，球形聚酰亚胺凝胶经丙酮溶剂置换和 CO_2 超临界干燥得到球形聚酰亚胺气凝胶，其平均直径为 40.0μm，比表面积可达 512.0m²/g。Jana 等利用同样的方法制备了球形聚苯并噁嗪气凝胶，研究发现，球形聚苯并噁嗪气凝胶是获得碳气凝胶的良好前驱体材料，热解后微孔和中孔含量的增加使其比表面积比球形聚苯并噁嗪气凝胶大约 360%，达到 256.6m²/g。同时大比表面积和可调内部结构的化学惰性使热解后球形聚苯并噁嗪气凝胶在电双层电容器（EDLC）中有良好的应用。Jana 等提出了一种利用微流体装置在油包油乳液体系中制备球形聚酰亚胺气凝胶。该方法先将 PMDA 和 DMBZ 溶于 DMF 中，再加入三（2-氨基乙基）胺（TREN），乙酸酐和吡啶发生交联反应和酰亚胺化后得到分散相溶液（聚酰亚胺溶胶），然后将分散相溶液和连续相（硅油）以不同的流速通过 Chemyx 注射泵后产生的液滴在热的硅油中凝胶化得到球形聚酰亚胺凝胶，球形聚酰亚胺凝胶经丙酮、DMF 溶剂置换和 CO_2 超临界干燥后得到球形聚酰亚胺气凝胶，其直径为 200~1000μm，比表面积可达 484m²/g。离散气凝胶微粒成功形成，代表性凝胶和气凝胶微粒的 OM 和 SEM 图像如图 5-11 所示。凝胶 [图 5-11 (a)] 和气凝胶微粒 [图 5-11 (b)] 都是离散的球形。图 5-11 (c) 中单个气凝胶微粒的 SEM 图像显示出光滑的表面和几乎完美的球形。他们还系统地研究了微流体装置的流速和硅油的温度对球形聚酰亚胺气凝胶形貌和性能的影响，发现微流体装置的流速和硅油的温度是影响球形聚酰亚胺气凝胶直径的关键因素。

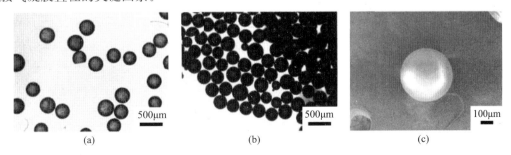

图 5-11 凝胶和气凝胶微粒的 OM 和 SEM 图像

(a) 凝胶、(b) 气凝胶微粒的光学显微镜图像；(c) 气凝胶微米的 SEM 图像

5.2.2　聚酰亚胺（PI）气凝胶性能

5.2.2.1　力学性能

聚酰亚胺作为一种工程塑料，具有卓越的力学性能。其分子主链中的刚性芳杂环结构赋予了它高强度的拉伸能力。通常，未填充的聚酰亚胺塑料的拉伸强度超过100MPa，而均苯型的聚酰亚胺薄膜如 Kapton 更是可以达到 250MPa 的抗拉强度。联苯型的聚酰亚胺薄膜如 Upilex 则展现出更高的抗拉强度，可达到 530MPa。在弹性模量方面，聚酰亚胺工程塑料的模量通常高达 3～4GPa。对于聚酰亚胺纤维，其弹性模量一般为 220～340GPa，而其抗拉强度为 5.1～6.4GPa。通过理论计算，如果使用均苯型的二酐与对苯型的二胺反应生成纤维，其弹性模量甚至可以达到惊人的 500GPa。Sava 等使用在异丙醇或水中形成的等离子体来处理芳香族氟化聚酰亚胺薄膜，经等离子体异丙醇或水处理后的薄膜其杨氏模量分别由 4.69GPa 增至 5.07GPa 和 5.10GPa，结论表明经等离子体处理后 PI 可发生分子重排，使得其力学性能有所提高。聚酰亚胺还具有良好的耐磨性能、抗蠕变性及尺寸稳定性高的优点，可用于制备高温下能正常使用的精密配件。

5.2.2.2　介电性能

聚酰亚胺材料的相对介电常数在 3.4 左右，如果在 PI 分子中引入如氟、大体积侧基，或将纳米尺度的孔分散在 PI 材料中，可使 PI 的相对介电常数控制在 2.5 左右。一般而言，PI 材料的介电强度在 100～300kV/mm 范围内，PI 介电性能在很大的频率及温度范围内仍可保持较高水平。Wu 等合成以 2,2'-二(三氟甲基)二氨基联苯（TFMB）为改性材料，对以 BPDA 和 ODA 为骨架的 PI 气凝胶进行改性，当 TFMB 与 ODA 的摩尔比为 5:5 时制备的气凝胶收缩率最低，经改性的 PI 的介电常数为 1.29～1.33，其耗角正切在 0.001～0.004 范围。

5.2.2.3　耐温性能

聚酰亚胺具有出色的耐高温性能，这主要归功于其分子主链中的大量芳杂环结构。这些特殊结构使得聚酰亚胺的键能较大，即使在高温环境下也不易断裂或分解。热重分析数据显示，全芳香聚酰亚胺的热分解温度在 500℃ 左右。而对苯二胺和联苯二酐制备而成的聚酰亚胺，是目前已知的热稳定性最高的高分子材料之一，其热分解温度高达 600℃。Jiang 等通过使用均苯四甲酸酐（PMDA）、3,3',4,4'-联苯四酸二酐（BPDA）与 4,4'-二氨基二苯醚（4,4'-ODA）交联制备的聚酰亚胺气凝胶，采用化学亚胺化与超临界干燥法成功制备。这种气凝胶的密度范围在 0.09～0.32g/cm³ 之间，而其 5wt% 的热分解温度高达 600℃。此外，聚酰亚胺还具备极佳的耐低温性能，即使在 −269℃ 的液态氮环境中也不会发生脆裂。

5.2.2.4　其他性能

聚酰亚胺材料的生物体相容性很好；PI 还不具有毒性，使用 PI 制备的餐具与医疗产品可承受几千次的消毒；聚酰亚胺对油、有机溶剂及稀酸稳定，不耐浓硝酸、浓硫酸和卤素，PI 经过碱性水解可生成原料二胺及二酐，通过回收重复利用可以节约能源；PI 薄膜在 $5×10^7GY$ 的吸收量时其强度仍可保持 86%，一种 PI 纤维经历 $1×10^8GY$ 的快电子辐照后其强度仍达 90%。

耐药品性：聚酰亚胺对油、有机溶剂及稀酸稳定，不耐浓硝酸、浓硫酸和卤素。PI 通常不耐水解，特别是碱性条件下水解，这条看似的缺点实际上可以帮助回收利用聚酰亚胺。PI 经过碱性水解可以生成原料二胺及二酐，通过回收重复利用可以节约能源。对于均苯类 PI 薄膜（Kapton）而言，其回收率高达 90%。

溶解性：聚酰亚胺材料具有很宽的溶解度谱，不同聚酰亚胺分子结构不同，其中一些种类可以在普通有机溶剂（四氢呋喃、丙酮、甲苯等）中溶解，但是一些种类的 PI 几乎在所有有机溶剂中均不溶解。

耐辐照性：聚酰亚胺耐辐照性能优良，PI 薄膜在 $5×10^7GY$ 的吸收量时其强度仍可保持 86%，一种 PI 纤维经历 $1×10^8GY$ 的快电子辐照后其强度仍达 90%。

5.2.3　聚酰亚胺（PI）气凝胶应用

聚酰亚胺纳米气凝胶兼有聚酰亚胺和气凝胶的优点，包括优异的热稳定性、隔热性、力学性能等。聚酰亚胺纳米气凝胶在许多领域也有广阔的应用前景，如高超声速充气式空气动力减速器（HIAD）、宇航服、冷绝缘、天线基板、柔性热防护系统（FTPS），以及进入、下降和着陆（EDL）系统、航天器等。

5.2.3.1　隔热材料

聚酰亚胺纳米气凝胶的纳米多孔网络结构有效降低了室温下低至 0.014W/mg 的传热效率。在美国国家航空航天局的深空探测活动中，例如火星探测，聚酰亚胺纳米气凝胶被应用于起到绝热作用的 HIAD 的柔性热保护系统。聚酰亚胺纳米气凝胶在航空航天领域的推进剂储罐、宇航服、探测车和飞机的热防护中用于防止热流传输。在军工方面主要有：高超声速飞行器的再入热防护系统、运载火箭燃料低温贮箱及阀门管件保温系统、陆军的便携式帐篷等。目前，国防科技大学研制的气凝胶隔热材料和构件主要应用在航天飞行器、导弹等热防护系统及冲压发动机、军用热电池等保温隔热领域。因此，聚酰亚胺纳米气凝胶作为一种新型聚合物基气凝胶材料，在绝热市场上具有显著的应用潜力。

5.2.3.2　吸附材料

气凝胶作为一种多孔材料，本身就是一种良好的吸附材料，而在处理日益严重的水污染问题、在油水混合物的分离领域已经有很多低密度和高孔隙率的气凝胶用于油水分离的治理，但它们在恶劣的环境下稳定性较差，阻碍了先进吸附剂的实际应用。而 PI 气凝胶由于具有出色热稳定性，在油水分离领域有很大的应用前景。Wu 等通过设计制备了含有氢键的 PI 气凝胶，所获得的气凝胶为层片状三维网络结构，由于该气凝胶具有高疏水性和薄孔壁及互连多孔结构，可在不同的苛刻条件下连续地用于油水分离。

5.2.3.3　电介子和防潮材料

通过选择原料或引入基团，可以合成极低介电常数的聚酰亚胺纳米气凝胶。气凝胶的疏水性质也应该受到重视，因为它们对气凝胶的介电常数有相当大的影响。聚酰亚胺纳米气凝胶作为微芯片贴片天线的基底材料，与传统基底材料相比，具有更低的射频损耗、更好的阻抗匹配、更宽的频带和更高的效率。聚酰亚胺纳米气凝胶由于其低介电常数和损耗，还可以在电子通信和全球定位系统中实现快速信号传输和低信号串扰。PI纳米气凝胶可以降低集成电路中导线与电路发热之间的漏电流和电容效应，质量减轻70%。而将PI纳米气凝胶应用于天线，通信范围可以扩大80%。聚酰亚胺纳米气凝胶几乎可以应用于所有领域。特别地，聚酰亚胺纳米气凝胶可用于电磁辐射领域，例如用于汽车保险杠、雷达和无线路由器的防撞检测器。

5.2.3.4 聚酰亚胺胶带

Kapton®是杜邦公司生产的商用聚酰亚胺。它是由PMDA（二酐）和ODA（二胺）合成。它是一种特殊的材料，具有很好的耐化学性，任何有机溶剂都不能溶解这种物质。Kapton®不熔化或燃烧与最高的UL-94燃烧评级：V-0。优异的性能使Kapton®能在高温（400℃）和低温（−269℃）下工作。Kapton®HN薄膜可用于气体分离。由杜邦公司提供的资料可知，气体的渗透率（25μm）为：$P_{CO_2}=0.26$，$P_{O_2}=0.14$，$P_{N_2}=0.035$，$P_{He}=2.40$Barrer。其中一张纸使用了Kapton®薄膜，涂有18wt%聚胺酸和5wt%菲溶液，在DMAc中，温度为70℃。这些膜被用来分离二氧化碳和乙醇。CO_2渗透率为$27×10^{-9}$mol/（$m^2·s$）。Pa和CO_2/乙醇在100℃和15MPa下为8.7。同样的方法也用于CO_2和异辛烷的分离，在150℃和8~12MPa下为12.8。Mensitieri等研究了不同厚度（13~50μm）的干饱和与水饱和Kapton@聚酰亚胺薄膜在25℃下的氧吸附。如上所述，由于没有任何溶剂可以溶解Kapton，所以仅以聚酰胺酸（PAA）为原料制备Kapton聚酰亚胺平板膜。Sridhar等人获得了$P_{CO_2}=8.5$和1.5Barrer的结果，在40bar条件下Kapton平板膜的单气体和混合气体（2%~5%CO_2）的CO_2/CH_4选择性分别为85和50.8。从结果来看，Kapton聚酰亚胺膜在较高的进料压力下被塑化，导致选择性损失。Kim等人通过BTDA-ODA的合成制备了碳分子筛（CMS）膜，然后在550、700、800℃下热解。发现随着浸泡时间和热解温度的增加，气体渗透性降低、选择性增加。CMS800膜的He、二氧化碳和O_2渗透性分别为872、176、61Barrer，He/N_2、CO_2/N_2和O_2/N_2选择性分别为218、44和15。

5.2.3.5 其他方面应用

除了用作隔热、吸附、介电和防潮材料，聚酰亚胺纳米气凝胶还可以用作电绝缘材料来涂覆碳纳米管，以减轻传统铜线的质量，同时不损害其导电性。在吸附方面，PI纳米气凝胶在高温或强酸等极端环境下具有稳定的力学性能和吸附功能，对有机污染物和油脂的吸附能力达到自身质量的30~195倍，远远高于其他有机吸附剂。聚酰亚胺纳米气凝胶因其成本低、效率高、可重复使用而在海洋及其他生态环境保护中具有广阔的应用前景。聚酰亚胺纳米气凝胶作为有机催化剂载体，具有优异的力学性能、热稳定性和低介电常数。聚酰亚胺纳米气凝胶可以克服无机载体在生物相容性和力学性能方面的局限性，并且经过结构修饰后可以与酶共价交联。聚酰亚胺纳米气凝胶具有纳米级的孔结构，可用于提高摩擦电纳米发电机的能量输出，具有良好的能量收集和传感应用性能。摩擦电材料的孔隙率和厚度对其性能也有相当大的影响。

5.3 其他聚合物基气凝胶

5.3.1 聚脲基气凝胶（PUA）

聚脲（PUA）是异氰酸酯衍生物，它包含了一类已建立的聚合物气凝胶的基础。PUA 最基本的特性是防腐、防水以及耐磨，又被称为"有机石头"。最早是由美国的 De Vos R 在 1994 年制备出来的。聚脲由于具有耐水和耐化学性、良好的耐候性和较强的耐磨性而被用作涂料。

聚脲（PUA）气凝胶在 1996 年的美国专利中首次报道，使用传统的尿素合成方法，即胺与异氰酸酯的亲核加成，如图 5-12（a）所示。几年后，人们提出了一种更具成本效益和环境友好的替代方法，用水代替胺。根据该方法，水在三乙胺作为催化剂的条件下与异氰酸酯反应，形成氨基甲酸，氨基甲酸分解形成二氧化碳和胺，胺又与尚未反应的异氰酸酯快速反应形成尿素，如图 5-12（b）所示。

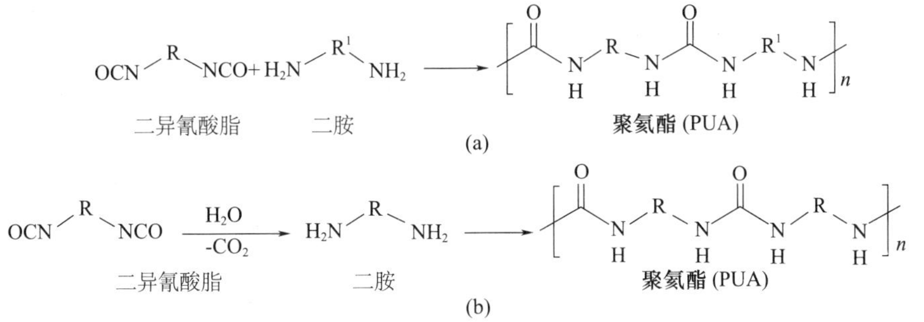

图 5-12　聚脲（PUA）气凝胶的合成反应

Nicholas 等最早对聚脲气凝胶的隔热性能进行了研究，以异氰酸盐为前驱体、聚胺为硬化剂、三乙胺（TEA）为催化剂，首次在常温常压条件下得到 PUA 湿凝胶，然后进行 CO_2 超临界干燥，得到高孔隙率、低导热系数 $[0.013W/(m \cdot K)]$、耐热性良好（~270℃）的 PUA 气凝胶。实验发现，目标密度（由固含量调节）和异氰酸盐与聚胺当量比值（EW）对湿凝胶的合成和最终气凝胶的隔热性能均有影响：随着 EW 值的增加收缩率增加，主要因为 EW 值低，异氰酸盐与聚胺反应更快，可以形成具有更高交联度的结构；而随着目标密度的增加，收缩率先减小后增加；导热系数则随着最终密度的增加先减小后增加，为了得到最优化的合成条件，对目标密度和 EW 值进行了 DOE 正交设计实验，可知目标密度是影响导热系数的主要因素。而更高的孔体积、比表面积及更小的孔径使得 PUA 气凝胶比 PU 气凝胶在更大范围（−120℃～室温）的使用条件下具有更优异的隔热性能。

Nicholas 等合成的 PUA 气凝胶为实验样品，通过研究发现，对于进行单轴压缩实验的 PUA 气凝胶来说，机械强度和形变方向上的固体导热系数是形变的函数，也就是

283

密度的函数，但是，与机械强度不同，导热系数仅是密度的函数而与机械载荷无关。由Nicholas 的研究可知不同密度的气凝胶材料具有不同的微观形貌，对本实验的结果也有影响。在低密度时机械强度与固体导热系数之间为平方关系，而高密度时则为线性关系。另外，研究表明微观结构的均匀性对两者之间的关系影响最大。

美国的 Nicholas 等以异氰酸酯和水为原料、Et_3N 为催化剂，分别以丙酮、乙腈和二甲基亚砜为溶剂，常压干燥制备得到 PUA 气凝胶，其孔隙率高达 98.6%，密度范围广（$0.016\sim0.55g/cm^3$）。研究发现所得的 PUA 气凝胶的纳米结构随着密度的变化而不同，密度低时为纤维状，密度高时则为微粒状，这主要是由于在低密度时低浓度的簇-簇之间的聚合机制导致的，当异氰酸酯的浓度增加时这种机制改变为低扩散聚合机制。同时，其在低温下（$-173℃$）仍然可以保持一定的柔韧性，与其烧结和缠绕的纤维状纳米结构有关。另外，他们对得到的 PUA 气凝胶进行热解得到碳气凝胶，产率约 60%，与 PUA 具有相同的多层结构。经过碳化的气凝胶在微观形貌上表现相似，都呈现大孔状。

Weigold 等也发现随着密度的增加，PUA 气凝胶的骨架结构由纤维状转变为珍珠项链状。他们以脂肪族的异氰酸盐和水为原料合成了 PUA 气凝胶，研究了样品的骨架结构和孔隙率对导热系数的影响，从而探索微观结构与导热系数之间的关系。样品的总导热系数随着密度的变化而变化：密度为 $0.040\sim0.530g/cm^3$ 时，导热系数为 $0.027\sim0.066W/(m\cdot K)$。因为低密度时骨架结构主要呈现纤维状，高密度时则逐渐形成珍珠项链状，而这种结构能够有效地阻碍固态热传导，且当气凝胶密度大于 $0.2g/cm^3$ 时，总导热系数主要由固态导热系数决定，所以随着密度增加总导热系数降低。Weigold 等还对 PUA 气凝胶在单轴压缩过程中机械强度和固体热传导之间的关系进行了研究。他们以 Nicholas 等合成的 PUA 气凝胶为实验样品，通过研究发现，对于进行单轴压缩实验的 PUA 气凝胶来说，机械强度和形变方向上的固体热传导率是形变的函数，也就是密度的函数，但是，与机械强度不同，热传导率仅是密度的函数而与机械载荷无关。为了避免聚脲气凝胶中显著的大孔形成，考虑了有机介质中的胺-异氰酸酯反应，并重点研究交联密度对气凝胶性能的影响，尤其是对中孔的产生。具体而言，聚脲凝胶由芳族二胺合成，例如 $2,2'$-二甲基联苯胺（DMBZ）和 $4,4'$-氧联苯胺（ODA）如图 5-13 所示。在这项工作中考虑了 DMBZ 和 ODA，分别获得刚性和柔性聚脲气凝胶。

图 5-13　不同密度聚脲气凝胶的 SEM 图片

聚合物气凝胶柔韧而多孔的纳米结构使得这些材料很难通过传统的机械方法进行切割。美国的 Bian 等以 PUA 气凝胶为样品，采用飞秒激光脉冲进行切割，得到很好的结果。该实验的关键在于如何获得高质量的切割表面，通过实验发现主要影响因素是激光束的能量和扫描样品的速度。经过一系列测试，获得最优切割方案：激光束能量为 $6.36 \sim 8.9 J/cm^2$，样品扫描速度为 $3.5 \sim 4$（°）/s。

5.3.1.1 球形 PUA 气凝胶的一般性能

Yang 等以四(4-氨基苯基)甲烷和各种烷基二异氰酸酯（1,4-二异氰酸酯丁烷、六亚甲基二异氰酸酯、甲苯 2,4-二异氰酸酯、1,8-二异氰酸酯辛烷、1,12-二异氰酸酯十二烷）在二甲基甲酰胺（DMF）中在室温下反应，然后加入丙酮作为非溶剂进行沉淀，制备了 PUA 气凝胶粉末。该产品由球形颗粒组成，其尺寸（约数百 nm）大于凝胶网络纳米颗粒（约 $9 \sim 30nm$，用动态光散射测量），并取决于二异氰酸酯的化学特性；异氰酸酯的脂族链越长，获得的颗粒就越大。

Christi 等在室温下合成球形毫米级聚脲（PUA）气凝胶珠。用 N_2 吸附测量的 Brunauer-Emmett-Teller（BET）表面积在通过使用一次性吸管将 Desmodur N3300 的碳酸丙烯溶液滴加到一个含有乙二胺和矿物油混合物的量筒中。当液体加入后会立即形成球状湿凝胶珠，并沉降在圆柱体底部。在此条件下老化 15min。随后，从矿物油中取出，与丙酮交换溶剂［图 5-14（a）］，并在高压釜中与超临界二氧化碳干燥成球形 PUA 气凝胶［图 5-14（b）、(c)］。或者，用水代替矿物油，但微珠不再保持球形，生成的气凝胶的比表面积非常低。

 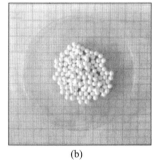 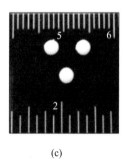

(a)　　　　　　　　　　(b)　　　　　　　　　　(c)

图 5-14　球形聚脲（PUA）气凝胶珠

制备出的球形气凝胶珠的平均直径为 2.7mm，粒径分布窄（半高全宽：0.4mm，图 5-15），密度低［$(0.166 \pm 0.001) g/cm^3$］，并且它们是多孔的（87%v/v），具有高比表面积（$197m^2/g$）。这些特性与使用相同浓度的 Desmodur N3300 和化学计量的水在丙酮中制备的 PU Aaerogel 整料的特性相似。在碳酸亚丙酯中观察到的整体块较大的颗粒和较低的比表面积归因于碳酸亚丙酯溶胶中催化剂的量相对于丙酮较少。而且还发现与乙二胺（PUA-A）或水（PUA-B）形成的 PUA 气凝胶的化学成分不同，气凝胶珠的多孔网络用 N_2 吸附孔隙率测定法探测。如图 5-16 所示，N_2 吸附等温线在 $P/P_0 = 0.9$ 以上迅速增加并表现出狭窄的滞后回线，表明大孔材料具有一定的中孔性。对于落在 $1.7 \sim 300nm$ 范围内的孔隙，BJH-曲线在 31.4nm 处显示最大值［图 5-16（b）］。对于通过粒子聚集过程形成的网络而言，该孔径分布相当广泛。

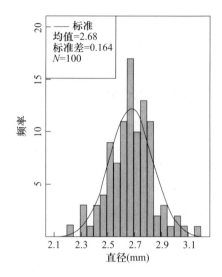

图 5-15　球形 PUA 气凝胶珠与脱硫剂 N3300 协议制备的 PUA 单体的性能比较

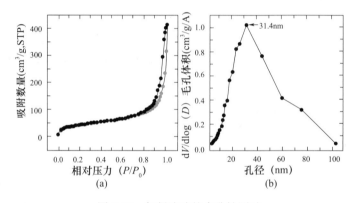

图 5-16　气凝胶珠的多孔性测试

（a）球形 PUA 气凝胶珠 N_2 吸附等温线；（b）BJH-孔径分布

5.3.1.2　聚脲基气凝胶的性能

（1）疏水性分析

PUA 气凝胶保持了聚脲材料的高疏水性，接触角经图像分析法测量达到 108°，表明聚脲气凝胶具有较好的疏水性能，如图 5-17 所示。

图 5-17　PUA 气凝胶的疏水性测试

（2）保温隔热应用分析

PUA 气凝胶因其更低的密度、更低的导热系数以及更好的热稳定性和高疏水性能，在保温隔热这一领域有更好的应用前景和更广泛的应用领域。虽然其导热系数还没有达到完全绝热的程度，但因简单的制备工艺、较低的密度和聚脲材料本身的疏水性，可以预见其在建筑、交通等领域的应用潜质。

（3）隔声降噪应用分析

在对气凝胶的隔声性能测试中，为了更为直观地反映材料的隔声特性，制备 PUA 气凝胶耳塞，通过入耳隔声量考察气凝胶的隔声性能。图 5-18（a）为 PUA 气凝胶制备的耳塞，图 5-18（b）和（c）为市售耳塞。

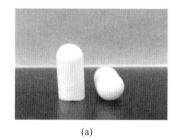 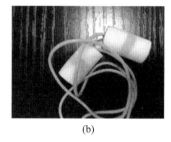 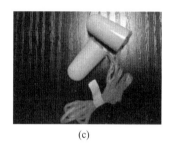

（a） （b） （c）

图 5-18　PUA 气凝胶耳塞与市售耳塞对比

（a）PUA 气凝胶耳塞；（b）（c）市售耳塞

表 5-3　测试耳塞样品情况

样品编号	最大、最小直径/mm	长度/mm	密度/（kg·m³）	产地	材质
a-1	14、8	20	0.275	中国	PUA 气凝胶
a-2	14、8	20	0.212	中国	PUA 气凝胶
a-3	14、8	20	0.166	中国	PUA 气凝胶
b	14、8	20	0.247	美国	PV 泡沫
c	14、8	20	0.146	德国	PU 泡沫

耳塞的隔声测试委托南京大学声学所进行专业测试，测试场所为专业混响室，混响室为 7.35m×5.90m×5.22m（长×宽×高）的矩形房间，墙、天花板和地面均为水泥建造，其中墙和天花板做专业刷漆处理，混响室中安装了旋转扩散体，测试前未启动，测试场地实物图如图 5-19 所示。测试仪器为丹麦 B&K 公司生产的 PULSE 3560B 型多通道声振分析仪和 4182C 型头与躯干模拟器。图 5-20 为头与躯干模拟器。具体的测试方法为：首先测量不插入耳塞的情况下，模拟器左、右耳接收到的声压级，然后测试插入耳塞之后接收到的声压级，两者差值计作该组耳塞的声音插入损失，最终的结果取左、右耳的插入损失平均值计作该组耳塞的平均插入损失。对于每组样品，不插入耳塞时，测量 3 次数据取其平均值；插入耳塞后，测量 3 次数据取其平均值。其中，每次的测量时长均为 20s。

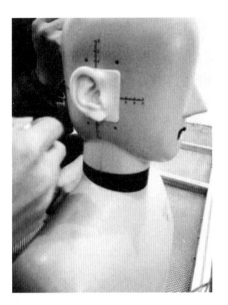

图 5-19　隔声测试场地　　　　　　　图 5-20　头与躯干模拟器

　　根据耳塞样品的隔声量实测数据，绘制的部分 1/3 倍频程中心频率下耳塞样品的平均损失如图 5-21 所示。PUA 气凝胶耳塞与市售耳塞 b 和 c 相比，在低频段表现出了一定的优势，密度相近的 PUA 气凝胶耳塞 a-3 与耳塞 b 相比，在 100Hz 处的隔声量差值达到 9.4dB。a-1/a-2/a-3/b/c 耳塞的计权平均隔声量分别为 33、30.4、28.7、24.4、26.8dB，随着 PUA 气凝胶密度的增加，隔声性能随之提升，说明该材料遵循质量定律，即材料的面密度越大，隔声量就越大，面密度主要与材料的密度和使用厚度有关，即尺寸一致的情况下，隔声性能随密度的增加而提升。

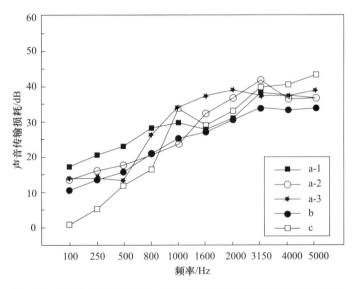

图 5-21　PUA 气凝胶耳塞与市售耳塞不同频率下的隔声量对比图

5.3.1.3 聚脲基气凝胶的应用

（1）在航空航天中的应用

气凝胶因其优异的特性使它们有非常广泛的适用性，尽管空间应用似乎特别适合气凝胶，但典型气凝胶的脆性使得直接暴露在行星环境中的生存成为一个主要问题。在这方面，在这些气凝胶材料中，典型二氧化硅气凝胶的珍珠项链状骨架已经涂有保形聚合物层，该聚合物层以化学方式连接（交联）骨架纳米粒子，加强颈部粒子间连接，这是骨架网络的弱点。这种新材料被称为聚合物交联气凝胶。由于聚合物共形涂覆在颗粒上，中孔空间几乎保持完整，因此我们获得的材料可能比下面的二氧化硅骨架强 300倍，体积密度名义上增加了 3 倍，但仍然是一种超轻质材料。由于增强的机械强度，磨损引起的损坏不是主要问题。他们的目标是与基于 RTV 655 的校准目标相比，评估作为下一代校准目标的聚合物交联气凝胶的光谱响应。

（2）在隔热材料中的应用

通过在环境或超临界条件下干燥，使用不同的异氰酸酯和多元醇硬化剂研究了基于聚氨酯（PU）的干凝胶和气凝胶。尽管气凝胶在低压下表现出良好的导热系数值，但它们在环境压力下表现出更高的导热系数值，并且需要降低这些导热系数才能用于隔热。

Weigold 等通过使用超临界干燥工艺，研究了 PUA 气凝胶骨架结构和孔隙率对其导热系数的影响，从而探索出样品的微观结构与宏观导热系数之间的关系。结果表明通过以脂肪族的异氰酸盐 N3300A 和水为原料、丙酮作为溶剂制备的 PUA 气凝胶，其总体导热系数随着密度的增加而升高，当密度范围在 $0.039\sim0.531g/cm^3$ 时，其样品的导热系数在 $0.027\sim0.066W/(m\cdot K)$ 之间，以 $0.1\sim0.3g/cm^3$ 密度为分界线，其骨架有不同的状态，当 PUA 气凝胶的密度在 $0.1g/cm^3$ 以下时样品的骨架由平均直径为 20nm 左右的均匀的纤维组成；当密度在 $0.1\sim0.3g/cm^3$ 之间由直径不规则的块状纤维和类似珍珠串的结构组成；当密度在 $0.3g/cm^3$ 以上时，由均匀的球形粒子组成，直径在 80nm。

5.3.2 聚氨酯气凝胶（PU）

聚氨酯（PU）气凝胶最早由 Biesmans 等成功合成。它们以芳香的异氰酸盐（DNR）为反应剂，1,4-二氮杂二环辛烷（DABCO）为催化剂，在 CH_2Cl_2 溶液中合成 PU 湿凝胶，经过 CO_2 超临界干燥得到了 PU 气凝胶，并对其隔热性能进行了研究。研究表明，当异氰酸盐与催化剂质量比值为 50、固含量为 3% 时，制备的 PU 气凝胶导热系数最低，约为 $0.007W/(m\cdot K)$。同时 Biesmans 等还对 PU 气凝胶进行热解得到相应的碳气凝胶，在碳化过程中一些小分子如 H_2O、CO、CO_2 和 HCHO 等将会逸出，形成了具有延展性、相互连通的碳结构，该结构不仅质量轻，而且增强了有机材料的力学性能。碳化后气凝胶孔结构的形态取决于热解的温度，尤其是 $400\sim600℃$ 之间，孔的尺寸逐渐增加且表面光滑，类似黏稠液中的气泡。而随着热解温度的升高，碳气凝胶的密度也不断增加，导致其导热系数以指数形式增加。随后 Rigacci 等使用 MDI（苯基异氰酸酯）作为反应物，两种具有不同功能的多元醇-蔗糖和季戊四醇作为参与反应的醇溶液，由二甲基亚砜（DMSO）和乙酸乙酯（EtAc）的混合物组成让聚氨酯单体和颗粒都可以溶解在其中的有机介质，在苄基二甲胺（Dabco TMR）的催化作用下得到聚氨酯气凝胶。通过对比不同的干燥方法得出，与超临界干燥相比，亚临界干燥得到的样品的密度更大。不同的溶剂会影响到最终样品的微观形貌。Diascorn 等通过分子动力学分析了聚二苯甲烷异氰酸酯（p-MDI）、季戊四醇、Dabco TMR 以及二甲基亚砜、四氢呋喃、乙腈、丙酮作为溶剂的聚氨酯气凝胶的结构、热和机械性能。研究表明催化剂浓度影响着反应动力学即表现出的凝胶时间。该参数还会影响样品的密度、孔隙率、孔径分布等。最终催化剂浓度为 6mmol/L 时得到密度为 $0.18g/cm^3$、导热系数为 $0.017W/(m \cdot K)$ 的聚氨酯气凝胶，同时其压缩模量可达到 7.8MPa。

5.3.2.1 聚氨酯气凝胶制备

聚氨酯气凝胶一般是通过异氰酸酯和多元醇反应形成溶胶，在催化剂作用下聚合、交联、凝胶、老化，再经过超临界干燥后得到。在聚氨酯气凝胶的制备过程中，实际上与其他气凝胶相类似，先是溶胶-凝胶过程，然后是老化，最后经过干燥完成制备。

用于 PU 的材料合成组需要三种溶液，包括交联、催化剂和异氰酸酯溶液。将三种溶液混合后倒入模具中形成样品，然后进行溶胶-凝胶处理。溶胶-凝胶过程是单体向聚合物网络胶体溶液的转化过程。在溶胶-凝胶过程中，形成固体氨基甲酸酯键以产生网络结构。溶胶-凝胶过程完成后就会进行老化，老化是将湿凝胶放在乙腈的环境下进行，老化阶段使氨基甲酸酯完全交联，然后湿凝胶中未反应的溶液能够扩散出纳米结构，并被新鲜乙腈代替。在此阶段，样品以水凝胶形式存在，纳米结构中存在液体。为了除去液体并形成气凝胶，将样品放在压力室中，并进行溶剂交换。干燥过程一般通过超临界流体干燥获得气凝胶。

在溶胶-凝胶过程中所涉及的化学反应与聚氨酯反应类似。前驱体为多元醇，通过使用多官能异氰酸酯引发交联。一级多元醇的反应速率大约比二级羟基的反应速率快十倍。以 N3300 六亚甲基二异氰酸酯（HDI）三聚体为原料，与二元醇中的—OH 反应生成聚氨酯基团并形成网络结构经干燥后得到聚氨酯气凝胶，图 5-22 为异氰酸酯三聚体与二元醇反应过程。

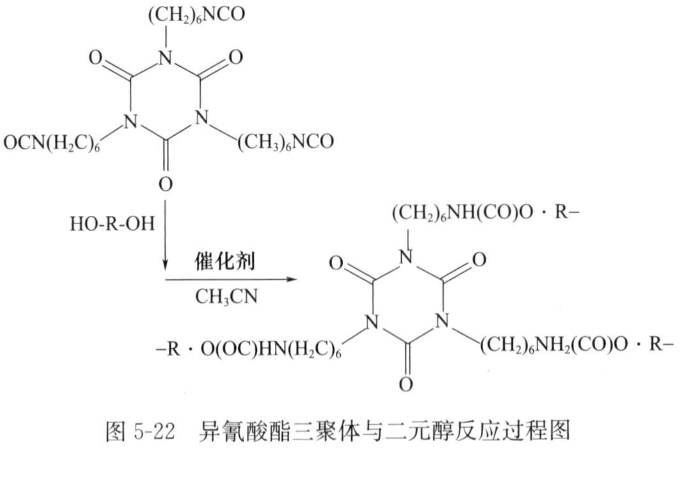

图 5-22 异氰酸酯三聚体与二元醇反应过程图

在 20 世纪 60 年代研究人员甄别了催化剂/羟基和催化剂/异氰酸酯二元复合物后就提出了这种方法。叔胺可以诱导出两种路径来合成。

第一种路线是由胺和异氰酸酯间形成的复合物以及醇进攻组成。

第二种路线是基于胺和醇类羟基基团间的复合物的形成以及后面与异氰酸酯反应。

不管是哪种机理，相邻的氮原子空间位阻及溶剂碱性都是限制因素。催化剂效果的好坏实际上与 pKa 值和胺化氮的孤对电子的可接近性有关，越接近催化性越好。选择特定的溶剂混合物应达 $21.7MPa^{1/2}$ 的特定 Hildebrand 溶解度参数，而且异氰酸酯是非常活泼的化学物质，但不和醇类反应。例如在一定条件下，它们可能都不需要催化剂作用自身就可以反应产生二聚体和三聚体。它们也可以和水反应形成不稳定的氨基甲酸酯，再通过失去 CO_2 形成双取代的脲，随后就会与另一异氰酸酯反应形成缩二脲。并且异氰酸酯也能与聚氨酯反应形成脲基甲酸盐。这些反应可认为是聚氨酯合成的竞争反应，但可根据需要进行人为调控，以达到优化材料最终的性能。

5.3.2.2 隔热特性

Biesmans 通过将反应组分以给定的质量百分比溶解在合适的溶剂中来制备聚氨酯气凝胶。使用微量注射器向该混合物中加入催化剂。催化剂的量表示为催化剂比（CR），定义为异氰酸酯质量与催化剂质量的比值。初始混合后，溶液在升高的温度或环境温度下凝胶化一段预定的固化时间。固化时间从 5min 到 2 周不等。研究各种参数对其材料热性能的影响。图 5-23 给出了两个不同密度的不同整体的 Lambda 值与压力的关系。随着气凝胶样品被抽空，获得了较低的导热系数，从而获得了更好的绝缘性能。这种性能的一个关键特征是由两条切线交叉确定的"临界压力"。对于这些整体结构，两个系统的"临界压力"约为 100bar。与最低值的第一次偏差发生在 20～30mbar 左右。最高密度（$260kg/m^3$）的最低 Lambda 值为 12mW/（m·K），空气填充值为 17.5mW/（m·K）。较低密度样品（$209kg/m^3$）的值分别为 8.5 和 15mW/（m·K）。

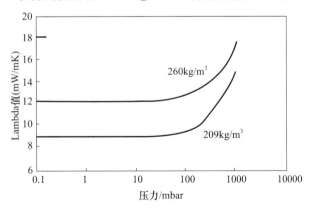

图 5-23 不同密度的气凝胶整料作为压力函数的热性能

另外，PU 气凝胶相比于 PUA 气凝胶来说，虽然有着更高的室温导热系数，但因为其独特的超弹性，可以制作成柔性的大尺寸卷材。当前，针对不同温度段的保温隔热材料正持续研发中，PU 气凝胶有望在低温应用领域以及空间紧凑的场景中，以较薄的使用厚度实现高效的隔热防护。

5.3.2.3 聚氨酯气凝胶应用

（1）聚氨酯气凝胶隔热材料

Biesmans 等以芳香族的异氰酸盐（DNR）、二氯甲烷（CH_2Cl_2）为溶剂，1,3-二氮杂二环辛烷（DABCO）为催化剂，通过溶胶-凝胶、CO_2 超临界干燥工艺，首次获得了密度在 $0.08\sim0.4g/cm^3$ 范围内的聚氨酯气凝胶材料，分析了材料的导热系数与密度、气压的关系。结果表明，当密度为 $0.15g/cm^3$ 时，聚氨酯气凝胶在 10mbar 以下的导热系数为 $0.07W/(m\cdot K)$，在空气中的导热系数为 $0.22W/(m\cdot K)$。随后，Rigacci 等以 4,4'-二苯基甲烷二异氰酸酯（MDI）分别与蔗糖（Polyol-A）、季戊四醇（Polyol-B）为反应体系，通过溶胶-凝胶、超临界和亚临界干燥工艺，获得了 Polyol-A 基和 Polyol-B 基聚氨酯气凝胶，重点分析了反应介质的溶解度参数（δ）对气凝胶材料微观形貌和导热系数的影响。结果表明，当 $\delta<\delta_{PU}$（聚氨酯的溶解度参数）时，气凝胶材料主要由微米级颗粒聚集而成；当 $\delta>\delta_{PU}$ 时，气凝胶材料的粒径较小，具有纳米介孔结构。图 5-24 为同一密度、不同溶解度参数的 Polyol-A 基聚氨酯气凝胶导热系数随环境压力的变化规律，当分压小于 10mbar 时，溶解度参数对聚氨酯气凝胶的影响不大，但是随着环境压力的增大，$\delta<\delta_{PU}$ 的气凝胶样品的导热系数迅速增大，在空气气氛下，其导热系数已经远高于 $\delta>\delta_{PU}$ 的气凝胶样品，制备的聚氨酯气凝胶的最低导热系数为 $0.022W/(m\cdot K)$，该值略高于 SiO_2 气凝胶的导热系数（约 $0.018W/(m\cdot K)$），但比传统聚氨酯泡沫的导热系数 $[0.030W/(m\cdot K)]$ 降低了约 36%。

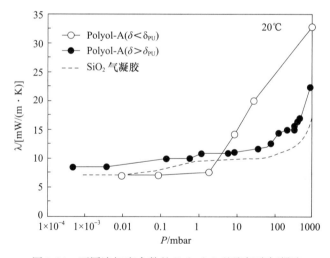

图 5-24　不同溶解度参数的 Polyol-A 基聚氨酯气凝胶

聚氨酯可看作是一种含有软链段和硬链段的嵌段共聚物高分子材料，其中软链段由多元醇构成，硬链段由氨基甲酸酯基团、脲键基团构成，可以通过调节异氰酸酯和多元醇的种类来改变材料的柔性或者刚性。因此，聚氨酯气凝胶具有灵活的分子设计性，可以获得极柔或者极硬的气凝胶材料。Chidambareswarapattar 等采用多官能团的小分子合成 PU 气凝胶，并通过改变分子参数来控制材料的形态。分子参数主要指的是分子的刚性、单分子中官能团的数目（n）以及官能团密度（即每个苯环上官能团的数量，r）。

因此，他们选用了两种三官能的异氰酸酯（芳香族的 TIPM 和脂肪族的 N3300A）、三种多元醇（间苯三酚、间苯二酚和双酚 A），以二月桂酸二丁基锡（DBTDL）为催化剂，合成出了具有良好性能的 PU 气凝胶，其具有低导热系数（~0.300W/(m·K)）、较轻的质量（密度约 0.094g/cm³），以及如泡沫般的柔韧性（压缩吸收能达 100J/g）。图 5-25 是气凝胶样品及其应力-应变曲线。通过一系列微观分析得到，单体分子的刚性和官能度控制着反应过程中的相分离，从而控制粒子的尺寸、孔隙率和内表面积。当单体分子具有一定的刚性时，气凝胶的骨架则会产生固有微孔，使得材料的孔结构体系层次分明。结果表明，对整个体系影响最大的两个参数是官能团数目 n 和官能团密度 r。尤其是官能团密度，不仅决定了结构，同时也是控制性能的主要参数，这是因为它主要作用于纳米骨架的表面，为该材料柔性样品和刚性产品的力学性能。该系列产品可获得的最佳导热系数为 0.031W/(m·K)。郭智臣报道了巴斯夫正在德国生产的新型 Slentite 聚氨酯气凝胶产品，其导热系数可达 0.017W/(m·K)，且具有较好的机械强度和优异的湿度调节能力，在建筑保温和室内保温方面具有其他隔热材料无可比拟的优势。

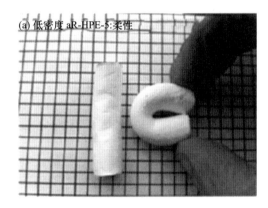
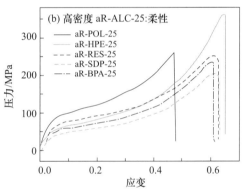

图 5-25　聚氨酯气凝胶样品图及应力-应变图

Nicholas 等从分子间连接的角度对 PU 气凝胶的柔韧性进行了研究。通过分子设计得到了聚氨酯-丙烯酸酯和聚氨酯-降冰片烯两种星状单体，合成 PU 气凝胶，通过实验阐释了分子参数（即分子结构单元）对性能的影响。这表明分子结构对样品柔性的影响主要来自于粒子间的接触面积，而不是相分离所产生的纳米颗粒的尺寸，接触面积越大则柔韧性越好，这种接触面积可以通过聚合物在初级纳米骨架上的累积来增加。他们把粒子间的接触面积看作是一种共价键，是一系列 top-down 多孔材料具有一定模量的主要原因。

Rigacci 等还研究了亚临界干燥对 PU 气凝胶的影响，与超临界干燥相比，亚临界干燥得到的样品仅在密度上略有差异。前驱体在溶剂中溶解能力不同，则得到不同微观形貌的材料：若可溶，则得到介孔的气凝胶类材料；若不溶，则得到大孔的泡沫类材料。

（2）聚氨酯气凝胶应用于传感系统

在即将到来的物联网时代，高级系统中的实时监控对于各种应用非常普遍，例如生物医学设备、结构健康、环境条件、软机器人和工业自动化。监测由适当的传感单元和相关的电子设备进行。此类系统需要可持续的能源来为其供电，而传统电池的使用可能会由于寿命和性能有限以及刚性结构而遇到不同的障碍。此外，传感器要求其性能稳健可靠，因此开发适用于各种应用的高性能传感器对于物联网非常重要。例如，压电能量收集技术已广泛应用于各种传感应用，例如生物医学传感系统和结构状态监测。摩擦纳米发电机（TENG）最近作为一种新颖、稳健且通用的技术被引入，用于机械传感系统以及收集机械能以提供电力电子设备。TENG 可用于从不同来源收集能量，如人的活动、风和水的运动，以及结构振动。TENG 还可用于各种系统中的自供电传感，包括触觉系统、生物医学测量和汽车工业。

TENG 的运行基于两种电子亲和性非常不同的薄膜材料之间的接触带电和静电感应机制。因此，迫切需要开发先进的高性能材料来提高 TENG 系统的输出功率。为了实现这一目标，已经提出了各种技术来增强现有材料的性能或开发用于提高 TENG 性能的新型材料。TENG 依赖于材料的界面相互作用和接触层上的电荷生成，因此表面形貌修饰已被引入作为 TENG 增强的有效方法。这种改性可以通过提高材料在与其他材料相互作用时进一步获得或失去电子的趋势，通过表面的化学改性来实现。例如，表面化学氨基改性已被用于高性能和耐湿的摩擦纳米发电机。物理表面改性技术也可以通过在材料表面添加微米和纳米结构来增加比表面积和随后在接触带电中产生电荷。最近还提出了使用具有增强电容和介电特性的先进材料提高 TENG 系统的电气输出。例如，使用海绵和多孔材料、纳米纤维和复合材料，可以在一定程度上提高 TENG 的性能。例如，使用纤维素纳米纤维（CNF）气凝胶和聚偏二氟乙烯（PVDF）纳米纤维层分别作为正负摩擦电荷层开发了高性能 TENG。两种改性接触材料的使用以及在负侧应用多个PVDF 纳米纤维层被证明对于提高 TENG 输出非常有用。在另一示例中，基于织物的结构开发是为了形成用于生物力学能量收集的柔性、可佩戴的和高性能 TENG，提出了基于多层纤维的设计以显著提高 TENG 系统中的电荷密度。此外，纳米纤维膜构造设计被开发用作可穿戴 TENG，用于生物力学能量收集。还值得一提的是，大量上述技术应用于具有负电子亲和力的聚合物材料。由于具有这种特性的聚合物数量有限，因此具有相对正电子亲和力的对应材料通常选自金属和金属氧化物。然而，金属容易受到各种问题的影响，包括降解、氧化和腐蚀。因此，非常需要开发一种用于高性能 TENG 系统的新型材料，该材料不仅在表面形态和电容性能方面有所改善，而且还可以用作包括氟化乙烯丙烯（FEP）在内的高摩擦负性材料的对应物。

而使用聚氨酯气凝胶（PUA）作为 TENG 系统中用于增强电输出的主要接触材料是非常适合的。气凝胶薄膜是通过系统的过程制造的，然后充分表征以找到物理和化学特性。将不同开孔含量的 PUA 薄膜嵌入 TENG 器件中对孔隙率的影响及输出性能的水平进行了充分调查。与具有无孔膜的 TENG 相比，PUA 的使用显示出 TENG 系统的各种优势，因为所制造的材料具有独特的特性。首先，由于增强了 PUA 的电容和表面特性，电输出性能大大提高。其次，PUA 可以有效地用作具有相对正电子亲和力的聚合物材料，作为具有高负电子亲和力的材料（如 FEP）的对应物。最后，PUA 的高度多孔和轻质结构可以减轻 TENG 设备中使用的聚合物材料的质量，从而可能实现 TENG 系统的大规模应用。

Saadatnia 等通过在各种电力负载和充电存储单元下测试设备来展示 PUA-TENG 在机

械能量收集中的应用。此外，PUA-TENG 证明可用于生物力学监测。因此，所提出的
PUA-TENG 在能量收集和传感应用中都表现出高性能。图 5-26（a）为 PUA 薄膜的制备
过程，通过使用三种溶液混合，然后进行溶胶-凝胶处理后经超临界干燥聚氨酯气凝胶膜。

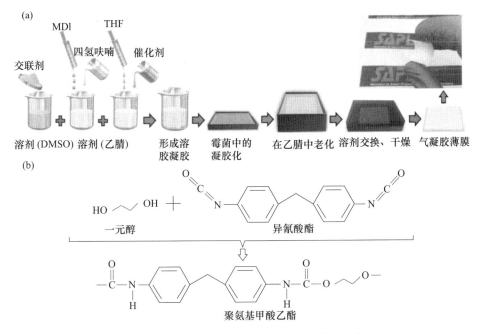

图 5-26 PUA 气凝胶的化学成分以及制备工艺

（a）为 PUA 气凝胶的制备工艺；（b）PUA 气凝胶的化学成分示意图

为了在 TENG 装置中使用 PUA，重要的是首先探索制造材料的物理和化学性质。
制造的气凝胶薄膜首先通过氦比重瓶进行测试，以发现薄膜的开孔含量，该含量显示了
结构内部的气孔数量。因此，发现测试样品的最大开孔含量为 94%，这表明其具有非
常轻的和高度多孔的结构。图 5-27（a）～图 5-27（d）表示使用扫描电子显微镜
（SEM）在不同分辨率下开孔含量为 94% 的 PUA 的形态和纳米结构配置。基于图 5-27
（a），很明显，PUA 表面孔隙的存在会增加材料的比表面积，这对提高 TENG 的性能
非常有利。分辨率更高的数字说明纳米级孔隙在固体结构中的均匀分布以及聚合物的一
致结构，此外，图 5-27（e）～图 5-27（i）显示了具有不同孔隙率的气凝胶薄膜的 SEM
图像，以更好地呈现开孔含量对制备的气凝胶结构的影响。

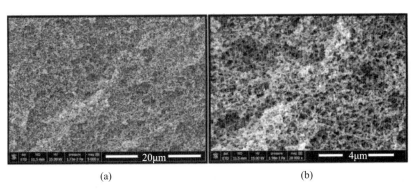

(a)   (b)

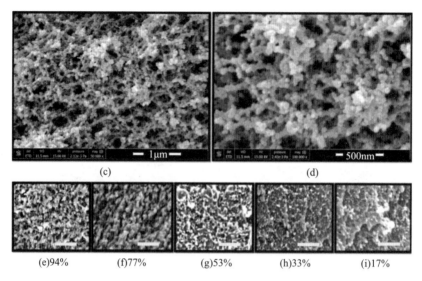

图 5-27　不同分辨率、不同开孔含量的 PUA 样品的 SEM 图像

（a）～（d）不同分辨率下具有 94％开孔含量的 PUA 样品的扫描电子显微镜（SEM）；

（e）～（i）具有各种开孔含量的 PUA 样品的 SEM 图像

图 5-28（a）展示了手臂弯曲角度对 PUA-TENG 传感器输出信号的影响。信号与应用频率直接相关，其中峰值通过增加频率而上升。肘部角度在所有频率下都几乎保持不变，而低频范围是由于人类手臂施加的激励。PUA-TENG 传感器在生物力学传感方面的另一个应用是用于人体步行监测。很明显，由于可以从传感器中提取用于康复和其他医疗保健目的的有用信息，因此监测人类步行非常重要。传感器安装在鞋子上，可以由人类行走时的脚部运动触发，如图 5-28（b）所示，图中的信号代表了传感器在不同步行速度下的输出电压。事实上，传感器能够捕捉到步行速度的变化，这是一个非常有用的信息。因此，基于 PUA 的传感器对所应用的人的身体活动很敏感，这表明所提出的设计用于检测生物力学信号的潜在应用。

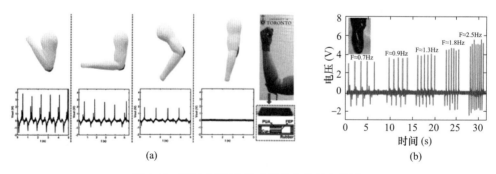

图 5-28　PUA-TENG 传感器输出信号和监测

（a）手臂弯曲角度对 PUA-TENG 传感器输出信号的影响；（b）PUA-TENG 传感器在监测人类行走中的应用

5.3.3　三聚氰胺甲醛气凝胶（MF）

MF 凝胶由三聚氰胺（M）与甲醛（F）缩聚而成，可通过两种途径合成。①单体途径：三聚氰胺与甲醛混合，加入去离子水作为反应溶剂，加入适量的碱作为初始反应

催化剂，混合液被加热使三聚氰胺完全溶解，冷却至室温后再加入盐酸调节 pH 值，密闭后加热反应一定时间即可得到 MF 湿凝胶。②齐聚体途径：被甲醛部分羟甲基化的三聚氰胺低分子量缩合物用适量去离子水稀释，用酸调节得到 MF 湿凝胶，然后经溶剂置换处理得到体系内不含水的 MF 湿凝胶。图 5-29 所示为单体途径的凝胶化反应过程。MF 湿凝胶形成过程中，先是甲醛与三聚氰胺中三个氨基形成羟甲基取代物，酸化过程促进其进一步缩合，形成二氨基亚甲基桥和二氨基亚甲基醚桥，最终交联成三维网络状结构，完成凝胶化过程。

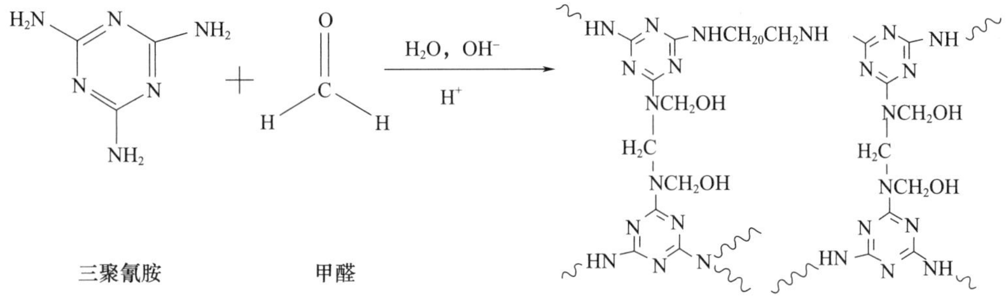

图 5-29　MF 凝胶的溶胶-凝胶聚合过程

　　MF 气凝胶是有机高分子气凝胶。MF 气凝胶比 RF 气凝胶具有更稳定和强大的网络。一般而言，三聚氰胺在碱性条件下首先与甲醛反应生成羟甲基三聚氰胺。MF 系统的羟甲基基团在碱性条件下可以进一步相互反应形成亚甲基（—CH_2—）和亚甲基醚（—CH_2OCH_2—）桥。然后，在酸性条件下，羟甲基彼此缩合形成二氨基亚甲基（—$NHCH_2NH$—）和二氨基亚甲基醚（—$NHCH_2OCH_2NH$—）桥，使反应物形成三维框架。然而，在一般情况下，聚合和三聚氰胺和甲醛的交联速率非常缓慢，低浓度的前驱体条件下不会发生凝胶化过程。这两个障碍使得低密度 MF 气凝胶的快速制造变得困难。一些结果表明 MF 气凝胶的密度通常高于 $100mg/cm^3$。此外，对于透明的 MF 气凝胶，MF 湿凝胶通常是先用三聚氰胺和甲醛进行碱催化，然后加入盐酸调节 pH 值至酸性条件，合成参数要求非常严格，在很窄的范围内。pH 值范围在 1.7～2.2 之间。此外，即使凝胶温度为 95℃，而前驱体浓度为 10% 或 6%，仍需要大约 1～7 天才能形成凝胶。然而，当 MF 溶胶的浓度进一步降低时，其胶凝时间会变长，甚至不能胶凝。制备方法耗时耗能限制了 MF 气凝胶的研究。因此，需要开发一种快速制备低密度 MF 气凝胶的方法。

5.3.3.1　油水分离

　　油水分离通常是通过改性的方式将亲水的 MS 气凝胶改性为疏水的气凝胶，有四种方法可以将亲水性 MS 改性为疏水性：①MS 直接碳化。疏水性碳泡沫将通过 MS 的直接碳化获得。碳化后可以保持三维多孔结构，具有良好的机械性能。在这方面，碳化条件（例如，碳化温度、加热速率和停留时间）通常在决定碳化 MS 的吸附能力方面起着关键作用。②疏水性单体在 MS 表面凝胶化或聚合。在 MS 表面引入疏水性官能团是修饰具有疏水性的 MS 的有效方法。在这种方法中，具有疏水性官能团的单体首先被包裹在 MS 表面，然后凝胶化或聚合以形成第二层，紧密包裹在 MS 上。③MS 的 HCl 处理。④将纳米材料如氧化石墨烯（GO）或金属有机框架（MOFs）涂覆到 MS 表面。在该方法中，通常使用 MS 或碳化 MS 作为载体，以避免纳米颗粒的团聚，并由于其整体结构和高机械性能而便于使用和回收。由于 GO 的疏水性，许多研究使用 GO 或还原氧化石墨烯（rGO）作为改性剂。这些研究通常侧重于修饰方法（如何将 GO 或 rGO 涂覆到 MS 表面）。

将改性 MS 应用于油水分离时，通常以三种方式使用：①直接用作吸收剂；②用作油/水分离膜；③用作油泵。当改性 MS 用作吸收剂时，分离过程不连续，每次吸收后解吸（解吸过程通常通过挤压海绵、燃烧或溶剂解吸进行）。在这种情况下，需要高机械性能，特别是拉伸和压缩性能，或高阻燃性，以便改性 MS 在挤压和燃烧后保持原始形态和水/油分离能力。当改性 MS 用作过滤器、膜或油泵时，油水分离过程可以连续运行，省去了回收吸收剂和从吸收剂中解吸油的麻烦。

Kim 等通过直接氟化对三聚氰胺海绵进行疏水改性，该方法可以直接在常温下进行、不需要催化剂参与、耗能低，且改性后的三聚氰胺海绵不仅油吸附能力较强，还是一种很有前景的工业分离纯化吸附剂。Zhou 等使用石墨烯对三聚氰胺海绵进行改性处理后疏水性能、吸附性能、力学性能都较好，且方法简单便捷。De 等使用简单的两步浸涂法制备得到的石墨烯改性三聚氰胺海绵具有良好的疏水性以及稳定的力学性能，对煤油、汽油、大豆油以及非油有机溶剂都有优异的吸附能力，可以高效应用于生活中各类油水污染物的分离。Li 等将二硫化钼用单宁酸和十八胺修饰，然后通过简单的浸涂法附着在三聚氰胺海绵骨架上，制备得到的改性三聚氰胺海绵环保且有较好的力学性能，在油水分离领域有广阔的应用前景。

含油废液排放和溢油污染是水资源污染亟待解决的关键问题之一。改性后的三聚氰胺海绵在油水分离领域有优异效果，所以国内外针对改性三聚氰胺海绵应用于油水分离和污染物吸附领域进行了大量的研究。目前，用于油水分离的三聚氰胺海绵改性方法趋向于操作更简便、制备成本更低、功能性更多的方向。

5.3.3.2　离子和染料吸附剂

作为吸附剂，MS 主要承担负载活性材料载体角色，吸附染料与离子，同时赋予整体结构，以促进吸附剂的回收。MS 负载复合材料的吸附能力取决于包覆在 MS 上的活性材料。为确保长期运行不会出现剥离现象，活性材料应与 MS 紧密结合。因此，在吸附领域应用 MS 时，需谨慎选择活性材料以及其与 MS 的结合方式。

相较于传统三维载体，三聚氰胺海绵柔性载体具有高比表面积，在大气污染减排方面具有巨大潜力。Yin 等通过两步水热法将商用三聚氰胺海绵直接碳化制备柔性载体，并原位生长 MnCo 纳米阵列，以提高催化剂稳定性及催化性能。Chun 等利用三聚氰胺海绵稳定的结构特性，将其作为支撑骨架，通过真空吸附法和原位溶胶法制备负载相变微胶囊的复合材料，提高整体结构稳定性及储热性能。Li 等采用功能化的三聚氰胺海绵制备了一种新型高效吸附剂，硅烷化三聚氰胺海绵在纯化过程中使用 UPLC-MS/MS 快速分析鸡蛋中兽药残留。研究发现，三聚氰胺海绵复合光催化剂无毒，可应用于灭活各类食物中的沙门氏菌。

太阳能水蒸发是一种具有前景的海水净化方法，能为人类提供淡水。Zhang 等采用一步还原和常压干燥方法制备了成本低、性能优越的羧甲基纤维素改性还原氧化石墨烯包覆三聚氰胺海绵（rGCM），实现了海水的高效蒸发。

5.3.3.3　电化学电极

气凝胶的介电常数 ε 与质量密度 ρ 之间有近似的线性关系，如 MF 气凝胶 $\varepsilon^{-1} = 1.83 \times 10^{-3}\rho$，RF 气凝胶 $\varepsilon^{-1} = 1.75 \times 10^{-3}\rho$。由于其气凝胶的介电常数特别小，因此有可能被用于高速计算的大规模集成电路的衬底材料。将有机气凝胶碳化后制备成的碳气凝胶除了其多孔性及巨大的比表面积外，还具有导电性，其电导率 σ 一般在 $10 \sim 40 \mathrm{S/cm}$，因此可以用来制造高效高能的可充电电池。这种电池实际上是一种高功率密度、高能量密度的双层电化学电容器。同时由于碳气凝胶巨大的比表面积、连续且导电的三维网络状结构，目前比电容量已经达到 $105 \mathrm{F/kg}$。

5.3.3.4　其他应用

光学性能：Minh 等研究了 pH 值在 $1.5 \sim 2.3$ 之间生成的 MF 气凝胶，结果发现其具有良好的透光度，宏观折射率 n 与质量密度 ρ 成线性关系：$n = 0.3196\rho + 0.9539$，而凝胶颗粒的折射率满足关系式（5-8）：

$$n_\mathrm{s} = n_0 + B/\lambda^2 \tag{5-8}$$

式中，n_0、B 为参数；λ 为波长。

离子液体（ILs）是熔点接近或低于室温的有机熔盐，与传统的分子溶剂和无机盐相比，离子液体的独特结构赋予它们独特的物理化学性质：①极低的蒸气压，几乎不挥发，可避免溶剂损失和环境污染；②良好的热稳定性，大多数 ILs 在 200℃ 或甚至 400℃ 下保持良好的稳定性；③可设计性，可根据需要设计不同阴阳离子和引入各类官能团来调节自身的性质。因此，它们可应用于分离、材料制备、电化学、生物质转化等各个领域。这使得 ILs 可以改善 MF 气凝胶的缺陷并兼具二者的良好性能，ILs 改性的 MF 气凝胶有潜力成为优异的萃取材料，有望提高 MF 气凝胶的选择性。王秀琴在 MF 气凝胶的溶胶过程中掺入不同比例的二氧化钛溶胶，通过冷冻干燥在碳纤维表面制备出 TiO_2 杂化的 MF 气凝胶，利用表征确定最佳 M（三聚氰胺）和 T（钛酸四丁酯）之比，制备出新型气凝胶涂层的固相微萃取管用于多环芳香烃（PAHs）的检测（图 5-30）。

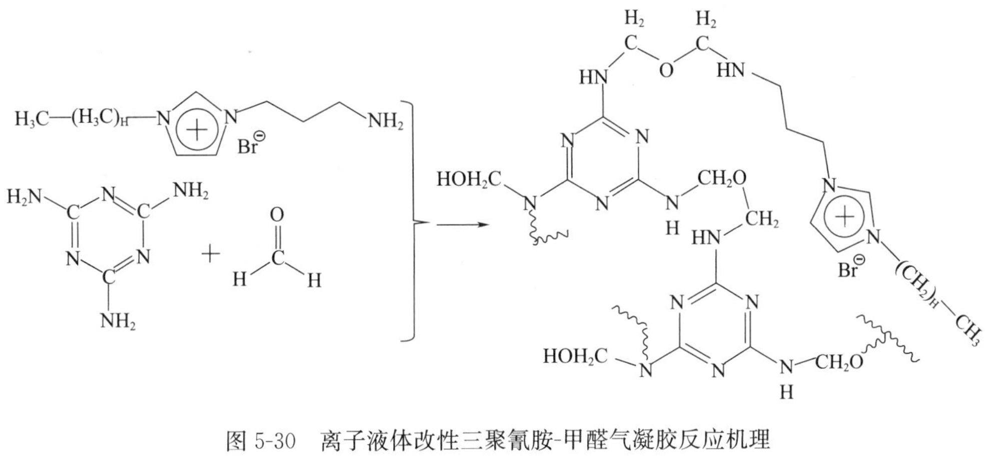

图 5-30　离子液体改性三聚氰胺-甲醛气凝胶反应机理

5.3.4 聚苯并噁嗪气凝胶（PBZ/PBO）

聚苯并噁嗪是一种新型的酚醛树脂，除了具有酚醛树脂的一些性能，如力学性能高、聚合时收缩率极低和碳产率高外，还具有灵活的分子设计性。聚苯并噁嗪凝胶最早由 Lorjai 通过加热苯并噁嗪（BZ）发生开环聚合得到，并以 PBZ 气凝胶为前驱体获得性能较好的碳气凝胶，最大的特点是微孔体积与微孔比表面积的比例大，为碳气凝胶的合成提供了新的思路。随着对聚苯并噁嗪的进一步研究，人们逐渐发现了新的 PBZ 气凝胶合成方法。Shrati 等同样以盐酸（HCl）为催化剂，在室温下合成 PBO 气凝胶（PBO-A），其环保、节省时间，性能与加热聚合方法相近。他们还进行了加热聚合实验（PBO-H），对比两种方法，发现酸催化可引发额外交联，获得更小的骨架组成粒子，所得气凝胶具有较大的比表面积和较低的导热系数。此外，两种不同方法合成的 PBZ 气凝胶经碳化后，均获得了碳产率较高（约 61%，质量比）的碳气凝胶，其由多种尺寸的纳米孔组成。碳化效率和碳气凝胶的微观形貌与后固化过程密切相关，后固化使聚合物骨架氧化、芳香化和坚固化，有效阻止了碳化过程中网络结构的塌陷。基于酸催化法的优势，不同酸催化剂被用于 PBZ 气凝胶的合成。Gu 等以对甲苯磺酸（TSA）为催化剂，采用不同有机溶剂（DMSO、DMA 和 NMP）为反应溶剂合成 PBZ 气凝胶。他们发现，PBZ 气凝胶的微观形貌可通过溶剂类型和适当温度变化调节。相同温度（130℃）下，DMSO 和 DMA 合成的 PBZ 气凝胶骨架结构由球状颗粒组成（图 5-31），而 NMP 型则由纤维状聚合物链构成。他们认为，"球状"形貌是由于成核现象及核成长产生亚稳相分离导致的，"线状"形貌则是在相分离过程中产生的。虽然加热聚合反应周期较长且耗能，但加热过程中会形成 Mannich 桥，可与过渡金属离子形成配合物，具有吸附领域应用前景。Chaisuwan 等通过加热聚合得到 PBZ 气凝胶，研究了其对废水金属离子的吸附能力，得出 $Sn^{2+}>Cu^{2+}>Fe^{2+}>Pb^{2+}>Ni^{2+}>Cd^{2+}>Cr^{2+}$。实验表明，气凝胶对金属离子的吸附量与气凝胶用量和吸附时间有关，且混合金属离子溶液中的吸附量小于单一金属离子溶液，这与离子水合焓和范德华半径有关。

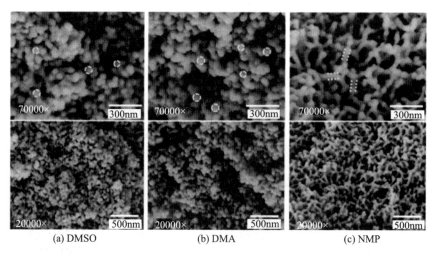

(a) DMSO　　　　　　(b) DMA　　　　　　(c) NMP

图 5-31　不同反应溶剂得到的聚苯并噁嗪气凝胶 SEM 图

5.3.5 间规苯乙烯气凝胶 (sPS)

间规聚苯乙烯（sPS）是少数几种含有多种形式的纳米多孔晶相（主要为 α、β、γ 和 δ 型）的聚合物，因此间规聚苯乙烯（sPS）气凝胶具有独特的结构，使得其在吸附方面有突出的表现，尤其是有机挥发物的吸收。

Daniel 等系统研究了 sPS 气凝胶中三种不同晶型（β、γ 和 δ 晶型）对 N_2 和有机挥发物的吸附能力。低温 N_2 吸附实验：当孔隙率为 91% 时，δ 型和 β 型气凝胶吸附量分别为 $35cm^3/g$ 和 $14cm^3/g$，δ 型的吸附显著高于 β 型，且吸附量随着孔隙率的增加而增加，当孔隙率增加到 98% 时，吸附量达到 $45cm^3/g$，这是因为 δ 型的吸收除了发生在结晶纳米腔以外，在无定形的孔表面也存在。对于有机吸附实验，β、γ 和 δ 三种气凝胶吸附能力相似，δ 型仍然表现出良好的吸附能力 [$1×10^{-6}$ 的 DCE 溶液吸附量可达 5%（质量比）]，通过分析发现，该吸附只在纳米腔体中产生。他们认为该种材料可以作为良好的吸附材料。随着研究的进行，Rizzo 等发现了新的 ε 晶型的间规聚苯乙烯，因此 ε 型 sPS 气凝胶也被合成并研究。Danie 等用氯仿处理 γ 型 sPS 气凝胶得到了 ε 型气凝胶，并通过有机物吸附实验观察了其吸附能力。对于低分子量的有机物，ε 型 sPS 气凝胶的吸附略低于 δ 型，但是对于高分子量的有机物，ε 型则表现出良好的吸附能力，而 δ 型则几乎没有，这与 ε 型 sPS 气凝胶独特的"通道型"纳米腔有关，如图 5-32 所示。在极低浓度时，ε 型 sPS 气凝胶的吸附能力仍然很高（$1×10^{-6}$ 的 DCE 溶液吸附量可达 2%（质量比）），甚至超过活性炭，可以作为有机物探测器来使用。

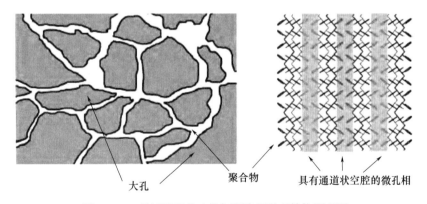

大孔　　聚合物　　具有通道状空腔的微孔相

图 5-32　ε 型间规聚苯乙烯气凝胶围微观结构原理图

功能化的 sPS 气凝胶也在不断被研究，Wang 等合成了磺化的间规聚苯乙烯（ssPS）气凝胶，并系统研究了该气凝胶材料的性质和应用，发现磺化程度对气凝胶的性能影响非常大，通过控制磺化剂的用量得到磺化程度不同的气凝胶。通过 SEM 图可知，ssPS 气凝胶微观上呈现出串珠状结构，与之前报道的聚酰亚胺气凝胶和聚脲气凝胶类似，如图 5-33 所示。随着磺化程度的增加气凝胶的密度增大，硫原子将聚合物链连接在一起，从而使得骨架密度增加。但是比表面积则随着磺化程度增加而减小，主要有以下几个原因：①磺化使得微孔和纤维状网络结构减少；②中孔减少；③磺酸基的增加使得聚合物链的摩尔质量增加。此外，磺酸基的存在可以促进气凝胶对水分的快速吸收，同时可以使得原位聚合中的苯胺质子化，再加上气凝胶自身的特点，使得该种气凝胶可以作为重金属离子和有机极性分子吸附剂。

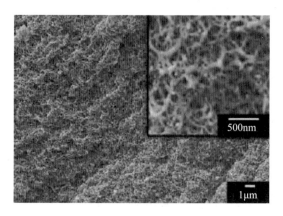

图 5-33　磺化间规聚苯乙烯气凝胶 SEM 图

sPS 使用的原料和 aPS 相同，aPS 是苯乙烯的无规共聚物，如图 5-34 所示，苯环在分子主链两侧无规排列，而 sPS 中苯环在分子主链两侧间规有序排列，正是这样一种构型使得其具有较强的结晶能力，也正是因为其较高的结晶度，使得其比 aPS 有着更高的耐热性、耐化学性、尺寸稳定性及优良的电气性能等特点。

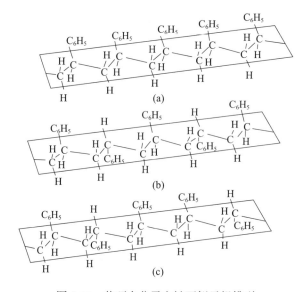

图 5-34　苯环在分子主链两侧无规排列
（a）苯环在等规苯乙烯；（b）间规聚苯乙烯；（c）无规聚苯乙烯中的空间位置

5.3.6　聚偏二氟乙烯气凝胶（PVDF）

聚偏二氟乙烯由于内在的疏水性而具有一定的生物相容性，可以被应用于制药和生物医学领域。意大利的 Cardea 等通过 CO_2 超临界干燥制备得到含有阿莫西林的 PVDF 气凝胶，用于控制药物缓释装置。通过实验他们不仅证明了聚合物/药物复合气凝胶合成的可能性，并认为阿莫西林对 PVDF 凝胶的形成没有影响，只是在纳米纤维结构上形成涂层。该实验非常有意义，为更多聚合物/药物复合材料的合成提供了思路和方法。

5.3.7 聚酰胺气凝胶（PA）

美国的 Williams 以 1,3,5 苯三羧基-三氯化物（BTC）为交联剂，交联胺封端的聚酰胺低聚物，然后 CO_2 超临界干燥得到聚酰胺（PA）气凝胶。通过一系列测试和表征发现，该 PA 气凝胶密度为 $0.06 \sim 0.33 g/cm^3$，压缩模量为 312MPa，比表面积为 $3.85 m^2/g$。此外，还具有较低的介电常数，当密度为 $0.06 g/cm^3$ 时，介电常数仅为 1.15；力学性能好、热分解温度高、介电常数低，使得该 PA 气凝胶与聚酰亚胺气凝胶相似，但是其制备成本低、原料易得，具有更广泛的应用。He 等使用三聚氰胺和间苯二甲酰氯，通过溶胶-凝胶法，CO_2 超临界干燥得到 PA 气凝胶，采用三聚氰胺代替了之前价格昂贵的多元胺交联剂，如 1,3,5-三氨基苯氧基苯（TAB）和八（氨基苯基）倍半硅氧烷（OAPS）。实验发现老化温度对样品的微观结构影响很大，当温度较高时（85℃），N_2 吸附-脱附曲线滞后环变得紧密，说明过高的温度使单体过度活跃，聚合物粒子相互作用形成较厚的骨架甚至成簇，从而导致中孔数量减少，比表面积下降。

5.3.8 聚吡咯气凝胶（PPy）

PPy 水凝胶也可以通过超临界干燥轻松转换为轻质、弹性、导电的气凝胶。Zhang 首次获得了纯有机、导电（约 0.5S/m）、轻质（$0.07 g/cm^3$）的 PPy 气凝胶。PPy 水凝胶干燥后仍保持良好的弹性，可压缩率≥70%，30s 后恢复原状。

Xie 等用 $Fe(NO_3)_3$ 氧化吡咯单体合成了具有三维网络结构的超轻聚吡咯气凝胶（密度约 $0.048 g/cm^3$），该气凝胶骨架由微米级和纳米级的 PPy 片晶构成，片晶成长为链，最终形成三维的网络结构，链与链之间形成许多孔洞，使得材料具有超轻的密度。通过实验发现该材料是良好的电磁吸收材料，最大吸收带宽为 6.2GHz，而填充率仅为 7%，使得其在低填充宽频带吸收材料领域有巨大的应用前景（图 5-35）。

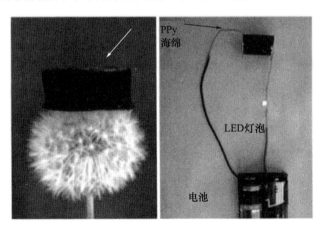

图 5-35　有机聚吡咯气凝胶连接 LED 灯泡

Zhang 将 PPy 气凝胶的弹性归因于精心设计的合成和由此产生的微观结构变化。首先，通过减少氧化剂，减缓反应速度，限制反应范围，从而带来关节密度降低的初期网络。因此，获得的 PPy 气凝胶表现出较小的刚度。然后，通过粗加工框架连结，可以有效地加强初始网络，从而受益于缓慢反应过程中的二次增长。因此，获得的 PPy 气凝胶可以避免结构断裂时遭受压缩。最后，原始聚合物颗粒在二次生长过程中的不对称表观生长提供了许多新的弱接触关节。传统 PPy 气凝胶遭受压缩的构建基块的单点接触被多点接触甚至面部接触所取代。因此，压缩的 PPy 气凝胶的内部应力很容易消散，防止压力浓度造成的损害。总之，PPy 气凝胶在承受压缩时可以限制水凝胶网络不可逆转地断裂。

除了 PPy 气凝胶，通过 INCG 制备的 PPy-AgNW 气凝胶还表现出极好的压缩弹性，可以通过大变形（＞90%）压缩并在撤回压缩后在几秒钟内恢复到原来的形状 [图 5-36 (a)]。图 5-36 (b) 为沿加载方向的 50 个压缩-释放圆的比较应力应变（σ-ε）曲线。在 20% 的固定最大应变下，PPy-AgNW 气凝胶恢复了它们的变形，几乎没有机械故障 [图 5-36 (c)]。

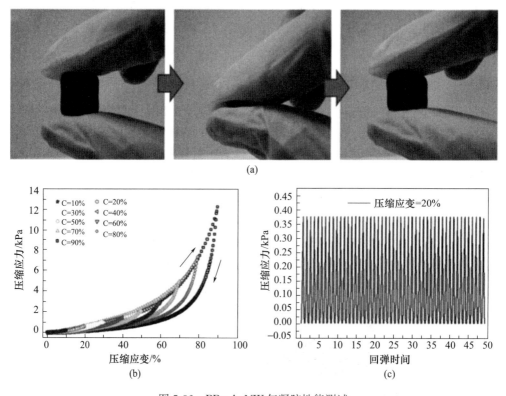

图 5-36　PPy-AgNW 气凝胶性能测试

（a）显示 PPy-AgNW 气凝胶极好弹性的数字图片；

（b）PPy-AgNW 气凝胶在加载-卸载循环期间沿加载方向的 σ-ε 曲线（ε=10%～90%）；

（c）对 PPy-AgNW 气凝胶进行 50 次连续压缩测试，ε=20%

与 PPy 气凝胶类似，PPy-AgNW 气凝胶的超强弹性也来自于合理设计的纳米结构。由此产生的 PPy-AgNW 气凝胶具有：

（1）由超长同轴纳米线提供的强大而灵活的三维网络，通过弯曲其框架骨架使气凝胶对外部压缩具有抵抗力和弹性。

（2）孔隙丰富，使气凝胶可以通过关闭孔隙来耗散外部压缩能。

（3）原位焊接和强金属-π 相互作用，避免了由于相邻同轴纳米线或 AgNW 和 PPy 涂层之间的负载转移不良而导致的界面滑移。

参考文献

［1］ HUSING N S U. Aerogels airy materials：Chemistry，structure，and properties ［J］. Angew Chem-IntEd，1998，37 (1/2)：22.

［2］ 陈颖，邵高峰，吴晓栋，等 . 聚合物气凝胶研究进展 ［J］. 材料导报，2016，30 （13）：55-62，70.

［3］ PIERRE A C，PAJONK G M. Chemistry of aerogels and their applications ［J］. Chem Rev，2002，102 （11）：4243.

［4］ PAJONK G. Aerogel catalysts ［J］. Appl Catal，1991，72 （2）：217.

［5］ DORCHEH A S，ABBASI M. Silica aerogel：synthesis，properties and characterization ［J］. Mater Processing Technol，2008，199 (1)：10.

［6］ ITO F，NAKAMURA N，NAGAI K，et al. Smooth membrane formation on resorcinol-formaldehyde aerogel balls gelated using a basic phase-transfer catalyst ［J］. Fusion Sci Technol，2009，55 (4)：465-471.

［7］ 雷蕾，付志兵，易勇，等 . 紫外光引发法制备 RF 气凝胶研究进展 ［J］. 材料导报，2014，28 (7)：50-52，66.

［8］ 吕晓燕，范晓东，田威，等 . 紫外光引发双单体法合成超支化聚 （β-环糊精） ［J］. 现代化工，2009，29 （08）：52-55.

［9］ 徐锦棋，高放，杨永源，等 . 双咪唑光敏体系紫外光引发聚合甲基丙烯酸甲酯动力学和应用研究 ［J］. 感光科学与光化学，1999，（03）：55-60.

［10］ SAITO K，PAGUIO R，HUND J，et al. Synthesis of resorcinol formaldehyde aerogel using photo-acid generators for inertial confinement fusion experiments ［J］. MRS Proceedings，2011，1306 (1)：1306.

［11］ 吴晓栋，宋梓豪，王伟，等 . 气凝胶材料的研究进展 ［J］. 南京工业大学学报 （自然科学版），2020，42 （4）：405-451.

［12］ TAMON H，ISHIZAKA H. Influence of gelation temperature and catalysts on the mesoporous structure of resorcinol-formaldehyde aerogels ［J］. Journal of Colloid And Interface Science，2000，223 （2）：305-307.

［13］ RATKE L，BRUCK S. Mechanical properties of aerogel composites for casting purposes ［J］. Journal of Materials Science，2006，41 （4）：1019-1024.

［14］ REUß M，RATKE L. Drying of aerogel-bonded sands ［J］. Journal of Materials Science，2010，45 (15)：3974-3980.

［15］ 雷蕾，付志兵，易勇，等 . 紫外光引发法制备 RF 气凝胶研究进展 ［J］. 材料导报，2014，28 (7)：50-52，66.

［16］ NICHOLAS L，CHARIKLI L S，NAVEEN C，et al. Multifunctional polyurea aerogels from isocyanates and water. A structure-property case study ［J］. Chem Mater，2010，22 （24）：6692-6710.

［17］ SHEN J，ZHANG Z，ZHOU B，et al. A special material or a new state of matter：a review and reconsideration of the aerogel [J]. Materials, 2013, 6 (3): 941-968.

[18] MEADOR M A, MALOW E J, SILVA R, et al. Mechanicallystrong, flexible polyimide aerogels cross linked with aromatic triamine [J]. ACS Appl Mater Interfaces, 2012, 4 (2): 536.

[19] BAETENS R, JELLE B P, GUSTAVSEN A. Aerogel insulation for building applications: a state of the art review [J]. Energy Buildings, 2001, 43 (4): 761.

[20] CUCE E, CUC P M, WOOD C J, et al. Toward aerogel based thermal superinsulation in buildings: a comprehensive review [J]. Renewable Sustainable Energy Rev, 2014, 34: 273.

[21] FESMIRE J. Aerogel insulation systems for space launch applications [J]. Cryogenies, 2006 46 (2): 111.

[22] WU D, FU R. Fabrication and physical properties of organic and car bon aerogel derived from phenol and furfural [J]. Porous Mater, 2005, 12 (4): 311.

[23] ZUO L, ZHANG Y, ZHANG L, et al. Polymer/carbon based hybrid aerogels: preparation, properties andapplications [J]. Materials, 2015, 8 (10): 6806.

[24] CHIDAMBAMBARESWARAPATTAR C, MCCARVER P M, LUO H, et al. Fractal multiscale nanoporous polyurethanes: flexible to extremely rigid aerogels from multifunctional small molecules [J]. Chem Mater, 2013, 25 (15): 3205.

[25] BIESMANS G, RANDALL D, FRANCAIS E, et al, Polyurethane based or ganic aerogels' thermal performance [J]. Non Crystalline Solids, 1998, 225: 36.

[26] BIESMANS A M G, DUFFOURS L, WOIGNIER T, et al, Polyurethane based organic aerogels and their transformation into carbon aerogels [J]. Non Crystalline Solids, 1998, 225: 5.

[27] BANG A, BUBACK C, SOTIRIOU L C, et al. Flexible aerogels from hyperbranched polyurethanes: probing the role of molecular rigidity with poly (urethane acrylates) versus poly (urethane nor-bornenes) [J]. Chem Mater, 2014, 26 (24): 6979.

[28] LEE J K, GOULD G L, RHINE W. Polyurea based aerogel for a high performance thermal insulation material [J]. J Sol-Gel Sci Technol, 2008, 49 (2): 209-220.

[29] HUMMER E, RETTELBACH T, LU X, et al. Opacified silica aerogel pow-derinsulation [J]. Thermochimica Acta, 1993, 218: 269.

[30] LEVENTIS N, SOTIRIOU L C, CHANDRASEKARAN N, et al. Multi-functional polyurea aerogels from isocyanates and water. A structure property case study [J]. Chem Mater, 2010, 22 (24): 6692.

[31] WEIGOLD L, REICHENAUER G. CORRELATION between mechanical stiffness and thermal transport along the solid framework of a uniaxially compressed polyurea aerogel [J]. Non-Crystalline Solids, 2014, 406: 73.

[32] PEKALA R, KONG F. Resorcinol-formaldehyde aerogels and their carbonized derivatives [J]. Abstracts of Papers of the American Chemical Society, 1989, 197: 113.

[33] RIGACCI A, MARECHAL J C, REPOUX M, et al. Preparation of polyure thane based aerogels and xerogels for thermal superinsulation [J]. Non Crystalline Solids, 2004, 350: 372.

[34] RIGACCIi A, MARECHAL J C, REPOUX M, et al. Preparation of polyurethane-based aerogels and xerogels for thermal superinsulation [J]. Journal of Non-Crystalline Solids, 2004, 350: 372-378.

[35] DIASCORN N, CALAS S, SALLEE H, et al. Polyurethane aerogels synthesis for thermal insulation-textural, thermal and mechanical properties [J]. The Journal of Supercritical Fluids, 2015, 106: 76-84.

[36] GUO H，MEADOR M A，ME CORKLE L，et al. Polyimide aerogels cross-linked through amine funetionalized polyoligomeric silsesquioxane [J]. ACS Appl Mater Interfaces，2011，3 (2)：546.

[37] GUO H，MEADOR M A，MCCORKLE L，et al. Tailoring properties of cross linked polyimide aerogels for better moisture resistance，flexibility，and strength [J]. ACS Appl Mater Interfaces，2012，4 (10)：5422.

[38] 刘婷，刘源，王晓栋，等. 聚酰亚胺气凝胶材料的制备及其应用 [J]. 工程科学学报，2020，42 (1)：39-47.

[39] MEADOR M A，ALEMAN C R，HANSON K，et al. Polyimide aerogels with amide cross-links：a low cost alternative for mechanically strong polymer aerogels [J]. ACS Appl Mater Interfaces，2015，7 (2)：1240.

[40] MOHITE P D，LEVENTIS N，SOTIRIOU-LEVENTIS C. Polyimide aerogels by ring-opening metathesis polymerization (ROMP) [J]. Chemistry of Materials：A Publication of the American Chemistry Society，2011，23 (8)：2250-2261.

[41] GU S，ZHAI C，JANA S C，et al. Aerogel microparticles from oil-in-oil emulsion systems [J]. Langmuir：The ACS Journal of Surfaces and Colloids，2016，32 (22)：5637-5645.

[42] SAVA I，ASANDULESA M，ZOCHER K，et al. Electrical and mechanical properties of polyimide films treated by plasma formed in water and isopropanol [J]. Reactive and Functional Polymers，2019，134：22-30.

[43] WU T，DONG J，GAN F，et al. Low dielectric constant and moisture-resistant polyimide aerogels containing trifluoromethyl pendent groups [J]. Applied Surface Science，2018，440：595-605.

[44] JIANG Y M，ZHANG T Y，WANG K，et al. Synthesis and characterization of rigid and thermostable polyimide aerogel crosslinked with tri (3-aminophenyl) phosphine oxide [J]. Journal of Porous Materials，2017，24 (5)：1353-1362.

[45] 江幸，孔勇，赵志扬，等. 球形气凝胶材料的研究进展 [J]. 材料导报，2022，36 (8)：200-207.

[46] WU W，WANG K，ZHAN M S. Preparation and performance of polyimide reinforced clay aerogel composites [J]. Ind Eng Chem Res，2012，51 (39)：12821.

[47] MEADOR M A，MEMILLON E，SANDBERG A，et al，Dielectric and other properties of polyimide aerogels containing fluorinated blocks [J]. ACS Appl Mater Interfaces，2014，6 (9)：6062.

[48] AGAG T，LIU J，GRAF R，et al. Benzoxazole resin：a novel class of thermoset polymer via smart benzoxazine resin [J]. Macromolecules，2012，45 (22)：8991.

[49] LORJAI P，CHAISUWAN T，WONGKASEMJITS. Porous strueture of poly-benzoxazine-based organic aerogel prepared by so-gel process and their carbon aerogels [J]. Sol Gel Sci Tehnol，2009，52 (1)：56.

[50] SHRATI M，SURAJ D，CHARIKLIA S，et al. Po-lybenzoxazine aerogels. 1. High yield room temperature acid-cata-lyzed synthesis of robust monoliths，oxidative aromatization，and conversion to microporous carbons [J]. Chem Mater，2014，26 (3)：1303.

[51] NICHOLAS T，JANA S C. Surfactant-free process for the fabrication of polyimide aerogel microparticles [J]. Langmuir：The ACS Journal of Surfaces and Colloids，2019，35 (6)：2303-2312.

[52] BIAN Q，CHEN S，KIM B T，et al. Micromachining of polyurea aero-gel using femtosecond laser pulses [J]. J Non-Crystalline Solids，2011，357 (1)：186.

[53] NICHOLAS L. Polyurea aerogels：synthesis，material properties，and applications [J]. Poly-

mers，2022，14（5）：969-969.

[54] CHRITI D，RAPTOPOULOS G，PAPASTERGIOU M，et al. Millimeter-size spherical polyurea aerogel beads with narrow size distribution [J]. Gels，2018，4（3）：66-66.

[55] WEIGOLD L，MOHITE D P，MAHADIK K S，et al. Correlation of microstructure and thermal conductivity in nanoporous solids：the case of polyurea aerogels synthesized from an aliphatic tri-isocyanate and water [J]. Non Crystalline Solids，2013，368：105.

[56] YANG Y，JIANG X，ZHU X，et al. A facile pathway to polyurea nanofiber fabrication and poly-mermorphology control in copolymerization of oxydianiline and toluene diisocyanate in acetone [J]. RSC Adv，2015，5：7426-7432.

[57] PEI X，ZHAI W，ZHENG W. Preparation and characterization of highly cross-linked polyimide aerogels based on polyimide containing trimethoxysilane side groups [J]. Langmuir，2014，30（44）：13375.

[58] CHIDAMBARESWARAPATTAR C，LARIMORE Z，SOTIRIOU L C，et al. One-step room temperature synthesis of fibrous polyimide aerogels from anhydrides and isocyanates and conversion to isomorphic carbons [J]. Mater Chem，2010，20（43）：9666.

[59] 郭智臣. 巴斯夫生产首批新型聚氨酯气凝胶样品 [J]. 化学推进剂与高分子材料，2015（6）：23.

[60] SAADATNIA Z，MOSANENZADEH S G，LI T，et al. Polyurethane aerogel-based triboelectric nanogenerator for high performance energy harvesting and biomechanical sensing [J]. Nano Energy，2019，65：104019.

[61] 肖芸芸，冯军宗，姜勇刚，等. 聚氨酯基气凝胶隔热材料研究进展 [J]. 材料导报，2018，32（S1）：449-453.

[62] KIM S，LIM C，KWAK C H，et al. Hydrophobic melamine sponge prepared by direct fluorination for efficient separation of emulsions [J]. Journal of Industrial and Engineering Chemistry，2023，118：259-267.

[63] ZHOU J，ZHANG Y，YANG Y Q，et al. Silk fibroin-graphene oxide functionalized melamine sponge for efficient oil absorption and oil/water separation [J]. Applied Surface Science，2019，497：143762.

[64] 章婷，赵春林，乐弦，等. 气凝胶研究进展 [J]. 现代技术陶瓷，2018，39（1）：1-39.

[65] DE H B，KALITA H. Facile，cost-effective and mechanically stable graphene-melamine sponge for efficient oil/water separation with enhanced recyclability [J]. Process Safety and Environmental Protection，2023，170：1010-1022.

[66] LI L，CHEN R，WEN F，et al. Eco-friendly and facile modified superhydrophobic melamine sponge by molybdenum sulfide for oil/water separation [J]. Journal of Applied Polymer Science，2023，03.

[67] YIN R，SUN PF，CHENG LY，et al. A three-dimensional melamine sponge modified with MnOx mixed graphitic carbon nitride for photothermal catalysis of formaldehyde [J]. Molecules，2022，27（16）：5216.

[68] CHUN Y，KIM K R，KIM H R，et al. Mechanical improvement of biochar-alginate composite by using melamine sponge as support and application to Cu（Ⅱ）removal [J]. Journal of Polymers and the Environment，2022，30（5）：2037-2049.

[69] PAJONK G M，RAO A V，PINTO N，et al. Monolithic carbon aerogels for fuel cell electrodes [J]. Studies in Surface Science and Catalysis，1998，118：167-174.

[70] MINH H N, LEH D. Effect of processing variable on melamine-formaldehyde aerogel formation [J]. Journal of Non-Crystalline Solids, 1998, 225: 51-55.

[71] 尚承伟. 三聚氰胺-甲醛（MF）气凝胶的制备及其改性的研究 [D]. 成都：电子科技大学, 2010.

[72] 王秀琴. 基于三聚氰胺-甲醛气凝胶涂层固相微萃取管的研究及应用 [D]. 济南：济南大学, 2019.

[73] LI Z, GUO Z. Flexible 3D porous superhydrophobic composites for oil-water separation and organic solvent detection [J]. Materials & Design, 2020, 196: 109144.

[74] SHI Q, WANG J J, CHEN L, et al. Fenton reaction-assisted photodynamic inactivation of calcined melamine sponge against Salmonella and its application [J]. Food Research International, 2022, 151: 110847.

[75] ZHANG H, LIU H, CHEN S, et al. Carboxymethyl cellulose modified reduced graphene oxide coated melamine sponge for efficient seawater evaporation [J]. Journal of Porous Materials, 2022, 29 (6): 1807-1816.

[76] KODAMA M, YAMASHITA J, SONEDA Y, et al. Preparation and electrochemical characteristics of N-enriched carbon foam [J]. Carbon, 2007, 45 (5): 1105-1107.

[77] GU S, LI Z, MIYOSHI T, et al. Polybenzoxazine aerogels with con-trollable pore structures [J]. RSC Adv, 2015, 5 (34): 26801.

[78] DANIEL C, SANNINO D, GUERRA G. Syndiotactic polystyrene aerogels: Adsorption in amorphous pores and absorption in crystalline nano-cavities [J]. Chem Mater, 2007, 20 (2): 577.

[79] RIZZO P, DANIEL C. De Girolamo Del Mauro A. et al. New host polymeric framework and related polar guest coerystalsD [J]. Chem Mater, 2007, 19 (16): 3864.

[80] CHAISUWAN T, KOMALWANICH T, LUANGSUKRERK S, et al. Removal of heavy metals from model wastewater by using polybenzoxazine aerogel [J]. Desalination, 2010, 256 (1/2/3): 108.

[81] DANIEL C. GIUDICE S, GUERRA G. Syndiotatic polystyrene aerogels with β, γ, and ε crysalline phases [J]. Chem Mater, 2009, 21 (6): 1028.

[82] WANG X, ZHANG H, JANA S C. Slloated syndioactic polystyrene aerogels, properties and applicetions [J]. J Mater Chem A, 2013, 44 (1): 13989.

[83] WANG X. JANA S C. Tailoring of morphology and surface properties of syndiotactic polystyrene aerogels [J]. Langmuir, 2013, 29 (18): 5589.

[84] SONG X, YANG S, HE L, et al. Ultra flyweight hydrophobic poly (mphenylenediamine) aerogel with micro spherical shell structures as a high performance selective adsorbent for oil contamination [J]. RSC Adv, 2014, 90 (4): 49000.

[85] CARDEA S, SESSA M, REVERCHON E. Supereritical CO, ssisted formation of poly (vinylideneluoride) aerogels containing amoxiellin, used as controlled release device [J]. Superical Fluids, 2011, 59: 149.

[86] HE S, ZHANG Y, SHI X, et al. Rapid and facile synthesis of a low-cost monolithic polyamide aerogel via sol-gel technology [J]. Mater Lett, 2015, 144: 82.

[87] WILLAMS J C, MEADOR M A, MCCORKLE L, et al. Synthesis and properties of step growth polyamide aerogels cross inked with triacid chlorides [J]. Chem Mater, 2014, 26 (14): 4163.

[88] XIE A, WU F, SUN M, et al. Self-assembled ultralight three-dimensional polypyrrole aerogel for effetive electromagnetic absorption [J]. Appl Phys Lett, 2015, 106 (22): 222902.

[89] ZHANG X Z, SUN W. Microwave absorbing properties of doublelayer cementitious composites

containing Mn-Zn ferrite [J]. Cem Concr Compos，2010，32：726.

[90] ZHANG X Z，SUN W. Three layer microwave absorber using cementbased composites [J]. Mag Concr Res，2011，63 (3)：157.

[91] KIMURA K，HASHIMOTO O. Three-layer wave absorber using common building material for wireless LAN [J]. Electro Lett，2004，40 (21)：1323.

[92] ZHOU P H，HUANG L R，XIEJ L，et al. A study on the effective permittivity of carbon/PI honeycomb composites for radar absorbing design [J]. IEEE Trans on Ante Prop，2012，60 (8)：3679.

[93] HE Y F，GONG R Z，WANG X，et al. Study on equivalen electromagnetic parameters and absorbing properties of honeycomb structures absorbing materials [J]. Acta Physica Sinica，2008，57 (8)：5261.

[94] BOLLEN P，QUIEVY N，HUYNEN I，et al. Multifunctional architectured materials for electromagnetic absorbption [J]. Seripta Mater，2013，68：50.

[95] WANG C H，GU X L，CHEN Y，et al. Study on absorbing properties of aluminum honeycomb wood based composite materials [J]. Mater Rev：Res，2015，29 (4)：146.

[96] QUIEVY N，BOLLEN P，THOMASSIN J M，et al. Electromagnetic absorp tion properties of carbon nanotube nanocomposite foam fling honeycomb waveguides structures [J]. IEEE Trans Electro Compat，2012，54 (1)：43.

[97] JI Z J，XIE S，YANG Y，et al. Research on mierowave absorbing properties of honeycomb structure illed with gypsum [J]. Building Mater，2016，19 (1)：185.

[98] LU Y，HE W N，CAO T，et al. Elastic，conductive，polymeric hydrogels and sponges [J]. Scientific Reports，2014 (1)：5792.

[99] HE S，ZHANG Y，SHI X，et al. Rapid and fcile synthesis of a lowcost monolithice polyamide aerogel via sol-gel technology [J]. Mater Lett，2015，144：82.

[100] LAUKAITIS A，SINICA M，BALEVICIUS S，et al. Investigation of electro magnetic wave absorber based on carbon fiber reinforced aerated concrete using time domain method [J]. Acta Physica Polonica A，2008，113 (3)：1047.

[101] HE W N，LI GY，ZHANG S Q，et al. Polypyrrole/silver coaxial nanowire aero-sponges for temperature-independent stress sensing and stress-triggered Joule heating [J]. ACS Nano，2015，9 (4)：4244-4251.

6 多糖气凝胶制备、性能及应用

多糖类气凝胶作为一种独特的功能材料具有很高的应用价值。近几十年来，科学家们研究了多种天然原料及其组合以及各种制备技术，以开发具有不同功能的用于各种领域的多糖基气凝胶。它不仅具有高孔隙率和低密度，而且由于具有无毒和可生物降解性等特性，得以广泛应用于环境工程、建筑、医学实践、包装和电化学等领域中。

本章对主要的几种多糖气凝胶的制备、性能以及应用等方面的研究进展做出总结。

6.1 纤维素基气凝胶

纤维素是自然界中储量最大、分布最广的天然有机高分子聚合物，分子式为 $(C_6H_{10}O_5)_n$。由于其原料的丰富性，纤维素基气凝胶是目前研究最多的多糖气凝胶。本节将从纤维素基气凝胶的起源与分类、制备方法、性质以及应用等方面对纤维素基气凝胶展开介绍。

6.1.1 纤维素基气凝胶的起源与分类

6.1.1.1 纤维素基气凝胶

纤维素是由法国科学家 Payen 最先发现的，Payen 在研究不同树种时发现了一种新的物质，这种物质能够像淀粉一样水解形成葡萄糖。由于该物质是从植物细胞壁中得到的，因此他将这种新的物质命名为纤维素（Cellulose）。Payen 不仅在植物细胞壁中成功分离出了纤维素成分，也在随后的研究中测定了纤维素的化学结构，如图 6-1 所示。1870 年，Hyat 制造公司首次使用纤维素合成了热塑性聚合物。1920 年，Hermann Staudinger 测定了纤维素的聚合结构。1992 年，Koayashi 团队首次在不采用生物酶的条件下合成了纤维素。作为地球上最丰富的生物质资源之一，纤维素可以从植物、微生物和动物等多种生物质中分离得到。对于植物纤维素而言，除了少部分以接近 100% 的高纯态形式存在以外，大部分纤维素作为植物细胞壁的主要构成部分，与半纤维素、果胶和木质素结合在一起，表 6-1 为一些富含纤维素的天然植物化学成分。

表 6-1 一些富含纤维素的天然植物化学成分

来源	纤维素/%	半纤维素/%	木质素/%	抽提物/%
阔叶树材	43~47	25~35	16~24	2~8
针叶树材	40~44	25~29	25~31	1~5
甘蔗渣	40	30	20	10

来源	纤维素/%	半纤维素/%	木质素/%	抽提物/%
椰壳纤维	32～43	10～20	43～49	4
玉米穗	45	35	15	5
玉米秸秆	35	25	35	5
棉花	95	2	1	0.4
受潮腐烂的亚麻	71	21	2	6
未受潮腐烂的亚麻	63	12	3	13
赫纳昆纤维	78	4～8	13	4
龙舌兰纤维	73	4～8	17	2
黄麻	70	14	13	2
洋麻	47	21	18	2
苎麻	75	17	1	6
剑麻	73	14	11	3
菽麻	80	10	6	3
麦秸	30	50	15	5

纤维素是一种由许多吡喃型 D-葡萄糖单元基在 C1 和 C4 位置上彼此以 β-1，4-D-糖苷键联结而成的链状高分子聚合物，重复单元为纤维二糖（长度为 1.03nm），其结构如图 6-1 (a) 所示。在构成纤维素大分子链的葡萄糖基中，纤维素大分子链两端葡糖末端基的结构和性质均不相同，一端为具有化学还原性的半缩醛结构，也被称为还原性端基，另一端则悬挂着羟基群，为非还原端，在一定的条件下还原端和非还原端可以相互转换。除了两端的葡萄糖基外，纤维素大分子链中间的每个葡萄糖基都具有较高的化学稳定性，且在 C_2、C_3 和 C_6 的位置上含有三个游离羟基，C_2 和 C_3 位置上的为仲醇羟基，C_6 位置上的为伯醇羟基。通过这些羟基，纤维素大分子内部、纤维素分子间、纤维素与水分子间都可以形成氢键，因此，纤维素也可以形成晶体结构。现在较普遍承认的是两相结构理论，认为纤维素是由结晶区与无定形区交错连接而成的，如图 6-1 (b) 所示。在无定形区，纤维素链分子排列的规则性较差，排列较不整齐，导致微细纤维受到内部应力而发生扭曲，在实际应用中更容易受到酸的水解；而在结晶区，纤维素链分子排列方向相同，定相程度好，通过强的分子间和分子内的氢键网络紧密堆叠在一起。由于氢键网络和分子取向的影响，固态下的纤维素存在五种结晶变体，分别为纤维素Ⅰ、纤维素Ⅱ、纤维素Ⅲ、纤维素Ⅳ和纤维素 X，它们之间可以相互转化。其中，纤维素Ⅰ是纤维素天然存在形式，也叫原生纤维素；纤维素Ⅱ是将纤维素Ⅰ经过丝光化处理，或者从纤维素Ⅰ的碱液中再生得到的结晶变体，是工业上使用最多的纤维素形式；纤维素Ⅲ是将纤维素Ⅰ或纤维素Ⅱ经过液氨或胺类处理得到的结晶变体，是纤维素的一种低温变体，也称为氨纤维素；纤维素Ⅳ是由纤维素Ⅱ或纤维素Ⅲ放置在极性液体中进行高温处理而生成的，也称为高温纤维素，是纤维素的第四种结晶变体；纤维素 X 是纤维素经过浓盐酸（38%～40.3%）处理而得到的纤维素结晶变体。

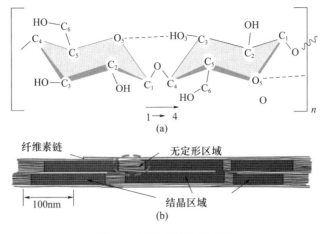

图 6-1　纤维素结构示意图

虽然纤维素分子内以及分子间存在的大量氢键有助于纤维素形成晶体结构，但也造成了天然纤维素不熔融，也很难被常规溶剂溶解，难以加工。而且以传统的黏胶法和铜氨溶液法加工生产纤维素，会产生大量的废水废气，造成严重的环境污染。这些问题极大地限制了纤维素材料的开发和应用。但是随着新型高效纤维素非衍生化溶剂的研发，纤维素材料的研究与应用成为化学和材料科学的前沿领域，纤维素基气凝胶材料就是其中的一个热点。

纤维素气凝胶是独立于无机气凝胶和有机聚合物气凝胶之外的第三代气凝胶。与其他种类的气凝胶相比，纤维素气凝胶不仅具有低密度、大比表面积（$108\sim539\mathrm{m}^2/\mathrm{g}$）和高孔隙率的特性，还同时具有生物降解性和生物相容性。最早研究纤维素气凝胶的人是气凝胶的发明人 Kistler，他在制备出 SiO_2 气凝胶的同时，也曾尝试利用纤维素溶胶和纤维素硝酸酯制备纤维素气凝胶，最终利用纤维素硝酸酯溶液制得了纤维素气凝胶。

第一批广为人知的纤维素气凝胶是由 Tan 与其合作者制备的，2001 年他们将纤维素乙酸酯溶解在丙酮溶液中，随后加入甲苯-2,4-二异氰酸酯作为交联剂，通过吡啶催化剂的催化作用使其与纤维素乙酸酯发生交联并形成凝胶，最后经过超临界干燥制备了纤维素气凝胶。在制备的过程中，Tan 与其合作者发现只有当纤维素乙酸酯在丙酮溶液中的质量分数为 $5\%\sim30\%$ 时才能形成凝胶，最后经过超临界干燥制备的纤维素气凝胶具有 $400\mathrm{m}^2/\mathrm{g}$ 以内的比表面积，其密度在 $100\sim350\mathrm{kg/m}^3$ 之间。同时，他们还发现纤维素乙酸酯在丙酮溶液中的浓度越小以及甲苯-2,4-二异氰酸酯交联剂的用量越大，所制的纤维气凝胶皱缩率越大，这意味着纤维素的骨架结构不完全是刚性的。由于 Tan 与其合作者测量并展示了高孔隙率的纤维素气凝胶片（5mm）的冲击强度超过了间苯二酸-甲醛气凝胶，因此他们的工作在当时受到了广泛的关注并且还登上了报纸，之后越来越多的研究人员投入到纤维素气凝胶的研究中。越来越多的高性能纤维素气凝胶被研发出来。有研究人员对纤维素气凝胶进行了分类，主要包括纳米纤维素气凝胶、再生纤维素气凝胶和纤维素衍生物气凝胶三大类。

6.1.1.2　纳米纤维素气凝胶

纳米纤维素是通过化学或机械方法从纯纤维素中分离得到的，相比其他类型的纤维素，纳米纤维素具有更高的结晶度和更大的纵横比，能在水中均匀分散形成稳定悬浮液。根据纤维素原料的来源、尺寸、功能及制备方法的不同，纳米纤维素又可分为纤维素纳米晶体（CNC）、纤维素纳米纤维（NFC 或 CNF）、细菌纤维素（BC）等。由纳米纤维素制备的气凝胶具有柔韧性和耐压性等特点。这些气凝胶的网络结构为基础，是各向同性的随机结构，晶体结构属于纤维素Ⅰ。第一个纳米纤维素气凝胶是由 Paakko 等制备的。他们通过酶预处理法和机械剪切法从软木浆中分离出直径为 5~10nm 的 NFC，然后将 NFC 分散液倒入模具中待其凝胶，最后经冷冻干燥后得到了 NFC 气凝胶。该气凝胶的密度低至 $0.02g/cm^3$，比表面积可达 $66m^2/g$，具有 98% 的孔隙率，并且表现出了一定的柔韧性和可变形性。2010 年，Heath 等也制备了纳米纤维素气凝胶。他们首先用 64%（质量分数）H_2SO_4 酸解棉絮制备得到纤维素晶须，然后以此为原料，经过三个步骤制备纤维素气凝胶。首先控制不同浓度的纤维素在 25℃ 的去离子水中进行超声处理使其成为凝胶；然后使用无水乙醇将凝胶中的去离子水置换出来；最后进行 CO_2 超临界干燥得到纤维素纳米纤维气凝胶（NFC 气凝胶）。该气凝胶的密度和孔隙率与水凝胶中含有的纤维素纳米晶须含量成正比，其密度最低为 $78mg/cm^3$，比表面积高达 $605m^2/g$。

Zhang 等研究团队通过对微晶纤维素（MCC）进行酸水解制备出纤维素纳米晶（CNC），进一步处理得到球形 CNC 水凝胶。水相热处理方法被应用于将 3-(2-氨基乙氨基)丙基甲基二甲氧基硅烷（Aeapmds）接枝到球形 CNC 水凝胶上。最后，通过叔丁醇置换和冷冻干燥法制备气凝胶样品。尽管该气凝胶的比表面积为 $77m^2/g$，但在常温常压条件下，其对 CO_2 的吸附容量可达 1.68mmol/g，热稳定性良好。Luo 等研究者在NaOH-尿素溶液中混合微晶纤维素（MCC）和高直链玉米淀粉（HACS），并利用真空冷冻干燥技术制备出 MCC 气凝胶。在溶解和再生过程中，晶体形态从纤维素Ⅰ转变为纤维素Ⅱ。制备过程如图 6-2 所示，值得注意的是，淀粉的质量比对气凝胶性能具有显著影响。当比例为 10% 和 15% 时，制备的气凝胶具有较低的密度和丰富的孔隙，不仅具有最高的泵油和亚麻油吸收比（分别为 10.63g/g 和 11.44g/g），还具备良好的力学性能。

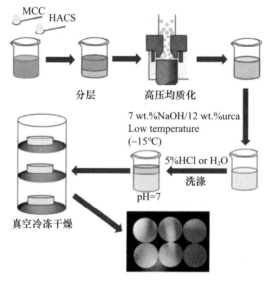

图 6-2　MCC气凝胶制备过程

细菌纤维素从静态细菌培养物中收集，具有天然的三维网络凝胶结构。在去除细菌和其他杂质并干燥后，就可以得到纤维素气凝胶。细菌纤维素的化学结构与植物纤维素相似，但细菌纤维素不含木质素和半纤维素等有机杂质，具有纯度高、聚合度高、结晶度高等优点。因此，与植物纤维素相比，细菌纤维素具有良好的生物相容性、生物可降解性、生物适应性、高持水性以及高结晶度、高拉伸强度和高弹性模量等独特的物理化学和力学性能。Maeda 等在日本期刊《Kobunshi Kagaku》上最先报道了细菌纤维素气凝胶。他们采用超临界乙醇干燥法将细菌纤维素凝胶转化为超轻（$\geqslant 6mg/cm^3$）、开孔的气凝胶材料。气凝胶的网络结构由直径为 20～60nm 的纤维素纳米纤丝所构成，且孔隙率高达 99%。

Blaise 等以啤酒工业废渣为培养基，使用价格低廉的醋酸杆菌制备出细菌纤维素，再经过溶剂交换，最后通过 CO_2 超临界干燥制备出性能优异的细菌纤维素气凝胶，其导热系数为 13W/(m·K)，达到了已知天然纤维素的最低导热系数，该产品在隔热方面具有广阔应用前景。

6.1.1.3 再生纤维素气凝胶

再生纤维素气凝胶是通过溶剂将天然纤维素再生得到的气凝胶，晶体结构属于纤维素 II。由前文所知，天然纤维素是由规则有序结晶区和无序的无定形区交错连接而成。为了制备纤维素气凝胶，必须改变天然纤维素的这种结构。通过使用合适的溶剂可以实现这一目的，但是该溶剂必须能够做到破坏沿着纤维素聚合物链的氢键网络，并且纤维素链不会发生降解或发生衍生化反应。2004 年，Jin 与其合作者使用熔融状态下的硫氰化钙水合物［$Ca(SCN)_2·4H_2O$］作为溶剂溶解天然纤维素原料后，得到混合溶液并将其快速涂敷在玻璃板上，控制溶液的厚度为 1.0mm。待溶液固化后，再通过甲醇浸泡的方式，将溶剂中盐分提取出来并诱导纤维素再生形成凝胶，最后经过冷冻干燥首次制备了再生纤维素气凝胶，这些气凝胶的密度和比表面积随着制备过程中纤维素溶液浓度的升高而升高。因此，他们的纤维素气凝胶制备方法中关键的一点是采用低浓度的纤维素溶液，这会帮助他们获得极低密度的纤维素气凝胶。

2006 年，Innerlohinger 等使用与 Jin 等类似的方法制备了再生纤维气凝胶。不过他们没有使用硫氰化钙水合物作为溶解纤维素的溶剂，而是使用 NMMO（N-甲基吗啉-N-氧化物）作为溶剂溶解纤维素（浓度为 0.5wt%～13wt%），然后经过成型、再生、溶剂置换以及 CO_2 超临界干燥制备了三种形状不同的纤维素气凝胶，分别为圆柱形气凝胶块体（直径：26mm）、球形气凝胶颗粒（2～4mm）和气凝胶薄膜，这些气凝胶的比表面积在 100～400m^2/g 之间，密度随着制备过程中初始纤维素溶液浓度的增加而增加，最低密度为 50kg/m^3。NMMO 是一种可以直接溶解纤维素的离子液体，其溶解纤维素的过程是制备 Lyocell 纤维和 Tencel 纤维的基本步骤之一。

除了硫氰化钙水合物和 NMMO 等离子液体外，碱金属氧化物也常用于溶解纤维素进行纤维素气凝胶制备。Cai 等以碱金属类氢氧化物/尿素作为溶剂和胶凝剂，制备了透明的纤维素气凝胶，如图 6-3 所示。他们将不同的纤维素原料添加到氢氧化钠/尿素或氢氧化锂/尿素水溶液中，并通过在低温下剧烈搅拌使其溶解。通过高速离心去除溶液中的气泡后，将这些溶液涂敷在玻璃板上（液层厚度为 0.5mm），并使用乙醇、硫酸等凝固剂进行纤维素再生处理。最后经过水和乙醇的溶剂置换后进行CO_2超临界干燥制备了纤维素气凝胶，其透光率最高能达到84.1%，和一些无机气凝胶相当。

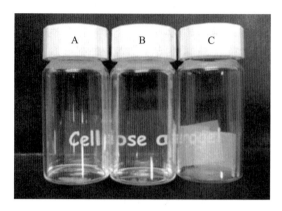

图6-3　纤维素凝胶的光学照片
A—纤维素水凝胶；B—纤维素醇凝胶；C—纤维素气凝胶

6.1.1.4　纤维素衍生物气凝胶

纤维素衍生物气凝胶是纤维素气凝胶中比较重要的一类。纤维素衍生物改变了纤维素本身的结构及性能，但其气凝胶作为反应模板具有很大的优势，一直以来都吸引了研究者的广泛关注。Tan等制备的第一批广为人知的纤维素气凝胶就是纤维素衍生物气凝胶。除了Tan等，Fischer等也利用纤维素乙酸酯制备了纤维素衍生物气凝胶。他们利用聚苯基二异氰酸酯与纤维素乙酸酯交联制备了密度为$250\sim850kg/m^3$、比表面积范围为$150\sim250m^2/g$的纤维素衍生物气凝胶。

Luong等以醋酸纳米纤维气凝胶为模板，负载大量的抗菌银纳米粒子，制取抗菌生物相容性材料。首先将微尺寸的醋酸纤维分散在水和丙酮的共溶液中，然后通过熔融-再生的方法得到直径为$20\sim50nm$、BET比表面积达到$110m^2/g$、孔隙率为96%的纳米纤维。醋酸纤维是纤维素的醋酸衍生物，是一种富氧的多糖，其表面带有负电，可与银离子产生静电作用，使其分布稳定，将负载了银离子的气凝胶浸入$NaBH_4$溶液中可还原得到银粒子。所得复合气凝胶负载量可以达到6.89%（质量分数），银纳米粒子直径为2.8nm，材料的抑菌作用因此得到了增强，但气凝胶的比表面积没有明显变化。这种方法以醋酸纤维的纳米多孔结构为有效的纳米反应器，绿色可控，对于未来的抗菌膜、药物制备具有潜在的应用前景。

6.1.2　纤维素基气凝胶的制备

通过上文可以知道纤维素气凝胶可以分为纳米纤维素气凝胶、再生纤维素气凝胶和纤维素衍生物气凝胶三大类，不同种类的纤维素气凝胶制备方法不同。下面将分别介绍这三类纤维素气凝胶的制备方法。

6.1.2.1　纳米纤维素气凝胶的制备

纳米纤维素气凝胶的制备有许多种，但这些制备方法都经过纳米纤维素的制备、纳米纤维素的分散和凝胶以及湿凝胶干燥四个基本步骤。

（1）纳米纤维素的制备

纳米纤维素是制备纳米纤维素基气凝胶的重要原料，其制备方法的不同及制备质量的优劣会直接影响纳米纤维素基气凝胶的性能及应用效果。纳米纤维素的常用制备方法主要为酸解法、酶解法、TEMPO 氧化法、机械物理法和生物法。

① 酸解法

制备纳米纤维素是利用纤维素的无定形区和结晶区在酸溶液中水解动力学的差异，首先打开纤维素表面的多糖键，随后对无定形区进行水解，而结晶区具有较强的耐酸性，可以保持完整的晶态结构，当无定形区被水解到一定的程度时，通过离心、洗涤或透析等方法来去除未反应的酸和杂质，即可得到纳米纤维素。水解酸为硫酸、盐酸、磷酸、氢溴酸、甲酸等。通过控制酸浓度、水解反应的温度和时间等条件，可以制备出不同尺寸和结晶度的纳米纤维素。Dai 等首先对菠萝皮进行了一系列预处理，然后用浓度为 64% 的硫酸进行水解，制备了平均直径为（15±5）nm、长度为（189±23）nm 的针状纳米纤维素。Du 等以 $FeCl_3$ 为催化剂，使用甲酸（FA）水解漂白的牛皮纸浆，获得了高产的纤维素纳米晶体，然后用缩水甘油三甲基氯化铵（GTMAC）对纳米晶体进行改性，提高了纳米纤维素的分散性和热稳定性。此外，他们分析了 $FeCl_3$ 的用量对纳米纤维素尺寸和结晶度的影响，结果表明纤维素纳米颗粒的尺寸随着 $FeCl_3$ 的增加而减小，当 $FeCl_3$ 的用量为 0.015M 时，纤维素纳米晶体的最大结晶度达到了 75%。Liu 等采用 $H_3PW_{12}O_{40}$（HPW）催化水解漂白纸浆纤维，制备了宽度为 15～40nm、长度为数百纳米的棒状纳米晶纤维素，而且浓缩的 HPW 可以回收利用，所制得的 CNC 显示出高热稳定性。酸水解制备纳米纤维素的工艺较为全面，所得纳米纤维素粒径均匀，部分国家已实现工业化生产。但残渣回收困难，后处理麻烦。水解过程可能导致纤维素的结构被破坏甚至磺化。因此，需要研发更绿色、更高效的纳米纤维素制备方法。

② 酶解法

一般针对木质纤维素和多种细菌纤维素，木质纤维素和细菌纤维素都要预先经过物理处理或者化学处理（如碾磨、蒸汽和酸、碱处理等），再用纤维素酶对其进行水解，控制好反应条件（酶的用量、pH 值、反应时间和反应温度等），将酶解产物离心水洗，冷冻干燥后最终得到纳米纤维素。酶解法与酸解法类似，但酶解法的工艺条件比酸解法更温和、更环保。Cui 等报道了一种通过超声波（300W）辅助酶水解制备纳米晶纤维素的方法。他们研究了超声时间以及酶解时间对纳米晶纤维素粒径、结晶度和热力学稳定性的影响。结果发现在 120h 和超声 60min 的条件下进行酶解，纳米晶纤维素的尺寸最小，长度为 50～80nm，相对结晶度也比微晶纤维素（MCC）提高了 22% 左右。Satyamurthy 等使用厌氧微生物聚生体通过控制水解 MCC 制备了球形纳米纤维素。他们制备的纳米纤维素具有双峰粒径分布 [（43±13）nm 和（119±9）nm]，最大产率为12.3%。该工艺制备的纳米纤维素的化学结构可以得到很好的保留，因此可以扩展纳米纤维素的潜在生物医学应用。

③ 氧化法

制备纳米纤维素常采用的试剂为 2,2,6,6-四甲基哌啶-1-氧基（b）氧化纤维素。2,

2,6,6-四甲基哌啶-1-氧基（TEMPO）虽然是一种弱氧化剂，但可以被次氯酸钠转化为氮氧基阳离子（一种强氧化剂），氮氧基阳离子可以选择性地将纤维素表面的C6位置上的羟基氧化成醛基和羧基。1996年，Chang等首次采用了TEMPO-NaClO-NaBr体系氧化淀粉、甲壳素、壳聚糖、纤维素等多糖。实验结果表明，通过TEMPO-NaClO-NaBr体系的氧化，多糖的水溶性大大提高，而且这种氧化体系具有较高的反应收率和选择性。Carlsson等通过TEMPO介导氧化枝叶藻制备了高度结晶的纳米纤维素。实验中，他们发现TEMPO的氧化可能不仅限于纤维素表面，这与目前其他文献报道的观点相反。Ma等结合TEMPO介导的氧化和机械处理，从银杏叶中提取了纳米纤维素，并研究其对阳离子染料分子和重金属离子的吸附能力。结果表明，银杏纳米纤维素可作为一种有效的吸附介质。

水溶性过硫酸盐是氧化法制备纳米纤维素的另一种试剂。它在加热下会生成硫酸根和过氧化氢，对纤维素中的无定形区氧化降解，并在纤维素表面引入大量羧基，从而获得高结晶度的纳米纤维素。Oun等采用APS氧化法从棉绒和微晶纤维素中分离出纤维素纳米晶，产物的直径分别为10.3nm和11.4nm，长度分别为120～150nm和103～337nm。结晶度指数分别为93.5％和79.1％，CNC均匀分布在羧甲基纤维素聚合物基体中。不久之后，Oun等首先对稻草进行NaOH和H_2O_2预处理，然后使用APS氧化法从预处理后的稻草中分离出了纤维素纳米晶。实验结果表明通过用NaOH和H_2O_2预处理可获得更高结晶度的纤维素纳米晶。

2012年Yang等结合高碘酸盐、亚氯酸盐和TEMPO的方法制备了电稳定的纳米晶纤维素（ECNC）。2015年，Yang等进一步改进了氧化系统，制备了短棒状的空间稳定的纳米晶纤维素（SCNC），其长度约为100～200nm，直径约为5nm。随后2016年，Mascheroni等比较了通过硫酸和过硫酸铵氧化制备的纤维素纳米晶体的差异，并将它们用作聚对苯二甲酸乙二醇酯薄膜的涂层。结果表明过硫酸盐能氧化植物纤维中的木质素和半纤维素，破坏无定形区，简化原料提纯过程。同时，过硫酸盐是一种水溶性、无毒、环境友好的物质，该方法是纳米纤维素氧化制备的一种新方法。

④ 机械法

机械法主要是利用外力，如高剪切、碾磨、微射流、高压均质和超声波等物理方法将高等植物的细胞壁破坏，从而使其中的纳米纤维素纤维释放出来；或者是直接将天然纤维束破碎成纳米级别的纤维素纤维。但是在机械处理之前，通常需要对样品进行化学预处理（如酸、碱和漂白处理等），以除去木质纤维素中的脂肪、蜡质、果胶、半纤维素和木质素等无定形区的物质，从而提高其结晶度和热稳定性。

Khalil等综述了纤维素纳米纤维的机械生产方法。在机械方法中，高压均化已被广泛应用于从植物中分离纤维素纳米纤维。在该方法中，首先将原纤维素原纤维浸泡在水中，然后在高压（高达150MPa）下进行高剪切均质器。高压能源消耗很高，而且纤维团聚可能会堵塞均质器中的小缝隙，从而导致生产过程的不成熟终止。为了缩短工艺时间和降低能耗，在机械方法中经常采用预处理。预处理包括冷冻破碎预处理、碱预处理和酶预处理。Abe等使用了化学预处理结合高速研磨的方法，从木粉中获得了直径为15nm的纤维素纳米纤维，从秸秆和马铃薯块茎中获得了直径为15～20nm的纳米纤维素，从珠纤维和薄壁细胞中获得了直径为12～55nm的纳米纤维，并比较了不同原料来源制备的纳米纤维素的特性。然而，碱预处理降低了纤维素纳米纤维的强度。TEMPO介导的氧化导致热降解点的显著降低，并降低纤维素纳米纤维的机械强度。酶预处理减少了通过匀浆器的次数，但预处理本身是一个复杂的过程。Tanja 等研究了不同原料制备碳纳米纤维（CNF）的特性。他们将亚硫酸盐针叶木浆、麦草浆、麦草浆纤维悬浮液、精制山毛榉浆、精制山毛榉浆纤维悬浮液进行机械分散（分散时间分别为 320、300、30、60、60min，分散浓度分别为 1.5％、2.5％、3％、8％、2％），随后进行高压均质处理，保持均质压力在 150MPa。均质悬浮液浓度控制在 0.5％～6.0％，均质次数分别为 7、7、6、4、6 次。最终，他们均得到了直径小于 100nm、长度达几微米的CNF。Habibi 等以多刺仙人掌果实果皮为原料，经过干燥、打碎、筛选、苯-醇抽提、漂白等步骤，去除原料中的半纤维素、果胶等杂质，得到了浓度为 1％～1.5％的纤维素浆料悬浮液。接着，在搅拌机中搅拌 5min，并将浆料进行高压均质处理。均质压力控制在 50MPa，均质温度低于 95℃，均质次数为 15 次。最终，他们得到了直径为 2～5nm 的 CNF，结晶度为 40％，具有良好的分散性，悬浮液无沉淀或絮聚现象。Zhang等在常温常压下球磨溶胀的针叶木浆纤维，制备了平均直径小于 100nm 的纤维素纳米纤维（图 6-4）。他们使用单因素分析法探讨了钢球与纤维素的质量比、研磨时间、钢球尺寸和碱预处理对产品的影响。结果表明钢球尺寸的选择对所制得纳米纤维素的形态至关重要。Hu 等使用实验室规模的圆盘研磨机对漂白的硫酸盐桉树浆进行纤维化处理。通过研究他们发现固含量为 2.0％～2.2％、转速为 1200～1500r/min 为最佳研磨条件，制得的 CNF 的聚合度（DP）和保水值（WRV）分别约为 600％和 750％。

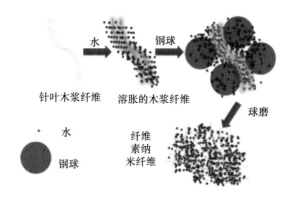

图 6-4 球磨制备纤维素纳米纤维示意图

⑤ 生物法

生物法是指通过培养微生物合成细菌纳米纤维素（BNC）的方法。BNC 具有超细的网状纤维结构，而且不含有与植物纤维素伴生的木素、果胶和半纤维素等。能够产生细菌纳米纤维素的细菌有醋杆菌属、根瘤菌属、假单胞菌属、固氮杆菌属、结节杆菌属等。1986 年，Brown 等首次发现了木醋杆菌可以产生细菌纳米纤维素，之后 BNC 越来越受到关注。Paximada 等以生物柴油、糖果行业的残渣以及副产品为原料制备了 BNC。吴周新等以椰子水作为木醋杆菌的培养基制备了 BNC，研究了培养时间、培养方式和培养基初始 pH 值对 BNC 的影响，最终制备得到了直径约 100nm、近似球形的 BNC。BNC 作为一种新型纳米材料，具有稳定性高、粒径分布均匀、结晶度高、结构可控等优点。可以使用不同的菌株、培养条件和培养方法合成具有不同化学性质的 BNC。生物合成法能耗低、无污染，但时间长、成本高、制备工艺复杂。因此，在实际生产中仍需进一步探索和改进。朱昌来等和陆松华等用茶水发酵培养红茶菌，制得了细菌纳米纤维素，并观察了该细菌纳米纤维素的超显微结构。

（2）纳米纤维素的分散和凝胶化

纳米纤维素表面存在大量活性羟基。通过这些羟基，纳米纤维素很容易形成分子间和分子内氢键，因此会出现自聚集和缠结现象。一些带负电荷的基团（例如，羧基、羧甲基或磺酸基）可以被引入到纳米纤维素表面，使其带有负电荷并形成静电排斥，从而形成稳定且均匀的纳米纤维素水分散体，如 2,2,6,6-四甲基哌啶-1-氧自由基（TEMPO）-氧化的 CNF 和磺化的 CNC。当 CNF 分散在水中时，通过纤维素中的氢键和长纤维的缠结会形成三维网络结构，从而增加其凝胶的强度和模量，使凝胶在后续的干燥过程中不会显著收缩。改性后的纳米纤维素不能很好地分散在气凝胶干燥过程常使用的低极性有机溶剂（例如，叔丁醇（TBA）或乙醇）中。但是在水性 CNF 分散体中加入少量 TBA 却可以将 CNF 均匀地分散在混合体系中，使后续冷冻干燥制备的气凝胶比表面积增加（$>300m^2/g$）。

在获得前驱体分散体后，许多纳米纤维素气凝胶的制备通常需要进行凝胶化过程，这有助于维持和增强气凝胶内部的三维网络。纳米纤维素的凝胶化行为通常根据凝胶的性质分为两大类：化学交联和物理交联（图 6-5）

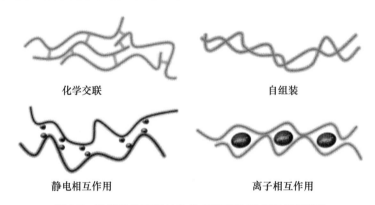

图 6-5　纳米纤维素通过化学交联和物理交联的凝胶化

化学交联是指在溶液中加入特定的交联剂（多功能单体，如柠檬酸或戊二醛），使其与纳米纤维素发生反应，在纤维素链之间形成不可逆的共价键。为了制备含有 0.3wt% 极低浓度的纳米纤维素、具有一定机械强度的气凝胶，Chen 等采用 1,2,3,4-丁烷四甲酸（BTCA）作为化学交联剂，通过 CNF 和 BTCA 的羟基或羧酸基团之间的酯化反应实现了纤维素链之间的交联，辅助 TEMPO 氧化的 CNF 形成交联网络结构 ［图 6-6 （a）］。

物理交联是聚合物链之间通过适当的相互作用（如范德华力、氢键、静电相互作用和离子相互作用）形成的。另外，一些无机盐（例如，$CaCl_2$、$CaSO_4$）可以添加到纳米纤维素分散体中辅助纳米纤维素形成可逆物理交联，例如，羧基 CNF 可以与一些多价金属离子（例如，Zn^{2+}、Cu^{2+}、Co^{2+}）螯合形成水凝胶。添加适当的配体前驱体后，配体前驱体的金属离子可以通过氢键和物理缠结促进 CNF 网络内金属有机骨架（MOF）晶体的形成［图 6-6（b）］。稳定的纤维状 CNF/MOF 水凝胶可以在后续干燥过程中保持完整并形成气凝胶。一般来说，化学方法比物理方法能更好地控制凝胶的孔隙率和比表面积，但有额外的成本，需要更长的处理时间。

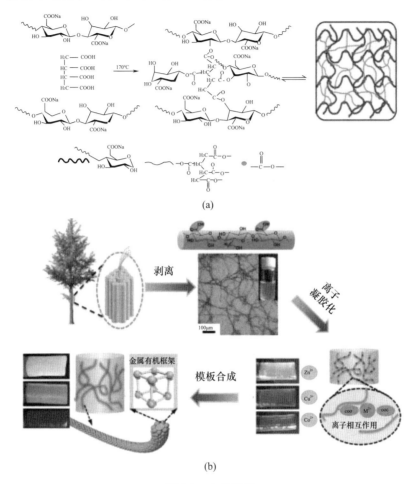

图 6-6　交联原理

（a）CNF 和 BTCA 之间化学交联形成凝胶的机制；（b）纳米纤维素的物理交联凝胶化过程

（3）湿凝胶干燥

　　纳米纤维素分散体凝胶形成稳定的三维网络结构后，需要在保持凝胶原有结构的同时将其内部空隙中的液体溶剂替换出来，从而获得纳米纤维素气凝胶。制备纳米纤维素气凝胶最关键的步骤是选择合适的干燥技术。目前已经用于进行纳米纤维素气凝胶制备的干燥技术主要有超临界干燥和冷冻干燥两种。

　　① 超临界干燥

　　超临界干燥是指将温度和压力提高至孔隙内水或溶剂的临界点以上，使液体成为没有气-液界面的超临界流体，然后通过减压去除超临界流体的干燥方法；此方法可以完全消除毛细管作用力，在此过程中，CO_2 和乙醇常被用作超临界干燥介质。其中乙醇的临界温度在 200℃以上，作为超临界干燥介质具有一定的危险性，很难用于纳米纤维素气凝胶的大规模生产。而 CO_2 的临界温度为 31.3℃，仅略高于室温。因此，使用 CO_2 作为超临界干燥介质比乙醇更安全。Zu 等使用 CO_2 超临界干燥制备了纳米纤维素气凝胶。他们发现由 CO_2 超临界干燥制备的纳米纤维素气凝胶孔隙比冷冻干燥制备的纳米纤维素气凝胶更均匀，且在干燥过程中体积收缩更小，具有更大的比表面积。因此他们认为使用 CO_2 超临界干燥保持纳米纤维素凝胶结构是比冷冻干燥更有效的方法。然而，由于工艺烦琐、生产周期较长、溶剂置换成本较高，超临界干燥的使用受到限制，仅适用于高质量产品。

② 冷冻干燥

冷冻干燥是去除纳米纤维素凝胶中的溶剂，并控制气凝胶内部的网络结构防止其塌陷的最常用方法。与超临界干燥相比，冷冻干燥具有环保、高效、低成本的优势。冷冻干燥本质上是一个升华干燥的过程：首先将纳米纤维素湿凝胶进行冷冻，使湿凝胶内部的水或其他溶剂由液态变成固态；然后在一定的温度和低压下，固态的水或其他溶剂直接由固态升华到气态；当溶剂排出时，纳米纤维素湿凝胶的多孔结构被保留以形成多孔气凝胶。该过程避免了与气-液相的接触。因此，它可以有效地阻止干燥过程中形成的毛细压力，保持凝胶骨架结构的完整性。通常，纳米纤维素湿凝胶在进行冷冻前需要浸入液氮中或放到冷箱中。当纳米纤维素湿凝胶浸入到液氮中时，湿凝胶中水溶剂会迅速形成冰晶，这些冰晶升华后，气凝胶中会留下致密的细孔。Mueller 等证实，使用温度较高的冷源进行纳米纤维素气凝胶冷冻干燥可以使其形成更大孔结构，但是由于冷冻速度较慢，冷冻干燥过程需要花费更长的时间。由于纳米纤维素气凝胶的微孔结构通常是各向同性的，传统的冷冻干燥方法也存在局限性，无序的结构阻碍了其实现定向传质、传热、导电等的功能。

功能性结构材料要发挥其功能性，很大程度上依赖于微/纳米级结构的有效调控和组装。定向冷冻干燥，主要包括单向冷冻干燥和双向冷冻干燥，是在传统冷冻干燥方法的基础上发展起来的，可以利用冰晶有效地控制所干燥材料的孔隙结构。与传统的多孔材料制备方法（例如，颗粒浸出、发泡和相分离）相比，它具有简单性、灵活性和应用广泛等多种优势。单向冷冻干燥和双向冷冻干燥在冷冻过程中温度梯度仅作用于材料的一个或两个方向，而不是各向同性进行冷冻。对于单向冷冻干燥 [图 6-7 (a)]，在使用自下而上的温度梯度后，溶剂的冰晶自下而上生长。在此过程中，溶液中的溶质（CNF）被挤压到冰晶之间的界面，实现固液分离，然后用干燥器升华干燥，完全干燥后得到 CNF 气凝胶。单向冷冻干燥后的纳米纤维素气凝胶结构各向异性反应在沿横向排列的六边形蜂窝孔中 [图 6-7 (b)] 和沿纵向排列的有序定向孔道 [图 6-7 (c)]。此外，由于与冷源液氮接触，将含有纳米纤维素湿凝胶的容器底部倾斜到一定角度（$\approx 20°$），会沿 Y 轴和 Z 轴形成两个温度梯度，从而导致在干燥后纳米纤维气凝胶具有双向各向异性结构 [图 6-7 (d)]。由于其排列良好的层状结构，比各向同性或单向异性气凝胶显示出更好的隔热和机械性能。

使用灵活的定向冷冻干燥技术，可以通过使用合适的冷源（-196℃的液氮或温度可调的温和冷乙醇）和温度梯度来实现气凝胶结构的选择性调整。目前定向冷冻干燥技术已在纳米纤维素气凝胶应用的多个领域得到推广，包括选择性吸收、气体捕获、太阳能蒸汽生成、EMI 屏蔽、能量存储、应变传感器等。

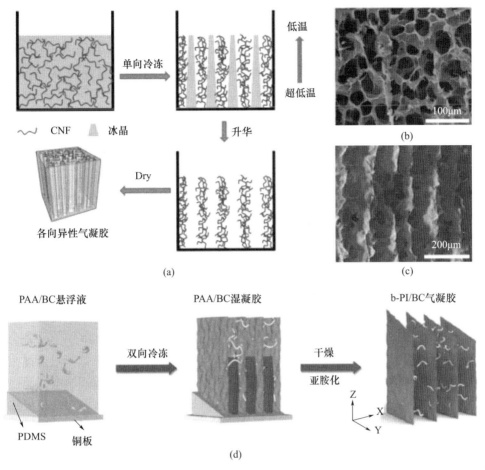

图 6-7　不同冷冻干燥

（a）单向冷冻干燥技术示意图；（b）CNF 气凝胶在横向
（c）纵向上的各向异性多孔结构；（d）双向冷冻干燥制造过程的示意图

6.1.2.2　再生纤维气凝胶的制备

再生纤维气凝胶是发展得比较成熟的一类纤维素气凝胶，再生纤维气凝胶的制备过程主要分三步：首先将纤维素溶解在某种溶剂中，形成凝胶；然后通过溶剂再生得到结构为纤维素Ⅱ的凝胶；最后干燥得到气凝胶。此外，为了某些目的（如增加纤维素分子的缠结），通常会在纤维素溶解后进行一些中间处理（如冻融或预凝胶）。再生纤维素气凝胶具有纤维素Ⅱ的结构，它随着对纤维素溶剂研究的深入而得到不断地发展，性能与纤维素的来源、溶剂、再生溶液及温度等有关，控制其多孔结构是人们不断探索的问题。再生纤维素气凝胶和纳米纤维素气凝胶的干燥工艺类似，下面就不再进行赘述。

（1）纤维素的溶解

再生纤维素气凝胶的制备第一步即要实现纤维素的溶解。实际上，许多纤维素的重要应用都涉及了纤维素的溶解这一步骤，然而这一步骤通常具有显著的挑战性。纤维素材料具有复杂的氢键网络、结晶区和非结晶区交织的混合结构和强的分子间非共价相互作用（如：疏水堆叠），因此不易对纤维素材料进行化学加工。纤维素既不是可熔化的，也不溶于普通的水或有机溶剂。根据 Lewis 酸碱理论，当未经化学修饰的纤维素直接用于溶解时，其溶解过程可以看作是一个酸碱反应过程，纤维素既能充当酸也能充当碱。此外，当使用极性或者电离度有限的有机溶剂时，上述的酸碱反应概念则变得无足轻重。根据上述理论，不难发现电子供体和受体之间的相互作用是溶解纤维素的驱动力，即需要纤维素羟基的氧原子和氢原子可以与溶剂或者溶剂的某些组分发生作用。

从有机化学的角度来看，纤维素溶剂分为"衍生化"和"非衍生化"体系。历史上，衍生溶剂是最先发明的。衍生化溶剂体系是指纤维素的溶解是通过共价修饰而产生不稳定的醚类、酯类或缩醛类中间体的溶剂体系。大量的纤维素溶剂均遵循这一概念，即首先产生不稳定的纤维素衍生物，随后转化为再生纤维素。1845 年，Schoenbein 等首次报道了通过在由 HNO_3 和 H_2SO_4 组成的溶剂中形成硝酸纤维素（或硝化纤维素）来完全溶解纤维素。显然，HNO_3 和 H_2SO_4 组成的溶剂属于衍生溶剂。随后，19 世纪后期纤维素黄原酸盐的发现为黏胶工艺奠定了基础。可溶性纤维素黄原酸盐是通过用碱和二硫化碳（CS_2）处理棉花或木浆而产生的。此外，乙酸纤维素、甲酸纤维素、二氯乙酸纤维素和磷酸盐是可溶性中间体的其他例子。

非衍生化溶剂体系是指在溶解纤维素的过程中只涉及了分子间相互作用的溶剂体系。根据其组成中是否含水，非衍生溶剂体系可以分为含水溶剂体系和无水溶剂体系两大类。非衍生溶剂的含水溶剂体系包括水性络合物、碱性水溶液体系和熔融的无机盐水合物。其中水性络合物主要有氢氧化铜铵、"cadoxen"（乙二胺水溶液中的氢氧化镉）、"nioxen"（乙二胺水溶液中的氧化镍）和 FeTNa（碱性水溶液中的酒石酸铁络合物）；碱性水溶液体系主要有 NaOH、LiOH、二甲基二苄基氢氧化铵和三甲基苄基氢氧化铵等水溶液，最新研究表明在 NaOH 水溶液中加一些添加剂（如尿素、硫脲、氧化锌和聚乙二醇（PEG）），可以降低纤维素间的自相互作用，阻碍纤维素疏水缔合的能力，有利于纤维素的溶解；熔融的无机盐水合物主要有 $ZnCl_2/H_2O$、$Ca(SCN)_2/H_2O$ 和 $LiSCN/H_2O$。

无水溶剂体系中比较典型的溶剂是极性有机液体 SO_2 与伯、仲或叔脂肪族或仲脂环胺的混合物，混合物中的极性有机液体 SO_2 也可以用其他极性液体（如 $SOCl_2$、N，N-二甲基甲酰胺、二甲亚砜、N，N-二甲基乙酰胺或甲酰胺）代替。其他类型的无水溶剂体系还有含氨基组分和极性有机液体以及无机盐的组合（如 $NH_3/NaCl/$二甲基亚砜）以及 NMMO 等离子液体。其中离子液体是一种新型的强力纤维素溶剂，能够制备超高浓度的纤维素溶液（30wt%～40wt%）。因此，离子液体已被广泛用于制造各种具有丰富性能的纤维素基产品（如纤维、膜、水凝胶、气凝胶）。离子液体是一种有机的熔融盐，具有非常低的熔点，在室温下一般为液体。这些熔融盐分子包含一个小的阴离子（如 Cl^-）和一个大的阳离子（如 1-丁基-3-甲基咪唑鎓离子），常见的离子液体有 NMMO、氯化 1-烯丙基-3-甲基咪唑鎓（AmimCl）、氯化 1-丁基-3-甲基咪唑鎓和 1-乙基-3-甲基咪唑乙酸盐。由于离子液体具有纤维素溶解能力强、稳定性高、挥发性可忽略不计、结构可调、可回收和不可燃性等优良特性，因此离子液体的发现为纤维素资源的综合利用和纤维素材料的快速发展指明了一个有前途的方向。表 6-2 总结了不同纤维素溶剂的优缺点。

表 6-2　不同纤维素溶剂的优缺点

溶剂	优点	缺点
碱和 CS_2	纤维素制品性能优良，用途广泛，实现产业化	环境污染，危害人体健康，生产周期长，废气、废水净化成本高
碱和尿素	环保，常温下纤维素产品稳定性高（便于储存和运输）	需另加催化剂、有机溶剂，反应时需要高温且反应时间长
氢氧化铜铵	溶解能力强，铜铵人造丝性能优良，实现产业	环境污染、纤维素降解、化学品消耗高、成本高
Cadoxen，Nioxen	溶解能力强，溶解迅速	溶剂毒性大，成本高，纤维素降解
NaOH/添加剂（如尿素、硫脲、氧化锌、PEG）	环保、快速溶解、相对简单、成本效益高	低温要求，纤维素高 DP 部分溶解，纤维质量差
熔融无机盐的水合物（如 $ZnCl_2/H_2O$、$Ca(SCN)_2/H_2O$、$LiSCN/H_2O$）	对高 DP 纤维素的溶解能力强、成本效益高、更容易制备、挥发性可忽略不计、无毒、可回收	对水分敏感，难以从再生纤维素材料中去除痕量金属
DMSO 系统	对高 DP 纤维素溶解能力强，溶解迅速	回收困难、易燃性、毒性、纤维素降解
离子液体	纤维素的高溶解能力、高稳定性、可忽略不计的挥发性、结构可调性、可恢复性、不易燃性	成本高、纯化工艺复杂、副产物、吸湿性

（2）中间处理

在纤维素溶液再生之前，一般要进行一些中间处理（如冻融或预凝胶）。Lu 等以 AmimCl 为溶剂，通过纤维素溶解、循环液氮冻融、溶剂交换和干燥制备了木质纤维素气凝胶。他们发现气凝胶的比表面积和孔径分布可以通过控制液氮冻融处理周期来调节。这种处理促进了纤维素气凝胶开放结构的三维原纤维状网络的形成，因为三维"二次组装单元"被超低温过程中形成的小离子液晶挤出冷冻过程。随着循环冻融的进行，由于这些"二次组装单元"的连接和重叠效应，形成了更大的三维网络（图 6-8）。

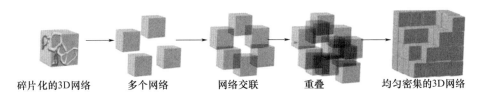

图 6-8　随着循环冻融的进行，结构变化趋势示意图

预凝胶化是指在低温下加热纤维素溶液一段时间后使其凝胶的过程。预凝胶化处理可以增加纤维素气凝胶微结构组合物的致密性以及气凝胶的机械性能。这主要是因为纤维素链在凝胶状态下通过它们之间的缠结效应发生物理交联，这限制了聚合物链的流动性，阻止了其在随后的再生过程中快速重排，最终产生了致密且机械强度高的结构。

（3）再生处理

对于再生纤维素气凝胶，最具代表性的制备过程是再生处理。通过将未处理的、冷冻的或干燥的纤维素溶液置于再生（或凝固）浴中，以诱导纤维素从可溶状态到不可溶状态的相分离来进行再生。再生的动力学主要由反扩散过程的相对速度控制（即溶剂从溶液扩散到浴中，以及非溶剂从浴中扩散到溶液中）。这种溶剂交换过程会导致纤维素分子的去溶剂化以及分子内和分子间氢键的重新形成，这有利于水凝胶/醇凝胶的形成。以碱性溶剂体系为例，酸性非溶剂中和碱性组合物并破坏添加剂水合物，通过氢键的重排诱导纤维素的自缔合。再生纤维素气凝胶的物理性质（如机械强度、密度和孔隙率）与纤维素溶剂和凝结剂的类型密切相关。

Gabillon、Liebner、Sescousse 等采用 NaOH/水作为溶剂，成功制备了纤维素气凝胶。他们的方法首先是在水中使纤维素溶胀，随后将其与预冷的 NaOH/水混合，接着将混合溶液倒入容器中，形成凝胶。通过水浴再生和溶剂交换，得到再生纤维素凝胶，最后利用 CO_2 超临界干燥，形成了纤维素气凝胶结构。此外，Liebner 等采用了水合 N-甲基吗啉-N-氧化物（NMMO·H_2O）作为溶剂，制备了纤维素气凝胶。他们先将纤维素溶解在 NMMO·H_2O 中，在 $110 \sim 120℃$ 的温度下，将黏稠液倒入圆柱形模具中，固化后放入干燥器中。随后在乙醇中再生，并采用超临界 CO_2 干燥。虽然这种气凝胶的机械稳定性较差，但在压缩应力下具有较好的抗破碎性。Duchemin 等以微晶纤维素（MCC）为原料，探讨了 MCC 浓度对所得气凝胶性能的影响。他们首先将 MCC 融入含有 8% LiCl 的 LiCl/DMAc 溶液中，搅拌 3min 后将其倒入容器中。在湿度控制在 33%、温度为 20℃的条件下静置 24h，形成凝胶。随后将湿度提高到 76%，使凝胶完全沉淀析出，最后进行冷冻干燥，以保持孔状结构。在 MCC 溶解过程中，大颗粒的 MCC 和纤维片段逐步分解为小颗粒和片段，这种分解程度直接影响气凝胶的机械性能。实验中，他们控制纤维素质量分数在 5%~20% 之间，所得气凝胶的密度相应地在 $0.16 \sim 0.35 g/cm^3$ 之间，抗弯强度和刚度分别可以达到 8.1MPa 和 280MPa。以对环境友好的碱体系为例，Fan 等利用废旧报纸为原料，通过氢氧化钠与亚氯酸钠的处理，以及冷冻干燥工艺，成功制备了轻质、疏水和多孔的纤维素基气凝胶。经过戊二醛交联和三甲基氯硅烷（TMCS）处理，借助简单热化学气相沉积工艺，得到了具有优异疏水亲油性能的纤维素气凝胶。此外，该纤维素气凝胶具有较低的密度（$17.4 \sim 28.7 mg/cm^3$）和介孔结构。这些特性赋予了新型气凝胶良好的油和有机溶剂吸附能力，以及优异的油烟过滤性能。Scshesta-kow 等针对不同溶剂对气凝胶的影响进行了研究。他们以微晶纤维素为原料制备纤维素气凝胶，并利用水、乙醇、丙酮等常见溶剂进行气凝胶再生，制备了纤维素浓度为 1wt%~5wt% 的纤维素气凝胶。通过对这些气凝胶的密度、比表面积、力学性能和微观结构的表征，研究发现在丙酮中再生的纤维素气凝胶比表面积约为 $340 m^2/g$，较水中再生的纤维素气凝胶高出 60%。此外，丙酮再生气凝胶在压缩载荷下的不可逆塑性变形起始压力约为 0.8MPa，与乙醇再生气凝胶相比，其塑性变形系数较大。

6.1.2.3 纤维素衍生物气凝胶的制备

纤维素衍生物气凝胶出现较早，通过化学修饰改变纤维素的物理和化学性质是纤维素气凝胶功能化的途径之一。纤维素衍生物可以提高纤维素的机械性能和亲水性等性质，用来制备高性能的气凝胶材料。纤维素衍生物气凝胶的制备一般包括纤维素衍生物的溶解（溶胶）、凝胶和湿凝胶干燥三个部分。纤维素衍生物气凝胶的干燥过程和纳米纤维气凝胶类似，下面主要介绍一下纤维素衍生物的溶解过程和凝胶过程。

（1）纤维素衍生物的溶解

一般用于制备纤维素气凝胶的纤维素衍生物均可溶于水和常见有机溶剂。如羧甲基纤维素（CMC）和羟丙基甲基纤维素（HPMC）可溶于水，三乙酰纤维素（TAC）可溶于二恶烷/异丙醇，乙基纤维素（EC）可溶于二氯甲烷，醋酸纤维素（CA）可溶于丙酮。由于丙酮等有机溶剂可溶于超临界的二氧化碳，可用CO_2超临界法去除，省去了耗时的溶剂交换过程，提高了气凝胶合成效率。因此溶胶过程所使用的溶剂一般根据纤维素衍生物原料的种类进行选择。

（2）纤维素衍生物的凝胶

纤维素衍生物在溶剂中一般是通过化学交联的方式形成凝胶的三维网络结构。和其他纯纤维素原料不同，由于纤维素衍生物分子链的羟基数量较少，在溶液中需要加入特定的交联剂才能获得稳定凝胶结构。目前用于制备纤维素衍生物气凝胶的交联剂主要有异氰酸酯、环氧氯丙烷和戊二醛等。其中最常用的交联剂是异氰酸酯。Tan 等使用两种纤维素酯（醋酸纤维素和醋酸丁酸纤维素）与甲苯-2,4-二异氰酸酯（TDI）在丙酮溶液中进行交联反应制备了相关的纤维素衍生物气凝胶。在凝胶过程中，醋酸纤维素的羟基与异氰酸酯的 NCO 集团发生反应形成氨酯键，如图 6-9 所示。由于醋酸纤维中存在相

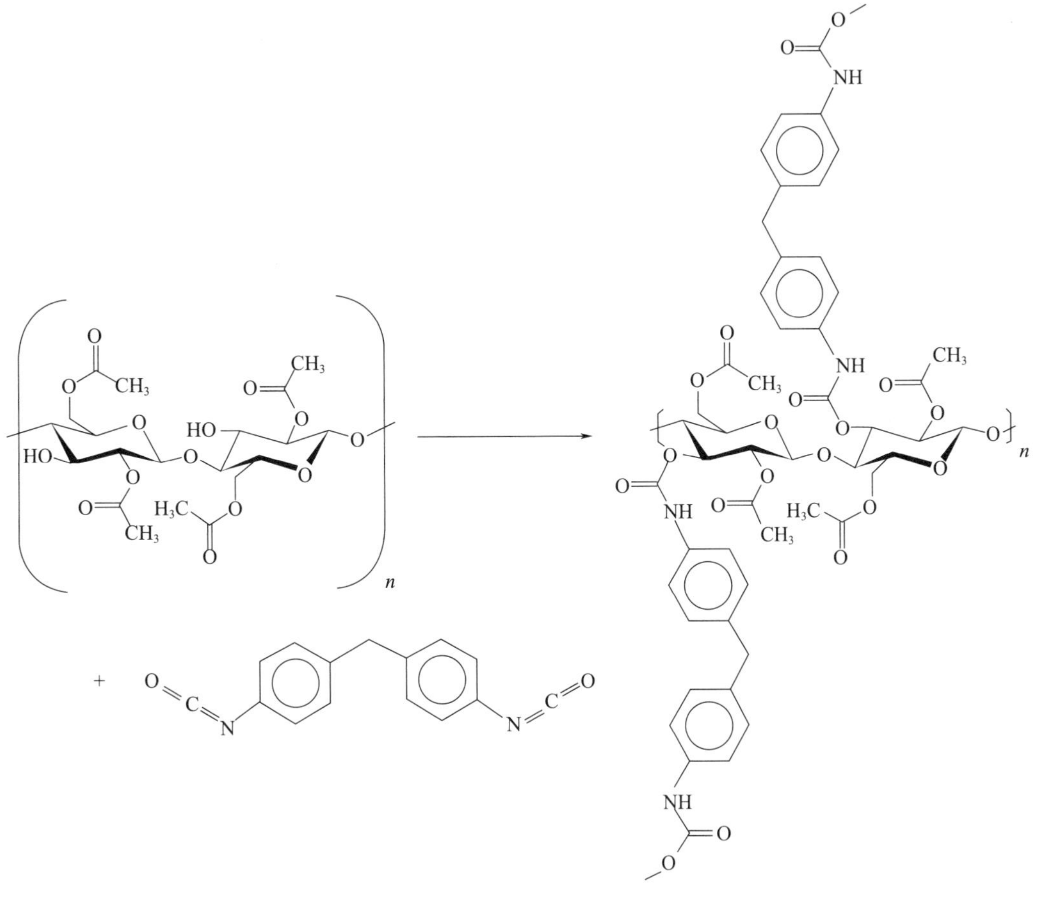

图 6-9　醋酸纤维素与二异氰酸酯交联反应示意图

当大比例的仲醇（大约50％），因此需要在反应过程中使用催化剂。特定情况下，异氰酸酯和纤维素多元醇之间的反应，常使用高活性的二月硅酸二丁基锡。

6.1.3　纤维素基气凝胶的性质

6.1.3.1　纤维素气凝胶的密度和孔隙率

纤维素基气凝胶的密度一般在 $10\sim105\text{kg/m}^3$ 之间，可以通过纤维素气凝胶的质量除以其体积来进行测量并计算。纤维素的孔隙率（P）可以通过其密度（ρ^*）进行计算，计算公式如式（6-1）所示，其中 ρ^*/ρ_c 指的是纤维素气凝胶的相对密度。

$$P=1-\rho^*/\rho_\text{c} \tag{6-1}$$

当纤维素湿凝胶转化为气凝胶时，其孔隙率和密度会发生根本性变化。通常，具有低密度和高孔隙率的轻质纤维素气凝胶的制备需要将湿凝胶中的溶剂去除，由空气占据其位置。从表 6-3 可以看出，气凝胶的孔隙率随着其密度的增加而降低。例如，醋酸纤维素有机气凝胶的密度为 $0.25\sim0.85\text{g/cm}^3$，具有表中所有纤维素气凝胶最低的孔隙率（41％～82％）。同时，随着制备过程中纤维素浓度的增加，纤维素气凝胶密度显著增加，而孔隙率却降低，如图 6-10 所示。当纤维素气凝胶制备过程中纤维素浓度较低时，可以通过电镜观察到纤维素气凝胶高度不规则的形貌特征，其表面具有几纳米至几微米的孔道（图 6-10 (a)）。随着纤维素浓度的增加，气凝胶的孔径变得均匀并处于介孔范围内，如图 6-10 (b) 和 (c)。然而，如果纤维素浓度进一步增加，在干燥过程中，纤维与纤维的相互作用会超过水与纤维的相互作用，会形成与实验需求不符合的孔径 [图 6-10 (d)]。

表 6-3　部分文献报道的纤维素气凝胶的制备原料及性能

原料	密度/(g/cm³)	孔隙率/%	比表面积/(m²/g)	模量/MPa	强度/MPa	屈服应力/kPa	能量吸收/(kJ/m³)	导热系数/[W/(m·K)]
液晶纳米纤维素 (lc-ncell)	40	98.1～99.7	500～600	0.95	150	67	70	0.038
微晶纤维素	0.009～0.137	91～99	120～230	16.2	6.42±0.93	—		0.075
天然木材	0.055	>95	13.8	0.005	0.027	0.0075		0.12
桉树浆，溶胶细胞	0.02～0.2	—	100～400					
醋酸纤维素有机气凝胶	0.25～0.85	41～82	140～250	283				
针叶浆	0.05～0.105	98	153～284	0.155	0.021		20	
棉短绒	0.05～0.26	84.88	172～284	—	—			
废纸	0.007	99.4						
云杉木浆	0.012～0.033	98～99	80～100	5.772	0.205	50.14	2480	0.018
小麦秸秆	0.15	75～88	120					0.05
淀粉	1.17	—	34～120					

原料	密度/ (g/cm³)	孔隙率/ %	比表面积/ (m²/g)	模量/ MPa	强度/ MPa	屈服应力/ kPa	能量吸收/ (kJ/m³)	导热系数/ (W/(m·K))
玉米秸秆	0.01415~ 0.05831	99.07	15.42	—	—	—	—	—
竹纤维	0.054	97	204	1.85	—	83.57	—	—
甘蔗	0.112	—	390	13.38	0.380	2.13	—	0.0828
木浆和桉树浆	—	—	143	—	0.202	—	—	—

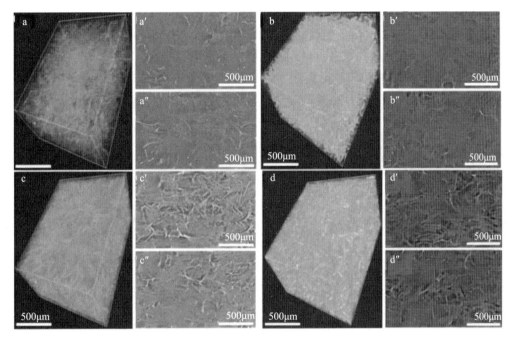

图 6-10 纤维素气凝胶的 X 射线显微断层扫描分析

(a~d) 3D 图像（a、a′和 a″）0.75%纤维素、（b、b′和 b″）1%纤维素、（c、c′和 c″）1.25%纤维素和
（d、d′）的顶部和底部 2D 图像和（d″）1.75%纤维素

6.1.3.2 纤维素气凝胶的形态

纤维素气凝胶的制备条件（例如干燥技术、纤维素来源、纤维素浓度、凝固溶剂以及超强碱）对其形态有显著影响。冷冻浇铸被证明是一种可以改变纤维素凝胶结构或产生各向异性的简单方法，通过冷冻浇铸可以在冰晶生长的方向上产生单轴排列的原纤维。但是溶剂-非溶剂交换以及 CO_2 超临界干燥似乎不会对凝胶的形态产生强烈影响。与大多数报道的其他种类的气凝胶相比，增加气凝胶内的纤维素的量，产生具有更高堆积密度和更低比表面积的折叠片状形态。

使用扫描电镜（SEM）可以看到纤维素气凝胶的微观形态。Pircher 等报道了使用不同纤维素溶剂对纤维素气凝胶的形态和性质的影响，SEM 图如图 6-11 所示。他们所使用的溶剂包括离子液体/DMSO（EMIMAc-DMSO）、四丁基-氟化铵/二甲亚砜（TBAF-DMSO）、N-甲基吗啉-N-氧化物一水合物（NMMO·H_2O）和八水硫氰酸钙-氯化锂和

CTO(Ca(SCN)$_2$·8H$_2$O-LiCl)。使用这些溶剂溶解纤维素后，再使用乙醇使其凝胶，然后再使用 CO$_2$ 超临界干燥对湿凝胶进行干燥。实验结果表明这些溶剂在气凝胶的整体特性（如形态和孔隙率）中起着重要作用。例如，使用 EMIMAc-DMSO 溶剂制备的纤维素气凝胶具有更随机的短纳米纤维网络，它们组装形成球状结构，但使用 TBAF-LiCl 制备的纤维素气凝胶显示出更均匀的交织纳米纤维网络和互连的纳米孔。使用 EMIMAc 和 TBAF-LiCl 制备的气凝胶遵循自发的一步相分离机制，完全由扩散控制。而使用 NMMO 和 CTO 制备的气凝胶遵循两步相分离机制：第一次相分离发生在溶解的纤维素溶液的冷却过程中，这为纤维素纤维排列成更长的纳米纤维提供了时间；第二个相分离发生在凝固溶剂的加入过程中，这导致了纤维素纤维在附近的进一步排列，从第一相分离步骤到已经有序的较长纳米纤维网络。两步相分离使所制得的纤维素气凝胶的结晶度（纤维素 II）增加以及机械性能更好（压缩应力更高）。除了相分离之外，凝胶化是形成纤维素网络的另一种机制，一个典型的例子是使用凝胶化溶剂（如 8%

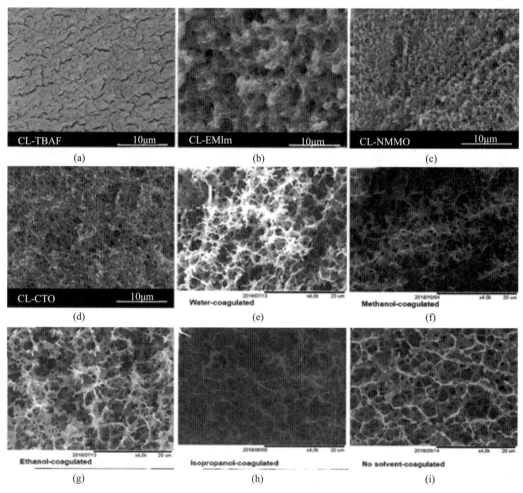

图 6-11　不同纤维素溶液制备的纤维素气凝胶的 SEM 照片

（a）TBAF/DMSO（CL-TBAF）；（b）DMSO（CL-EMIm）；（c）NMMO·H$_2$O（CL-NMMO）；

（d）Ca(SCN)$_2$·8H$_2$O/LiCl（CL-CTO）；（e）～（i）溶解在 DBU-CO$_2$ 溶剂系统中的纤维素溶液，

分别用水凝结、甲醇、乙醇、异丙醇、无溶剂进行凝胶，从 5% 纤维素-8%NaOH-水溶液中获得的气化纤维素珠

NaOH-水混合物），在这种溶剂中，随着时间的推移，不同纤维素分子链中羟基越来越接近，不同纤维素分子链之间逐步形成氢键，从而导致纤维素溶液逐步胶凝，其凝胶时间取决于纤维素浓度和溶液的温度。

6.1.3.3　纤维素气凝胶的比表面积

大比表面积对于纤维素气凝胶用作吸附剂、催化剂、绝缘体等是必不可少的条件。制备高比表面积的纤维素气凝胶的关键条件是纤维素在其溶剂中具有极好分散性，这样可以避免在干燥过程纤维素气凝胶的孔结构闭合（这种现象通常被称为"角化"）。如表 6-3 所示，之前已经有许多关于纤维素气凝胶比表面积测定的报告。表 6-3 中由液晶纳米纤维素制成的纤维素气凝胶的最大比表面积为 $600m^2/g$（lc-ncell）样品，而源自天然木材的纤维素气凝胶的比表面积最低，为 $13.8m^2/g$。纳米纤维素纤维在其溶剂中浓度的快速增加通常会导致纤维素纳米纤维的高堆积率，从而提高所制备的纤维素气凝胶的密度并降低其比表面积，如图 6-12 所示。

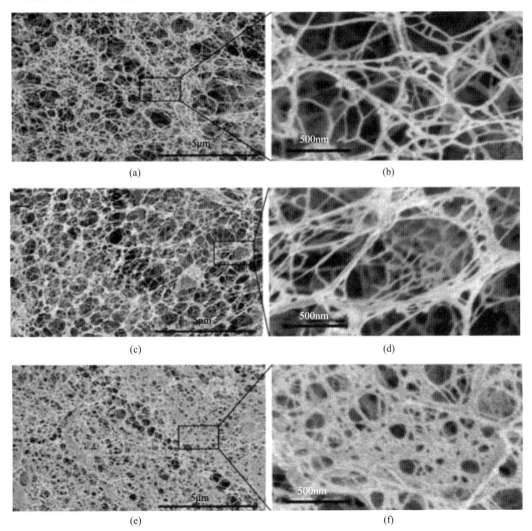

图 6-12　增加纤维素气凝胶密度对其比表面积的影响

331

6.1.3.4 纤维素气凝胶机械性能

纳米纤维素气凝胶具有良好的机械性能、高孔隙率、低密度和优异的导电性，使其成为柔性传感器、储能设备等领域的理想材料。

（1）优异的抗压强度

纳米纤维素气凝胶具有低密度、高孔隙率和优异的抗压强度，使其在各种应力条件下具有稳定的性能。纳米纤维素与MXene的氢键协同作用，以及缠绕的CNF与CNT作为"砂浆"与管胞结构的MXene"砖块"结合，形成了良好的界面相互作用。这种有序的工程结构有助于提高气凝胶的机械性能。

（2）良好的韧性

由于纳米纤维素气凝胶具有层次化的结构，其具有良好的韧性。在受到外力作用时，气凝胶可以发生一定的形变而不会破碎。这使得纳米纤维素气凝胶在应对循环载荷和复杂应力条件下具有优越的性能。

（3）耐疲劳性能

纳米纤维素气凝胶具有优异的耐疲劳性能，这是由于其独特的结构设计和组分之间的协同作用。在反复变形和加载过程中，气凝胶可以保持稳定的力学性能，使其在长时间使用过程中具有较高的可靠性。

纳米纤维素气凝胶凭借其优异的机械性能、高孔隙率、低密度和良好的导电性，在人机交互、物联网和可穿戴电子等领域具有广泛的应用前景。其在压力传感器和固态可压缩超级电容器等领域的应用研究成果，为高性能多功能材料的研究和发展提供了新的思路。进一步研究纳米纤维素气凝胶的性能和应用，有望为我国在新材料领域取得更多突破。

6.1.3.5 纤维素气凝胶的热性能

纤维素气凝胶的导热系数取决于三个主要因素 [如式（6-2）所示]：①固相热传导（λ_s）；②气相热传导（λ_g）；③通过单元壁和跨单元空隙与单元矩阵的辐射热交换（λ_r），这是决定纤维素气凝胶的整体传热特性的最主要因素。

$$\lambda = \lambda_s + \lambda_g + \lambda_r \tag{6-2}$$

有两种方法可以减少纤维素气凝胶气相的热传导，分别是减小气凝胶的孔径至介孔范围和排除气凝胶孔隙中的气体（空气）。前一种方法中，气凝胶的孔径低于空气分子的平均自由程，从而根据克努森效应降低环境空气条件下的 λ_{gas}。λ_{rad} 在室温条件下以及具有可视厚度的材料中并不重要。低密度纤维素气凝胶的导热系数一般都较低，这表明用作隔热材料纤维素气凝胶一般需要具备较低的密度。最近，关于纤维素气凝胶的应用的研究一般与绝热目的有关，这是因为纤维素气凝胶的导热系数相当低 [$\leqslant 0.026W/(m \cdot K)$]。纤维素气凝胶具有超低导热系数的原因有三个：（1）高孔隙率和弯曲度的稳定纳米结构降低了导热系数；（2）主动抑制热辐射；（3）低于气相平均自由程的孔径（环境空气约为70nm），减少了热对流的产生。此外，还有其他性能参数也能减少气凝胶的导热系数，例如吸水率和平均温度。

6.1.4 纤维素基气凝胶的应用

6.1.4.1 隔热和阻燃材料应用

当气凝胶被用于隔热和防火安全设备时，气凝胶的阻隔性能起到非常重要的作用。此前，由于气凝胶具有高热障性能，美国宇航局的星尘任务利用气凝胶从"wild2"彗星中捕获和收集星际或彗星的尘埃颗粒。然而，由于极端高温环境，它们呈现出了机械脆性，并发生了不可恢复的收缩行为。因此，由于纤维素基绝缘材料的可再生性、可回收性、无毒、可持续性以及简单的生产路线，人们开始关注它。纤维素气凝胶的低导热性能，使其适用于隔热领域。然而，纤维素气凝胶也存在一些缺陷，如水分敏感性、角质化、干燥过程易引起收缩和密度变化。这些缺陷阻碍了它们在设备、恶劣的环境以及轻质工程材料等方面的有效利用。此外，纤维素纤维是一种高度易燃的生物聚合物，且纤维素气凝胶比表面积大、孔隙率高、着火后极难扑灭。与其他基于纤维素的绝缘材料相比，纤维素气凝胶在可燃性测试过程中通常会释放出大量的窒息气体，极限氧指数值接近 18%～19%，这引起了严重的公共安全问题。为了满足安全要求，在保持机械稳定性和隔热性能使用的情况下，必须大幅提高纤维素基绝缘材料阻燃性。因此，应用绿色化学原理来研发独特的环保耐火纤维素气凝胶，可以应用在节能建筑、交通运输和其他领域。

相关研究表明，金属、金属硫化物及金属氧化物可应用于纤维素气凝胶阻燃。Yang 等使用二硫化钼（MoS_2）纳米片作为纤维素气凝胶中的增强剂。他们的研究结果表明，由于 MoS_2 在纤维素气凝胶上形成完整的保护碳层，纤维素气凝胶的降解温度范围从 240～320℃ 显著提高到 300～400℃，质量损失从 -80% 减少到 -60%。Han 等以废弃棉织物为原料，通过引入纳米氢氧化镁制备阻燃纤维素气凝胶，研究发现纯纤维素气凝胶在火焰中 10s 后完全燃烧，而阻燃纤维素气凝胶在燃烧 10s 后仍有部分残余，且随着氢氧化镁添加量的增加，纤维素气凝胶燃烧速度从 5mm/s 降低到 0.8mm/s，并在 40s 内即可自熄。Yuan 等在纤维素凝胶中通过溶胶-凝胶法合成 SiO_2 纳米颗粒，然后进行干燥制备得到纤维素/SiO_2 复合气凝胶，其阻燃性能随着 SiO_2 含量的增加而逐渐提高。Luo 等通过添加镁铝层状双氢氧化物作为绿色纳米填料和阻燃剂，得到较为稳定的纤维素复合气凝胶，再分别与 CO_3^{2-}、$H_2PO_4^-$ 结合制备了两种复合气凝胶，其热释放速率峰值（pHRR）相比原纤维素气凝胶分别降低了 41% 和 50%，表现出优异的阻燃性能。蒙脱土不仅具有良好的阻燃性能，还能改善基体的力学性能等，且无卤、低烟、低毒，是一种常用的无机阻燃剂。Donius 等利用钠-蒙脱石（MMT）无机颗粒制备了纤维素气凝胶基复合材料。他们发现由于材料中 MMT 片晶的存在，可以起到增强材料和保护性热障的作用，减缓气体扩散并抑制材料收缩，纤维素气凝胶的保形和阻燃功能在高达 800℃ 的温度下得到了显著的提高。Du 等通过引入层状黑磷（BP）纳米片制备纤维素气凝胶，随着 BP 纳米片含量的增加，其 pHRR、总热释放量（THR）等显著降低，阻燃性能显著提高。引入无机阻燃剂能够增强纤维素气凝胶的阻燃特性，但需在大剂量添加条件下才能获得优良的阻燃效果。然而，过高添加量将破坏气凝胶的三维多孔网络结构，从而在一定程度上影响纤维素气凝胶的力学性能和功能性。为实现更高的阻燃性能，通常采用多种无机阻燃剂进行复合应用。相较于无机阻燃剂，有机阻燃剂具有较高的阻燃效率，且添加量较低。Pinto 等成功研制出多功能细菌纤维素（BC）/氧化石墨烯（GO）气凝胶材料。在测试过程中，他们发现该气凝胶具有优异的阻燃性能，火焰可瞬间熄灭，且燃烧后样品能保持原有形状。Shahzadi 等则以羧甲基纤维素（CMC）和 GO 为原料，利用硼酸盐进行交联并冷冻干燥，制备出纤维素复合气凝胶。GO 和硼酸盐的加入显著提升了纤维素气凝胶的阻燃性能。然而，尽管 GO 作为阻燃剂具有高效、无毒无害的优点，但由于制备技术和成本较高，其在广泛应用方面受到一定限制。为克服无机阻燃剂添加量高的问题，有研究采用有机阻燃化合物作为纤维素气凝胶的阻燃剂，Jiang 等采用凝胶化交联方法制备多性能的纤维素纳米纤维气凝胶，首先将制备的 CNF 水凝胶与丙酮进行溶剂互换，然后与亚甲基二苯基二异氰酸酯（MDI）交联，在交联剂最佳用量下制备的纤维素气凝胶表现出优异的热稳定性，500℃时残碳量为43％，而未交联的气凝胶仅为 9.1％。

6.1.4.2 吸附分离应用

纤维素气凝胶通过处理可广泛应用于吸附分离领域。一种是对纤维素气凝胶进行表面改性即烷硅化处理，得到具有疏水性能的纤维素气凝胶，这种方法改性的气凝胶可用于油水分离；第二种是在气凝胶的制备阶段使用特定的交联剂制得具有优良吸附性能的纤维素气凝胶。

工业生产中易产生重金属离子，若排放至饮用水源中将对人类生命安全构成威胁。传统的处理废水方法虽操作简单、材料易得，但是效果一般。Bo 等研究了水中重金属离子的低成本吸附处理的方法，并找到了一种将纤维素气凝胶和金属有机骨架两种新兴材料结合成一种高吸附功能气凝胶的简便方法，得到的复合纤维素气凝胶具有高度多孔结构，沸石咪唑酯骨架负载量可达到30wt％，同时，复合纤维素气凝胶对 Cr 具有良好的吸附能力。

Gu 等研制了一种可利用永磁体回收的纳米纤维素气凝胶，其通过高速混合和冷冻干燥工艺制备了密度仅为 9.2mg/cm^3 的三维多孔网络磁性纳米纤维素气凝胶，该磁性纳米纤维素气凝胶吸附剂对乙酸乙酯、环己烷和真空泵油的吸附容量分别为 56.32g/g、68.06g/g 和 33.24g/g。此外，这种气凝胶吸附剂具有良好的磁响应性，在吸附后可被永磁体回收。

Li 等以壳聚糖（CS）和纳米纤维素（NFC）为原料，采用定向冷冻干燥方法研制了具有高度取向微通道结构的 CS/NFC 气凝胶，其定向冷冻过程如图 6-13 所示。该特

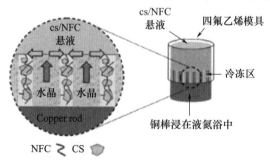

图 6-13　定向冻结过程示意图

殊结构使 CS/NFC 气凝胶缩短了金属离子的扩散途径，实现了快速吸附。所研制的气凝胶对 Pb（Ⅱ）具有较好的吸附能力，可达 248.5mg/g。更重要的是，气凝胶可以在 10min 内实现 Pb（Ⅱ）的快速吸附，比大多数传统吸附剂都快得多。此外，经过 5 次吸附-解吸循环后，气凝胶能保持较高的 Pb（Ⅱ）去除效率。

6.1.4.3 生物医学应用

气凝胶典型的低密度、高孔隙率和高比表面积的特点使其适用于许多生物医学领域，包括药物传递、组织工程、植入装置、生物医学成像和生物传感。

Jyoti 等以盐酸苯达莫司汀作为研究药物，将采用冷冻干燥法制备的 CNF 气凝胶运用物理吸附法进行载药，通过透析来评估药物释放。结果表明，约 69.205%±2.500% 的药物在 pH=1.2 的培养基中 24h 释放，大约 78.00%±2.28% 的药物在 pH=7.4 的培养基中释放。研究结果表明，生物利用率增加了 3.25 倍。因此，CNF 气凝胶为提高生物利用率的药物传递领域提供了很大的可能性。

Weng 等将杂化纳米纤维气凝胶应用于颅骨再生。杂化纳米纤维素气凝胶由聚乳酸-羟基乙酸共聚物、明胶纳米纤维和锶铜共掺杂生物玻璃纳米纤维组成，经冷冻干燥并用无水乙醇进行处理得到杂化纳米纤维气凝胶。得到的气凝胶被引入到活性肽的溶液中，植入大鼠颅骨的缺陷区域。通过计算机扫描监测颅骨的愈合情况，8 周后，缺损骨闭合率为 65%，缺损区覆盖率为 68%。该研究成功地提出了一种潜在的骨再生技术。

Zheng 等利用 $CaCl_2$ 和 K_2HPO_4 溶液通过原位矿化对排列的细菌纤维素（BC）均匀地掺入高矿物质含量的羟基磷灰石（HAP）进行矿化。矿化细菌纤维素复合材料的弹性模量和硬度分别为（10.91±3.26）GPa 和（0.37±0.18）GPa，弹性模量提高了 210%，硬度提高了 95%。这些数值与小鼠小梁骨和有史以来最好的矿化有机材料相当，为骨替代物的开发提供了一种新的思路。

6.1.4.4 催化应用

金属有机骨架（MOF）作为催化剂用于活化过氧单硫酸盐（PMS）以除去顽固的有机污染物已被充分报道，然而由于其粉末状态，MOF 与溶液的分离困难，限制了它们的应用。Ren 等报道了沸石咪唑骨架（ZIF）材料中 ZI-9 和 ZIF-12 负载在纤维素气凝胶和复合气凝胶上作为金属催化剂，有效激活 PMS 对于罗丹明 B（RB）、盐酸四环素（TC）和对硝基苯酚（PNP）的降解。复合气凝胶/PMS 系统可在 1h 内去除约 90% 的 PNP。此外，通过电子顺磁共振（EPR）和自由基捕获方法研究了 PNP 降解的机制，结果表明，PMS 可以通过杂化气凝胶有效激活产生硫酸根（SO_4^-）和羟基自由基（—OH），表现出高催化效率。Song 等采用细菌纤维素气凝胶作为载体，将金属纳米粒子（Cu 和 Ni）分散其上，成功制备出性能卓越的金属负载催化剂。在制备过程中，他们发现溶胀诱导的吸附过程能同时调控金属的尺寸和分散效果，从而有效地将 Cu 和 Ni 纳米粒子束缚在细菌纤维素的三维网络结构中。以 0.5wt%$CuSO_4$溶液制备的金属负载催化剂样品在对硝基苯酚还原反应中展示出优异的催化性能。

6.2 壳聚糖基气凝胶

壳聚糖由甲壳素制备，而甲壳素是自然界中储量仅次于纤维素的天然高分子，因此对壳聚糖基气凝胶的研究仅次于纤维素基气凝胶。本节将从壳聚糖基气凝胶的简介、制备、制备过程对其结构和性能的影响以及应用等方面对壳聚糖基气凝胶展开介绍。

6.2.1 壳聚糖基气凝胶简介

壳聚糖是甲壳素脱乙酰基后的产物，是唯一的带有胺基（—NH₂）的天然聚多糖类高分子，以壳聚糖作为前驱体制备气凝胶有以下优势：

（1）壳聚糖是继纤维素之后第二丰富的可再生生物聚合物，可以从多种生物体中提取，原材料来源广泛、价格便宜。相比于有机合成，原料获取方式更为简单；壳聚糖气凝胶在环境中可以通过生物降解，甚至可降解为小分子碳水化合物，环境友好。

（2）壳聚糖链中含有丰富的氨基和羟基，由于氨基的存在而表现出 pH 值响应特性，通过调节溶液的 pH 值可以通过氢键形成壳聚糖的物理凝胶，这使得壳聚糖气凝胶制剂过程很简单。

（3）壳聚糖骨架上的胺基不仅赋予交联反应性，而且其羟基也可以通过衍生反应进行简单的修饰，因此可以利用各种（大）分子交联剂进行共价交联，或者很容易地进行修饰以引入可化学交联的基团，此外，物理化学壳聚糖的特性和功能特性可以通过多种化学修饰来改善。

因此，壳聚糖气凝胶是除纤维素气凝胶之外研究最多的天然多糖类气凝胶（图 6-14）。

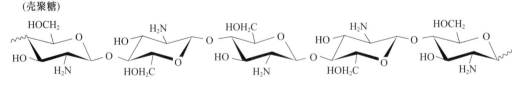

图 6-14 甲壳素和壳聚糖的分子结构

壳聚糖气凝胶的形成需要化学或/和物理交联作用来实现，壳聚糖分子中的胺基和羟基便是其发生交联反应构筑壳聚糖气凝胶纳米网络结构的物质基础。壳聚糖结构单元中的糖苷键是以半缩醛的形式存在，在酸性水溶液中，壳聚糖会因为糖苷键的水解和胺基的质子化而发生溶解，这就为壳聚糖参与交联反应提供了前提条件。此外，壳聚糖经过改性后，其稳定性与原来相比有明显提高，所以化学改性不仅可以改善壳聚糖的化学性能，扩大其应用范围，也可以提高其分子稳定性，使更好地形成壳聚糖凝胶。壳聚糖形成凝胶需要加入化学交联剂增强其机械强度，但单纯的壳聚糖往往表现出较低的力学性能，因此研究人员大多将重点集中于壳聚糖基复合材料上。壳聚糖气凝胶及其复合材料是一种具有高孔隙率、大比表面积、良好的生物降解性和生物相容性以及丰富性的新型可持续材料。制备壳聚糖气凝胶需要提高壳聚糖官能团的可用性，从而改善物理化学性质，同时壳聚糖气凝胶的特性与壳聚糖的功能特性一起，可以提供具有多种应用的气凝胶材料，例如催化、空气清洁、隔热应用、废水处理、生物医学应用等。特别是，基于壳聚糖的气凝胶可以在装载大量水性药物方面发挥关键作用。表6-4总结了部分壳聚糖气凝胶及其复合材料的制备技术、性能和在不同研究领域的应用。

表6-4　部分壳聚糖气凝胶及其复合材料的制备技术、性能和在不同研究领域的应用

气凝胶	干燥方法	特性	应用
壳聚糖/纳米原纤化纤维素（NFC）	冷冻干燥	高度定向的微通道结构；最大吸附容量：252.6mg/g	去除重金属
壳聚糖/氧化石墨烯（GO）	冷冻干燥	孔隙率：83.7%～87.6%；总孔容：11.271～15.246mL/g；总孔隙面积：1.264～1.858m²/g；抗拉强度：6.60～10.56MPa	水处理、催化
壳聚糖/二氧化硅	冷冻干燥	孔隙率：90.9%～96.7%；密度：0.058～0.173g/cm³；比表面积：149～618m²/g；孔容：0.71～1.43cm³/g；最大吸附容量：30g/g	吸油量
壳聚糖/聚乙烯醇（PVA）	超临界 CO_2（$ScCO_2$）干燥	比表面积：307.68～425.92m²；总孔容：0.9275～2.055cm³	隔热
壳聚糖/纤维素	冷冻干燥	水接触角：156°±2°；密度：0.065g/cm³；孔隙率：95%	油水分离
季铵化壳聚糖/PVA	冷冻干燥	CO_2捕集能力：0.18mol/g	二氧化碳捕获

6.2.2　壳聚糖基气凝胶的制备

生物聚合物气凝胶的制备可分为两种不同的途径：（1）从预制构件的悬浮液开始；（2）从（大）分子物质的溶液开始。前一种途径是纳米原纤化纤维素和几丁质的典型途径，部分原因是纤维素和几丁质在普通溶剂中的溶解度低。由于壳聚糖可溶于水性酸性溶剂，因此大多数壳聚糖研究都集中在第二种途径上，并且已经开发出多种凝胶化机制。图6-15显示了从溶液中制备壳聚糖气凝胶的步骤。

（1）壳聚糖在酸性水溶液中溶解。壳聚糖的 NH_2 基团的 pKa≈6.5，可溶于各种酸，包括弱有机酸。

（2）水凝胶的凝胶化和形成。我们注意到术语"凝胶"可以有不同的含义；在生物聚合物系统的背景下，我们将凝胶定义为由三维聚合物/固体网络组成的系统，将溶剂固定于其空隙中。具有明确的凝胶点的有效凝胶化并不总是先决条件。

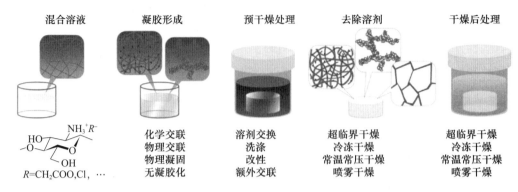

| 混合溶液 | 凝胶形成 | 预干燥处理 | 去除溶剂 | 干燥后处理 |

$R=CH_2COO,Cl,\cdots$

化学交联	溶剂交换	超临界干燥	超临界干燥
物理交联	洗涤	冷冻干燥	冷冻干燥
物理凝固	改性	常温常压干燥	常温常压干燥
无凝胶化	额外交联	喷雾干燥	喷雾干燥

图 6-15　制备壳聚糖气凝胶的典型步骤

（3）通常需要在干燥前进行预处理，包括溶剂交换或化学改性。

（4）干燥将湿凝胶转化为多孔固体：超临界干燥不会对骨骼结构造成大范围损坏；冷冻干燥使用冰晶生长来调整孔隙率。

（5）有时需要进行后干燥处理以进行稳定化、洗涤和改性，通常随后是第二个干燥步骤。

6.2.2.1　壳聚糖气凝胶的凝胶机制

研究发现，目前仅有的制备壳聚糖气凝胶的凝胶方法有：

（1）在碱液（氢氧化钠等）体系中进行物理交联；

（2）通过交联剂（半纤维素柠檬酸、甲醛和戊二醛等）进行化学交联。

① 物理交联与凝结

物理交联是通过分子与分子的作用力使壳聚糖成为水凝胶。主要通过分子间静电相互作用、金属离子配位键合方式和疏水作用使其成为水凝胶。物理交联法一般不用加入化学交联剂，具有更好的生物相容性，在制备天然高分子凝胶时常采用这种方法，可以更好地实现环境友好和循环利用。

静电相互作用：通过阴离子分子和壳聚糖的氨基之间发生作用使其凝胶化。壳聚糖作为一种良好的生物相容性阳离子聚合物，被研究人员广泛研究，尤其是与阴离子大分子聚合物 DNA 结合。

金属离子配位：通过分子间的配位键来合成凝胶，形成的水凝胶更加稳定。

疏水：李昂等在低温条件下，采用 $NaOH/Urea/H_2O$ 作为溶剂溶解壳聚糖，并通过体系的温度转变制备物理交联的水凝胶。经过冷冻干燥，最终得到气凝胶材料。研究结果显示，随着壳聚糖质量分数的提高，凝胶时间逐步缩短。这一现象的解释在于，随着壳聚糖质量分数的增加，溶液中的壳聚糖分子链密度增大，因此更容易通过氢键及亲疏水相互作用缠绕联结，从而加速凝胶化反应，使得凝胶形成的速度显著提升。在凝胶形成过程中，随着温度升高，壳聚糖分子运动加快，分子链间的相互缔合作用增强，进而缩短了凝胶的形成时间。在一定浓度范围内，随着壳聚糖浓度的增加，气凝胶的密度逐步增大，孔隙率逐渐降低，吸水倍率和吸油倍率亦呈下降趋势。

② 化学交联

化学交联是指大分子链间由共价键结合而成，形成高分子聚合物的过程。壳聚糖基水凝胶的化学交联制备法可以分为引发剂引发、光引发及辐射交联法。由交联原理可知道，化学交联通过化学键形成交联，比物理交联的结合力更强，制得的凝胶机械性能更好。制备壳聚糖气凝胶常用的化学交联剂有戊二醛、环氧氯丙烷、三聚磷酸钠（TPP）和柠檬醛等。Salam 等通过柠檬酸钠与羟基酯化反应，同时交联半纤维素和壳聚糖制备出气凝胶泡沫，这种柔性泡沫展现出良好的弹性和吸附性能。该材料对水和有机硅烷的吸附量可达 $80\sim100g/g$。Zhang 等制备了一种疏水的交联壳聚糖微球，先利用硫酸钠沉淀壳聚糖制备微球，随后采用天然交联剂京尼平进行固化，最后通过硬脂酸和硬脂酸钠的共价键和离子键改性，得到疏水的交联壳聚糖凝胶小球，这种材料具备优异的牛血清蛋白吸附性能。Kildeeva 等通过紫外光谱法研究了壳聚糖与戊二醛的氨基反应动力学、戊二醛存在时壳聚糖溶液凝胶形成动力学和凝胶刚性变化动力学。通过正交实验分析 pH 值和温度对反应的影响，研究证实戊二醛交联壳聚糖过程的复杂性：壳聚糖催化戊二醛聚合成不规则产物，改性或交联壳聚糖中寡聚物链的长度和偶联键的浓度 N＝CHCH＝C＜和 O＝CHCH＝C＜受反应条件（反应介质的戊二醛浓度和 pH 值）的影响。然而，在过量醋酸水溶液存在下，由于壳聚糖单元间的静电斥力，有时会阻止凝胶化所需的聚合网络形成。此外，虽然增加交联比可以提高吸附能力，但过量的戊二醛会导致共聚物骨架进一步交联或戊二醛的自聚合，所产生的立体效应反而降低吸附能力。

6.2.2.2　冷冻凝胶

冷冻凝胶是指在溶剂凝固点以下制备的三维大孔聚合物凝胶，由半冷冻液体介质中的单体或聚合物前驱体合成，其中冰晶充当致孔剂，作为解冻后出现互连孔形状和其孔径大小的模板。用于生产冷冻凝胶的技术称为冷冻凝胶化，也叫低温凝胶化、低温结构化。许多单体或聚合物前驱体都可用于冷冻凝胶的制备，选择合适的试剂和合适的反应基团，直接制备不同性质的冷冻凝胶。也可以通过偶联不同配体进行表面化学修饰，获得所需的凝胶。此外，低温凝胶化还可以制备具有不同形状的冷冻凝胶。目前常见的冷冻凝胶主要特征包括：亲水性、高孔隙率相互连接的大孔（尺寸在 $1\mu m<d<100\mu m$ 之间，以及毛细管网络）、高机械强度、高稳定性和最小的非特异性相互作用、溶剂可以通过对流进行质量传递。

冷冻凝胶化或致冷凝胶化发生在聚合物溶液的凝固点以下，由于溶质浓度的增加，冷冻前驱体溶液会导致相分离成溶剂冰的固相和凝固点低于纯溶剂凝固点的液相。这种液相为通过化学/物理交联或凝结的凝胶化提供了条件，但主要由高浓度的溶质和/或交联剂引发。因此，冷冻和/或重复冻融可以诱导聚合物溶液（包括壳聚糖）的凝胶化。我们注意到"冷冻凝胶"是一个含糊不清的术语，"冷冻凝胶"意思分为：

（1）通过冷冻凝胶化制备的湿或干凝胶（在本书中使用此定义）；

（2）通过冷冻干燥制备的干凝胶；

（3）用于储能材料的冷冻水凝胶。

凝胶化对于制备高度多孔的固体并不总是必要的，例如，在完全凝胶化之前使用高黏度溶液、在 CO_2 中直接相转化、通过 CO_2 减压发泡以及对溶液进行简单冷冻干燥。在最后一种情况下，通常需要对残留酸（例如 $NH_3^+CH_3COO^-$）进行干燥后中和/或通过浸入反溶剂中进行稳定。

6.2.3 壳聚糖基气凝胶的制备过程对其结构和性能的影响

6.2.3.1 干燥方案对壳聚糖气凝胶中孔和大孔的影响

气凝胶的孔径大小受干燥工艺差异的影响。一般来说,超临界干燥技术制备的气凝胶孔径较为细小。在冷冻干燥过程中,高冷却速率能够使微观结构更为均匀,孔径缩小,并降低因冰晶生长不均匀导致的片状结构出现概率。将凝胶置于定向热梯度条件下,会使冰晶模板化,进而影响传热和水结晶取向,有利于晶体沿温度梯度方向平行生长,从而控制气凝胶的取向结构与形态。

当消除了表面张力时,超临界干燥是保持湿凝胶内部骨架结构完整的最佳方法。图 6-16 总结了通过化学和物理凝胶化制备的超临界干燥气凝胶的典型样品。通过这两种机制制备的样品通常在局部 SEM 图像中显示介孔结构,但胶凝过程中的相分离是物理凝固所固有的,这会导致壳聚糖气凝胶形成大孔和分层结构。超临界干燥对壳聚糖气凝胶的微观结构有一定影响:壳聚糖链的凝结发生在超临界 CO_2 中,就像在其他溶剂中一样。全面了解包括壳聚糖在内的生物聚合物气凝胶的结构形成,需要对溶剂交换和干燥过程中微观结构与宏观尺寸变化之间的关系进行系统研究。

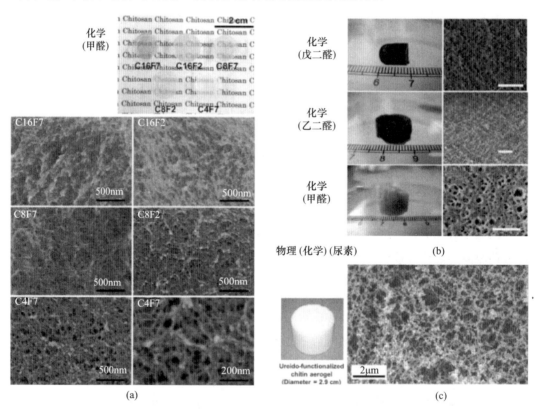

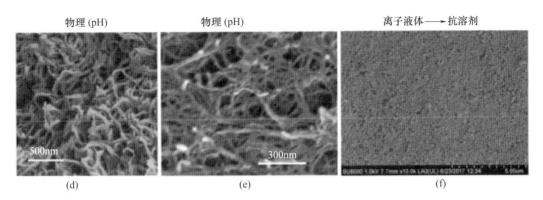

图 6-16 超临界干燥壳聚糖气凝胶的典型外观照片

（a）甲醛交联；（b）与各种醛交联；（c）基于尿素交联；

（d）pH 值诱导（表面）；（e）pH 值诱导；（f）由离子液体凝胶诱导的反溶剂

冷冻干燥可以保持凝胶的孔隙率，但冰晶会破坏凝胶的骨架结构，导致通常会出现大孔细胞结构，其中冰晶充当孔隙的模板（图 6-17）。冰水（冰点 0℃，体积≈液体体

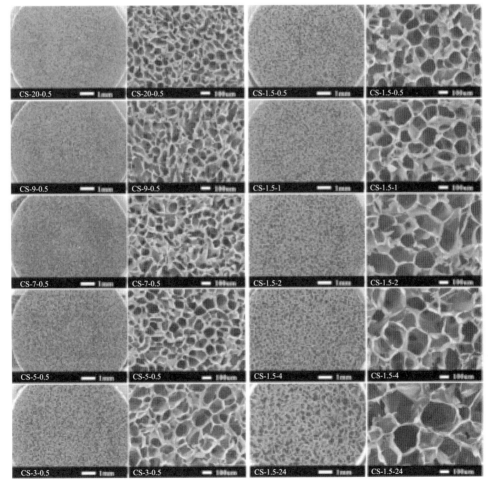

图 6-17 在不同冰晶生长温度和时间下制备的戊二醛交联的冻干壳聚糖 CS-x-y 的典型 SEM 图像

[x 为温度（℃），y 为时间（h）]

积的 1.1 倍）叠印结构特征≈1μm，而叔丁醇（凝固点 25.7℃）可以保留更精细的结构，但有一些工业限制。一般来说，快速冷却会产生较小的冰晶，进而产生较小的次生孔隙。多项关于冷却方法的研究表明，实际冻结速度、冻结温度、过冷度和冷却方向对冰晶的形状和大小都有复杂的影响。

6.2.3.2 壳聚糖气凝胶的密度和比表面积

比表面积、密度/比表面积关系和比表面积/孔体积关系反映了纯壳聚糖气凝胶和冻干凝胶微观结构的多样性（图 6-18（a）～（d））。直方图（图 6-18）显示，通过化学交联和超临界干燥制备的样品比通过物理凝胶和超临界干燥制备的样品（最多≈500m²/g）以及冷冻干燥材料（最多≈200m²/g）具有更高的比表面积（高达≈1000m²/g），这与化学交联凝胶中更精细的微观结构一致。除了较低的比表面积外，通过物理凝胶化制备的超临界干燥壳聚糖气凝胶显示出更小的密度范围（<0.4g/cm³）。图 6-18（c）比较了纯壳聚糖和纤维素气凝胶的密度/表面积分布。壳聚糖气凝胶的独特趋势是出现高密度（>0.4g/cm³）和高比表面积（>400m²/g），这表明从壳聚糖溶液中形成的壳聚糖凝胶骨架表面相对粗糙，而纤维素倾向于形成具有明确尺寸的光滑纳米纤维。图 6-18（d）显示了超临界干燥样品的表面积与（BJH）孔体积之间呈现正相关趋势。

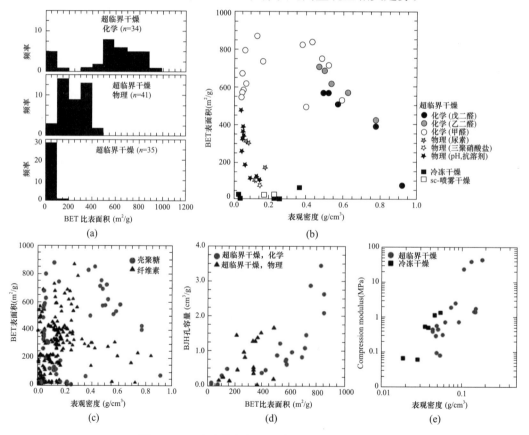

图 6-18　纯壳聚糖气凝胶和冻干凝胶的文献数据

（a）比表面积；（b）表观密度/比表面积关系；（c）表观密度/比表面积与纤维素系统数据的比较；

（d）比表面积/孔体积关系；（e）表观密度/压缩弹性模量关系（log-log）

6.2.3.3 壳聚糖气凝胶的力学性能

壳聚糖气凝胶通常不易碎，类似于大多数聚合物和生物聚合物气凝胶，与二氧化硅气凝胶相反。纯壳聚糖体系的气凝胶压缩弹性模量在图 6-18（e）中以对数-对数尺度绘制为密度的函数。数据具有很大的分散性，但大致显示出斜率为 2～3 的幂律行为，这与其他气凝胶系统一致。

为了进一步提高壳聚糖气凝胶的力学性能，研究者尝试将壳聚糖和其他有机或者无机成分复合。Wang 等在壳聚糖溶液中加入硅酸甲酯通过原位复合制备壳聚糖-SiO_2气凝胶。和单一的壳聚糖或者 SiO_2 气凝胶相比，这种复合材料具有更优秀的力学性能，对染料刚果红的吸附量高达 150mg/g。Yu 等制备了氧化石墨烯-壳聚糖复合气凝胶，实验表明材料在相对高的 pH 值、高的温度和弱离子效应的条件下，对 Cu^{2+} 表现出良好的吸附性能，吸附量能达到 25.4mg/g。

6.2.3.4 壳聚糖气凝胶的导热系数

人们的生活水平越来越高，能源消耗水平也越来越大，不断增强的能源需求引发了能源危机和环境问题，因此对节能的要求不断提高，这促进了保温材料的发展。但目前的保温材料多采用不可再生原料，生产后的材料多不可降解，因此在材料使用完后废弃时很难分解，在燃烧时产生的一些有毒的气体，对环境造成了污染且对人类身体有伤害。最近超低导热性和三甲基硅烷基疏水壳聚糖气凝胶或壳聚糖复合气凝胶的发展打开了未来的生物聚合物气凝胶在超保温方面的可能应用。

6.2.3.5 壳聚糖气凝胶的光学性能

二氧化硅气凝胶的透明/半透明性的实现对于科研人员来说一直有很大的吸引力。但直到现在，只有少数生物聚合物气凝胶显示出这种特性（壳聚糖气凝胶和纤维素气凝胶）。光学透明度提高需要减少两种物理现象：吸收和散射。吸收是光电子相互作用的结果，材料显示吸收光的互补色。壳聚糖本身在可见光区没有任何吸收，但有时原料中的杂质或合成过程中的副反应（如美拉德反应）有蓝色吸收，导致壳聚糖气凝胶颜色偏黄。

散射是由光-结构的相互作用下引起的，准确地说，是光与折射率 n 的空间不均匀性之间的相互作用。在壳聚糖气凝胶中，充满空气的孔隙的折射率（$n \approx 1$）与壳聚糖骨架的折射率不同（对于致密壳聚糖，$n \approx 1.5$）。这种不均匀性出现在多个长度尺度上，当结构不均匀性大于 $1\mu m$ 时，米氏散射占主导地位，材料变得完全不透明。瑞利散射在具有亚微米结构的材料中占主导地位。瑞利散射强度与直径的 6 次方成正比（在球形结构的情况下）；因此，一小部分大尺寸结构对总散射的贡献不成比例。散射强度与波长的 4 次方成反比，在可见光的情况下，对于低于 50nm 的结构可以忽略不计。因此，透明气凝胶需要小于 50nm 的结构特征（例如颗粒/纤维直径），没有任何密度分布或分层结构。这种均匀的精细结构很难实现，因为必须避免凝胶/溶剂交换过程中的宏观相分离。在壳聚糖气凝胶中，甲醛交联凝胶的超临界干燥是迄今为止报道的唯一方法。透明气凝胶可实现新的应用，例如窗户的隔热；然而，由于存在少量大于 100nm 的宏观结构，即使是制备良好的二氧化硅气凝胶也不是完全透明的。因此，一些研究人员专注于气凝胶绝缘体的半透明日光应用，生物聚合物气凝胶，包括壳聚糖，是有前途的候选材料。

6.2.4 壳聚糖基气凝胶的改性和功能化

目前的国内外关于壳聚糖作为合成多孔材料制备方法的重点多是介绍了利用壳聚糖与其他有机或无机物质共聚制备多孔材料以及通过接枝改性来提高材料性能。酚醛（PF）和苯并噁嗪（PBO）中具有醛基，这很容易与壳聚糖的分子链中的胺基和醛基发生交联反应。其次酚醛具有极好的化学稳定性和机械强度，在溶胶的过程中无疑会提高气凝胶的骨架强度，赋予其对抗毛细作用力的能力，同时抑制骨架结构坍塌。

壳聚糖的化学修饰已被广泛研究用于生物医学和催化功能化。NH$_2$和OH基团本身不仅显示出多种功能，例如吸附、螯合、催化和生物医学活性，而且还提供化学修饰位点（图6-19）。不利的一面是，它们的高反应性可能是一个缺点，并且这些亲水基团通常需要进行疏水化处理以提高在潮湿环境下的稳定性。

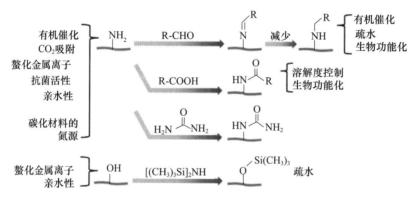

图 6-19 壳聚糖气凝胶官能团化学改性的典型途径

6.2.4.1 活性 NH$_2$ 基团

壳聚糖的游离氨基使其与其他生物聚合物区分开来，它们在气凝胶等高比表面积材料中变得特别有益。壳聚糖的聚合物链是 NH$_2$ 有机催化剂的合适载体。尽管详细机制尚未完全阐明，NH$_2$ 基团对于多种生物医学功能也很重要。例如，它们被认为是抗菌活性的主要来源，其中带正电荷的 NH$_3^+$ 基团对带负电荷的细胞膜具有亲和力并破坏它们的物质运输。用于捕获金属离子和 CO$_2$ 的吸附是 NH$_2$ 的另一个吸引人的功能。

活性 NH$_2$ 基团的密集度很重要，因此必须选择可以保持 NH$_2$ 基团完整的凝胶机制。由于大多数化学交联方法消耗 NH$_2$ 基团，因此物理胶凝更适合制备具有 NH$_2$ 活性的壳聚糖凝胶和气凝胶。干燥方法也很重要。

6.2.4.2 疏水化改性

壳聚糖气凝胶的高比表面积是许多应用的优势，但由于其易湿性和水分吸收，在长期稳定性方面存在严重缺陷。因此，对于壳聚糖气凝胶材料在环境空气中使用的许多应用领域，疏水改性是必要的。通过席夫碱引入疏水烷基是疏水化的一种简单方法。Takeshita 等报告了通过在胶凝前向起始溶液中添加各种烷基醛来对甲醛交联壳聚糖气凝胶进行疏水改性。己醛改性的脱乙酰壳多糖气凝胶具有良好的疏水性能，其疏水接触角≈136°，但它失去原有的透明性（图 6-20）。这种方法的另一个缺点是与用于交联和烷基化的基团竞争 NH_2 活性位点，这会影响交联度，从而影响机械性能。

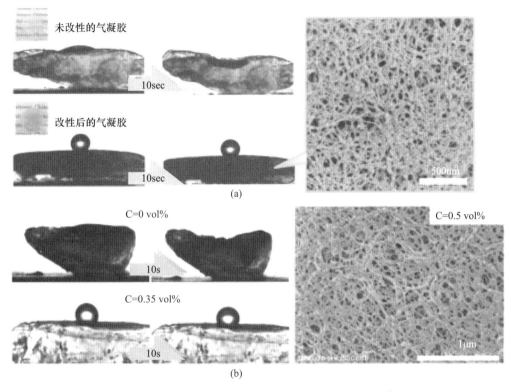

图 6-20　壳聚糖气凝胶的疏水接触角测量和 SEM 图像
（a）己醛改性；（b）三甲基硅烷化

由于 NH_2 基团用于交联反应，因此改性残留的 OH 基团是疏水化的合理策略。六甲基二硅氮烷是最常用的疏水剂之一，用于将三甲基甲硅烷基接枝到硅胶的 Si—OH 基团上。该方法对壳聚糖气凝胶的 OH 基团也有效。然而，由于乙醇/CO_2 混合物在干燥条件下呈酸性，在这种条件下 Si—O—C 部分比 Si—O—Si 更容易水解，很容易裂解接枝的三甲基甲硅烷基，因此，三甲基甲硅烷基化壳聚糖的溶剂在超临界干燥之前必须与非质子溶剂（如丙酮）交换。三甲基甲硅烷基化壳聚糖气凝胶显示出良好的疏水性和完整的微观结构［图 6-20（b）］，但当甲硅烷基化程度高时，会在透明度方面进行权衡。此外，Si—O—C 单元可能容易水解，在实际实施之前需要评估长期稳定性。

6.2.4.3　壳聚糖基气凝胶复合材料

将壳聚糖气凝胶与陶瓷、金属和其他聚合物结合形成复合材料，拓宽了其功能和应用领域。壳聚糖的水溶性使得可以在多个长度尺度上设计不同的复合材料和杂化物：分子水平的接枝，通过渗透和/或在壳聚糖凝胶中原位形成复合材料制备的纳米级杂化物/

复合材料，以及凝胶化和/或干燥后获得的宏观复合材料。活性 NH₂ 基团可以作为陶瓷纳米颗粒的成核位点。

纯壳聚糖凝胶体系通常缺乏机械强度，将冻干壳聚糖与生物相容性陶瓷（如生物活性玻璃、羟基磷灰石（HAp）和磷酸三钙（TCP））复合是获得高机械强度的生物医学支架的常用方法。复合 SiO、ZrO₂ 或 TiO₂ 也可获得机械强度高的生物医学支架和催化剂珠粒。复合无机氧化物可使纯壳聚糖凝胶功能化，例如复合 ZnO 可作为抗菌剂以及提供光催化活性，复合 TiO₂ 可作为光催化剂以及提供催化活性，复合沸石可用于吸附以及作为常压干燥的结构骨架。另外，壳聚糖-陶瓷复合气凝胶已被开发用于隔热：在这种气凝胶中，SiO₂ 和 SiO₂-Al₂O₃ 是主要成分，壳聚糖是一种生物聚合物添加剂，用于增加脆性无机材料气凝胶的机械韧性。

黏土矿物和层状氢氧化物适合与壳聚糖气凝胶复合，主要用于改善机械性能。与蒙脱石、皂石、雷托石、硅灰石、Mg-Al 层状双氢氧化物或埃洛石复合的壳聚糖气凝胶基材料可用于催化剂和支架，其中带正电荷的壳聚糖有时充当带负电荷的层状化合物之间的中间层。贵金属被复合到壳聚糖气凝胶中用作催化剂和助催化剂，例如 Au、Pt-Pd、Rh 和 Cu。银纳米粒子可作为壳聚糖气凝胶的抗菌添加剂。

6.2.5 壳聚糖基气凝胶的应用

6.2.5.1 生物医学应用

通过对壳聚糖材料的广泛生物医学应用，发现了其多种特性，包括无毒、生物相容性、生物降解性、伤口愈合相关作用、镇痛作用、抗菌活性和抗氧化活性。许多论文提出了将壳聚糖本身的优点与气凝胶和冻干凝胶提供的高度多孔结构相结合的生物医学应用。主要的生物医学应用可分为以下几类：组织工程支架、植入物、伤口敷料、抗菌材料、传感/成像和药物输送系统。这部分简要介绍这些应用，但更详细的信息可以在生物医学专家撰写的多篇评论中找到。

生物医学支架通常模仿细胞外基质结构来控制支架和细胞之间的相互作用。为达到此目的，已经对干的和湿的多孔壳聚糖凝胶进行了广泛的研究。除了壳聚糖的生物相容性和生物降解性之外，由于小分子、大分子甚至细胞的平滑扩散，冷冻干燥（或未干燥的冷冻凝胶化）可提供适合作为支架的弹性和互连的大孔结构。

壳聚糖聚合物/低聚物对于伤口愈合表现出有益的效果。一些研究人员证实了基于壳聚糖的多孔材料的抗菌活性。将多孔壳聚糖基质与无机抗菌材料（如银纳米粒子）复合也是设计用于生物医学应用的抗菌支架的常用方法。除了这些经过充分研究的应用之外，各种基于壳聚糖的有机/无机复合材料还被用于新的领域，例如通过与导电聚合物结合来进行生物传感。

（1）输送药物

由于具有良好的黏膜黏附特性，壳聚糖及其复合材料是活性药物成分（API）和其他生物活性化合物的优良基质。脱乙酰壳多糖凝胶对于各种抗生素、抗真菌剂、胰岛素酶、蛋白质、核酸以及抗炎、抗癌、抗皮质类固醇药物具有良好的生物利用率。表 6-5 用于药物递送的壳聚糖气凝胶和冻干凝胶。

壳聚糖气凝胶良好的 API 加载效率和体外释放效率（或生物利用度）已经有许多报道，如：

① 在凝胶形成之前将 API 添加到溶胶上，与聚合物共凝胶或冷冻。API 均匀分布在凝胶中，但该方法要求 API 在溶剂中具有高度溶解性或分散性，并且适应气凝胶形成和干燥的条件（例如 pH 值、温度、交联剂）。

② 通过溶剂交换或气相沉积将 API 加载到已形成的湿凝胶上。使用这种方法，API 在凝胶洗涤和修饰步骤中应该是稳定的（与溶剂的亲和力低）。

③ 将 API 混在用于干燥的超临界流体中将其加载到湿凝胶/气凝胶上。这是一条新开发的、有前途的工艺路线。由超临界流体辅助加载药物，表现出与气相一样的良好传质和与液相一样的良好溶剂化能力。

④ 在后处理步骤中，API 被加载到干燥的气凝胶/干凝胶上。这种方法的制备时间最短，对于生产商业凝胶产品是有利的，但 API 向凝胶中的扩散限制以及凝胶结构的可能崩溃阻碍了这种方法的进一步应用。

表 6-5　用于药物递送的壳聚糖气凝胶和冻干凝胶

原料	承载的 API	释放效率/%[a]	干燥方法	制备方法
壳聚糖、甘油、甘露醇	牛血清白蛋白	91.6～94	FD	共凝胶
壳聚糖、丙二醇、天冬氨酸	5-氟尿嘧啶	>60	FD	共凝胶
壳聚糖	—	—	Sc-SD	凝胶后
壳聚糖	阿仑膦酸钠	—	APD	共凝胶
壳聚糖	胰岛素	>70	FD	共凝胶
壳聚糖	盐酸多西环素	>80	FD	后期处理
壳聚糖	地塞米松	90	FD	凝胶后
壳聚糖、戊二醛、乙醇	曲安奈德	>90	FD	共凝胶
壳聚糖、乙醇	喜树碱、灰黄霉素	100	SCD	同步 SCD
壳聚糖、乙醇	布洛芬	60	Sc-SD	共凝胶
壳聚糖、KOH	姜黄素	>80	SD-FD	凝胶后
壳聚糖氯化物、（STPP）	胰岛素	70	FD	凝胶后
壳聚糖、STPP	利福平	100	FD	共凝胶
壳聚糖、STPP	β-乳球蛋白	40	SCD	共凝胶
壳聚糖、STPP	沙丁胺醇	>80	SCD	凝胶后
壳聚糖、STPP、乙二醇二缩水甘油醚	消炎痛	—	FD	凝胶后
壳聚糖、角叉菜胶、羧甲基纤维素	姜黄素	50	FD	凝胶后
壳聚糖、胶原蛋白	布洛芬	—	FD	同步 SCD
壳聚糖、环糊精、淀粉	黄连素	—	FD	共凝胶
壳聚糖、羟乙基纤维素	甲硝唑	80	FD	共凝胶
壳聚糖、聚乙二醇	阿莫西林，甲硝唑	65	FD、APD	共凝胶
壳聚糖、PMMA、聚丙烯酰胺	溶菌酶	>70	FD	凝胶后
壳聚糖、聚谷氨酸	胰岛素	>60	FD	凝胶化
壳聚糖、聚 NIPA	贝米肝素	—	FD	共凝胶
壳聚糖	核糖核酸	—	SCD	共凝胶

原料	承载的 API	释放效率/%[a]	干燥方法	制备方法
壳聚糖、海藻酸盐、多聚磷酸钙	盐酸四环素	40/80	FD	共凝胶
壳聚糖、纤维素、氧化锌	姜黄素	65	FD	后期处理
壳聚糖、斜发沸石	双氯芬酸钠、消炎痛	>70	FD	后期处理
壳聚糖、羧甲基纤维素、氧化石墨烯	5-氟尿嘧啶	98	FD	凝胶后

(a) 释放效率（生物利用度），STTP 为三聚磷酸钠，FD 为冷冻干燥，SCD 为超临界干燥，APD 为常压干燥，SD 为喷雾干燥。

（2）伤口愈合

避免伤口感染是伤口愈合过程中的关键问题，需要开发一种能够维持相对湿润伤口愈合环境，吸附伤口多余渗出液，且有利于伤口组织气体交换和抗菌性能的材料。利用壳聚糖良好的生物相容性和抗菌性能，Zhang 将氨基功能化二硫化钼纳米片嵌入壳聚糖气凝胶，形成海绵状结构，能够吸附伤口渗出液，高孔隙率有利于气体交换，可促进伤口愈合。

6.2.5.2　催化应用

由于壳聚糖气凝胶含有大量具有螯合功能的 NH_2 和 OH 基团，长期以来一直被认为是金属纳米颗粒催化剂的载体材料。随着当前从以石化为基础的制造业向更可持续的化学工业转变，壳聚糖作为"绿色"催化剂重新引起了人们的关注。简而言之，壳聚糖气凝胶的催化活性可分为三类：

（1）NH_2 基团作为布朗斯台德碱和/或氢键的直接有机催化；

（2）通过化学改性使 NH_2 基团作为有机催化剂的载体；

（3）壳聚糖气凝胶作为无机材料的载体，例如金属纳米颗粒和氧化物。

尽管壳聚糖气凝胶在实验室规模上表现出良好的性能，但验证其工业潜力需要在成本、规模化可行性和可重复性方面对单个目标反应进行大量研究工作。

6.2.5.3　隔热应用

目前，只有二氧化硅和聚氨酯气凝胶产品可用于隔热。二氧化硅气凝胶的优点包括低导热性、疏水性和相对不太复杂的生产过程。聚氨酯/聚脲气凝胶具有出色的机械性能弯曲、压缩和可加工性。壳聚糖气凝胶的导热性可以与二氧化硅和聚氨酯气凝胶相媲美；从理论上讲，它们可以成为聚氨酯气凝胶的替代品，但这仍处于学术研究水平。在壳聚糖气凝胶隔热材料成为实用且工业上可行的产品之前，需要克服几个关键挑战。

首先是生产成本，它由原材料成本、建造生产设施所需的投资（CAPEX）和工艺复杂性（OPEX）决定。原材料的成本主要取决于实现低导热系数所需的最佳密度。几丁质是自然界第二丰富的聚合物，壳聚糖是一种丰富的多糖，但它们的价格仍然比二氧化硅气凝胶（烷氧基硅烷、硅酸钠）和聚氨酯/聚脲气凝胶（二/三异氰酸酯、多元醇）的前驱体高。由于没有隔热壳聚糖气凝胶被放大到中试规模，因此难以评估投资和加工成本。最新超绝缘壳聚糖气凝胶的报道仅来自 CO_2 超临界干燥，而用于壳聚糖气凝胶制备的水溶剂与 CO_2 不相容。这意味着壳聚糖气凝胶的制备需要进行溶剂置换，因此比流线常压干燥二氧化硅气凝胶、CO_2 超临界干燥烷氧硅烷衍生二氧化硅醇凝胶或在与二氧化碳相容的有机溶剂中直接超临界干燥的聚氨酯/聚脲气凝胶更复杂。除了成本，长期稳定性还需要进一步研究。三甲基硅烷基壳聚糖气凝胶，是首次报道的具有超低导热系数的疏水生物聚合物气凝胶，这表明了超绝缘壳聚糖气凝胶商业化的可能性，但其疏水性能在恶劣环境中的耐久性需要进一步研究。此外，虽然通过溶剂交换和超临界干燥消除了未反应的醛交联剂，但必须测试这些交联剂和废气的分解可能性，以确定是否存在潜在的健康危害。

6.2.5.4　CO_2 捕集应用

从空气中直接捕获 CO_2 的主要挑战是 CO_2 的浓度低（$\approx 410 \times 10^{-6}$），即使与 CO_2 产生时释放的能量（$\approx 750 kJ/mol$）相比，浓缩 CO_2 的热力学损失很小（$\approx 19.5 kJ/mol$）。低 CO_2 浓度对潜在的吸附剂在选择性、吸附容量、吸附和再生动力学以及对温度和湿度的稳定性方面有严格的标准。大量实验研究证明了氨基官能化二氧化硅和纤维素（包括二氧化硅气凝胶）作为可以直接从空气中捕获 CO_2 的吸附剂的潜力。壳聚糖气凝胶和带有氨基的冻干凝胶似乎是一个明显的替代方案，但所有研究关于冻干壳聚糖凝胶中的研究中只有少数可以使用，包括壳聚糖-氧化石墨烯复合材料、聚乙烯亚胺（PEI）功能化壳聚糖以及用季铵基团修饰的壳聚糖-PVA 杂化物。

与其他可能的 CO_2 吸附剂相比，使用多孔壳聚糖和壳聚糖衍生碳直接在空气捕集 CO_2 的研究仅限于实验室规模，而其他可能的 CO_2 吸附剂的商业捕集能力已经超过 1000吨/年。大多数研究在交联或枝接壳聚糖自身的氨基基团后引入额外的功能化氨基来捕获 CO_2。这些冻干壳聚糖凝胶的性能优于典型的氨基功能化二氧化硅或纤维素，这表明它们可能成为一种可行的替代品，但生产过程的可扩展性仍然存在问题，成本、长期稳定性和现实条件下的性能也存在问题。考虑在这个研究方向上工作团队数量很少，成功的商业化更有可能是由于单个实验室或研究人员的长期承诺和创业精神，而不是来自一个社会的努力。

6.2.5.5　污水净化应用

与空气中的 CO_2 一样，水中的污染物通常以低浓度存在，有效去除它们需要选择性有效的吸附剂。冷冻干燥的多孔壳聚糖凝胶已经过油水分离以及染料和重金属离子去除的测试。

油水分离：超疏油材料与超疏水材料。浸没在水相中的超疏油系统利用壳聚糖的亲水性来最大限度地减少吸油量，并且可以从乳液中回收（几乎）纯水。相比之下，通过表面功能化（氟化、十八烷硫醇、三甲基甲硅烷基、硬脂酸钠）生产的超疏水壳聚糖和壳聚糖复合材料对油和有机溶剂具有高吸附能力，其性能数据与甲硅烷基化的冻干纤维素和基于甲基三甲氧基硅烷的固有（超）疏水性柔性泡沫/大孔凝胶的性能数据一致。油水分离应用不依赖于壳聚糖的氨基，以及易于加工（溶解性、交联）是使用壳聚糖作为油水分离材料的主要理由。

重金属离子吸附：重金属离子引起环境水源污染问题得到越来越多人的重视，在环境中难以生物降解且易于经食物链在人体内累积，对自然生态系统和人类健康会造成严重威胁。Li 等采用物理混合、原位合成的方法制备 ZIF-67/细菌纤维素（BC）/壳聚糖复合气凝胶，比表面积达到 $268.7m^2/g$，远远大于 BC/壳聚糖气凝胶的比表面积。将制备的复合气凝胶用于去除废水中的重金属离子，对 Cu^{2+} 和 Cr^{6+} 的吸附量分别为 200.6mg/g 和 152.1mg/g。作为一种新型高效吸附剂，在废水处理中具有良好的应用潜力。

无论是纯壳聚糖还是与纤维素、氧化石墨烯或聚多巴胺结合使用，多孔壳聚糖气凝胶已针对重金属离子吸附进行了优化。

与 CO_2 捕获相反，可能没有必要将湿凝胶转化为干燥的多孔固体进行染料去除和重金属离子吸收。凝胶的干燥会消耗能量、增加成本并且通常会减小比表面积，因此应尽可能避免。

6.3　海藻酸盐基气凝胶

海藻酸盐是从海藻中提取获得的一种随机排列的具有线性结构的聚合多糖，由 β-D-甘露糖醛酸（M 单元）和 α-L-古罗糖醛酸（G 单元）组成，其优势主要表现为具有生物降解性、丰富的资源、低廉的价格及环境友好。海藻酸盐分子中含有大量的—OH、—COOH—，可以通过各种二价或三价的金属离子交联形成水凝胶。海藻酸盐基气凝胶是除纤维素基气凝胶和壳聚糖基气凝胶之外研究最多的多糖气凝胶。本节将从海藻酸盐基气凝胶简介、制备、功能化改性以及应用对海藻酸盐基气凝胶展开介绍。

6.3.1　海藻酸盐基气凝胶简介

海藻酸盐又称海藻酸胶、褐藻酸盐或藻酸盐，是海藻酸的盐类，主要存在于褐藻的细胞壁和细胞间黏胶质中，也存在于一些产黏质荚膜的假单胞菌和固氮菌等细菌中。它是由（1→4）-β-交联的 D-甘露糖醛酸和（1→4）-α-交联的古洛糖醛酸组成的长链聚合物，相对分子质量约为 10^6。

海藻酸盐具有离子交换特性，利用这个性质可以从各类海藻资源中加工提取出海藻酸。此外，海藻酸盐易与二价金属离子结合，形成具有"蛋-盒"结构的凝胶（图 6-21），海藻酸盐与二价金属离子的结合能力顺序为 $Ba^{2+}>Cu^{2+}>Ca^{2+}>Zn^{2+}>Co^{2+}$，这也成

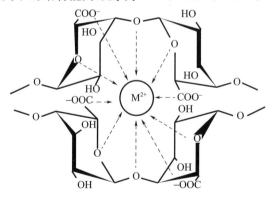

图 6-21　"蛋-盒"结构示意图

为通过湿法纺丝技术制备海藻纤维的前提。但这种交联属于离子交联，具有一定的可逆性。海藻酸盐还可以和三价金属离子形成更为复杂的螯合结构，这种螯合结构不稳定，原因是三价的金属离子极易吸引 G 单元上的氧原子。海藻酸盐的凝胶效果不够稳定，在碱性过强（pH＞12）时会发生凝聚，在酸性较强时（pH＜6）会析出，海藻酸钠溶液在中性时（pH＝7）比较稳定。

海藻酸盐在二价或三价阳离子的存在下易于凝胶的特性，引起了气凝胶材料研究人员的注意。他们开始了以海藻酸盐为原料制备气凝胶的研究。Martins 等通过超临界 CO_2 干燥法制备了海藻酸钠-淀粉复合气凝胶，其杨氏模量最高为 1.35MPa，较纯海藻酸钠气凝胶的强度有所提高。Yuan 等通过化学还原和冷冻干燥法制备了高孔隙率（99.6％）、低密度（6～7mg/cm³）的生物质基海藻酸钠-石墨烯气凝胶，该气凝胶具备良好的弯曲敏感性（0.172rad⁻¹）、出色的耐久性（＞6000 次加载-卸载循环）及优异的压缩敏感性（规格系数为 1.01）。孙位蕊等以海藻酸铵（ALG）、纳米氢氧化铝（ATH）和纳米蒙脱土（MMT）为原料，采用溶液共混法和真空冷冻干燥法制备了海藻酸盐基纳米复合气凝胶。ATH、MMT 等无机纳米粒子的引入则进一步提高了复合材料的力学性能、阻燃性及热稳定性。

6.3.2 海藻酸盐基气凝胶的制备

与大多数气凝胶的制备相似，海藻酸钠基气凝胶的制备主要分为三步：首先在物理或化学条件下，将原料作为前驱体形成水凝胶；第二步通过乙醇、丙酮等溶剂进行溶剂置换形成醇凝胶；最后通过超临界 CO_2 干燥或冷冻干燥脱除内部孔结构中的溶剂，得到海藻酸钠基气凝。

6.3.2.1 水凝胶的制备

在前驱体水凝胶的形成过程中，交联的速度和交联的方式对形成的三维网络结构都有重要影响。根据交联的速度可分为快速交联和慢速交联：快速交联由于凝胶速度非常快，容易使水凝胶的结构不均匀。而慢速交联更容易形成结构均匀的水凝胶。例如通过加入 pH 缓冲液控制碳酸钙中钙离子的释放速度，从而达到慢速交联的效果，形成更加稳定的结构。交联的方式有物理交联和化学交联：物理交联通常是形成氢键或者离子键，多为可逆的。某些无机盐的加入可为交联提供离子键，例如氯化钙、氯化钠、氯化钾等。化学交联则是通过添加交联剂或者偶联剂使之发生交联，形成的结构更加稳定，不容易受到破坏。常用的交联剂有戊二醇、戊二醛等。

6.3.2.2 溶剂置换

溶剂置换也是制备气凝胶的关键步骤之一。在溶剂置换阶段，要满足两个基本条件：一是所用溶剂不能使凝胶溶解，二是两种溶剂之间要互溶。因此选取适当的溶剂是非常必要的。常用的溶剂有乙醇、丙酮、叔丁醇等，因为这些溶剂在二氧化碳中的溶解性较好。置换时，可以将水凝胶直接浸泡在较高浓度的溶剂中，也可设置浓度梯度由低到高，逐渐完成置换，此法能够保证凝胶结构均匀和置换完全。相关报道提到在−20℃时用丙酮进行置换，所得的气凝胶收缩率比较小。

6.3.2.3 干燥方式

干燥方式也是制备天然多糖基气凝胶的关键步骤。目的是除去醇凝胶内部的溶剂，同时保持凝胶内部的三维网络结构不发生塌陷和大幅度收缩。传统的干燥方式如自然晾干、烘箱干燥等是无法实现的。因为上述方法在气液之间存在弯曲界面，会产生毛细管作用力，导致大面积的孔洞结构塌陷和收缩，只能得到干凝胶。超临界二氧化碳干燥在过程中不经过气液相转变，不存在表面张力且为双向传质，超临界二氧化碳和溶剂分别进出孔洞结构，实现交换。所以不会存在塌陷的情况，能够很好地维持气凝胶的原貌。冷冻干燥也是一种常用的干燥方法，该方法不需要经过溶剂置换这一步骤。溶剂在干燥时由固态直接升华为气态，不存在毛细管力的作用，也不会导致内部结构塌陷。大量实验表明采用快速冷冻（液氮冷冻）、缓慢解冻的方法更容易保持良好的凝胶结构。通过冷冻干燥得到的气凝胶也常被称为冻凝胶。

6.3.3 海藻酸盐基气凝胶的功能化改性

虽然海藻酸钠基气凝胶有诸多优良性能，但也存在富含亲水基团、易吸收空气中的水分，荧光强度较弱、具有激发波长依赖性，在碱性环境中易凝聚、在酸性条件下易析出等缺点，限定了其在特定领域的应用。因此通过表面化学修饰、物理共混、高温碳化、表面化学镀等方法对其进行功能化改性，使其更加多功能和智能化。

6.3.3.1 疏水改性

海藻酸钠基气凝胶是以大分子为骨架形成的密度较低的多孔固体材料。但其表面富含亲水基团和丰富开放的孔洞结构，极易吸附空气中的水分，聚集在孔结构的内部，在水分蒸发的过程中还容易导致内部的孔洞结构塌陷。因此限制了其对水中浮油的选择性吸附。

目前对于海藻酸钠基气凝胶的疏水改性鲜见报道，而对于纤维素气凝胶等多糖基气凝胶的疏水改性报道较多。Cheng 等利用等离子体表面处理技术，以四氯化碳为改性剂，对海藻酸钠基气凝胶进行表面化学改性。考察了处理时间及处理功率对所得到的疏水型气凝胶的影响。结果表明在短时间处理和较温和的放电功率下所得到的疏水型气凝胶效果较好，接触角在 $117°\sim129°$ 之间。

6.3.3.2 荧光性能调控

相比于高分子材料，无机纳米粒子具有特殊的光、电、磁和催化等特性。Xu 等在提纯单壁碳纳米管时意外发现了碳量子点。碳量子点通常为尺寸小于 $10nm$ 的类球形。目前常用的合成方法有电弧放电法、电化学合成法、激光刻蚀法、水热法、燃烧热法、微波合成法等。作为一种新兴材料，碳量子点在具备传统半导体量子点优良的光学性能的同时，还融入了自身一元激发多元发射、原料廉价易得、低毒性和抗光漂白性等独特的优点。因此，碳量子点在生物成像、分析检测、光催化、光电器件等领域都有其独特的应用价值。

海藻酸钠由于本身 G 段与 M 段的无规则排列，自身较弱的荧光性能，限制了其在药物载体领域的潜在应用。若将带有功能性的无机纳米粒子以物理的形式掺杂到气凝胶材料中，调节适当比例，以达到对其荧光性能调控的目的，形成一种更具有功能性的复合气凝胶材料，并为在药物载体领域的应用提供一定的技术支持。

6.3.3.3　表面化学镀

国内化学镀镍技术虽然起步较晚，但是近年来发展迅速。电化学理论、氢化物理论和原子氢析出理论是化学镀 Ni-P 的三大理论，其中原子析氢理论被大多数人所接受。主要原理是反应物中的次亚磷酸根与镀液中的水发生作用，生成氢原子，次亚磷酸根和镍离子又在镀液中被氢原子还原成镍、磷单质，同时两者相互反应生成镍单质和三价磷离子，最后两个氢原子间也相互作用生成氢气。

自从 1989 年 Pekala 等首次以间苯二酚和甲醛为原料，经过溶胶-凝胶制备了有机气凝胶后，各界学者们的注意力逐渐从无机气凝胶转移到了有机气凝胶上。将有机气凝胶在惰性气体中高温碳化可形成碳气凝胶。

碳气凝胶是一种具有三维网络结构的新型多孔材料。将海藻酸钠基气凝胶通过高温碳化不仅增强了凝胶组织结构、提高了机械性能，还获得了具备低密度、高电导率、高比表面积、发达纳米孔隙结构的海藻酸碳气凝胶。同时改变了其在酸性或碱性溶液中无法稳定存在的缺点。利用化学镀技术对海藻酸碳气凝胶进一步修饰，在其表面或内部掺杂异质微纳米离子 Ni 和 P，在表面形成一种功能性 Ni-P 镀层，使其具有磁性、耐磨性、可抛光性和防电磁干扰等诸多优异性能。

6.3.4　海藻酸盐基气凝胶的应用

独特的三维网络结构赋予了海藻酸钠基气凝胶诸多优异的性能，如生物相容性、生物可降解性、高比表面积、高导电率、低导热系数等，使其在高效吸附、药物载体、电化学、催化、电磁屏蔽和隔声隔热等领域得到广泛的应用。

6.3.4.1　吸附分离应用

随着科技的进步、工业文明的发展，污染也越来越严重。污水中常含有重金属离子或浮油类物质，在污染水源的同时危害着人们的身心健康。海藻酸钠基气凝胶及进行功能化改性后的海藻酸复合气凝胶表面富含大量的—COOH 和—OH，易与水中的重金属离子发生离子交换，形成具有"蛋-盒"结构的凝胶，达到较好的吸附效果；同时本身也富含诸多极性基团，因此对极性溶剂也有良好的吸附性。可用作环境友好型重金属离子和有机溶剂吸附剂。Chen 等通过原位交联和冷冻干燥的方法制备了多孔有序的海藻酸钠/氧化石墨烯（SAGO）气凝胶。GO 作为增强填料，可以通过氢键相互作用而容易地与 SA 基质结合。GO 的加入明显改善了气凝胶的多孔结构。通过模拟 SAGO 的吸附过程，发现其对 Cu^{2+} 和 Pb^{2+} 的最大单层吸附容量分为 98.1mg/g 和 267.4mg/g，吸附效果极佳。Wang 等通过冷冻干燥制备了成本较低且环境友好的海藻酸钙气凝胶（CAA）。结果表明，CAA 对 Pb^{2+} 具有较高的选择性和吸附能力，相比于其他金属离子，对 Pb^{2+} 的相对选择性系数大于 10。CAA 可以在水溶液中吸附 96.4% 的 Pb^{2+}，最大吸附量为 390.7mg/g。此外，CAA 可以通过简单的酸处理再生，可重复使用。Zhang

等以海藻酸钠为前驱体，经过乙醇处理、高温碳化制得超轻的碳气凝胶（CA），CA 具有多孔、互联、组织良好的三维网络结构，比表面积高达 $1226m^2/g$。对丙酮、异丙醇、环氧氯丙烷等有机溶剂的吸附量可达到自身质量的几十倍，其中对异丙醇的吸附量可以达到自身质量的 109 倍。

6.3.4.2　药物载体应用

药物负载领域的报道越来越多。用天然多糖基气凝胶载药主要的方法有两种：一种是在溶胶-凝胶阶段或者溶剂置换阶段进行负载；另一种是在气凝胶基体上进行负载。相比于硅气凝胶，海藻酸钠基气凝胶还具有良好的生物相容性、生物可降解性、低毒性，且对药物的负载量较高。由于藻酸盐和壳聚糖等多糖类物质具有黏膜黏附特性，Goncalves 等通过将低甲氧基果胶与 j-角叉菜胶共同与藻酸盐共凝胶化，并经过超临界干燥过程，成功制备出球形介孔气凝胶微粒。此类微粒具备较高的比表面积和黏膜黏附特性，其对酮洛芬和槲皮素的负载量分别为 $17.3wt\% \sim 22.1wt\%$ 和 $3.1wt\% \sim 5.4wt\%$。因此，藻酸盐基气凝胶微粒被视为一种具有潜力的黏膜药物传递介质。Pantic 等制备了负载无定型维生素 D3 的藻酸盐气凝胶，并通过体外溶出试验评估了维生素 D3 的释放动力学。藻酸盐气凝胶使维生素 D3 的溶解度提高了 20 倍，并能控制在 6h 内实现完全释放。虽然硅气凝胶在药物负载领域具有开创性地位，但近年来，天然多糖基气凝胶的应用逐渐受到关注。

6.3.4.3　电化学材料应用

通过在不同温度下对藻酸盐气凝胶进行高温碳化，成功制备了一种具有三维活化分层介孔-微孔结构的碳气凝胶。这种三维分层结构赋予了气凝胶良好的互联介孔和微孔，为其优异的电化学性能奠定了基础。这一研究成果为我们提供了一种新型的碳材料制备方法，有望在能源存储等领域发挥重要作用。在实验过程中，我们发现 APCAs-800 这款碳气凝胶的电化学性能尤为出色。为进一步提高锂离子电池的性能，Li 等将纳米薄片 MnO_2-GS 杂化材料与新型黏合剂海藻酸钠混合，并研究了将其作为锂离子电池阴极的可能性。研究结果表明，即使在超过 150 次循环后，GS 上生长的 MnO_2 在 $200mA/g$ 的大电流密度下仍然具有 $230mA \cdot h/g$ 的高容量。这一成果展示了海藻酸钠在锂离子电池领域的应用潜力，同时也为制备高性能锂离子电池提供了新的研究方向。Wang 等通过高温碳化藻酸盐气凝胶制备的三维活化分层介孔-微孔碳气凝胶具有优异的电化学性能，有望在能源存储领域取得广泛应用。此外，将纳米薄片 MnO_2-GS 杂化材料与海藻酸钠混合作为锂离子电池阴极的研究也为电池性能的提升提供了新的可能。在未来的研究中，可以进一步探索这种新型碳材料的性能，以及其在锂离子电池和其他能源存储设备中的应用前景。

在新能源材料研究不断深入的今天，碳材料因其独特的物理和化学性质，成为科研人员关注的焦点。通过不断优化碳材料的结构和性能，我们可以期待在不久的将来，碳材料将为我国新能源产业发展带来更多突破性的技术成果。同时，这也将为全球应对能源和环境挑战提供有效的解决方案。

6.3.4.4 催化材料应用

以海藻酸钠为原料，Ma 等成功转化为具有分级纳米结构的 Ni/NiO/NiCo$_2$O$_4$/N-CNT-As 混合纳米气凝胶。这种新型材料在催化性能上有了显著的提升，其高催化活性和强耐久性使其成为可充电锌空气电池中双功能催化（OER、ORR）的理想选择。这一研究不仅为我国新能源领域提供了新的研究思路，也为全球可持续发展作出了贡献。在研究过程中，Liu 等以资源丰富的藻酸盐为基底材料，成功合成了用于高效 ORR 的 Fe$_2$N/N-GAs 催化剂。这种催化剂具有出色的催化活性、耐久性和对 ORR 的甲醇交叉耐受性，使其成为碱性燃料电池中 Pt/C 的潜在替代品。这一研究成果为实现清洁能源的高效利用提供了新方向，有助于推动我国新能源产业的发展。在新能源领域，催化剂的研究一直备受关注。具有分级纳米结构的 Ni/NiO/NiCo$_2$O$_4$/N-CNT-As 混合纳米气凝胶的合成，为我国新能源催化剂研究打开了新的篇章。这种材料在催化性能上的显著提升，使其在可充电锌空气电池中具有广泛的应用前景。此外，以藻酸盐为基底材料合成的 Fe$_2$N/N-GAs 催化剂，为实现清洁能源的高效利用提供了可能。

从全球角度来看，我国在新能源领域的这些研究成果，为世界范围内的可持续发展提供了有力支持。在应对能源危机和环境问题时，我国科研人员通过不懈努力，为解决这些问题提供了新的思路和方案。这些研究成果的推广与应用，将有助于全球范围内的清洁能源发展，实现绿色环保的目标。

6.3.4.5 电池屏蔽材料应用

在当前的科技发展中，木材这种传统的材料正在被赋予新的科技内涵。Wang 等在木材表面成功形成了具有电磁屏蔽功能的 Ni-P 镀层。这一创新性的研究为木材这一天然材料的应用打开了新的篇章。首先，通过扫描电子显微镜（SEM）的观察，我们可以看到 Ni-P 镀层完全覆盖在木材表面。这一成果表明，Ni-P 镀层可以有效地保护木材表面，防止其受到电磁辐射的影响。进一步的研究发现，随着 Ni-P 镀层中磷含量的降低，其微观结构逐渐转变为微晶。这一变化不仅提高了 Ni-P 合金层的导电性，同时也增强了其电磁屏蔽效能。

此外，我国的研究人员 Chen 等在碳纤维表面涂覆 Ni-P 膜，并对其在 3.2～4.9GHz 频率范围内的电磁屏蔽性能进行了测试。研究结果表明，这种材料具有很高的电磁屏蔽性能，其主要屏蔽方式为反射。这一发现为我们在高频段的电磁屏蔽提供了新的解决方案。

更为重要的是，如果在海藻酸碳气凝胶这种具有高比表面积和良好导电性的材料表面形成 Ni-P 镀层，将会使其具备更加丰富的功能和智能化特性。这一研究方向不仅为电磁屏蔽材料的研究提供了新的视角，同时也为智能材料的研究提供了新的思路。

总体来说，这项研究为我们展示了木材这种传统材料在现代科技领域中的应用潜力。通过在木材表面形成 Ni-P 镀层，我们可以使其具备电磁屏蔽功能，从而拓展其在电子设备、通信设备等领域的应用。此外，这种方法也为其他传统材料的升级改造提供了借鉴，有望推动我国新材料研究的发展。

6.4 其他多糖气凝胶

除了纤维素基气凝胶、壳聚糖基气凝胶以及海藻酸盐基气凝胶等常见多糖气凝胶外，研究人员还开发了其他新型的多糖气凝胶，如淀粉基气凝胶、果胶基气凝胶和卡拉胶基气凝胶。这些多糖气凝胶和纤维素基气凝胶、壳聚糖基气凝胶以及海藻酸盐基气凝胶等多糖基气凝胶一样，同时具有气凝胶的低导热系数和密度、高比表面积的特点，以及多糖原料的生物可降解性、生物相容性特点。本节将分别对淀粉基气凝胶、果胶基气凝胶和卡拉胶基气凝胶展开介绍。

6.4.1 淀粉基气凝胶

淀粉是最丰富的天然多糖之一，可以在玉米、马铃薯、小麦和大米中找到。淀粉由两种主要聚合物组成：线性直链淀粉和支链淀粉（图 6-22）。直链淀粉是线性（1→4）-α 连接的葡萄糖，支链淀粉是（1→4）-α 连接的 D-葡萄糖，具有（1→6）-α 分支。直链淀粉和支链淀粉组成半结晶颗粒，直径从几微米到几百微米不等，具体取决于淀粉来源。直链淀粉与支链淀粉的比例取决于其植物类型，直链淀粉含量可以为 0（蜡状淀粉），也可以高达 80%（高直链淀粉玉米）。除了食品和饲料，淀粉还用作造纸和纺织品的添加剂，以制造 Pickering 乳液系统以及用于包装的可生物降解薄膜或泡沫。

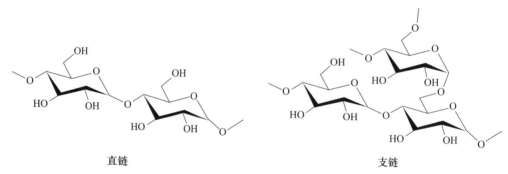

直链   支链

图 6-22　直链淀粉和支链淀粉的化学结构

（1）制备

淀粉气凝胶是通过淀粉溶解、溶液凝胶、溶剂置换以及 CO_2 超临界干燥制备等步骤制备的（图 6-23）。淀粉溶液的凝胶方法一般是通过改变淀粉溶液的温度诱导其凝胶。当对淀粉溶液进行加热时，溶液中的淀粉颗粒膨胀失去结晶性，直链淀粉被浸出，这一

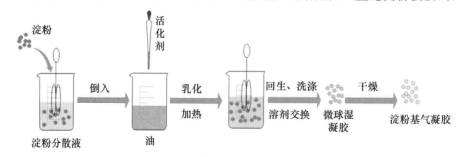

图 6-23　淀粉基气凝胶的制备流程图

阶段称为糊化。当对热的淀粉溶液进行冷却时会使淀粉分子重新结合形成不透明的凝胶，这个过程是不可逆的，被称为回生。

　　第一个基于小麦、玉米和高直链玉米淀粉的淀粉气凝胶被 Glenn 等在 1995 年制备的，他们将其命名为"微孔泡沫"。通过调整加工方法，淀粉气凝胶可以被制成块状整体或颗粒，后者通常通过乳液凝胶技术制备。除了纯淀粉气凝胶之外，还可以将淀粉溶液与其他成分混合来制备复合淀粉气凝胶。淀粉气凝胶的制备过程中，许多参数会影响其最终性能，例如淀粉溶液的浓度、淀粉原料中直链淀粉的含量。Garcia-Gonzalez 等研究表明，当玉米淀粉浓度低于 7% 时，无法形成稳定的凝胶，而高于 15% 时，则会由于黏度太高阻碍淀粉凝胶的形成。淀粉浓度从 7% 增加到 15%，其凝胶的体积收缩率从 49% 减少到 25%。由于直链淀粉比支链淀粉更快结晶，因此直链淀粉在淀粉凝胶结构形成过程中起着重要作用，淀粉气凝胶的收缩率、密度和比表面积均由其决定。

　　淀粉的糊化和回生条件也会影响淀粉气凝胶的性能。在较高的糊化温度下，制备的淀粉气凝胶的密度较低、比表面积较高。这是因为高糊化温度减少了不"参与"气凝胶介孔形成残余淀粉颗粒的数量。同样，在固定的温度下，以较高的混合速率制备的淀粉气凝胶也具有较高的比表面积。增加淀粉的回生时间会导致淀粉凝胶的结晶度增加，并形成较厚的孔壁，从而使其比表面积降低。

　　淀粉湿凝胶的 CO_2 超临界干燥条件是影响淀粉气凝胶产品性能的另一个重要因素。CO_2 流速增加会降低淀粉气凝胶的比表面积，而干燥温度的增加却会使淀粉气凝胶的比表面积轻微增加。另外，尽管增加压力可以增加 CO_2 与乙醇的互溶性，但是 CO_2 与乙醇混合溶液的密度也随之增加，从而减少其扩散，进而降低淀粉气凝胶的比表面积。

　　只有少数研究测量了淀粉气凝胶的机械性能，图 6-24 总结了部分文献报道的淀粉气凝胶的压缩模量。Glenn 等报道了由小麦淀粉（直链淀粉含量 28%）和高直链玉米淀粉（直链淀粉含量 28%）制备的气凝胶的压缩模量，它们分别为 21MPa 和 8.1MPa。

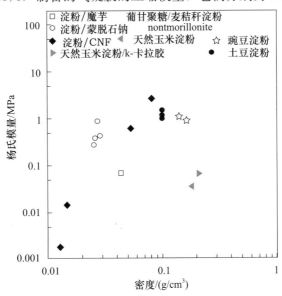

图 6-24　不同淀粉基气凝胶的压缩模量：通过 CO_2 超临界制备（实心点）；
通过冷冻干燥制备（空心点）

Glenn 等在 1995 年首次报道了所制备淀粉气凝胶的导热系数，这些淀粉气凝胶的导热系数范围为 0.024～0.044W/(m·K)。通过不同干燥方式（冷冻干燥或使用超临界 CO_2）、制备参数或淀粉原料制备淀粉气凝胶的导热系数各不相同，图 6-25 总结了部分文献报道的淀粉气凝胶导热系数。Druel 等详细报道了淀粉原料和回生时间对淀粉气凝胶导热系数的影响。在分别由豌豆淀粉、蜡质马铃薯淀粉、普通马铃薯淀粉和高直链玉米淀粉制备的淀粉气凝胶中，以豌豆淀粉制备的淀粉气凝胶的导热系数最低，约为 0.021～0.023W/(m·K)。这是因为豌豆淀粉具有最佳的直链淀粉与支链淀粉的比例，由其制备气凝胶具有最低的密度和最好的微观结构。较长的回生时间会使所制备的淀粉气凝胶的导热系数升高。

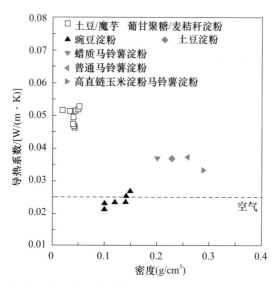

图 6-25　不同淀粉基气凝胶的导热系数：通过 CO_2 超临界制备（实心点）；
通过冷冻干燥制备（空心点）

（2）应用

生物医药：相较于无机气凝胶，淀粉基气凝胶具备生物降解性，可被体内酶体系分解。同时，其羟基含量可达二氧化硅气凝胶的 4～10 倍，这些羟基有助于与富含羟基和羧基的化合物形成氢键，从而显著提高负载效率。与纯药物相比，将药物加载至淀粉基气凝胶中，可有效提升其溶解度和生物利用度。淀粉气凝胶可作为载体来附载（封装）和释放药物。附载（封装）可以提高药物的溶解度和生物可及性。例如，与天然甾醇相比，通过淀粉气凝胶的附载（封装），植物甾醇在水中的溶解度增加了 37 倍。附载（封装）植物甾醇的能力以及所附载植物甾醇的形态也受淀粉气凝胶的类型和形状影响。例如，玉米淀粉气凝胶比小麦淀粉气凝胶具有更高的附载（封装）能力，这是因为与小麦淀粉气凝胶相比，玉米淀粉气凝胶具有更大的比表面积和孔体积。关于体外和体内药物释放的研究表明，将药物附载（封装）到淀粉气凝胶中可以控制其快速释放。例如，与纯酮洛芬相比，将酮洛芬附载（封装）到淀粉气凝胶或淀粉/聚（ε-己内酯）气凝胶上，减慢了其释放速率。药物加载方法主要包括：（1）在原料溶解阶段直接加入需加载的药物；（2）在溶剂交换步骤中，用药物化合物饱和的乙醇溶液置换凝胶中的水溶剂；（3）将制得的气凝胶浸泡在药物溶液中，排除过量溶液后干燥得到负载药物的气凝胶；（4）通过超临界 CO_2 吸附药物，将药物溶解在 $scCO_2$ 流体中，通入气凝胶，缓慢减压后除去 CO_2，药物被留在气凝胶的多孔结构中。Mehling 等通过超临界 CO_2 吸附或溶剂置换成功在淀粉基气凝胶上负载了布洛芬和扑热息痛。Iolanda 等利用淀粉基气凝胶负载水溶性较差的维生素 K3 和维生素 E，其溶解速率分别为未负载维生素的 3.5 倍和 16 倍。Mohammadi 等在溶剂交换步骤中将布洛芬和塞来昔布两种药物加载至马铃薯淀粉气凝胶上，结果显示，负载药物的释放量较结晶药物大幅增加。目前，众多研究证实淀粉基气凝胶是一种极具潜力的药物递送材料。

吸附材料：淀粉基气凝胶以其高孔隙率、大比表面积以及可调控的骨架特性，被视为一种具有潜力的吸附材料，适用于空气净化、废水处理以及染料吸附等领域。通过调控淀粉基气凝胶的孔径大小以及引入各类表面官能团，可实现针对特定吸附作用（如油、重金属离子、有机污染物等）的优化。已有研究报道了淀粉气凝胶在吸水性、染料吸附性和 CO_2 吸附等方面的进展，然而，关于淀粉基气凝胶在环境污染处理领域的应用仍有待进一步深入研究。

隔热材料：淀粉气凝胶的低导热系数表明它可以用作绝热材料，将淀粉气凝胶与其他材料复合也可用作耐火材料。Anas 等报道，淀粉气凝胶也可用作 CO_2 吸附材料，其吸附热可通过在恒定的过量吸收条件下，由压力随温度的变化而确定。通过吸附槲皮素等抗氧化和抗菌成分，淀粉气凝胶的应用还可以扩展到活性包装应用。

食品工业：淀粉基气凝胶的生物可相容性和生物可降解性，为开发功能性食品开辟了全新的可能，以满足特定人群的需求。抗性淀粉具有控制糖尿病、预防结肠癌等重要生理功能，可作为一种新型食品原料应用于食品工业中。Ubeyitogullari 等在 2018 年首次对小麦淀粉基气凝胶的体外消化性进行研究，发现在 130℃ 糊化温度下制备的小麦淀粉气凝胶，经蒸煮后抗性淀粉含量相较原淀粉提高了 4.5 倍。制备淀粉基气凝胶可成为一种对淀粉改性以增加抗性淀粉含量的全新手段。淀粉基气凝胶负载活性化合物（如抗氧化剂、抗菌剂）可作为一种活性包装材料，用于延长食品的保质期。得益于气凝胶的控释性能，采用此类活性包装相较于直接向食品中添加抗氧化剂效果更佳。通过超临界流体吸附技术，将具有抗氧化和抗菌特性的槲皮素负载至玉米淀粉气凝胶上，可使槲皮素的溶出速度相较于纯槲皮素降低至 1/16，实现有效缓释。淀粉基气凝胶因此被视为一种有潜力的食品活性包装载体。Fonseca 等制备了一种高吸水性（541%～731%）和热稳定性的巴西松子壳提取物（PCE）负载气凝胶，具备显著的抗氧化活性，有助于延长食品储存期限。Lehtonen 等研发了一种原位生产和释放己醛的淀粉基气凝胶，可用于延长新鲜水果和蔬菜的保质期。己醛具有抗菌特性，可防止腐败微生物的生长。利用气凝胶，可解决己醛快速蒸发问题，确保己醛持续供应。总之，利用淀粉基气凝胶负载抗氧化和抗菌活性化合物作为食品包装，能为食品提供长期保护，延长产品货架期，具备一定的经济效益。

淀粉基气凝胶也可用作模板来制备其他新型材料。例如将淀粉气凝胶和异丙醇钛置于高压釜中，并通入超临界 CO_2，异丙醇钛会通过超临界 CO_2 扩散进入淀粉气凝胶空隙中并附着在气凝胶表面，产生 TiO_2/淀粉混合气凝胶。将其在空气气氛中以及 500℃ 的条件下加热 5h 后，淀粉被烧尽，剩下的 TiO_2 网络仍保持淀粉基气凝胶精细的结构。

6.4.2　果胶基气凝胶

果胶是一种结构复杂、异质性强杂多糖，又称果胶多糖，含有大量的半乳糖醛酸。通过鉴定和表征，果胶组中含有几种不同的多糖。这些不同类别的果胶的结构都具有一个共同特征，即存在由 C1 和 C4 位碳原子之间的糖苷键连接的 α-d-半乳糖醛酸分子。然而，不同类别的果胶之间的差异涉及分子的大小、链分支的长度和支化程度、组成它们的糖的种类，以及甲基化和乙酰化的程度。据估计，果胶分子中含有至少 17 种不同类别的单糖，它们由至少 20 种不同的键连接。形成果胶结构的最重要的多糖是：同型半乳糖醛酸（HG）、鼠李半乳糖醛酸 I（RG-I）、鼠李半乳糖醛酸 II（RG-II）、木糖半乳糖醛酸（XGA）、阿拉伯多糖、阿拉伯半乳糖醛酸 I 和阿拉伯半乳糖醛酸 II（图 6-26）。

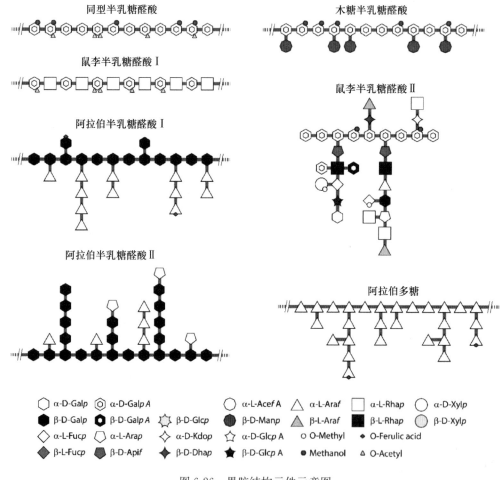

图 6-26　果胶结构元件示意图

果胶分子链中，HG 和 RG 的交替排列，形成了由分支"毛"状链（由鼠李半乳糖醛酸 I 构成）和"平滑"线性的均匀区域（由同型半乳糖醛酸）组成的区域。根据欧盟委员会、粮食及农业组织（FAO）、世界卫生组织（WHO）和食品添加剂专家委员会给出的定义，果胶中应至少含有 65% 的半乳糖醛酸（即同型半乳糖醛酸）。HG 是形成果胶分子结构的主要多糖类型，约占构成植物组织结构的所有果胶的 60%～65%。

通常，商业果胶主要从柑橘皮（干物质的 25％～30％）或苹果渣（干物质的 15％～18％）中提取，作为胶凝剂和增稠剂被广泛用于食品工业。目前，芒果、甜菜或向日葵头等其他来源的果胶也越来越多地被使用。在生物质中，这种多糖通常与其他细胞壁成分相连，如纤维素、半纤维素和木质素。

果胶一般通过化学（碱性、酸性或混合）和酶促方法提取。碱性方法保留了果胶中的中性糖侧链，但果胶的甲基酯和乙酰基在 β-消除反应中被水解。酶促提取方法比化学方法花费更多时间，但可以获得具有更高分子量和酯化度（DE）的果胶。此外，酶促法可以减少废酸或废碱溶液向环境的排放。典型的果胶生产过程是从植物原料（包括柑橘皮、苹果渣、马铃薯、甜菜、可可壳等）中进行热酸提取（pH～2.0）。大多数果胶通过硫酸和盐酸提取，pH 值一般保持在 1.2～5 的范围内。也可以使用酸（硫酸）和氯化钠、EDTA、甘油、多磷酸钠或硫酸铵等试剂进行混合化学提取。除了化学法和酶促法之外，还有研究人员使用微波法从果皮中提取了果胶。这种不寻常的提取方法与超声波方法一起被归类为生态提取方法。

果胶具有凝胶特性、增稠特性和乳化特性。这些特性使它被广泛用于食品工业，如蜜饯、糖果和奶制品、番茄酱或蛋黄酱的生产。除此之外，果胶具有生化反应性、原料易获得性，以及易于分离和无毒的特性，使它还被用于制药、医疗产品和化妆品行业。

果胶气凝胶的制备一般经过原料溶解、溶液凝胶、溶剂置换和干燥等步骤。果胶溶液的凝胶一般是通过向溶液中加入金属离子（通常是 Ca^{2+}）使其与果胶分子上的半乳糖醛酸基团结合，从而形成"蛋-盒"结构的凝胶（即金属离子作为交联剂），或者通过降低果胶溶液的 pH 值使溶液呈酸性，在酸性的环境下，不同果胶分子之间的质子化基团会形成氢键，进而形成凝胶。果胶的酯化程度、溶液的 pH 值或阳离子浓度（如果有）都会影响所制备果胶气凝胶的性能。

果胶气凝胶通常具有均匀的纤维状网络结构（图 6-27），其孔径范围为直径 50～300nm，比表面积通常为 270～600m²/g。此外，研究表明，果胶溶液在钙离子的存在下形成的强离子凝胶，可以有效抵抗其在溶剂置换过程和干燥过程的收缩，由此制备的气凝胶具有高比例的大孔，密度为 0.05g/cm³，比表面积为 300m²/g。另外，在低 pH 值下也可以制备类似形态和密度的果胶气凝胶。由于一些果胶气凝胶的孔径较小、密度较低，因此也具有较低的导热系数。

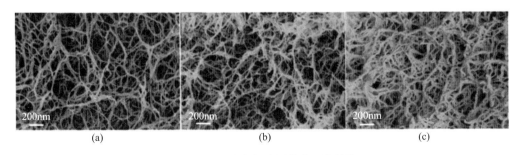

图 6-27　果胶气凝胶纤维状网络结构

（a）2wt％果胶溶液制备的果胶气凝胶的 SEM 图像；（b）4wt％果胶溶液制备的果胶气凝胶的 SEM 图像；

（c）6wt％的果胶溶液制备的果胶气凝胶的 SEM 图像

由于果胶气凝胶独特的性能和高生物降解性，果胶气凝胶及其复合材料可广泛应用于各个领域。例如，由于一些果胶气凝胶具有较低的导热系数，因此可以应用于隔热领域；Rudaz 等则利用果胶，经溶胶-凝胶法、超临界 CO_2 的方法制备出果胶气凝胶，拥有大于 90% 的气孔率，密度为 $0.05\sim0.2g/cm^3$，其导热系数为 $0.016\sim0.020W/(m \cdot K)$，低于空气的导热系数，具有优异的保温隔热性能。由果胶和黏土复合制备的多孔气凝胶具有与硬质聚氨酯泡沫类似的机械性能，这使其成为各种工程应用的理想材料；由果胶和 TiO_2 复合制备的纳米复合气凝胶具有较好的热稳定性和抗菌活性、适中的机械强度以及较低的导热系数，被认为是一种具有发展前景的温度敏感型食物的包装材料。

除了上述应用领域之外，果胶气凝胶由于其聚电解质性质和对 pH 值的敏感性，也常被作为药物载体控制其释放速度。例如，通过造粒技术或将果胶溶液滴入到金属离子溶液中制备的毫米大小的果胶气凝胶可用作抗生素和抗炎药的载体控制其释放。通过乳液凝胶技术制备的果胶-海藻酸盐复合气凝胶可用作酮洛芬药物的载体控制其释放。

6.4.3　卡拉胶基气凝胶

卡拉胶是带有硫酸化阴离子侧基的多糖，它从海藻中提取（图 6-28），存在于海藻的细胞膜内和纤维素纤维之间的细胞间质内。卡拉胶由半乳糖和 3.6-脱水半乳糖的重复单元组成。这些构件通过 α1,4-和 β1,4-糖苷键连接。根据磺化程度，卡拉胶可以分为三种，包括 κ 型卡拉胶、λ 型卡拉胶和 ι 型卡拉胶，它们随硫酸盐基团的位置和数量而变化。

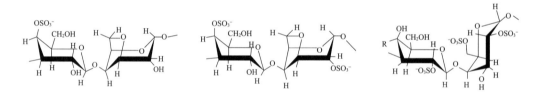

图 6-28　κ 型、ι 型和 λ 型卡拉胶中的重复单元

卡拉胶在热水中具有较好的溶解性，κ-卡拉胶和 ι-卡拉胶在水溶液中可形成热可逆凝胶。其稳定性较高，即便长期存放，卡拉胶粉末也很少发生降解。但在 pH 值小于 4 的条件下，卡拉胶易于受到酸催化水解，且升温过程会加速水解反应。此外，卡拉胶还具有蛋白质反应性，蛋白质带正电荷，与带负电荷的卡拉胶分子能够发生相互作用，从而提高卡拉胶凝胶的强度。

将卡拉胶加热至水中溶解，随后自然冷却至特定温度，可使其成为透明半固体凝胶。此时，测得的凝固温度即为"凝固点"。升高温度使已凝固的凝胶融化，测得的融化温度即为"熔点"。卡拉胶熔点与凝固点之差的大小，与生产卡拉胶的原料种类、制备方法及其所含阳离子种类和数量密切相关。卡拉胶不仅可广泛应用到日常生活中，在其他领域比如医药等领域也比较重要。在食品应用上，卡拉胶可作为食品添加剂。卡拉胶的加入可以增加奶制品、果冻、罐头等的黏稠度和口感，同时因卡拉胶具有很好的稳定性，也常作为食品中的稳定剂。在啤酒中卡拉胶有泡沫稳定的作用。另外，卡拉胶也被应用在机体免疫方面。在医药方面，卡拉胶可以作为细菌培养基，也可应用在降低血脂和增强钙吸收。卡拉胶还可以在空气清新剂中起到固定气体的作用。卡拉胶基水凝胶也可作为软骨修复材料，在人体骨骼辅助修复方面具有重要的研究价值。在工业方面，卡拉胶可以作为悬浮剂和分散剂应用在颜料中；卡拉胶也可作为摩擦剂应用到金属加工方面，例如釉料悬浮剂；也可作为金属离子储存载体，制备金属离子电池。尽管对植物多糖和卡拉胶的水凝胶进行了许多研究，但对于卡拉胶气凝胶的研究却比较少。

卡拉胶气凝胶的制备一般也经过原料溶解、溶液凝胶、溶剂置换以及干燥等步骤。其凝胶过程一般通过改变溶液温度或加入金属离子的方式进行。在 κ 型或 ι 型卡拉胶溶液加热时，κ 型或 ι 型卡拉胶会经历从螺旋到无规卷曲结构的结构转变，而冷却时 κ 型或 ι 型卡拉胶则会从无规卷曲结构重新变为螺旋结构，这些螺旋的结合会使卡拉凝胶形成双螺旋结构，进而形成凝胶网络。在 κ 型卡拉胶溶液中加入金属离子（如钾、铷或铯）作为交联剂，κ 型卡拉胶分子中的硫酸盐官能团会在其结构中与加入的金属离子结合，形成硬凝胶。卡拉胶和其他多糖气凝胶一样具有生物可降解性、生物相容性以及多孔特性，被广泛应用于药物输送以及吸附材料等领域。

制备卡拉胶气凝胶的过程中，除了溶液凝胶化和干燥步骤外，还有一步重要的过程，那就是溶剂置换。在这个过程中，原本用于溶解卡拉胶的溶剂会被另一种更适合气凝胶形成的溶剂所替代。这一步骤对于最终气凝胶的性能有着重要的影响，因为不同的溶剂会引发不同的凝胶化反应，进而影响到气凝胶的孔隙结构、机械性能以及化学性质。

在溶剂置换过程中，通常会选择极性溶剂如水、醇类或酸类等，这些溶剂能够与卡拉胶分子中的羟基和硫酸盐官能团发生相互作用，帮助形成稳定的凝胶结构。此外，溶剂的选取还会考虑到其对卡拉胶分子的溶解度、凝胶化速率以及凝胶网络的稳定性等方面的影响。

在完成溶剂置换后，得到的卡拉胶气凝胶具有良好的多孔结构，这种结构在药物输送、吸附材料等领域具有广泛的应用前景。首先，卡拉胶气凝胶的多孔特性使其具有较大的比表面积，能够提高药物的吸附能力和生物利用度。其次，其可降解性和生物相容性使得卡拉胶气凝胶在生物医学领域具有很好的前景，例如，可以作为药物载体、生物支架或者组织工程材料等。此外，卡拉胶气凝胶在材料科学领域也具有很大的研究价值。其独特的双螺旋结构以及可调控的孔径大小，使得卡拉胶气凝胶在光学、电子、能源等领域有着广泛的应用潜力。例如，可以作为光子晶体、传感器、超级电容器、锂离子电池等设备的材料。

总之，卡拉胶气凝胶作为一种新型多糖材料，因其独特的结构、性能以及应用前景而备受关注。在制备过程中，通过调控溶液温度或加入金属离子等方式，可以实现对卡拉胶气凝胶结构的调控。同时，卡拉胶气凝胶在药物输送、吸附材料等领域具有广泛的应用，并在材料科学领域展现出巨大的研究潜力。随着科研技术的不断发展，卡拉胶气凝胶在各个领域的应用将更加广泛，为我国新材料研究和发展提供了新的机遇。

6.5 多糖基气凝胶的总结与展望

多糖基气凝胶属于新一代多孔材料，因其可持续性、低毒、生物相容性和可再生性等优点而被认为是最具可持续性的气凝胶材料。多糖气凝胶的制备过程包括原料（多糖）的提取、原料的改性、水凝胶的制备和脱水（超临界干燥和冷冻干燥法）。多糖基气凝胶在环境工程、建筑、医药、电化学元件和包装等领域具有重要的应用前景。

通过总结对多糖基气凝胶的研究，可以看出低密度、高比表面积的多糖基气凝胶以其优异的功能被广泛应用于各个领域。对多糖气凝胶的性能进行优化使其满足当前社会的各种需求将是未来研究的热点。随着环境污染的加剧，多糖基气凝胶也可以发挥其特有的优势，代替传统材料造福人类。然而，多糖基气凝胶的进一步研究仍有改进空间。

以天然农业废弃物为原料，提高性能。虽然大部分多糖与一些常规的无机或有机材料复合可以制备出同时具有天然材料和合成材料优点的多糖基气凝胶。但是，应该推广使用农业废弃物（如秸秆和树叶）来制备多糖基气凝胶。农业废弃物产量大、来源广、价格便宜、具有特定的自然物理结构。其中一些结构可以在微米级甚至纳米级获得，有助于提高多糖基气凝胶的性能。近年来的推广已经体现在一些出版物中，例如利用废弃的香蕉皮、具有天然网络的吸管、多孔孔腔制备多糖基气凝胶，但质量和性能有待提高。

在实际应用中，纯多糖基气凝胶是远远不够的，如何增加其疏水性是以后开发的一个重点。通常，多糖是亲水性材料。来自天气、水和微生物的问题将随之而来，这些问题会破坏和降解多糖气凝胶。因此研究人员需要增加多糖气凝胶的疏水性。近年来，已经发现一些化学方法可以增加疏水性，但这些方法中的大多数都会对环境造成危害。需要在亲水和疏水之间取得平衡，这可以参考仿生学，例如荷叶具有特定结构的非极性甲基。当亲水和疏水之间的平衡可以根据需要进行调整时，气凝胶的使用范围和保质期将会扩大。

另外一个问题就是多糖基气凝胶的制备大部分都是在实验室中很容易实现，在工业化中生产仍是一个挑战。首先大型超临界干燥设备的制备仍存在问题，且规模化生产运行存在风险。因此，要实现工业上的大规模生产和广泛领域的应用，迫切需要设法制造和优化设备以及调整运行参数以实现大容量和连续生产。

多糖基气凝胶作为新型功能材料已被应用于许多领域。为了满足市场的需求，需要设计和制造不同尺寸和形状的多糖基气凝胶产品。多糖气凝胶的形状大致可分为以下几类：块状、片状、球状和珠状。在建筑物中，需要块状气凝胶，但是很难直接制备，在生产大尺寸气凝胶时，容易因应力集中而开裂。在某些特定的应用中，需要具有高比表面积的折叠气凝胶，例如空气过滤器。因此不同气凝胶尺寸和形状的设计也是需要攻克的难题之一。

多糖基气凝胶的研究与应用已经取得了显著的成果，但仍然存在一些挑战和问题。为了进一步优化多糖基气凝胶的性能，以下几个方面将成为未来研究的重要方向。

首先，针对多糖基气凝胶的制备过程，研究者需要继续探索更环保、高效的方法，以降低制备过程中的能耗和污染。此外，优化制备工艺以提高多糖基气凝胶的性能，如强度、韧性、导电性等，也将是未来的研究重点。

其次，在多糖基气凝胶的应用领域，研究者需要根据实际需求进行针对性的设计和优化。例如，在环境工程中，需要研究具有更高吸附性能和降解能力的气凝胶，以应对日益严重的环境污染问题。在建筑领域，研究者可以尝试开发具有保温、隔声等功能的多糖基气凝胶材料。此外，为了扩大多糖基气凝胶在实际应用中的范围，研究者需要开发出更易于大规模生产和应用的制备方法。这包括优化生产设备、调整生产工艺以及探索新的制备方法等。

在多糖基气凝胶的形状和尺寸方面，研究者需要突破现有的制备技术，实现对不同形状和尺寸气凝胶的制备。这需要开发出具有高度智能化、可控性的制备设备，以及相应的控制算法和工艺。最后，针对多糖基气凝胶的疏水性问题，研究者需要在保持其生物相容性的基础上，提高其疏水性能。这可以通过仿生学方法，借鉴自然界中具有优异疏水性能的生物结构，如荷叶的非极性甲基结构。

总之，多糖基气凝胶作为一种具有广泛应用前景的新型功能材料，其研究仍存在诸多挑战。然而，随着科学技术的不断发展，相信我们将能够克服这些挑战，充分发挥多糖基气凝胶的潜力，为人类社会带来更多的福祉。

参考文献

[1] YOUSSEF H，LUCIANS A L，ORLANDO J. Cellulose nanocrystals：chemistry，self-assembly，and applications [J]. Chemical Reviews，2010，110 (6)：3479-3500.

[2] TAN C，FUNG M B，NEWMAN K J，et al. Organic aerogels with very high impact strength [J]. Advanced Materials，2001，13 (9)：644-646.

[3] GRANSTROM M，PAAKKO N K M，JIN H. Highly water repellent aerogels based on cellulose stearoyl esters [J]. Polymer chemistry，2011，2 (8)：1789-1796.

[4] HEATH L，THIELEMANS W. Cellulose nanowhisker aerogels [J]. Green Chemistry，2010，12 (8)：1448.

[5] ZHANG T，ZHANG Y，JIANG H，et al. Aminosilane-grafted spherical cellulose nanocrystal aerogel with high CO_2 adsorption capacity [J]. Environmental Science and Pollution Research，2019，26 (16)：16716-16726.

[6] LUO Q，HUANG X，GAO F，et al. Preparation and characterization of high amylose corn starch microcrystalline cellulose aerogel with high absorption [J]. Materials，2019，12 (9)：1420.

[7] BLAISE F，ABRAHAM E，CRUZ J D L，et al. Aerogel from sustainably grown bacterial cellulose pellicle as thermally insulative film for building envelope [J]. ACS Applied Materials & Interfaces，2020，12 (30)：34115-34121.

[8] 段一凡，张光磊，史新月，等. 纤维素气凝胶的制备与应用研究进展 [J]. 陶瓷学报，2021，42 (1)：36-43.

[9] MAEDA H，NAKAJIMA M，HAGIWARA T，et al. Preparation and properties of bacterial cellulose aerogel [J]. Kobunshi Kagaku，2006，63 (2)：135-137.

[10] BARUD D O，GOMES H，SILVA D，et al. A multipurpose natural and renewable polymer in medical applications：bacterial cellulose [J]. Carbohydrate Polymers，2016，153：406-420.

[11] JIN H，NISHIYAMA Y，WADA M，et al. Nanofibrillar cellulose aerogels [J]. Colloids & Surfaces A：Physicochemical and Engineering Aspects，2004，240 (1)：63-67.

[12] INNERLOHINGER J，WEBR H K，KRAFT G. Aerocellulose：aerogels and aerogel-like materials made from cellulose [J]. Macromolecular Symposia，2006，244 (1)：126-135.

［13］CAI J，KIMURA S，WADA M，et al. Cellulose aerogels from aqueous alkali hydroxide-urea solution［J］. ChemSusChem，2008，1（1/2）：149-154.

［14］FISCHER F，RIGACCI R，PIRARD S，et al. Cellulose-based aerogels［J］. Polymer，2006，47（22）：7636-7645.

［15］LUONG N D，LEE Y，NAM J D. Highly-loaded silver nanoparticles in ultrafine cellulose acetate nanofibrillar aerogel［J］. European Polymer Journal，2008，44（10）：3116-3121.

［16］DAI H，ZHANG H，MA L，et al. Green pH/magnetic sensitive hydrogels based on pineapple peel cellulose and polyvinyl alcohol：synthesis，characterization and naringin prolonged release［J］. Carbohydrate Polymers，2019，209：51-61.

［17］DU H，LIU C，MU X D，et al. Preparation and characterization of thermally stable cellulose nanocrystals via a sustainable approach of $FeCl_3$-catalyzed formic acid hydrolysis［J］. Cellulose，2016，23（4）：2389-2407.

［18］LIU Y F，WANG H S，YU G，et al. A novel approach for the preparation of nanocrystalline cellulose by using phosphotungstic acid［J］. Carbohydrate Polymers，2014，110：415.

［19］CUI S，ZHANG S，GE S，et al. Green preparation and characterization of size-controlled nanocrystalline cellulose via ultrasonic-assisted enzymatic hydrolysis［J］. Industrial Crops & Products，2016，83：346-352.

［20］SATYAMURTHY P，VIGNESHWARAN N. A novel process for synthesis of spherical nanocellulose by controlled hydrolysis of microcrystalline cellulose using anaerobic microbial consortium［J］. Enzyme & Microbial Technology，2013，52（1）：20-25.

［21］张爱萍. 竹笋纤维素复合气凝胶的构建及应用研究［D］. 杭州：浙江大学，2022.

［22］OSSA L D F A A M，TORRE M，GARCIA-RUIZ C. Determination of nitrocellulose by capillary electrophoresis with laser-induced fluorescence detection［J］. Analytica Chimica Acta，2012，745：149-155.

［23］CHANG K W，ALSAGOFF S，ONG K T，et al. Pressure ulcers-randomised controlled trial comparing hydrocolloid and saline gauze dressings［J］. Medical Journal of Malaysia，1998，53（4）：428-431.

［24］CHANG S P，ROBYT F J. Oxidation of primary alcohol groups of naturally occurring polysaccharides with 2,2,6,6-tetramethyl-1-piperidine oxoammonium ion［J］. Journal of Carbohydrate Chemistry，2006，15（7）：819-830.

［25］CARLSSON D O，LINDH J，NYHOLM L，et al. Cooxidant-free TEMPO-mediated oxidation of highly crystalline nanocellulose in water［J］. Rsc Advances，2014，4（94）：52289-52298.

［26］MA H，HSIAO S B. Nanocellulose extracted from defoliation of ginkgo leaves［J］. MRS Advances，2018，3（36）：2077-2088.

［27］OUN A A，RHIM J W. Characterization of carboxymethyl cellulose-based nanocomposite filmsreinforced with oxidized nanocellulose isolated using ammonium persulfate method［J］. Carbohydrate Polymers，2017，174：484-492.

［28］OUN A A，Rhim J W. Isolation of oxidized nanocellulose from rice straw using the ammonium persulfate method［J］. Cellulose，2018，25：2143-2149.

［29］YANG H，TEJADO A，ALAM N，et al. Films prepared from electrosterically stabilized nanocrystalline cellulose［J］. Langmuir the Acs Journal of Surfaces and Colloids，2012，28：7834-7842.

［30］YANG H，CHEN D，VEN DVM G T. Preparation and characterization of sterically stabilized nanocrystalline cellulose obtained by periodate oxidation of cellulose fibers [J]. Cellulose，2015，22：1743-1752.

[31] MASCHERONI E，RAMPAZZO R，ORTENZI M，et al. Comparison of cellulose nanocrystals obtained by sulfuric acid hydrolysis and ammonium persulfate，to be used as coating on flexible food-packaging materials [J]. Cellulose，2016，23（1）：779-793.

[32] KHALIL A H，BHAT A，YUSRA I A. Green composites from sustainable cellulose nanofibrils：A review [J]. Carbohydrate Polymers，2012，87（2）：963-979.

[33] ABDUL KHALIL H P S，BHAT A H，IREANA YUSRA A F. Green composites from sustainable cellulose nanofibrils：a review [J]. Carbohydr Polym，2012，87（2）：963-979.

[34] ABE K，IWAMOTO S，YANO H. Obtaining cellulose nanofibers with a uniform width of 15 nm from wood [J]. Biomacromolecules，2007，8（10）：3276-3278.

[35] ABE K，IWAMOTO S，YANO H. High-strength nanocomposite based on fibrillated chemi-thermomechanical pulp [J]. Composites Science and Technology，2009，69（14）：2434-2437.

[36] TANJA Z，NICOLAE B，ESTHER S. Properties of nanofibrillated cellulose from different raw materials and its reinforcement potential [J]. Carbohydrate Polymers，2010，79（4）：1086.

[37] HABIBI Y，MAHROUZ M，VIGNON M R. Microfibril-lated cellulose from the peel of prickly pear fruits [J]. Food Chemistry，2009，115（2）：423.

[38] LI J H，WEI X Y，WANG Q H，et al. Homogeneous isolation of nanocellulose from sugarcane bagasse by high pressure homogenization [J]. Carbohydrate Polymers，2012，90（4）：1609-1613.

[39] ZHANG L Y，TSUZUKI T，WANG X G. Preparation of cellulose nanofiber from softwood pulp by ball milling [J]. Cellulose，2015，22（3）：1729-1741.

[40] 张思航，付润芳，董立琴，等. 纳米纤维素的制备及其复合材料的应用研究进展 [J]. 中国造纸，2017，36（1）：67-74.

[41] BROWN A J. XLⅢ. —On an acetic ferment which forms cellulose [J]. Journal of the Chemical Society Transactions，1986，49：432.

[42] 周丽舒，唐嘉忆，范博欢，等. 天然多糖气凝胶制备及应用研究进展 [J]. 应用化工，2022，51（10）：2960-2964.

[43] 万才超. 纤维素气凝胶基多功能纳米复合材料的制备与性能研究 [D]. 哈尔滨：东北林业大学，2018.

[44] PAXIMADA P，DIMITRAKOPOULOU E A，TSOUKO E，et al. Structural modification of bacterial cellulose fibrils under ultrasonic irradiation [J]. Carbohydrate Polymers，2016，150：5.

[45] 吴周新，牛成，陈俊华，等. 纳米细菌纤维素的生物合成 [J]. 材料导报，2010，24（6）：83-85.

[46] 朱昌来，李峰，尤庆生，等. 纳米细菌纤维素的制备及其超微结构镜观察 [J]. 生物医学工程研究，2008，27（4）：287-290.

[47] 陆松华，朱昌来，李峰，等. 茶水发酵法制备细菌纤维素及其相关性能研究 [J]. 临床医学，2011，31（11）：102-104.

[48] 左艳，刘敏. 纳米纤维素的制备及应用 [J]. 纺织科技进展，2016（4）：13-16.

[49] CHEN Y M，ZHANG L，YANG Y，et al. Recent progress on nanocellulose aerogels：preparation, modification, composite fabrication, applications [J]. Advanced Materials，2021，33（11）：e2005569.

[50] 杨帆. 纳米纤维素基固体酸的制备及其催化葡萄糖转化5-羟甲基糠醛的研究 [D]. 广州：华南理工大学，2022.

[51] ZU G，SHEN，ZOU L，et al. Nanocellulose-derived highly porous carbon aerogels for supercapaci-

tors [J]. Carbon, 2016, 99: 203-211.

[52] MUELLER S, SAPKOTA J, NICHARAT A, et al. Influence of the nanofiber dimensions on the properties of nanocellulose/poly (vinyl alcohol) aerogels [J]. Journal of Applied Polymer Science, 2015, 132 (13): 41740.

[53] 赵峰, 刘静, 林琳, 等. 基于冰模板法构筑孔道结构的合成策略及研究进展 [J]. 精细化工, 2023, 40 (3): 540-552.

[54] 唐智光. 全纤维素复合气凝胶的制备及药物缓释性能研究 [D]. 南宁: 广西大学, 2019.

[55] GAVILLON R, BUDTOVA T. Aerocellulose: new highly porous cellulose prepared from cellulose-NaOH aqueous solutions [J]. Biomacromolecules, 2008, 9: 269-277.

[56] SESCOUSSE R, SMACCHIA A, BUDTOVA T. Influence of ligninon cellulose-NaOH-water mixtures propertie and on aerocellulose morphology [J]. Cellulose, 2010, 17: 1137-1146.

[57] LIEBNER F, HAIMER E, WENDLAND M. Aerogels from unaltered bacterial cellulose: Applications of scCO$_2$ drying for the preparation of shaped, ultra-lightweitht cellulosic aerogels [J]. Macromol Biosci, 2010, 10: 349-352.

[58] DUCHEMIN B J C, STAIGER M P, TUCKER N, et al. Aerocellulose based on all-cellulose composites [J]. Science, 2010, 115: 216-221.

[59] FAN P, YUAN Y, REN J, et al. Facile and green fabrication of cellulosed based aerogels for lampblack filtration from waste newspaper [J]. Carbohydrate Polymers, 2017, 162: 108-114.

[60] SCHESTAKOW M, KARADAGLI I, RATKE L. Cellulose aerogels prepared from an aqueous zinc chloride salt hydrate melt [J]. Carbohydrate Polymers, 2016, 137: 642-649.

[61] PIRCHER N, CARBAJAL L, SCHIMPER C, et al. Impact of selected solvent systems on the pore and solid structure of cellulose aerogels [J]. Cellulose, 2016, 23 (3): 1949-1966.

[62] 王锦文. 木材纤维素纳米材料的制备与研究 [D]. 南京: 南京理工大学, 2020.

[63] DONIUS A E, LIU A, BERGLUND L A, et al. Superior mechanical performance of highly porous, anisotropic nanocellulose-montmorillonite aerogels prepared by freeze casting [J]. Journal of the Mechanical Behavior of Biomedical Materials, 2014, 37: 88-99.

[64] YANG L, MUKHOPADHYAY A, JIAO Y, et al. Ultralight, highly thermally insulating and fire resistant aerogel by encapsulating cellulose nanofibers with twodimensional MoS$_2$ [J]. Nanoscale, 2017, 9 (32): 11452.

[65] HAN Y, ZHANG X, WU X, et al. Flame retardant, heat insulating cellulose aerogels from waste cotton fabrics by in situ formation of magnesium hydroxide nanoparticles in cellulose gel nanostructures [J]. ACS Sustainable Chemistry & Engineering, 2015, 3 (8): 1853-1859.

[66] LUO X L, SHEN J Y, MA Y N, et al. Robust, sustainable cellulose composite aerogels with outstanding flame retardancy and thermal insulation [J]. Carbohydrate Polymers, 2020, 230: 115623.

[67] YUAN B, ZHANG J M, MI Q Y, et al. Transparent cellulose-silica composite aerogels with excellent flame retardancy via in situ sol-gel process [J]. ACS Sustainable Chemistry & Engineering, 2017, 5: 11117-11123.

[68] DU X, QIU J, DENG S, et al. Flame-retardant and form-stable phase change composites based on black phosphorus nanosheets/cellulose nanofiber aerogels with extremely high energy storage density and superior solar thermal conversion efficiency [J]. Journal of Materials Chemistry A, 2020, 8 (28): 14126-14134.

[69] PINTO S C, GONCALVES G, SANDOVAL S, et al. Bacterial cellulose/graphene oxide aerogels

with enhanced dimensional and thermal stability [J]. Carbohydrate Polymers, 2020, 230: 115598.

[70] SHAHZADI K, GE X, SUN Y, et al. Fire retardant cellulose aerogel with improved strength and hydrophobic surface by one-pot method [J]. Journal of Applied Polymer Science, 2021, 138 (16): 50224.

[71] JIANG F, HSIEH Y L. Cellulose nanofibril aerogels: synergistic improvement of hydrophobicity, strength, and thermal stability via cross-linking with diisocyanate [J]. ACS Applied Materials & Interfaces, 2017, 9 (3): 2825-2834.

[72] 方寅春, 孙卫昊. 阻燃纤维素气凝胶研究进展 [J]. 纺织学报, 2022, 43 (1): 43-48.

[73] BO S, REN W, LEI C, et al. Flexible and porous cellulose aerogels/zeolitic imidazolate framework (ZIF-8) hybrids for adsorption removal of Cr (Ⅳ) from water [J]. Journal of Solid State Chemistry, 2018, 262: 135-141.

[74] GU H, ZHOU X, LYU S, et al. Magnetic nanocellulose-magnetite aerogel for easy oil adsorption [J]. Journal of Colloid and Interface Science, 2020, 560: 849-856.

[75] 段一凡. 羊草纤维素气凝胶的制备及其疏水性能研究 [D]. 石家庄: 石家庄铁道大学, 2021.

[76] LI Y, GUOC, SHI R, et al. Chitosan/nanofibrillated cellulose aerogel with highly oriented microchannel structure for rapid removal of Pb (Ⅱ) ions from aqueous solution [J]. Carbohydrate Polymers, 2019, 223: 115048.

[77] JYOTI B, HARSHITA M, KUMAR P M, et al. Cellulose nanofiber aerogel as a promising biomaterial for customized oral drug delivery [J]. International Journal of Nanomedicine, 2017, 12: 2021-2031.

[78] WENG L, BODA S K, WANG H, et al. Novel 3D hybrid nanofiber aerogels coupled with BMP-2 peptides for cranial bone regeneration [J]. Advanced Healthcare Mater, 2018, 7 (10): 1701415.

[79] ZHENG C, ZHOU Y, AVI N, et al. Bone-inspired mineralization with highly aligned cellulose nanofibers as template [J]. ACS Applied Materials Interfaces, 2019, 11 (45): 42486-42495.

[80] 张思钊. 壳聚糖气凝胶的构筑设计与性能研究 [D]. 长沙: 国防科技大学, 2018.

[81] SONG L, SHU L, WANG Y, et al. Metal nanoparticle-embedded bacterial cellulose aerogels via swelling-induced adsorption for nitrophenol reduction [J]. International Journal of Biological Macromolecules, 2019, 143: 922-927.

[82] 何璇, 周启星. 基于壳聚糖气凝胶的新型石油吸附剂研究进展 [J]. 浙江大学学报 (工学版), 2021, 55 (7): 1368-1380.

[83] 李昂. 壳聚糖基气凝胶的制备、改性及性能研究 [D]. 海口: 海南大学, 2016.

[84] SALAM A, VENDITTI R A, PAWLAK J J, et al. Crosslinked hemicellulose citrate-chitosan aerogel foams [J]. Carbohydrate Polymers, 2011, 84 (4): 1221-1229.

[85] ZHANG Y, YQNG Y, GUO T. Genipin-crosslinked hydrophobical chitosan microspheres and their interactions with bovine serum albumin [J]. Carbohydrate Polymers, 2011, 83 (4): 2016-2021.

[86] KILDEEVA N R, PERMINOV P A, VLADIMIROV L V, et al. About mechanism of chitosan cross-linking with glutaraldehyde [J]. Russian Journal of Bioorganic Chemistry, 2009, 35 (3): 360-369.

[87] 李月生, 饶璐, 刘东亮, 等. 壳聚糖基水凝胶的制备及应用研究进展 [J]. 湖北科技学院学报, 2023, 43 (4): 150-156.

[88] 汪家云. 高效光热水蒸发高分子冻胶材料的设计、制备与性能研究 [D]. 合肥: 中国科学技术大学, 2021.

[89] WANG J, ZHOU Q, SONG D, et al. Chitosan-silica composite aerogels: preparation, characterization

and Congo red adsorption [J]. Journal of Sol-Gel Science and Technology, 2015, 76 (3): 1-9.

[90] YU B, XU J, LIU J H, et al. Adsorption behavior of copper ions on graphene oxide-chitosan aerogel [J]. Journal of Environmental Chemical Engineering, 2013, 1 (4): 1044-1050.

[91] TAKESHITA S, YODA S. Chitosan aerogels: transparent, flexible thermal insulators [J]. Chemistry of Materials, 2015, 27 (22): 7569-7572.

[92] TAKESHITA S, AKASAKA S, YODA S. Structural and acoustic properties of transparent chitosan aerogel [J]. Materials Letters, 2019, 254: 258-261.

[93] TAKESHITA S, ZHAO S, MALFAIT W. Transparent, aldehyde-free chitosan aerogel [J]. Carbohydrate Polymers, 2020, 251: 117089.

[94] TAKESHITA S, YODA S. Upscaled preparation of trimethylsilylated chitosan aerogel [J]. Industrial & Engineering Chemistry Research, 2019, 57 (31): 10421-10430.

[95] 王雪, 朱昆萌, 彭长鑫, 等. 生物可降解多糖气凝胶材料的研究进展 [J]. 材料导报, 2019, 33 (S1): 476-480.

[96] ZHANG Y L, LIN Y N, GUO Z R, et al. Chitosan-based bifunctional composite aerogel combining absorption and phototherapy for bacteria elimination [J]. Carbohydrate Polymers, 2020, 247: 116739.

[97] LI D W, TIAN X J, WANG Z Q, et al. Multifunctional adsorbent based on metal-organic framework modified bacterial cellulose/chitosan composite aerogel for high efficient removal of heavy metal ion and organic pollutant [J]. Chemical Engineering Journal, 2020, 383: 123127.

[98] MARTINS M, BARROS A A, QURAISHI S, et al. Preparation of macroporous alginate-based aerogels for biomedical applications [J]. The Journal of Supercritical Fluids, 2015, 106: 152-159.

[99] YUAN X, WEI Y, CHEN S, et al. Bio-based graphene/sodium alginate aerogels for strain sensors [J]. RSC Advances, 2016, 6 (68): 64056-64064.

[100] 孙位蕊, 胡银春, 程一竹, 等. 海藻酸盐基纳米复合气凝胶的制备与性能研究 [J]. 功能材料, 2021, 52 (3): 3104-3109.

[101] 唐茂文. 功能性海藻酸钠基气凝胶的制备及性能研究 [D]. 青岛: 青岛大学, 2019.

[102] CHENG Y, LU L, ZHANG W, et al. Reinforced low density alginate-based aerogels: preparation, hydrophobic modification and characterization [J]. Carbohydrate Polymers, 2012, 88 (3): 1093-1099.

[103] XU X Y, ROBERT R, GU Y L, et al. Electrophoretic analysis and purification of fluorescent single-walled carbon nanotube fragments [J]. Journal of the American Chemical Society, 2004, 126 (40): 12736-12737.

[104] CHEN J, XIONG J, TAO J, et al. Sodium alginate/graphene oxide aerogel with enhanced strength-toughness and its heavy metal adsorption study [J]. International Journal of Biological Macromolecules, 2016, 83: 133-141.

[105] WANG Z, HUANG Y, WANG M, et al. Macroporous calcium alginate aerogel as sorbent for Pb^{2+} removal from water media [J]. Journal of Environmental Chemical Engineering, 2016, 4 (3): 3185-3192.

[106] GONCALVES V, GURIKOV P, POEJO J, et al. Alginate-based hybrid aerogel microparticles for mucosal drug delivery [J]. European Journal of Pharmaceutics and Biopharmaceutics, 2016, 107: 160-170.

[107] PANTIC M, KNEZ Z, NOVAK Z. Supercritical impregnation as a feasible technique for entrapment of fat-soluble vitamins into alginate aerogels [J]. Journal of Non-Crystalline Solids, 2016,

432：519-526.

[108] WANG B, LI D, TANG M, et al. Alginate-based hierarchical porous carbon aerogel for high-performance supercapacitors [J]. Journal of Alloys & Compounds，2018，749：83-89.

[109] LI J, ZHAO Y, WANG N, et al. Enhanced performance of a MnO₂-graphene sheet cathode for lithium ion batteries using sodium alginate as a binder [J]. Journal of Materials Chemistry，2012，22 (26)：13002.

[110] MA N, JIA Y, YANG X, et al. Seaweed biomass derived (Ni, Co) /CNT nanoaerogels：efficient bifunctional electrocatalysts for oxygen evolution and reduction reactions [J]. Journal of Materials Chemistry A, 2016, 4 (17)：6376-6384.

[111] GLENN M, KLAMCZYNSKI P, WOODS F. Encapsulation of plant oils in porous starch microspheres [J]. Journal of Agricultural and Food Chemistry, 2010, 58 (7)：4180-4184.

[112] GLENN M. Starch-based microcellular foams [J]. American Association Of Cereal Chemists，1995，72：155-161.

[113] GARCIA-GONZALEZ C, JIN M, GERTH J, et al. Polysaccharide-based aerogel microspheres for oral drug delivery [J]. Carbohydrate Polymers, 2015, 117：797-806.

[114] 谢静. 淀粉微球气凝胶的制备及吸附力研究 [D]. 武汉：华中农业大学，2022.

[115] DRUEL L, BARDL R, VORWERG W, et al. Starch aerogels：a member of the family of thermal superinsulating materials [J]. Biomacromolecules, 2017, 18 (12)：4232-4239.

[116] MEHLING T, SMIRNOVA I, GUENTHER U, et al. Polysaccharide-based aerogels as drug carriers [J]. Journal of Non-Crystalline Solids, 2009, 355 (50/51)：2472-2479.

[117] IOLANDA D M, ERNESTO R. Starch aerogel loaded with poorly water-soluble vitamins through supercritical CO₂ adsorption [J]. Chemical Engineering Research and Design, 2017, 119：221-230.

[118] MOHAMMADI A, MOGHADDAS J. Mesoporous starch aerogels production as drug delivery matrices：synthesis optimiza tion, ibuprofen loading, and release property [J]. Turkish Journal of Chemistry, 2020, 44 (3)：614-633.

[119] MOHAMMADI A, MOGHADDAS J. Mesoporous tablet-shaped potato starch aerogels for loading and release of the poorly water-soluble drug celecoxib [J]. Chinese Journal of Chemical Engineering，2020，28 (7)：1778-1787.

[120] ANAS M, GÖNEL A G, BOZBAG S E, et al. Thermodynamics of adsorption of carbon dioxide on various aerogels [J]. Journal of CO₂ Utilization, 2017, 21：82-88.

[121] UBEYITOGULLARI A, BRAHMA S, ROSE D J, et al. In vitro digestibility of nanoporous wheat starch aerogels [J]. Journal of Agricultural and Food Chemistry, 2018, 66 (36)：9490-9497.

[122] FONSECA L M, SILVA F T D, BRUNI G P, et al. Aerogels based on corn starch as carriers for pinhāo coat e xtract (Araucaria angustifolia) rich in phenolic compounds for active packaging [J]. International Journal of Biological Macromolecules, 2021, 169：362-370.

[123] LEHTONEN M, KEKÄLÄINEN S, NIKKILÄ I, et al. Active food packaging through controlled in situ producti on and release of hexanal [J]. Food Chemistry：X, 2020, 5：100074.

[124] 卢慧馨，钟成鹏，罗舜青，等. 淀粉基气凝胶的制备、改性与应用 [J]. 中国食品学报，2024 (01)：455-465.

[125] RUDAZ C, COURSON R, BONNET L, et al. Aeropectin：fully biomass-based mechanically strong and thermal superinsulating aerogel [J]. Biomacromolecules, 2014, 15 (6)：2188-2195.